식물생명공학
Plant Biotechnology

식물생명공학

Plant Biotechnology:

the genetic manipulation of plants

Second edition

Adrian Slater
Nigel W. Scott
Mark R. Fowler

De Montfort University

권석윤 · 김남수 · 김선태 · 김선형 · 김종보
류기현 · 박영훈 · 박태호 · 이긍표 · 이병하
정영희 · 홍진성 · 황철호 **공역**

식물생명공학 제2판

인 쇄 | 2014년 2월 20일
발 행 | 2014년 2월 28일

저 자 | Adrian Slater, Nigel W. Scott, Mark R. Fowler
공 역 자 | 권석윤 · 김남수 · 김선태 · 김선형 · 김종보 · 류기현 · 박영훈
박태호 · 이긍표 · 이병하 · 정영희 · 홍진성 · 황철호

발 행 인 | 박선진
발 행 처 | 도서출판 월드사이언스
주 소 | 서울특별시 서초구 방배4동 864-31 월드빌딩 1층
등록일자 | 1988년 2월 12일
등록번호 | 제 16-1601호
대표전화 | (02) 581-5811~3
팩 스 | (02) 521-6418

E-mail | worldscience@hanmail.net
U R L | http://www.worldscience.co.kr

정 가 | 23,000원
I S B N | 978-89-5881-230-2

이 도서의 국립중앙도서관 출판시도서목록(CIP)은 서지정보유통지원시스템 홈페이지(http://seoji.nl.go.kr)와 국가자료공동목록시스템(http://www.nl.go.kr/kolisnet)에서 이용하실 수 있습니다.
(CIP제어번호 : CIP2014005771)

서문

Norman Borlaug, Monkombu Swaminathan, Gurdev Khush에 의해 이끌어진 '녹색 혁명'은 20세기의 마지막 30년 동안 식량공급의 3배 증가를 이끌었다. 이 농업 생산량의 특출한 증가는 유전적으로 향상된 품종의 도입과 작물 재배기술의 향상으로 이루어졌다. 많은 나라에서 식량공급량은 수요량보다 더 빨리 증가하였고 기술의 발달로 인건비가 줄어들면서 농부들은 소비자들에게 더 싼 가격에 농산물을 제공할 수 있게 되었다. 이런 집중적 농업(많은 투자/높은 생산량)은 선진국의 인구증가에 많은 기여를 해왔지만 선진국 사람들의 무조건적인 지지를 얻기에는 두 가지 문제가 존재한다. 첫 번째, 집중적 농업의 적극적인 이용으로 높은 생산량과 양질의 작물을 얻을 수 있었지만 작물 생산 과정에서 야기된 환경에 대한 영향은 종종 무시할 수 없을 만큼 높았다. 두 번째, 생산량이 많아지면서 농부에게 잔여 생산물을 처리해야 할 필요가 생겼고 이는 세계 시장에서 작물의 가격 하락으로 이어져 농부의 소득을 줄어들게 하였다.

저소득 국가의 상황은 선진국과 완전히 대조적이다. 세계 인구는 지난 50년 동안 25억 명에서 61억 명으로 증가했고 이 인구증가는 약 30억 명이 더 증가할 2100년 전까지 멈출 수 없어 보인다. 대부분의 인구증가는 가난과 기아가 만연한 저소득 국가에서 일어날 것이다. 현재 매일 밤 8억 명이 굶주림과 영양실조로 인한 고통을 안고 잠자리에 들고 있으며, 전 인류의 1/5(약 12억 명)이 하루 1달러 이하의 수입으로 살아가고 있다. 우리는 식량에 대한 더 많은 요구를 충족시켜야만 하며 이는 친환경적인 방법이어야 한다. 하지만 여기서 우리는 중대한 문제에 직면하게 된다. 세계의 주요 경작지들은 점점 증가하고 있는 도시화, 산업화로 그 용도가 농업과 관련 없는 목적으로 변하고 있다. 이미 세계 인구의 절반 정도가 살고있는 많은 국가들은 수확량을 극대화하기 위해 환경적으로 수용할 수 없는 높은 수준의 농약 사용으로 인해 물 부족 위기를 겪고 있다. 이런 상황에서 우리는 적은 양의 물과 토지로 더 많은 식량을 생산하면서도 농약의 사용은 줄이는 두 마리 토끼를 모두 잡을 필요가 있다.

농업을 연구하는 과학자들의 대다수-Borlug, Swaminathan, Khsuh로 대표되는-는 높은 수확률, 고품질, 저비용, 낮은 수준의 환경영향을 모두 만족하는 작물이 필요하며 이는 식물 생명과학에서 분자수준에서의 육종계획에 의해 충족될 수 있다고 확신한다. 농부들에 의한 유전자 변형 작물의 상업적 도입은 농업의 역사에서 기술 확산의 가장 빠른 예 중 하나가 되었다. 1996년과 2002년 사이에, 유전자 변형 작물을 상업적으로 재배하는 지역은 170만 헥타르에서 5 870만 헥타르로 증가하였다. 16개국 6백만 명의 농부들이 유전자 변형 작물을 재배하고 있으며 이 작물들의 1/4 이상이 개발도상국에서 재배되고 있다.

Norman Borlaug 기관은 분자 육종 연구의 발전에 협력하기 위한 국제적인 체계를 갖추기 위해 설립되었다. 이 핵심적인 연구 활동들은 더욱 많은 기회와 도전을 성공할 연구생들, 연구 과학자들에게 완벽한 환경을 제공한다. 이 책은 Norman Borlaug 기관 저자들의 강연에 기반을 두고 있다.

이 책은 작물의 유전자 조작을 위한 기술의 개념을 정의하고 설명하기 위해 집필되었다. 그것은 구체적으로 상업 유전자 변형 작물(GM)에 가장 유행하는 두 가지 특성(제초제, 병충해 저항성)의 발달을 설명하고 그들의 성공에 대한 이유를 조명한다. 이러한 질병 저항과 같은 다른 작물의 특성, 비 생물적 스트레스 내성, 수확량 및 품질의 향상 및 발전의 가능성을 고려하고 분자농업을 위한 공장으로 식물을 사용할 가능성도 모색한다.

이 책은 GM 작물에 사회적 측면을 강화하였고, 이 새로운 기술에 대한 논쟁들에 대해 철저히 반박하였다. 환경 파괴를 반대하는 운동가들은 작물 생명 공학의 발전과 개발을 제한적이라 하고 있지만 이 책에서 다룬 논의들은 그들 자신이 매일 식사를 꼬박꼬박 챙겨 먹는 혜택을 누리면서 영양실조를 악화시키는 운동을 하는 이기적인 운동가들이라는 것을 독자로 하여금 판단할 수 있게 하였다. 그들이 그런 운동을 하는 사이에도 지구에선 2.1초당 한 명이 굶주림으로 세상을 떠나고 있다.

Norman Borlaug는 100억 명을 먹여 살릴 수 있는 기술이 있다고 확신한다. 하지만 그는 소수의 목소리 큰 부유한 과학반대론자들에 의해 농부들이 새로운 기술을 사용하지 못할까 우려한다. 이 부유한 운동가들은 형편없이 제한된 '유기농' 식품 생산에 많은 돈을 지불할 여유가 있지만 세상에 존재하는 만성적으로 가난하고 굶주린 십억의 사람들은 그런 곳에 돈을 지불할 여유 따위는 없다. 따라서 이 위기는 인구의 증가와 함께 더욱 커질 것으로 전망된다. 이 책에서 설명하는 새로운 기술은 그들을 영양실조로부터 구원하고 저소득, 무력함으로부터 자유롭게 할 것이며 더욱 경제적인 생산 기술이 될 것이다.

M.C.Elliott 교수

책임자

The Norman Borlaug Institute for Plant Science Research

첫 번째 개정판 서문

식물생명공학은 근래 엄청난 진전을 이루었고 전에 없는 대중적 관심을 끌게 되었다. 불행하게도, 이런 관심 대부분은 유전자 변형(GM) 작물을 둘러싼 매스컴의 부정적인 관심으로부터 일어났다. 식품 안전성 문제(Frankenfoods라 불리는)나 환경에 대한 우려(제왕나비 사건)에 대한 언론의 보도는 이 기술에 대한 대중적인 반감으로부터 지지를 얻기 위한 것들뿐이다. 결과적으로, GM에 대한 논의는 잘못된 정보로 점철됐고 사태를 더욱 악화시켜 왔다. 이런 상황에서, 진지한 학생들을 정보와 이해로 돌아서게 할 주제를 가진 교과서 하나 없다는 것은 놀라운 일이다.

이 책의 목적은 식물생명공학의 다양한 겉모습들뿐만 아니라 작물에서의 유전자조작에 대해서 독자가 올바른 지식을 얻을 수 있도록 충분한 양의 정보와 예시들을 제공하는 것이다. 이 책은 훨씬 많은 양의 업무가 필요한 백과사전적인 지식을 주기 위해 만들어지지 않았다. 이 책은 보통 말하는 교과서이다. 그러므로 학술적인 논문보다 배우고 가르치는 것에 초점을 맞추었다. 희망적이게도, 이 책은 주제를 둘러싼, 몇몇은 성가시다고 말할 과학적 측면뿐 아니라 경제적, 사회적, 도덕적 그리고 윤리적인 문제들에 대한 비판적인 평가들 또한 수용하고 있다. 비록 이 책이 학부생과 대학원생들을 대상으로 쓰였지만 방대한 양의 사전지식을 담고 있지는 않다. 또한 다른 사람들이 이 책을 이해하기 쉽고 유용하고 즐겁게 받아들이기를 바란다. 우리는 이 책이 GM 작물에 관한 논의에 도움이 되길 원하고 이미 알고 있는 사람들 사이에서도 인식의 전환을 가져오길 바란다.

책의 첫 4개 장은 책의 나머지 부분이 잘 이해될 수 있도록 유전자 발현, 조직배양, 식물 형질전환과 같은 기술적인 내용을 다루고 있다. 이 4개의 장은 비단 기술적 내용뿐만 아니라 다른 생물학에 관련된 분야들에 관한 내용도 다루고 있다. 책의 나머지 부분은 작물의 향상에 기여하는 유전자 조작의 다양한 측면을 자세히 다루고 있다. 또 다른 4개의 장은 식물생명공학의 첫 번째 세대라 할 수 있는 농생물학분야(제초제, 병원균, 식물 병 저항성)에 대한 유전자 조작에 대해 깊게 다루고 있다. 남은 3개의 장은 스트레스 저항성, 작물 수확량과 품질, 분자생물농업 분야에 대해 더욱 도전적이고 다양하게 다루고 있다. GM 작물이 개발도상국에 대해 실제 생산에 관한 잠재력과 사회적, 경제적으로의 공리를 가지고 있다는 것 또한 이곳에서 다루었다. 12장에선 입법 체계와 경제적, 사회적, 도덕적, 윤리적 문제들에 대한 언급과 함께 식물생명공학의 과거, 현재, 미래에 대한 개요를 제공하려 노력했다.

책을 통틀어, 사례 조사는 본문에서 발생한 특정 부분들에 대해 확장된 분명한 예시로 사용되었다. 이 사례들은 각 장 본문의 부분을 의미한다. 그러나 전문적이고 새로운 내용들을 설명하는 데 필요한 배경지식들은 필요할 때 볼 수 있도록 별도의 말 상자에 정확히 명시되어 있다. 각 장의 마지막엔 더 읽을 부분이 있으며 이는 단순한 참조 항목이 아닌 더 많은 연구와 더 많은 지표를 보여줄 수 있도록 한다. 유익한 웹사이트들로 연결되는 다양한 웹들은 더 많은 읽을거리를 포함하고 있다. 이 월드와이드웹은 식물생명공학 연구에 대해 매우 유용한 자료를 제공해주지만 출처가 불분명한 정보에 대해서는 유의할 필요가 있다. 하지만 우리는 훌륭한 온라인 저널 사이트의 사용을 장려하여 대부분 무료로, 정보와 아이디어의 교류, 과학의 주춧돌 중 하나로 가능케 할 것이다.

이 책과 연관된 웹사이트들은 웹으로 연결되는 장의 하이퍼링크, 더 많은 참조 항목, 책에서 다운로드 받을 만한 수치, 업데이트된 부분을 포함하고 있다. 우리는 이 웹사이트들이 독자가 이 책을 충분히 이해하고 식물생명공학의 발전과 마주하게 돕기를 바란다. 우리는 이 책의 기초를 만든 원래 연구자들뿐만 아니라 이 책을 만드는데 공헌한 모든 사람들에게 감사한다. 우리는 이 책에 있을 수 있는 어떤 실수에 대해서도 사과하며 생략이나 실패 또한 모두 우리의 책임이라는 것을 인정한다. 마지막으로, 우리는 우리의 친구와 가족들, 특히 Arlene, Jane, 그리고 Hilary가 이 책을 집필하면서 준 격려와 지원에 감사를 표하고 싶다.

2003년 2월

두 번째 개정판 서문

우리가 이 두 번째 개정판의 준비를 위해 옥스퍼드 대학 신문에 초대되었을 때, 우리는 복잡한 감정에 직면했다는 것을 인정해야만 했다.

반면에, 우리는 첫 번째 개정판의 성공과 이를 칭찬하는 논평을 받았을 때 기뻤다. 이는 식물생명공학 분야가 성숙한 단계에 도달한 시기에 이에 대한 이해하기 쉬운 뚜렷한 교과서가 없었고 이 책이 그 역할을 했다는 확신을 심어주었다. 이 책이 미국(상업적 GM 작물의 고향)과 유럽(GM 작물에 대한 반감이 심한)뿐만 아니라 이 기술이 널리 인정받을 개발도상국에서도 유명해졌다는 것은 큰 즐거움이다.

반면에, 우리는 이 책에서 우리의 가르침이 큰 후회의 원천이 되었다는 것을 부정할 수 없다. 첫 번째 개정판이 출판된 지 얼마 지나지 않은 때에 영국의 DE Montfort 대학이 과학을 연구하는 사람들의 필요가 없어짐에 따라 생명과학과 화학분야의 문을 닫는 대학 중 하나가 되었다. 이것은 비록 여러 분야에서 가치가 있더라도 우리의 식물생명공학 분야의 남은 가르침을 이 책을 통해 완전히 시험할 기회가 더 없다는 것을 의미한다.

DE Montfort 대학은 우리가 몸담고 있고 이 책의 서문을 열정적으로 작성하여 주신 Elliot 교수님이 같이 계신 식물과학연구를 위한 Norman Barlaug Institute 또한 문을 닫게 되었다. 이 기관은 세계 식량 생산 증가의 많은 필요성에 대해 고심하며 고생산/고품질/저비용/낮은 환경영향 작물의 발전에 야심 있는 모험이었다. 이 기관은 1992년도 GM 작물에 대한 대중적 반발의 시기에 영국 대학의 자금 흐름을 유지하기 위해 노력하는 과정에서 대처할 수 없는 역경에 직면하였다. 12장에 기술된 영국 정부에 의한 GM 식량에 대한 반대의 연쇄반응 중 하나는 작물 향상에 직접 연관된 공적, 산업적 자금이 모두 말라버린 것이다. 좋든 나쁘든 간에, 영국 정부의 경쟁적인 식물 연구 투자는 유전학의 애기장대와 같은 모델 시스템에 집중되었다(1장과 13장 참고). 동시에, Research Assesment Exercise를 통한 영국 대학으로의 중앙 연구 자금 분배는 기관의 최우선 연구 과제가 연구의 완료와 발표가 아닌 인류에게 이득이 되는 작물 향상인 곳일 확률이 높다는 것을 의미한다. 결과적으로 식물생명공학에서 우리의 강의와 연구는 법의학, 의학, 약학, 섬유산업, 식량과 약용식물, 약학 또는 섬유 생산을 위한 유전자 조작 등의 분야를 포함한 대학의 학과들과 겹친다.

우리가 예측하지 못한, 더 이상 GM 식량작물 연구와 직접적인 관련이 없는 결과 중 하나는 지난 몇 년간 우리가 과정에 대해 실망스러운 시각을 던질 수 있게 해온 것이다. 예를 들어 세계 GM 작물 적용(상업화 이후 11년간 60배의 지역 증가)의 높아진 비율은 많은 GM 특성들의 증가와 일치되지 않아 왔다. 많은 제초제 저항성, 병원균 저항성을 가진 작물들의 개발의 급격한 진보와 함께 '큰 2개의 특성들'-제초제 저항성, 병원균 저항성-이 여전히 지배적이다. 지배적인 GM 작물 종은 세계에서 가장 중요한 식용 작물(쌀, 밀)보다는 미국의 주요 상업 작물로 남아 있다(콩, 옥수수, 목화, 유채). 특별한 부분은 우리가 첫 번째 개정판에서 기간에 대해 논의했던 병과 스트레스 저항성과 같은 중요한 작물학특성들 중에 많은 부분이 상업화 이전 시기에 실패해왔다는 것을 보여 준다는 사실이다. 몇 년 전까지 상당한 흥미 요소였던 더 소설적인 '분자농업' 특징들 중에 일부는 여전히 상업적인 효과를 만들 수 있다. 그렇다면 두 번째 개정판을 확립하는 식물생명공학의 새로운 분야는 무엇일까? Gateway 형식의 변화방향의 이론적 설명에 대한 중요한 기술적 진보가 있었고, miRNA 메커니즘의 확립은 가설과 antisense transgene silencing의 근거를 만든다. 그러나 주요한 발전은 생물학적 시스템과 유전자조작의 효과를 더 깊게 이해하는 데 있어서의 후기 유전체학을 포함한다. 그러므로 TILLTING 같은 진보는 목표로 하는 유전자에서 GM 기술 없이 돌연변이체를 고르는 가설에서의 'Post GMics'로 묘사될 수 있다. 이러한 이유로 우리는 식물유전체학의 현재 지위와 작물 반전에 대한 잠재적인 영향력을 검토하는 새로운 장을 써왔다.

우리는 또한 이 책의 형식과 발표를 향상하기 위해 이 기회를 사용했다. 색깔의 사용은 Boxes and Case studeis와 같은 장들의 구조적 요소들을 강조했다. 또한 글속의 수치에서의 중요한 특성을 보여주거나 키워드를 강조하기 위해 썼다. 더 넓은 여백은 중요한 개념들이 쓰이는 것을 허용한다. 우리는 이러한 향상이 책을 더 매력적이고 접근할 수 있도록 도울 것이라고 믿는다.

우리는 수년간 Norman Brlaug Institute의 인도주의적 목표를 위한 식물생명공학에 날개를 달 비전을 공유했던 모든 동료들에게 이 두 번째 개정판을 헌정하려 한다.

2008년 1월

차 례

Abbreviations

ABA	abscisic acid
ABRE	abscisic acid-response element
ACC	1-amino-cyclopropane-1-carboxylic acid
ACCase	acetyl-CoA carboxylase
ACMV	African cassava mosaic virus
ACP	acyl carrier protein
AdoMetDC	S-adenosyl-*l*-methionine decarboxylase
AFLP	amplified-fragment length polymorphism
AGI	*Arabidopsis* Genome Initiative
AlMV	alfalfa mosaic virus
ALS	acetolactate synthase
AMPA	aminomethylphosphonic acid
APHIS	Animal and Plant Health Inspection Service
ArMV	arabis mosaic virus
AuxRE	auxin-response element
BADH	betaine aldehyde dehydrogenase
BAP	6-benzylaminopurine
BNYVV	beet necrotic yellow vein virus
bp	base pair(s)
BSE	bovine spongiform encephalitis
Bt	*Bacillus thuringiensis*
BYDV	barley yellow dwarf virus
bZIP	basic leucine zipper
CaMV	cauliflower mosaic virus
CAT	chloramphenicol acetyltransferase
CDK	cyclin-dependent kinase
cDNA	complementary DNA
CE	coupling element
cM	centiMorgan
CMO	choline monooxygenase
CMS	cytoplasmic male sterility
CMV	cucumber mosaic virus
CoA	coenzyme A
COR	cold-responsive
CP	capsid or coat protein

CPMR	coat protein-mediated resistance
CPMV	cowpea mosaic virus
CpTI	cowpea trypsin inhibitor
CRT	C-repeat
2,4-D	2,4-dichlorophenoxyacetic acid
DAHP	3-deoxy-*d*-arabino-heptulosonate 7-phosphate
DCL	Dicer-like protein
DEFRA	Department for Environment, Food and Rural Affairs
DFR	dihydroflavonol-4-reductase
DHFR	dihydrofolate reductase
DNA	deoxyribonucleic acid
DP	degree of polymerization
2D-PAGE	two-dimensional polyacrylamide gel electrophoresis
DRE	dehydration-responsive element
ds	double-stranded
DST	downstream element
EDTA	ethylenediaminetetra-acetic acid
EFSA	European Food Safety Authority
ELISA	enzyme-linked immunosorbent assay
EPA	(US) Environmental Protection Agency
EPSPS	5-enolpyruvylshikimate-3-phosphate synthase
ER	endoplasmic reticulum
ERA	environmental risk assessment
EST	expressed-sequence tag
EU	European Union
FDA	(US) Food and Drug Administration
GBSS	granule-bound starch synthase
GFP	green fluorescent protein
GGDP	geranyl geranyl diphosphate
GM	genetically modified
GMO	genetically modified organism
GNA	*Galanthus nivalis* (snowdrop plant) agglutinin
GOX	glyphosate oxidase
GSH	glutathione
GSSG	oxidized glutathione
GST	glutathione S-transferase
GUS	β-glucuronidase
HEAR	high-erucic-acid rape
HIV	human immunodeficiency virus
HPP	hydroxyphenylpyruvate
HPPD	hydroxyphenylpyruvate dioxygenase
hpRNA	hairpin RNA
HR	hypersensitive response
HSA	human serum albumin

HSE	heat-shock element
HSF	heat-shock factor
HSP	heat-shock protein
IAA	indole-3-acetic acid
ICP	insecticidal crystal protein
Ig	immunoglobulin
2iP	N^6-(2-isopentyl)adenine
IPR	intellectual property right
IRGSP	International Rice Genome Sequencing Project
IRRI	International Rice Research Institute
ISAAA	International Service for the Acquisition of Agri-Biotech Applications
JIP	jasmonate-induced protein
kb	kilobase(s)
kDa	kilodalton
K_M	Michaelis–Menten constant
LEAR	low-erucic-acid rape
LRE	light-responsive element
LRR	leucine-rich repeat
LTRE	low-temperature-response element
MAPK	mitogen-activated protein kinase
MAR	matrix-attachment region
MCS	multiple cloning site
miRNA	microRNA
MP	movement protein
mRNA	messenger RNA
MS	Murashige and Skoog (culture medium)
4-MU	methylumbelliferone
4-MUG	4-methylumbelliferryl-β-*d*-glucuronide
NAA	1-naphthylacetic acid
NADPH	reduced nicotinamide adenine dinuleotide phosphate
NB	nucleotide-binding
NLS	nuclear localization signal
NPC	nuclear-pore complex
NSP	nuclear shuttle protein
NVCP	Norwalk virus capsid protein
ORF	open reading frame
PAMP	pathogen-associated molecular pattern
PCR	polymerase chain reaction
PDR	pathogen-derived resistance (originally known as parasite-derived resistance)
PEG	polyethylene glycol
PEP	phosphoenolpyruvate
PEPC	phosphoenolpyruvate carboxylase

PG	polygalacturonase
PHA	polyhydroxyalkanoate
PHB	polyhydroxybutyrate
Phy	phytochrome
PLRV	potato leafroll virus
PME	pectin methylesterase
Pol	polymerase
PPT	phosphinothricin (also known as glufosinate)
PR	pathogenesis-related
PRSV	papaya ringspot virus
PTGS	post-transcriptional gene silencing
pv.	pathovar
PVX	potato virus X
PVY	potato virus Y
QTL	quantitative trait locus
RAPD	random-amplified polymorphic DNA
rbcL	ribulose-1,5-bisphosphate carboxylase/oxygenase large subunit
rbcS	ribulose-1,5-bisphosphate carboxylase/oxygenase small subunit
RdRp	RNA-dependent RNA polymerase
RFLP	restriction-fragment length polymorphism
RIP	ribosome-inactivating protein
RISC	RNA-induced silencing complex
RNA	ribonucleic acid
RNAi	RNA interference
ROS	reactive oxygen species
rRNA	ribosomal RNA
Rubisco	ribulose-1,5-bisphosphate carboxylase/oxygenase
S	Svedberg unit
SA	streptococcal antigen
SAG	senescence-activated gene
SAGE	serial analysis of gene expression
SAR	systemic acquired resistance
SAUR	small auxin-up RNA
SBE	starch-branching enzyme
scFv	single-chain variable fragment antibody
sg	subgenomic
sIgA	secretory IgA
siRNA	small interfering RNA (or guide RNA)
SNP	single-nucleotide polymorphism
SOD	superoxide dismutase
ss	single-stranded
SSR	simple sequence repeat
TAG	triacylglycerol

TBP	TATA-binding protein
T-DNA	transfer DNA (that part of the Ti plasmid of *Agrobacterium* spp. incorporated into the genome of infected cells; not tDNA)
TetC	tetanus toxin fragment C
TetR	tetracycline repressor
TEV	tobacco etch virus
Ti	tumour-inducing
TILLING	targeted induced local lesions in genomes
TMV	tobacco mosaic virus
TPS	Technology Protection System
tRNA	transfer RNA
TSWV	tomato spotted wilt virus
tTA	tetracycline transactivator
TTSS	type-III protein-secretion system
uORF	upstream ORF
USDA	US Department of Agriculture
UTR	untranslated region
VIP1	VirE2-interacting protein 1
VLP	virus-like particle
VPg	viral genome-linked protein
ZYMV	zucchini yellow mosaic virus

역자소개

1장	**박영훈**	부산대학교 생명자원과학대학 원예생명과학과
2장	**김종보**	건국대학교 의료생명대학 생명과학부 생명공학전공
3장	**김선형**	서울시립대학교 자연과학대학 환경원예학과
4장	**정영희**	전남대학교 생명과학기술학부
5장	**박태호**	대구대학교 생명환경대학 원예학과
6장	**김선태**	부산대학교 생명자원과학대학 식물생명과학과
7장	**류기현**	서울여자대학교 자연과학대학 원예생명조경학과
8장	**홍진성**	강원대학교 농업생명과학대학 응용생물학과
9장	**이병하**	서강대학교 자연과학부 생명과학전공
10장	**김남수**	강원대학교 의생명과학대학 분자생명과학과
11장	**권석윤**	한국생명공학연구원 식물시스템공학연구센터
12장	**황철호**	단국대학교 생명자원과학대학 식량생명공학과
13장	**이긍표**	중앙대학교 생명자원공학부 식물시스템과학전공

1

식물 유전체 : 식물 유전자의 구성과 표현

개요

진핵생물에서, 유전 정보는 **디옥시리보핵산(DNA)**이라 불리는 중합체의 형태로 저장되어 있다. 이러한 DNA에는 삶의 복잡한 시스템을 만들고 조절하는 모든 명령들이 저장되어 있고 이러한 명령들은 유전자라는 DNA에 저장되어 있다. 분자 용어로 유전자들은 DNA의 염기서열이라고 하는데 이는 단백질(효소들과 구조 단백질들)과 가능적인 리보핵산(RNA ; 핵산의 또 다른 분류)을 만드는 역할을 한다. 식물에서(대부분 진핵생물에서 그러하듯이) 각 유전자는 하나의 단백질이나 기능적 RNA로 암호화(뒷 장에서 이는 매우 간략화된 관점이라는 것을 알 수 있겠지만)한다라고 볼때, 식물과 같이 복잡한 유기체에는 아주 많은 수의 유전자가 존재한다는 것은 그리 놀라운 것이 아니다. 세포핵이나 세포기관 내에 존재하는 DNA 전체를 **유전체**라 부른다. 핵에서의 DNA(핵 유전체)는 크고 직선형의 DNA 분자들로 존재하는데 이를 **염색체**라 부른다. 염색체의 크기나 수는 식물체의 종에 따라 달라지기 때문에 식물체의 종 간 유전체의 크기는 다양하게 된다.

● 식물은 3개의 유전체가 있다 : 핵 유전체, 미토콘드리아 유전체, 엽록체 유전체

식물들은 동물들과 달리 2개의 다른 유전체를 갖고 있다(BOX 1.1). 동물들에서는 공통적으로 미토콘드리아 유전체를 가지고 있지만, 식물들은 미토콘드리아와 함께 엽록체 유전체를 가지고 있다. 미토콘드리아와 엽록체의 유전체는 직선형이 아닌 원형으로 존재하고, 각 세포기관 내에는 다수의 유전체 복사본이 존재할 수 있다. 유전 정보의 대부분은 핵 유전체에 들어있지만 반드시 그런 것은 아니다. 또한 핵 유전체는 식물생명공학 분야에서 가장 일반적으로 조작되는 유전체 이기도 하다. 이번 장에서는 유전체에 대한 개요와 유전체 내 유전자들이 어떻게 배열되고 조절되는지 살펴보고자 한다.

DNA, 염색질, 염색체 구조

DAN는 이중나선구조로 알려져 있고, 그 구조는 1953년 크릭과 왓슨에 의해 밝혀졌다. 직선이고 이중나선 분자이며 두 가닥이 반대 방향으로 향하는 DNA는 수소결합에 의해 결합 되어 있다. 이러한 DNA가 핵 속에 단단히 포장되기 위해서 세심하게 나열 되어야 하며 그에 맞는 고차원적 구조가 나와야 한다. 전형적인 고등 진핵생물의 핵 속의 DNA의 총 길이가 수 미터에 이른다고 생각해 보면 이러한 DNA의 포장의 필

BOX 1.1 식물의 엽록체와 미토콘드리아 유전체

색소체와 미토콘드리아는 초기 진화에서 원핵생물로부터 공생체에 진핵생물로 흡수되어 진화되었다고 생각된다. 비록 진핵 세포로 독립적인 존재 할 수 없지만, 색소체와 미토콘드리아는 원핵생물의 조상들이 갖는 많은 특징들을 갖고 있다. 이 둘 세포 소기관들은 각 자신의 유전체를 갖고 있지만, 그와 비교하여 핵의 유전체는 극도로 단순하다. 이렇게 단순한 이유 중 하나가 진화되는 동안 기관 내의 많은 유전자들이 핵으로 되기 때문으로 보여진다. 그래서 엽록체와 미토콘드리아에서 역할을 하는 많은 단백질들이 핵의 유전자에 의해 암호화되고 기관들로 이송 되었다.

소기관들의 유전체들은 원핵생물 조상들의 특징들을 유지해 왔다. 소기관 유전체들은 핵 유전체의 염색질처럼 복잡한 구조가 아닌 세균 유전체와 같은 원형이다. 엽록체와 미토콘드리아의 몇몇 유전자는 일반적인 조절인자나 프로모터를 가진 오페론으로 나열되어져 있다. 많은 엽록체와 미토콘드리아 유전자의 프로모터들은 원핵생물의 프로모터의 특징을 보인다. 엽록체와 미토콘드리아의 단백질 합성도 원핵생물의 단백질 합성과 역시 비슷하다.

엽록체 유전체

● 엽록체 유전체는 원형의 이중 가닥의 DNA 분자이다.

엽록체 유전체는 원형이고, 이중 나선 DNA 분자로 엽록체의 스트로마에 위치해 있다. 엽록체 유전체는 식물 종간 아주 잘 보존 되어져 있다. 각 엽록체에는 하나의 복제 이상의 유전체가 들어 있다(발달 과정 동안 유전체 수는 다양해지지만 어린 잎의 엽육 세포에는 100개의 유전체 복사본이 있다).

다른 종의 엽록체 유전체와 옥수수 엽록체 유전체 간 비교한 모습을 통해 자세한 엽록체 유전체의 그림을 참고해 볼 수 있다. 대부분 엽록체 유전체들은 120-160kb 사이의 크기 이고 120-140개의 유전자를 포함한다. 엽록체 유전체는 역위 반복(inverted repeat) 배열들의 유무에 따라 3개의 그룹으로 나눌 수 있다. 육생 식물의 대부분은(콩과와 침엽수를 제외한) 역위 반복 배열이 존재 함에 따라 그룹2의 특징을 갖는다.

표에서 보듯이, 엽록체 유전체에 존재하는 대부분의 유전자는 단백질 합성이나 광합성에 관여하는 유전자들이다(비록 광합성을 위한 단백질을 암호화하고 있는 유전자의 대부분은 핵에 있지만). 대부분 이러한 유전자들은 분류되어 지는데, 소수 혹은 단일 시스트론성 전령 RNA의 과정을 거친 커다란 시스트론성 첫 번째 전사물의 형태로 발현된다.

미토콘드리아 유전체

모든 진핵생물에 공통적으로 존재하는 미토콘드리아는 역시 그 자체의 유전체를 갖고 있다. 식물의 미토콘드리아 유전체는 포유류와 효모균들의 것보다 훨씬 큰데, 배추 속 식물의 200kb 크기로부터 머스크멜론의 2 500kb 이상까지 다양한 크기를 가진다. 이러한 다양성의 기본은 부분적으로 암호화 되지 않는 넓은 영역의 DNA가 누적됨으로 인해 온 것이다. 그래서, 옥수수의 미토콘드리아의 유전체는 엽록체 유전체보다 훨씬 크지만 더 적은 수의 유전자를 갖고 있고, 이러한 유전자의 대부분이 단백질 합성이나 호흡 전자 전달 관련 유전자가 대부분이다. 식물의 미토콘드리아 DNA 역시 엽록체 DNA를 포함하고 있다(**promiscuous DNA**).

놀랍게도 식물의 미토콘드리아 유전체는 그 구조가 변하는 것을 볼 수 있다(비록 이러한 유전체는 일반적이긴 하지만). 완전한 원형의 **master 염색체**(master chromosome)

BOX 1.1 (계속)

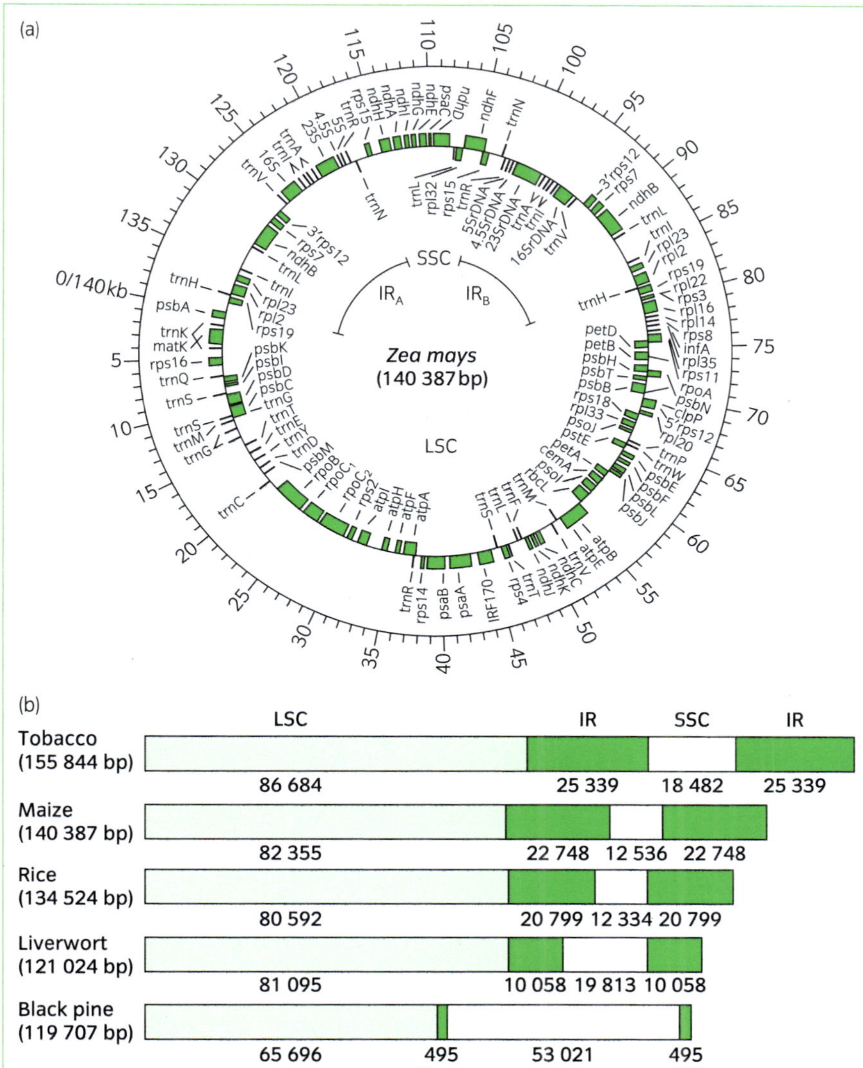

(a) 옥수수 엽록체 유전체 지도. 옥수수의 엽록체 유전체는 140 387염기쌍(bp). 이는 작고(12 536bp) 큰(82 355bp) 단일 복사된 부분(SSC와 LSC)으로 분리되는 역위 반복 배열들(IR_A와 IR_B)를 포함하고 있다. 원의 바깥 부분 유전자들은 시계방향으로, 원 안쪽의 유전자들은 반시계방향으로 전사된다. 종합적으로, 리보좀 RNA 유전자에서 A+T가 61.5%를 포함하지만 이는 71.2%에서부터 암호화되지 않은 부분의 45.3%까지의 다양성을 가진다. (b) 염기서열이 밝혀진 엽록체 유전체의 길이와 특징 분석 (Redrawn with permission from Maier *et al.*(1995).)

(다음 장 계속)

BOX 1.1 (계속)

(혹은 기본 집단)는 모든 미토콘드리아 유전자들을 갖고 있다.; 그러나 한번도 분리되어나 확인된 적은 없다. 원형 DNA의 집단들이 미토콘드리아 유전자의 완전한 세트가 되기에는 부족하다는 것이 밝혀졌다. 이는 미토콘드리아 DNA의 반복 DNA 염기서열들간의 재조합에 의한 기본 염색체로부터 형성되는 것으로 생각된다.

Gene-product function	Acronym[a]	Number of genes in chloroplast genome
Transcription/translation		
rRNA	*rrn*	4
tRNA	*trn*	30
Ribosomal proteins		
— small subunit	*rps*	12
— large subunit	*rpl*	9
RNA polymerase	*rpo*	4
Translation initiation factor	*inf*	1
Photosynthesis		
Photosystem I	*psa*	5
Photosystem II	*psb*	14
Large subunit of Rubisco	*rbcL*	1
Cytochrome	*pet*	4
ATP synthase subunits	*atp*	6
NADH dehydrogenase	*ndh*	11

[a]The acronym can be used to identify the position of the gene in the genome.
Rubisco, ribulose-1,5-bisphosphate carboxylase/oxygenase.

요성은 당연한 것이다.

염색질

● 핵의 DNA는 광범위한 이차 구조를 나타내며 이는 단백질과 연관되어 있다.

DNA 포장에 있어 일차 구조는 염기성 단백질인 히스톤으로 구성된 중심에 DNA가 둘러 싸고 있다(그림 1.1). 각 중심은 DNA가 두 바퀴 정도 둘러 싸고 있으며(약 150 염기쌍(bp)) 그것을 **뉴클레오솜**이라 부른다. 각 뉴클레오솜들은 공간 DNA에 의해 구분되어 지며, 그 길이는 다양하다. 이러한 뉴클레오솜의 연속적인 끈은 'beads-on-string' 구조라 불리고 더욱더 꼬여져 두께 30-nm의 섬유를 만들어낸다. 나아가 이러한 30-nm 섬유는 한 회전마다 6개 뉴클레오솜으로 된 원통코일 구조를 이룬다. 이러한 30-nm 섬유는 섬유를 다양한 지점에서 하나의 단백질 비계(scaffold)에 고정 시키며 **고리(loop)**를 형성함으로써 더욱더 조직화 된다. 염색체가 응축되어 현미경으로 관찰 시 눈에 보이게 되는(체세포 분열 시에 이러한 고리는 더욱 더 감기게 된다.

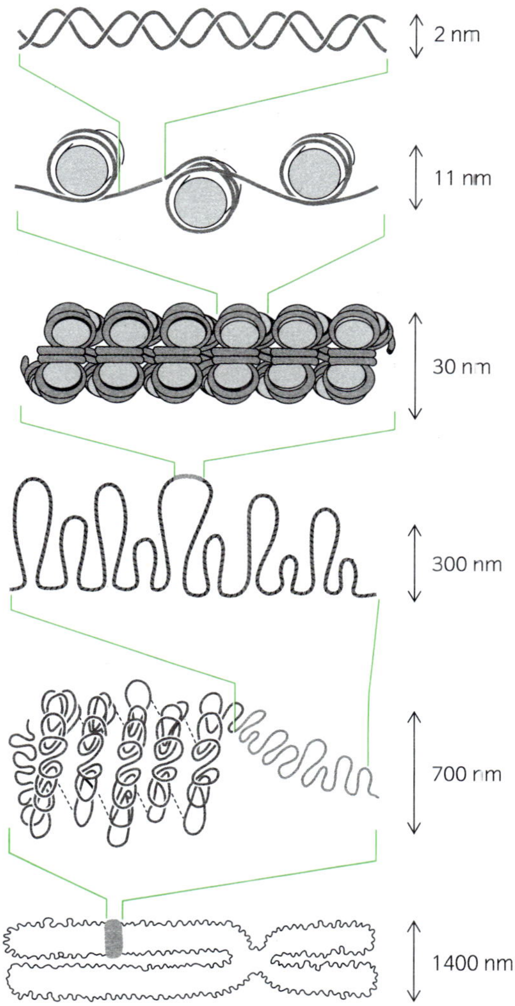

그림 1.1 DNA, 염색질의 구조와 염색질의 고차원적 포장. DNA는 직선의 이중가닥 분자이다. 뉴클레오솜은 염색질의 기본 단위이고 대략 150bp의 DNA가 히스톤 단백질의 중심을 두 바퀴 정도 감싸고 있다. 이러한 중심은 각 히스톤 H2A, H2B, H3, H4들 2개씩 구성되어져 있다. 뉴클레오솜들은 히스톤 H10 붙어 있는 공간 DNA(spacer DNA)에 의해 분리되어 있다. 이러한 뉴클레오솜의 끈으로 연결되는 구조는 DNA 길이를 많이 줄여준다. 이러한 구조는 한번 감길 때 6개의 뉴클레오솜을 포함하는 솔레노이드 구조의 30nm의 섬유를 만들기 위해 다시 감긴다. 이렇게 만들어진 30nm의 섬유는 AT가 많은 부분(scaffold-관련 부분)을 기점으로 고리모양으로 구성되어 단백질 scaffold가 된다. 체세포 분열시, 많은 양의 유전자의 전사가 중단됐을 때, 이러한 고리는 더더욱 감기어서 염색체는 응축되게 된다.(Reproduced with permission from Albert *et al*.(1989).)

유전자 구조와 유전자 발현 개요

● 세 가지의 RNA 형태가 있다 : 전령 RNA, 리보솜 RNA, 운반 RNA.

전사단위라 불리는 유전체 부분은 **리보핵산**(ribonucleic acid, **RNA**)이라 불리는 또 다른 핵산의 합성을 위한 주형가닥으로 사용된다. 세 가지 종류의 RNA가 있다: 리보솜의 구성요소인 리보솜 RNA(rRNA); 단백질 합성이나 번역과정에 관여하는 small RNA의 한 종류인 운반 RNA(tRNA); 그리고 DNA로부터 단백질을 암호화하는 정보를 가지고 있으며 그 후 단백질이 합성되는 동안 번역되는 전령 RNA(mRNA)이다. 최근 다양한 과정에서 아주 중요한 역할을 하는 또 다른 종류의 RNA가 발견되고 있고 이에 대해서는 BOX 1.2에서 자세하게 설명하고 있다. 다른 종류의 RNA의 과정과 관련된 내용에 대해서는 4장과 8장에서 설명할 예정이다. 비록 rRNA와 tRNA는단백질로 번역되지 않지만, 이러한 RNA를 암호화하는 DNA부분은 여전히 유전자라 불린다.

진핵생물의 단백질-암호 유전자의 구조와 발현

● 식물의 단백질-암호 유전자의 구조는 진핵생물의 단백질-암호 유전자와 비슷하다.

식물생명공학이 대체적으로 단백질을 암호화하는 유전자를 다루기 때문에, 이러한 유형의 유전자의 구조도 자세히 관찰될 수 있다. 그림 1.2는 진핵생물의 단백질을 암

BOX 1.2 소형 RNA

최근의 가장 중요한 발견 중 하나는 RNA 분자가 유전자 발현을 조절할 수 있다는 것이고 그로 인해 생물학적인 과정들에 있어 다양한 범위로 영향을 미친다는 것이다. 이러한 발견 이전에는 RNA가 2개의 일반적인 기능으로 나누어 질 수 있었다: DNA로부터의 단백질 암호화 정보를 옮기고 단백질을 합성하는 동안 번역과정을 거치는 전령 RNA와 구조적이고 해독을 하는 리보솜 RNA와 운반 RNA이다. 그러나, 최근 RNA 간섭과 전사 후 유전자 침묵현상(PTGS) 등 대표적으로 꼽히는 유전자-침묵 현상 연구로 유전자 발현을 조절하는 새로운 종류의 RNA를 발견하게 되었다.

마이크로 RNA(Micro RNA)

마이크로 RNA(miRNA)는 식물의 유전체(대부분 다세포 조직체)에서 짧은(21-24염기) RNA를 암호화 하고 있고 miRNA에 상보성을 갖는 높은 수준을 보이는 전령 RNA의 PTGS에 속하고 있다. 식물에서 miRNA 유전자는 일반적으로 단백질 암호화하는 유전자와 관련이 없는 유전체 부분에서 발견된다. 동일하거나 비슷한 miRNA를 만들어내는 유전자 가족들에서 불필요하게 중복되는 것들은 정리되는 것으로 보여진다. miRNA는 일반적으로 식물체 종간 잘 보존되어져 있다.

성숙된 miRNA들은 전사과정과 첫번째 전사체(pri-miRNA)에서 성숙된 단일가닥의 miRNA를 만드는 과정의 복잡한 단계를 통해 만들어진다. 이러한 miRNA는 표적으로 하는 전령 RNA와 상호작용을 통해 표적 전령 RNA를 직접 쪼개어 놓는다. 이러한 과정을 아래에서 더욱 자세히 설명해 놓았다.

BOX 1.2 (계속)

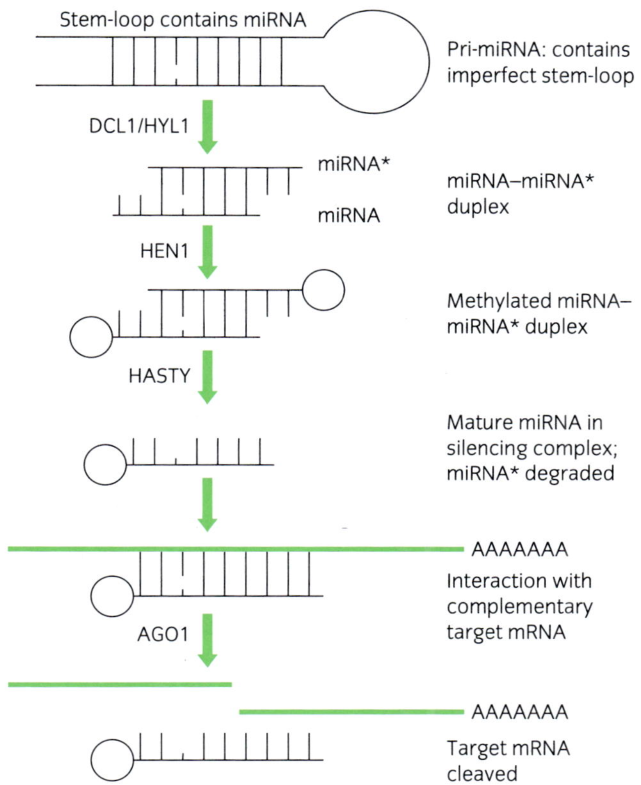

마이크로 RNA 생성과 활동. miRNA 유전자에서의 첫번째 전사체는 성숙한 miRNA를 만드는 데 필요한 것보다 더 길다. 전사체는 miRNA 염기서열을 포함하는 stem-loop, 헤어핀 형성이 가능해야 한다. miRNA 염기서열은 알려진 miRNA* 염기와 상보적인 염기쌍이 이루어져 있다. 이러한 첫번째 miRNA(pri-miRNA)는 전령 RNA와 같이 RNA 중합효소II를 이용한 전사에 의해 생성된다. pri-miRNA는 Dicer(애기장대에서는 DCL1)로 알려져 있는 핵산내부가수분해효소(endonuclease) 같은 특정한 RNaseIII에 의해 두 곳에서 쪼개어져서 miRNA-miRNA* 이중결합이 풀어진다. pri-miRNA 분자 위에서 정확히 DCL1이 어떻게 인지하여 자르는지는 알려져 있지 않지만, HYL1같은 RNA-결합 단백질이 타겟 부위를 인지하게 도와주는 것으로 생각된다. miRNA-miRNA*의 이중결합은 HEN1에 의해 메틸화 되고 이것은 miRNA-miRNA*의 이중결합을 안정화하는데 도움을 준다. 표적 전령 RNA를 쪼개어 나누기 위해, miRNA-miRNA*의 이중결합은 핵으로 나오게 되고 이러한 과정은 HASTY(importin β family member)같은 miRNA 수출자(exporter)에 의해 도움을 받아 이루어진다. 세포질에서 miRNA-miRNA*의 이중결합이 진행되는데, miRNA 가닥은 알려져 있는 RISC(RNA induced silencing complex)로 우선적으로 포함이 된다. miRNA* 가닥은 분해된다. RISC는 아고너트(Argonaute)(애기장대에서는 적어도 10개의 아고너트 AGO 단백질이 있지만 그 중 AGO1만이 miRNA 기능에 필요한 것으로 알려졌다)이라는 중요한 단백질을 포함하고 있다. 아고너트 단백질은 유전자-침묵(gene-silencing) 현상의 범위에서 중요한 기능을 하는 2개의 도메인으로 이루어져 있다: RNA-결합 도메인(PAZ domain)과 PIWI 도메인인데 이는 전령 RNA 분리와 RNase H 효소와의 분리에 중요하다. 비록 miRNA가 역시 번역을 방해하는 것이 보여지지만 AGO1은 유전자 침묵의 결과의 타겟 전령 RNA를 쪼개어 놓는다. (*다음 장 계속*)

BOX 1.2 (계속)

miRNA는 식물에서 종종 전사인자 전령 RNA를 통해 많은 발달 과정들을 조절한다. 이들은 역시 스트레스(생물적 무생물적 모두)에 대한 반응, 신호, 신진대사, 그리고 흥미롭게도 miRNA 경로 조절 같은 다양한 과정들도 조절한다(DCL1과 AGO1 전령 RNA 둘 다 miRNA-유도된 분해에 대한 대상이다).

작은 방해 RNAs(small interfering RNAs)

miRNA에 대해 살펴 보았고 특정한 전령 RNA를 분리함으로 어떻게 유전자 발현을 조절할 수 있는지, 그리하여 유전자 침묵을 유도했는지 살펴보았다. 그러나, miRNA는 작은 RNA 중 발견된 것 중 처음이 아니다.

유전자 침묵(Gene siliencing)

RNA 침묵, 혹 PTGS는 식물에서 처음 발견되었는데, 여기서는 여러 외부 전이유전자(transgene) 간 혹은 전이유전자와 식물 내재성 유전자(endogenous gene) 사이의 상호작용으로 특정한 전령 RNA가 분해된다. 이러한 분해는 특이 염기서열에서 일어나며 전이유전자와 내재성 유전자의 침묵이 생기게 된다. 이는 식물생명공학에서 많은 영향을 미칠 것이고 더 자세한 것은 4장에서 논의하도록 하겠다. 그리고 바이러스에 의한 유전자 침묵(8장), 그리고 그에 의해 비슷한 메커니즘으로 바이러스 전사체(그리고 비슷한 핵 유전자들의 전사체)들이 분해되는 것을 자세히 보여준다. RNAi의 발견과 설명으로 이러한 현상들은 작고(21–26염기), 이중가닥의 RNA 분자에 의해 분해과정의 일부로 일어나는 것임이 밝혀졌다. 여러 가지 이유로 이러한 작은 방해 RNA(siRNA 혹은 유도 RNA)들은 위에서 설명한 miRNA와 비슷하다; 그러나 그들은 몇 가지 특별한 특징을 갖고 있다.

miRNA와 달리, 불완전한 stem-loop 구조를 갖는 RNA 분자로부터 생성되는데, siRNA는 길고, 이중가닥의 RNA 분자로부터 생성된다. 이중가닥의 RNA는 여러 가지 다른 메커니즘에 의해 생길 수 있다. 전이 유전자에 의한 유전자 침묵에서는 전이 유전자 안티센스(antisense)의 전사 산물과 상보 전령 RNA 전사물간 결합이 일어난다. 이는 역시 역반복 배열에 배열된 전이 유전자에서도 일어난다. 만약 전이 유전자가 센스(sense)방향에 있다면, 이중가닥 RNA를 따라 전사(보통 이러한 비정상적 전사는 상당히 필요하다; 정확히 무엇을 비정상적 전사라고 하는지 명확하지 않다)되어 복사하는 RNA 의존성 RNA 중합효소의 활성에 의해 이중 나선 RNA가 생성될 것이다. 바이러스에 의한 유전자 침묵에서 바이러스 DNA와 RNA 둘 다 길고 이중가닥의 RNA 분자를 만들어 낼 수 있다.

이중가닥의 RNA는 여러 siRNA 듀플렉스(duplex)들을 만드는 dicer-같은 핵산내부가수분해효소의 활성으로 쪼개어진다. 애기장대에서 보통 이러한 절단들은 DCL1이 아닌 다른 dicer-like family인 DCL3과 DCL4가 필요하다. 듀플렉스는 작고(21개 염기) 긴(24–26염기)것으로 2개의 생성물이 생기고, 그것들은 하나의 Dicer-같은 활성 이상이 반영될 수 있다. miRNA와 같이 siRNA의 단일 가닥은 타겟 RNA를 절단을 하는 곳인, RNA-induced silencing complex(RISC)에 포함된다.

Trans-acting siRNA(ta-siRNA)라고 불리는 siRNA의 다른 부류는 miRNA와 siRNA의 기본 메커니즘과 같이 만들어진다. 그러나, 몇 가지 다른 점은: ta-siRNA는 긴 이중가닥의 RNA의 절단이 DCL-4에 의해 이루어진다. 이러한 이중가닥의 RNA는 RNA-의존적

BOX 1.2 (계속)

RNA 합성효소에 의해 만들어지는데, 이는 주형가닥으로 ta-siRNA 전구체의 일부로 사용된다. 주형가닥은 ta-siRNA 전구체가 miRNA에 의해 자체적으로 쪼개짐으로 생성된다. DCL4 절단 생성물은 miRNA와 같이 RISC에 포함되고 타겟 RNA를 절단한다.

RNA-directed methylation

모든 RNA 침묵 합성경로들은 DNA의 메틸화를 가능하게 하고 그로 인해 전사 단계에서 침묵 유전자가 발현된다. 긴 이중가닥의 RNA 상 Dicer-같은 활성으로 인해 생성되는 더 긴(24-26염기) siRNA는 타겟 유전자 부분의 사이토신 잔기의 메틸화로 인해 생성된다. 이러한 메틸화는 유전자의 전사가 감소되어 전사, 전사 후 모두 유전자 침묵이 된다. 비슷한 효과가 miRNA를 생성하게 된다.

흥미롭게도, RNA-유도된 DNA 메틸화는 타겟 RNA의 쪼개짐 없이 일어날 수 있다. RNA-유도된 전사 유전자 침묵에서 전사체들은 RNA-의존적 RNA 중합효소에 의해 복사가 일어나 이중가닥의 RNA가 된다. 이러한 이중가닥 RNA는 DCL3에 의해 절단이 일어나고 siRNA가 RNA-induced transcriptional silencing complex(RITS complex)에 포함되게 된다. RISC와 같이 RITS 복합체는 이러한 경우 AGO4같은 아고너트 집단의 멤버에 속한다. 이러한 메커니즘은 주로 직접 반복 서열과 몇몇 전이 유전자의 유전자 침묵과 관련이 있다.

호화 하는 유전자의 주요 특징에 대한 대략적인 내용을 나타내고 있다. 각 전사 단위는 자체 조절 부위와 관련되어 있고, 그 곳의 가장 중요한 부위는 프로모터라 불리는 유전자의 5′ 말단이다. 프로모터의 한 가지 중요한 점은 전사과정이 이루어지는 동안 **전사(Transcription)**라고 불리는 DNA를 주형으로 하여 RNA 복사본을 만드는 과정에서 중요한 역할을 하는 RNA 중합효소II의 결합 부위를 포함하고 있다는 것이다. 전사는 RNA 중합효소 결합 부위 부근의 정해진 지점(전사시작 부위)에서 시작된다(그림 1.3)

전사 단위는 RNA 중합효소에 의해 전령 RNA의 전구체로 전사된 유전자 부위를 말한다. 이러한 전령 RNA 전구체는 5′ 말단의 비해석부위(UTR; 그림 1.2A)와 암호화된 부위, 그리고 3′ 말단의 비해석부위(B)로 구성되어 있다. 암호화된 부위는 엑손과 인트론으로 구성되어 있다. 엑손은 성숙한 전령 RNA의 대표물로 단백질(번역 될) 합성에 필요한 정보를 갖고 있으므로 그들을 **암호화(coding)**라고 말한다. 엑손들은 인트론(모든 유전자가 인트론이 있는 것은 아니다)들에 의해 분리되어져 있는데, 인트론들은 성숙한 전령 RNA에는 존재하지 않으므로 **비암호(non-coding)**라 말한다.

● 엑손으로 알려져 있는 단백질 암호화 부분은 비암호화 부분 인트론에 의해 방해 받는다.

유전자의 3′ 말단 역시 아데닐산중합반응(polyadenylation)이나 폴리 A, RNA의 아데닐화에 필요한 신호역할을 하는 부위(AATAAA)를 포함하고 있다. 아데닐산중합반응과 전령 RNA 전구체의 가공과정을 거치는 동안 RNA는 쪼개어지고 그 결

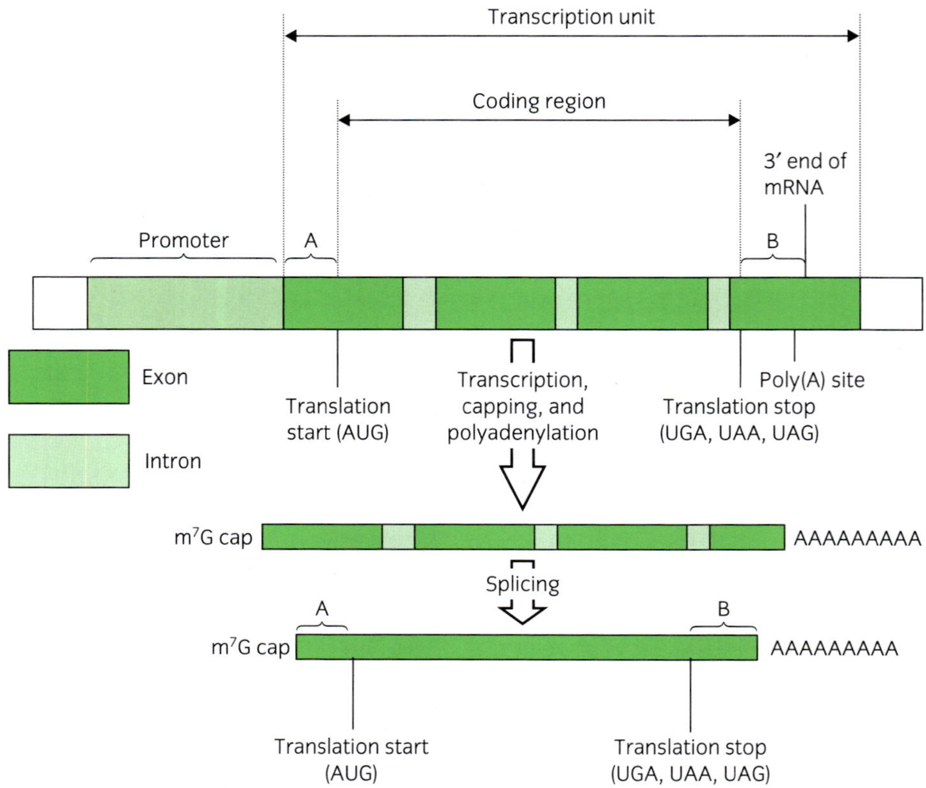

그림 1.2 진핵생물의 단백질 암호화 유전자의 구조와 발현. 자세한 내용은 본문에 설명하였다.

과 전령 RNA 전구체가 전사단위 보다 더 짧아지게 된다. 그 후 5′ 말단 부위에 3개의 인산그룹으로 인해 7-methylguanosine의 **캡(cap)**이 만들어지면서 전령 RNA 전구체 역시 변형이 된다. 이러한 캡과 폴리 A는 RNA가 핵산 가수분해 효소에 의한 파괴를 막을 수 있게 안전한 상태를 만든다.

전령 RNA 과정을 거치는 동안 인트론들은 제거된다. 엑손/인트론 경계는 인트론을 잘라내고 제거할 수 있게 하는 신호 역할의 특정 염기서열로 구분된다. 인트론의 왼쪽(5′ 말단) 부위(AAG↓GUAAGU, ↓는 끊어지는 부위를 가리킨다)가 처음으로 잘리고, 잘린 인트론 부분은 뒤쪽으로 가서 오른쪽 경계 부위(GCAG↓GU)의 특이 염기 서열에 가서 붙음으로 고리가 형성 된다. 이 구조를 **레리어트(lariat)**라고 한다. 그 다음 오른쪽 경계가 끊어지면서 엑손끼리 붙어지게 된다. 식물의 인트론 역시 식물에 있어 인트론 스플라이싱(splicing)에 중요한 AU-rich 부분의 특징을 갖는다. 그 다음 전령 RNA는 핵에서 리보솜과 관련되어 있는 세포질로 이동되어 번역 후 단백질 유전자 산물을 만들어 낸다.

● 전령 RNA는 DNA로부터 받은 단백질 암호화 정보를 실어 나른다.

번역

번역과정 동안 전령 RNA는 단백질 유전자 산물을 구성하는 아미노산(표 1.1) 정렬의

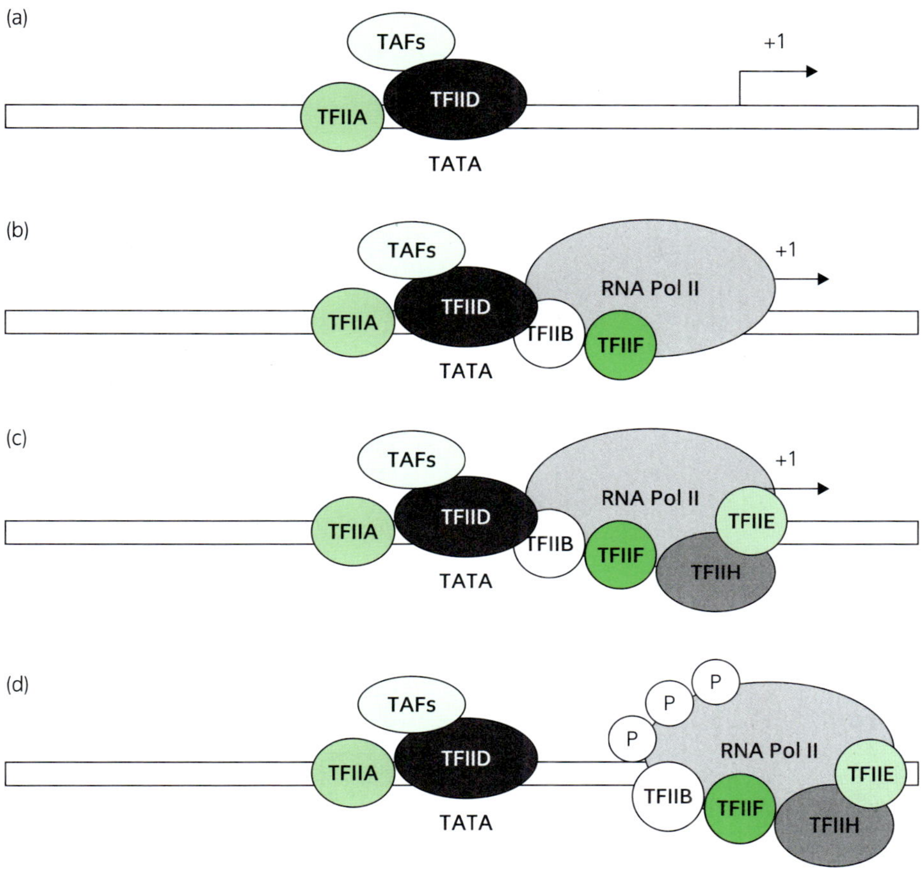

그림 1.3 **RNA 중합효소II와 진핵생물의 프로모터간 결합에 대한 개요도**. (a) 일반적인 전사인자들이 프로모터의 TATA box에 붙는다. 처음 붙은 단백질 TFIID(transcription factor IID)는 TATA-bind proteisn(TBP) 단위에 붙는데 여러 가지 단백질의 복합체로 이루어져 있다. 이러한 결합은 TFIIA에 의해 이루어지며 TBP-관련 인자(TAFs)결합에 필요하게 된다. (b) TFIIb와의 결합과 RNA 중합효소(Pol)II와 결합을 하는 TFIIF과의 결합. (c) 결합체들과 TFIIE와 TFIIH와의 결합. ATP-의존성 helicase 활성은 프로모터 DNA를 풀어주는 TFIIF와 관련이 있다. RNA 중합효소의 이러한 상태는 시작상황(mode)라고 말할 수 있다. (d) RNA 중합효소의 C-말단 영역이 인산화가 되면서 신장되는(elongation) 상황으로 바뀌게 되고 시작 부위(+1)부터 전사가 시작된다. 동물에서는 여러가지 Cyclin/Cyclin-의존적(protein) 인산화 효소(kinase)(CDK) 복합체가 RNA 중합효소II의 C-말단 영역을 인산화시킨다고 알려져 있다: CDK7/cyclin H(TFIIH의 요소), CDK8/cyclin C, CDK9/Cyclin T.(Data taken with permission from Buratowski (2000).

주형 역할을 한다. 이 과정을 **번역(translation)**이라고 하는데, 그 이유는 DNA와 RNA의 핵산 **언어(language)**에서 단백질의 아미노산 언어로 바뀌어지기 때문이다(그림 1.4에서 번역의 단순개요를 볼 수 있다).

메티오닌 아미노산을 지닌 tRNA와 결합되어 있는 리보솜의 작은 부단위체는 전령 RNA의 5′ 말단과 연결된다. 다음 큰 부단위체가 작은 부단위체와 결합하여 시작 부분(AUG)이 번역되기 시작하면서 번역과정이 개시된다. 리보솜은 전령

표 1.1 아미노산

Amino acid	Single-letter representation[a]	Three-letter representation[a]	Number of codons[b]
Alanine	A	Ala	4
Arginine	R	Arg	6
Asparagine	N	Asn	2
Aspartic acid	D	Asp	2
Cysteine	C	Cys	2
Glutamic acid	E	Glu	2
Glutamine	Q	Gln	2
Glycine	G	Gly	4
Histidine	H	His	2
Isoleucine	I	Ile	3
Leucine	L	Leu	6
Lysine	K	Lys	2
Methionine	M	Met	1
Phenylalanine	F	Phe	2
Proline	P	Pro	4
Serine	S	Ser	6
Threonine	T	Thr	4
Tryptophan	W	Trp	1
Tyrosine	Y	Tyr	2
Valine	V	Val	4
STOP	—	—	3

[a]Each amino acid can be represented by either a one- or a three-letter code.
[b]Each amino acid can be 'coded' for by up to six codons.

RNA의 5′에서 3′ 방향으로 진행한다. 종결코돈에 도착하면 리보솜은 2개의 부단위체로 분리되고 단백질은 풀리게 된다. 다수의 리보솜들은 **폴리좀(polysome)**의 형태로 한번에 하나의 전령 RNA를 번역한다.

각 아미노산은 코돈이라 불리는 3개의 아미노산 그룹으로 **암호화된다**(표 1.2). 이러한 코돈들은 한번에 1개로 번역된다. 몇몇 아미노산들은 단 하나의 코돈에 의해 암호화 되고, 몇몇은 여러 개의 코돈에 의해 암호화된다. 아미노산은 각 전령 RNA 코돈을 적절한 아미노산과 연결시키기 위한 하나의 **어댑터**의 역할을 하는 운반 RNA와 결합하여야 한다. 이러한 작업이 진행되기 위해서는 운반 RNA가 두 가지 과업을 이행하여야 한다. 운반 RNA의 **안티코돈**(즉, 3개의 상보적인 염기)은 반드시 전령 RNA의 적절한 코돈과 염기짝이 맞아야 한다(그림 1.5). 또한 운반 RNA의 3′ 말단 특정 아미노산과 결합하여야 하는데, 이때를 운반 RNA가 충전되었다고 한다. 단백질 합성은 **리보솜**이라 불리는 특수화된 복수단백질 복합체 위에서 일어난다. 리보솜은 단백질과 리보솜 RNA(rRNA)로 구성되어 있다. 리보솜의 기능은 아미노산을 가지고 있는 운반 RNA를 전령 RNA 주형 부근으로 가져다 놓고, 단백질을 만들기 위한 아미노산 간의 펩티드 결합 형성을 촉매하는 것이다.

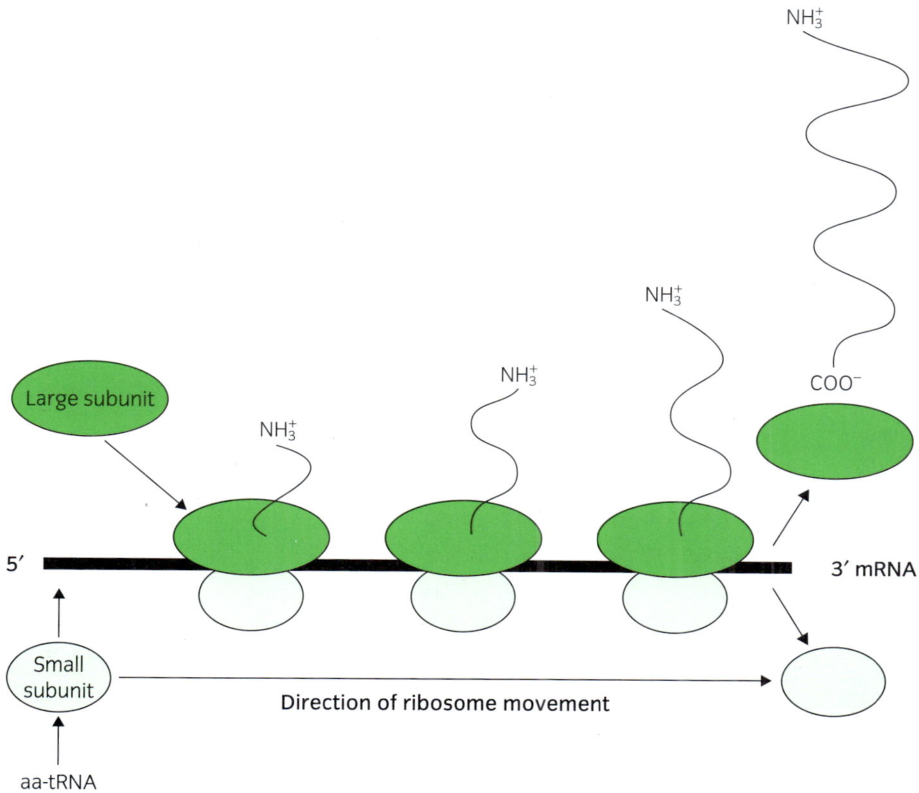

그림 1.4 번역의 단순 개요. (adapted with permission from Buchanan *et at*(2000).) 자세한 내용은 본문에 설명하였다.

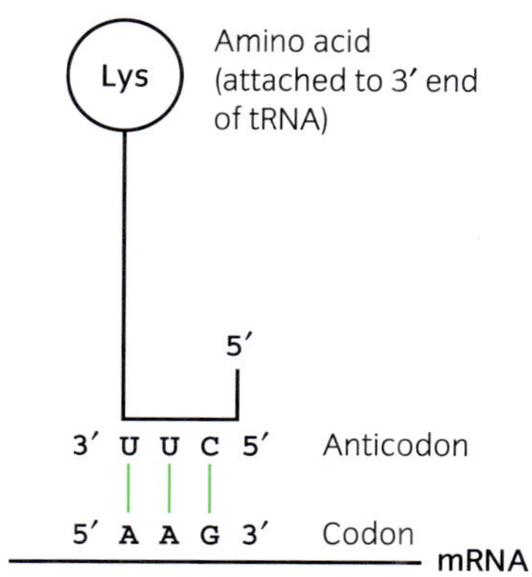

그림 1.5 전령 RNA와 운반 RNA 사이의 코돈/안티코돈 간 염기결합. 3′ 말단에 아미노산을 가진 충전된 운반 RNA와 전령 RNA의 코돈 즉, 안티코돈이라 불리는 상보적 염기들과의 염기 결합.

번역 개시

이미 메티오닌으로 충전된 운반 RNA가 결합되어 있는 리보솜의 작은 부단위체는 전령 RNA의 5′의 캡 구조에 가서 붙는다. 다음 작은 서브유닛은 전령 RNA 위의 개시 코돈 AUG를 찾아내고 번역을 위한 시작점과 해독틀을 수립하게 된다. 이는 리보솜의 작은 부단위체가 전령 RNA를 따라 5′에서 3′으로 이동하는 시점에서 **스캐닝**(**scanning**)이라 불리는 과정 안에서 이루어진다. 번역의 일반적으로 전령 RNA 상의

● 세포질 안에 리보좀에서 일어난다.

표 1.2 유전암호

		Second base							
		U[a]		C		A		G	
First base	U[a]	UUU	Phe	UCU	Ser	UAU	Tyr	UGU	Cys
		UUC	Phe	UCC	Ser	UAC	Tyr	UGC	Cys
		UUA	Leu	UCA	Ser	UAA	STOP	UGA	STOP
		UUG	Leu	UCG	Ser	UAG	STOP	UGG	Trp
	C	CUU	Leu	CCU	Pro	CAU	His	CGU	Arg
		CUC	Leu	CCC	Pro	CAC	His	CGC	Arg
		CUA	Leu	CCA	Pro	CAA	Gln	CGA	Arg
		CUG	Leu	CCG	Pro	CAG	Gln	CGG	Arg
	A	AUU	Ile	ACU	Thr	AAU	Asn	AGU	Ser
		AUC	Ile	ACC	Thr	AAC	Asn	AGC	Ser
		AUA	Ile	ACA	Thr	AAA	Lys	AGA	Arg
		AUG	Met	ACG	Thr	AAG	Lys	AGG	Arg
	G	GUU	Val	GCU	Ala	GAU	Asp	GGU	Gly
		GUC	Val	GCC	Ala	GAC	Asp	GGC	Gly
		GUA	Val	GCA	Ala	GAA	Glu	GGA	Gly
		GUG	Val	GCG	Ala	GAG	Glu	GGG	Gly

[a]In RNA, T is replaced with U (uracil).

Notes: 61 of the possible 64 codons code for amino acids. Three (UAA, UAG, UGA) cause termination of translation and are termed STOP codons. AUG is the translation initiation codon, but also codes for internal methionines. One amino acid is inserted into the growing protein for every three-nucleotide codon of the mRNA. For amino acids with multiple codons, some species will use particular codons more frequently than others, exhibiting so-called codon preference. This point can be illustrated if we look at the codon usage for proline in tomato and barley. There are four codons for proline (CCU, CCC, CCA, and CCG), which in tomato are used with the following frequencies: CCU 29%, CCC 16%, CCA 50%, and CCG 5%. In barley, the codon usage is CCU 14%, CCC 24%, CCA 31%, and CCG 31%. Thus, in tomato, CCG is the least commonly used codon for proline, whereas in barley it is the most commonly used.

개시 AUG 코돈에서 시작되지만, 이 개시코돈 주변의 염기서열이 번역개시의 효율에 영향을 미친다. 이 후 리보솜의 큰 부단위체가 작은 부단위체와 결합하게 된다.

신장

단백질이 만들어지는 동안의 아미노산 추가는 한번에 하나의 아미노산만 가능하며 리보솜의 P, A, E라 불리는 세 부위가 관여한다(번역의 신장에 대한 개요는 그림 1.6에서 볼 수 있다). P 부위는 신장하고 있는 단백질과 P 부위를 차지하고 있는 충전된 운반 RNA 사이에 펩타이드 결합이 이루어지는 곳이다. 비워져 있는 A 부분은 운반 RNA의 안티코돈이 A 부위에 노출된 코돈과 일치 할 경우 충전된 운반 RNA와 결합한다. E 부위에 있는 운반 RNA(지금은 비워져 있는)는 분출된다. A 부분에 있는 운반 RNA의 아미노산과 신장 중인 단백질 간의 펩타이드 결합이 형성되는데, 실제로 신장 중인 단백질이 A 부분에 있는 운반 RNA의 아미노산으로 이동하는 것이다. 이 과

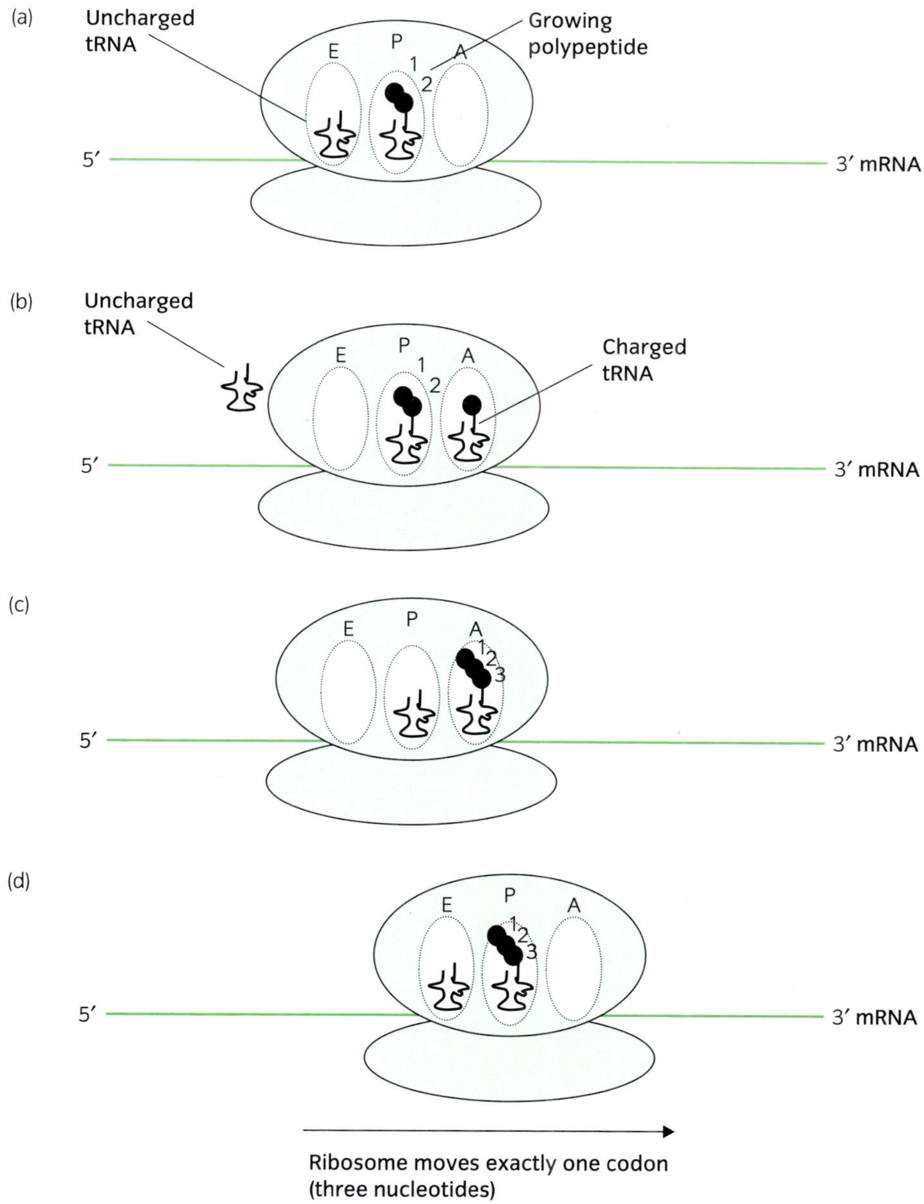

그림 1.6 단백질 합성의 신장 반응. (a) 생성 중인 단백질에 붙은 운반 RNA는 리보좀의 P 부분을 차지한다. 비워져 있는(uncharged) 운반 RNA는 E 부분에 있다. A 부분은 비워져 있어서 전령 RNA의 코돈에 노출되어 있다. (b) 충전된 운반 RNA는 안티코돈이 A 부분에 노출된 전령 RNA의 코돈이 상보적이면 A 부분에 가서 붙는다. E 부분을 차지 하고 있었던 비워진 운반 RNA는 사라진다. (c) 생성 중인 단백질과 A 부분을 차지하고 있는 충전된 운반 RNA의 아미노산 간의 펩타이드 결합이 형성된다. 생성 중인 단백질은 A 부분에 있는 운반 RNA로 옮겨간다. 이제 단백질은 하나의 아미노산만큼 길어졌다. (d) P 부분에 있었던 비워진 운반 RNA는 E 부분으로 옮겨간다. A 부분에 있던 펩티딜 운반 RNA는 P 부분으로 이동하고 리보좀은 전령 RNA를 따라 정확하게 한 코돈을 움직인다. 이 과정을 번역이라고 한다. 이러한 번역은 지금은 비워져 있는 A 부분 전령 RNA의 다음 코돈에 노출되게 된다(adapted with permission from Buchanan *et at*(2000).

정을 거치게 되면 단백질 신장에 있어 하나의 아미노산이 추가되는 결과를 갖게 된다.

이제 P 부위를 차지 하고 있던 충전되지 않은 운반 RNA는 이제 비워져 있는 E 부위로 이동하게 된다. 신장중인 단백질을 지닌 운반 RNA는 A에서 P 부위로 이동되고 리보좀은 전령 RNA를 따라 1개 코돈씩 이동한다. 이러한 이동은 A 부위에 있는 또 다른 코돈이 노출되고 이에 적절한 안티코돈을 가진 또다른 충전된 운반 RNA가 가서 붙게 된다. 이러한 과정은 종결코돈에 닿기 까지 계속 반복되고, 종결코돈에 도달하면 단백질이 풀려나가고 리보솜이 전령 RNA로부터 분리된다.

유전자 발현의 조절

● 유전자 발현은 다양한 시점에서 조절될 수 있다.

유전자들이 공간적, 시간적으로 올바르게 발현되기 위해서는 유전자의 발현이 매우 조심스럽게 조절되어야 하는 것이 필수적이다. 진핵생물에서는 유전자 발현은 다양한 **수준**과 단계에서 조절된다. 이는 다음과 같이 대략적으로 분류될 수 있다.

1 염색질 형태

2 유전자 전사

3 핵내 RNA 수정, 스플라이싱, 회전과 이동

4 세포질 RNA의 회전

5 번역

6 번역 후의 수정

7 단백질 위치 결정

8 단백질의 단백질 전환

염색질 형태

염색질 형태는 RNA 중합효소가 DNA에 붙는 가능성에 영향을 줌으로 유전자 발현에 관여하게 된다. 핵 내의 DNA가 RNA 중합효소로 접근하는 것은 중심 히스톤의 라이신 잔기의 아세틸화에 의해 조절된다. DNA의 메틸화는 염색질 형태를 변화시킴으로 전사를 막을 수 있다. 다른 염색질-변화 시스템 역시 식물에서도 발견된다. 이러한 시스템은 유전자 발현을 조절할 수 있는 염색질 형태의 가역적인 변화를 유도 한다. 염색질 형태의 변화는 전사인자에 의한 조절과는 달리, 염색체의 전반에 걸쳐 유전자 발현에 영향을 준다.

유전자 전사

한 식물 유전자 내의 대부분 조절자들은 **프로모터(promoter)**라 알려져 있는 영역 내

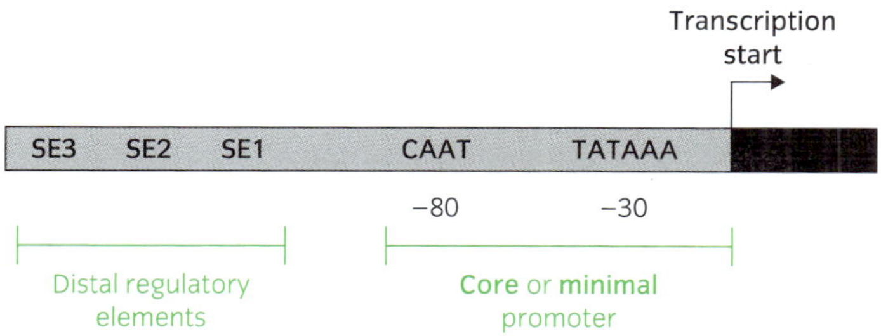

그림 1.7 진핵생물의 단백질을 암호화하는 유전자의 프로모터에 대한 간략한 모식도. 여러 염기요소(*cis*-배열)를 포함하는 프로모터 부분. TATA box[공통서열 T(C/G)TATA(T/A)A_{1-3}]와 CAAT box는 최소 혹은 핵심 프로모터로 알려져 있다. 상당수의 핵심 프로모터는 일반적 전사 요소와 RNA 중합효소II와 결합한다. 핵심이나 최소 프로모터들은 종종 그 자신들에 의해 전사를 개시하지 못한다. 프로모터들은 역시 거리를 둔 유전자의 전사를 조절하는 전사인자(*trans*-activating factors)에 결합하는 조절 요소(염기요소, 혹은 그림의 SEs)를 갖고 있다. 전사인자는 전사를 촉진시킬 수도 있고 방해할 수도 있다. 여러 가지 다른 전사인자는 유전자의 프로모터와 결합한다. 세포 내외 자극과 특별한 조직에 의한 식물체 유전자 발현의 조절은 전사인자의 활성과 결합에 의해 일어난다. 프로모터 내 여러 가지 요소들 이 존재하기 때문에 한 가지 이상의 자극에 대한 반응이 가능하다. 프로모터의 여러 가지 요소들의 존재와 많은 수의 전사인자는 유전자 발현을 조절할 수 있는 잠재된 조절 'module'이 많다는 것을 의미한다. 유전자 발현은 또한 중심 프로모터로부터 멀리 떨어져 있는 위치의 요소들에 의해서도 조절 될 수 있다. 그들이 조절하는 유전자의 5′ 말단이나 3′ 말단에 위치하는 이러한 요소를 증폭자(enhancer)라 부른다.

● 단백질–암호화된 유전자의 조절 부위는 대개 프로모터 유전자의 5′ 말단에 존재한다.

전사 시작 부위의 5′에 위치한다. 프로모터는 유전자의 전사를 조절하는 단백질을 모으는 역할을 하는 다양한 염기 요소(짧은 길이의 특정 DNA 염기서열)들을 지닌다(그림 1.7). 이러한 염기 요소들은 ***cis*-배열**(***cis*-element**)라 부른다(유전자가 암호화된 부위와 동일한 DNA 가닥 위에 있기 때문에). 이러한 염기 요소들 중 가장 기본적인 것은 TATA box인데, 이는 전사 시작 부위 보다 25–30bp 윗부분에서 발견된다. TATA box의 기능은 RNA 중합효소II를 유전자의 정확한 위치로 인도해서 전사를 시작하도록 하는 것이다. 어떤 유전자는 여러 가지 TATA box를 갖는 반면, 다른 유전자에서는 TATA box를 볼 수가 없다. TATA box의 결손은 **항시발현 유전자**(**housekeeping genes**)(항상적으로 발현되는 유전자)와 관련된 특징이라고 처음에 생각되었지만, 몇몇 유도 유전자들이 그들의 프로모터에 TATA box가 없는 것이 밝혀짐으로 이러한 경우는 아닌 것이 증명되었다. TATA box가 없는 경우 다른 모티브들이 대신 역할을 하는데, 몇몇 부류의 유전자(광합성과 관련된 유전자 같은)에서는 TATA 모티프가 없는(TATA-less) 프로모터가 일반적이다. TATA box로부터 좀 더 위쪽 방향에서 다른 염기 요소들이 발견된다. 진핵생물의 유전자에서 가장 일반적인 것은 CAAT와 GC box이고, 이는 RNA 중합효소의 활성을 높이는 역할을 한다. TATA box와 같은 염기 요소들은 종종 **핵심** 혹은 최소 **프로모터 요소**라 불리기도 하는데, 이는 이들이 RNA 중합효소가 프로모터에 결합하는데 기여하고, 초기 전사 시작에 중요한 역할을 하기 때문이다 핵심 프로모터는 다른 프로모터 요소들과의 상호작용을 통해 식물 유전자 발

BOX 1.3 식물 전사 조절 인자들

식물 전사 조절 인자들은 여러 도메인들을 포함하고 있다: DNA-결합 부분, 올리고머화 부분, 그리고 전사 조절 도메인. 몇몇은 2개의 구분되는 타입을 갖고 있긴 하지만, 대부분 전사인자들은 오로지 한가지 타입의 DNA-결합 부분, 한가지 타입의 올리고머화 부분을 가지고 있다. DNA-결합 부분은 *cis*-염기 배열을 가지고 있는 DNA와 상호작용을 하는 아미노산들을 포함하고 있다. 이러한 것들은 전사 조절 인자들의 특이성을 결정한다. 대부분 전사 조절 인자들은 헤테로다이머(hetero)나 호모다이머(homo dimer)를 형성할 수 있는 것처럼, 올리고머화 부분은 단백질-단백질 간 상호작용을 결정하는데 중요하다. 이러한 다이머의 형성은 염기배열 특이성, 전사촉진 효율, 혹은 DNA-결합성에 영향을 준다. 전사 조절 도메인은 유전자의 전사를 억제 혹은 촉진시킨다.

전사 조절 인자들은 그들의 구조적 특징에 따라서 분류된다. 전체적으로, 식물은 전사 조절에 관해서는 독립적으로 진화된 것으로 보인다. 진핵생물의 전사 조절 인자 몇몇 종류는 애기장대의 유전체에는 없지만, 많은 종류 분명 특이하게 식물에 있다. 몇몇 보존된 전사 조절 인자는 동물과는 대조적으로 식물에서 다른 기능을 수행한다.

전사인자의 주요 종류는 아래와 같다.

1 Helix-turn-helix(HTH) : 전사인자의 이러한 형태는 DNA에 다이머로 결합한다.

2 Leucine Zipper : 이러한 형태 역시 DNA와 다이머로 결합한다. 변화체는 basic Zipper (bZIP)

3 Zinc finger : DNA와 다이머 혹 모노머로 결합한다.

4 Helix-loop-helix(HLH) : DNA와 다이머로 결합한다.

5 High-mobility group(HMG)-box motif

현 조절에 중요한 역할을 한다.

유전자의 프로모터에는 다른 염기 요소들도 발견된다. 이들은 RNA 중합효소에 의한 전사에 요구되는 **전사인자(Transcription factor)**(BOX 1.3)라 불리는 특이 단백질과의 결합과 관련된다. 이러한 전사인자(혹은 *trans*-acting 인자)들은 다양한 신호(내외 모두)들을 유전자 발현과 연계시키고 발현의 수준, 장소 그리고 시간을 정하는데 중요한 역할을 한다. 비슷한 기능을 하거나 비슷한 신호에 반응하는 유전자들 간에서는 이들의 염기 요소들 또한 종종 비슷하다.

RNA 변형, 스플라이싱, 분해와 이동

기능을 가진 전령 RNA가 세포질로 들어가 번역과정을 하기 위해서는 많은 과정들이 이루어져야 한다. 이러한 모든 과정들은 유전자의 발현을 통제하기 위해 이루질 수 있다. 동일한 유전자로부터 상이한 전사체가 생성될 수 있도록 미숙한 전령 RNA(pre-mRNA)의 스플라이싱 동안 상이한 스플라이싱 지점이 인지될 수 있다. 이러한 대체 스플라이싱은 다양한 조직이나 자극에 대한 반응 상이한 전사체를 만들거나 하나의 유전자에서 다수의 전사체들을 생성하데 이용된다(BOX 1.4에서는 식물에

BOX 1.4 선택적 이어맞추기

선택적 이어맞추기(alternative splicing)는 인간에게 중요한 조절 메커니즘이고, 유전자의 1/3 이상이 이러한 현상이 이루어진다. 식물에서는 널리 이루어지지는 않을 것으로 예상되지만, 선택적 이어맞추기는 식물에서 조절 메커니즘으로 사용되고 있다. 여기서는 선택적 이어맞추기에 의한 유전자 발현의 복잡성을 언급하기 위해 두 가지 단백질의 예를 들고자 한다.

루비스코 엑티바제

루비스코 엑티바제로 잘 알려져 있는 Ribulose-1,5-bisphosphate carboxylase/oxygenase activase의 선택적 이어맞추기는 식물에서 연구가 잘 되어진 것 중 하나이다. 루비스코 엑티바제는 엽록체 단백질의 유전자를 암호화하는 핵 유전자인데, 이는 산화환원 전위에 있어 빛에 의한 변화와 ADP/ATP 비율의 변화에 반응하여 루비스코 활성을 조절한다.

선택적 이어맞추기 결과 다른 크기의 2개의 폴리펩타이드를 만드는데, 큰 isoform은 C-말단에 다른 아미노산 잔기들을 더 갖고 있다. 2개의 isoform들은 루비스코 활성을 조절할 수 있지만, 큰 isoform은 ADP 억제에 가장 민감하고, 산화 환원을 조절하는 유일한 isoform이다. C-말단에 첨가된 아미노산에 2개의 시스테인 잔기들이 이황화결합 되어 있는지에 따라 결정이 되는 이러한 민감성은 루비스코 액티바제의 산화 환원조절을 하고 있다. 큰 isoform은 루비스코 액티바제의 조절하는 'fine-tuning' 메커니즘을 만들 수 있는 작은 isoform의 활성을 대신할 수도 있다.

FCA

RNA-결합 단백질을 암호화 하는 *FCA* 유전자는 애기장대에서 광주기와는 관계없이 개화시키는 작용을 한다. FCA 유전자는 4개의 다른 전사체를 얻는 두 부분에서 진행된다: α, β, γ와 δ. 전사체 α는 FCA 전령 RNA의 1% 미만을 구성하고, β는 55% 정도, γ는 35%, δ는 10% 정도를 구성하고 있다. 전사체 γ는 전체 단백질을 암호화하는 유일한 전사체로 생각된다. α 전사체는 전사 과정에서 인트론 3을 포함하여 번역의 조기 종결을 일으킨다. β 전사체는 인트론 3 내의 절단과 아데닐화의 결과로 α 전사체와 동일한 단백질을 생성하게 된다. γ 전사체는 인트론 3의 올바른 선택적 이어맞추기 이상의 결과로 만들어진다. 전사체 δ는 인트론 13의 선택적 이어맞추기를 만들어진다. 선택적 이어맞추기의 목적은 기능적인 FCA 단백질의 시간과 공간적 축적을 조절하는 것으로 보인다.

서 대체 스플라이싱의 몇 가지 예를 보여준다). 대체 스플라이싱은 몇몇 생물종에서 하나의 보편적인 조절 메카니즘이며, 식물에서는 대체 스플라이싱의 생물학적 중요성을 보여주는 예들도 많다.

5′ 말단의 캡과 3′ 말단의 폴리(A) 꼬리의 생성은 RNA를 안정화한다고 알려져 있다(비록 이러한 변형의 가장 의미 있는 효과는 번역의 효율을 올리는데 있지만). 특이한 염기서열이나 모티브가 전령 RNA의 급속한 불안정화를 유발한다고 생각되지만, 각 종의 전령 RNA의 반감기는 상당히 다양(몇 분에서 며칠까지)하다. 식물에서 **DST**(**하위요소**, downstream element)라고 불리는 요소는 식물 호르몬인 오옥신(small auxin-up RNA 또는 *SAUR* 전사체)에 의해 유도되는 단명 전령 RNA의

3′UTR에서 발견되었다. 2개의 보존된 하위도메인(ATAGAT와 GTA)은 DST 기능에 아주 중요하다. 일반적으로 포유류에서, AU-rich 부분(보통 여러 개의 AUUUA 염기서열 모티브를 지니고 있다)이 3′ 말단의 UTR에 있을 경우 식물 전령 RNA를 불안정화시킨다(이러한 염기서열 모티브들은 4장에서 언급된다). 환경적으로 혹은 호르몬 신호의 다양성에 의해서도 특별한 전령 RNA의 반감기가 영향을 받을 수 있다. 예를 들어, 식물체에서 *Fed1* 유전자(광합성 전자 운반체 레포독신을 암호화하는)의 전사체의 반감기 전사는 밤에 비해 낮에 많이 증가하고 α-amylase의 전사체는 당이 존재할 때 불안정하게 된다.

전사 후 과정은 세포의 세포질 내의 전령 RNA의 양에 상당한 영향을 준다. 오래된 연구의 예는 유황결핍 회복 후 레구민 전령 RNA(레구민은 종자의 저장 단백질이다)의 축적이다 여기서 레구민 전령 RNA가 20배 이상 증가하지만, 일반 전사체는 단지 2배만 증가한다.

식물체 유전자의 인트론은 상동과 비상동 프로모터 둘 다로부터 유전자 발현을 증가시킬 수 있다고 알려져 있다. 첫번째 인트론 염기서열은 종종 단자엽식물체의 형질전환 실험에서 이식된 유전자의 발현률을 높이기 위해 종종 사용된다. 인트론에 의한 유전자 증가에 대한 정확한 메커니즘은 알려져 있지 않지만, 스플라이싱 부분에 돌연변이가 일어나 유전자 발현이 적게 되면서 RNA 공정과정/스플라이싱에 영향을 줄 것이라고 생각된다.

번역

다양한 신호에 반응한 번역의 조절은 유전자 발현 조절에 있어 아주 중요한 과정이라는 사실이 점점 밝혀지고 있다(BOX 1.5에서 번역 과정의 유전자 발현 조절에 대한 특별한 예들을 제시하였다). 번역의 시작과 신장 과정에 대한 효율은 여러 가지 요인들

BOX 1.5 상류 ORF에 의한 번역 억제

짧은 ORF(open reading frame)는 여러 식물 전사 조절 인자 유전자 집단의 5′ 말단의 UTR에 존재한다. 이러한 짧은 ORF의 번역 개시 코돈은 효율적인 전사 개시가 되지 못한다. 이러한 상류의 짧은 ORF는 리보좀의 경쟁이 치열하지 않을 때 전사 조절 인자 자체만이 번역되는 효과로 인해 하류 ORF의 번역을 억제시킨다. 각 집단의 일부 상류 ORF만이 발생하여 전사인자 활성의 다른 조절에 대한 메커니즘을 제공한다. 식물 AdoMetDC(S-adenosyl-L-methionine decarboxylase) 전사체 역시 아주 작은 uORF(2-3코돈)과 작고, 잘 보존된 uORF(50-54코돈)을 포함하는 상류 ORF를 갖고 있다. RNA-결합 단백질인 작은 uORF의 산물은 AdoMetDC의 번역을 억제한다.

상류 ORF는 역시 특별한 신호반응에 대한 유전자 발현을 조절하는 역할을 한다. 예를 들어, 네 가지 중복되는 uORF를 포함하는 애기장대 bZIP 단백질 전령 RNA(*ATB2*)의 5′ 말단 UTR은 당이 아닌 슈크로스에 반응하여 번역을 억제한다.

에 의해 영향을 받을 수 있다.

전령 RNA에 5′ 말단의 캡과 3′의 폴리(A) 꼬리는 상승작용에 의해 번역을 부추기는 역할을 한다. 번역과정 개시 효율은 여러 가지 요소들에 의해 결정되는데, 가장 중요한 것은 AUG의 번역 개시 코돈과 전령 RNA의 5′ 말단과의 거리와 개시 코돈 주위의 2차 구조이다. 쌍자엽식물과 단자엽식물에서 번역 개시 코돈의 공통 염기서열(consensus sequence)은 컴퓨터 분석에 의해 다음과 같이 밝혀졌다.

단자엽식물	(A/C)	(A/G)	(A/C)	**C** **<u>A U G</u>** **G C**
쌍자엽식물	**A**	**A**	(A/C)	**A** **<u>A U G</u>** **G C**

여기 번역 개시 코돈, AUG가 밑줄로 표시 되어 있고 보존된 염기들이 진하게 표시되어 있다. 추가적인 분석에 의하면 +4에서 +11까지 위치의 염기들 역시 유전자 발현을 조절한다는 것을 알 수 있었다. 특이 단백질들이 전령 RNA에 붙음으로 번역과정이 촉진된다.

번역후 변형

많은 단백질들은 기능성을 갖기 위해 번역 후 변형된다. 단백질들은 번역 후 아주 다양한 변화를 겪을 수 있다. 신호 펩타이드(단백질을 세포 내 특정 구조들과 세포소기관으로 이동시키는)는 전구체 단백질로부터 단백질 가수분해가 일어나 분리된다. 특별한 잔기들은 인산화, 글리코실화, 아세틸화에 의해 변화가 일어난다. 이러한 변화는 가역성 변화(특히 인산화와 아세틸화)로 많은 수의 단백질들의 활성과 위치를 조절함으로 이루어진다.

위치

기능을 적절히 발휘하기 위해서는 단백질들은 올바른 세포 내 구조에 위치해 있어야 한다. 단백질이 핵, 엽록체, 미토콘드리아, 액포, 퍼옥시좀으로 위치하게 하고 소포체 내에서 유지되게 하는 역할을 하는 특별한 신호(표 1.3)들이 밝혀졌다.

단백질 분해

세포의 액상에 존재하는 대부분 단백질은 안정화되어 있고 상대적으로 긴 반감기(며칠)을 갖고 있다. 그러나 신속한 단백질 가수분해 작용의 표적이 되게 하는 특별한 아미노산 잔기나 모티브를 가진 단백질(대체로 단수명의 전령 RNA에 의해 암호화 된)들은 이로 인해 빠르게 분해된다.

N-말단 아미노산은 단백질 안정성에 영향을 준다고 알려져 있다. 처음으로 N 말단 아미노산으로 메티오닌이 만들어지고 모든 단백질이 합성 되더라도, 종종 곧바로 붕괴되기도 한다. Aminoacyl-tRNA-protein transferases라고 불리는 효소는

표 1.3 단백질-국소화 신호

Organelle/subcellular compartment	Signal
Endoplasmic reticulum	HDEL/KDEL/RDEL motif[a]
Vacuole	LQRD (vacuolar targeting sequence)[b]
Nucleus	Nuclear localization signal (NLS)[c]
Peroxisomes/glyoxisomes	SKL motif (S/A/C)(K/R/H)L[d]
Chloroplasts	N-terminal transit peptide[e]
Mitochondria	N-terminal transit peptide[f]

[a]Usually present in the C terminus. Addition of this motif to other proteins may not be sufficient for retention in the endoplasmic reticulum but will slow transport.
[b]May not be sufficient for targeting. Proper targeting may require protein folding to bring 'signal patches' to the surface of the protein.
[c]The NLS usually consists of a small region (located anywhere in the protein) rich in basic amino acids (arginine and lysine). Other types of NLS are also found. NLSs are not absolutely conserved in either size or composition.
[d]The addition of a C-terminal SKLL motif to reporter genes targets the protein to the peroxisome in rice.
[e]The composition of the transit peptide varies, although they usually have no (or few) acidic residues but are rich in serine and threonine. Various computer programs are available to predict chloroplast transit peptides in a protein sequence. The targeting peptide is cleaved from the mature protein. Although the chloroplast has a genome, the majority of chloroplastic proteins are encoded in the nucleus, necessitating transport into the chloroplast.
[f]The composition of transit peptides directing proteins to the mitochondrion is variable, although there may be some regions of homology. They generally lack acidic residues (as is the case with chloroplast transit peptides) and are enriched in alanine, leucine, arginine, and serine. As with chloroplast transit peptides, computer programs are available to predict mitochondrial transit peptides. The transit peptide is cleaved from the mature protein.
(Data taken with permission from Wallace, T.P. and Howe, C.J. (1993) Plant organellar targeting sequences. In *Plant Molecular Biology Labfax* (ed. R.R.D. Croy), pp. 287–292. BIOS Scientific, Oxford.)

어떤 단백질의 N-말단에 다른 아미노산을 추가할 수 있다. 몇 개의 아미노산(Met, Gly, Ser, Thr, Val)은 단백질을 안정화 하지만, 다른 단백질(Arg, Asn, Asp, Gln, Glu, His, Ile, Leu, Lys, Phe, Trp, Tyr)은 빠른 분해를 일으킨다. N-말단 아미노산역시 단백질 안정성을 높이는 아세틸화로 변화된다.

결론

결론적으로 유전자 발현은 많은 것들에 의해 조절된다. 특별한 유전자 발현은 여러 단계로 규제되어 올바른 조절이 이루어지게 된다. 유전자 발현에 영향을 주는 환경적 신호나 식물 호르몬 같은 특별한 자극은 유전자 발현 과정의 여러 단계에 영향을 미친다. 이러한 다단계적 조절은 유전자 발현이 섬세하게 조절되도록 하고 식물 세포의 요구에 유연하게 반응하도록 한다. BOX 1.6에서는 메틸 재스몬산(methyl jasmonate)을 예로 하여 하나의 복합체가 어떻게 다양한 방법으로 유전자를 조절하는지 보여준다.

BOX 1.6 **메틸 자스모네이트에 의한 유전자 발현 조절**

메틸 자스모네이트는 리놀렌산(linolenic acid)으로 부터 합성된 싸이클로펜타논(cyclopentanone) 복합체이다. 이는 자스민 오일의 주요 향기들 중 하나이고 홍차 맛의 구성요소이다. 그러나 메틸 자스모네이트는 역시 배아발생과 상처와 삼투스트레스 같은 병원성 공격에 대한 방어 같은 다양한 생리적 과정에 관여하고 있다. 메틸 자스모네이트는 **자스모네이트-유도단백질(Jasmonate-induced protein,** JIPs)이라는 많은 유전자의의 발현을 유도한다. 몇몇 유전자의 발현을 유도하는 것 뿐만이 아니라, 메틸 자스모네이트는 특히 광합성과 관련된 유전자 발현에 부정적인 영향을 준다. 상처난 식물체에겐 광합성은 무거운 짐이 되기에, 이는 아마도 식물의 상처에 대한 방어시스템 중 일부일 것이다.

전사 조절

메틸 자스모네이트는 루비스코 작은 subunit(*rbcS* 유전자에 의해 암호화되는)과 여러 가지 빛-수확 엽록소-단백질 복합체 아포단백체(light-harvesting chlorophyll protein complex apoproteins) 같은 광합성 단백질을 핵에서 암호화하는 유전자 전사를 조절한다. *JIP* 유전자들이 계속 전사되는 것과 비교해 보면, 이러한 전사에 대한 negative effect는 일반적이지 않다.

전사 후 조절

메틸 자스모네이트는 선택적 이어맞추기에 의해 색소체에서 암호화 되는 루비스코 큰 subunit 유전자 전사체의 5′ 말단을 변형을 야기시킬 수 있다. 첫 번째 전사체의 메틸 자스모네이트에 의해 유도된 선택적 이어맞추기 결과 '일반적' 59-염기의 UTR 대신 94-염기 UTR의 전사체가 만들어졌다. 이러한 UTR의 신장된 결과 16S와 18S rRNA의 3′ 말단과 유사성 있는 부분이 존재하여 번역 개시의 방해가 일어나게 된다. 메틸 자스모네이트 역시 *rbcS* 같은 몇몇 전사체들을 선택적으로 불안정하게 만드는 것으로 보인다.

번역 조절

메틸 자스모네이트는 대부분 이미 존재하는 단백질의 합성을 억제한다. 광합성 관련된 단백질의 경우, 그들 전사체들이 작은 폴리좀들(혹은 폴리좀이 아닌 일부분)과 관련돼 있기 때문에 번역개시를 방해하게 된다. 이러한 폴리좀에서 변위는 *JIP* 전사체들이 모든 폴리좀 부분들과 관련되어 일반적인 번역이 되는 것처럼, 오히려 일반적인 효과보다는 특이적으로 보인다.

식물체 형질전환에 있어서의 의미

숙주 식물체의 유전체로 전이유전자의 도입과 안정한 삽입은 성공적인 식물체 조작의 첫 번째 단계일 뿐이다. 전이된 유전자는 공간적 시간적으로 적절한 방법을 통해 발현되어야 한다. 전사과정도 제대로 이루어져야 하고 단백질 산물은 적절히 변형되어 올바른 세포 기관에 작용 되어야 한다. 이러한 전제조건이 이루어지기 위해서는 식물체에 도입하기 전 상당한 노력들이 전이유전자 실험에 필요할 것이다.

● 이식유전자 발현은 신중하게 조절되어야 한다.

어떤 경우는 결정이 아주 간단히 이루어진다. 만약 세포질 내 단백질 발현이 많이 되어야 할 경우, 발현의 시간과 장소는 중요하지 않고, 꽃양배추 모자이크 바이러스의 35S 프로모터(Cauliflower Mosaic Virus 35S promoter - CaMV 35S promoter) 같은 잘 알려진 프로모터가 사용된다(4장 참고). 그러나, 이러한 단순한 항상적 발현 양식이 요구되는 경우는 많지 않다. 이식된 유전자들이 특수한 형태로 발현되도록 하기 위해 다른 유전자의 프로모터 조각의 형태나 특정한 염기서열 요소들 같은 대안적 조절 염기서열들이 사용될 수 있다(BOX 1.7에서 어떻게 적당한 프로모터 조각이나 염기 요소들이 확인되는지 간단히 소개한다).

BOX 1.7 프로모터 분석

대부분의 식물학에서는 프로모터 기능을 이해하는데 의존하고 있다. 전이 유전자가 발현되기 위해 시간적 공간적으로 올바른 프로모터가 첨가되는 것은 식물생물공학에 있어 매우 중요한 점이다.

프로모터는 분자 생물과 식물 형질전환 방법의 조합하는 데 종종 연구된다. 복제된 DNA 염기서열은 컴퓨터에 의해 분석이 되고 여러 가지 모양(프로모터, 암호화된 부분, 폴리A 부분 등)으로 밝혀지게 된다. 프로모터는 형질전환 식물에서 발현의 패턴을 감지할 수 있는 리포터 유전자(리포터 유전자는 4장에서 더 자세하게 설명할 것이다)에 융합된다. 좀 더 분석을 해 보면, 사용된 프로모터 조각의 크기가 줄어들 수 있고 여러 부분에서 돌연변이가 생겨서는 유전자 발현의 패턴 변화의 효과가 관찰되기도 한다. DNA 풋 프린팅(foot printing) 같은 여러 가지 분자생물학적 기술들은 단백질(전사인자일 가능성이 높은)과 결합하는 프로모터 부위를 결정하는데 사용될 수 있고 이런 것들은 리포터 유전자 실험의 결과와 비교될 수 있다. 정확한 실험에 따라 다르지만, 염기 조각들은 1bp 해상도로 프로모터 조각 아래로 mapping될 수 있다. 더욱이, 클론 되어 염기서열 분석된 DNA는 *cis* 요소 염기들로 알려진 라이브러리로부터 컴퓨터 프로그램을 이용하여 잠재적인 *cis* 요소를 동정한다. 일단 특정 염기 요소들이 밝혀지게 되면 그들은 최소의 프로모터로 융합될 수 있고, 그러고 나면 최소 프로모터로서 기대하는 발현 패턴을 보이는지 분석을 통하여 조사가 이루어지게 된다.

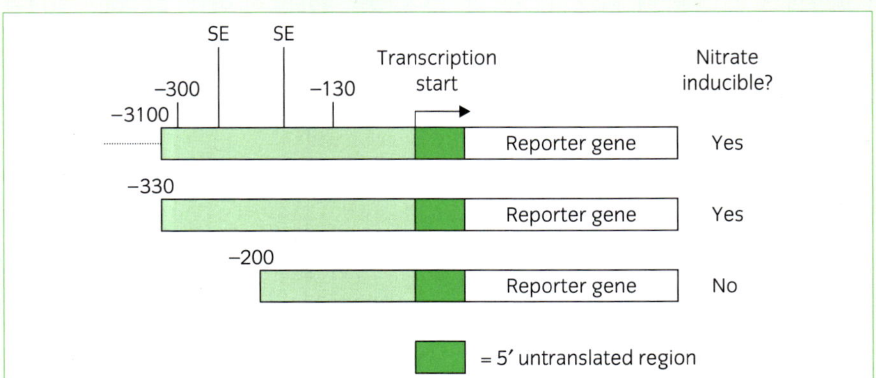

시금치 질소 환원 유전자-프로모터 분석. 다양한 프로모터::리포터 유전자 융합을 보여주고 있다. 사용된 프로모터 부분은 밝은-초록 부분으로 나타내었고, 그림들은 각 구성체(construct)에서 사용된 프로모터 조각의 길이들을 나타내고 있다. 사용된 각 constucts 역들은 역시 일부 5′ 말단의 UTR을 포함하고 있다. DNA 풋 프린팅에 의해 밝혀진 2개의 염기 요소(sequence elements, SEs) 부분을 나타내고 있다.

BOX 1.7 (계속)

시금치 질소 환원효소 유전자(The spinach nitrite reductase gene)

프로모터 분석의 한 가지 예로 시금치의 질소 환원 효소 유전자의 프로모터 연구를 살펴볼 수 있다. 질소 환원 효소는 엽록체에서 질소를 암모니아로 환원하는 촉매역할을 한다. 전사체는 2.3kb 길이고 전사는 질소에 의해 유도된다. 프로모터 부위의 분석은 이러한 질소 유도를 책임지는 여러 염기 모티브들을 밝혀냈다. 다양한 프로모터 리포터 유전자 융합은 전사에 있어 프로모터의 어느 부위가 질소 유도에 관련이 있는지 밝히는데 사용되었다(그림). 프로모터의 다양한 구성체들을 리포터 유전자 발현에 질소 유도에 의한 발현을 비교함으로 유전자 시작부분의 330과 200bp 윗부분 사이 부분임을 밝혀냈다. -300에서 -130부분을 DNA 풋 프린팅 분석법으로 각각 5′-TAGATA-3′와 5′-TATCTA-3′의 2개 GATA 염기서열 요소(SEs)이 있음을 밝혔는데, 이는 질소 처리에 반응하여 단백질이 결합하는 곳이다. 질소 유도와 관련된 추가적 염기들 역시 유전자의 5′ 말단 UTR 위치하고 있음이 밝혀졌다.

예를 들어, 이식유전자는 세포 내 또는 외부로부터의 자극에 반응하여 발현되거나, 어떤 특정 조직에서 발현되어야 한다. 아래에서 보여주듯이 어떻게 다른 프로모터 요소들이 이식 유전자 발현 조절에 사용되는지 프로모터 분석으로부터 발견된 몇 가지 예가 있고, 표 1.4에서는 다양한 환경과 호르몬 신호에 반응하는 유전

표 1.4 식물의 *cis*-조절배열의 예

Stimulus and name[a]	Sequence[b]	Source[c]
Light-response elements (LREs)		
Box I	ACCTAACT	Parsley *chalcone synthase*
Box II	TGTGTGGTTAATATG	Pea *rbcS*-3A
Box III	ACTATTTTCACTATC	Pea *rbcS*-3A
Auxin (AuxREs)		
AuxRE	TGTCTC	Soybean *SAUR*
AuxRE	TGACCTAA	Soybean *GH3*
AuxRE	GTCCCAT	Pea *IAA4/5*
Abscisic acid (ABREs)		
ABRE A	GCC<u>ACGT</u>GGG[d]	Maize *rab28*
ABRE B	TCC<u>ACGT</u>CTC	Maize *rab28*
ABRE	GT<u>ACGT</u>GGCGC	Rice α-*amylase*
CE	ACGCGCCTCCTC	Maize *rab28*
Gibberellic acid	GGCCGATAACAAACTCCGGCC	Barley α-*amylase*
Jasmonic acid		
JASE 1	CGTCAATGAA	*Arabidopsis* spp. *OPR1*
JASE 2	CATACGTCGTCGTCAA	*Arabidopsis* spp. *OPR1*

[a]The name of the *cis*-element is given and/or the stimulus, the transduction of which involves the *cis*-element.
[b]The DNA sequence of the element is written 5′ to 3′.
[c]The plant and gene names are given. Gene names are in italics.
[d]The conserved ACGT core is underlined.
Abbreviations: ABRE, abscisic acid (ABA)-response element; AuxRE, auxin-response element; CE, coupling element; *rbc*S, ribulose-1,5-bisphosphate carboxylase/oxygenase (Rubisco) small subunit; SAUR, small auxin-up RNA.

자 발현을 조절하는 관련된 몇몇 *cis*-요소를 나열하였다.

이식 유전자 발현을 조절하는 데 사용되는 프로모터 요소의 예

광-조절 유전자 발현

광반응 유전자의 프로모터 분석으로 광유도 발현에 요구되는 유전자 영역이 있다는 것이 밝혀졌다. 프로모터 활성에 필요한 이러한 영역으로 여러 가지 공통 염기 요소들이 알려졌다. 이러한 염기 요소들은 **광 반응요소(light-responsive element,** LREs)라 한다. LREs의 역할은 복합적인데, 모든 광 조절 유전자에서는 빛에 의한 발현을 위해서 1개의 LRE가 아닌 2개나 그 이상의 LREs가 반드시 존재해야 한다. 몇몇 LREs는 발현의 유도와 반대되는 발현의 억제와 관련되어 있기도 하다. 어떤 두 LREs가 한 쌍의 조합으로 최소 프로모터로서 광유도 발현을 일으키는 데 충분하다는 증명되었다.

Abscisic Acid 유도 유전자 발현

Abscisic Acid(ABA)는 많은 유전자들의 발현을 조절하는 호르몬이다. 프로모터 분석으로 ABA에 의해 유도된 유전자의 프로모터 일부분이라도 ABA-유도성에 최소 프로모터로 충분하다는 것을 밝혔다. ABA에 의한 유도는 2개의 염기 요소 존재에 의해 영향을 받는다: 하나는 ACGT 코어를 가지는 다른 *cis*-요소들과 같은 **ABA-반응 요소**(**ABA-response element, ABRE**); 다른 하나는 **커플링요소**(**coupling element**, CE)이다.

조직-특이(유전자) 발현

특정 조직에서 발현된 다양한 유전자의 프로모터의 분석으로 발현의 패턴을 결정하는 염기 요소들을 발견하게 되었다. 종자 보존 단백질은 이러한 점에서 연구되었는데, 발현하는 위치를 결정하는 염기요소(레구민 박스같은, 5′-TCCATAGCCA TGCAAGCTGCA-3′)가 알려졌다.

단백질 표적

단백질이 적절히 기능을 하기 위해서는 특정한 세포 내 장소에서 작용을 하여야 한다. 5장에서도 언급될 것이지만, 제초제-내성 식물을 만들기 위해서는 엽록체 내에서 작용하는 이식 유전자 산물이 필요한데, 이는 엽록체 표적 단백질의 이동 펩타이드를 첨가함으로 가능하다. 식물생명공학의 어떤 분야에서는 단백질 축적을 제한하는 정상적 조절을 피할 수 있기 때문에, 대체된 세포 내 위치로의 의도적인 **표적 실패**(**mis-targeting**)가 도움이 될 수 있다.

이종 프로모터(Heterologous promoters)

이식 유전자 발현을 조절하는 데 이종 프로모터의 사용을 고려하면서 여러가지 사실이 추정되었다. 첫번째는 한 식물체의 *Trans*-활성 인자가 이종 프로모터의 *cis*-염기요소를 인지할 것이다. 많은 경우, 이런 현상이 발생하는 것으로 나타나지만, 어떤 경우(특히 만약 단자엽식물의 프로모터 요소들이 쌍자엽식물에서 이식 유전자 발현을 조절하는데 사용되거나 혹은 그 반대가 된다면)에는 그렇지 않다. 일반적으로 이식 유전자가 적절히 스플라이싱 되고 올바른 과정을 거쳐 단백질이 되고 정확히 폴딩과 변화가 될 것이라고 추정하지만, 항상 사실인 것은 아니다. 유전자 발현조절에 대해 더욱 알려짐으로 식물생명공학자들이 이종 프로모터와 다른 도구를 이용하면서 얻을 수 있는 것이 자연상태에서의 발현과정에 근접해 진다는 점이 점점 분명해 지고 있다. 다행스럽게도, 많은 경우 이러한 접근은 생물공학 프로그램에 사용할 만큼 충분히 근접해 있다.

유전체 크기와 구조

● 유전체 크기는 반드시 생물체의 복잡성을 반영하지는 않는다.

게놈 염기서열 분석에 최근 진전에 비추어보면, 분자 수준에서 식물 유전체에 대해 우리가 무엇을 알게 되는지에 대한 질문과 그리고 이러한 주어진 정보로 무엇을 할 수 있을지에 대한 고려해 보기에 적절한 시점이다.

생물체 간 핵 유전체의 크기는 다양하다. 즉, 진핵 세포에서는 반복이 안된 DNA(*C* value)는 약 10^7에서 10^{11} 염기까지 다양하다. 일반적으로 핵 유전체의 크기는 생물체 복잡성에 영향을 주어, 즉 박테리아 유전체는 곰팡이의 그것보다 작고, 결국 동물과 식물의 유전체보다 작게 된다. 그러나 이러한 단순한 관계가 항상 성립하는 것은 아닌데, 이러한 상황을 '**C-value paradox**'라고 알려져 있다. 예를 들어 유사한 수준의 복잡성과 유전자 수를 갖고 있다고 생각되는 고등 식물체 간에도 유전체 크기에 있어서는 상당한 다양성을 보여주며(그림 1.8), 많은 양서류가 인간보다 *C* value가 훨씬 크다. 이는 많은 생물체들이 단지 유전체의 일부 퍼센트만 실제 단백질을 암호화하는데 쓰고 있다는 것을 보여준다. 인트론과 유전자의 5′ 말단과 3′ 말단 부분 같은 다른 부분에 대해 고려한다 해도, 이는 몇몇 생물체에 있어서는 대부분의 DNA가 암호화되어 있지 않고 기능을 가지고 있지 않음을 의미한다.

핵 유전체의 암호화 되지 않은 많은 DNA는 반복적 DNA로 이루어져 있다. 반복 DNA는 비슷한 반복 서열을 가진 것끼리 그룹이나 가족으로 구성되어 있고 두 가지 타입으로 나뉘어 진다: 종렬반복(tandem repeats, 또는 satellite DNA)과 분산반복(dispersed repeats)이다. Tandem repeat은 특정한 위치와 관련되어 있는데, 일차적으로 염색체의 동원체(centromeric, 유사분열 방추의 섬유가 자신들끼리 붙는

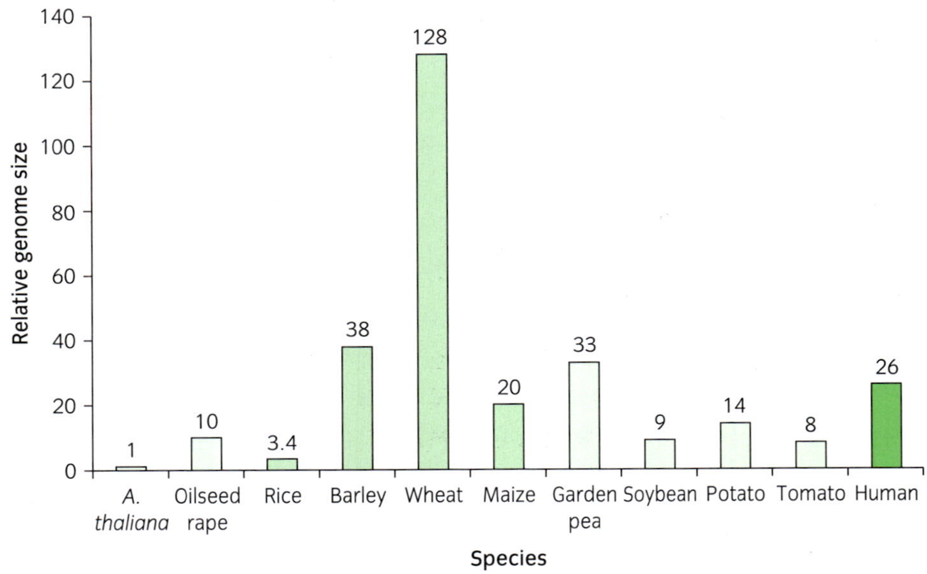

그림 1.8 곡물 식물 범위에서의 비슷한 연관된 유전체 크기, 단자엽식물(중-녹색)과 쌍자엽식물(밝은 녹색)이 인산의 유전체(어두운 녹색)과 비교된다.

부분)와 양말단(telomeric, 염색체 끝부분) 부분을 구성한다. 몇몇 식물 종에서는 유전체 전체부분을 구성할 수도 있는 Dispersed repeat은 유전체의 전반에 걸쳐 발견되고 종종 전이요소(transposable element)와 관련된 경향도 있다.

애기장대와 새로운 기술

최근 몇 년간 생물학에서는 혁명이 일어났다. 아마 이러한 혁명의 가장 알려진 예로는 인간의 모든 유전체의 해독일 것이고, 이는 삶의 질을 향상 시키는데 크게 유용할 수 있는 놀라운 기술적인 업적이다. 식물학 역시 자체적 혁명을 보여 왔는데, 다른 영역의 진보를 모방해 온 부분도 있지만, 어떤 부분은 식물에 독보적이다(BOX 1.8). 식물학에서의 이러한 진보는 식물에 대한 많은 연구가 응용학이라는 점과 식물학과 관련되어 윤리적·도덕적 문제들이 훨씬 적다는 점에서 아주 빠르게 인류에게 실질적인 이득을 줄 수 있다.

이러한 진보의 관점에서, 새로운 기술의 발견과 활용분야에 대해 알아보도록 하자.

게놈–염기서열 분석 프로젝트–기술 발견 그리고 적용

애기장대: 모델 식물

애기장대는 작은 쌍자엽의 십자화과의 식물로 식물학 연구에 좋은 점들을 갖고 있는

BOX 1.8 새로운 기술들

유전체는 식물생명공학에서 사용될 수 있는 최근 개발된 기술 중에 하나의 범위에 지나지 않는다. 더구나 다양한 유전자 염기서열 분석 노력에 대한 진정한 잠재력은 이러한 새로운 기술들과 함께 잘 어우러질 때 실현될 것이다.

기능 유전체(Functional genomics)

유전자 기능을 가장 직접적으로 조사하는 방법 중 하나는 그 유전자를 돌연변이시켜서 더 이상 기능적 단백질 생산물을 만들지 못하게 하는 것이다. 식물에서는, 일반적으로 외부 DNA 조각을 유전자에 넣는 방법을 포함한 다양한 방법을 수행하고 있다. 이러한 **삽입돌연변이**(insertional mutagenesis) 방법의 장점은 삽입하려는 곳의 위치를 찾는 것이 비교적 간단하다는 것이다. 이러한 과정은 무작위적으로 일어남에 따라, 특정 유전자에 돌연변이를 갖는 각 돌연변이 식물체의 많은 **라이브러리**들이 만들어지게 된다. 이러한 돌연변이체는 유전자형이 알려져 있고 그 결과 생긴 표현형이 알려져 있는 **역유전학**(reverse genetics)라 알려진 과정을 통해 특정 유전자 기능을 연구하는 데 사용된다.

전사체학(Transcriptomics)

전사체학은 유전자 발현 패턴을 유전체 전체적으로 분석할 수 있게 개발된 기술이다. 이는 고도의 자동화 과정이고 실험자가 유전자 발현의 변화를 확인할 수 있는데 예를 들면 특정 처리에 대한 반응하는 유전자 발현이다. 특정한 처리에 의해서나 특정한 발생 단계에서 발현 패턴이 바뀐 유전자의 확인은 식물생명공학자들에게 잠재적인 사용 가능성을 주는 유전자 동정하는 방법 중 하나이다. 예를 들어, 해충 공격에 많은 양이 발현된 유전자가 있다면 이는 해충에 대한 식물 방어와 관련되어 있다고 볼 수 있다.

단백질체학(Proteomics)

단백질체학(유전체에 의해 암호화된 단백질 전체) 연구에 대한 시도는 초기수준에 있고 현재는 과 발현 단백질 분석에 국한되어 있다. 이러한 기술의 장점은 실제로 유전자 발현(즉, 단백질)의 기능적 결과물을 볼 수 있는 것이고 번역 후 변이에 대한 연구를 가능하게 한다. 이러한 기술은 전사체학 다음으로 유전자 발현의 다음 단계를 분석하려고 시도하고 있다.

대사체학(Metabolomics)

대사체학은 분석 화학을 이용한 세포의 화학적 구성요소에 대한 연구이다. 농업적 가치 있는 형질과 연관된 차이점과 유사성 등 다른 부류의 대사물질(식물호르몬 같은)들이 연구될 수 있다. 대사체학의 한 가지 흥미로운 결과물은 같은 식물체의 다른 다양성 간 보다 형질 전환 식물체와 대조 식물체와 같은 서로간에 차이점이 더 적은 것을 통해 유전공학은 아주 정밀 과학이라는 것을 검정하는 것이다.

모델 종이다. 이는 배추과의 한 식물이고 양배추, 꽃 양배추, 콩나물, 그리고 지방종자 유채꽃(카놀라)과 같은 작물과 연관되어 있지만, 상업적 가치가 없는 잡초의 상태임에도 불구하고 이러한 모델이 되었다.

애기장대는 이상적인 실험 식물이 되는 특성들을 가지고 있다. 짧은 세대교번과

표 1.5 애기장대의 게놈 염기서열 분석 연구결과의 개요

	Chr1	Chr 2	Chr 3	Chr 4	Chr 5	Total
Length (kb)	29 105	19 647	23 172	17 550	25 935	115 409
Top arm (kb)	14 449	3 607	13 590	3 052	11 132	
Bottom arm (kb)	14 656	16 040	9 582	14 498	14 803	
Number of genes	6 543	4 036	5 220	3 825	5 874	25 498
Exons						
Number	35 482	19 631	26 570	20 073	31 226	132 982
Total length (kb)	8 773	5 100	6 655	5 151	7 571	33 250
Percentage of total length	30	26	29	29	29	29
Average per gene	5.4	4.9	5.1	5.2	5.3	
Average size (bp)	247	259	250	256	242	
Introns						
Number	28 939	15 595	21 350	16 248	25 352	107 484
Total length (kb)	4 829	2 768	3 398	3 031	4 030	18 056
Percentage of total length	17	14	15	17	16	17
Average size (bp)	167	177	159	186	159	
Gene density (kb per gene)	4.0	4.9	4.5	4.6	4.4	

Chr, chromosome.
(Data from The Arabidopsis Genome Initiative (2000).)

작은 키, 그리고 많은 자손을 낳는 이러한 점들은 유전적 그리고 돌연변이 분석에 안성맞춤이다. 또한 형질전환이 용이하고 게놈-염기서열 분석 사업에 가장 중요한 특징인 고등 식물에서 가장 작은 유전체(125Mb)를 가진 것들 중 하나이다. 그러므로 애기장대는 게놈 염기서열 분석이 완전하게 이루어진 첫번째 식물이다.

애기장대 게놈 사업–성공적, 세계적, 공적 자금지원, 자유롭게 사용가능

● 애기장대는 게놈 염기서열 분석을 한 첫번째 식물체이다.

다국적 팀에 의한 다년간 노력으로 2000년 12월 완전한 애기장대 게놈 염기서열이 발표되었다. 국제 공동 **애기장대 게놈 사업**(***Arabidopsis* Genome Initiative, AGI**)은 1996년에 이 식물의 게놈 염기서열 분석을 시작하였다. 이미 이루어진 기술의 도움을 바탕으로, 99.99와 99.999% 사이의 전무한 정확성으로 모두 일억 천 오백 사십만(1 154 000 000)염기가 밝혀졌다. 나머지 10Mb는 염기서열이 어려운 부분 또는 반복 부분에 해당된다. 이는 목표와 자원이 주어진 공적 재정지원을 받은 과학에 의해 달성 될 수 있는 최고의 예 중에 하나임이 분명하다.

애기장대 게놈의 통계를 표 1.5에 요약했다. 애기장대 게놈에서 약 25 500개의 유전자가 예측됐다. 이는 몇몇의 다세포의 진핵세포들(선충의 예쁜 꼬마선충은 19 000개의 유전자이고 사과즙파리인 노랑초파리는 약 13 600개의 유전자이다) 보다는 많은 것이지만 30 000개에서 40 000개로 예측된 인간 보다는 적은 수이다.

이것은 컴퓨터의 예측을 기초로 이루어진 분석이라는 점이 중요하다. 표 1.5의 그림과 다른 진핵생물들 간의 비교는 아마도 이러한 생물체의 관련된 복잡성에 대

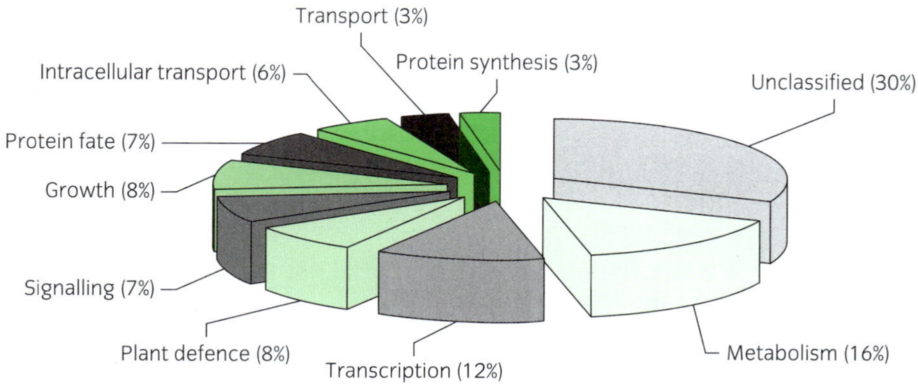

그림 1.9 애기장대 유전체의 기능적 분석. 다른 기능들을 가진 부류들에 대한 유전자 비율이 표시된다(The *Arabidopsis* Genome Initiative(2000).)

해 오해를 불러 일으킬 수 있을 것이다. 애기장대에는 상당한 수준의 중복 유전자가 존재하기 때문에, 분명한 단백질 타입의 총 수는 단지 11 600개 밖에 되지 않는데, 선충과 파리에서 예측되는 수와 비슷한 양상이다.

기능적 분석

애기장대의 예측된 유전자의 70% 정도에 대해 모든 생물체에 있어 기능이 알려진 단백질과의 염기 유사도를 바탕으로 그 기능을 부여할 수 있다(그림 1.9). 그러나 단지 예측된 유전자의 9%에 대해서만이 실험을 통해 그 기능이 알려졌다는 것은 주목할 만하다. 기능을 알 수 없는 30%의 유전자는 식물-특이적 단백질이거나 다른 생물체의 알 수 없는 기능을 가진 유전자와 비슷한 고차원의 단백질로 구성되어 있다.

애기장대에는 신진대사와 방어와 관련된 유전자가 상대적으로 높은 비율을 차지하고 있다. 이는 애기장대가 고착 독립 영양 생물이라는 사실을 반영한다. 다른 진핵생물에서 동일한 단백질이 있는 것으로 밝혀진 애기장대의 단백질의 비율은 단백질 분류별로 차이가 있다. 내에서는 전사 조절에 관여하는 단백질의 8-23%만이 다른 진핵생물에서도 발견되지만, 단백질 합성과 관련되어 있는 단백질에 대해서는 48-60%이다.

AGI의 생명공학적 의미

● 식물의 게놈 염기서열 분석은 식물생명공학에 많은 영향을 줄 것이다.

AGI로부터 받은 데이터들이 식물 생물학의 많은 분야에서 매우 유용한 것으로 드러났다. 많은 생물공학회사들은 애기장대 게놈 염기서열 분석 노력의 결과들을 이미 이용하고 있다. 애기장대가 작물 식물이 아니지만, 식물생명공학이 관심을 가지는 많은 과정(병과 해충에 대한 저항성과 스트레스에 대한 내성)들은 애기장대나 작물 식물들과 공통적인 모습을 갖는다. 애기장대는 생물공학을 성공적으로 조작하여 사용하기 전의 필수 조치인 이러한 과정을 이해하기 위한 이상적인 도구를 식물 과학자들에게

BOX 1.9 synteny와 colinearity

십자화과(애기장대 같은)에서는 100Mb 정도부터 백합과에서의 100 000Mb까지 큰 차이에서 보듯이 식물 유전체는 염색체 크기와 수에 큰 편차를 보여준다. 그러나, 유전자 수(타입)에 대한 뚜렷한 차이는 보이지 않는다. 다른 식물체 간 유전체 크기의 차이는 유전체 내 반복 DNA 존재 양에 따른 것이다(염색체 배수성 역시 차이 일부를 설명할 수 있다). 유전체 크기 변화는 진화하는 동안 빈번하게 일어나지만 이러한 변화는 유전자 구성요소와 유전자 순서의 큰 변화와는 상관이 없다. colinearity와 호몰로지(이전의 완전하게 일치하는 염색체의 남은 호몰로지)의 둘 다를 통칭하기 위해 비록 최근 **synteny**(그리스어로 *syn*은 다같이, *taenia*는 리본이라는 뜻) 용어의 사용이 증가 되었지만, 이러한 유전자 구성요소와 순서의 보존성을 **colinearity**라고 한다. synteny와 colinearity는 놀라운 현상이다. 애기장대(쌍자엽식물)과 쌀(단자엽식물)은 약 2억년 전 같은 조상으로부터 갈라져 나왔고, 아직 낮지만, 발견 가능한 두 종 간의 synteny가 있다. Synteny가 더욱 분명하고 유용할 때는 다양한 곡물의 유전체들이 나란히 비교 될 때이다. 옥수수 같은 다른 작물에서 확인된 작물학적으로 중요한 특징(수량, 해충 저항성 등)들은 벼 게놈 염기서열과 연관될 수 있어 형질에 원인이 되는 유전자를 동정하도록 한다. 많은 작물의 QTL(Quantitative trait loci)이 벼의 유전체 지도에 이미 배치 되어 있다.

제공한다. 식물생명공학에 대한 일반인의 인식과 관심이 커지고 식물생물공학에 사용되는 완전히 다른 생물체의 단백질 수를 줄이려는 노력이 시도되면서 이러한 양상은 점차 중요해지고 있다.

작물 게놈 염기서열 분석

AGI의 완성은 의심할 바 없이 식물 생물학에서 중요한 단계이고, 모델 체계로 애기장대의 유용성은 이미 증명되었다. 그러나, 애기장대는 식량으로서의 역할을 할 수 없다. 세계 인구들 대부분은 필요한 칼로리와 영양의 공급을 곡물과 특히 벼에 의존한다. 곡물들은 단자엽식물이기 때문에 개발 면에 있어서는 애기장대(쌍자엽)와 중요한 차이점을 보여준다. 특히 쌍자엽과 단자엽 사이에 종자/배유의 발달이 다르게 일어난다는 점이 중요하다. 그러므로, 애기장대가 여러 가지 면에서 이상적인 모델이기는 하지만 그 자체 유전체의 해명으로는 몇몇 중요한 문제에 대한 단서를 제공하지는 못한다. 벼 역시 게놈 염기서열 분석을 할 다음 식물체라는 장점을 가지고 있다. 아마도 벼의 유전체는 애기장대보다 4배 정도 클 것이고 작물 유전체 중 가장 작은 것 중 하나가 될 것이다. 벼의 우수한 유전자 지도 또한 존재하며, 곡물간에 유전자 내용과 순서가 잘 보존되어 있다는 것이 유전자 지도 실험으로 이미 알려졌다(유전자 순서는 BOX 1.9에서 설명하였다).

벼 게놈

● 벼는 게놈 염기서열 분석을 한 첫번째 곡물 식물체이다.

벼의 게놈 염기서열 분석을 위해 대규모의 다국적인 노력(IRGSP, International Rice

Genome Sequencing Project)이 이루어졌다. 2002년 4월에 중요한 벼 2종(*indica*, *japonica*)에 대한 염기서열 분석 초안이 발표되었고, 2005년 IRGSP가 *Nature* 지에 *Oryza sativa* L. ssp. *japonica* cv. Nipponbare에 양질의 염기서열 분석 종료를 발표하였다.

벼 게놈 염기서열의 유용성은 몇 가지 통계를 살펴 봄으로 간략히 서술할 수 있다. IRGSP의 추정에 따르면, 벼는 37 544개의 단백질 암호화 유전자를 가지고 있는데, 이는 애기장대의 유전자 수보다 많을 것이라 추정된다. 애기장대의 유전체와 비교해 보면, 애기장대 단백질의 90%가 벼와 비슷하다고 추정되었지만, 단지 예측된 벼 단백질의 71%만이 애기장대와 비슷하였다. 그러므로 쌀과 애기장대 사이에 유전자 수 뿐만이 아니라 유전자 형태도 확실히 다른데 이것은 단자엽과 쌍자엽식물의 상이한 발달 과정과 생리적 상황 차이에 의한 영향이다. 지금까지 잘 알려진 옥수수, 밀, 보리 단백질이 벼에도 존재한다는 점에서 곡물에 있어 유전자 형태와 순서는 상당히 잘 보존되는 것으로 밝혀졌다.

다른 작물

● 많은 작물종들의 유전체가 염기서열 분석될 것이다.

만약 게놈 염기서열 분석이 이루어져야 한다면 어떤 작물을 선택해야 할 지에 대한 많은 논쟁이 있었다. 많은 사람들이 쌍자엽과 단자엽식물 내 존재하는 상당한 수준의 synteny 혹은 colinearity로 미루어 보아 애기장대와 벼의 게놈 염기서열 분석 사업으로 충분하다고 생각하였다. 다른 이들은 동의하지 않았고, 다른 중요한 작물들(밀, 옥수수, 나무 같은)의 게놈 염기서열 분석이 이루어져야 한다고 주장하였다. 이러한 논쟁은 게놈 염기서열 분석 프로젝트를 보다 적은 비용으로 더욱 신속하게 해내는 기술적 진전을 불러왔지만, 이러한 작물에 대한 단점은 이들의 유전체는 아주 크고 복잡하여(그림 1.8) 많은 시간이 소요되고 방법적으로는 현재 표준화된 많은 염기서열 분석 방식들이 이러한 유전체에 쉽게 적용이 안 된다는 점이다.

하지만 일반 염기서열 분석 프로젝트 같이 곡류-식물의 염기서열 분석 작업의 수는 불가피하게 급속히 늘어날 것이다. 잠시 동안 ERGO™ 웹사이트(web-link 1.3)를 살펴보더라도 옥수수, 보리, 밀을 포함한 곡류-식물 게놈-염기서열 분석 프로젝트(대부분은 완성되진 않았지만)의 목록이 늘어나는 것을 알 수 있다.

게놈 염기서열 분석 사업의 결과는 단순히 유전적 조작을 위한 프로젝트에 적용하는 점 뿐만이 아니다. 예를 들어 이러한 결과는 전통 육종 프로그램에서도 특정 형질들을 보다 쉽게 향상시키는데 유용한 것으로 입증될 것이다.

요약

이 장에서는 식물체 유전 시스템이라 불리는 여러 측면에서 간단히 살펴보았다. 복잡한 주제에 필요한 모든 유전자 조절과 식물 유전체에 대해 모든 것을 다루고 있는

International Rice Genome Sequencing Project (2004) The map-based sequence of the rice genome. *Nature* **436**, 793–800.

The *Arabidopsis* Genome Initiative (2000) Sequence and analysis of the flowering plant *Arabidopsis thaliana*. *Nature* **408**, 796–815.

Yu, J., Hu, S., Wang, J., Wong, G. K.-S., Li, S., Liu, B., Deng, Y., Dai, L., Zhou, Y., Zhang, X., Cao, M., Liu, J., Sun, J., Tang, J., Chen, Y., Huang, X., Lin, W., Ye, C., Tong, W., Cong, L., Geng, J., Han, Y., Li, L., Li, W., Hu, G., Huang, X., Li, W., Li, J., Liu, Z., Li, L., Liu, J., Qi, Q., Liu, J., Li, L., Li, T., Wang, X., Lu, H., Wu, T., Zhu, M., Ni, P., Han, H., Dong, W., Ren, X., Feng, X., Cui, P., Li, X., Wang, H., Xu, X., Zhai, W., Xu, Z., Zhang, J., He, S., Zhang, J., Xu, J., Zhang, K., Zheng, X., Dong, J., Zeng, W., Tao, L., Ye, J., Tan, J., Ren, X., Chen, X., He, J., Liu, D., Tan, W., Tioan, C., Xia, H., Bao, Q., Li, G., Gao, H., Cao, T., Wang, J., Zhao, W., Li, P., Chen, W., Wang, X., Zhang, Y., Hu, J., Wang, J., Liu, S., Yang, J., Zhang, G., Xiong, Y., Li, Z., Mao, L., Zhou, C., Zhu, Z., Chen, R., Hao, B., Zheng, W., Chen, S., Guo, W., Li, G., Liu, S., Tao, M., Wang, J., Zhu, L., Yuan, L., and Yang, H. (2002) A draft sequence of the rice genome (*Oryza sativa* L. ssp *indica*). *Science* **296**, 79–92.

Web-links

Arabidopsis Information Resource, web-link 1.1: www.arabidopsis.org

Biome (searchable links), web-link 1.2: www.intute.ac.uk/healthandlifesciences/

ERGO™ at Integrated genomics, web-link 1.3: http://wit.integratedgenomics.com/ERGO_supplement/index.html

ExPASy, web-link 1.4: www.expasy.ch

Institute for Genomic Research, web-link 1.5: www.tigr.org

Nature Genome Gateway, web-link 1.6: www.nature.com/genomics

NCBI online books, web-link 1.7: www.ncbi.nlm.nih.gov/entrez/query.fcgi?db=Books

2

식물조직배양

개요

유전자 변형작물 생산에 적용되는 대부분의 형질전환 방법들은 형질전환시킨 식물세포나 조직들로부터 완전한 식물체로 재분화 되는 과정을 필요로 한다. 이러한 재분화 체계는 환경과 배양배지 등이 최고의 재분화 효율을 보장할 수 있는 기내에서 이루어진다. 이 외에도 재분화 가능한 세포들이 어떠한 형질전환 방법들이 적용되든지 간에 이용되어져야 한다(형질전환 방법들은 3장에 기술되어 있다). 그러므로 형질전환 시스템에 사용되어질 수 있는 대량의 재분화 가능한 세포들을 생산하는 것이 주요 목적이 된다. 식물형질전환 연구에서 차후에 필요한 세포 재분화 과정은 때때로 가장 어려운 과정이기도 하다. 그러나 고효율의 재분화가 반드시 고효율의 형질전환 효율과 비례하지 않는다는 것을 명심해야 할 것이다. 본 장에서는 식물형질전환에 적용 가능한 기내 식물조직배양과 관련한 기본 주제들을 다룰 것이며 또한 식물형질전환에 사용되는 기본 배양과정을 살펴보고, 형질전환 세포나 조직으로부터 완전한 식물체로 재분화 시키는 데 이용되는 몇몇 배양기술들을 다룰 것이다.

식물조직배양

현실적으로 식물형질전환 실험은 조직배양의 과정에 의존을 하게 된다. 이러한 것을 일반화하기에는 약간의 예외사례들이 있지만(3장 참조) 기내 조건에서 식물세포나 조직으로부터 식물체를 재분화하는 능력은 대부분의 식물형질전환 체계를 보완하고 지지해주는 역할을 한다.

● 동물세포와 식물세포 사이에는 오직 식물세포나 조직에서만 재분화가 가능하다는 중요한 차이점이 존재한다. 이 때 핵심포인트는 식물세포나 조직으로부터 재분화하는 데 적합하고 올바른 배양조건을 사용하는 것이다.

유연성과 전체형성능(Plasticity and totipotency)

두 가지 중요한 개념인 유연성과 전체형성능은 식물조직배양과 재분화를 이해하는 데 중요한 구심점이 된다. 식물들이 고착되어 움직이지 않는 특징과 긴 수명으로 인해 동물과 비교해서 극한조건이나 외부의 침입으로부터 견뎌내는 능력들이 식물에 있어서 잘 개발되어져 왔다. 식물생장과 발달에 관여하는 많은 과정들이 환경조건에 적응되었으며, 이러한 유연성들은 식물들이 그들 주위의 환경에 가장 잘 맞는 물질대사, 생장과 발달을 할 수 있게 해준다. 식물조직배양과 재분화 측면에서 특히 이러한 유연한 적응에 대한 중요한 사항들 두 가지가 있는데 첫 번째는 식물의 어떠한 조직으로부터 세포분열을 유도하는 능력이고 두 번째는 특별한 외부자극에 대해 서로 다른 발달과정을 거치게 하거나 일부 기관을 상실하게 해서 식물체의 세포나 조직으로부터 재분화를 가능하게 하는 능력이다.

식물세포나 조직이 기내배양조건에 있을 때, 어떠한 형태의 조직이나 기관을 유도하게 해주는 고도의 유연성을 일반적으로 보여준다. 이러한 방식으로 모든 식물체들이 계속적인 재분화가 가능해진다.

이러한 전체 기관의 재분화는 특정 조건이 주어진다는 조건 하에서 모든 식물세포들이 모주의 모든 유전적 가능성을 표현할 수 있다는 개념에 달려 있다. 이런 유전적 가능성의 유지하는 현상을 **전체형성능(Totipotency)**이라고 한다. 사실, 식물조직배양과 재분화는 전체형성능의 가장 강력한 증거를 제공한다. 실제로는 이러한 전체형성능을 증명하기 위해 필요한 배양조건과 자극들을 확인하는 것은 굉장히 어렵고, 여전히 경험이나 실험에 의존하는 과정이다.

배양환경

기내배양에서 식물세포에게 필요한 화학적 및 물리적 조건(표 2.1 참고)들은 빛, 온도와 같은 외부환경과 배양배지에 들어가는 생장과 발달에 필요한 모든 필수미량원소들을 포함해야 한다. 또한 많은 경우, 아미노산과 비타민류 같은 유기물들도 역시 배양

표 2.1 식물주요 영양성분 몇 가지와 기내 식물체의 건전한 생육을 위해 필요한 배양배지에 의해 공급되는 주요 식물영양소 종류 및 생리학적 기능

Element	Function
Nitrogen	Component of proteins, nucleic acids, and some coenzymes; element required in the greatest amounts
Potassium	Regulates osmotic potential; principal inorganic cation
Calcium	Cell-wall synthesis, membrane function, cell signalling
Magnesium	Enzyme cofactor, component of chlorophyll
Phosphorus	Component of nucleic acids; energy transfer; component of intermediates in respiration and photosynthesis
Sulphur	Component of some amino acids (methionine, cysteine) and some cofactors
Chlorine	Required for photosynthesis
Iron	Electron transfer as a component of cytochromes
Manganese	Enzyme cofactor
Cobalt	Component of some vitamins
Copper	Enzyme cofactor; electron-transfer reactions
Zinc	Enzyme cofactor; chlorophyll biosynthesis
Molybdenum	Enzyme cofactor; component of nitrate reductase

배지에 첨가되어야 한다. 많은 식물세포배양에서 이들 세포배양이 광합성을 못하기 때문에 설탕형태로 탄수화물의 첨가가 요구되어진다. 또 다른 필수적으로 공급되어야 할 활력성분은 주요 생물학적 용매인 물이다. 온도, pH, 공기조성 및 광조건(광질과 광주기)과 삼투압 등의 물리적 요인들은 용인되어지는 범위 내에서 적절하게 유지되어야 한다.

식물세포배양배지

기내 식물세포 배양 시 사용되는 배양배지는 아래 세 가지 기본 성분들로 구성된다.

● 식물조직배양용 배지는 성분이 복잡할 수 있는데 저장용 배지들은 대량으로 제조되거나 시약회사들로부터 구입가능한 표준배지를 이용할 수 있다.

1 복합염들로 제공되어 지는 필수원소 또는 무기이온류

2 아미노산이나 비타민류로 공급되어지는 유기물

3 보통 설탕 형태로 공급되어지는 탄수화물

실용적으로 필수원소들은 다음과 같이 분류되어지기도 한다.

1 대량원소

2 미량원소

3 철분공급원

완전한 식물조직배양배지는 일반적으로 표 2.2에 요약되어 있는 여러 가지 다른 원소들의 경합에 의해 완성된다.

배지조성물

저장용액들의 개별 구성원소들의 측면을 간단히 생각해보는 것이 유용할 것이다.

대량원소

대량원소라는 명칭에서 보는 것처럼, 대량원소들은 식물의 생장과 발달에 대량으로 요구되어진다. 질소, 인산, 칼륨, 마그네슘, 칼슘 및 황 등이 일반적으로 대량원소로 간주된다. 이들 원소들은 식물 건물중에서 적어도 0.1% 이상을 차지한다.

질소는 대부분 질산태형태와 암모니아태 형태의 혼합형으로 공급되어지며, 이론적으로 질소는 환원된 형태로 고분자와 결합되어져야 하므로 암모니아 형태로 공급되는 것이 이롭다. 그러므로, 질산태 질소는 고분자와 결합하기 전에 환원되어야 한다. 그러나 고농도 조건에서 암모니아태 질소는 식물세포배양에 해로우며, 이러한 배지로부터 암모니아태 질소의 흡수는 배지의 산성화를 초래한다. 배지에 암모니아태 질소원으로 사용되기 위해서는 배지는 완충제를 첨가하여 이러한 피해를 방지하여야 한다. 또한 고농도의 암모니아태 질소이온들은 유리화 빈도를 증가시켜 배양과정에서 생육피해를 발생시키기도 한다(유리화 - 배양조직이나 개체들이 창백하고 투명한 외형을 나타내며 일반적으로 배양과정에 해롭다).

표 2.2 전형적인 식물조직배양 배지 조성표

Essential element	Concentration in stock solution (mg l^{-1})	Concentration in medium (mg l^{-1})
Macroelements[a]		
NH_4NO_3	33 000	1 650
KNO_3	38 000	1 900
$CaCl_2{\cdot}2H_2O$	8 800	440
$MgSO_4{\cdot}7H_2O$	7 400	370
KH_2PO_4	3 400	170
Microelements[b]		
KI	166	0.83
H_3BO_3	1 240	6.2
$MnSO_4{\cdot}4H_2O$	4 460	22.3
$ZnSO_4{\cdot}7H_2O$	1 720	8.6
$Na_2MoO_4{\cdot}2H_2O$	50	0.25
$CuSO_4{\cdot}5H_2O$	5	0.025
$CoCl_2{\cdot}6H_2O$	5	0.025
Iron source[b]		
$FeSO_4{\cdot}7H_2O$	5 560	27.8
$Na_2EDTA{\cdot}2H_2O$	7 460	37.3
Organic supplement[b]		
Myoinositol	20 000	100
Nicotinic acid	100	0.5
Pyridoxine-HCl	100	0.5
Thiamine-HCl	100	0.5
Glycine	400	2
Carbon source		
Sucrose	Added as solid	30 000

The medium described here is that of Murashige and Skoog (MS); many other commonly used plant culture media (such as Gamborg's B5 and Schenk and Hildebrandt (SH) medium) are similar in composition to MS medium and can be thought of as high-salt media. MS is extremely widely used and forms the basis for many other media formulations.
[a]50 ml of stock solution used per litre of medium.
[b]5 ml of stock solution used per litre of medium.

질산태이온들의 흡수가 수산화이온들을 배출하는 현상이 발생할 때는 질산태와 암모니아태 질소 이온들을 혼합하여 배지를 약하게 완충해주는 것을 이용할 필요가 있다.

인산은 암모니움, 소디움 혹은 칼륨염에서 인산형태로 공급된다. 고농도의 인산은 불용성 인산으로서 배지에서 침전을 발생시킨다.

미량원소

미량원소들은 식물생장과 발달에서 미량으로 요구되어지며, 많고 다양한 기능들을 가지고 있다. 일부 니켈이나 알루미늄 같은 원소들이 다른 식물체의 생장이나 발달과정에서 발견됨에도 불구하고 망간, 요오드, 구리, 코발트, 붕소, 몰리브덴, 철 및 아연들이 일반적으로 미량원소를 구성하고 있다.

철은 철-citrate 형태도 사용되지만 일반적으로 철과 황의 결합형태로 첨가된다. 일반적으로 EDTA는 철-황 화합물과 결합하여 사용된다. 철과 결합된 EDTA 복합체는 배지로 철 이온을 천천히 그리고 계속적으로 배출시켜 준다. EDTA와 결합하지 않은 철 형태는 산화철 같은 침전물로 배지에 남겨지게 된다.

유기첨가물

오직 두 가지 비타민, 티아민(비타민 B_1)과 myoinositol(B 비타민)은 기내 식물세포 배양에 필수적 요소로 여겨진다. 그러나 다른 비타민들은 관례적으로 식물세포배양배지에 종종 첨가되어져 왔다.

또한 일반적으로 아미노산들도 유기첨가물에 포함되는데, 가장 많이 사용되는 것은 glycine(그 외에 아르기닌, 아스파라긴, aspartic acid, 알라닌, 글루탐산, 글루타닌 및 프롤린도 역시 사용됨)이다. 그러나 대부분의 경우, 아미노산이 배지에 첨가되는 것은 필수적인 것은 아니다. 아미노산은 암모니아태 질소처럼 환원된 질소의 공급원이고, 카제인 가수분해물은 비교적 저렴한 가격의 아미노산 복합체로서 사용되기도 한다.

탄수화물공급원

설탕은 저렴하고 쉽게 구할 수 있고, 쉽게 용해되며 또한 비교적 안정하기에 가장 널리 탄수화물 공급원으로 사용된다. 포도당, 과당, 맥아당 및 소비톨 등 다른 탄수화물 공급원들도 역시 사용되는데, 특정환경이나 조건 하에서는 설탕보다 더 우수한 효능을 나타낸다.

배지고형물

기내 식물세포배양에 사용되는 배지들은 식물세포나 식물체들의 배양형태에 따라 액체 또는 고체형태로 제조된다. 배지의 표면에서 배양되어야 하는 식물세포나 조직들의 배양을 위해서는 배지는 고형화되어야 한다. 해초로부터 추출한 agar가 고형물로서 가장 널리 사용되며, 일반적인 배지 고형물로서 이상적인 재료이다. 그러나, 이 agar는 천연산물이기 때문에 agar의 품질은 공급자나 제조공장마다 차이가 크다. 따라서 좀 더 세밀한 연구나 실험을 위해서 순수한 형태의 agar들이 시판되고 있다. Gellan gum 같은 형태를 비롯해서 다양하고 보다 정제된 형태의 agar나 agarose 등이 사용될 수도 있다.

요약

상기 구성물질들이 식물세포배양에 사용되는 배지제조에 필요한 기본 화학물질들이다. 그러나, 식물세포배양에서의 생장과 발달의 형태를 조절하기 위해 또다른 첨가물질들이 추가될 수 있다.

식물생장조절제

지금까지 우리는 유연성과 전체형성능의 개념들에 대해 간략하게 살펴봤다. 이러한 유연성과 전체형성능으로 인해 식물세포배양에 관한 필수적 핵심사항은 특정배지조성이 식물세포배양의 발달에 직접적으로 사용된다는 것이다.

식물생장조절제는 식물세포의 발달경로를 결정하는 배지의 중요한 구성성분이며, 가장 널리 사용되는 식물생장조절제들은 식물호르몬 또는 그들의 합성유사체들이다.

식물생장조절제 분류

● 오옥신과 사이토키닌은 형질전환 실험을 위해 필요한 가장 중요한 호르몬들이다.

식물세포배양에 사용되는 식물생장조절제는 아래와 같이 다섯 가지 범주로 나눈다.

(1) 오옥신 (2) 사이토키닌 (3) 지베렐린
(4) ABA (5) 에틸렌

식물생장조절제의 각 그룹은 아래처럼 분류된다.

오옥신

오옥신은 세포분열과 생장 둘 다 촉진한다. 자연적으로 존재하는 가장 중요한 오옥신은 IAA(indole-3-acetic-acid)이나, 이 IAA는 열과 빛에 불안정한 이유로 인해 식물세포배양 배지에 제한적으로 사용된다. 때때로 좀 더 안정적인 IAA와 아미노산 유도체가 IAA 직접 사용 시 발생하는 문제점을 경감시키기 위하여 부분적으로 사용될 수 있다. 식물세포배양 배지에서 오옥신 공급원으로서 보다 안정적인 IAA 화학적 유도체들을 사용하는 것이 일반적이다. 2,4-D(2,4-Dichlorophenoxyacetic acid)가 가장 널리 사용되는 오옥신이며, 대부분의 조건 하에서 가장 강력한 효능을 가지고 있다. 표 2.3에 나타나듯이 다른 종류의 오옥신들도 식물조직배양에 사용되는데 어떤 경우에는 2,4-D보다 더 효능이 강한 종류도 있다.

사이토키닌

사이토키닌은 세포분열을 촉진하며, 자연적으로 존재하는 사이토키닌은 퓨린유도체

표 2.3 일반적으로 사용되는 오옥신들의 종류, 약어 및 화학명

Abbreviation/name	Chemical name
2,4-D	2,4-Dichlorophenoxyacetic acid
2,4,5-T	2,4,5-Trichlorophenoxyacetic acid
Dicamba	2-Methoxy-3,6-dichlorobenzoic acid
IAA	Indole-3-acetic acid
IBA	Indole-3-butyric acid
MCPA	2-Methyl-4-chlorophenoxyacetic acid
NAA	1-Naphthylacetic acid
NOA	2-Naphthyloxyacetic acid
Picloram	4-Amino-2,5,6-trichloropicolinic acid

표 2.4 일반적으로 사용되는 사이토키닌의 종류, 약어 및 화학명

Abbreviation/name	Chemical name
BAP[a]	6-Benzylaminopurine
2iP (or IPA)[b]	*N*[6]-(2-Isopentyl)adenine
Kinetin[a]	6-Furfurylaminopurine
Thidiazuron[c]	1-Phenyl-3-(1,2,3-thiadiazol-5-yl)urea
Zeatin[b]	4-Hydroxy-3-methyl-*trans*-2-butenylaminopurine

[a]Synthetic analogues.
[b]Naturally occurring cytokinins.
[c]A substituted phenylurea-type cytokinin.

들과 구조적으로 연관성이 있는 커다란 그룹들이다. 자연적으로 존재하는 사이토키닌들 중 식물조직배양 배지에 두 가지 종류(zeatin, *N*[6]-(2-isopentyl) adenine(2iP)가 이용된다(표 2.4 참조)

이 두 가지 사이토키닌은 비교적 불안정하고 특히 zeatin의 경우 가격이 비싼 관계로 널리 사용되지는 않는다. 카이네틴이나 6-benzylaminopurine(BAP)가 가장 자주 사용된다. 또한 치환페닐우레아같은 비 퓨린기반의 사이토키닌류들이 식물세포배양 배지에 사용되기도 한다. 이외에도 이들 치환페닐우레아들은 어떤 식물조직배양에서는 오옥신 대체제로 사용되기도 한다.

지베렐린

지베렐린은 종류가 많고 자연적으로 존재하며, 구조적으로 서로 관련있는 화합물이다. 이들은 세포신장을 조절하는 데 관여하며, 식물초장 및 착과를 조절하는 농업적으로 중요한 기능을 가지고 있다. 90여 종류가 넘는 지베렐린 중 단지 2-3종류만이 식물조직배양배지에 사용되는 데 가장 많이 사용되는 지베렐린은 GA_3이다.

ABA(Abscisic acid)

ABA(Abscisic acid)는 세포분열을 억제하는 데 식물조직배양에서는 체세포 배발생 같은 세포나 조직의 발달단계를 촉진하는 목적으로 널리 사용된다.(BOX 2.1 참조)

에틸렌

에틸렌은 기체상태이며 자연상태에 존재하고 클라이맥터릭 과일에서 성숙도를 조절하는 기능과 관련해서 가장 널리 사용되는 식물생장조절제이나, 식물조직배양에서는 널리 사용되지 않는다. 식물조직배양에 사용 시 특정 문제점이 발생하기 때문인데, 일반적으로 식물세포나 조직배양 시 에틸렌이 기내에 발생하게 되면 배양세포나 식물체의 생장과 발달을 억제하게 된다. 배양 용기의 형태나 용기의 뚜껑종류 등이 배양 용기와 외부의 대기 사이의 가스교환에 영향을 미치게 되며 따라서 배양 용기 내의 에틸렌 농도에도 역시 영향을 미친다.

식물생장조절제와 조직배양

식물생장조절제 및 식물조직배양에서의 식물생장조절제 사용에 관한 포괄적인 내용은 1950년대 수행된 연구에서 관찰된 초기결과들로부터 발달되어 왔다. 그러나, 식물생장조절제의 영향들을 예측하는 것은 상당한 어려움이 있다. 이것은 식물 종들이나 계통들 또는 심지어 다른 조건에서 자란 같은 종류의 식물들 간에도 존재하는 식물조직배양 반응정도에서 커다란 차이가 나타나기 때문이다.

오옥신과 사이토키닌이 식물조직배양에서 가장 널리 사용되는 식물생장조절제이며, 일반적으로 배양을 성공적으로 수행시키거나 최적 재분화 조건을 결정할 때 오옥신과 사이토키닌의 비율이 중요하다(그림 2.1 참조). 오옥신과 사이토키닌의 비율이 높은 경우, 일반적으로 뿌리형성을 촉진하고 반대로 사이토키닌의 비율이 높은 경우 신초를 형성하게 된다. 오옥신과 사이토키닌이 균형을 이루는 경우, 캘러스 형성을 이루게 된다.

배양형태

● 식물형질전환 연구에 있어서 다양한 배양들이 잠재적으로 존재할지라도, 일부 배양체계는 상당히 쉽게 적용할 수 있다. 이것이 종종 형질전환이나 식물조직배양 연구에 사용되는 식물의 종류와도 연관된다.

배양은 일반적으로 완전한 모본식물체에서 무균적으로 절취한 조직으로부터 시작된다. 이러한 조직을 **절편체(explants)**라고 하는데, 잎이나 줄기같은 특정기관들의 일부분 또는 화분이나 배유같은 특정 세포형태로 이루어질 수도 있다. 절편체의 다양한 특징들이 배양 초기의 효율에 영향을 미치는 것으로 알려져 있다. 일반적으로 어리고, 좀 더 빨리 자라는 조직 또는 발달초기 형태일수록 배양에 효과적인 절편체라고 할 수 있다. 식물형질전환 연구에 가장 많이 사용되는 여러 가지 배양형태에 대해서 자세히 알아보기로 한다.

캘러스

오옥신과 사이토키닌이 첨가된 적절한 배지에서 절편체는 기관화가 덜 된 그리고 자라고 분열하는 세포들의 덩어리를 생산하게 되는데, 적정한 배양조건만 확보된다면, 식물체의 어떤 조직이라도 절편체로 사용될 수 있다. 실제 배양에서 캘러스(Callus)를 주기적으로 새로운 배지에 옮겨 주면 캘러스는 무한증식을 하게 되고 그 형태를 연속적으로 유지할 수 있다. 캘러스 형성과정 동안 형태(캘러스는 기능화되지 않는 유세

그림 2.1 오옥신과 사이토키닌의 다양한 비율이 캘러스의 생장과 형태형성에 대해 미치는 효과. 오옥신과 사이토키닌 비율이 높으면 뿌리 발달을 촉진하고, 낮게 되면 신초발달을 촉진한다. 오옥신과 사이토키닌 비율이 균형을 이루면 기관분화 없이 캘러스의 생장이 계속된다.

포들로 보통 구성된다)와 물질대사 측면에서 어느 정도의 탈분화(발달과 분화과정에서 발생하는 변화들이 분화인데 이의 역개념)가 발생한다. 이 탈분화의 하나의 주요한 결과는 대부분의 식물배양체들이 광합성 능력을 상실한다는 점이다. 모주 식물체에서의 물질대사와 캘러스는 다른 양상을 갖고 있기 때문에 이것은 캘러스 조직의 배양에서 중요한 결과가 된다. 또한 이러한 결과는 무기질 외에 첨가되는 비타민이나 탄수화물 급원 같은 배지 성분들의 첨가와도 연관이 있다.

캘러스 배양은 광조건이 캘러스의 분화를 촉진하기 때문에 종종 암 조건에서 수행되어 진다(광합성 능력의 부족으로 인해 지장 받지 않음). 장기간 배양에서 배양체들은 오옥신이나 사이토키닌의 요구도가 없어질 수 있다. 이러한 현상은 사탕무 같은 일부 식물종에서 시작된 캘러스 배양에서 볼 수 있는데 이를 **순화(habituation)**라고 한다.

캘러스 배양은 식물생명공학에서 굉장히 중요한데, 배지에서 오옥신과 사이토키닌의 비율을 조절하는 것은 신초, 뿌리 그리고 더 나아가 완전한 식물체로 발달할 수 있는 체세포배의 발달도 가능하게 한다. 캘러스 배양은 식물형질전환 연구에 다양한 방법으로 이용되는 세포현탁배양을 시작하는데도 이용될 수 있다.

세포현탁배양

넓은 의미에서 캘러스 배양은 두 가지 중의 하나로 분류되는 데 하나는 compact(단단하고 뭉쳐진) 형태 그리고 또 하나는 friable(흩어지기 쉬운) 형태이다. 단단한 형태의 캘러스에서 세포들은 조밀하게 뭉쳐져 있으나, 흩어지기 쉬운 friable 형태 캘러스들은 세포들이 서로 느슨하게 뭉쳐져 있어서 부드럽고 쉽게 흩어진다. 이러한 부드럽고 흩어지기 쉬운 형태의 캘러스들이 세포현탁배양을 형성하는 기본이 된다. 일부 식물체나 특정 형태의 세포들로부터 나온 절편체들은 이런 friable한 캘러스를 형성하지 않으려는 경향이 있어서 세포현탁배양을 하기 어렵게 한다. 캘러스의 흩어지는 정도는 때때로 배지 조성을 조절하거나 자주 계대배양을 해주는 것에 의해 향상될 수 있다. 또는 agar 같은 고형물을 낮은 농도로 첨가한 반고체배지에서 배양하는 것에 의해서도 friability를 높일 수 있다.

흩어지기 쉬운 캘러스들이 액체배지(캘러스 배양에 사용된 고체배지와 같은 배지조성)에 배양하면서 현탁을 시키면, 배지로 단일세포나 세포의 작은 군집들이 나오게 된다. 적절한 배양조건이 확보되면, 배지로 흘러나온 이들 세포들은 자라고 분열해서 결국 세포현탁배양에 이르게 된다. 세포현탁배양을 시작할 수 있는 충분한 숫자의 세포들이 단기간 내에 배지로 나올 수 있도록 비교적 대용량의 배양이 사용된다. 상처가 있거나 스트레스 받은 세포들로부터 유출된 독성물질들 때문에 현탁배양 초기의 배양은 너무 커서도 안 된다. 커다란 세포덩어리들은 세포현탁배양에서 계대배양할 때 제거해주도록 한다.

세포현탁배양은 삼각플라스크에서 비교적 쉽게 batch 형태의 배양으로 유지할 수 있다. 이 배양체들은 새로운 배지로 옮겨주는 계대배양을 반복하면서 계속 유지된다. 이것은 현탁배양액을 희석시켜 주고 또다른 batch 생장사이클을 시작하게 한다. 계대배양 과정 중의 심한 현탁배양의 희석정도는 비교적 심한정도의 lag 기에 접어들게 하거나 극단적인 경우, 옮긴 세포들의 사멸에 이르게 할 수 있다.

계대배양 후에 세포들은 분열하면서 배양세포들의 생물 중은 배지의 양분이 다 소모되거나 억제수준까지 독성물질이 형성될 때까지 일정 방식으로 증가하게 된다. 이 때 양분이 소모되거나 독성물질이 발생해서 세포생장이 억제되는 시기를 **stationary phase(휴지기)**라고 한다.

만약 세포들이 너무 오랫동안 휴지기에 있게 되면, 세포들은 죽고 결과적으로 배양체들은 다 손실될 것이다. 그러므로 세포들이 휴지기에 접어들게 되자마자 바로 새 배지로 옮겨줘야 한다. 정상적인 세포현탁배양을 위해서 batch-생장 체계에 관여하는 변수들이 사전에 최적화 되는 것이 중요하다.

원형질체

원형질체는 세포벽이 제거된 형태의 세포를 말한다. 원형질체는 일반적으로 좀 더 좋은 장점이 있는 절편체들도 있지만 주로 잎의 엽육세포나 세포현탁배양의 세포들로부터 분리된다. 세포벽을 분리하는 데 두 가지 일반적인 방법이 사용되며 기계적인 방법과 효소를 이용한 분리방법이 있다. 유용하긴 하지만 기계적인 세포벽 분리방법은 종종 낮은 원형질체 수율, 그리고 안 좋은 상태의 원형질체 그리고 기계적 분리과정에서 발생한 상처로부터 유출된 독성물질로 인해 원형질체 배양과정에서 부정적인 결과를 나타나게 한다. 효소를 이용한 세포벽 분리방법은 일반적으로 높은 삼투압에 세포벽 분해효소를 첨가한 단순한 염 용액을 이용하여 수행된다. 이 때 굉장히 고순도와 고품질의 셀룰라제와 펙티나제 효소를 혼합하여 사용하는 것이 일반적이다.

원형질체들은 깨지기 쉽고, 쉽게 피해를 받으므로, 배양 시 조심스럽게 취급되어야 한다. 액체 배지는 현탁배양시키면 안 되고, 적어도 원형질체 분리과정 초기에는 높은 삼투압이 유지되어야 한다. 액체배지는 원형질체 배양 시 현탁배양을 수행 안하므로 기체교환이 이루어지지 않기 때문에 되도록 얇게 분주하여 환기성을 높여줘야 한다. 초기의 액체배지에서 배양된 원형질체는 고체 배지로 옮겨지고 그리고 나서 캘러스가 형성된다. 원형질체로부터 형성된 캘러스로부터 완전한 식물체 재분화는 기관분화 또는 체세포 배발생 과정을 거쳐 이뤄진다. 원형질체는 다양한 식물형질전환 연구에 있어서 이상적인 재료이기도 하다.

뿌리배양

뿌리배양은 주근이나 측근의 근단절편체로부터 기내배양을 해서 시작되는데, 비교적 단순한 조성을 가진 배지로 배양을 하게 된다. 기내에서 뿌리의 생장은 뿌리 자체가 무한생장기관이기 때문에 이론상 무제한으로 생장이 이루어진다. 현대식물조직배양 역사에서 초기 업적 중의 하나가 뿌리배양의 시작임에도 불구하고, 식물형질전환 연구에는 뿌리배양을 이용하는 사례가 널리 보고되지 않았다.

신초정단과 생장점 배양

신초정단분열조직을 포함하는 신초정단 부분은 기내에서 배양될 수 있고, 측아 또는 부정아 등으로부터 신초덩어리를 생산할 수 있다. 이 방법이 식물의 클론증식에 이용된다. 신초 분열조직배양은 이 방법이 품종의 유전자형의 영향을 덜 받고, 더 효과적이기 때문에 벼과식물 식물체 재분화에 널리 사용되는 가능성 있는 증식방법이다(사례연구 2.1 참조).

배배양

배들은 캘러스 배양이나 체세포배를 생산할 수 있는 절편체로 식물조직배양에 사용된다. 미성숙 및 성숙배들 모두 절편체로서 사용될 수 있는데, 미성숙배를 이용해 나온 배발생캘러스가 단자엽 식물체 재분화 연구에서 가장 인기있는 방법이다.

약배양

반수체 조직은 화분이나 약을 절편체로 사용해서 기내 배양을 통해 획득할 수 있다. 화분은 소포자라고 불리우는 웅성 배우자를 포함하고 있다. 이 소포자로부터 캘러스와 배들 모두 발생할 수 있다. 반수체 조직으로부터 기내 배양을 수행하는데 두 가지 주요 방법들이 사용된다.

첫 번째 방법은 절편체의 약을 이용하는 것인데 약(화분을 둘러싸고 있는 체세포 조직)을 고체배지(agar 자체가 불순물을 가지고 있을 수 있기 때문에 agar를 이용해서 배지를 고형화하지 않음)에 배양하게 한다. 화분 유래의 배들은 성숙한 화분이 터지고 나서 형성되게 된다. 이러한 약이 터지는 현상은 적당한 시기에 약을 분리했는지 그리고 적당한 배양조건인지에 따라 결정된다. 어떤 식물종에서는 자연적인 꽃가루가 터지는 것이다.

두 번째 방법에서는 화분들은 액체배지에서 배양이 되고, 약에서 터져 나온 꽃가루들은 비록 그 효율은 종종 무척 낮음에도 불구하고 배를 형성하기도 한다. 미성숙 화분들은 발달단계에 있는 약으로부터 얻을 수 있고, 시간이 많이 소요되는 과정이긴 하지만 직접 배양할 수도 있다.

위에서 언급한 두 가지 방법 모두 장점과 단점을 가지고 있다. 화분들이 절편체로서 사용될 때, 일부 장점들이 관찰되지만, 주의할 점은 화분배양에서 형성된 일부 배들은 꽃가루배양에서 나온 배들과 비교해서 체세포벽에서 나온 것일 가능성이 있다는 것이다. 분리된 꽃가루가 배양에 사용되는 경우, 순수 반수체인 꽃가루에서 생긴 배와 2배체인 체세포벽에서 나온 배들이 혼합될 위험성은 없지만 대신 효율이 낮고 배양기간이 긴 단점이 있다.

꽃가루 배양에서 꽃가루를 분리하는 시기만큼 모주 식물체의 상태도 중요하다. 저온처리 같은 전처리가 배양효율을 높이는 데 사용되기도 한다. 이러한 전처리들은 배양 전에 적용되기도 하지만, 일부 식물 종에서는 꽃가루를 배지에 치상한 이후에 처리를 하기도 한다.

식물종들은 이 식물체들이 꽃가루나 약배양 할 경우, 식물생장조절제를 배지에 첨가해야 하는지 또는 아미노산 같은 유기물을 필요로 하는지에 따라 두 가지 그룹으로 분류된다. 벼, 보리와 옥수수를 포함하는 많은 화본과 식물들은 꽃가루나 약 배양 시 식물생장조절제를 필요로 한다.

꽃가루로부터 식물체 재분화는 직접 배발생 또는 캘러스 형성과정을 거친 후 발생하는 배발생에 의해 이루어진다. 반수체 조직배양은 또한 배주 같은 웅성배우체로부터도 유도될 수 있다. 어떤 식물 종에서는 배주 같은 조직을 이용하는 방법이 꽃가루나 약을 절편체로 하는 경우보다 훨씬 효과적이다.

반수체 배양으로부터 획득한 식물체들은 반수체가 아닌 경우도 있는 데 이것은 배양 기간동안에 염색체배가의 결과이다. 염색체 배가(콜히친 같은 화학약품 처리에 의해 종종 유도됨)는 많은 반수체 식물들이 반수체로부터 식물체 재분화 되는 것이 바람직한 결과가 아닐 때 장점이 될 수 있다. 이러한 식물체들은 같은 반수체 게놈을 2세트씩 가지고 있기 때문에 종종 **di-haploid(2배성 반수체)**라고 부른다.

식물체 재분화

기내 상태에서 여러 가지 다양한 형태의 식물조직배양방법들에 대해서 살펴봤고, 이제 우리는 이들 배양방법들로부터 어떻게 완전한 식물체들이 재분화 될 수 있는지 알아보기로 하자. 넓은 의미로 식물형질전환 연구에서 널리 이용되는 두 가지 식물체 재분화 방법은 체세포 배발생과 기관분화이다.

체세포 배발생

● 배발생은 특히 형질전환 연구에 적합하다.

체세포 배발생에서 접합배의 경우와 유사하게 완전한 식물로 발달할 수 있는 배와 유사한 조직들이 체세포 조직(그림 2.2 참조)에서 형성된다. 이러한 체세포 유래의 배들은 직접 또는 간접적으로 형성될 수 있다. 직접 체세포배 형성과정에서 체세포배는 캘러스 형성과정 없이 직접 세포나 세포 집단으로부터 형성된다. 핵, 주두나 꽃가루 같은 생식조직에서 일반적일 수 있지만, 직접체세포배 발생이 간접체세포 발생보다

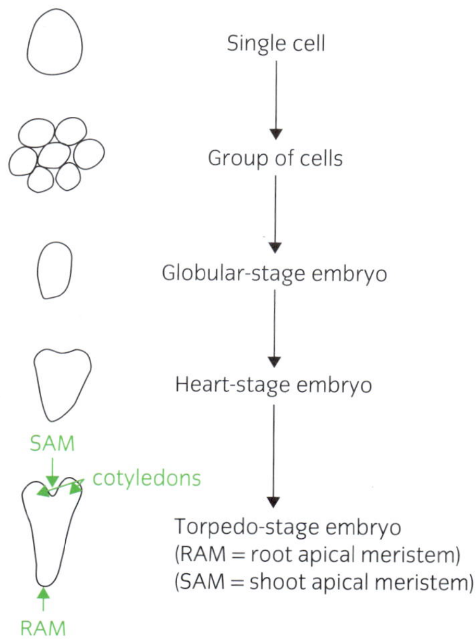

그림 2.2 체세포배발달과정의 모식도체세포배는 단일세포 또는 세포들의 작은 집단에서 생겨날 수 있다. 계속되는 세포분열은 구형배로 알려진 기관구조로 발달할 수 있는 세포집단들의 생산을 가능하게 한다. 구형배 이후 추가적인 발달과정에서 향후 식물체로 재분화가 가능한 심장과 어뢰형 단계의 배발달단계에 이르게 된다. 접합자배 발달과정은 구형, 심장 및 어뢰형 배발달 단계들을 거치는 과정들과 근본적으로 유사하다. 배발달과정 초기에서 극성이 활착되며, 조직 분화의 신호는 구형단계에서 뚜렷해지며, 심장형 단계에 와서 정단분열조직이 나타난다.

일반적으로 드물게 발생한다. 직접체세포 배발생은 BOX 2.1에 나와 있다.

간접 체세포배 발달과정에서 캘러스가 처음 절편체에서 유도되어 형성된다. 이렇게 형성된 캘러스에서 형성된 캘러스 조직 또는 현탁배양세포들로부터 체세포배들이 생산된다. 당근에서 형성된 체세포 배발생과정이 전형적인 간접체세포배발새의 예이고, BOX 2.1에 자세히 설명되어 있다.

체세포배 발생은 일반적으로 2단계로 나누어진다. 최초 배형성단계인 1단계에서 고농도의 2,4-D가 사용된다. 배생성단계인 2단계에서 2,4-D가 없거나 약간 포함된 배지에서 체세포배가 형성된다. 많은 체세포배 발달과정에서 체세포배들은 특정 아미노산이나 카제인가수분해산물같은 감소된 질소공급원을 공급하는 것에 의해 체세포배 발생이 증가된다는 것이 발견되었다.

BOX 2.1 체세포 배발생

당근에서의 간접체세포배 발생

당근의 다양한 절편체 조직을 2,4-D 1 mg l^{-1}가 첨가된 MS 고체배지에 배양하여 캘러스가 유도될 수 있다. 이렇게 유도된 캘러스는 또한 2,4-D 1 mg l^{-1}가 첨가된 액체 MS배지에 회전배양을 해서 현탁배양 세포군을 형성할 수 있다. 이 현탁배양은 2,4-D가 첨가된 배지로 계대배양을 반복해서 유지될 수 있다. 배지에서의 2,4-D 제거와 ABA 0.025 mg l^{-1}가 첨가된 새 배지로 계대배양 해줌으로써 배생산이 가능해진다.

(다음 장 계속)

BOX 2.1 (계속)

알팔파로부터의 직접 체세포발생

어린 잎들이 절편체로 사용되는데(그림 참조), 모주 식물체로부터 절취된 후, 작은 조각들로 잘게 부서준다. 이 조각들은 호르몬-프리 배지로 수세하고, 2,4-D 4mg l^{-1}, kinetin 0.2 mg l^{-1}, adenine 1mg l^{-1}, 그리고 glutanine 10 mg l^{-1} 등이 첨가된 B5 액체배지에서 배양한다.

이 배지들은 약 10-15일 간 액체진탕배양배지에서 배양한다. 절편체들을 수세하고, 말토스와 PEG(polyethylene glycol)가 첨가된 B5 배지에 있는 오래된 배지들을 새 배지로 교체해줌으로써 체세포배 발달을 가져오게 된다. 이러한 체세포배들은 ABA가 첨가된 고체배지에서 성숙과정을 거치게 된다.

위의 두 가지 경우를 보면 비록 알팔파로부터 체세포배의 생산이 좀 더 복잡한 배지조성을 필요로 하긴 하지만, 체세포의 생산은 기본적으로 2단계를 거치게 된다. 첫 번째 단계에서 2,4-D가 들어 있는 체세포배 유기배지는 그 다음 두 번째 단계에서 2,4-D가 첨가되지 않는 배지에서 배양하는 것이다.

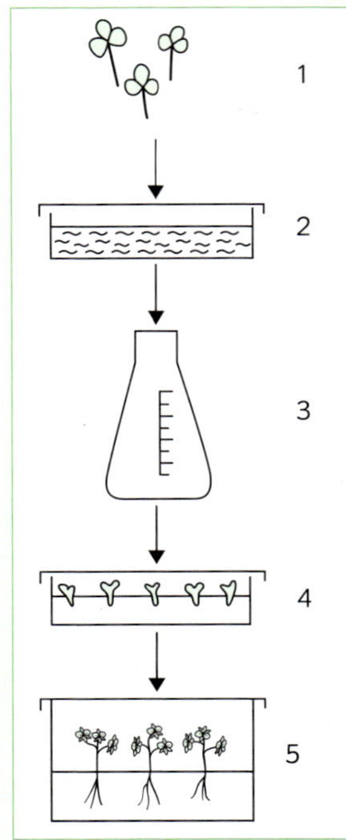

알팔파에서의 직접 체세포배발달과정. (1) 기내 모주 식물체로부터 절편체를 채취한다. (2) 배 형성유도를 위해 액체배지에 절편체를 치상한다. (3) 말토스와 PEG가 첨가된 액체배지에서 유도된 체세포배들이 구형배로 발달하게 된다. (4) ABA가 첨가된 고체배지에서 체세포배들은 성숙과정을 거치게 된다. (5) 이렇게 발달된 체세포배들은 식물체로 재분화하게 된다.

사례연구 2.1 성숙 또는 미성숙 배로부터 체세포배 발달을 통한 화본과 식물 재분화

다양한 화본과 식물들의 조직배양과 식물체 재분화에 적합한 주요 방법은 미성숙 접합자 배로부터 유도되는 체세포배 발생이다. 배발생캘러스는 일반적으로 2,4-D가 첨가된 배지에서 미성숙배를 치상해서 유도되어 진다. 신초 재분화는 BAP(2,4-D 없이 또는 2,4-D 첨가)가 첨가된 배지에 배발생캘러스를 배양하는 것에 의해 이루어진다. 이렇게 형성된 신초들은 곧 발근분화가 된다. 배발생캘러스 유도에 필요한 배지는 일반적으로 MS배지(밀) 또는 N6배지(벼 또는 옥수수)를 개량한 형태를 이용한다. 가끔 말토스는 설탕보다 더 자주 탄수화물 급원으로 사용되고, 추가적인 유기물 급원(특정 아미노산, 효모추출물 또는 카제인가수분해산물)

그러나, 미성숙배의 분리와 배양은 노동집약적이고, 비교적 비용이 드는 과정이다. 추가적으로 만약 미성숙배가 유전자총을 이용한 형질전환에 이용된다면, 이 절편체의 작은 크기가 문제가 된다. 그러므로 이를 대체할만한 재료를 찾는 중에 있다. 하나의 대체할 만한 방법은 배발생캘러스를 유도하기 위한 절편체로서 성숙배나 종자를 사용하는 것이다. 이러한 방법들이 벼과 식물과 호밀 같은 여러 화본과 식물들의 배양에 성공적으로 이용되어져 왔다. 성숙배나 종자 유래로부터 배양과 재분화에 사용되는 배지와 버양기술들은 기본적으로 미성숙배들로부터 배양을 수행하기 위해 사용된 체계와 비슷하다.

품종의 중요성

식물조직배양에 영향을 끼치는 기내 배양 반응이 좋은 모델 품종/계통들이 형질전환 연구 초기과정에 사용되어진다. 그러나, 대부분의 모델 품종/계통들은 우수하지 않거나 상업적으로 유용한 품종들이 아니다. 상업적으로 우수한 품종들은 식물조직배양에 잘 반응하지 않는 경향이 있다. 그러므로, 주요 목적들 중의 하나는 최적의 배양조건으로 널리 적용될 수 있는 요소들을 구명하는 것이 중요하다. 우수품종들로부터 우수한 조직배양 반응들을 나오게 할 수 있게 하기 위하여 배지조성(탄수화물 대체급원, 대량/미량원소 종류와 농도), 배지제조 방법 그리고 모주 식물체의 상태 및 생장조건들을 포함하는 많은 요인들이 연구되어져 왔다.

기관분화

체세포 배발생은 접합자배에서의 발아과정과 유사한 과정을 거치는 식물체 재분화에 의존한다. BOX 2.2에 소개된 기관분화는 절편체로부터 직접 또는 절편체로부터 형성된 캘러스로부 유도되는 기관들의 형성여부에 달려 있다. 기관분화를 통한 식물체 재분화는 크게 세 가지로 나뉘어진다.

처음 두 가지 방법들은 캘러스를 통하거나 또는 절편체로부터 직접 형성되는 부정아나 부정근 등의 부정기관에 달려 있다. 또 다른 방법으로 세 번째 방법은 일부 조직배양에서 성숙한 완전한 식물체로 재분화하는 데 사용되어지는 액아 형성을 이용하는 방법이다.

BOX 2.2 담배에서의 기관분화

담배 수조직(pith)에서 유도된 캘러스로부터 기관분화는 식물조직배양에서 재분화 되는 패턴들을 조절하는 데 사용되는 식물생장조절제가 어떻게 다양한지에 대한 전형적인 사례를 보여준다. 오옥신과 사이토키닌 모두를 함유한 배지에 배양이 되면, 캘러스는 증식되어질 것이다. 만약 오옥신과 사이토키닌 비율이 증가하면, 부정근이 기관분화 과정에 의해 캘러스에서 형성될 것이다. 만약 오옥신과 사이토키닌 비율이 감소하면, 부정신초가 형성될 것이다. 만약 절편체가 오직 사이토키닌만 첨가된 배지에서 배양하면, 신초가 절편체에서 직접 형성될 것이다.

담배는 담뱃잎 절편체로부터 쉽게 식물체로 재분화 된다. 잎 절편체는 멸균 처리된 메스를 이용하여 커다란 엽맥이나 피해입은 부위 등을 피해 약 1 cm^2 정도 크기로 자른다. 이렇게 자른 잎 조각들은 BAP 1 mg l^{-1}와 NAA 0.1 mg l^{-1}가 첨가된 고체 MS배지에 치상한다. 배양 1-2주도 지나지 않아, 절편체의 절단부위 근처 주위에서 캘러스가 형성된다. 약 3-5주 후에, 신초는 절편체로부터 직접 형성되거나 절편체로부터 형성된 캘러스로부터 형성된다. 이들 신초들이 1 cm 길이 정도로 생장하면, 그 기부를 잘라 식물생장조절제가 첨가되지 않은 MS고체 배지로 옮겨진다. 이렇게 옮겨진 신초들은 곧 발근이 되고 기내 소식물체로 자라게 된다. 그 후, 발근이 잘 되고 다 자란 소식물체들은 포장으로 이식된다.

그림 2.3 식물조직배양과 식물형질전환 방법 적용에 대한 단순 모식도. 절편체는 배양되는 특정한 식물종류에 따라 다양한 조직의 절편체가 존재한다. 다양한 배양형태에 따라 절편체는 조직배양에 사용되는 절편체의 종류에 따라 다르다. 기관분화나 체세포 배 발생 둘 중 어느 방법을 통한 재분화 중 어떤 걸 이용하든지 완전한 식물체의 발생이 가능하다. 다양한 배양형태와 재분화 방법들이 여러 가지 형질전환 방법들에 적용된다. 본 그림에 강조된 형질전환 방법들은 *Agrobacterium*-매개 형질전환, 유전자총 형질전환, 직접 DNA 도입법 그리고 전기충격법이 있다. 다양한 배양형태와 형질전환 방법들은 이러한 방법들에 사용된 식물종류나 품종에 따라 다르다. 어떤 식물에서는 여러 가지 형질전환 방법들에 적용될 수 있는 배양형태와 재분화 방법들이 사용될 수 있다. 다른 식물종에서는 사용되어 질 수 있는 형질전환 방법들이 제한되어 질 수 있는 배양형태와 재분화 방법들에 대해 달리 방법이 없다.

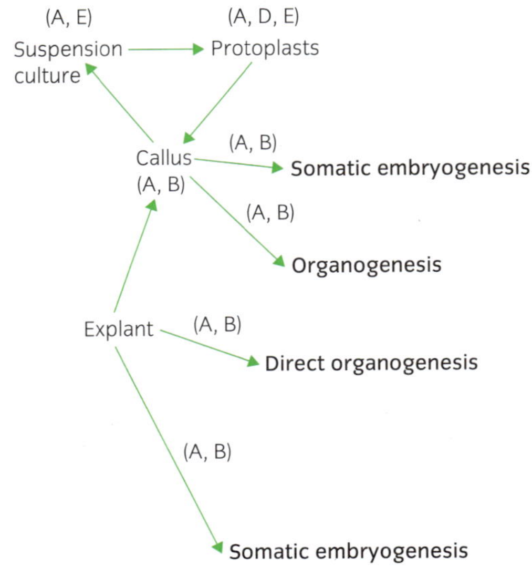

기관분화는 유전적으로 식물 조직의 유연성에 의존하고 배지의 구성성분의 변경하는 것에 의해 조절될 수 있다. 특히 식물체 재분화가 발생할 발달경로를 결정하는 배지에서의 오옥신과 사이토키닌의 비율이 중요하다. 배양배지에서 사이토키닌과 오옥신의 비율을 증가하는 것에 의해 신초 형성을 유도하는 것이 일반적이다. 이렇게 형성된 신초들은 비교적 쉽게 발근이 된다.

식물조직배양과 식물형질전환 방법의 결합

식물재분화의 다양한 방법들이 식물생명공학자에게 유용하다. 어떤 식물종들은 다양한 재분화 방법들에 의해 쉽게 재분화 되어지는 데 반해, 일부 종들은 한 가지 방법에 의해서만 재분화가 이루어진다. 3장에서 다양한 식물체 형질전환 방법들이 다루어졌다. 그러나, 식물조직배양과 식물형질전환 방법들 사이의 상호작용에 대해 간단히 살펴보는 것도 유용한 일이다(그림 2.3). 모든 식물형질전환 방법에 적합한 식물조직도 존재하지 않고, 다양한 재분화 방법들에 의해 재분화 될 수 있는 식물종들도 존재하지 않는다. 그러므로 식물조직배양과 식물형질전환에 두 가지 연구에 적합한 식물조직을 찾는 것이 필요하다.

요약

조직배양과 식물체 재분화는 대부분의 식물형질전환 전략과 융합될 수 있고, 또한 식물형질전환 연구에서 가장 도전적인 분야임을 증명한다. 식물조직배양이 형질전환 전략에 성공적으로 도입되기 위한 주요 핵심은 체세포변이로부터 발생할 수 있는 상당한 피해들을 피하기 위해 빠르고 효율적인 식물체 재분화 방법이 개발되는 것이다. 그러나, 이 방법은 어떤 형질전환 방법들이 사용될 것인지에 상관없이 높은 형질전환 효율을 보여주어야 한다.

모든 재분화 방법들이 모든 형질전환 방법들에 적합한 것은 아니다. 어떤 작물들은 다양한 재분화나 형질전환 전략들에 적합하고, 또 다른 작물들은 한 가지 특정 방법에만 적합하다. 항상 발전들이 이루어져 왔고, 이런 이유로 어떤 특정작물이 특정한 재분화 방법에 의해 결코 재분화될 수 없다고 말하는 것은 불가능하다. 그러나, 적어도 지금 현재로써 어떤 작물에서는 예를 들어 미성숙배로부터 형성된 체세포배들로부터 재분화되는 방법은 단자엽 식물체를 재분화하는 데 많이 사용되는 방법이다.

본 장에서는 식물조직배양의 가능성과 문제점의 겉부분만을 다루었다. 일반적인 법칙들은 특정 조직배양 방법들을 이용한 특정 식물종이나 품종들에 대한 반응들이 다양하기 때문에 일반화시키기 어렵다. 그러나, 3장과 그 뒤의 부분에서 볼 예정이지만, 식물조직배양은 식물형질전환 전략과 성공적으로 융합되어져 왔고, 쉽게 형질전환 될 수 있는 식물종들은 계속 늘어나고 있다.

FURTHER READING

Visit www.oxfordtextbooks.co.uk/orc/slaterplants2e/ for hyperlinked references that take you directly to online abstracts for the journal articles listed below:

Barcelo, P., Rasco-Gaunt, S., Thorpe, C., and Lazzeri, P. (2001) Transformation and gene expression. In ***Advances in Botanical Research, vol. 34: Biotechnology of Cereals*** (P. R. Shewry, P. A. Lazzeri, and K. J. Edwards, eds), pp. 59–126. Academic Press, London.

Dahleen, L. S. (1999) Donor-plant environment effects on regeneration from barley embryo-derived callus. ***Crop Science* 39**, 682–685.

Dahleen, L. S. and Bregitzer, P. (2002) An improved media system for high regeneration rates from barley immature embryo-derived callus cultures of commercial cultivars. ***Crop Science* 42**, 934–938.

Dodds, J. H. and Roberts, L. W. (1995) ***Experiments in Plant Tissue Culture***. Cambridge University Press, Cambridge.

Fowler, M. R. (2000) Plant cell culture, laboratory techniques. In ***Encyclopedia of Cell Technology*** (R. E. Spier, ed.), pp. 994–1004. Wiley, New York.

Gamborg, O. L. (2002) Plant tissue culture. Biotechnology. Milestones. ***In vitro Cellular and Developmental Biology—Plant* 38**, 84–92.

Ramage, C. M. and Williams, R. R. (2002) Mineral nutrition and plant morphogenesis. ***In vitro Cellular and Developmental Biology—Plant* 38**, 116–124.

Sugiyama, M. (1999) Organogenesis ***in vitro***. ***Current Opinion in Plant Biology*** 2, 61–64.

Torbert, K. A., Rines, H. W., and Somers, D. A. (1998) Transformation of oat using mature embryo-derived tissue cultures. ***Crop Science* 38**, 226–231.

Torbert, K. A., Rines, H. W., Kaeppler, H. F., Menon, G. K., and Somers, D. A. (1998) Genetically engineering elite oat cultivars. ***Crop Science* 38**, 1685–1687.

Walden, R. and Wingender, R. (1995) Gene-transfer and plant-regeneration techniques. ***Trends in Biotechnology* 13**, 324–331.

3

형질전환을 위한 기술들

개요

식물 형질전환(plant transformation)은 식물체 내에서 어떻게 대사작용이 일어나고, 작물용 식물의 특성을 향상시키는 방법으로 널리 이용되고 있다. 식물 형질전환은 식물 게놈(genome: 유전체)으로의 목적유전자(전이유전자)(transgene(s))의 안정적인 도입을 목적으로 한다. 이를 달성하기 위해 다양한 방법이 개발되어 왔고, 여러 식물종들에서 성공적으로 형질전환이 이루어졌다. 몇몇의 형질전환 방법들은 아그로박테리움(*Agrobacterium*: 쌍자엽(dicotyledonous) 또는 활엽(broad-leafed) 식물의 병원균으로 유전자를 식물의 유전체로 전달함)의 이용을 바탕으로 하고 있다. 잔디(grasses)와 같은 단자엽(monocotyledonous) 식물을 형질전환시 *Agrobacterium* 이용 상의 문제는 직접적 유전자전달법(direct gene-transfer methods)이라 불리는 또 다른 방법의 발전에 원동력이 되었다. 단자엽 식물의 형질전환을 위한 *Agrobacterium* 기반(*Agrobacterium*-based) 프로토콜(protocol)들이 성공적으로 개발되었음에도 불구하고, 주된 직접 유전자전달법 중 하나인 유전자총법(particle bombardment 또는 biolistics)은 단자엽 식물을 형질전환하는 많은 이용되고 있는 방법이다.

이 장에서 우리는 *Agrobacterium tumefaciens*의 생물학과 어떻게 이것이 식물 형질전환 연구에 사용되는지를 알아볼 것이다. 또한 식물 형질전환을 위한 직접적 유전자전달법(direct gene-transfer methods)과 유전자총법(particle biolistics)에 대해서도 고찰할 것이며, 단자엽과 쌍자엽 식물의 형질전환을 위한 이들의 사용방법에 대해서도 학습할 것이다.

*Agrobacterium*을 이용한 유전자 전달

*Agrobacterium*의 생물학

*Agrobacterium tumefaciens*은 토양전염성(soil-borne), 그람음성 박테리아(gram-negative bacterium)로서 식물학자와 식물생명공학자 모두에게 인기가 많다. *A. tumefaciens*에 대한 관심은 이들의 생물공학적이면서 순수과학적 특성에 의해 증가되어졌다. *A. tumefaciens*은 경제학적으로 중요한 많은 식물(특히 포도, 월넛, 사과, 장미)의 질병 중 하나인 **근두암종병(Crown-gall disease)**의 원인 세균이다. 암조직 생장, 즉 근두암(Crown gall)을 일으키는 능력은 *Agrobacterium* spp.가 세균의 유전자(bacterial gene)를 식물의 게놈으로 전이시키는 능력에 의존한다. 현재까지 이 놀랄만한 특징은 명백한 과학적 관심을 갖는 매우 흔치않은 영역간(inter-kingdom)의 유전자 전달의 예 중 하나이다. 생물공학자들에게 더 중요한 점은 이러한 독특한 능력의 사용을 가능케하는 식물 형질전환법의 발전으로 이루어졌다.

근두암종

● 플라스미드 DNA는 *Agrobacterium*에서 식물세포 DNA로 전이되며, 근두암종을 일으킨다.

어떻게 *A. tumefaciens*가 식물생명공학에서 널리 사용되는 도구가 되었는지를 완벽히 인식하고 이해하기 위해서는 근두암종의 대사작용을 살펴보아야 한다. 근두암종의 병원균인 *A. tumefaciens*는 그람음성(gram-negative), 간상형(rod-shaped), 운동성(motile) 박테리아로, 근권(rhizophere: 식물의 뿌리 주변의 지역)에서 발견되며, 식물의 뿌리로 부터 방출되는 영양분을 이용하여 생존한다. 그러나 식물이 상처받거나 훼손되면, *A. tumefaciens*는 상처난 부위에서 식물을 감염시킬 수 있고 병증(Disease symptom)을 유발한다. *A. tumefaciens*는 주화성(chemotaxis)이라 하는 손상된 식물세포로부터 방출되는 화학물질(당 또는 페놀성 분자)에 대한 반응에 의해 상처난 부위로 유인된다.

근두암종의 형성은 *A. tumefaciens*의 **Ti 플라스미드(Ti plasmid**: Ti는 종양유도(tumor-inducing)를 의미한다)로 알려진 플라스미드(plasmid) 존재에 의존한다. 이 플라스미드의 한 부분(전이 DNA(transfer DNA) 또는 T-DNA 영역)이 실제로 세균으로부터 식물세포로 전이되고, 숙주식물(host plant)의 게놈에 통합되어 진다. 이 T-DNA는 오옥신(auxin)과 사이토키닌(cytokinin)의 호르몬 생합성과 **오파인(opine)**과 **아그로파인(agropine)**으로 불리는 새로운 식물 대사산물(metabolite)의 생합성 모두에 관여하는 단백질을 암호화한 유전자들을 전달한다. 식물세포 내에서의 오옥신과 사이토키닌의 생산 증가는 식물세포의 과다 증식을 유도하게 되고, 이로 인해 근두암종을 형성하게 된다. 또한 증식되어진 세포는 오파인(아미노산 파생물)류와 아그로파인(당 파생물)류를 생산하고, 이것들은 *A. tumefaciens*의 유일한 탄소와 에너지원으로 사용된다(그림 3.1은 일반적인 오파인, 옥토파인, 노팔린의 구조를 보여준다). *A. tumefaciens*의 각각의 계통(strain)은 다른 오파인을 생산하도록 암호화된 서로 다른 Ti 플라스미드를 가지고 있다. 오파인류와 아그로파인류는 식물대사의 정상적인 부분은 아니며, 매우 안정된 화합물로, 오직 *A. tumefaciens*만이 이용할 수 있는 탄소원과 에너지원으로 이용되어진다. 제공된다(Ti 플라스미드에서 식물로 전이되지 않는 유전자들이 오파인의 흡수와 대사과정(catabolism)에 관여하는 단백질들을 암호화하고 있다). 그러므로 *A. tumefaciens*는 식물의 생합성기구(biosynthetic machinery)를 방해하여, 오직 *A. tumefaciens*만이 이용가능한 영양소만을 생산하게 하려고 식물세포를 유전적으로 형질전환하는 능력을 발전시키게 된 것이다.

그림 3.1 옥토파인은 아미노산인 아르기닌(Arginine)과 피루빈산(pyruvate)에서 파생된다. 노팔린은 아르기닌과 α케토글루타르산(α-ketoglutarate)으로부터 파생된다.

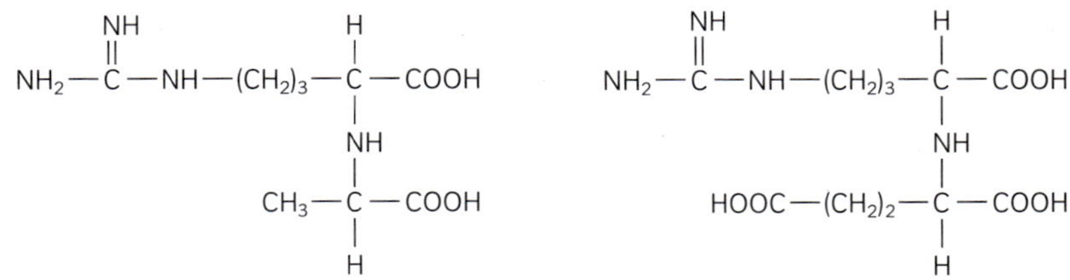

Octopine Nopaline

Ti 플라스미드

Ti 플라스미드가 근두암종 형성에서 중심적 역할을 하고, Ti 플라스미드의 한 부분인 T-DNA 영역이 숙주식물의 게놈에 실제로 통합되기 때문에, 우리는 좀 더 자세히 Ti 플라스미드를 살펴보아야 할 것이다.

*A. tumefaciens*의 근두암종을 발생시키는 능력은 Ti 플라스미드라는 거대 플라스미드(200kb)에 일어난다. 식물에 발생한 종양의 핵 DNA(nuclear DNA)의 분석을 통해 Ti 플라스미드의 한 부분이 숙주식물의 게놈안으로 삽입되어져 근두암종을 발생시키는 것을 알게 되었다. 이 부분은 **전이 DNA(transfer DNA** 혹은 T-DNA)로 지칭되었고 종양성 표현형(tumorous phenotype)의 원인임이 밝혀졌다. 분석을 통해, 하나 이상의 T-DNA 복제본이 숙주의 게놈으로 통합될 수도 있으나, Ti 플라스미드에서 T-DNA의 영역을 둘러싸고 있는 작고(24bp) 거의 완벽한 직접 반복 서열(direct repeat sequence)을 이용하여 식물게놈안으로 삽입이 이루어진다. 일반적으로 식물 게놈에서의 T-DNA의 삽입(insertion)을 위한 경계를 결정한다(그림 3.2).

● Ti 플라스미드는 세포의 증식을 일으키는 식물호르몬을 암호화하는 유전자와 DNA 전달을 매개하는 단백질을 암호화하는 유전자를 전달한다.

Ti 플라스미드의 특징

일반적으로 아래와 같은 Ti 플라스미드는 몇 가지 공통적인 특징을 가진다:

1 하나 이상의 T-DNA 영역을 포함한다;

2 하나의 *vir* 영역을 포함한다;

Nopaline strains

TG(G/A)CAGGATATAT(-/T)G(T/G)(G/C)G(T/G)GTAAAC

Octopine strains

(C/T)GGCAGGATATA(T/A)C(A/C)(A/G)TTGTAA(A/T)T

TAAGTCGCTGTGTATGTTTGTTTG (Enhancer or 'overdrive' sequence)

그림 3.2 노팔린 계통(nopaline-strain)의 Ti 플라스미드와 옥토파인 계통(octopine-strain)의 Ti 플라스미드에서의 경계배열(border sequence)에 대한 공통서열(consensus sequence). 증폭자 서열(enhancer sequence)의 염기서열을 보여준다.

3 하나의 복제개시점(origin of replication)을 포함한다;

4 하나의 접합전달(conjugative transfer)을 가능하게 하는 영역을 포함한다;

5 오파인류(아미노산과 당의 콘쥬게이트의 한 종류)의 대사과정를 위한 유전자들을 가진다.

T-DNA

Ti 플라스미드의 T-DNA 영역은 오른쪽, 왼쪽 경계배열에 의해 결정된다(그림 3.2). 이 경계배열은 24bp의 불완전한 반복서열이다. 이 경계 배열 사이에 어떤 DNA가 위치해 있던 숙주식물 게놈안으로 삽입되어 진다. T-DNA의 부분이 아님에도 불구하고, 옥토파인 계통의 Ti 플라스미드는 최적의 T-DNA 전달을 위해 필요한 오른쪽 경계배열과 연관되어있는 **오버드라이브 서열(overdrive sequence)** 또는 증폭자 서열(enhancer sequence)을 가지고 있다.

Ti 플라스미드의 노팔린 계통은 하나의 약 20kb인 T-DNA를 가지는 반면, 옥토파인 계통은 각각 14kb와 7kb인 T_L과 T_R로 불리는 2개의 T-DNA 영역을 가진다. 그러나 오직 T_L 영역만이 발암성(oncogenic)이다(T_R 영역 오파인 생합성을 위한 유전자를 전달한다).

노팔린 Ti 플라스미드의 T-DNA는 13개의 열린해독틀(open reading frames: ORFs)을 포함하나, 옥토파인 플라스미드의 T_L T-DNA는 8개의 ORF를 포함한다. 이러한 ORF들은 원핵생물(prokaryotic)이라기 보다는 진핵생물(eukaryotic)의 유전자 특징을 가진다. 노팔린 T-DNA와 T_L 옥토파인 T-DNA는 코어영역(core region)으로 알려진 부분에서 높은 유사성(similarity)을 보인다. 이 영역은 호르몬 생합성(oncogenes)과 오파인 합성에 관여하는 단백질들을 암호화하는 유전자들과, 종양의 크기를 결정짓는 유전자들을 포함한다. T_L T-DNA에서의 이러한 유전자의 구조는 그림 3.3에서 설명하고 있다.

종양유전자

2개의 유전자 *auxA*(또는 *tms1* 또는 *iaaM*)과 *auxB*(또는 *tms2* 또는 *iaaH*)는 인돌 3-아

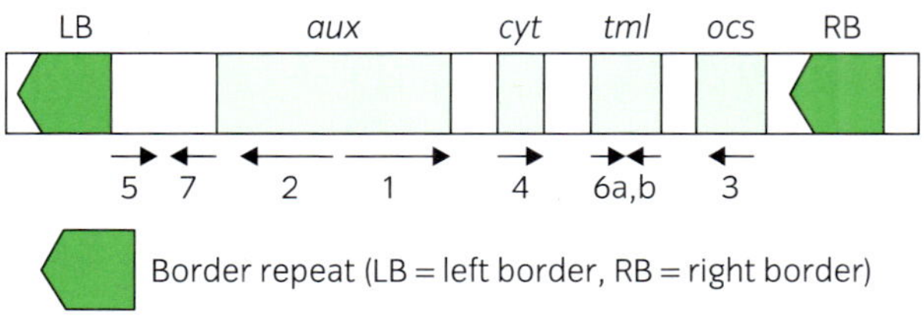

그림 3.3 오토파인 형태의 Ti 플라스미드의 T_L T-DNA 유전적 구조. 오직 T_L 영역만이 노팔린 유형의 Ti 플라스미드의 T-DNA와 상동성을 가지고 있다. ORF 5와 7은 여기서 언급되진 않지만, 8개의 ORF는 1-7로 표시되었다. 중요한 영역은 엷은 녹색으로 음영처리되었고, 오옥신 생합성에 관여하는 효소를 암호화하는 *aux* 유전자, isopentyl transferase(사이토키닌 생산에 관여하는 효소)를 암호화하는 *cyt* 유전자, 종양크기를 조절하는 데에 관여하는 *tml* 유전자, octopine synthase(오파인 합성)을 암호화하는 *ocs* 유전자를 포함한다.(Redrawn with permission from Hughes(1996).)

세트산(indole-3-acetic acid(IAA))의 생산에 관여하는 단백질들을 암호화하고 있다. *auxA*는 트립토판 단일산소화효소(tryptophan monooxygenase)를 암호화하고, indole acetamidehydrolase를 암호화한다. 또다른 유전자인 *cyt*(또는 *tmr* 또는 *ipt*)는 사이토키닌 합성에서 가장 중요한 단계를 촉매하는 isopentenyl transferase를 암호화한다. 이러한 유전자들은 종양 표현형의 주요한 결정요인이므로 이를 **종양유전자**라고 한다. 오토파인 T-DNA의 T_R 영역은 종양유전자를 포함하고 있지 않아 종양형성력(oncogenicity)을 가지고 있지 않다.

T-DNA에 존재하는 기타 유전자들

옥토파인 혹은 노팔린 같은 오파인 합성을 위한 유전자들은 T-DNA에 존재한다(옥토파인 T_R T-DNA는 만노핀(mannopine), 아그로파인(agropine), 프럭토핀(fructopine)과 같은 다른 오파인류의 생합성에 관여하는 단백질들을 암호화하는 유전자들을 갖는다. 몇몇 종에서 종양크기를 결정하는 데에 관여하는 *tml* 유전자 역시 T-DNA에서 발견된다(그림 3.3).

vir 영역

T-DNA의 영역을 숙주식물로 전이에 연관있는 유전자들은 또한 Ti 플라스미드 위의 *vir*(virulence) 영역으로 알려진 T-DNA 외부에 약 40kb 정도 크기로 존재하고 있다.

최소 9개의 *vir* 유전자 오페론(operon)이 있다(표 3.1은 *vir* 유전자의 기능을 요약한다.) 오페론의해 발현되는 *vir* 유전자의 기능은 많은 실험들을 통해 밝혀졌다. 다음 절에서는, 우리는 좀 더 자세히 *vir* 유전자의 기능과 *A. tumefaciens*에서 식물세포로의 T-DNA 전이과정에서의 역할에 대해 살펴볼 것이다.

T-DNA 전이와 통합의 과정

식물 게놈으로의 T-DNA 전이와 통합은 다음과 같은 단계로 나누어질 수 있다(그림 3.4 참고).

1단계. *Agrobacterium*에 의한 신호인식

*Agrobacterium*은 상처받은 식물세포로부터 방출되는 페놀류와 당과 같은 신호를 인식한다. 정상적으로 이러한 기질들은 아마 식물의 방어기작의 일부분이고, 파이토알렉신(phytoallexin)과 리그닌 생합성(lignin synthesis) 기작으로 이어지게 된다. 상처난 세포로부터 방출되는 기질들의 분석을 통해 형질전환이 가능한 식물인지의 여부에 대한 답을 얻을 수 있다.

표 3.1 *Agrobacterium* 독성 단백질 기능

Virulence protein	Function in *Agrobacterium* spp.	Function in plant	Plant proteins that interact
VirA	Phenolic sensor kinase Part of two-component system with VirG; phosphorylates and activates VirG		
VirG	Transcription factor Responsible for induction of *vir* gene expression		
VirB1–B11	Components of membrane structure (transfer apparatus) for transfer of T-DNA		
VirC1	Overdrive-binding protein Enhances efficiency of T-DNA transfer		
VirD1	Required for T-DNA processing Modulates VirD2 activity		
VirD2	Nicks the T-DNA and directs T-DNA through the VirB/VirD4 transfer apparatus	Nuclear targeting of T-DNA Protection of 5′ end of T-DNA from nucleases Possibly involved in integration	Karyopherin-α[a] Cyclophilins[b] pp2C[c]
VirD4	Component of transfer apparatus		
VirE1	VirE2 chaperone Required for VirE2 export from *Agrobacterium* spp.		
VirE2		Single-stranded DNA-binding protein Prevents T-DNA degradation by nucleases Involved in nuclear targeting and passage through NPC	VIP1[d]
VirF		Directs proteins coating T-complex for destruction in proteasome	
VirJ	T-DNA export		

[a]Enables transport through the plant nuclear-pore complex (NPC).
[b]Cyclophilins may cause conformational changes in VirD2 or may be involved in targeting to chromatin and integration of the T-DNA.
[c]Serine/threonine protein phosphatase type 2C (pp2C) negatively affects nuclear import of the T-DNA.
[d]VIP1 facilitates nuclear import and is involved in directing the T-DNA to chromatin.

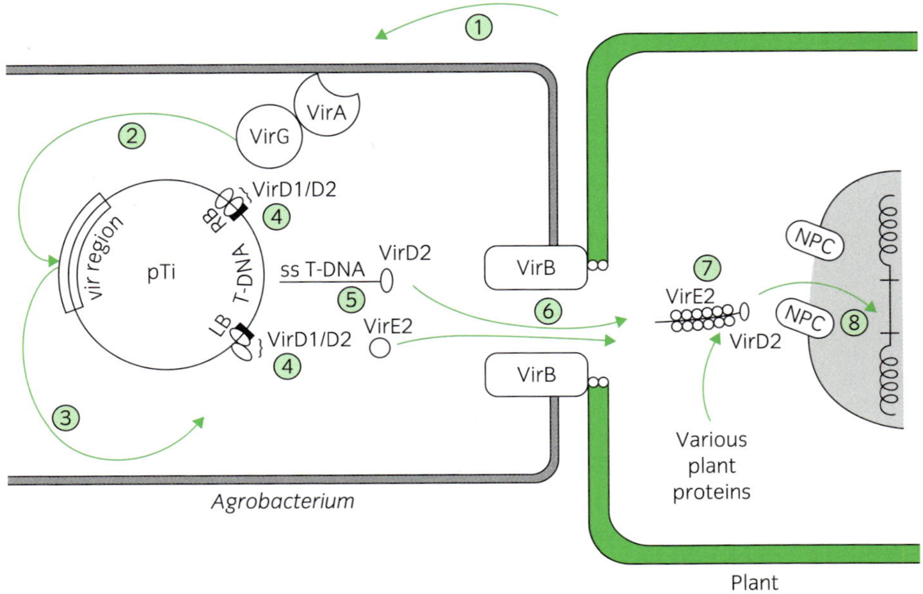

그림 3.4 **T–DNA 전이와 통합 과정의 모식도.** 상처받은 식물세포는 페놀성 기질과 당을 분출하고(1) VirA은 이 물질들에 반응하여 인산화반응으로 VirG를 활성화한다. VirG는 Ti 플라스미드의 *vir* 영역의 모든 유전자들의 발현을 유도한다(2). *vir* 유전자들의 유전자 산물들은(3) 다양한 반응에 포함된다. VirD1과 VirD2는 단일가닥의 T-DNA 생산, 보호, 외수송에 연관된다(4와 5). VirB 생성물들은 전이 기구를 형성한다. 단일가닥 T-DNA(VirD2와 연관되어 있음)와 VirE2는 전이기구를 통해 외수송된다(VirF 또한 외수송될 수 있을 것이다)(6). 식물세포에서, T-DNA는 VirE2에 의해 피막을 갖는다(7). 다양한 식물 단백질들은 T-DNA 결합하여 수송과 통합에 영향을 미치는 VirD2가 아니면 VirE2와 상호반응한다. T-DNA-VirD2-VirE2-식물 단백질 복합체는 핵공 복합체(nuclear-pore complex, NPC)를 통해 핵으로 들어간다. 식물 염색체(chromosome)로의 통합은 (8) 비정통적 재조합(illegitimate recombination)을 통해 일어난다. LB, 왼쪽 경계; pTi, Ti 플라스미드; RB, 오른쪽 경계.

2단계. 식물세포에 고착

*Agrobacterium*이 식물세포에 부착되는 것은 두 단계로 구성되어져 있고, 초기의 부착은 다당류(*attR* locus의 산물)에 의한 발현 유도에 의해 진행되어진다. 초기부착후, 셀룰로오즈 섬유(cellulose fibre)가 세균에 의해 생성되어진다. 몇몇 유전자들(*chv* 유전자)는 세균이 식물세포에 부착함으로써 발현된다. *chvA*와 *chvB* 유전자는 사이클릭 β-1,2-글리칸(cyclic β-1,2-glycan)의 합성과 분비에 관여하고, *pscA* 유전자(psc, 다당류)는 숙시노글라이칸(succinoglycan) 분비에 관여한다. 돌연변이가 발생한 *chvA* 또는 *chvB*를 전달하는 *Agrobacterium*의 계통들은 병원성을 잃거나 매우 약화된다.

3단계. *vir* 유전자들의 도입

VirA(막연관 센서 카이네이즈, membrane-linked sensor kinase)는 아세토시린곤(acetosyringone)과 같은 페놀류를 감지해 자가인산화활성(autophosphorylate) 하고, 연속적으로 인산화(phosphorylating) 되면서 그결과 VirG를 활성화한다. 많은 당들은, 특히 포도당(glucose), 유당(galactose), 목당(xylose) 등은, *vir* 유전자의 유도를 활성화시킨다. 이러한 활성화는 다른 염색체의 *vir* 유전자(chromosomal vir gene)를 필요로 하는데, 이 유전자는 *chvE*로 불리며 VirA와 상호작용하는 포도당/유당 수송체(glucose/galactose transporter)를 암호화하고 있다.

4단계. T가닥의 생산

왼쪽과 오른쪽 경계(border)는 VirD1-VirD2 복합체에 의해 인식되고 VirD2은 DNA에서 단일가닥의 절단에 관여한다. 절단 후, VirD2는 절단된 단일가닥 T-DNA의 5′ 말단에 공유결합을 한다. 회복 합성은 절단된 사슬을 대체한다. VirC1은 이 과정을 보조한다.

5단계. 세균세포 외부로의 T-DNA 수송

T-DNA-VirD2 복합체는 세균세포로부터 *virB* 오페론과 VirD4에 의해 암호화된 단백질로 구성된 **T-pilus**(효과적인 막-채널 분비 시스템)에 의해 외수송된다. VirE2와 VirF는 세균의 세포로 부터 외수송된다.

● T-DNA는 VirD2와 공유결합으로 연결된 단일가닥의 DNA형태로 숙주 식물 세포로 전이된다.

6단계. T-DNA와 Vir 단백질들의 식물세포로의 전이와 핵 국소화

T-DNA-VirD2 복합체와 다른 Vir 단백질들은 식물의 원형질막을 통과한다. 식물세포질 안에서, T-DNA 사슬은 VirE2 단백질들로 쌓여지고, 이를 성숙한 T-복합체(mature T-complex)라 한다. VirE2 분자는 핵산분해효소(nuclease)로 부터 T-DNA를 보호하고, 핵 국소화(nuclear localization)를 도우며, 핵공(nuclear-pore complex, NPC)을 통한 이동을 위해 T-DNA-VirD2 복합체의 올바른 구조를 제공하게 된다.

● 숙주식물의 단백질은 핵 국소화와 T-DNA 통합에 연관되어 있다.

VirD2와 VirE2 모두 T-DNA 복합체의 핵 국소화를 정확히 하는데 중요한 역할을 하는 다양한 식물 단백질들과 상호반응하는 것으로 보여졌다. VirD2는 핵 국소화 신호(nuclear localization signal)를 포함하고 있고, 식물 단백질과 반응한다. 이 식물 단백질은 카리오페린-α족(karyopherin-α family)이라 불리며 핵공을 통한 단백질에 인식과 수송에 관여하는 단백질 그룹 중의 하나에 속한다.

VirE2는 2개의 핵 국소화신호를 가지나, 이것의 핵 국소화는 세균의 VirE3 단백질과 기능적 상동성을 가지는 VirE2-interacting protein 1(VIP1)이란 또 다른 식물 단백질에의 매개된다. VIP1과 VirE3는 VirE2와 karyopherin-α 사이의 상호반응을 쉽게 해주는 것으로 VirE2를 동반하여 식물세포의 핵으로 가는 것으로 생각된다. 이러한 VirE2의 T-DNA복합체의 핵 국소화에 대한 기여는 특히 거대한

T-DNA에서 중요하다.

VirE2 단백질들에 의해 제공되는 T-DNA 사슬의 정확한 구조와 함께, T-DNA와 연관된 단백질들은 핵공을 가로질러 이동한다. 염색질을 구성하는 단백질인 히스톤 H2A(chromatin protein histone H2A)와 상호작용하는 VIP1은 통합될 위치로의 T-복합체의 표적화에 중요한 역할을 한다. 그러나 T-복합체는 전사기구의 한 부분을 형성하는 다양한 단백질들과 상호반응하고, 이러한 상호반응은 T-복합체의 통합될 위치설정에 중요하다. T-복합체에 결합되어 있는 단백질들은 완벽하게 제거되어야 하고, 이 기작은 단백질 가수분해 기구에 의해 VIP1과 VirE2의 분해를 지시하는 세균 F-box 단백질(bacterial F-box protein)인 VirF가 수행하게 된다. T-DNA 사슬은 **비정통적 재조합(illegitimate recombination)**으로 나타내는 과정에 의해 숙주식물의 게놈으로 통합되어 진다. 상동 재조합(homologous recombination)과는 달리, 이 과정은 광활한 지역의 서열 유사성에 의존하진 않고, DNA 수선(DNA repair)에 관여하는 식물 단백질들에 의해서만 수행되어진다.

Agrobacterium 매개 식물형질전환의 실용적 적용

● *Agrobacterium*은 쌍자엽 식물종으로 DNA를 전이하는 데에 처음으로 사용되었다.

우리는 *A. tumefaciens*의 기본적 생명작용과 어떻게 T-DNA가 식물게놈 안으로 전이되는 지를 어느 정도 자세하게 알아보겠다. 우리는 이제 어떻게 *A. tumefaciens*가 식물 형질전환 실험에 적용되는지 알아보겠다. 형질전환 식물체의 성공적 생산은 알맞은 형질전환 방법과 식물체 재분화 방법의 결합으로 이루이진다(2장 참고). *Agrobacterium* 매개 형질전환은 모든 식물의 절편체(explant)에 적용되지 않으며, 어떤 식물종에서는 효율적인 방법이 아니다. 그럼에도 불구하고, 다른 방법들과 비교하여 효율적인 이유로 해서 *Agrobacterium* 매개 형질전환법은 널리 이용되어지고 있다. *Agrobacterium* 방법은 목적 식물체로 목적 유전자의 재배치를 적게 유도하고, 직접 DNA 전달법(direct DNA-delivery method)보다 적은 전이유전자의 복제수(copy number)를 전달한다.

아래의 방법은 특정한 예임에도 불구하고, 대부분의 *Agrobacterium* 매개 형질전환 방법(이 장의 후반부에 있는 식물계에서의 방법 참고)은 아래 요약된 비슷한 유형을 따른다.

1 적당한 절편체를 찾는다;

2 *Agrobacterium*과 공동배양한다;

3 적절한 항생체(식물체에는 해를 끼치지 않는다)로 *Agrobacterium*을 제거한다.

4 형질전환된 식물세포를 선별한다;

5 완전한 식물로 기른다.

실험상 실험에서 나타나는 결과들은 형질전환될 식물종과 사용되는 *Agrobacterium*의 계통에 따라서 달라진다. *Agrobacterium* 매개 형질전환이 적합하지 않은 곡류 등 다른 작물에 적합한 형질전환 방법이 개발되었고, 계속 형질전환 효율이 높아지고 있다. 자연 상에서 *Agrobacterium*의 표적인 쌍자엽 식물은 일반적으로 표준벡터(4장 참고)와 LBA4404와 같은 표준계통인 *Agrobacterium*을 사용해 쉽게 형질전환할 수 있다. 곡류(자연적으로 *Agrobacterium*에 의해 감염되지 않음)와 같은 몇몇의 작물은 형질전환이 좀 더 어려워, 변형된 벡터와 유전자를 가지고 있는 **초병원성(supervirulence)**이라 불리우는 EHA101 또는 EHA105와 같은 *Agrobacterium* 계통이 필요하다. 이러한 초병원성 시스템은 벡터 또는 *Agrobacterium*이 가지고 있는 여분의 플라스미드에 위치하고 있는 병원성 관련 유전자의 과다발현 및 다른 병원성 관련 유전자의 발현에 의해 구성되어진다. 형질전환된 식물세포를 구분하기 위해 식물세포를 선발하기 위한 선발표지(4장)이 필요하다. 카나마이신과 같은 항생제는 일반적으로 형질전환된 식물을 선발하는 데 사용되나, 곡류의 형질전환에서는 제초제 등과 같은 대안제 혹은 좀 더 강한 항생제의 사용이 필요하다.

사례연구 3.1 *Agrobacterium* 매개 담배의 형질전환

담배는 *Agrobacterium*에 의한 형질전환이 상대적으로 쉬운 식물이다. 이 사례연구에서는 *Agrobacterium* 매개 식물형질전환에 사용되는 과정에 대해 살펴볼 것이다. 몇 가지 요인들은 식물형질전환 연구의 설계와 실행을 위해 반드시 고려해야 한다.

1 형질전환될 식물조직. 식물생명공학에서 대부분 식물형질전환 실험들의 목적은 완전한 형질전환 식물을 생산하는 것이다. 그러므로 형질전환 실험에서 사용된 절편체(explant)는 반드시 생식에 의해 완전한 식물체를 형성하는 능력을 가져야 하고, 형질전환을 위한 활성(competent)이 있는 세포를 많은 부분 가지고 있어야 한다(절편체와 이로부터의 완전한 식물의 생식은 2장에서 자세히 논의된다).

2 전이유전자를 식물의 게놈으로 전달하는 데 사용되는 벡터(vector). *Agrobacterium* 매개 형질전환에 사용되는 벡터의 구조는 4장에서 자세히 다룬다. 그러나, 식물형질전환을 위한 벡터의 사용에 관한 부분에 관련있는 몇몇 가지 중요한 요소들이 있고, 그것들은 여기서 고려될 수 있다(*Agrobacterium* 매개 식물형질전환을 위한 간단한 벡터는 그림 3.5에서 보여진다). *Agrobacterium* 매개 형질전환에서 사용되는 벡터는 자연적으로 발생하는 Ti 플라스미드의 파생물 또는 기저로 하고 있다. 그러나 그것들은 광범위하게 변형되어 자연적으로 존재하는 Ti 플라스미드의 대부분 특징을 제거하게 되며, 오직 왼쪽, 오른쪽 경계서열만 사용되어 두 경계사이의 T-DNA 영역이 확실히 전이된다. 또, 벡터는 T-DNA에 선발표지(selection marker)를 포함하고 있어, 형질전환된 식물체를 확인할 수 있게 해주고, 형질전환된 세균을 구분 가능하게 하는 분리 선발표지(separate selection marker)도 포함하고 있다. T-DNA의 전이에 필요한 병원성의 유전자는 종종 세균에서 별개의 플라스미드에 존재하기도 한다.

3 *Agrobacterium*의 계통. 몇 종의 널리 사용되는 *Agrobacterium* 계통은 식물형질전환 실험에 사용가능하다. 담배와 같이, *Agrobacterium* 매개 형질전환에 적합한 작물의 형질전환을 위해서는 계통의 선정은 실험의 성공을 위해 중요하진 않다. 그러나 형질전환이 힘든

그림 3.5 이형(binary-type) 식물 형질전환 벡터의 필수 요소를 보여주는 플라스미드 식물 형질전환 벡터(plasmid plant transformation vector: pPTV)의 모식도. 식물의 게놈으로 전이되는 DNA는 왼쪽 경계(left border: LB)와 오른쪽 경계(right border: RB)로 정의된 지역사이에 위치한다. 벡터는 전이유전자를 벡터로 클로닝하는 것을 도와주는 *lacZα*의 다클로닝부위(multiple cloning site: MCS)를 포함한다. 또한 T-DNA는 선발표지 유전자를 가지고 있어서 형질전환된 식물세포(PSM)의 선별을 가능하게 해준다. T-DNA의 외부에는 세균선발표지 유전자(bacterial selection marker gene: BSM)가 있어서 형질전환된 세균을 구분할 수 있다. 또한 플라스미드의 복제를 가능케 하는 복제기점(origin of replication: *ori*)도 있다. pPTV와 같은 binary 벡터는 4장에서 자세히 기술된다.

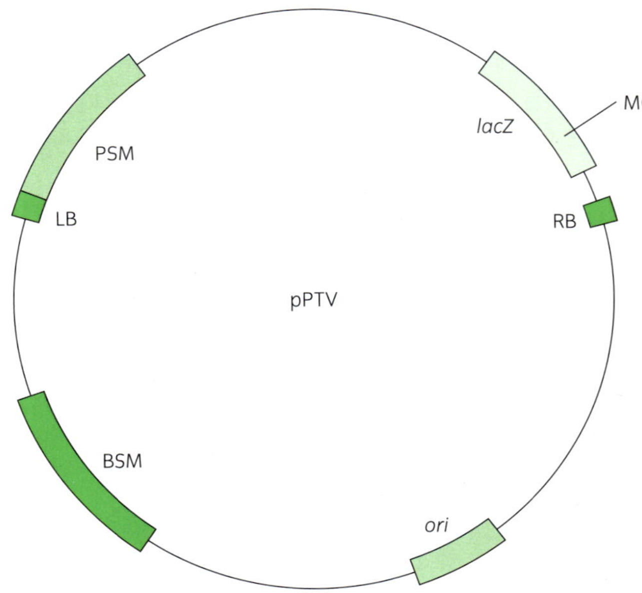

식물종에서는 계통의 선정이 실험의 성공과 실패를 좌우하는 중요한 요소이다.

Agrobacterium 매개 형질전환 실험에 사용되는 기본적 실험방법은 아래와 같은 담배의 형질전환법과 같다.

1 절편체원으로 사용될 수 있는 적절한 식물조직은 제공식물로 부터 분리하고 살균된다(멸균된 식물에서 분리한 것이 아닌 경우). 담배 형질전환에서는 잎이 이상적이다.

2 잎조직을 매스(scalpel)와 콜크보러(cork-borer)를 사용하여 조그마한 조각으로 갈라서 30분간 *Agrobacterium*과 함께 공동배양(co-cultivation) 한다. 이 배양(incubation) 동안 박테리아는 식물세포에 달라 붙는다. 절편체는 순차적으로 세균배양액에서 분리되고, 과잉의 세균배양액을 닦아내고 나서 선별제(selective agent)가 들어있지 않은 고체 Murashige and Skoog(MS) 배지에 올려둔다.

3 *Agrobacterium*과 절편체는 T-DNA가 식물세포로 전이되기 위해 2일 동안 암조건에서 배양한다.

4 절편체에 존재하고 있는 *Agrobacterium*을 죽이기 위해 항생제(cefotaxime)가 들어간 용액에서 세척해준다.

5 절편체를 깨끗한 고체배지로 옮긴다. 이 배지는 비형질전환(non-transformed) 식물세포의 생장을 막는 선별제가 들어있다(종종 카나마이신(kanamycin, 그러나 선택제의 사용은 어떤 선발표지(selection marker) 유전자가 벡터의 T-DNA에 있냐에 의해 결정된다). 또 배지는 세포탁심(cefotaxime)의 일차처리에서 죽지않은 *Agrobacterium*의 생장을 막기위한 세포탁심을 넣어 주어야 한다. 또한 기관형성(organogenesis)에 의한 재생(regeneration)을 위해 오옥신(1-naphthylacetic acid(NAA), 0.1mg l^{-1})과 사이토키닌(6-benzylaminopurine(BAP), 1mg l^{-1})을 넣어 주어야 한다(2장 참고). 상대적으로 높은 사이토키닌 대 오옥신의 비는 절편체로부터 지상부의 생장을 촉진한다. 이러한 지상부들은 높은 오옥신 대 사이토키닌 비를 가지는 고채배지로 이식해 뿌리의 생장을 촉진할 수 있다.

형질전환

조직배양에 긴 시간을 요구하는 형질전환 프로토콜은 몇 가지 단점을 가지고 있다. 시간(전형적으로 수개월), 공간, 그리고 체세포영향계변이(somaclonal variation: 조직배양으로부터 파생된 생물체 내의 변이)가 유도되는 단점을 가지고 있다. 그러므로, 조직배양단계를 줄이는 형질전환법의 개발에 중점을 두고 있다. 최근, 이러한 방법은 제한된 수의 식물종에서 적용될 수 있음을 제시했고, 작물 향상에 널리 적용가능한 가능성을 열어줄 수 있다. 식물계에서 형질전환법들은 *Agrobacterium* 매개법 혹은 직접 유전자전이법(direct gene-transfer method)을 사용한다(이 장의 마지막 부분에서 다루어짐). 가장 촉망받는 방법 중 하나는 애기장대(*Arabidopsis*) 속(genus)을 목표로 사용되는 floral dip이다. 이것은 매우 간단한 방법으로, 어린 꽃을 계면활성제(surfactant)가 포함된 *Agrobacterium* 배양액에 담그면 된다(vacuum을 적용하기도 하고, 안하기도 한다). 이 식물은 순차적으로 종자를 생산하고, 소수의 종자가 형질전환체를 형성할 수 있는 종자일 것이다. 과거에도, 지금도 이 기술의 효율은 매우 낮으나, 많은 수의 종자가 생산되는 점은 받아드릴 수 있는 전체적인 형질전환 효율을 달성하게 한다. 이것 그리고 유사한 기술들은 알파파(alfalfa)와 배추속식물(brassica)을 포함하는 다른 식물종에도 성공적으로 적용되었다. 이 장의 첫부분에선 *Agrobacterium* 매개 형질전환에 대해 다루어 보았다. 그러나, *Agrobacterium rhizogenes*와 같은 동일 속(genus)에 있는 다른 종도 유전자를 식물로 전달하는 능력이 있고, 특정 조건에서 사용될 수 있는 형질전환법으로 발전되었다. 최근 식물의 형질전환에 사용될 수 능력이 있는 또 다른 세균들이 동정되었고, 식물형질전환 시스템으로 발전되었다(BOX 3.1).

● 최근 다른 세균종이 형질전환을 위해 개발되고 있다.

BOX 3.1 *Agrobacterium rhizogenes*와 *Agrobacterium spp.*의 대안인 유기체

*A. rhizogenes*가 식물을 감염시킴에도 불구하고, 근두암을 형성하지 않고 **털뿌리병(hairy root)**로 알려진 현상과 같은 병증을 보이는 점에서 *A. tumefaciens*와 구분된다. 감염된 부위에서 뿌리의 증식이 있다. 털뿌리는 기내배양에서 배양이 가능하다는 점에서 식물생명공학 분야에서 중요하게 여겨지고 있다. 수년 동안, 이차대사 산물원으로 사용되어 왔고, 좀더 최근에는 약리단백질 생산을 위한 시스템으로 사용되고 있다.

A. rhizogenes 계통의 플라스미드(Ri plasmid)의 특성은 특성이 연구되어졌고, 오파인(opine) 사용을 근거로 한 분류 연구를 통해 여러 가지 종류의 Ri 플라스미드가 존재한다는 것이 밝혀졌다. 몇몇 Ri 플라스미드에는 호르몬 생합성 유전자도 존재한다. Ti 플라스미드의 오옥신 생합성 유전자인 *tms1*과 *tms2*와의 상동성은 아그로파인 계통(agropine-strain)의 Ri 플라스미드에서 동정되었다. 그러나 오옥신과 뿌리생성 간의 연결고리가 잘 확립되어 있음에도 불구하고 위의 유전자들은 병원성을 나타내는 데는 불필요하다. 대신, 다른 열린해독틀(ORF)들은 식물생장조절인자(plant growth regulator)의 대사에 관여

(다음 장 계속)

BOX 3.1 (계속)

하며 내재성(endogenous)의 오옥신 감수성 식물을 만드는 *rolB*와 *rolC* 유전자를 포함한 플라스미드의 T-DNA 사이에서 동정되었다.

*A. tumefaciens*와 함께 벡터가 사용되었던 것처럼, *A. rhizogenes*에서 만들어진 벡터는 binary 시스템(binary 벡터는 4장에서 기술된다)으로 사용되어 질 수 있다. 완전한 성체로 재생될 수 있는 분명한 조직(털뿌리)의 생상을 유도했기 때문에 *A. rhizogenes*의 형질전환은 유전자전이를 위한 *A. tumefaciens* 사용의 대안적 전략이라고 한때 생각되었다. 그러나 이 전략은 더 효율적인 *A. tumefaciens* 시스템의 발전으로 인하여 폐기된 것처럼 보인다.

다른 미생물을 이용한 비*Agrobacterium* 매개 유전자전이 시스템(non-Agrobacterium-based gene-transfer system)의 개발에 대한 움직임이 있다. 이것은 부분적으로 많은 생명공학 과정과 특히 *Agrobacterium* 매개 형질전환에 관한 특허문제에 연관한 복잡한 상황과 지적재산권 때문이다. 이러한 이슈는 황금쌀(Golden rice)의 개발과 함께 했다. 이 쌀은 개발도상국에 무료로 보급되었으나 극복해야할 수많은 법적문제를 내포하고 있었다(10장 참고). 또 다른 이슈들도 비*Agrobacterium* 혁신을 지지했다: 미생물 매개 형질전환의 표적범위를 넓히는 가능성이 주된 것이었다. *Agrobacterium*의 병원균적 특성은 항상 문제였다; 식물 방어기작을 유도할 수 있고, 그로인해 형질전환의 빈도의 저하를 초래할 수도 있다. 또 다른 문제는 많은 작물들이 *Agrobacterium* 감염에 대해 저항성을 갖거나 감염된 조직으로부터 재생되어 지지 않는 것이다.

CAMBIA 그룹(호주의 Charles Sturt University와 연계한 연구기관)은 많은 수의 세균의 DNA 서열을 식물조직으로 전달하는 능력에 대해 조사했고 그것들은 통합되고, 표현되고, 멘델의 법칙에 따라 유전되었다. 초기의 연구는 *Rhizobium* sp. NGR234 (*Sinorhizobium meliloti*)과 *Mesorhizobium loti*로 진행되었다. 이 균들은 식물의 병원균은 아니지만, 공생자(symbiont) 혹은 표적세포와 생장단계에 의해 다양한 방법으로 식물과 상호반응하는 양성(benign)의 내생생물(endophyte)/착생생물(epiphyte)이어서, 표적식물로 이용가능한 범위를 확장했다. 이러한 형질전환법들은 최적화가 요구되나, 선행하는 실험에서 floral dip과 함께 상당한 형질전환 효율을 가지는 것으로 나타났다. 이 연구의 목적은 오픈소스 저작권(open-source license)과 함께 적용가능한 형질전환법을 제공하는 데 있다(www.bioforge.net; Biological Innovation for Open Society, www.bios.net). 이러한 저작권은 상업적 제한없이 진보, 연관된 안전정보와 규제자료를 공유하고, 타인이 자유롭게 이러한 기술들을 향상시키며 사용할 수 있게 기회를 지키기 위한 약속이다.

유전자전이를 위한 바이러스 시스템의 발전에 대한 많은 연구도 진행되어왔다; 이것은 11장에서 다루어진다.

직접 유전자전이법

● 비*Agrobacterium*법은 저항성이 있는 종에서 널리 사용되고 있다.

직접 유전자전이(direct gene transfer 또는 유전자도입(gene transfer))이라는 용어는 *Agrobacterium*을 이용한 식물형질전환(간접 유전자전이)과 사용하지 않은 식물형질전환(직접 유전자전이)방법이다. 모든 직접 유전자전이법은 식물체가 일시적으로 흡수가 가능하게 되는 동안에 많은 양의 naked DNA의 전달에 의존한다. 직접 유전자

전이를 위한 다양한 방법과 전략이 지난 수년 동안에 발전해 왔다. 이들 중 일부는, 특히 **유전자총법**(**biolistics** 또는 gene bombardment)은 식물생명공학자들에 의해 이용되어지고 있다.

곡류작물(초기에 *Agrobacterium*에 의해 형질전환이 어려운 것으로 알려졌다.)의 형질전환에 광범위하게 사용되는 것으로 알려진 직접 유전자전이법은 *Agrobacterium* 매개 형질전환법과 비교했을 때 몇 가지 장점과 단점을 가진다(표 3.2). 직접 유전자전이법의 가장 주된 단점은 높은 빈도로 전이유전자의 재배열을 초래하는 것(BOX 3.2 참고)과 높은 수의 전이유전자 복제수를 가진다는 것이다. 이러한 점은 높은 빈도의 유전자 사일런싱(gene silencing)을 초래한다(BOX 4.4 참고).

직접 유전자전이법의 주된 유형은 아래에서 자세히 기술될 것이다. 레이저 매개 DNA 흡수, 미세주입법(microinjection), 초음파(ultracound)를 이용하는 방법 등 거의 재현성이 없는 방법(여기서 더이상 언급하지 않는다)은 이러한 기술의 일부는

표 3.2 직접 유전자전이법

Direct gene-transfer method	Comments
Particle bombardment	Very successful method. Risk of gene rearrangements and high copy number. Useful for transient expression assays.
Electroporation	Transgenic plants obtained from a range of cereal crops. Low efficiency. Requires careful optimization.
DNA uptake into protoplasts	Used for all major cereal crops. Requires optimization with a regenerable cell suspension that may not be available.
Silicon carbide fibres	Requires regenerable cell suspensions. Transgenic plants obtained from a number of species.

BOX 3.2 전이 유전자의 통합과 유전자 재배치

유전자총법에 의한 형질전환의 주된 문제는 벡터 DNA가 종종 재배열되고 전이유전자의 복제수가 매우 많이 생길 수 있다. 벼에서 유전자총에 의한 직접 유전자전이의 기작에 대한 최근의 연구는 전이가 두 단계로 나누어 진행됨을 제시하고 있다. 통합전단계(pre-integration stage)에서는, 벡터분자(완전히 혹은 부분적으로)가 함께 붙어있다. 이것은 다수의 유전자 복제본을 이동시키는 과정을 수반하여, 숙주식물이 게놈 안으로 삽입되어진다. 이러한 통합과정은 전이유전자의 통합이 일어날 수 있는 중요한 역할을 수행하게 된다. 이러한 과정을 통하여 유전자총법을 이용한 형질전환 방법은 단일유전자자리 또는 적은 수의 유전자자리(loci) 높은 복제수의 전이유전자를 삽입시키는 역할을 하게 되는 것이다. 높은 복제수의 삽입에도 불구하고 단일유전자(single locus)로의 유전자 삽입은 분자육종에서 많은 장점을 제공할 수 있게 된다..

35S 프로모터(4장)의 재조합 서열은 이미 동정되어 졌고, *Agrobacterium* binary 벡터

(*다음 장 계속*)

● *Agrobacterium*과 직접 전이 시스템 모두 비정상적 유전자 삽입이 되는 문제를 일으킬 수 있다.

BOX 3.2 (계속)

시스템(4장)에서도 몇 가지 문제도 밝혀졌다. *Agrobacterium* 매개법에 의해 형질전환된 형질전환체(transformant) 중에서 30-80%가 플라스미드로의 T-DNA 영역의 외부로부터 온 서열을 포함하고 있음이 밝혀졌다. 이러한 결과를 통하여 위의 두 가지 형질전환법에서 벡터설계에 대한 중요성을 다시 한번 인식하게 되었다. 특히, 모든 식물을 기초한 생각의 적용이 이제는 반드시 사용되어야 하고, 바이러스 혹은 세균의 서열은 가능하다면 반드시 피해야 한다.

● **Not transgenic but intragenic: plants transformed with 'just native plant DNA'**

안정적인 형질전환이 가능함이 매우 드물게 보고되었음에도 불구하고 주로 일시적(transient) 유전자 발현 분석에 이용되고 있다.

유전자총법

● 유전자총법은 곡류 형질전환에 많이 이용되어지고 있다.

유전자총법(particle bombardment; biolistics)은 일반적으로 사용되는 매우 중요하며 효과적인 직접 유전자전이법이다. 식물조직으로 전달할 DNA에 텅스텐(tungsten) 혹은 금(gold) 입자를 코팅한다. 이러한 입자들은 매우 빠른 속도로 표적세포로 이동하고, 세포 안에서 DNA는 분리되어져 게놈으로 삽입될 수 있다. 이 기술을 이용한 DNA의 전달은 널리 이용되고 있는 일시적 유전자 발현(이것은 전이유전자의 식물게놈으로의 통합에 의존하진 않는다)을 유도할 수 있으나, 전이된 유전자의 통합은 드물게 발생한다. 형질전환 식물체를 만들기 위해서는, 식물재료, 조직배양의 방법, 형질전환 조건이 매우 최적화되어야 한다.

유전자총법은 1987년에 개발되었고, DNA가 코팅된 텅스텐 입자를 쏘기위해 화약을 사용했다. 이 기술은 곡류의 형질전환을 위한 중요한 실험 방법이다. 모든 주요 작물 형질전환에 사용되었고, 최초의 유전자 변형(genetically modified, GM) 작물(*Bacillus thuringiensis*(*Bt*) toxin 유전자를 포함한 옥수수, 6장 참고)도 이 방법으로 만들어졌다. 이러한 기술의 발전은 정전기방전기(electrostatic discharge device)나 가스의 흐름을 이용한 다른 형질전환 방법을 만들어냈다. 가스의 압축을 이용한 방법 중에서 헬륨 압축에 의해 작동되는 유전자 총(PDS-1000/He) 방법이 현재 가장 많이 이용되고 있다.

이 실험 방법을 최적화하기 위해서는 세 가지 항목이 중요하다: 입자의 종류와 준비(preparation); 입자의 가속화; 표적재료의 선택. 표적세포로 쏘아지는 입자의 수와 크기, 손상도와 전달되는 DNA양의 비율은 이미 실험방법이 마련되어져 있다. 매우 적은 양의 DNA는 낮은 형질전환률을 보이고, 너무 많은 경우에는 전이유전자의 많은 복제수와 재배열을 나타나게 된다(BOX 3.2). 최근 유전자총법을 위한 입자 준비법(염화칼슘(calcium chloride)과 폴리아민(polyamine)을 대신하여 아미노실록산(aminosiloxane)을 사용하여 낮은 농도의 DNA수준에서도 높은 형질전환 효율을 얻을 수 있게 되었다.

유전자총법에서 이용되는 식물조직은 일반적으로 두 종류가 있다: 유전자총에 의해 형질전환된 후 배발생을 유도시키는 일차 절편체; 유전자총에 의해 형질전환 시킨 배발생 배양체(embtyogenic culture)가 있다. 유전자총에 의해 의한 상처로부터 식물조직을 보호하기 위해, 고농도의 삼투조절제(osmoticum) 배지 위에 배양한다.

유전자총법은 핵의 게놈을 형질전환하는데 최근에 많이 이용되어지고 있다. DNA를 플라스미드로 도입하는 방법으로 가장 최근에 많이 이용되어지고 있다(BOX 3.3). 엽록체의 형질전환은 21세기의 발전 중의 하나이고, GM 작물에 이것을 적용하는 것은 11장과 12장에서 논의할 것이다. 엽록체의 형질전환은 친환경적이며 더 효율적인 GM 작물을 만들 기회를 제공한다.

사례연구 3.2 유전자총법을 이용한 벼의 형질전환

이 사례연구에서 우리는 어떻게 PDS-1000/He particle-bombardment system을 이용하여 벼 형질전환이 이루어지는지 알아보게 될것이다. 형질전환 및 선발의 효율성을 높히기 위해 2개(그림 3.6 참고)의 플라스미드를 함께 식물세포로 도입하게 된다. 하나의 플라스미드(pOZ)는 관심있는 전이유전자를 전달하고 나머지 하나는(pHAG)는 항생제인 하이그로마이신(hygromycin)에 저항성을 주는 선발표지(*hyg*)를 전달한다(선발표지는 4장에서 완벽히 다루어진다). 이 플라스미드는 화학적으로 조직을 쉽게 분석할 수 있는 리포터 유전자(reporter gene)인 *gusA* 유전자를 가지고 있다(수용체 유전자도 4장에서 다루진다). 2개의

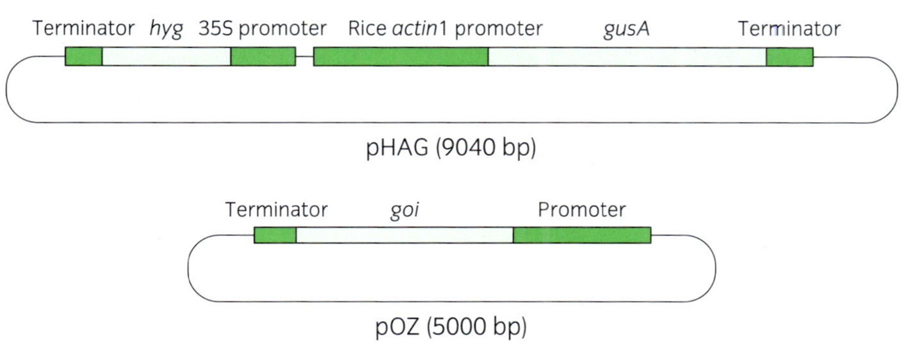

그림 3.6 pHAG와 pOZ 플라스미드 지도. pHAG는 항구성 프로모터(constitutive promoter: 꽃양배추모자이크바이러스(cauliflower mosaic virus)의 35S 프로모터, 4장에서 좀 더 자세히 언급된다) 선발표지 유전자(*hyg*)를 가지고 있다. *hyg* 유전자는 하이그로마이신 저항성을 제공한다. 또한 pHAG는 곡류의 강력한 프로모터 중 하나인 rice *actin1* 프로모터에 의해 발현되는 리포터 유전자(*gusA*)를 포함하고 있다. *gusA* 유전자 산물은 쉽게 분석되고 하이그로마이신 내성 식물세포가 형질전환 되었는지를 결정할 수 있는 편리한 방법을 제공한다. 이 플라스미드의 존재는 유전총에 의한 형질전환 이후에 하이그로마이신이 들어있는 배지에 형질전환 된 것으로 예상되는 식물조직을 키우면서 선발할 수 있게 해준다. pOZ 플라스미드는 목적유전자(*goi*)를 전달하는 데 사용된다. pOZ는 선택지표를 가지고 있지 않으므로 직접적으로 존재하는 플라스미드를 선별할 수 없다. 그러나, 두 플라스미드가 이중 형질전환(dual transformation)되는 현상은 상당히 일반적이다. *ipt* 유전자는 적절한 프로모터에 작동되며, 이 프로모터의 특징은 발현 독특한 양상에 의존하는 특징을 가진다. 이 프로모터는 유도성(inducible)일 수도 있고, 조직 특이성을 가지거나 지속적(constitutive)일 수도 있다.

플라스미드는 유전자총에 의해 식물재료로 이동되기 위해 모두 금입자에 코팅된다(이것을 미립담체(microcarrier)라 함). 형질전환에 사용되는 식물재료는 성숙한 종자로부터 유래된 배발생 캘러스이다(2장 참고).

유전자총을 이용하여 식물세포에 외래 DNA를 삽입한 후, 항생제저항성 유전자를 가진 세포를 하이그로마이신 항생제를 포함하고 있는 배양배지에서 선별한다. pOZ를 직접 선별하는 방법은 없으나, 많은 세포에서 2개의 플라스미드가 함께 식물세포로 삽입된다(이중 형질전환(dual transformation)). 이 시스템에서의 목적은 2개의 플라스미드가 안정적으로 게놈에 통합된 식물을 선별하고 재생산하는 데에 있다. 궁극적으로 이 방법은 선발표지가 하위의 세대에서 분리되게 한다. 이러한 과정을 통해 생산된 식물은 관심있는 유전자를 포함하고 있고, 반면에 더이상 필요하지 않는 하이그로마이신 내성 유전자를 포함하고 있지 않다. 특히 작물로부터 항생제 내성 지표 유전자를 제거하는 방법과 필요성에 대해서는 4장과 12장에서 살펴볼 것이다.

미립담체의 준비

금 혹은 텅스텐 입자(비드 혹은 볼)은 미립담체로 사용된다. 이것은 에탄올과 멸균된 증류수에서 미립담체를 세척하는 전과정을 필요로 한다. 미립담체 현탁액은 분주되어 4°C(금) 혹은 −20°C(텅스텐)에서 보관할 수도 있다. 플라스미드 DNA(*E. coli*로부터 분리됨)는 2.5mol l^{-1} $CaCl_2$와 0.1mol l^{-1} 스퍼미딘(폴리아민의 한 종류)용액에서 DNA와 미립담체를 섞어 금미립담체에 부착할 수 있다. 그 다음 미립담체는 혼합 및 에탄올에 의한 세척후, 에탄올에서의 재현탁한다. 이 미립담체는 에탄올 재현탁액 상태 그대로 미립담체막에 적용된 후 건조시킨다.

형질전환을 위한 식물재료의 준비: 캘러스 유도

탈곡(dehulled)한 성숙한 벼의 종자를 에탄올과 표백제를 이용해 살균하고, 이어 에탄올과 표백제를 제거하기 위해 멸균된 증류수로 세척한다. 이 종자를 MS1배지(MS배지에 2.5mg l^{-1} 2,4-D와 30g l^{-1} 말토오즈(maltose)를 보충물로 넣고 2.5g l^{-1} 피타겔(phytagel))을 넣어 고체화시킨 배지임; 배지구성에 관한 내용은 2장에서 자세히 기술되었다.) 위에 치상한다. 배양액은 빛을 닿지않는 25°C 조건에서 2주간 배양한다. 종자로부터 발달한 캘러스 조직은 동일한 성분의 새로운 배지로 옮기고 배발생 캘러스가 발달하기 위해 2주 더 배양한다. 이 배발생 캘러스는 다른 배지(MS배지에 1mg l^{-1} 2,4-D와 14%(질량/부피) 말토오즈를 보충물로 넣고 2.5g l^{-1} 피타겔로 고체화함)로 옮겨 4시간 배양한다. 이 배지는 고농도의 말토오즈를 포함하고 있어 식물조직의 유전자총법을 적용하기 전에 높은 삼투력을 발생시킬 수 있다.

충격조건

PDS-1000/He 장비는 그림 3.7처럼 구성되고, 벼 배발생 캘러스에 충격을 가하기 위해 사용된다. PDS-1000/He 장비의 작동법은 그림에 설명되어 있다.

식물의 선별과 재생산

유전자총에 의한 충격 후 하루가 지난후, 배발생 캘러스는 MS1배지로 옮겨진다. 일주일이 지난후, 이 캘러스는 선택배지(40mg l^{-1}의 하이그로마이신이 포함된 MS1배지)로 옮긴 후 암조건에서 2주간 더 배양한다. 캘러스는 동일한 선택배지로 이식하여 역시 암조건에서 2주 더 배양한다. 생존한 캘러스는 식물 재생산 배지 RM1(MS배지에 3mg l^{-1} 키네틴(kinetin), 30mg l^{-1} 말토오즈, 40mg l^{-1} 하이그로마이신을 보충물로 넣고 6.25g l^{-1} 피타겔로 고체화 함)으로 이식한 후 지상부 형성을 촉진하기 위해 광조건에서 3주간 배양한

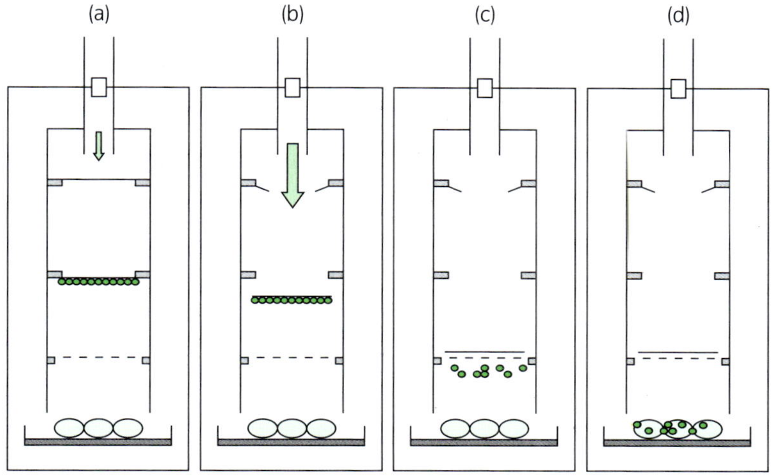

그림 3.7 PDS-1000/He 유전자총 시스템. 식물조직은 진공챔버(챔버압력 27mmHg) 안의 미립담체 정지판(microcarrier stopping plate)에서 13cm 아래에 놓여지게 된다. 거대담체 막(macrocarrier membrane)에 있는 벡터 DNA가 코팅된 입자(미립담체)는 장비안으로 삽입된다(a). 진공이 장비의 아래부분에서 형성이 되면, 파열판(rupture disc) 위에서 헬륨에 의한 압력이 1100psi(7584.2kPa; 또는 파열판이 파열되게 설계된 압력)까지 올라가고, 파열판은 파열된다(b). 이것은 거대담체와 발사체의 파편이 챔버 아래로 나아하게 한다. 거대담체는 정지판에서 정지되고(c), 미립담체는 통과하여 식물재료를 타격하게 된다(d). 다양한 변수가 이 시스템에서 최적화 될 수 있다: 정지판과 식물재료 사이의 거리는 달라질 수 있다; 파열판이 파열되는 압력도 선택될 수 있다. 이러한 변수의 변화는 미립담체의 속도와 양상을 변화시키며, 형질전환시킬 식물재료에 맞게 조절할 수 있다.

BOX 3.3 프라스티드 형질전환

식물생명공학에서 왜 엽록체 형질전환이 중요한 기술이 되었는 지에 대한 많은 이유가 있다. 많은 작물 종에서 엽록체는 모성의 유전성(maternal inheritance)을 보인다. 그래서 가까운 잡초(weed)성 종으로의 화분(pollen)을 통한 유전자전이에 대한 위험성은 없다. 이 기술의 또다른 눈에 띄는 특징은 매우 많은 전이유전자의 복제수를 얻을 수 있다는 것이다. 전이유전자는 각각의 엽록체에서 단일 게놈으로 삽입될 수 있는 것 같다. 그러나 식물 재생산 과정 동안에 몇 차례의 선별을 거치며, 동종이식(homoplasmic)한 군집의 엽록체 발달도 가능할 것이다(모든 엽록체가 형질전환된다면 말이다). 세포당 약 100개 가량의 엽록체가 있고, 각각은 100개 정도까지 되는 게놈을 포함하고 있으니, 세포당 10 000 복제수의 전이유전자가 가능할 것이다. 또다른 장점은 엽록체 형질전환과 함께 일어나는 유전자 침묵의 결여이다. 발현된 단백질이 적절하게 접히고 상호연결되는 엽록체의 능력과 함께, 이러한 사실은 엽록체 형질전환이 초고도 수준의 유전자 발현과 활성 단백질의 합성을 위한 엄청난 가능성을 가지고 있음을 의미한다.

● 많은 엽록체수와 많은 염색체의 복제수는 세포가 전이유전자를 많은 수로 포함하고 유전자침묵 없이 높은 수준의 유전자 발현을 할 수 있음을 의미한다.

이러한 이유로 엽록체 형질전환을 위한 벡터의 발전을 가지고 왔다. 그림(이 패널안에 있는 그림)은 엽록체 형질전환에 사용되는 스펙트로마이신(선발표지 유전자는 *aadA*

(다음 장 계속)

BOX 3.3 계속

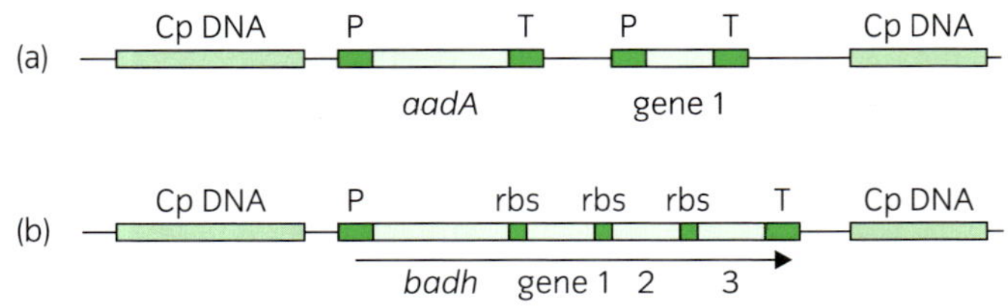

엽록체 형질전환을 위한 벡터들. (a) 관심있는 유전자 하나만을 발현 시키기위해 설계된 벡터(유전자 1). 항생제 스펙트로마이신 저항성을 제공하는 선발표지 유전자(*aadA*)가 있다. 각각의 유전자(유전자 1과 *aadA*)는 프로모터(P)에 의해 조절되고, 종결자(T)를 가진다. 두 유전자의 측면은 상동성 재조합에 의해 엽록체 게놈위의 정해진 위치에서 DNA 통합을 유도하는 엽록체 DNA(Cp DNA)의 영역이다. (b) 다수의 전이유전자를 발현 시키기 위해 설계된 벡터. 하나의 프로모터가 폴리시스트론 전사 단위(polycistronic transcription unit) 또는 오페론(operon)의 발현을 초래한다. 이경우 베타인 알데히드 탈수효소(betaine-aldehyde dehydrogenase gene(badh))가 선택지표로 사용되었다. 개개의 전이유전자는 효과적 해독(translation)을 위해 리보솜결합 위치(ribosome-binding site, rbs)가 먼저 위치해 있다. 다른 특성은 (a)에 나와있다. (Redrawn with permission from Daniell et al. (2002).)

로 표시되어 있다)에 의해 선별되는 간단한 벡터를 보여주고 있다. 이 벡터는 단일 전이 유전자의 발현을 위해 제작되었고, *psbA* 유전자와 리보솜 결합 영역의 프로모터와 같은 조절서열에 결합되어 있다. 외래의 유전자는 엽록체 DNA서열에 의해 경계지어 지고 있다. 유전자총에 의한 엽록체로의 도입 이후, 상동성의 재조합체는 벡터와 게놈의 프라스티드 서열 사이에서 나타나고 있다. 이러한 위치-선택적(site-specific) 통합은 무작위적으로 핵의 게놈에 삽입되는 문제를 피할 수 있다.

몇몇 플라스미드 게놈의 원핵세포 특성의 장점을 이용한 좀 더 진보된 벡터가 설계되었다(1장 참고). 다수의 ORF가 폴리시스트론 정보(polycistronic message)로 발현될 때까지 단일전사로 도입될 수 있다(그림의 패널 b). 이것은 핵형질전환에서 상당한 장점을 제공한다. 개개의 유전자는 별도로 도입될 수 있고, 유사한 발현수준 같은 식물이라 확인된 후에 함께 전달될 수도 있을 것이다. 유사한 방법은 2벡터 시스템(two-vector system)이다. 각각의 벡터는 기능 단백질을 형성하기 위해 소기관에서 결합하는 분리된 소단위체(subunit)를 전달한다. 또 재조합 바탕(recombination-based) 방법은 프로모터가 없는 벡터를 설계하기 위함이다.

또한 선별 시스템의 발전을 위한 연구가 수행중이다. 상동 재조합(homologous recombination)의 전위와 같은 기술에 의해, 선발표지를 없애는 전략들이 발전되고 있다.

다. 그후 캘러스는 RM2(RM1에 2.5g l^{-1} 피타겔로 고체화한 배지)배지로 광조건에서 3주 더 배양한다. RM2배지에서 형성된 녹색 지상부의 뿌리가 R1배지(1mg l^{-1} NAA가 포함된 MS기본배지의 절반의 강도 배지)로 이식하면 생성된다. 어린 식물은 R2배지(MS기본배지의 절반의 강도의 배지)에서 계대배양(subculture)한다. 형질전환체는 생장챔버에서 적응되고, 토양으로 이식되어 성체로 자라난다.

폴리에틸렌 글리콜 매개 형질전환

식물의 원형질체(protoplast: 세포벽이 제거된 식물세포; 2장 참고)는 이가 양이온(divalent cation, 주로 칼슘) 하에서 PEG 처리에 의해 naked DNA와 함께 형질전환 시킬 수 있다. PEG와 이가 양이온은 식물원형질체의 원형질막(plasma membrane)을 불안정하게 하고 naked DNA를 스며들 수 있게 한다. 원형질체 안쪽에서 DNA가 핵으로 들어가게 되면 게놈안으로 삽입되게 된다.

식물원형질체는 조작하기 조작이 어렵고 몇몇 종에서 원형질로부터 생식력있는 식물을 재생하기 어려운 문제가 있어, 이 기술의 사용에는 많은 제한 사항이 있다. 형질전환에 사용되는 DNA는 또한 분해와 재배열에 영향받기도 쉽다. 이러한 제한점에도 불구하고, 이 기술은 다양한 식물종에서 원형질체를 이용한 높은 형질전환율을 보장할 수 있다는 장점을 가지고 있다.

전기천공법

● 전기천공법은 곡류의 형질전환에서 성공적으로 사용된다.

세포 전기천공법은 DNA를 식물세포와 원형질로 전달할 수 있다. 사용되는 벡터는 간단한 플라스미드이다; 관심있는 유전자는 식물 조절서열(regulatory sequence)을 필요로 하나, 통합을 위해 특정서열을 필요로 하진 않는다. 재료는 DNA가 포함된 완충용액(buffer)에서 배양되고, 높은 볼트(voltage)의 전기적 충격(electrical pulse)에 노출된다. 그러면 DNA는 원형질막에 높은 전기에 의해 유도된 구멍(pore)을 통해 이동한 후, 게놈에 통합된다. 전기천공법은 벼, 밀, 옥수수 등과 같은 모든 주요 작물의 형질전환에 성공적으로 적용되어 왔다. 초기에는 형질전환을 위한 원형질체가 주로 원형질체 형질전환에 이용되고 있으나, 완전한 세포 혹은 조직(캘러스 배양(callus culture), 미성숙한 배(immature embryo), 화서(inflorescence material) 등)이 사용되어 질 수 있고, 형질전환의 여러 문제를 해결해 주고 있다. 그러나 전기천공법을 위한 식물재료는 전기천공법 전후에 높은 삼투압을 가진 완충용액에서 배양과 같은 특수한 처리가 필요하다. 또한 사용되는 식물재료의 상태, 조직처리상의 조건에 따라 효율이 달라지는 여러가지 문제점을 가지고 있다. 일부의 연구에서는 초나선(supercoiled) 대신 직선형의 플라스미드 DNA와 배양 용액에 스페르미딘(spermidine)의 추가(DNA 응축을 유도함)가 전기천공법의 효율을 향상시킨다고 보고되고 있고 전계강도(field strength: 전극사이에 적용되는 전압)의 최적화 역시 중요하다.

또한 최적의 조건에서도 각각의 세포로 전달되는 DNA의 양은 적을 수 있고, 이는 낮은 전이유전자의 복제수를 갖는 형질전환체를 만드는 데 이점일 수 있다. 전달률(실제로 전기천공법에 의해 DNA를 받은 세포의 비율)은 매우 높을 수 있다: 어떤 실험에서는 배양된 세포의 40-60%가 DNA를 받고, 50% 정도가 처리에서 생존한 것으로 보고하고 있다. 형질전환 과정에서 손상이 발생할 수 있다는 단점을 가진 유전자총에 의한 형질전환과는 달리, 전기천공법은 형질전환 후 손상을 줄일 수 있다는 장점을 가지고 있다.

탄화규소섬유: WHISKERS™

탄화규소섬유(silicon carbide fiber)를 사용한 간단한 기술은 특별한 장비를 필요로 하지 않는다. 식물재료(현탁배양, 배, 배에서 파생된 캘러스 등)를 DNA와 탄화규소섬유를 포함한 완충용액에 넣고 혼합(voltex)한다. 지름이 약 0.3-0.6μm이고 길이가 10-100μm인 탄화규소섬유는 세포벽과 원형질막을 뚫고 들어가, DNA가 세포안으로 들어갈 수 있게 해준다. 이 기술의 단점은 적용가능한 식물재료와 탄화규소 섬유의 위험성이 높다는 것이다.

형질전환 후 배발생 캘러스 형성이 용이하다는 장점을 가지고 있다. 또한 옥수수와 같은 단자엽 식물에서 유래된 캘러스에 사용될 수 있는 방법임에도 불구하고, 현재까지는 위와 같은 위험성 때문에 옥수수와 귀리의 형질전환에만 이용되어지고 있다.

요약

식물형질전환을 위한 다양한 방법이 식물생명공학자들에게 제시되어 왔다. 이제까지 개발된 형질전환 기술은 2개의 그룹으로 나누어질 수 있다: *Agrobacterium* 매개 형질전환과 유전자총법과 같은 직접 유전자전이법이 있다. 이 두 가지 기술은 기작에서 부터 기본적으로 다르고, 일반적으로 각기 다른 작물에 적용된다. *Agrobacterium* 매개 형질전환은 *Agrobacterium* 속의 자연적 숙주로 알려진 쌍자엽 식물의 형질전환에 많이 사용된다. 직접 유전자전이법은 곡류와 같은 단자엽식물의 형질전환에 주로 사용된다. *Agrobacterium*을 이용한 단자엽식물을 형질전환은 많은 장벽을 가지고 있다. 각각의 방법은 장단점을 가지고 있으나 모든 식물 형질전환법은 **유전자 침묵(gene silencing)**이란 문제에 의해 전이유전자(또는 내생의 상동유전자)의 발현이 억제되는 문제를 겪고 있다(BOX 4.4 참고). 유전자 침묵을 줄이기 위한 주의 깊은 벡터의 설계와 형질전환법에도 불구하고, 유전자 침묵은 정확히 예측하기 어렵다. 유전자 침묵은 식물 형질전환 산물의 상업화를 위해서 반드시 넘어야 할 장애물이다.

이러한 문제에도 불구하고, 식물 형질전환 기술의 발전은, 특히 효과적인 식물 재생산법과 연계되어, 일반적으로 형질전환할 수 있는 작물의 목록이 늘어나는 데서 알아볼 수 있다. 한때 형질전환이 불가능하다고 생각되었던 작물(곡류가 아마 이 카테고리에 포함될 수 있다)이 현재는 전세계에 퍼져있는 많은 연구실에서 일반적으로 형질전환되고 있다.

이러한 식물 형질전환 기술은 이 책의 나머지에서 논의될 식물생명공학의 진보에 기틀을 제공하였다.

FURTHER READING

Visit www.oxfordtextbooks.co.uk/orc/slaterplants2e/ for hyperlinked references that take you directly to online abstracts for the journal articles listed below:

General

Barcelo, P., Rasco-Gaunt, S., Thorpe, C., and Lazzeri, P. (2001) Transformation and gene expression. In *Advances in Botanical Research, vol. 34: Biotechnology of Cereals* (P. R. Shewry, P. A. Lazzeri, and K. J. Edwards, eds), pp. 59–126. Academic Press, London.

Birch, R. G. (1997) Plant transformation: problems and strategies for practical application. *Annual Reviews in Plant Physiology and Plant Molecular Biology* 48, 297–326.

Hansen, G. and Wright, M. S. (1999) Recent advances in the transformation of plants. *Trends in Plant Science* **4**, 226–231.

Hughes, M. A. (1996) *Plant Molecular Genetics*. Addison Wesley Longman, Harlow.

Walden, R. and Wingender, R. (1995) Gene transfer and plant-regeneration techniques. *Trends in Biotechnology* **13**, 324–331.

Agrobacterium-mediated transformation

Bent, A. F. (2000) *Arabidopsis in planta* transformation. Uses, mechanisms, and prospects for transformation of other species. *Plant Physiology* **124**, 1540–1547.

Broothaerts, W., Mitchell, H. J., Weir, B., Kaines, S., Smith, L. M. A., Yang, W., Mayer, J. E., Roa-Rodríguez, C., and Jefferson, R. A. (2005) Gene transfer to plants by diverse species of bacteria. *Nature* **433**, 629–633.

Chug, S.-M., Vaidya, M., and Tzfira, T. (2006) *Agrobacterium* is not alone: gene transfer to plants by viruses and other bacteria. *Trends in Plant Science* **11**, 1–4.

De la Riva, G. A., Gonzalez-Cabrera, J., Vazquez-Padron, R., and Ayra-Paedo, C. (1998) *A. tumefaciens*: a natural tool for plant transformation. *Electronic Journal of Biotechnology* **1**, 1–16.

Ditt, R. F., Nester, E. W., and Comai, L. (2001) Plant gene expression response to *A. tumefaciens*. *Proceedings of the National Academy of Sciences USA* **98**, 10954–10959.

Dumas, F., Duckely, M., Pelczar, P., Van Gelder, P., and Hohn, B. (2001) An *Agrobacterium* VirE2 channel for transferred-DNA transport into plant cells. *Proceedings of the National Academy of Sciences USA* **98**, 485–490.

Gelvin, S. B. (2000) *Agrobacterium* and plant genes involved in T-DNA transfer and integration. *Annual Reviews of Plant Physiology and Plant Molecular Biology* **51**, 223–256.

Ingram, J. (1998) Plant cyclophilins and *Agrobacterium*. *Trends in Plant Science* **3**, 292.

Rommens, C. M. (2004) All-native DNA transformation: a new approach to plant genetic engineering. *Trends in Plant Sciences* **9**, 457–464.

Schrammeijer, B., Risseeuw, E., Pansegrau, W., Regensburg-Tuink, T. J. G., Crosby, W. L., and Hooykaas, P. J. J. (2001) Interaction of the virulence protein VirF of *A. tumefaciens* with plant homologs of the yeast Skp1 protein. *Current Biology* **11**, 258–262.

Tzfira, T. and Citovsky, V. (2006) *Agrobacterium*-mediated genetic transformation of plants: biology and biotechnology. *Current Opinion in Biotechnology* **17**, 147–154.

Ward, D. V., Zupan, J. R., and Zambryski, P. C. (2002) *Agrobacterium* VirE2 gets the VIP1 treatment in plant nuclear import. *Trends in Plant Science* **7**, 1–3.

Zupan, J., Muth, T. R., Draper, O., and Zambryski, P. (2000) The transfer of DNA from *A. tumefaciens* into plants: a feast of fundamental insights. *Plant Journal* **23**, 11–28.

Direct gene transfer

Kohli, A., Leech, M., Vain, P., Laurie, D. A., and Christou, P. (1998) Transgene organisation in rice engineered through direct DNA transfer supports a two-phase integration mechanism mediated by the establishment of integration hot spots. *Proceedings of the National Academy of Sciences USA* **95**, 7203–7208.

Sorokin, A. P., Ke, X.-Y., Chen, D. F., and Elliott, M. C. (2000) Production of fertile transgenic wheat plants via tissue electroporation. *Plant Science* **156**, 227–233.

Plastid transformation

Daniell, H., Khan, M. S., and Allison, L. (2002) Milestones in chloroplast genetic engineering: an environmentally friendly era in biotechnology. *Trends in Plant Science* **7**, 84–91.

Maliga, P. (2004) Plastid transformation in higher plants. *Annual Reviews of Plant Biology* **55**, 289–313.

Web-links

Plant transformation, web-link 3.1: www.ppge.ucdavis.edu/Transformation/transform1.htm

Plant transformation, web-link 3.2: www.uoguelph.ca/~jdberg/plantran.htm

The microbial world. Biology and control of crown gall (*A. tumefaciens*), web-link 3.3: http://helios.bto.ed.ac.uk/bto/microbes/crown.htm

Transgenic crops: an introduction and resource guide, web-link 3.4: www.colostate.edu/programs/lifesciences/TransgenicCrops/how.html

4

식물 형질전환 벡터

개요

식물 형질전환 벡터는 분자생물학적 방법을 이용하여 제작되는 여러 다른 플라스미드 유래 클로닝벡터와 동일한 방법으로 제작된다. 그러므로 모든 벡터에 필요한 또는 바람직한 기본적 특징 일부를 취하는 것이 좋다. 벡터의 유용성은, 종종 식물 형질전환에 사용하기 전에 일반적으로 실험실에서 숙주로 사용되는 대장균(*E. coli*)과 생체 외(*in vitro*)에서 이루어지는 벡터 조작에 대한 편의성과 동일시되기 때문에 이러한 특징을 여기에 설명하였다. 이 장의 후반부에서는 최근에 개발된 대부분 식물 형질전환 벡터의 디자인이 식물 형질전환에 대한 사용의 용이성보다 오히려 실험실에서의 조작 편의성을 개선하는 것에 중점을 두고 있다는 것을 볼 수 있다. 첨가하여 이 장에서는 식물 형질전환에 사용되는 벡터의 기본 특징, 벡터 개발을 어떤 범주의 식물종에서 형질전환이 일상적으로 될 수 있도록 시스템화하는 것, 그리고 벡터 디자인과 삽입유전자(transgene) 발현에 관련된 문제에 대해 살펴볼 예정이다.

플라스미드 벡터의 바람직한 특징

● 플라스미드가 벡터로서 효율적 기능을 갖기 위해서 필요한 특징이 있다.

이상적으로는 클로닝 벡터는(복제 시작점(replication origin)을 가지고 있어서) 염색체와는 무관하게 복제할 수 있는 능력뿐만 아니라 다음과 같은 특징이 있어야 한다.

1 크기가 작아야 한다(작은 분자량). 작은 크기의 플라스미드는 몇 가지 이점이 있는 데 작은 플라스미드는 전단에 의한 손상이 적어 생체 외 조작이 용이하다. 또한 대부분 작은 플라스미드는 높은 복제수(copy number)를 가지고 있어 다량의 플라스미드를 얻을 수 있다. 그리고 여러 가지 제한효소에 대한 인식부위가 적어 다중 클로닝 부위(multiple cloning site: MCS)의 디자인과 삽입이 간단하다.

2 숙주 세포에 선택 형질을 나타내게 하여 형질전환 세포를 선별할 수 있어야 한다. 대부분의 플라스미드 클로닝 벡터는 엠피실린(페니실린 유도체)과 같은 항생제에 저항성을 부여하는 유전자를 가지고 있다.

3 다수의 제한효소에 대한 인식부위가 하나씩 존재하여 효율적으로 재조합 벡터를 제작할 수 있어야 한다.

4 재조합 플라스미드를 포함하고 있는 콜로니를 확인할 수 있어야 한다. 대부분

대장균의 β-갈락토시데이즈(β-galactosidase)의 N-말단을 암호화하고 있는 *lacZα* 내에 다중 클로닝 부위(MCS)를 삽입시켜 해결하고 있다. 특정 대장균을 숙주로 사용하면 플라스미드에서 생성되는 *lacZα*와 숙주에서 생성되는 β-갈락토시데이즈 단편이 결합하여 활성이 있는 β-갈락토시데이즈가 만들어지고 이 효소는 색소성(chromogenic) 기질을 가수분해하여 콜로니가 청색을 띠게 된다. DNA가 MCS에 클로닝 된 재조합 플라스미드를 가지고 있는 대장균은 *lacZα* 부위가 삽입에 의해 돌연변이가 일어나 활성이 있는 β-갈락토시데이즈가 만들어지지 않고 흰색의 콜로니를 형성하게 된다. 비록 의사양성(false-positive) 및 의사음성 반응(false-negative)에 의해 결과가 100% 일치하지는 않지만 이 시스템은 재조합 플라스미드를 포함하고 있는 콜로니를 선별하기 위해 확인해야 하는 콜로니 수를 대폭적으로 줄일 수 있다. 분자생물학에 사용되는 전형적인 클로닝 벡터가 가지고 있는 특징을 그림 4.1에 표시하였다.

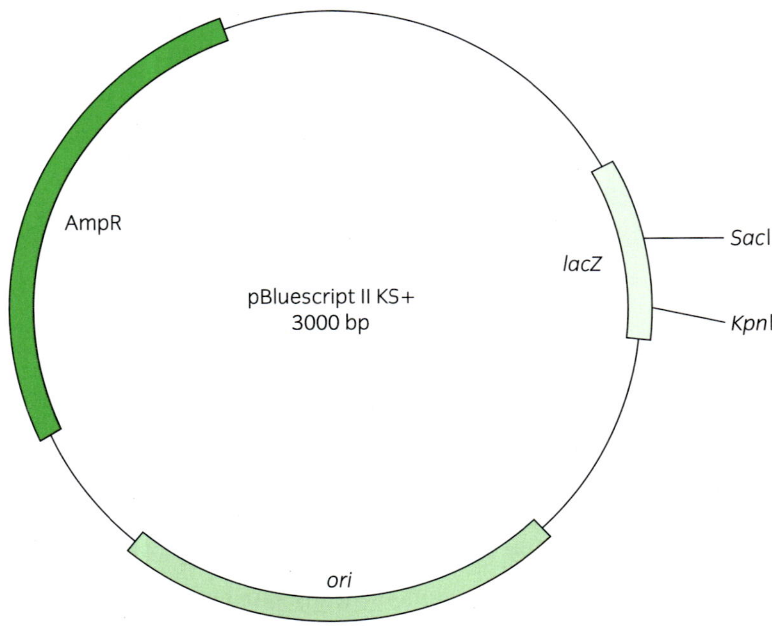

그림 4.1 분자생물학에서 대표적으로 사용되는 전형적인 '표준' 클로닝 벡터인 pBluescript II KS+, 비록 기본적으로 유사한 다수의 벡터들이 있지만 다음 특징들은 주목할 가치가 있다. 1. 크기가 작아(3kb) 조작이 쉽고 형질전환 효율도 높다. 2. 대장균에서 높은 복제수로 플라스미드를 복제시킬 수 있는 복제 시작점(pUC *ori*)을 가지고 있다. 3. 형질전환된 박테리아의 재생을 촉진시키는 항생제 저항성 마커 유전자를 가지고 있다. 4. 쉽게 클로닝하고, 청색/흰색 콜로니 선별로 재조합 플라스미드를 포함하고 있는 콜로니를 쉽게 선별할 수 있게 *lacZα* 단편 내에 위치하고 있는 다중 클로닝 부위(MCS)가 있다. MCS는 *Sac*I과 *Kpn*I 사이에 위치해 있다(특정 플라스미드에는 MCS에 20개 이상의 각기 다른 제한효소 인식부위를 가지고 있다)(Redrawn with permission from the pBluescript II KS + figure on the Stratagene website, www.stratagene.com.)

식물 형질전환 벡터 개발

*Agrobacterium*을 매개로 하는 식물 형질전환의 과정이 밝혀지고(3장 참고) 중요한 정보가 알려지면서 효율적인 식물 형질전환 벡터의 개발이 가능해졌다. 이중 주요한 발견은 다음과 같다. T-DNA가 숙주 식물의 유전체(genome)에 삽입되기 위해 필요한 유일한 부분은 짧은 경계 서열(border sequence)이다. 종양 유전자를 제거하면 배지의 식물 호르몬 조성을 조정하여 형질전환된 식물 조직으로부터 식물을 재분화 시킬 수 있다; 비르(*vir*) 유전자는 트랜스(*in trans*)로 작동한다.

식물 형질전환 벡터의 기본적인 특징

성공적인 벡터 디자인을 위한 기본적인 요소들은 이미 고려를 하였다. 하지만 식물형질전환 벡터 디자인을 고려할 때 다음과 같은 몇 가지 복잡한 사항들의 추가도 분명해진다.

● 모든 클로닝 벡터처럼 식물 형질전환 벡터도 효율적으로 작동하기 위해서는 기본적인 최소한의 세트는 필요하다.

1 플라스미드(*Agrobacterium* 매개 식물 형질전환에 사용할 경우)가 대장균(일반적인에서 조작이 수행 되는)에서뿐만 아니라 *Agrobacterium*에서도 복제 가능하여야 한다.

2 성공적인 형질전환 식물체를 확인할 수 있는 선발표지가 추가적으로 포함되어 있어야 한다.

3 *Agrobacterium* 매개 식물 형질전환으로 원하는 유전자를 숙주 식물의 유전체에 확실하게 삽입시키기 위해서는 플라스미드 벡터에 경계 서열이 있어야 한다.

4 숙주 식물 유전체에 삽입시킬 유전자(특히 원핵세포 유래이거나 식물이 아닌 진핵세포 유래일 경우) '식물화'가 필요하다. 여기에는 그 유전자를 확실히 발현시키기 위한 적절한 프로모터와 전사종결자(terminator)도 사용도 포함된다. 이런 특징은 종종 기본 벡터에 포함되어 있다.

프로모터와 전사종결자

식물에 삽입되어 발현되는 유전자는 그 발현이 정확해야 한다(적어도 예측한도 내에 있어야 한다). 알려진 것처럼 유전자 발현(양, 위치, 시간)의 주 결정요인은 암호화 지역의 상류(upstream) 지역으로 이 지역을 **프로모터**라 부르고, 매우 중요하다(1장 참고). 형질전환 식물에서 발현시키고자 하는 유전자는 식물에서 작동 가능한 프로모터를 필수적으로 가지고 있어야 한다. 이것은 식물에서 발현시키려고 하는 대부분의 유전자, 특히 박테리아에서 유래한 리포터 유전자(reporter gene)와 선발표지 유전자

● 삽입유전자 발현을 조절하기 위해 다양한 종류의 프로모터가 사용될 수 있다.

(selective marker gene)에서는 매우 중요하게 고려해야 할 사항이다. 그러므로 유전자는 식물에서 발현을 유도할 수 있는 프로모터와 같이 제공해 주어야 한다.

또한 삽입유전자가 정확한 위치에서 전사가 종결되기 위해서 3′ 말단에 적절한 **전사종결자(terminator)** 서열도 필요로 한다. 전사종결이 제대로 되지 않은 경우 비정상적인 전사체가 만들어지고 이로 인해 유전자 산물의 불활성화 및 유전자 침묵화(gene silencing)가 증가하는 등 해로운 결과들이 나타나기도 한다.

식물에서 삽입유전자의 발현을 유도하기 위하여 기본적으로 프로모터가 필요한 것과 더불어 프로모터의 세기, 조직 특이성, 발달 단계별 조절 등도 추가적으로 고려해야 한다.

Agrobacterium 유래 프로모터 및 전사종결자 서열

Agrobacterium Ti 플라스미드 유래 유전자 중 오파인(opine)을 합성하는 노파린 합성효소(nopaline synthase: *nos*) 유전자는 식물 형질전환 벡터에 가장 널리 사용되고 있는 프로모터와 전사종결인자의 출처이다. 비록 박테리아 유전자 유래이지만 T-DNA 내에 삽입되어 있으므로 식물에서도 작동이 가능하다. *nos* 프로모터의 경우 일반적으로 전신발현(constitutive)으로 간주된다.

35S 프로모터

유전자 발현을 위한 식물 형질전환 벡터에 가장 많이 쓰이는 프로모터로 콜리플라워 모자이크 바이러스(cauliflower mosaic virus: CaMV)의 35S RNA 유전자 프로모터이다. 이 프로모터는 형질전환 식물체의 전 조직에서 유전자를 발현시킨다(비록 모든 종류의 세포에서 발현시킬 필요가 없다 하더라도). 35S 프로모터는 단자엽 식물에서는 발현율이 그리 높은 편이 아니지만 쌍자엽 식물에서 높은 발현율을 보이고 있다. 이런 35S 프로모터는 발현량에 차이는 보이지만 발현이 보장되기 때문에 선발표지 유전자나 일부 리포터 유전자 등을 발현시키는 데 이상적인 프로모터이다. 35S 프로모터에 하나 이상의 증폭자(enhancer) 부위를 첨가시킴으로써 발현율을 더 높일 수 있다(그림 4.2는 35S 프로모터의 구조를 보여주고 있다). 그러나 양이 많으면 독성을 나타내는 유전자 생성물 등의 경우와 같이 높은 수준의 전신 발현이 항상 원하는 특징이 될 수는 없다.

단자엽에서는 35S 프로모터 대신 삽입유전자의 발현율을 높이기 위해 옥수수의 유비퀴틴I(ubiquitin I) 프로모터나 벼의 액틴프로모터/첫번째 인트론을 사용하기도 한다.

조직 특이적 프로모터

비록 완전히 특정 조직에만 발현이 제한되지는 않지만 그 조직에서 발현이 증강되는 등의 조직 특이적 방식으로 발현을 유도하는 데 사용할 수 있는 프로모터를 찾기 위해 상당한 노력들이 있었다. 이런 프로모터는 몇몇 상황에서 잠재적 유용성이 있다. 잠

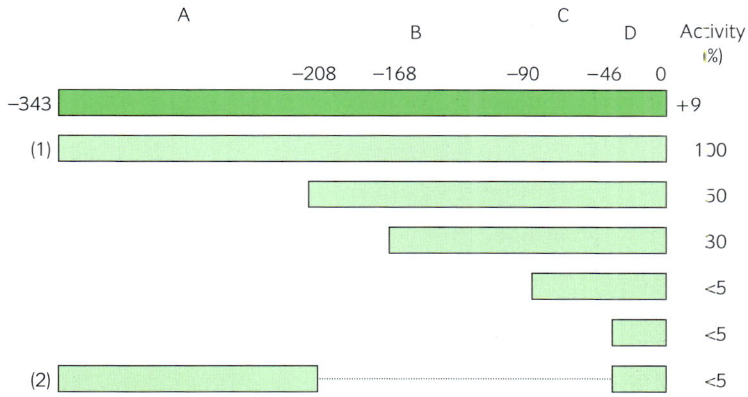

그림 4.2 삭제 분석으로 밝혀진 35S 프로모터의 구조와 활성과의 관계. 맨 위의 상자는 Fang 등 (1989)에 의해 밝혀진 343bp 상류 '프로모터'를 포함하는 35S 프로모터 영역을 나타낸다. 위에 표시된 문자는 35S 프로모터에서 기능이 있는 네 지역을 나타낸 것이다. 제일 위에 있는 상자 위에 표시된 숫자는 삭제 분석에 사용한 프로모터 단편의 끝(5′ 삭제)의 위치를 나타낸 것이다. (1) 아래 상자들은 다양한 프로모터 단편의 CAT(chloramphenicol acetyltransferase) 활성을 측정하는 데 사용한 프로모터 단편들을 표시한 것이다. (2) 점선은 프로모터 단편에서 제거된 부분을 나타낸 것으로 점선 부위 양쪽에 있는 2개의 조각(−343~−208, −46~0)을 연결한 하나의 프로모터 단편으로 만든 것임. 기능성 부위: (A) (−343~−208) 자체는 활성이 없으나 프로모터 활성의 50% 정도를 담당하고 있음 (활성은 −90~−46 부위의 존재 여부와 관련이 있음). (B) (−208~−90) 증폭자 기능을 하고 프로모터의 활성의 나머지 대부분을 담당하고 있다. (C) (−90~−46) 이 부위는 A와 B의 전사 활성을 증가시켜 주는 부수적인 역할을 하고 있다. (D) (−46~0) 핵심프로모터 영역으로 TATA box를 포함하고 있다. 프로모터의 −208~−46 부위는 형질전환 벡터에서 35S 프로모터의 활성을 증가시키는 증폭자로 사용되기도 한다. 증폭자의 복제수를 증가시키면 전사 활성이 비례적으로 증가하는데 최대 복제수가 4로 될 때까지 활성이 증가하게 된다. 또한 이 증폭자는 이형 프로모터의 전사 활성도 증가시킬 수 있는 기능이 있다. −343~−90 부위는 주로 잎에서의 프로모터 활성과 연관을 보인 반면, −90~−46 부위는 뿌리에서의 발현에 필요하다(Data taken with permission from Fang *et al.* (1989).)

재적으로 해로운 어떤 물질을 발현할 경우 동물 또는 사람이 소비하지 않는 조직에 제한적으로 발현시키거나, 특정 반응에 관여하는 유전자를 이 반응이 일어나는 조직에서만 제한적으로 발현시키는 경우 등에 유용하게 사용할 수 있다. 이 장에서 지금까지 찾은 모든 조직 특이적 프로모터에 대해서 알아보는 것은 어렵지만 예측 패턴대로 삽입유전자의 발현을 유도하는 데 성공한 몇 가지 프로모터에 대해서는 주목할 필요가 있다. 하지만 이런 프로모터들이 이형(heterologous) 시스템에서 예측 패턴대로 작동하지 않거나 발현을 유지하지 않는 사례도 있다는 것 또한 주목해야 한다. 그러므로 많이 사용되지 않거나 그 특징이 잘 알려지지 않은 프로모터를 형질전환에 사용하려면 그 프로모터(프로모터::리포터 유전자를 융합하여)에 대한 발현 패턴 분석이 먼저 수행되어야 하다. 사실 많은 시스-액팅(*cis*-acting) 서열이 프로모터가 아닌 다른 지역에서 발견되는 것을 보면 확실히 이런 분석이 필요하다.

유도 프로모터

식물에서 사용할 수 있는 유도 프로모터를 찾기 위해 많은 노력을 하였다. 유도 발현

● 삽입유전자 발현을 조절하기 위해 유도 발현을 부여하는 프로모터가 사용될 수 있다.

은 세 가지 범주로 나눌 수 있는데: (1) 비식물유래 시스템; (2) 환경 신호에 의해 반응을 보이는 식물유래 시스템; (3) 발달 단계에 따른 유전자 발현 조절에 기본을 둔 식물유래 시스템(Box 4.1 예시). 이론적으로, 이러한 시스템은 삽입유전자의 발현 시기를 섬세하게 제어할 수 있다.

BOX 4.1 식물의 유전자 유도 발현 시스템

유도 발현은 35S 프로모터와 같은 전신발현 프로모터 보다 삽입유전자의 발현을 더 정교하게 제어할 수 있다. 식물에서 삽입유전자를 유도 발현시키기 위해 여러 시스템이 개발되었다. 여기에서 몇 가지 예를 살펴보자.

비식물 유래 시스템

외부 화학물질을 사용하여야 하는 유도 발현 시스템에서 바람직한 특징은 다음과 같다:

1 유도 물질이 없을 경우 삽입유전자가 발현되지 않아야 한다.

2 하나의 유도 물질, 또는 같은 종류의 유도 물질에만 반응하는 유도 물질 특이적 시스템이어야 한다.

3 유도 물질을 사용한 후 빠른 속도로 유전자 발현이 유도되어야 한다.

4 유도 물질을 제거하면 빠른 속도로 유전자 발현이 중단되어야 한다.

5 유도 물질은 독성이 없어야 한다.

6 유도 물질은 유전자 발현시 비특이적 변화를 유발하지 않아야 한다.

유도 발현 시스템의 몇 가지 예는 다음과 같다.

테트라사이클린

항생제 테트라사이클린(Tetracycline)은 유전자 발현을 억제하거나 비활성화 시키는 데 사용할 수 있다. 박테리아에서 테트라사이클린 억제인자(TetR)는 *tet* 작동자(*tet* operator)에 결합하여 발현을 억제한다. 여기에 테트라사이클린이 결합되면 TetR에 변형이 일어나 작동자에서 떨어져 나오게 된다. 이 시스템이 식물에서 작동하도록 구성하였다. TetR는 전신발현 35S 프로모터에 의해 과발현되도록 하고 삽입유전자는 35S 핵심프로모터와 여러 복제수의 *tet* 작동자(TATA box의 상류와 하류 양쪽에 위치)로 구성된 키메라(chimaeric) 프로모터에 의해 조절을 받게 하였다. TetR은 정상적으로는 삽입유전자의 발현을 억제하지만, 테트라사이클린을 사용하면 삽입유전자의 프로모터에 있는 작동자로부터 TetR이 떨어져 나오고 삽입유전자가 발현되게 된다. 초기 개발 시스템 중 하나인 이 시스템은 몇 가지 단점을 지니고 있다. 식물 세포가 TetR의 요구 수준에 내성이 있어야 하기 때문에(애기장대처럼) 이 시스템이 모든 식물종에서 작동하지는 않는 것과 또 테트라사이클린은 반감기가 짧기 때문에 삽입유전자의 발현을 보장하기 위해 테트라사이클린을 지속적으로 공급해 주어야 한다는 것이다.

테트라사이클린은 삽입유전자의 발현을 불활성화하는 데에도 사용할 수 있다. 삽입유전자의 발현을 조절하기 위해 같은 프로모터가 사용되지만 TetR은 변형되어 활성인자(테트라사이클린 transactivator 또는 tTA)로 전환된다. 이런 tTA는 작동자에 결합하여 테트라사이클린 부재시 유전자 발현을 유도한다. 이 시스템에 테트라사이클린을 처리하게 되

BOX 4.1 (계속)

면 tTA가 떨어져 나오게 되고 삽입유전자의 발현은 중단된다.

알코올 (에탄올)-유도

이 시스템에서 키메라 프로모터가 삽입유전자의 발현을 유도하는 데 사용된다. 지속적으로 발현되게 하는 35S 핵심프로모터에 AlcR 전사인자(*Aspergillus nidulans* 유래) 결합 부위가 첨가된 프로모터이다. 이 시스템에 에탄올을 처리하면 AlcR는 AlcR-결합 부위에 결합하여 전사가 활성화 된다. 에탄올(AlcR가 이것의 결합부위에 결합할 수 있게 하는 것은 실제로는 에타날(ethanal)이다)을 적셔주거나 또는 증기로 처리해 줄 수 있다. 그리고 식물 내에 AlcR가 없으면 삽입유전자가 활성화될 수 없다. 이 시스템은 조직배양시 내부에서 발생되는 대사물질(산소 결핍과 조직 배양 조건에 의해 만들어지는)에 의해 프로모터가 활성화되기도 하므로 조직 및 세포 배양에서 광범위하게 사용하는 것은 배제해야 한다. 일부 연구자에 의해 유전자 발현을 유도하기 위해 사용되는 에탄올 수준이 비형질전환 식물체에 지대한 영향을 미칠 수 있음이 확인되어 이 시스템을 일반적으로 적용하기에는 의심의 여지가 있다. 그러므로 특이적과 비특이적 에탄올 효과를 결정하기 위해서는 주의 깊게 실험한 후 아주 조심스럽게 사용되어야 한다.

원래 알코올-유도 발현 시스템은 변형된 35S 프로모터를 활용하였는데, 이로 인해 유도 에탄올이 미치는 모든 곳에서 유전자가 발현된다. 비록 어떤 적용에서는 문제가 되지 않지만 공간적 발현 패턴의 특이성이 떨어지기 때문에 이 시스템의 유용성은 제한적이다. 물리적 엄폐 방법(비닐봉투 등을 사용하여)을 사용하여 에탄올 노출 지역으로만 제한하여 삽입유전자를 발현하는 실험이 알려졌다. 하지만 이 방법은 삽입유전자의 공간특이적 발현을 달성하기 위한 문제 해결에 적절하지는 않다. 최근에는 일부 공간 특이성을 부여할 수 있는 에탄올-유도 프로모터를 만들어 시스템을 변경하였다. 가장 간단한 방법은 전신발현 35S 프로모터를 조직 특이적 발현 프로모터(이 장 앞부분에서 논의된)로 대체하는 것이다.

스테로이드 유도

삽입유전자의 발현이 스테로이드에 의해 유도되는 다양한 시스템이 있다. 대부분 스테로이드 호르몬 또는 그 아날로그에 결합할 수 있는 변형된 전사 활성인자(transcriptional activator)로 구성되어 있다. 삽입유전자의 발현을 조절하는 키메라 프로모터에는 이런 변형된 전자인자가 결합되는 부위가 포함되어 있다. 유도인자가 없는 경우 전사인자는 비활성 상태이지만 유도인자를 처리하면 전사인자는 프로모터에 결합하고 발현을 활성화시킨다. 글루코코르티코이드(glucocorticoids, 합성 유사체인 dexamethasone가 사용 됨), 에스트로겐(estrogen), 그리고 액디손(ecdysone, 곤충 호르몬) 등에 반응하는 여러 가지 스테로이드 유도 시스템 개발되었다. 덱사메타손(dexamethasone) 시스템이 애기장대의 유도발현에 가장 많이 사용되는 시스템이지만 몇 가지 심각한 단점을 가지고 있어서 유용성이 제한적일 수 있다. 액디손을 기반으로 개발한 시스템은 또한 RH5992(tebufenozide)와 methoxyfenozide와 같은 비스테로이드계의 액디손 길항제와도 반응하는 것은 매우 흥미롭다. Tebufenozide 및 methoxyfenozide은 농약 및 비료로 널리 사용되고 있는 물질이여서 온실 및 농업 현장에서 이 시스템을 사용할 수 있는 가능성을 열어주고 있다.

(다음 장 계속)

BOX 4.1 (계속)

구리 유도

이 시스템은 효모의 metallothionein 조절 시스템을 기반으로 한다. 일정하게 발현되는 전사인자에 구리가 결합하면, 이 전사인자가 키메라 프로모터에 결합하고 발현이 활성화 된다.

환경 신호에 대한 반응을 기본으로 한 식물유래 시스템

비록 비식물체유래 시스템과 같은 이치로 유도되는 것은 아니지만, 발현이 유도되지는 않지만, 어떤 시스템은 다양한 환경 신호에 반응하도록 개발되었다. 이러한 시스템은 제작된 키메라 프로모터나 또는 상처-유도 유전자의 프로모터를 그대로 사용하여 삽입유전자의 발현을 조절한다. 키메라 프로모터는 일반적으로 핵심 프로모터 요소(보통 35S 프로모터로부터 유래한)와 특히 환경 신호에 반응하는 트랜스 활성 인자(transactivating factor)가 결합하는 염기서열 부위로 구성되어 있다. 여기에 이런 시스템에 대해 간략하게 설명을 하였다.

상처 유도

많은 상처 유도 유전자를 확인하였고 이중 일부, 특히 단백질분해효소 억제제는 특징이 자세하게 파악되었다. 이런 유전자의 프로모터는 삽입유전자 발현에 상처 유도성을 부여함이 밝혀졌다. 이런 상처 유도성은 메틸 자스모네이트(methyl jasmonate) 같은 다른 인자에 의해서도 매개되므로(1장 참고) 어떤 경우에는 상처 반응을 모방하는 데 사용될 수 있다. 상처 유도 프로모터는 곤충에 의한 손상을 입으면 해충-저항성 유전자를 발현시키는 데 사용될 수 있다.

병원체 유도

병원체 공격에 의해 유도되는 유전자 군에서 프로모터를 분리하여 특징을 조사하였다. 대부분 병원체 유도 프로모터는 상처 유도성도 보였다. 따라서 삽입유전자에 최적의 발현 양상을 부여하지 않을 수도 있다. 그러나 상처에는 반응이 없고 살리실산 등의 신호에는 반응하는 반응 특이적인 정도가 아주 큰 몇몇의 병원체 유도 프로모터가 확인되었다.

열 충격 유도

열 충격 요소 또는 HSE로 칭하는 염기서열은 열 충격에 의한 유전자 발현 유도에 관여한다(9장 참고). 키메라 프로모터에 포함되어 삽입유전자가 열 충격에 의해 발현되도록 유도한다.

발달에 따른 유전자 발현 조절에 기반을 둔 식물유래 시스템

마찬가지로, 비록 비식물체유래 시스템과 같은 이치로 유도되는 것은 아니지만, 식물의 특정 발달 단계에서 발현되는 많은 유전자가 확인되었다. 일부 이러한 유전자의 프로모터가 자세히 연구되고 있다. 앞에서 소개한 프로모터와 마찬가지로 삽입유전자 발현을 유도하는데 키메라 프로모터 또는 온전한 전체 프로모터가 사용된다.

노화 특이적 유전자 발현

애기장대에서 노화가 진행되는 동안 발현이 유도되는 *SAG*12과 *SAG*13(노화에 의해 활

BOX 4.1 (계속)

성화된 유전자) 유전자 프로모터는 삽입유전자에 노화 유도 발현을 부여함이 밝혀졌다. 예를 들어 사이토키닌(cytokinin) 생산에 관여하는 *Agrobacterium*의 *ipt* 유전자(3장 참고)를 *SAG*12 프로모터 조절 하에 두면 담배에서 노화가 지연된다.

Abscisic Acid 유도 유전자 발현

Abscisic Acid(ABA)(2장 참고)에 의해 유전자 발현이 유도되는 데 관여하는 염기서열 요소가 확인되었다(1장 참고). 35S 핵심프로모터와 결합시켜 만든 키메라 프로모터는 삽입유전자가 ABA에 의해 발현이 유도되도록 한다.

오옥신 유도 유전자 발현

마찬가지로 오옥신(2장 참고)에 의해 유전자 발현이 유도되는 데 관여하는 염기서열 요소가 확인되었다. 이런 오옥신-반응 요소(AUxRE)를 35S 핵심프로모터에 결합하여 삽입유전자가 오옥신(또는 오옥신 유사체)에 유도되도록 한다.

유전자 유도 발현을 위한 합성 프로모터

앞에서 살펴본 것처럼 열, ABA 등에 의한 유도성을 제공하는 염기서열 요소는 핵심프로모터에 결합시켜 삽입유전자에 원하는 발현 특성을 부여하도록 하는 합성 프로모터 제작에 사용할 수 있다. 점점 더 많은 시스-요소(*cis*-element)가 밝혀지고 특징이 조사됨에 따라 1개 이상의 이런 요소들을 최소 프로모터(minimal promoter)에 결합하여 원하는 발현 특징을 제공해 주는 합성 프로모터가 만들어질 가능성이 더욱더 현실화되고 있다. 병원체와 상처 유도, 조직-증강 발현, 세포 특이적 발현, 그리고 전사 증가 또는 억제에 대해 반응하는 여러 염기서열 요소가 확인되었다. 병원체 유도 발현에 관여하는 여러 염기서열 요소를 최소 프로모터에 결합하여 만든 합성 프로모터를 시험해 본 결과 효과적인 병원체 유도 프로모터의 기능이 있음을 확인하였고 여기에 같은 반응을 보이는 여러 요소들을 추가하면 시너지 효과를 내는 이점이 있었다. 또한 어떤 경우에는 여러 요소의 특성을 부여하는 합성 프로모터를 구성할 수도 있다. 이러한 합성 프로모터의 제작은, 여러 시스 요소의 공간 배치가 신중하게 조절되어야 하며 또한 예측하기 어려울 수 있는 것과 같은, 어려움이 없지는 않다. 하지만 이런 합성 프로모터의 잠재적 이점은 적어도 정확한 발현 조절이 필요한 상황에 삽입유전자의 발현을 이끄는데 중요한 역할을 한다는 것이다.

비식물유래 시스템의 장점은 정상적인 식물의 성장과 무관한 특정 물질을 사용하여 발현을 유도한다는 것이다. 그러나 이는 또한 약점이 될 수도 있다. 유도물질을 농업 규모에 적용하려면, 아닌 경우도 있겠으나, 대부분은(특히 비싼 경우) 실제적으로 또는 경제적으로 상용화하기 어려울 수 있다(Box 4.1은 실제적으로 또는 경제적으로 상용화 가능한 예시이다). 실험적으로 이 중 일부는 매우 유용한 것으로 판명되었다.

식물유래 구성 요소를 기반으로 하는 시스템은 정상적인 식물의 성장과 무관하다는 장점은 없으나 유발물질을 사용하지 않고 쉽게 농업에 적용할 수 있는 가능성이 있다. 모든 상황에 적합한 시스템은 없다는 것과, 개발된 시스템 중 일부는 사용하기 어렵거나 또는 '새는'(유발인자가 없는 경우에도 발현되는) 것으로 판명되어 잠재적으로 더 손해를 볼 수도 있다는 사실을 알고 있어야 한다.

선발표지

● 선발표지 유전자는 형질전환 중 삽입되어 형질전환된 조직이 선별되도록 해주는데, 보통 독성 물질에 저항성을 갖게 한다.

대부분의 경우 식물 형질전환은 매우 낮은 빈도로 일어난다. 그래서 식물 형질전환 벡터에 의해 제공되는 형질전환된 식물 조직을 선별하는 방법들이 절대적으로 필요하다. 대부분 식물에 독성이 있는 물질을 배양 배지에 첨가하는 것을 기반으로 한다. 벡터에 있는 선발표지가 형질전환된 식물 조직에서 발현되면 독성 물질에 대한 저항력을 가지게 된다. 대부분 대장균에서와 같이 식물에서도 항생제 저항성 유전자를 선발표지로 사용할 수 있다. 식물은 진핵 세포이지만, 세포 소기관, 특히 엽록체에서 항생제가 단백질 합성을 효과적으로 억제한다. 아마도 가장 널리 사용되는 선발표지 유전자인 *nptII* 유전자는 카나마이신(kanamycin)에 대해 저항력을 갖게 해 준다. 다른 항생제 내성 유전자도 식물 형질전환 벡터에 의미있는 성과를 내며 사용되고 있다. 일부 카나마이신에 대한 자연 저항성이 높은 식물종(곡물 등), 또는 성공적으로 사용하기에는 카나마이신에 너무 민감한 식물종(예, 일부 부드러운 과일 등) 등을 관찰한 결과 대체 선발표지 유전자를 사용하게 되었다. 이런 경우 다수의 의사양성(false-positive)이 만들어져 형질전환 식물체 선별을 어렵게 하거나 형질전환 식물체가 회복할 수 없게 한다. 따라서 선발표지의 사용은 사례별로, 사멸 곡선(kill-curve)에 의해 결정되는 적절한 농도와 함께 면밀히 검토되어야 한다. 대체 선발표지 유전자의 개발은 이미 하나 이상의 선발표지를 발현하는 식물 조직에 재형질전환을 할 수 있게 해준다. 따라서 벨로마이신(bleomycin), 스펙티노마이신(spectinomycin)과 하이그로마이신(hygromycin) 등의 항생제에 저항력을 부여하는 유전자는 매우 광범위하게 사용된다. 이러한 선택제는 카나마이신 보다 낮은 농도로 사용할 수 있으며, 따라서 일반적으로 형질전환 조직이 확실하게 선별(cleaner selection)되는 결과를 가져온다. 다른 저항성 유전자도 식물에서 선발표지로 사용할 수 있다. 클로설퓨론(chlorsulphuron) 및 비이알라포스(bialaphos) 같은 제초제 저항성 유전자도 널리 사용되고 있다(5장 참고).

최근 몇 년 동안 대중의 우려는 형질전환 작물 재배에 대한 일반적인 바람직함, 좀 더 구체적으로는 식물 형질전환의 선발표지로 항생제 또는 제초제 저항성 유전자를 사용하는 것이 장점이 있는지에 대해 의문을 가지고 있다. 이것은 이른바 슈퍼 잡초의 출현 및 항생제 저항 유전자의 전이에 대한 명백한 우려이다. 장기적으로는 형질전환 작업이 완료되면 형질전환 식물에서 이러한 선발표지 유전자를 제거하는 것이 의심할 여지없이 더 낫지만(이 문제는 뒷 부분에서 자세히 살펴볼 예정이다), 다른 한편으로는 좀 더 수용적인 선발표지로 사용하는 것이다.

가장 흥미로운 것 중 하나는 다른 탄소원을 선발표지로 사용하는 것이다. 목당

(xylose)의 만노스(mannose)를 탄소원으로 사용할 수 있는 박테리아 유래 유전자가 식물 형질전환 선발표지로 성공적으로 이용되고 있다. 또한 이 유전자는 몇 가지 형질전환 프로토콜에서 일반적인 항생제-선택 유전자에 비해 우수한 것으로 판명되었다. 이것은 **양성선별(positive-selection)** 방법의 예로서, 이른바 비형질전환 조직을 죽이지는 않지만(재분화에 사용되는 배지에는 자당이 낮은 농도로 들어 있기 때문) 증식은 일어나지 않기 때문이다.

다른 잠재적인 선발표지도 조사하였는데 다음이 포함된다: *gfp* 리포터 유전자, 형질전환체를 시각적으로 선별하는 데 사용할 수 있다; *Agrobacterium*의 isopentenyl transferase(*ipt*) 유전자, 재분화 동안 성장과 형태를 결정한다; 사이토키닌 글구크로니데이스(cytokinin glucuronidase)와 β-글구크로니데이스(β-Glucuronidase, GUS)를 함께 사용한다. 표 4.1에 다양한 선발표지의 예가 있다.

리포터 유전자

리포터 유전자는(표 4.2 참고) 형질전환 벡터에 널리 사용되어(1장 참고) 프로모터 분석에서 유전자 발현을 평가하는 수단과 형질전환을 쉽게 점수화할 수 있는 지표로(어떤 경우에는 선발표지 유전자 대신 사용되기도 한다) 사용된다. 이상적으로, 리포터 유전자는 분석이 쉬워야 하고, 비파괴 분석 시스템에 적합하여야 하며, 형질전환을 할 식물에서 내재된 활성이 거의 또는 전혀 없어야 한다. 현재 소수의 리포터 유전자만이 식물 형질전환 벡터에 사용되는데 β-글구크로니데이스(*uid*A 또는 *gus*), 녹색 형광 단백질(*gfp*), 루시페라제 유전자(*lux*와 *luc*)가 있다. 그리고 클로람페니콜 아세틸트랜스퍼라아제(chloramphenicol acetyltransferase) 유전자(*cat*)가 가끔 사용된다(비록 동물 시스템에서는 널리 사용되는 있지만). 이 리포터 유전자에 대해 각각 자세히 살펴보자.

● 리포터 유전자는 형질전환된 식물조직을 표현형에 의해 쉽게 선별할 수 있게 해준다

β-Glucuronidase

이 유전자는 아마도 식물 형질전환 벡터에서 가장 널리 사용되는 리포터 유전자이다. 기존의 마커 유전자를 뛰어 넘는 많은 장점 때문에 광범위하게 받아들여 지고 있다. GUS는 빠르고 쉽게, 비방사능 방법을 사용하여 매우 민감하게 분석할 수 있다. 이것은 양적(유전자 발현의 수준)과 질적(예: 유전자 발현 위치) 데이터를 얻는데 사용할 수 있다. 대부분의 식물 조직(가능한 한 생식 조직은 제외)에서 내재된 활성이 거의 또는 전혀 없다.

양적 데이터는 형광 기질인 4-methylumbelliferryl-β-D-glucuronide(4-MUG)가 4-MU(4 methylumbelliferone)로 가수분해되는 것을 측정하여 얻어진다. 표준 효소분석 프로토콜을 사용한 결과는 4-MU 형광의 표준 곡선과 비교한다. 질적 데이터는 GUS 활성이 조직 및 세포 특이적으로 국한되게 되면 조직화학적 분석에 의해

표 4.1 식물형질전환에 사용되는 선발표지 유전자들(Selectable marker genes)

Selectable marker gene	Abbreviation	Source of gene	Selection mechanism	Selective agent
Antibiotic resistance				
Aminoglycoside adenyltransferase	*aadA*	*Shigella flexneri*	Antibiotic resistance	Streptomycin, spectinomycin
Bleomycin resistance	*ble*	*E. coli*	Antibiotic resistance	Bleomycin
Dihydropteroate synthase	*sul/dhps*	*E. coli*	Antibiotic resistance	Sulphonamides
Dihydrofolate reductase	*dhfr*	Mouse	Antibiotic resistance	Methotrexate
Hygromycin phosphotransferase	*hpt/aphIV/hyg*	*E. coli*	Antibiotic resistance	Hygromycin
Neomycin phosphotransferase II	*nptII/neo*	*E. coli*	Antibiotic resistance	Kanamycin, geneticin (G418)
Neomycin phosphotransferase III	*nptIII*	*Streptococcus faecalis*	Antibiotic resistance	Kanamycin, geneticin (G418)
Herbicide resistance				
Acetolactate synthase	*als*	*Arabidopsis* spp./ maize/tobacco	Herbicide resistance	Sulphonylureas
Enolpyruvylshikimate phosphate synthase	*epsps/aroA*	*Petunia hybrida/ Agrobacterium* spp.	Herbicide resistance	Glyphosate
Glyphosate oxidoreductase	*gox*	*Achromobacter LBAA*	Herbicide resistance	Glyphosate
Phosphinothricin acetyltransferase	*bar/pat*	*Streptomyces hygroscopicus/S. viridochromogenes*	Herbicide resistance	Bialophos, glufosinate, L-phosphinothricin
Cyanamide hydratase	*cah*	*Myrothecium verrucaria*	Herbicide resistance	Cyanamide
Bromoxynil nitrilase	*bxn*	*Klebsiella pneumoniae*	Herbicide resistance	Bromoxynil

Others				
Lysine–threonine aspartokinase	*lysC*	*E. coli*	Resistance to high levels of lysine or threonine	Lysine and threonine
D-Serine ammonia lyase	*dsdA*	*E. coli*	Resistance to D-serine	D-Serine
Mannose-6-phosphate isomerase[a]	*pmi/manA*	*E. coli*	Alternative carbon source	Mannose
Xylose isomerase	*xylA*	*Thermoanaerobacterium thermosulfurogenes/ Streptomyces rubiginosus*	Alternative carbon source	Xylose
Arabitol dehydrogenase	*atl*D	*E. coli*	Alternative carbon source	Arabitol
Trehalose-6-phosphate synthase	*AtTPS1*	*Arabidopsis*	Resistance to high levels of glucose	Glucose
β-Glucuronidase	*gus/uidA*	*E. coli*	Complementation of missing medium component	Cytokinin glucuronide
Betaine aldehyde dehydrogenase[b]	*badh*	Spinach	Detoxification	Betaine aldehyde
Green fluorescent protein	*gfp*	*Aequorea victoria* (jellyfish)	Visual screening	None
Isopentenyl transferase[c]	*ipt*	*Agrobacterium* spp.	Growth in absence of exogenous cytokinin	None
Leafy cotyledon[d]	*lec*	Maize	Growth	None
Knotted1	*Kn1*	Maize	Growth	None

[a]Also known as phosphomannose isomerase.
[b]See Chapter 9. Used as a selectable marker in chloroplast transformation.
[c]If used with a constitutive promoter, plants have poor root formation and are often sterile, thus limiting the use of the ipt gene as a selectable marker. However, use with an inducible promoter has resulted in the development of an antibiotic-free selectable-marker system.
[d]Leafy cotyledon gives the transformed cells a competitive growth advantage, and when coupled with a visual marker to identify transformed cells can be used as an antibiotic-free selectable-marker system.

표 4.2 식물형질전환에 사용하고 있는 리포트 유전자

Reporter gene	Abbreviation	Source of gene	Detection/assay
β-Glucuronidase	*gus/uidA*	*E. coli*	Fluorimetric (quantitative) or histochemical (*in situ*), non-radioactive
Green fluorescent protein	*gfp*	*Aequorea victoria* (jellyfish)	Fluorescence, non-destructive
Chloramphenicol acetyltransferase	*cat*	*E. coli*	Radioactive assay of plant extract, sensitive, semi-quantitative
Luciferase	*luc*	*Photinus pyralis* (firefly)	Luminescence
Luciferase	*luxA, luxB*	*Vibrio harveyi*	Luminescence

얻을 수 있다. 이 조직화학적 분석은 색소 기질인 5-bromo-4-chloro-3-indolyl β-D-glucuronide(X-gluc)을 이용하여 인시투(*in situ*)로 실시된다. GUS 활성 결과로 생성되는 청색 불용성 침전물로 인해 정확한 발현 위치를 효과적으로 식별한다.

Agrobacterium 내의 GUS 발현과 관련된 문제들을 피하기 위해 인트론(intron)이 포함된 *gus* 유전자를(따라서 진핵세포에서만 발현될 수 있게 한) 식물 형질전환 벡터에 사용하기도 한다.

녹색 형광 단백질

요즈음 녹색 형광 단백질 유전자(*gfp*)가 빠르게, 매우 광범위하게 리포터 유전자로 사용되고 있다. GFP는 GUS보다 분석이 더 쉽고(올바른 장비가 있으면) 비파괴로 분석할 수 있는(비록 비파괴로 GUS 활성을 분석하는 방법이 소개되었지만 널리 사용되지는 않는다) 장점이 있다. 이것은 GUS를 사용할 수 없는 상황에서 GFP를 사용할 수 있다는 것을 의미하는데, 예를 들면 초기 형질전환체 선별, 시간 코스(time-course) 실험, 작은 묘목들의 분리비 분석 등에 사용할 수 있다.

이 유전자는 밝은 발광 생물인 해파리, *Aequorea Victoria*에서 분리되었다. 식물에서 이 *gfp* 유전자를 효과적으로 사용하기 위하여 크게 몇 가지를 변형시킨 것을 발견할 수 있는데 이는 (1) 숨은 인트론 제거(예, 어떤 식물에서는 *gfp* mRNA가 잘못 이어 맞추기(splicing)가 되어 84개의 핵산이 제거됨); (2) '식물 같은' 코돈 사용(codon usage)으로 만들어 주고; (3) 핵 내에 축적되는 것을 방지하기 위함이다.

Luciferases

반딧불의 루시페라아제 유전자(*luc*)는 ATP-의존 방식으로 D-루시페린(D-luciferin)의 산화를 촉진하는 효소를 암호화하고 있다. 이런 산화의 결과 빛이 방출된다. 매우 빠르게 방출되는 빛을 감지하기 위해 매우 민감한 분석 방법이 개발되었다(광전배증관(photomultipliers)에 기초를 둔 luminometers 또는 필름 노출). 또한 상용화된 다른 분석 시스템도 있다. 반딧불의 루시페라아제 유전자는 유전자 산물의 분석이 어려워 널리 사용되는 마커 유전자는 아니지만 낮은 수준 또는 매우 국부적인 발현을 검출하기에 유용하다.

박테리아의 루시페라아제 유전자(*Vibrio harveyi* 유래 *lux*A와 *lux*B)는 몇몇의 식물 형질전환 벡터에서 사용되었다. 이 효소는 긴사슬 지방산의 알데히드(aldehyde)를 산화시켜 빛을 방출하는 반응을 촉매한다.

Chloramphenicol acetyltransferase

클로람페니콜 아세틸트렌스퍼라아제(CAT)는 포유류 세포에서 리포터 유전자로 널리 사용되고 식물에서 발현된 최초의 박테리아 유전자지만, GUS와 GFP 리포터 시스템의 유용성 때문에 식물 시스템에서의 사용은 제한적이다. 매우 민감하게 분석할 수 있어서 일부 식물 형질전환 벡터에서 사용하고 있으나, 여기에는 방사능 분석 방법이 필요하다.

복제 시작점

대장균과 *Agrobacterium* 모두 그람 음성 박테리아인데, 다양한 숙주 범위를 갖는 하나의 복제 시작점은 대장균과 *Agrobacterium* 모두에서 벡터 복제를 가능하게 한다. 이런 다양한 숙주 범위를 갖는 복제 시작점은 많은 식물 형질전환 벡터(예, RK2 복제 시작점은 pBIN19 및 이에서 유래한 벡터에 사용됨)에서 사용되고 있으나 종종 대장균에서 낮은 복제수를 갖는 결과가 생겨 DNA 조작을 더 어렵게 하거나 시간이 많이 걸리게 한다. 다른 접근 방법으로는 2개의 서로 다른 복제 시작점을 사용하는 것으로 하나는 *Agrobacterium*에서 복제가 가능하게 하고 다른 하나는 대장균에서 직접 복제가 가능하게 한다. 이 두 번째 복제 시작점은 일반적으로 높은 복제수를 가지고 있는 클로닝 벡터에서 유래한 것들이다(pBR322의 *Col*E1 *ori* 또는 pUC *ori*). 이 결과 대장균에서 높은 복제수를 가져 DNA 조작이 용이하게 되나 이것은 또한 벡터가 더 커지게 하여(2개의 서로 다른 복제 시작점을 갖기 때문) 이와 관련된 어려움이 발생하는 결과를 초래한다.

동시통합 및 복수 벡터

초기에 *Agrobacterium* 매개 식물 형질전환에 사용한 벡터는 Ti 플라스미드의 삭제에 의해 파생된 **동시통합 벡터**이다. 식물 형질전환 벡터에 도입될 DNA를 먼저 중간 벡터(작고 생체 외에서 쉽게 조작 가능한)에 클로닝한 후 이것이 박테리아 내에서 재조합이 일어나도록 하는 방법으로 염기서열을 클로닝 한다. 대부분 이런 유형의 시스템에서는, 변형된 T-DNA(관심 유전자를 포함하고 있는)와 Ti 플라스미드의 일부분인 전송 장치들이 분자 내에 있다. 이런 타입의 벡터 시스템은 좀 더 쉽게 조작이 가능한 복수 벡터 시스템에 비하여 광범위하게 사용되지는 않는다.

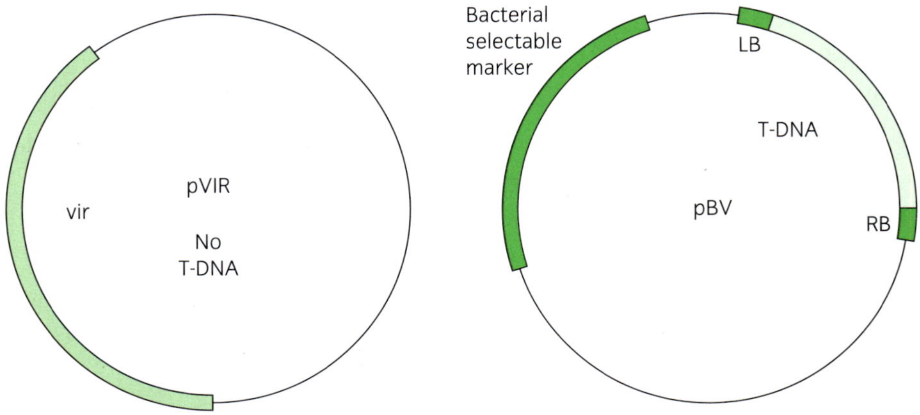

그림 4.3 한 쌍의 가상 플라스미드를 이용한 복수 벡터 시스템. 플라스미드 하나는 *vir* 유전자를 가지고 있다(이 경우 pVIR, Ti 플라스미드 파생). 이 플라스미드는 경계 서열을 포함하는 T-DNA 부위가 없기 때문에 식물의 유전체로 운반될 수 있는 T-DNA가 없다. 더 작은 복수 벡터(pVIR보다 20배 이상 작은 pBV)에는 왼쪽과 오른쪽 경계 서열(LB, RB)에 의해 영역이 규정되는 T-DNA를 가지고 있다. 이 플라스미드에는 *vir* 유전자는 없고(이로 인해 복수 벡터 pBV가 비교적 작게 만들어 짐) 이 기능은 pVIR에 의해 트랜스(in trans)로 제공받게 된다. pVIR는 일반적으로 적합한 *Agrobacterium* 종에서 유지시키며, 분리하거나 조작하지 않는다. 복수 벡터는 일반적인 실험 기술을 이용하여 쉽게 조작이 가능하고, T-DNA 바깥쪽에 박테리아(대장균 및 *Agrobacterium*)에서 선별 가능한 선발표지를 포함하도록 디자인 되어 있다. T-DNA 영역 내에는 식물에서 사용할 수 있는 선발표지를 포함하고 있다. pBV은 일반적으로 대장균에 유지되며, 관심 유전자(삽입유전자)는 여기에 클로닝 된다. 박테리아 형질전환 후 재조합 대장균의 콜로니를 확인하여 pBV 벡터에 삽입유전자가 올바르게 삽입되었는지 변형이 되지는 않았는지를 확인한다. 그런 다음 pBV는 식물 형질전환에 사용되는 *Agrobacterium*(pVIR을 가지고 있는)에 전기충격(electroporation)에 의해 삽입된다.

복수 벡터에서는 전송 장치들(예, *vir* 유전자들)과 T-DNA는 다른 플라스미드에 위치하고 있다(그림 4.3). T-DNA 영역을 규정짓기 위해 경계 서열만 필요로 하고 *vir* 영역은 없는 복수 벡터는 상대적으로 크기가 작다(그래서 쉽게 조작이 가능함). Box 4.2에 복수 벡터 개발에 대해 설명하였다.

복수 벡터 패밀리

비록 pBIN19(하나의 선발표지를 제공)와 같은 벡터가 일반적인 형질전환 연구에서는 충분하지만, 유전자 변형 기술의 응용이 여러 식물종으로 확대됨에 따라 좀 더 융통성 있는 복수 벡터가 필요하게 되었다.

따라서 현재의 복수 벡터는 '패밀리화' 되어 가는 경향이 있다. 이들은 선발표지를 고를 수 있게 하고(대부분 항생제와 제초제 저항성), 몇몇 경우에서는 하나의 벡터에 두 가지 선발표지를 사용하여 이중 선택을 할 수 있게 하는 경우도 있다. 이 이중 선택 접근법은 훨씬 더 엄격한 선택 압력을 제공하여 기존에 선별 과정에서 나타나는 의사양성 문제를 피할 수 있게 해준다.

BOX 4.2 복수 식물 형질전환 벡터의 진화

식물 형질전환 벡터의 기본 필요조건을 보면 식물 형질전환 벡터의 디자인이 수년에 걸쳐 향상이 되었음을 알 수 있다. 복수 식물 형질전환 벡터인 pBIN19 및 pGreen를 비교하였다(그림 참고).

pBIN19는 최초의 복수 식물 형질전환 벡터(1980년대 초반에 개발) 중 하나이고 가장 널리 사용되는 벡터이다. pGreen은 새로운 복수 벡터이다(다른 프로모터, 선발표지 및 리포터 유전자를 사용할 수 있는 패밀리 중 하나이다). 보이는 바와 같이 pBIN19 (11 777bp)는 pGreen(4632bp)보다 훨씬 커서 작업이 더 어렵다. 이런 크기 감소는 부분적으로는 pGreen에 존재하는 독특한 복제 시작점 때문이다. pSA 복제 시작점은 그 자체로도 작지만 추가적으로 더 분할되어 플라스미드에는 복제 시작점만 남아 있게 되었다. 복제효소 유전자가 다른 플라스미드에 존재하며 트랜스(*in trans*)로 기능을 한다. 두 경우 모두 흰색/청색 선별이 가능하지만 클로닝에 사용할 수 있는 제한효소 자리가 pBIN19의 경우 pGreen에 비해 제한적이다. 선발표지 *nptII*는 pBIN19의 경우 오른쪽 경계서열에 인접해 위치하고 있지만 pGeen에서는 왼쪽 경계서열에 인접해 위치하고 있다. T-DNA 전송(3장 참고)에 극성이 있다는 것을 고려한다면 선발표지를 왼쪽 경계서열 근처에 두었을 때의 장점이 분명해 진다. 전송은 오른쪽 경계서열에서부터 시작되기 때문에 선택마커가 오른쪽 경계서열 다음에 위치한 경우 관심 유전자가 전송되기 전에 선발표지가 전송된다. T-DNA 전송이 중단되는 경우 식물에서 선발표지가 발현되지만(따라서 진정한 형질전환체로 선발되지만) 관심 유전자가 없거나 또는 잘린 버전을 포함하는 경우가 생길 수 있다.

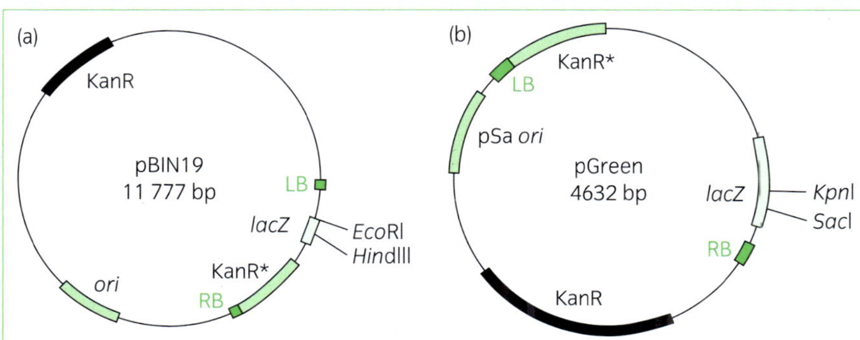

복수 식물 형질전환 벡터 (a) pBIN19 및 (b) pGreen (이 경우 pGreen 0029)를 단순화하여 관련 기능을 보여주고 있다. pBIN19은 크기가 큰 플라스미드여서 이 플라스미드를 이용하여 조작을 하기가 어렵다. 형질전환 식물체를 선별하는 선발표지(KanR*)는 오른쪽 경제서열(RB)에 인접해 있어서 의사양성을 유발시킬 가능성이 있다(T-DNA 전송 중단에 의해 삽입유전자는 발현되지 않지만 카나마이신-저항성인 식물이 선발 될 수 있다). *Eco*RI과 *Hin*dIII 자리 사이에 존재하는 MCS는 8개의 제한효소 자리를 가지고 있다. 이 MCS는 *lacZ*α 내에 위치하고 있어서 재조합 콜로니의 청색/흰색 선별이 가능하다. pGreen 0029는 식물 형질전환 벡터 패밀리 중 하나이다. pBIN19보다 아주 작으며 좀 더 큰 MCS (15개 이상의 제한효소 자리)가 *lacZ*α 내에 위치하고 있어서(*Kpn*I과 *Sac*I 자리 사이) 청색/흰색 선별이 가능하다. pSa 복제 시작점이 작아 pGreen 0029의 전체 크기가 작아지는 데 기여한다. (Redrawn with permission from figures on the pGreen website. www.pgreen.ac.uk/a_hom.htm.)

최적화

● 형질전환 벡터 디자인의 많은 특징이 삽입유전자 발현에 영향을 미친다.

식물 형질전환 벡터 디자인과(Box 4.2 참고) 더불어 이 벡터 제작의 용이성(식물 변환 벡터 제작이 얼마만큼 단순화 되었는지의 예는 Box 4.3 참고)에 많은 발전이 있었다. 그러나 이런 벡터 디자인의 개선과 유전자의 삽입 과정, 유전자의 발현 기작에 대한 우리

BOX 4.3 게이트웨이(Gateway™) 벡터

우리는 식물 형질전환 벡터 디자인에서 얼마나 많은 개발들이 조작을 좀 더 간단하게 하는 것에 목표를 두고 있는가에 대하여 이 장의 개요에서 논의하였다. 복수 벡터, pGreen(Box 4.2 참고) 같은 현대적인 벡터조차 전체적으로는 상당히 커서 이런 벡터에 염기서열을 클로닝하려면 시간이 오래 걸리고 어려운 경향이 있다. 하지만 최근 미국의 Invitrogen에서 새로 개발한 게이트웨이(Gateway™) 변환 기술은 적절하게 디자인된 복수 벡터에 염기서열을 신속하고 쉽게 클로닝할 수 있는 가능성을 열어주었다. 게이트웨이 기술의 주요 장점은 식물 형질전환 벡터에 DNA를 클로닝할 때 기존의 클로닝 전략에서 제한효소 사용의 필요에 의해 부과되는 일련의 제약과는 무관하다는 것이다. 그래서 조작이 쉽고 덜 힘들다. DNA 조각에 게이트웨이 기술을 사용할 수 있도록 하는 적절한 사이트가 양측 면에 오게 되면 대규모의 적합한 게이트웨이-호환 식물 형질전환 벡터에 최소한의 조작으로 쉽게 클로닝할 수 있다.

게이트웨이 클로닝

게이트웨이 기술은 재조합 기술에 근간을 두고 있으며 제한효소와 DNA 리가아제를 기본으로 하는 일반적인 클로닝 기술과는 본질적으로 다르다.

나중에 이 장에서 클린-유전자 기술을 용이하게 하기 위한 사이트-특이적 재조합효소의 기능이 되어 있다. 여기에는 다른 사이트-특이적 재조합효소 시스템이 사용된다. 게이트웨이 클로닝에서는 박테리오파지 람다(λ 파지)가 사용하는 사이트-특이적 재조합시스템이 사용된다.

식물 형질전환 벡터에 클로닝을 시켜야 하는 DNA 조각이 있으면 이 조각의 양측 면에 재조합 사이트를 둔다. 효소에 의해 벡터에 위치한 재조합 사이트와 결합하게 되고 이 조각이 식물 형질전환 벡터에 삽입되게 된다. 전반적인 클로닝 계획에 사용하는 정확한 방법은 어떤 그룹을 벡터로 개발하느냐에 따라 약간씩 다르지만 모두 이 간단한 원칙을 기반으로 한다.

식물 형질전환 벡터에 클로닝할 DNA의 양 측면에 다양한 방법으로 간단하게 재조합효소 사이트를 도입시킬 수 있다. 일반적인 방법 중 하나는 Invitrogen에서 개발한 위상이성질화 효소(topoisomerase)를 이용한 클로닝이다. 이 방법에서 프라이머를 사용하여 중합효소연쇄반응(PCR)으로 대상 염기서열을 증폭하는 데 이 프라이머 5′ 말단에 CACC 모티브를 가지고 있다. 이 5′-CACC 모티브는 PCR로 증폭된 대상 DNA의 양 측면에 attL 재조합효소 사이트가 위치하게 되어 PCR 산물을 원하는 벡터에 직접적으로 삽입되는 것을 매개한다. 이 기술은 전통적인 방식으로도 접근이 가능하다. PCR 프라이머에 포함하는 방법과 MCS의 양 측면에 위치하도록 하는 방법으로 재조합효소 사이트를 도입한다. 이런 차이가 나는 방법들은 기술의 미묘한 수정을 필요로 하지만 모두 성공적으로 사용되었다.

BOX 4.3 (계속)

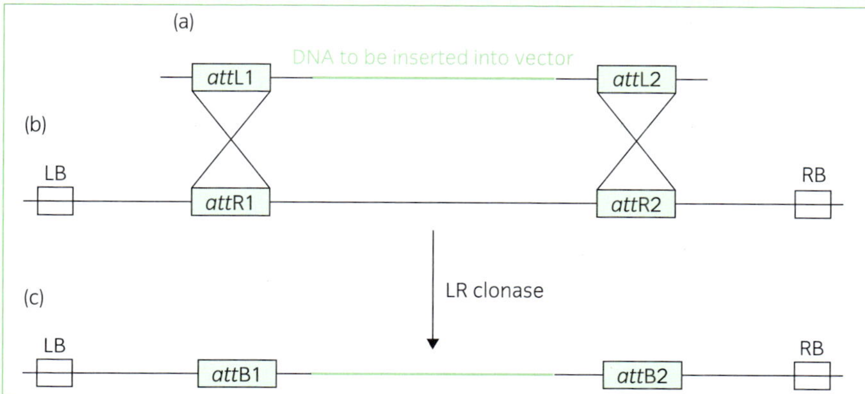

게이트웨이™ 클로닝. 식물 형질전환 벡터(대상 벡터)에 삽입되는 DNA는 작은(25bp) 염기서열 요소인 *att* (여기서는 *att*L) 재조합효소 사이트를 양 측면에 가지고 있다. 대상 벡터는 비슷한 *att*R 사이트를 T-DNA의 경계를 정하는 왼쪽 경계서열(LB)과 오른쪽 경계서열(RB) 사이에 포함하고 있다. LR clonase™ 효소에 의해 표시된 재조합효소 사이에서 DNA 조각이 교환된다. 이 대상 벡터는 이제 2개의 *att*B 재조합효소 사이트가 양 측면에 위치한 DNA 조각을 가지게 되는데, 이는 다음에 *att*P 사이트(다른 clonase 효소에 의해 반응이 촉매 되는)를 가지고 있는 다른 벡터에 재조합에 의해 이동시킬 수 있음을 의미한다. 이 시스템의 효율은 관심 DNA가 삽입된 대상 벡터의 양성 선택(positive selection)이 가능함에 따라 좀 더 증가시킬 수 있다. 이런 양성 선택은 대상 벡터의 *att*R 사이트 사이에 위치하여 *E. coli* 성장을 방해하는 유전자인 *ccd*B에 의해 이루어진다. 재조합에 의해 이 *ccd*B 유전자가 관심 DNA로 대체된 대상 벡터를 포함하는 *E. coli*만 생장할 수 있다.

게이트웨이-호환 식물 형질전환 벡터

다양한 실험실에서 식물에 사용할 수 있는 **대상 벡터**(**destination vector**)를 개발하였고, 이들 중 대부분은 물질이전협약을 맺거나 또는 자유롭게 사용이 가능하다. 이러한 대상 벡터는 단백질 상호 작용, 단백질 국소화(localization) 및 단백질 정제에 이르기까지, 삽입유전자의 간단한 전신 발현에서 유도 발현 까지 광범위한 응용을 고려하여 개발되었다.

게이트웨이 기술의 주요 장점은 식물 형질전환 벡터에 DNA를 빠르고 쉽게 클로닝하게 해주며 이는 이런 벡터가 유전체학과 단백체학과 관련된 고속대량 적용에 이상적으로 적합함을 의미한다.

의 이해가 넓어졌음에도 불구하고 식물 형질전환은 아직도 부정확한 부분이 많다. 벡터 디자인의 여러 측면이 삽입유전자의 발현 효율에 영향을 미치는 것으로 알려져 있다.

벡터에서 유전자의 배열

삽입유전자의 발현 효율성을 분석하여 벡터 디자인에 대한 몇 가지 간단한 '규칙'을 수립할 수 있다. 벡터에 하나 이상의 유전자가 있는 경우, 각각의 유전자에 각기 다른 프로모터 및 전사종결자가 사용되어야 한다. 같은 프로모터 및/또는 전사종결자의 사용은 유전자 침묵 증가를 유도한다(Box 4.4는 특별히 유전자 침묵을 유도하기 위한 벡터를 제작하는 방법을 소개). 여러 유전자를 하나의 벡터에 넣을 경우 유전자가 바로 근접하여 있지 않아야 하며, 유전자들이 같은 방향으로 있어야 한다. 박테리아에

BOX 4.4 유전자 침묵

제1장에서 초기 유전자 변형 식물 실험에서 유전자 침묵, 삽입유전자의 불안정화가 발견되는 결과들이 있었는데, 이는 아직도 유전자 변형 식물에 관한 실험에서 자주 발생하는 문제이다. 유전자 침묵에 대한 위험을 줄이기 위해 새로운 벡터를 개발하고 있다. 삽입유전자의 복제 수 낮추기, 같은 프로모터 또는 전자 종결자를 여러 복제 수로 사용하는 것을 피하고(특히 반복 구조에서), 내재하는 것과 유사도가 높은 프로모터와 삽입유전자의 사용을 피하면 유전자 침묵의 가능성을 줄이는 데 도움이 된다.

그러나 의도하지 않은 유전자 침묵에 대한 문제에도 불구하고, 유전자 침묵을 유도하기 위해 어떻게 벡터를 디자인 하는가에 대해 조사를 하지 않고는 식물 형질전환 벡터에 대한 논의가 완료되지 않는다.

유전자 침묵에 대한 자세한 설명은 1장에 있지만 벡터 디자인에 관한 관련 사항은 여기에 짧게 소개하였다. 유전자 변형 식물에서 유전자의 발현을 억제하는 유전자 침묵 현상이 나타나게 되는 두 가지 유형을 알아내게 되었다. 높은 수준으로 삽입유전자를 발현하도록시도는 역설적으로 삽입유전자가 매우 낮게 발현되는 또는 전혀 발현되지 않는 결과를 가져왔다. 또 센스 방향 삽입유전자의 발현을 조절하기 위한 안티센스 RNA 실험의 결과 유전자 침묵이 나타났다. 두 경우 모두 전사 후 침묵이고, 이중가닥 RNA의 생성에 의존적인데 이것은 이후 핵산가수분해효소에 의해 small interfering RNA(siRNA)로 가공된다. 이 SiRNA는 다른 가수분해효소를 이용하여 동종의 RNA를 분해하도록 한다. 이런 전사 후 dsRNA 매개 유전자 침묵은 RNA 간섭(RNAi)으로 알려져 있다. 간접적으로 또는 직접적으로 dsRNA, RNAi의 생산으로 이어질 식물 형질전환 벡터의 제작으로 유전자 변형 식물에서 특정 유전자 발현을 침묵하도록 유도할 수 있다.

RNAi 벡터

일반적으로 삽입유전자의 발현을 원하면 프로모터와 발현시킬 염기서열의 배열을 유전자의 일상적인 배열에 따르면 된다. 그래서 이 프로모터가 올바른 방향으로 번역이 되는 센스 RNA를 발현시킨다(그림의 패널 a). 가장 간단한 RNAi 관련 기술은 소위 안티센스 RNA를 생성하는 것이다. 안티센스 RNA가 만들어지도록 디자인된 벡터에서는 발현시키는 염기서열이(이것은 내재 유전자 암호화 서열의 전부 또는 일부가 될 수 있다) 프로모터에 관하여 역방향으로 배치된다(그림의 패널 b). 그래서 이 프로모터에 의해 내재 유전자의 mRNA와 상보적인 안티센스 RNA가 만들어진다. 안티센스 RNA와 mRNA 사이의 상보성의 결과에 의해 dsRNA가 생성된다.

그러나, 안티센스 RNA 생성이 RNAi의 가장 효과적인 방법은 아니다. 헤어핀 RNA(hpRNA)의 생성이 훨씬 더 효율적이다. hpRNA를 생산하기 위한 벡터에서 삽입유전자가 역반복으로 클로닝 되어 있고 스페이서에 의해 이 반복 단위가 분리되어 있다(그림의 패널 c). 이 역반복을 쌍자엽 식물에서는 35S 프로모터, 단자엽 식물에서는 유비퀴

BOX 4.4 (계속)

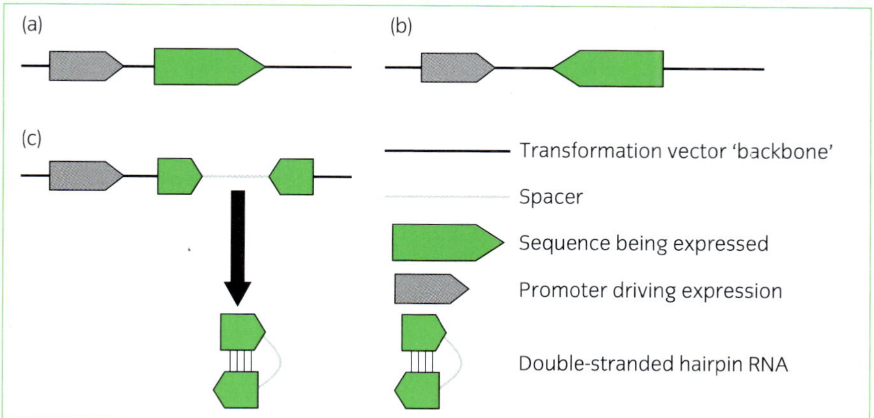

RNAi에 사용되는 구조의 단순화된 모식도. 삽입유전자의 발현이 필요하면 프로모터와 발현시킬 염기서열의 배열을 유전자의 일상적인 배열에 따르면 된다. 그래서 이 프로모터가 센스 RNA를 발현시킨다 (a). 안티센스 구조물에서 발현시킬 염기서열을 프로모터에 관하여 역방향으로 배치한다. 그래서 안티센스 RNA가 만들어진다 (b). 좀 더 효과적인 억제 조절은 hpRNA 발현에 의해 이룰 수 있다. 발현시킬 염기서열을 역반복으로 구성하고 이 반복 단위가 스페이서 분리되어 있다 (c). 스페이서는 보통 인트론 서열로 구성되는데, 이는 클로닝 동안 구조물을 안정화 시키는데 필요하다. 또 프로모터는 높은 수준으로 전신발현을 시킨다. 프로모터로부터 염기서열이 발현되면 이 RNA는 인트론 스페이스 부위로부터 만들어지는 고리를 갖는 헤어핀 구조를 만들 수 있다. 이 hpRNA는 RNAi를 매개로 하여 동종 mRNA를 파괴하게 한다.

틴 1 프로모터 같은 강력한 프로모터로 발현시킨다. 이 역반복 구조는 두 상보적인 부위가 스페이서를 축으로 서로 더블-백(double-back)을 이룰 수 있게 한다. 이 이중가닥 hpRNA는 동종 mRNA의 RNAi 유도 파괴에 매우 효율적이다.

hpRNA 유도 RNAi는 유전자 발현 억제 기술 등에 많은 장점이 있다.

- hpRNA 유도 RNAi는 전사 후 유전자 침묵을 유도하는 다른 메커니즘과는 달리 안정적으로 유전될 수 있다. 유전자 변형 식물에서, 특히 작물에 적용하였을 경우, 도입된 표현형의 안정성은 매우 중요하다. hpRNA 유도 RNAi는 애기장대에서 여러 세대에 걸쳐 유전되는 것으로 알려져 있다.
- 대상 RNA가 다중유전자 패밀리(multigene family)에 의해 암호화된 경우 hpRNA-유도 RNAi에 의한 유전자 발현 억제 조절이 효과적이다. 다른 유전자 억제 기술을 이용하여 다중유전자 패밀리를 억제 조절하기는 어렵다.
- 적합한 프로모터(아주 약한 프로모터는 적합하지 않지만)를 선택하여 발현 수준을 적절하게 또는 염기서열과 대상 RNA와의 일치성 정도를 변화시키는 방법 등으로 억제 조절의 정도를 미세 조정할 수 있다.
- hpRNA의 발현을 기관 특이적 프로모터를 이용하여 특정 기관에서만 제한하거나 또는 유도 프로모터를 이용하여 여러 자극에 반응하도록 만들 수 있다.
- hpRNA 구조는 비교적 만들기가 간단하고, 또 Gateway™ 기술과 접목하여 빠른 벡터 제작이 용이하다.

서 플라스미드 불안정과 식물에서 유전자 침묵을 증가시키는 요인인 인접한 역반복을 피해야 한다.

삽입유전자의 복제수

모든 식물 형질전환 절차에서 삽입유전자가 대상 식물의 유전체에 여러 개의 복제수로 삽입될 수 있다. 종종 높은 수준의 삽입유전자 발현이 삽입유전자의 여러 복제수와 관계가 있는 것으로 나타나지만 항상 그런 것은 아니다. 유전체에 여러 개의 T-DNA가 삽입된 경우 삽입유전자가 비정상적으로 발현될 수 있다.

삽입유전자의 위치

식물 유전체에 유전자의 삽입은 기본적으로 임의적으로 일어나고, 유전자의 삽입 위치가 삽입유전자의 발현 수준에 많은 영향을 미칠 수 있다는 것이 증명되었다. 따라서 하나의 삽입유전자 복제를 가지고 있는 독립적 형질전환체 사이에서 삽입유전자의 발현 수준에는 큰 차이가 있을 수 있다. 특정 위치에 유전자를 삽입하는 방법을 찾기 위한 노력에도 불구하고 아직까지 삽입유전자 발현의 위치 효과(positional effect)는 식물 형질전환에 문제점으로 남아 있다. 불행하게도 고등 식물에서는 삽입유전자가 유전체의 특정 부위로 삽입될 수 있도록 해주는 높은 효율의(5장 참고) 상동성 재조합(상동성 위치가 교환 되어 일어나는 유전자 재조합)이 가능한 내부 시스템을 가지고 있지 않다. 하지만 박테리오파지 또는 효모의 특정 재조합효소(recombinases)를 이용하여 일부 성공하기도 했다.

종종 매트릭스-부착 부위(MARs: matric-attachment regions)에 포함시켜 위치 효과를 완화시키는 쪽으로 접근하기도 한다. 이러한 AT-rich 서열은 유전자 발현을 허용하는 개방형 구조 염색질을 유지하는데 관여하는 것으로 생각된다. 동물 시스템에서 양 측면에 MARs가 있게 삽입된 삽입유전자는 위치에 상관없이 발현되는 것이 보고되었다. 일부 제한이 있었지만 식물에서 이 시스템을 사용하여 성공하였다. 또한 MARs는 삽입유전자의 발현을 안정화시키는 데 도움이 될 수 있다.

삽입유전자 특징

이종 유전자, 특히 식물 유래가 아닌 경우 강력한 프로모터를 사용하더라도 식물에서 발현이 잘 되지 않는다는 연구결과들이 보고되고 있다. 이것은 다양한 요소에 의해 기인되며 그 중 많은 것들이 삽입유전자의 구조와 관련이 있다.

다른 생명체의 유전자는 다른 G+C 함량을 가지고 있는 경향이 있는데 박테리아 유전자의 경우 특히 낮은 G+C 함량을 갖는다. 식물에서 높은 A+T 함량을 갖는 삽입유전자의 경우 mRNA 프로세싱을 방해하여 삽입유전자가 낮게 발현되거나 전혀 발현되지 않음이 밝혀졌다. 삽입유전자와 이것이 삽입되는 isochore(동종의 염기로 구성된 긴 길이의 DNA) 사이의 A+T 함량의 차이는 삽입유전자를 외래 유전자로 인식시키는 데 기여한다. 또한 높은 A+T 함량은 결과적으로 종종 (AUUUA) 서열을 만들어 내는데 이에 의해 mRNA가 불안정하게 될 수 있으며, 잠재적인 식물 폴리아데닐화(polyadenylation) 신호를 만들 수 있다. 소위 말하는 숨은 인트론도 있을 수 있다. 이것은 식물의 mRNA 이어맞추기 장치(splicing machinery)에 의해 삽입유전자가 잘못 이어맞추기가 되어(예, 암호화 서열 부분이 식물에 의해 인트론으로 인식되어 잘려져 나감) 삽입유전자에 삭제 돌연변이가 생기게 된다.

삽입유전자가 효율적으로 전사되었더라도 번역이 효과적으로 일어나지 않을 수도 있다. 이는 번역 개시 지역의 구조와 식물에서 드물게 사용되는 코돈의 존재 등에 의해 기인한다. ATG 시작코돈 양측에 있는 중요 염기서열이 식물과 다른 종 사이에 다른 것으로 알려져 있다. 번역 시작코돈의 상류에 위치하는 식물 특이적인 염기서열이 번역 효율을 향상시키는 것으로 알려져 있다. 번역 시작코돈의 하류를 변형한 경우(높은 발현을 보이는 다수의 식물 유전자에서 발견되는 코돈을 시작 코돈 다음에 삽입)도 삽입유전자의 번역 효율을 향상 시킬 수 있다는 것이 최근 증명되었다. 프로모터와 삽입유전자 사이에 담배 모자이크 바이러스의 오메가 선도서열(Ω leader)을 포함시키면 번역 효율을 향상됨이 밝혀졌다.

돌연변이 유발은 특정 서열의 코돈 사용(codon usage)을 변경하는 데 사용할 수 있다. 비록 그 염기서열이 길면 다수의 변경이 요구되고 이로 인해 어려움이 있고 많은 비용이 필요할 수 있다. Box 4.5에 삽입유전자의 발현을 최적화할 수 있는 변경의 몇 가지 예가 있다.

클린 유전자 기술

형질전환 작물이 농업에 도입된 이후, 이런 기술, 특히 항생제 및 제초제 저항성 유전자의 안전성에 대한 대중의 우려는 정부가 조치를 취하도록 강요할 정도까지 증가하였다(12장 참고). 설사 논의된 과학적인 장점이 있다하더라도, 특히 유럽에서 형질전환 작물의 위험에 대한 인식이 이런 작물들을 널리 채택되게 하는 것을 막고 있다. 이러한 농작물의 재배를 주요 문제로 보지 않는 나라(미국과 같은)에서 조차 유전자 변형 작물로 만든 식품에 대한 수출 시장이 영향을 받는 효과는 체감할 수 있다. 따라서 **클린 유전자 기술**이라 불리는 방법으로 경작지에서 재배되는 작물에서 선발표지를 더 이상 존재하지 않게 하거나, 또는 앞에서 설명한 것처럼 더 수용성 있는 마커 유전자를 사용하는 쪽으로 움직이고 있다. 선발표지 유전자가 없는 작물을 개발하기 위해 아래와 같은 몇 가지 방법을 사용할 수 있다.

● 환경에 영향을 미치는 가능성을 줄이고 형질전환 식물에 대한 수용도를 증가시키기 위해 새로운 기술이 개발되고 있다.

BOX 4.5 벡터 구성의 최적화 예

*Bacillus thuringiensis cry*1A(b) 유전자 변경

*cry*1A(b) 유전자는 해충을 제어하는 데 사용할 수 있는 단백질을 암호화 하고 있다. 야생형 유전자는 유전자 변형 식물에서 상대적으로 낮은 수준으로 발현되는 것으로 확인되었다. 유전자의 염기서열 변화가 발현에 미치는 효과를 조사하였다. 코돈 사용(codon usage) 및 전반적인 G+C 함량의 변경, 식물 폴리아데닐화 신호가 될 수 있는 부분들과 ATTTA 서열이 삭제되었다. 이러한 변경에 의해 *cry*1A(b) 유전자 산물의 수준이 크게 증가되는(최대 100배) 결과를 보여 주었다.

	Wild-type gene	Modified gene
No. of altered bases (%)	0	390 (21%)
No. of modified codons (%)	0	356 (60%)
G+C content (%)	37	49
No. of potential polyadenylation sites	18	1
No. of ATTTA sequences	13	0

(Data taken with permission from Perlak *et al.* (1991).)

gfp 유전자의 변경

Aequorea vctoria gfp 유전자는 식물 형질전환 실험에서 리포터 유전자로 사용된다. 식물에서의 사용을 개선하기 위해, 특히 애기장대에서, 광범위하게 변경되었다. 일부 식물종에서 잘못된 이어맞추기(splicing)를 유발하는 잠재적인 인트론은 코돈 사용(codon usage)을 변경함으로써 제거되었다(또한 코돈 사용을 고치면 발현 수준을 높아진다는 것도 입증되었다). 유전자의 번역 시작코돈의 위쪽에 AACA 서열을 삽입시키면 번역 정도가 향상된다. 녹색 형광 단백질(GFP)이 핵질(GFP에 의해 약한 독성이 있음이 입증된 곳임)에서 형성되는 되는 것을 막기 위해 GFP의 5′ 말단에 신호 펩타이드 및 3′ 말단에 소포체(ER) 유지 신호(HDEL, His-Asp-Glu-Leu)을 도입시켜 GFP를 소포체에 집적시켰다.(Data taken with permission from Haselhoff *et al*. (1997).

1 이론적으로 단순히 관심 유전자만을 삽입시키는 방법으로 선발표지 유전자의 사용을 피할 수 있다. 중합 효소 연쇄 반응(PCR) 등의 분자 생물학 기술로 이 삽입유전자를 포함하는 잠재적인 형질전환 식물체 집단을 선별할 수 있다. 실제로 이러한 방식은 대부분 상황에서 너무 비용이 비싸고 노동 집약적이다.

2 두 번째 방법은 관심 유전자와 선발표지 유전자를 각각의 T-DNA 분자(비연관된(unlinked))로 도입하는 것이다. 뒤이은 자손의 분리 분석은 관심 유전자는 있지만 선발표지는 없는 식물을 식별하는 데 사용할 수 있다. 여러 T-DNA를 별도로 제공하기 위해 다양한 전략이 개발되었는 데 가장 효과적인 것은 하나의 바이너리 벡터에 여러 개의 T-DNA 영역이 포함되어 있고 이들을 식물 유전체의 비연관 위치에 삽입시키는 것이다.

3 또 다른 방법은 식물 유전체에서 선발표지를 제거하는 것이다. 이것은 사이트 특이적 재조합효소 시스템을 이용하여 수행 할수 있다. 여러 재조합효소 시스템(phage P1 Cre-*lox*, *Saccharomy cescerevisiae* FLP-*frt*, *Zygosaccharomyces rouxii* R-*RS* 시스템)을 사용할 수 있다. 선발표지 유전자가 사이트 특이적 재조합효소의 인식 부위(*lox*, *frt* or *RS*) 사이에 위치한 벡터를 식물 형질전환에 사용한다. 그 후, 재조합효소(Cre, FLP, R)를 발현시키면(일시적 발현, 재조합효소가 발현되는 식물과의 교배, 또는 유도 발현 시스템을 이용한 발현) 식물 유전체에서 선발표지 유전자가 제거된다.

4 최근, 선발표지 유전자의 양 측면에 염색체 내(intrachromosomal) 재조합의 빈도를 증가시키는 것으로 알려진 염기서열을 배치한 벡터에서 마커 유전자의 제거가 유도되는 것이 밝혀졌다.

요약

이 장에서는 *Agrobacterium* 매개 형질전환에 사용하기 위한 복수 벡터의 제작에 대해 살펴보았다. 이러한 복수 벡터는 3장에서 보았던 *Agrobacterium tumefaciens* 의 Ti 플라스미드에서 유래한 고도로 전문화된 벡터이다. 이를 식물 형질전환 절차에 성공적으로 사용하기 위한 열쇠는 종양 유전자의 제거(비정상적인 식물 발달을 방지하기 위해) 및 쉽게 사용하기 위한 일반적인 개선의 결과로 인한 변경에 있다. 복수 벡터를 이용한 *Agrobacterium* 매개 형질전환은 다양한 작물에서 성공적으로 사용되고 있지만 벡터 디자인의 여러 측면에 대한 개선은 계속되고 있다. 이러한 개선 사항 중 일부는 순수 과학적 근거를 기반으로 한다. 예를 들면 유전자 침묵을 줄이거나 방지하기 위한 것이 있다. 반면 복수 벡터 응용성의 확대에 기반을 두기도 한다(예, 다른 선발표지). 다른 변경은 이런 벡터의 안전성에 대한 우려(대중 및 과학적인)에 적어도 부분적으로라도 대응하기 위한 것이다. 주로 선발표지 유전자에 대한 이러한 우려는 유럽에서 특히 극명하게 나타나고 있다. 영국 왕립 학회의 1998년 보고서 *Genetically Modified Plants for Food Use*(식품에 사용되는 유전자 변형 식물)에서는 항생제 저항성 유전자를 사용할 경우 차후에 생길 수 있는 문제를 제기하였고 이들이 사용된 경우에는 유전자 변형 식물의 개발 초기 단계에서 제거하는 것을 권장하고 있다. Advisory Committee on Releases to the Environment(ACRE)의 *Guidance on Principles of Best Practice in the Design of Genetically Modified Plants*(유전자 변형 식물체 디자인에서 최선의 제작 원리에 대한 지침서)에서는 마찬가지로 유전자 변형 식물에서 '외래의' DNA(마커 유전자와 같은)의 양을 줄이는 것이 바람직하다고 지적했다. 그래서 클린 유전자 기술과 대체 선발표지는 점점 더 흥미를 끌게 되었다.

복수 벡터 및 *Agrobacterium* 매개 형질전환은 식물생명공학에서 상당한 성공에 공헌하였고 의심할 여지없이 미래에도 공헌할 것이다. 다음 장부터는, *Agrobacterium* 매개 형질전환 및 복수 벡터의 사용에 의존하는 것을 포함하여 식물생명공학의 특정 사례들을 살펴볼 예정이다.

FURTHER READING

Visit www.oxfordtextbooks.co.uk/orc/slaterplants2e/ for hyperlinked references that take you directly to online abstracts for the journal articles listed below:

Vector construction

Croy, R. R. D. (1993) Plant selectable genes, reporter genes and promoters. In *Plant Molecular Biology Labfax* (R. R. D. Croy, ed.), pp. 149–182. BIOS, Oxford.

Early, K., Haag, J. R., Pontes, O., Opper, K., Juehne, T., Song, K., and Pikaard, C. S. (2006) Gateway-compatible vectors for plant functional genomics and proteomics. *The Plant Journal* **45**, 616–629.

Guerineau, F. and Mullineaux, P. (1993) Plant transformation and expression vectors. In *Plant Molecular Biology Labfax* (R. R. D. Croy, ed.), pp. 121–147. BIOS, Oxford.

Hellens, R., Mullineaux, P., and Klee, H. (2000) A guide to *Agrobacterium* binary Ti vectors. *Trends in Plant Science* **5**, 446–451.

Hull, G. A. and Devic, M. (1995) The β-glucuronidase (*gus*) reporter gene system. In *Methods in Molecular Biology* (H. Jones, ed.), pp. 125–141. Humana Press, Totowa.

Jefferson, R. A., Kavanagh, T. A., and Bevan, M. A. (1987) GUS fusions: β-glucuronidase as a versatile gene fusion marker in higher plants. *EMBO Journal* **6**, 3901–3907.

Karimi, M., Inze, D., and Depicker, A. (2002) GATEWAY vectors for *Agrobacterium*-mediated plant transformation. *Trends in Plant Science* **7**, 193–195.

Karimi, M., De Meyer, B., and Hilson, P. (2005) Modular cloning in plant cells. *Trends in Plant Science* **10**, 103–105.

Selectable markers

Erikson, O., Hertzberg, M., and Nasholm, T. (2005) The *dsdA* gene from *Escherichia coli* provides a novel selectable marker for plant transformation. *Plant Molecular Biology* **57**, 425–433.

Haldrup, A., Noerremark, M., and Okkels, F. T. (2001) Plant selection principle based on xylose isomerase. *In vitro Cellular and Developmental Biology—Plant* **37**, 114–119.

Haselhoff, J., Siemering, K. R., Prasher, D. C., and Hodge, S. (1997) Removal of a cryptic intron and subcellular localisation of green fluorescent protein are required to mark transgenic *Arabidopsis* plants brightly. *Proceedings of the National Academy of Sciences USA* **94**, 2122–2127.

Joersbo, M. (2001) Advances in the selection of transgenic plants using non-antibiotic marker genes. *Physiologia Plantarum* **111**, 269–271.

Kaeppler, H. F., Carlson, A. R., and Menon, G. K. (2001) Routine utilization of green fluorescent protein as a visual selectable marker for cereal transformation. *In vitro Cellular and Developmental Biology—Plant* **37**, 120–126.

LaFayette, R. R., Kane, P. M., Phan, B. H., and Parrott, W. A. (2005) Arabitol dehydrogenase as a selectable marker for rice. *Plant Cell Reports* **24**, 596–602.

Leyman, B., Avonce, N., Ramon, M., Van Dijck, P., Iturriaga, G., and Thevelein, J. M. (2006) Trehalose-6-phosphate synthase as an intrinsic selection marker for plant transformation. *Journal of Biotechnology* **121**, 309–317.

Luo, K., Zheng, X., Chen, Y., Xiao, Y., Zhoa, D., McAvoy, R., Pei, Y., and Li, Y. (2006) The maize *knotted1* gene is an effective positive selectable marker gene for *Agrobacterium*-mediated tobacco transformation. *Plant Cell Reports* **25**, 403–409.

Penna, S., Sagi, L., and Swennen, R. (2002) Positive selectable marker genes for routine plant transformation. *In vitro Cellular and Developmental Biology—Plant* **38**, 125–128.

Reed, J., Privalle, L., Powell, M. L., Meghji, M., Dawson, J., Dunder, E., Suttie, J., Wenck, A., Launis, K., Kramer, C., Chang, Y.-F., Hansen, G., and Wright, M. (2001) Phosphomannose isomerase: an efficient selectable marker for plant transformation. *In vitro Cellular and Developmental Biology—Plant* **37**, 127–132.

Inducible gene expression

Gurr, S. J. and Rushton, P. J. (2005) Engineering plants with increased disease resistance: how are we going to express it? *Trends in Biotechnology* **23**, 283–290.

Kong, H.-G., Fang, Y., and Singh, K. B. (1999) A glucocorticoid-inducible transcription system causes severe growth defects in *Arabidopsis* and induces defence-related genes. *Plant Journal* **20**, 127–133.

Malnoy, M., Reynoird, J., Borejsza-Wysocka, E., and Aldwinckle, H. (2006) Activation of the pathogen-inducible *Gst1* promoter of potato after elicitation by *Venturia inaequalis* and *Erwinia amylovora* in transgenic apple (*Malus* x *domestica*). *Transgenic Research* **15**, 83–93.

Martinez, A., Sparks, C., Hart, C. A., Thompson, J., and Jepson, I. (1999) Ecdysone agonist inducible transcription in transgenic tobacco plants. *Plant Journal* **19**, 97–106.

Moore, I., Samalova, M., and Kurup, S. (2006) Transactivated and chemically inducible gene expression in plants. *The Plant Journal* **45**, 651–683.

Padidam, M. (2003) Chemically regulated gene expression in plants. *Current Opinion in Plant Biology* **6**, 169–177.

Rushton, P. J., Reinstädler, A., Lipka, V., Lippok, B., and Somssich, I. E. (2002) Synthetic plant promoters containing defined regulatory elements provide nove insights into pathogen- and wound-induced signaling. *The Plant Cell* **14**, 749–762.

Vreugdenhill, D., Claassens, M. M. J., Verhees, J., van der Krol, A. R, and van der Plas L. H. W. (2005) Ethanol-inducible gene expression: non-transformed plants also respond to ethanol. *Trends in Plant Science* **11**, 9–11.

Zuo, J. and Chua, N.-H. (2000) Chemical-inducible systems for regulated expression of plant genes. *Current Opinion in Biotechnology* **11**, 146–151.

Transgene integration and expression

Butaye, K. M. J., Goderis, I. J. W. M., Wouters, P. F. J., Pues, J.-T. G., Delaure, S. L., Broekaert, W. F., Depicker, A., Cammue, B. P. A., and De Bolle, M. F. C. (2004) Stable high-level transgene expression in *Arabidopsis thaliana* using gene silencing mutants and matrix attachment regions. *The Plant Journal* **39**, 440–449.

Fang, R.-X., Nagy, F., Sivasubramaniam, S., and Chua, N.-H. (1989) Multiple *cis* regulatory elements for maximal expression of the cauliflower mosaic virus 35S promoter in transgenic plants. *Plant Cell* **1**, 141–150.

Gallie, D. R. (1998) Controlling gene expression in transgenics. *Current Opinion in Plant Biology* **1**, 166–172.

Kumar, S. and Fladung, M. (2001) Controlling transgene integration in plants. *Trends in Plant Science* **6**, 155–159.

Miki, B. (2002) Transgene expression and control. *In vitro Cellular and Developmental Biology—Plant* **38**, 139–145.

Perlak, F. J., Fuchs, R. L., Dean, D. A., McPherson, S. L., and Fischoff, D. A. (1991) Modification of the coding sequence enhances plant expression of insect control protein genes. *Pro-ceedings of the National Academy of Sciences USA* **88**, 3324–3328.

RNAi

Byzova, M., Verduyn, C., De Brouwer, D., and De Block, M. (2004) Transforming petals in sepaloid organs in *Arabidopsis* and oilseed rape: implementation of the hairpin RNA-mediated gene silencing technology in an organ-specific manner. *Planta* **218**, 379–387.

Chuang, C.-F. and Meyerowitz, E. M. (2000) Specific and heritable genetic interference by double-stranded RNA in *Arabidopsis thaliana*. *Proceedings of the National Academy of Sciences USA* **97**, 4985–4990.

Dugas, D. V. and Bartel, B. (2004) MicroRNA regulation of gene expression in plants. *Current Opinion in Plant Biology* **7**, 512–520.

Guo, H.-S., Fei, J.-F., Xie, Q., and Chua, N.-H. (2003) A chemical-regulated inducible RNAi system in plants. *The Plant Journal* **34**, 383–392.

Kusaba, M. (2004) RNA interference in crop plants. *Current Opinion in Plant Biotechnology* **15**, 139–143.

Miki, D., Itoh, R., and Shimamoto, K. (2005) RNA silencing of single and multiple members in a gene family of rice. *Plant Physiology* **138**, 1903–1913.

Clean-gene technology

Ebinuma, H. and Komamoine, A. (2001) MAT (multi-auto-transformation) vector system. The oncogenes of *Agrobacterium* as positive markers for regeneration and selection of marker free transgenic plants. *In vitro Cellular and Developmental Biology—Plant* **37**, 103–113.

Jia, H., Pang, Y., Chen, X., and Fang, R. (2006) Removal of the selectable marker gene from transgenic tobacco plants by expression of Cre recombinase from a tobacco mosaic virus vector through agroinfection. *Transgenic Research* **15**, 375–384.

McCormac, A. C., Elliott, M. C., and Chen, D. F. (1999) pBECKS2000: a novel plasmid series for the facile creation of complex binary vectors which incorporates 'clean-gene' facilities. *Molecular and General Genetics* **261**, 226–235.

McCormac, A. C., Fowler, M. R., Chen, D. F., and Elliott, M. C. (2001) Efficient co-transformation of *Nicotiana tabacum* by two independent T-DNAs, the effect of T-DNA size and implications for genetic separation. *Transgenic Research* **10**, 143–155.

Puchta, H. (2000) Removing selectable marker genes: taking the short cut. *Trends in Plant Science* **5**, 273–274.

Wang, Y., Chen, B., Hu, Y., Li, J., and Lin, Z. (2005) Inducible excision of selectable marker gene from transgenic plants by the Cre/*lox* site-specific recombination system. *Transgenic Research* **14**, 605–614.

Web-links

Best practice in vector design (Advisory Committee on Releases to the Environment (ACRE) report), web-link 4.1: www.defra.gov.uk/environment/acre/bestprac/consult/guidance/bp/index.htm

Gateway™ vectors, Mark Curtis website, web-link 4.2: www.unizh.ch/botinst/Devo_Website/curtisvector/index_2.html

Gateway™ vectors, Plant Systems Biology, University of Ghent, web-link 4.3: www.psb.rug.ac.be/gateway/

pGreen and pBIN19, web-link 4.4: www.pgreen.ac.uk/a_hom.htm

The Royal Society, web-link 4.5: www.royalsoc.ac.uk/

5

제초제 내성의 유전자 조작

개요

앞의 1–4장에서는 유전자 조작을 위해 이용될 수 있는 식물생명공학 방법의 개요에 대해서 언급하였다. 이후로는 작물을 대상으로 한 유전자조작의 주요 목표에 대해 알아 보고 이러한 대상에 어떻게 접근하는지, 원하는 목표가 어떻게 달성되었는지에 대해 자세히 알아볼 것이다. 따라서 각 장에서는 특정한 유전자가 어떠한 이유로 유용하며, 그 유전자들이 어떠한 방법으로 식물체 속으로 형질전환되어 식물체 내에서 발현이 조절되는지에 대한 규명을 통 작물개량을 위한 특정한 목표를 얻을 수 있는 과학적 전략에 대해 기술할 것이다. 추가적으로, 포장에서 성공한 GM 작물들이 상업적으로 많은 관심을 받는 이유와 왜 GM 작물의 안정성에 대한 우려가 당연한지에 대한 GM 작물을 둘러싸고 있는 폭넓은 몇 가지 사안들에 대해 알아볼 것이다.

● 제초제 내성은 대표적인 GM 형질이다.

각기 다른 GM 기술 응용사례들의 첫번째 사례로 이번 장에서는 제초제 내성 작물의 유전자 조작에 대해 다룬다. 포장에서 검정된 최초의 GM 형질 중의 하나이고, 상업화 된 최초의 형질이다. 표 5.1은 1987년부터 1997년까지 가장 많은 시험장소들이 제초제 내성을 검정하기 위해 사용되었으며, 제초제 내성 작물들이 상업적으로 재배된 전체 GM 작물들의 재배면적에서 3/4 이상을 차지하고 있다는 것을 보여준다. (실제, 이 책에서 묘사된 모든 형질들 중 아직까지 제초제 내성과 해충 저항성(6장 참조)만 광범위하게 재배되고 있다.) 이 장의 목표 중 하나는 왜 제초제 내성 유전자 조작 작

표 5.1 상업적으로 가장 많이 이용된 유전자 변형 형질

Trait	Area of commercial planting (million ha)	
	2000	2005
Herbicide tolerance	32.7 (74%)	63.7 (71%)
Insect resistance	8.3 (19%)	16.2 (18%)
Herbicide tolerance + insect resistance	3.1 (7%)	10.1 (11%)

(Data from James, 2001, 2005, web-link 5.12.)

물이 이렇게 급속히 발전해 왔으며, 가장 광범위 하게 재배되고 있는지를 설명하는 것이다.

● 제초제 내성 작물의 급격한 발전에는 몇 가지 과학적 이유가 있다.

왜 다른 GM 형질에 비해서 제초제 내성 작물이 급속히 발전한 데에는 과학적 그리고 상업적인 이유가 있다. 과학적인 이유는 다음과 같다.

1 이미 특정 제초제의 작용방식과 생화학적 경로에 대한 상당한 정보가 존재했다.
2 저항성 기작에 대한 이해를 얻고, 유전자 조작을 위해 유전자를 가능하게 해 주는 유용 유전자를 제공하는 생물학적 자원들이 존재했다.
    - 실험실 또는 자연에서 얻어진 저항성 세균
    - 조직배양에서 선발된 저항성 식물체
    - 포장에서 선발된 저항성 작물과 잡초
3 내성 획득에 필요한 단인자 유전기작은 형질을 비교적 간단하게 변경한다. (이것은 뒷장에서 논의되는 형질의 경우에서는 그렇지 않다.)

● 제초제 내성 작물은 농화학 회사에 의해서 발전되고 상업화되어 왔다.

제초제 내성 GM 작물 사업의 발전을 위한 주요한 자극은 특히 같은 회사로부터 생산되고 소유되는 특정 제초제 저항성 작물을 생산함으로써 얻게되는 농화학/종자 산업에서의 이익으로 인하여 촉발되었다. 작물을 특정한 제초제에 내성을 갖도록 하는 기술은 잡초경감을 위한 제초제를 적절한 시기에 처리할 수 있도록 하여 그 제초제의 적용과 유효성을 크게 확대하였다.

현대 농업에서 제초제의 이용

● 잡초, 해충 그리고 병해는 세계 작물 생산량에 주요한 영향을 준다.

잡초는 작물의 생장을 위한 빛과 영양소를 경쟁적으로 빼앗고, 또한 잡초가 보유하고 있는 해충과 병원균을 작물에 오염시킴으로써 작물의 수확량과 품질에 커다란 영향을 끼친다. 이러한 잡초는 인간들이 소비하는 세계 작물생산량의 비율에 영향을 미치는 주요한 세 가지 생물학적 스트레스 중의 하나이다. 그림 5.1은 잡초, 해충, 병해로 인해 세계 작물생산 가능량의 약 1/3의 생산량 감소가 야기되며, 각각의 세 가지 요인들이 거의 동일한 비율로 생산량 감소에 영향을 미치는지를 보여준다. 현대 농업은 작물생산에 영향을 미치는 잡초에 대항하기 위해서 여러 종류의 효과적인 제초제를 개발하였다. 이 제초제들 중 몇몇은 다양한 잡초에 대하여 유용한 효과를 나타냄으로써 광역제초제(broad-spectrum herbicide)가 불려지고 있다. 그러나 이들은 재배작물이 제초제의 작용에 취약하지 않은 경우에만 이용될 수 있다. 따라서 제초제 내성 작물의 발달은 제초제를 가장 효과적인 시기에 작물과 함께 처리하는 것을 가능케 함으로써 잡초만을 선별적으로 제거할 수 있는 기회를 제공한다. 하지만, 이러한 식물 내의 제초제 내성은 돌연변이의 일반적인 과정이나 자연선택을 통하여도 나타날 수 있는 특징이다. 따라서, 제초제 내성 작물의 개념은 GM 기술에 새롭거나 특별한 것은 아니다.

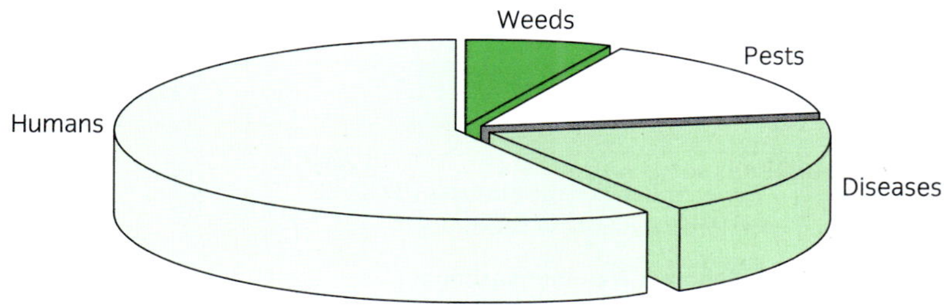

그림 5.1 잡초, 해충 그리고 병해에 의한 전세계 총 작물생산에서 차지하는 상대적 손실 비율. 이 그림은 총 생산 가능량을 보여주고 있으며, 이 중 63% 만이 인간이 이용할 수 있는 부분이다. 나머지는 잡초, 해충 그리고 병해에 의한 손실로 거의 동일한 비율이다.

어떤 종류의 화합물이 제초제인가?

● 제초제는 식물체 특이적 과정의 억제제이다.

정의에 의하면, 제초제는 동물보다는 식물에 훨씬 큰 독성을 나타낸다. 그러므로 제초제가 일반적으로 **식물체 특이적인** 생물학적 과정에 영향을 미친다는 것은 놀라운 일이 아니다. 생화학적 경로의 형태는 동물이 아니라 식물에서 일어남을 고려하여 보자. 이러한 제초제 작용 경로에 대한 처음의 생각은 광합성 과정일 것이라 여겨졌지만, 식물 내의 다른 많은 과정들 또한 제초제 작용 경로로써 가능성 있는 목표가 될 수 있다. 식물체는 *드노보*(*de novo*) 상태로 그들의 모든 고분자 요소를 합성할 수 있는 자가영양체임을 기억하라. 예를 들어, 인간이 섭취하는 필수적인 화합물들(비타민, 필수 아미노산 등)은 식물에 의해 합성되고, 이러한 물질들의 생합성경로는 제초제 작용기작에 대한 가능성 있는 이에 해당하는 많은 경로는 엽록체에 위치하고(BOX 5.1), 이것은 제초제 내성을 향상시키기 위해 디자인된 많은 변형 단백질이 목표가 된다는 것을 암시한다.

많은 제초제의 제초작용은 단일효소/단백질의 특이적 억제의 결과로 알려져 왔다. 표 5.2는 작용양식에 따른 주요 화학적 제초제의 분류를 보여준다. 이것은 제

BOX 5.1 식물세포의 주요 생합성 공장으로서의 색소체

● 많은 식물체 특이적 경로는 색소체에 위치한다.

색소체는 식물세포의 생합성 활동에 중요한 공헌자이다. 엽록체는 이산화탄소의 포스포글리세르산(phosphoglyceric acid)으로 광환원, 물의 광산화, 그리고 광인산화가 일어나는 유일한 장소이다. 게다가, 모든 동물의 필수 식이 아미노산들은 엽록체에서 합성된다. 퓨린(purines)과 피리미딘(pyrimidines) 염기들의 합성이 일어나는 것 처럼 지질 생합성의 대부분의 과정들이 엽록체에서 수행된다. 색소체는 또한 아질산염(nitrite) (시토졸(cytosol)에서 질산염의 환원으로 생성되는)이 암모니아로 환원되는 질소동화작용, 황산염이 황화물로 환원되는 황동화작용에서 중요한 역할을 한다. 또한 엽록체의 엽록소 색소는 잡색체의 카로티노이드(carotenoid) 색소처럼 *생체*(*in situ*)에서 생산된다. 전분의 생합성 또한 엽록체에서 중요한 경로이며 녹말체의 대표적인 기능이다.

엽록체는 또한 식물세포 단백질 합성에 있어서 한 몫을 담당한다. 엽록체 게놈은 색소체 번역기작과 수 많은 엽록체 단백질에도 필요한 모든 요소들을 암호화한다 (1장 참조).

표 5.2 작용기 작에 따른 제초제 분류

HRAC group	Mode of action	Chemical family	Example
A	Inhibition of ACCase	Aryloxyphenoxy-propionates ('FOPs'), cyclohexanediones ('DIMs')	
B	Inhibition of acetolactate synthase (ALS)	Sulphonylureas, imidazolinones, triazolopyrimidines, pyrimidinyl(thio)benzoate, sulphonylaminocarbonyl-triazolinones	Chlorsulphuron, imazapyr
C1	Inhibition of photosynthesis at photosystem II	Triazines, triazinones, triazolinone, uracils, pyridazinones, phenylcarbamates,	Atrazine
C2	Inhibition of photosynthesis at photosystem II	Ureas, amides	
C3	Inhibition of photosynthesis at photosystem II	Nitriles, benzothiadiazinone, phenylpyridazines	Bromoxynil
D	Photosystem I electron diversion	Bipyridyliums	Paraquat
E	Inhibition of protoporphyrinogen oxidase (PPO)	Diphenylethers, phenylpyrazoles, *N*-phenylphthalimides, thiadiazoles, oxadiazoles, triazolinones, oxazolidinediones, pyrimidindiones, others	
F	Bleaching: inhibition of carotenoid biosynthesis at the phytoene desaturase step	Pyridazinones, pyridinecarboxamides, others	
F2	Bleaching: inhibition of 4-hydroxyphenylpyruvate dioxygenase (4-HPPD)	Triketones, isoxazoles, pyrazoles, others	
F3	Bleaching: inhibition of carotenoid biosynthesis (unknown target)	Triazoles, isoxazolidinones, ureas, diphenylethers	
G	Inhibition of EPSPS	Glycines	Glyphosate
H	Inhibition of glutamine synthetase	Phosphinic acids	Glufosinate ammonium, bialaphos
I	Inhibition of dihydropteroate synthase	Carbamates	Asulam
K1	Microtubule assembly inhibition	Dinitroanilines, phosphoroamidates, pyridines, benzamides, benzenedicarboxylic acids	Oryzalin
K2	Inhibition of mitosis/microtubule organization	Carbamates	
K3	Inhibition of cell division	Chloroacetamides, acetamides, oxyacetamides, tetrazolinones, others	
L	Inhibition of cell-wall (cellulose) synthesis	Nitriles, benzamides, triazolocarboxamides	

표 5.2 (계속)

HRAC group	Mode of action	Chemical family	Example
M	Uncoupling (membrane disruption)	Dinitrophenols	
N	Inhibition of lipid synthesis—not ACCase inhibition	Thiocarbamates, phosphorodithioates, benzofuranes, chlorocarbonic acids	Trichloroacetic acid
O	Action like indole-3-acetic acid (synthetic auxins)	Phenoxycarboxylic acids, benzoic acids, pyridine carboxylic acids, quinoline carboxylic acids, others	2,4-D, Dicamba, Picloram
P	Inhibition of auxin transport	Phthalamates, semicarbazones	
Z	Unknown	Arylaminopropionic acids, pyrazolium, organoarsenicals	

ACCase, acetyl-CoA carboxylase; 2,4-D, 2,4-dichlrophenoxyacetic acid; EPSPS, 5-enolpyruvylshikimate-3-phosphate synthase; HRAC, Herbicide Resistance Action Committee.
(Data from the Herbicide Resistance Action Committee and the Weed Science Society of America.)

초제들이 작용양식에 따른 15가지의 넓은 분류에 의해 다양한 범위의 다른 화학군에 속하는 것으로 보여진다. 대부분의 제초제가 하나의 작용기작 만을 가지고 있고 특정 효소가 제초제 작용에 상대적으로 취약하다는 것은 주목할 만한 점이다. 예를 들어 다섯 가지의 제초제 화학군은 효소 아세토락테이트(acetolactate) 합성(ALS; 또는 더 정확하게, 아세토하이드록시산(acetohydroxy-acid) 합성 또는 AHAS)을 목표로 한다. ALS는 분지아미노산(branched chain amino acid)의 생합성 경로에서 첫 번째 반응을 촉매작용하며(아래의 그림 5.6 참조), 표 5.3은 ALS 효소를 목표로 하는 광범위하게 다른 화학구조(설포닐우레아(sulphonylureas)와 이미다졸리논(imidazolinones))를 가진 2개의 일반적인 제초제 집단을 보여준다. 표에서 보면 알 수 있듯이, 제초제의 활성 영역을 아는 것은 다른 것들에 비해 덜 중요할 수 있지만 제초제 내성을 갖도록 유전공학적으로 조작하기 위한 몇몇의 전략으로써 알 필요가 있다.

표 5.2에서 보여지는 다양한 종류의 화학군들은 제초제가 그들의 작용양식에 비해 다른 성질들에서 많은 차이를 나타냄을 의미한다. 예를 들어, 제초제는 다음과 같이 그들의 특성에 따라 분류할 수 있다.

- 제초제들은 구조, 성질, 작용 기작에서 상당한 차이가 있다.

- 식물에 흡수되는 부위(뿌리 또는 신초);
- 식물 안에서의 이동(translocation)의 정도(침투성 또는 접촉성);
- 처리 시기(식재 전, 발아 전, 발아 후 또는 수확 전)

이러한 화합물들의 광범위하게 다양한 화학적 특징들은 제초제의 유독성, 환경적 지속성, 생분해성 측면에서 매우 다름을 의미한다. 제초제 내성 작물의 환경적 영향은

표 5.3 생화학적 목표에 영향을 미치는 일반적인 제초제의 구조

Class of herbicide	Compound/herbicide	Chemical formula	Inhibited pathway	Target protein
Glycine	Glyphosate (Roundup)	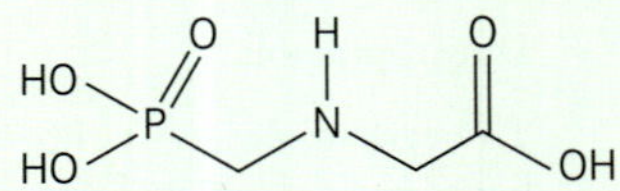	Aromatic amino acids	EPSPS
Phosphinic acid	Phosphinothricin (Basta)	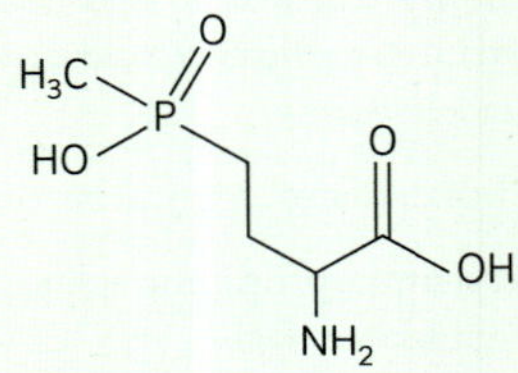	Nitrogen assimilation	Glutamine synthase
Sulphonylurea	Chlorsulphuron (Glean)	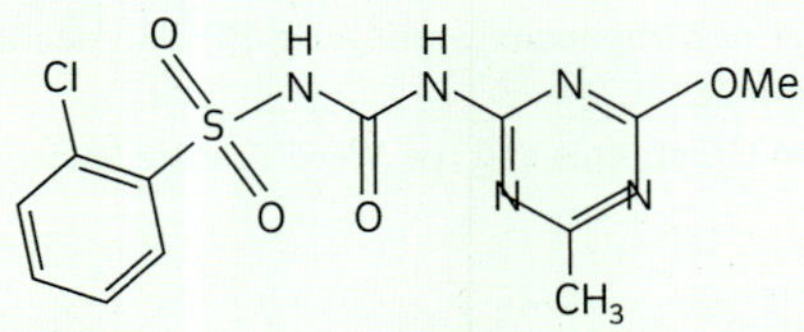	Branched-chain amino acids	Acetolactate synthase
Imidazolinone	Imazathapyr	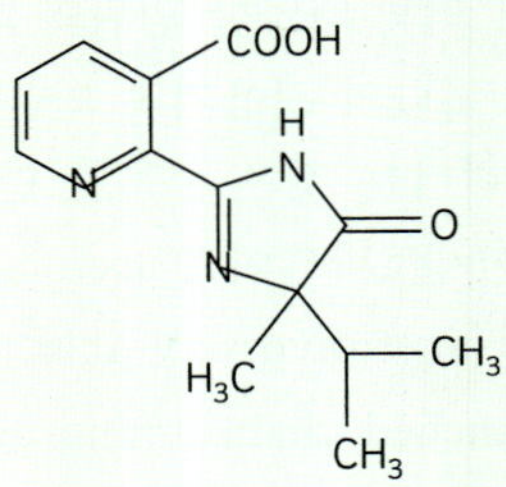	Branched-chain amino acids	Acetolactate synthase
S-Triazine	Atrazine	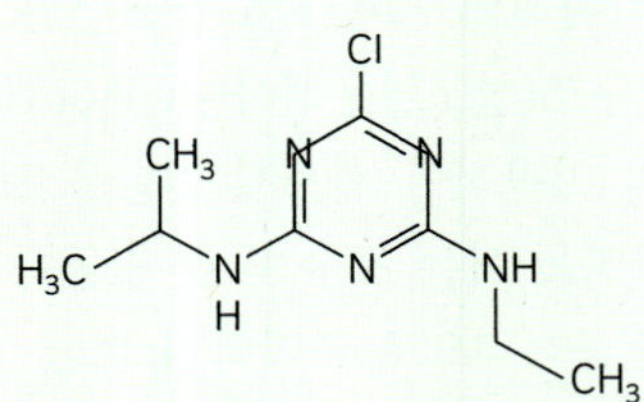	Photosynthesis	33 kDa protein

EPSPS, 5-enolpyruvylshikimate-3-phosphate synthase.

이 장의 마지막에서 고려될 것이다. 하지만 이러한 제초제의 다양한 특성들은 특정 제초제 내성 작물을 재배하는 것에 대한 위해성과 유용성의 평가를 할 때 이러한 특정 제초제의 특성을 고려하여야 한다는 주장을 하기에 적합하다.

표 5.3은 이미 잘 알려진 생화학적 타겟에 영향을 주는 몇몇 일반적인 제초제의 화학적 구조를 보여준다. 이를 통해 다시 제초제는 여러 다른 종류의 작용양식을 보이는 서로 다른 다양한 화합물의 집단임을 알 수 있다. 결과적으로, 특정 제초제에 대한 내성을 얻기 위한 대부분 유전자 조작 전략은 특정 집단의 제초제 종류

각각에 대해 특이적으로 준비되어야 한다. 유전자 조작으로 형성된 내성에 대항하는 모든 제초제들을 자세히 기술하기 보다, 일반적인 접근과 방법을 강조하기 위한 사례연구를 중심으로 언급할 것이다.

제초제 내성 유전자 조작을 위한 전략

제초제 저항성 유전자 조작 기술은 상당히 다른 전략이 같은 목적을 달성하기 위해서 이용될 수 있다는 것을 보여준다. Mullineaux(1992)이 제초제 내성 유전자 조작을 위해 발견한 네 가지 뚜렷한 전략에 대한 자세한 사항은 다음과 같다.

● 유전자 조작을 통한 제초제 내성 개발을 위해서는 네 가지의 전략이 있다.

1 *목적 단백질의 과잉발현*. 이러한 전략은 목적 단백질의 과잉생산에 의해 제초제를 효과적으로 적정(滴定)하는 것을 포함한다. 예를 들어, 만약 제초제가 하나의 특정 효소를 억제시킨다면, GM 작물 내에서 충분히 과잉생산된 특정 효소는 부분적으로 제초제의 억제작용을 극복할 것이다. 과잉발현은 도입유전자의 멀티카피 도입 또는 유전자 발현을 수행하는 강력한 프로모터와 더불어 번역증강인자의 사용으로 달성될 수 있다.

2 *목적 단백질의 돌연변이*. 이 방법 뒤에 숨어있는 논리는 제초제에 의해 억제되는 것에 대해 저항성을 보이는 자연 단백질을 기능적으로 대체할 수 있는 변성된 목적 단백질을 식물체 게놈에 제초제 저항성 유전자로 삽입하는 것이다. 이를 위해 다양한 종류의 저항성 단백질이 이용될 수 있다. 과잉발현과 돌연변이 목적 단백질 전략은 제초제의 작용 양식에 대한 지식이 필요함을 생각해야 한다.

3 *외부로부터 획득한 단일 유용유전자를 이용한 제초제의 해독*. 해독은 제초제를 독성이 적은 형태로 전환시키거나 시스템으로부터 독성을 제거하는 것을 의미한다. 이러한 전략은 작용 양식에 대한 자세한 지식을 요구하지 않기 때문에 이전의 두 가지 방법과 뚜렷한 차이를 보인다. 표 5.4는 일반적인 제초제에 관한 특정 해독작용의 몇몇 예를 보여준다.

4 *식물 해독 향상*. 이 방법의 목표는 독소 화합물에 대한 자연적인 식물의 방어를 향상시키는 것이다. 이러한 전략은 식물에 의한 해독작용에 필요한 화합물들을 인식하고 목표화되는 기작과 식물 내부 해독과정에 대한 자세한 정보를 필요로 한다.

사례연구 5.1 글리포세이트 내성

글리포세이트(glyphosate)는 세계 최악의 78가지 잡초 중 76가지에 대해 굉장히 효과적인 광범위한 제초제이며 북미 화학회사인 몬산토(Monsanto)에 의해 라운드업(Roundup)이라는 상표명으로 판매되고 있다. 이것은 5-enolpyruvylshikimate-3-phosphate synthase(EPSPS)

● 글리포세이트(glyphosate)는 EPSPS 효소의 경쟁적 억제제이다.

표 5.4 제초제 해독 반응

Compound/herbicide		Enzyme	Metabolite	Source organism
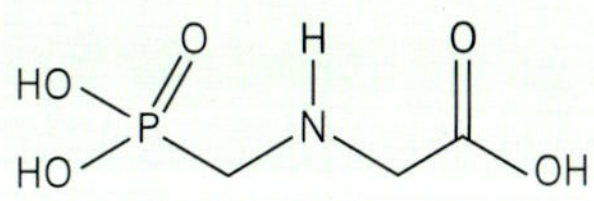	Glyphosate (Roundup)	Oxidoreductase	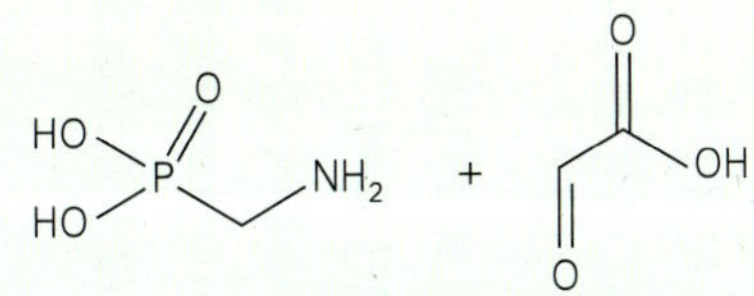	*Ochrabactrum anthropi*
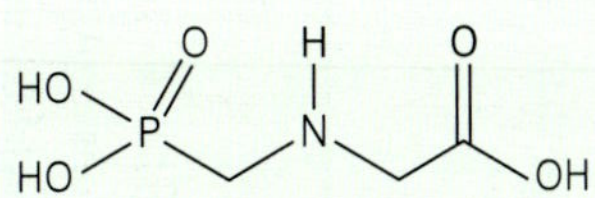	Glyphosate (Roundup)	N-Acetyltransferase	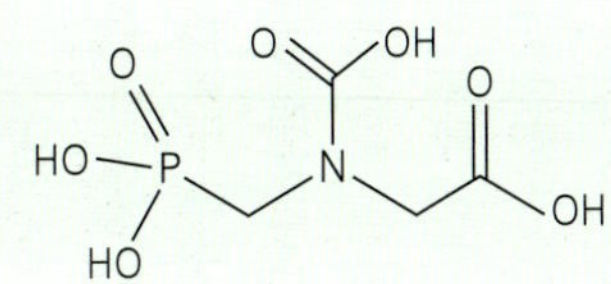	*Bacillus licheniformis*
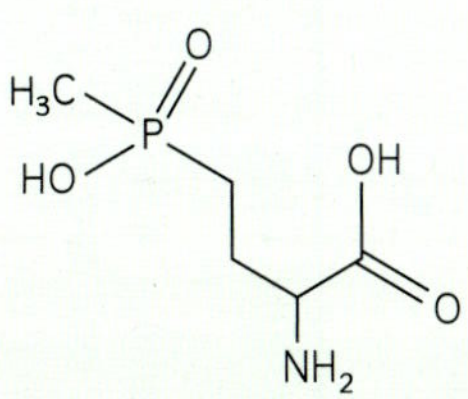	Phosphinothricin (Basta)	Acetyltransferase	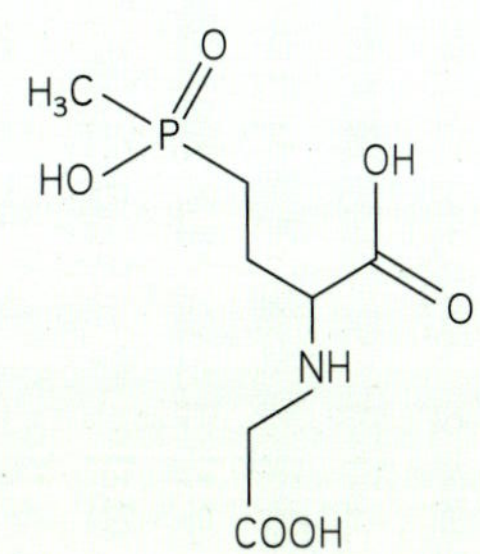	*Streptomyces hygroscopicus*

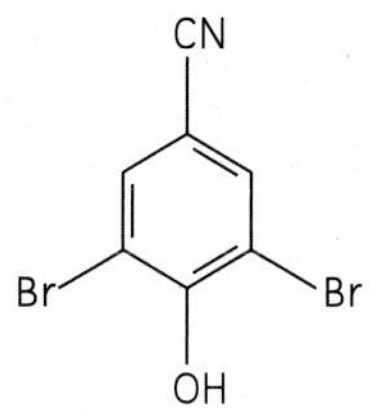	Bromoxynil (Buctril)	Nitrilase	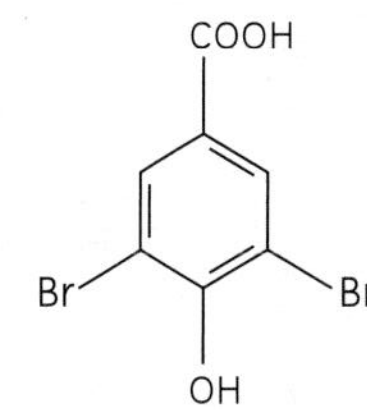	*Klebsiella ozaenae*
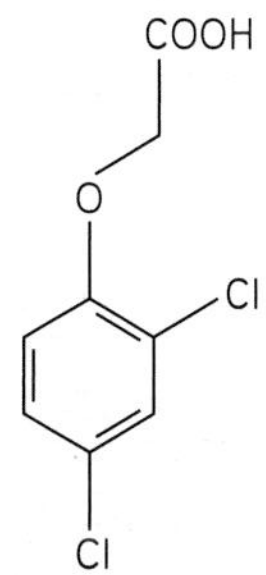	2,4-D	Monooxygenase	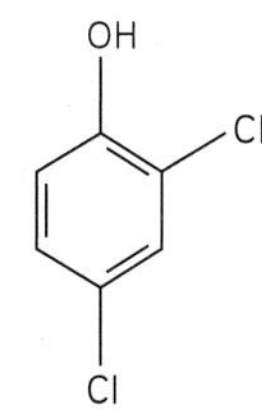	*Alcaligenes eutrophus*

2,4,-D, 2,4-dichlorophenoxyacetic acid.

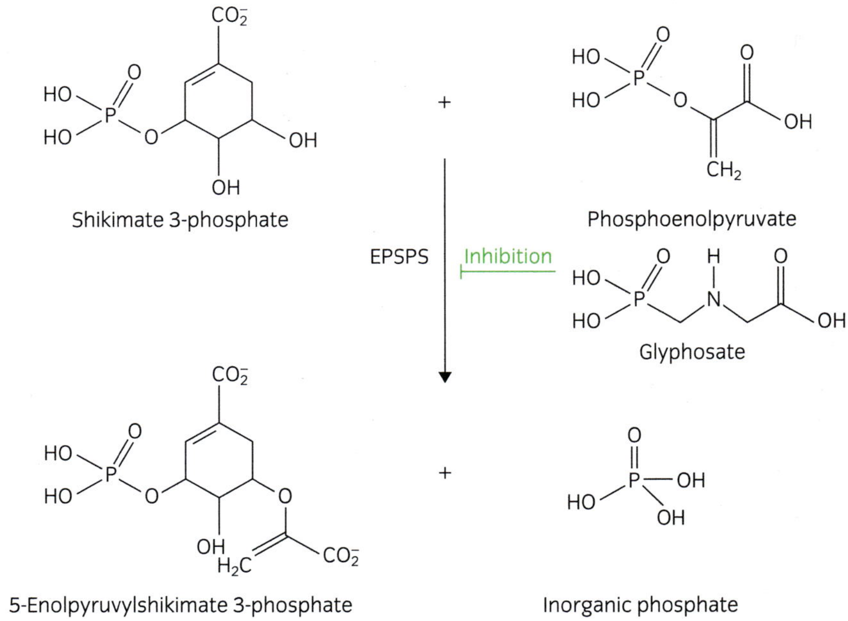

그림 5.2 글리포세이트(glyphosate)와 EPSPS에 의한 촉매반응. EPSPS에 의해 일어나는 생화학적인 촉매반응은 포스포에놀피루베이트(phosphoenolpyruvate)에 시키메이트 3-포스페이트(shikimate 3-phosphate)를 추가하는 것을 포함한다. 글리포세이트(glyphosate)와 포스포에놀피루베이트(phosphoenolpyruvate)의 구조적 유사성은 제초제에 의한 EPSPS의 경쟁적 억제를 설명한다.

효소의 경쟁적 억제제로서 작용하는 단순한 글리신(glycine) 유도체이다(표 5.2 참조). 그림 5.2는 글리포세이트(Glyphosate)와 효소 기질의 하나인 포스포에놀피루베이트(phosphoenolpyruvate, PEP)의 구조적 유사성을 보여준다. 글리포세이트(glyphosate)는 PEP보다 EPSPS-shikimate 3-phosphate 복합체에 더 강하게 결합하는데, 복합체의 해리도는 PEP보다 2,300배 느리다. 따라서 EPSPS는 일단 글리포세이트(glyphosate)가 효소-기질 복합체에 결합하게 되면 효과적으로 불활성화시킨다. EPSPS는 페닐알라닌(phenylalanine), 타이로신(tyrosine), 트립토판(tryptophan)과 같은 방향족 아미노산의 생합성경로에서 중요한 효소이다(BOX 5.2). 따라서 글리포세이트(glyphosate)의 제초작용은 방향족 아미노산의 생합성

BOX 5.2 방향족 아미노산 생합성 경로

방향족 아미노산의 생합성 그리고 관련 화합물은 코리스메이트(chorismate)의 형성까지 일반적인 생화학 경로를 공유한다. 코리스메이트(chorismate)의 경로는 PEP의 응결(글라이코시스(glycosis)로부터)과 erythrose-4-phosphate(pentose phosphate 경로로부터)가 3-deoxy-D-arabino-heptulosonate 7-phosphate(DAHP)를 형성하는 것으로 시작한다. 다음 단계는 3-dehydroquinate를 생산하는 복합 산화환원/환화(環化) 반응을 포함한다. 다음 두 반응은 (3-dehydro-shikimate와 shikimate를 형성하는) 식물에서 두 가지 기능을 가진 효소에 의해 촉매 작용을 한다. 그리고 나서 Shikimate kinase는 5-enolpyruvylshikimate-3-phosphate synthase(EPSPS)의 기질 중 하나인 Shikimate 3-phosphate를 생산하기 위한 shikimate로 인산화한다. EPSPS는 5-enolpyruvylshikimate-3-phosphate(EPSP)를 형성하기 위해 enolpyruvyl side chain을 shikimate 3-phosphate에 추가한다. 마지막으로, chorismate는 EPSP로부터 인산염을 제거함으로써 형성된다.

코리스메이트(chorismate)는 방향족 아미노산과 다른 방향족 화합물의 페놀과 인돌 고리의 전구체이다. 코리스메이트 뮤타아제(mutase: 산화와 환원반응을 동시에 촉매하는 효소)는 프리펜산(prephenate)을 형성하는 페닐알라닌(phenylalanine)과 타이로신(tyro-

BOX 5.2 (계속)

sine) 합성과정을 수행하는 효소이다. Prephenate 아미노기 전이효소(aminotransferase)는 페닐알라닌(phenylalanine) (arogenate dehydratase를 통한)과 타이로신(tyrosine) (arogenate dehydrogenase를 통한)의 직접적인 전구체인 arogenate를 형성하기 위한 아미노기(amino) 기증자로서 glutamate 또는 aspartate를 이용한다. 이러한 아미노산은 리그닌(lignin), 플라보노이드(flavonoid), 하이드록시신나믹산(hydroxycinnamic acid), 알칼로이드(alkaloid)를 포함한 그 자체가 광범위한 이차생성물의 전구체이다.

그렇지 않으면 chorismate는 아마도 두 가지 촉매의 하부구조를 가지는 효소 복합체인 안트라닐산염 합성효소(anthranilate synthase)에 의해 안트라닐산염(anthranilate)으로 전환될 것이다. α 하부구조는 endopyruvyl side chain의 제거와 chorismate의 아미노화를 촉매작용 하는 반면, β 하부구조는 글루타민 아미노전이효소(glutamine aminotransferase) 활성을 갖는다. 이후의 네 가지 단계는 트립토판(tryptophan)의 생합성과 관계가 있다. 트립토판은 자체가 IAA, 인돌 알칼로이드(indole alkaloid), 인돌 글리코시놀레이트(indole glucosinolate), 파이토알렉신(phytoalexin), 아크리돈 알칼로이드(acridone alkaloid)를 포함하는 몇몇 중요한 이차 생성물의 전구체이다.

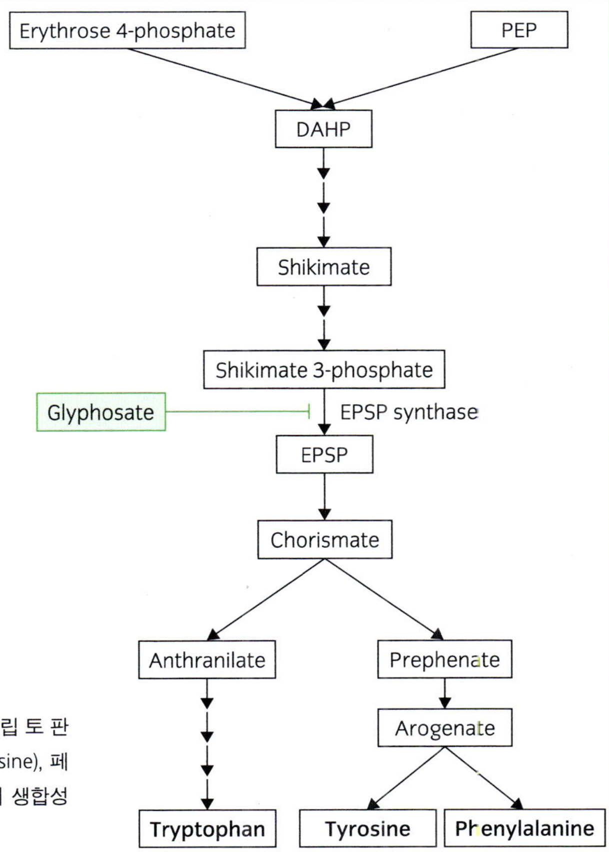

방향족 아미노산, 트립토판(tryptophan), 타이로신(tyrosine), 페닐알라닌(phenylalanine)의 생합성 경로

억제와 시키메이트(shikimate)경로의 다른 생성물로부터 온 결과이다.

글리포세이트의 행동양식에 대한 이러한 지식으로부터 제초제가 처리된 식물의 성장에 어떤 영향을 주는지 예견하는 것이 가능한가? 첫 번째 추론은 단백질 합성이 방향족 아미노산의 불충분한 공급으로 인하여 방해되는 것이다. 이러한 억제의 가장 즉시적인 효과는 분열조직을 포함하여 빠른 성장과 분열에 관여하는 식물체 부위에서 기대된다. 발달하고 있는 배유 같은 특수화된 기관들은 활발하게 단백질을 축적한다. 게다가, 다른 경로는 방향족 아미노산의 고갈에 의해 영향을 받을 것이다. 시키메이트(shikimate)경로는 리그닌(lignin), 알카로이드(alkaloid), 플라보노이드(flavonoid)를 포함한 페놀화합물을 위해 방향족 전구체를 공급한다(BOX 5.2). 사실 식물에 의해 고정된 탄소의 20%가 주로 리그닌 합성을 목적으로 하는 이 경로를 통해 나타난다. 트립토판(tryptophan) 이외의 인돌(indole)화합물은 같은 경로에 의해 생성되고 그래서 옥신(indole-3-acetic acid, IAA)의 생합성 또한 이 제초제에 영향을 받을 것이다. 따라서 글리포세이트가 식물체에 이러한 엄청난 영향을 미친다는 것은 놀랄만한 일이 아니다.

글리포세이트 내성을 위한 첫 번째 전략: 식물 EPSPS 유전자의 과잉발현

● 글리포세이트내성 작물의 생산을 위한 세 가지의 다른 전략이 검증되었다.

위에서 언급한 제초제 내성 유전자 조작을 위한 네 가지 전략 중, 사실상 실험실에서 검증을 마친 세 가지 전략 가운데 두 가지 전략은 글리포세이트 내성 작물을 상업적으로 개발하는데 기반을 구축하였다. 그러므로 이 세 가지의 전략을 비교하는 것은 유익하다. 식물 EPSPS 유전자의 과잉발현을 이용한 글리포세이트 내성 기술의 접근법은 가장 일찍이 활용되었던 접근 방법 중의 하나이다. 이것은 글리포세이트 내성 조직배양으로부터 페튜니아 상보적 DNA(cDNA)를 분리함으로써 가능하게 되었다. 글리포세이트의 양이 점진적으로 증가하는 데서 성장할 수 있는 페튜니아 세포의 순차적인 선발은 EPSPS 효소의 수준이 정상치보다 매우 많은 상태에서 배양 세포를 분리할 수 있도록 하였다. 이것은 EPSPS 유전자 발현의 증가에 의해 나타난 것이 아니라, 일반적인 페튜니아 게놈에서의 EPSPS 유전자의 다수 복제(20개까지의)와 같은 유전자 증폭의 결과임이 밝혀졌다(BOX 5.3 참조). 이 EPSPS 효소는 스스로 돌연변이가 일어나지 않았고, 이 내성은 단순한 효소 양의 증가에 의해 나타난 것이다. 그러나, 이 높은 수준의 EPSPS mRNA는 이 유전자를 위해

BOX 5.3 유전자 증폭

원핵생물에서 독성화합물에 저항성을 보이는 균주의 분리는 일반적으로 단백질 자체에 영향을 주는 유전자, 운반 및 해독작용, 유전자 발현조절에 영향을 끼치는 유전자들의 돌연변이들을 이용하는 데에서 나오는 선택적 장점의 결과를 이용하여 이루어진다. 반대로, 특정 독성 화합물에 저항성 있는 진핵세포의 선발은 보통 목적 유전자에서의 돌연변이 때문이기 보다는 목적 효소를 암호화하는 유전자 증폭의 결과이다. 이 과정은 특별히 독성의 정도가 각각의 선발 단계별로 점차적으로 증가되는 순차적 선발과정 동안에 관찰된다. 특성이 구명된 가장 좋은 하나의 예는 포유동물 세포 배양에서 나타나는 메토트렉사트(methotrexate) 저항성이다. 항암제 메토트렉사트는 DHFR(dihydrofolate reductase) 효소의 억제제로 다른 것을 사이에서 티미딘(thymidin) 합성을 위해 단일 탄소 단위를 제공한다. 그러므로 세포주의 DNA 복제에 특히 중요하다. 메토트렉사트 저항성 세포의 순차적 선발은 DHFR 유전자가 동시에 40-400배 증폭된 상태의 세포들에서 뚜렷하게 나타나게 한다. 이것은 유전자 복제가 진핵생물에서 돌연변이보다 더 자주 일어난다는 것을 나타낸다. 이러한 순차적 선발은 반복적인 유전자 복제를 위해 양적 선택압력을 적용하고 이는 **가속화된 진화** 과정의 결과를 나타낸다.

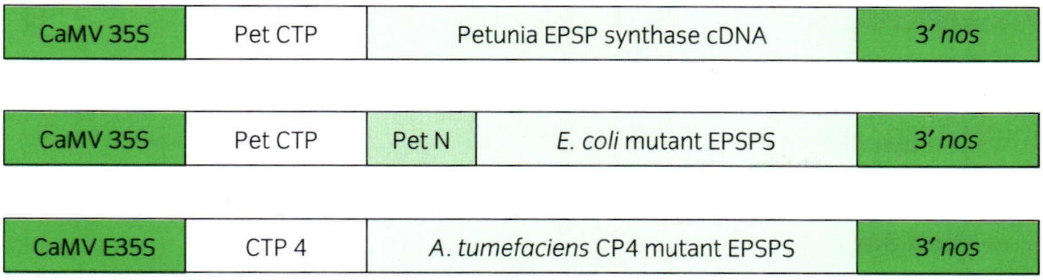

그림 5.3 글리포세이트(glyphosate) 내성의 유전공학적 적용을 위한 유전자 구성체(construct). 글리포세이트 내성의 유전공학적 적용에 이용되는 몇몇의 유전자 구성체의 지도를 보여준다. 위쪽 2개의 구성체는 초기의 실험적 디자인으로 제초제 내성의 유전공학적 적용 가능성을 보여주는데 이용되었다. 첫 번째 구성체는 야생 페튜니아(Pet)의 EPSPS 유전자의 과발현을 유도하는 반면, 두 번째는 엽록체 수송 펩티드(CTP, chloroplast transit peptide)를 포함하는 페튜니아 유전자의 N-말단 영역(N-terminal region)에 융합된 저항성 *Escherichia coli* 유전자를 보여준다. 세 번째 구성체는 유전자 발현능력을 강화시킨 콜리플라워 모자이크 바이러스의 35S 프로모터(E35S, CaMV 35S promoter)를 가지는 *A. tumefaciens*로부터 저항성 EPSPS 유전자를 이용한 대두와 목화와 같은 라운드업레디(Roundup Ready) 작물을 만드는 데 현재 이용되고 있다.

cDNA를 분리하기 더 쉽게 하였고 그것을 식물체에 다시 도입하는데 이용할 수 있도록 하였다.

페튜니아 세포에서 선택되어진 저항성 내생기작이 유전자 증폭의 결과로써 나타나는 과잉의 일반 EPSPS에 의한 것이라는 결과는 목적 단백질의 과잉발현이라는 첫 번째 전략이 실현 가능한 전략임을 보여준다. 형질전환된 페튜니아에서 EPSPS 유전자 과잉발현의 효과는 제초제 내성 조작 기술의 초창기 실험에서 검증되었다. EPSPS cDNA는 pMON546 벡터에서 콜리플라워 모자이크 바이러스 35S 프로모터와 nos 종결자 서열과 결합되었고(그림 5.3), *Agrobacterium*을 이용하여 페튜니아로 형질전환되었다. 이러한 식물체 유전자의 이용은 연구자들에게 형질전환 유전자 발현에서 주요한 장해요인 중의 하나를 회피할 수 있도록 하였다: 단백질 표적화. 앞서 언급되었듯이, 제초제의 많은 가능성 있는 표적 경로는 색소체에 존재하고 있다. 색소체에서 단백질 표적화는 BOX 5.4에서 논의된다. 더 이상 cDNA의 조작은 식물의 EPSPS cDNA 서열이 그 스스로의 수송 펩타이드를 포함하고 있어

BOX 5.4 엽록체 수송펩티드와 단백질 표적화

어떤 엽록체 단백질은 색소체 게놈에 의해 암호화 되고 세포기관의 70S 리보솜에서 번역된다. 그러나 대부분의 엽록체 단백질은 핵 게놈에서 암호화되고 세포질의 80S 리보솜에서 번역된다. 그러므로 엽록체로 오는 단백질들을 인식하는 것과 수송하는 기작이 존재해야 한다. 엽록체는 외막과 내막으로 구성되며 틸라코이드(thylakoid)는 추가적인 내부의 막 조직으로 구성된다. 따라서 엽록체에는 막사이의 공간, 스트로마(stroma), 틸라코이드 루멘(thylakooid lumen) 이렇게 3개의 뚜렷한 칸으로 구분된다. 정확한 목적지에 따라서, 엽록체 단백질은 3개의 막 조직을 가로질러 전이될 것이다. 이것은 모든 색소체 단백질이 단백질의 N-말단에서 약 40–50 아미노산 서열(수송 펩티드)의 인식에 의해 엽록체로 이동되는 것을 의미한다. 이 펩티드는 특정 펩티다제(peptidase)가 수송 단백질들이 제거되어지는 스트로마로 이동되도록 유도한다. 이 과정을 **번역 후 과정**(**post-translational**)이라 하고, 이 단백질은 거친 내부원형질 망상조직(endoplasmic reticulum) 주변

(*다음 장 계속*)

BOX 5.4 (계속)

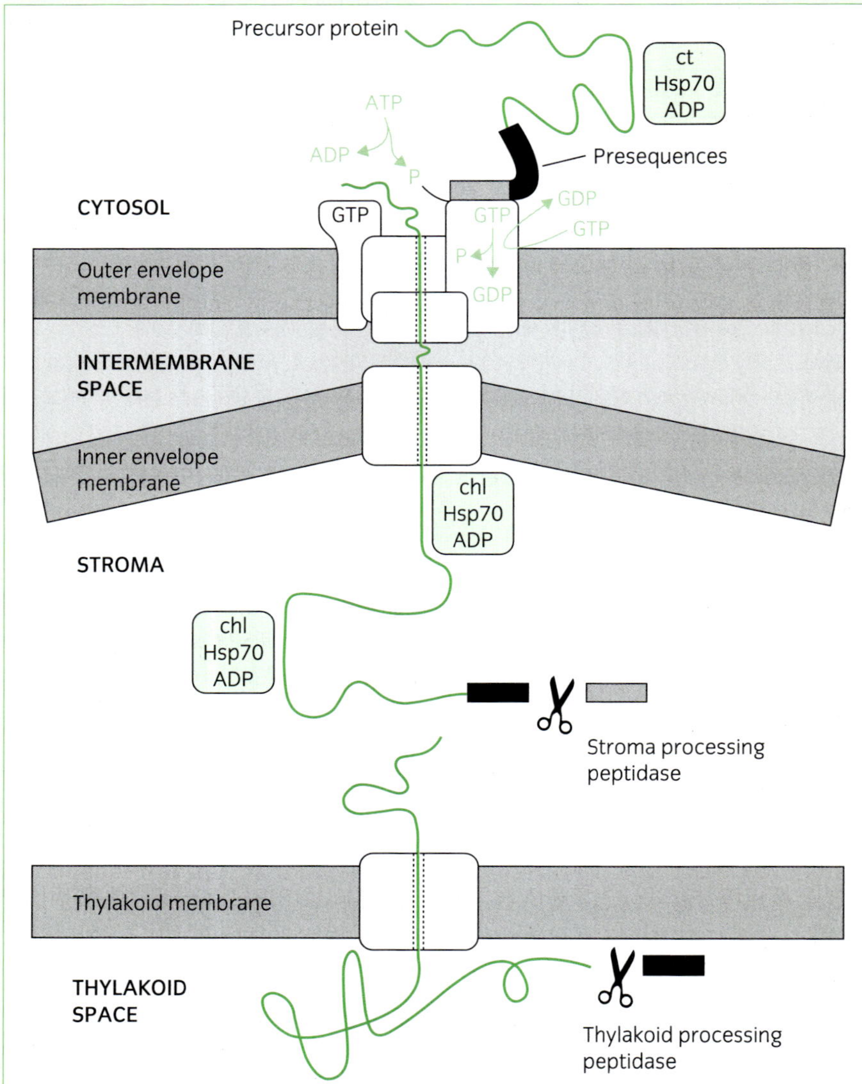

엽록체로의 단백질 이동. chl, chloroplastic; ct, cytoplastic; Hsp70, 70 kDa heat-shock protein. (Adapted with permission from Heldt (1997).)

리보좀에서 합성되는 동안 막 주변과 분비 단백질을 내부원형질 망상조직으로 동시 번역 이동하는 것과 달리 합성 후 이동된다. 이런 스트로마로 이동하는 과정은 내막과 외막에 걸쳐 있는 복합단백질구조를 포함하는 것으로 보인다.

틸라코이드로의 표적화는 쌍방 이동을 하는 펩티드를 요구한다. 스트로마를 표적으로 하는 염기서열의 제거는 루멘을 표적으로 코딩하는 펩티드로써도 작용하는 두 번째 이동

BOX 5.4 (계속)

펩티드를 나타나게 한다. 이러한 과정은 단백질들이 틸라코이드 막을 거쳐 특정 프로테아제(protease)에 의해 제거되는 틸라코이드 루멘으로 이동하게 한다.

수송 펩티드는 키메라 색소체 이외의 단백질을 엽록체로 이동될 수 있도록 유도할 것이다. 그러므로 N-말단 수송 펩티드를 포함하는 잡종 형질전환 유전자는 단백질을 특정한 엽록체 부분에 표적화하기 위해 구성될 수 있다.

이 단백질이 색소체 영역에서의 활성으로 표적화에 요구되어지지 않음을 유념하라. 이 실험의 결과는 형질전환 식물체에서 EPSPS 활성을 40배 증가시켰고 야생의 식물체를 죽이는데 요구되는 것보다 2-4배 높은 양을 포장에서 뿌렸을 때 나타나는 글리포세이트(glyphosate)에 대한 내성이다.

글리포세이트 내성을 위한 두 번째 전략: 돌연변이 EPSPS 유전자

돌연변이 EPSPS 유전자는 다수의 글리포세이트(glyphosate) 저항성 세균으로부터 분리되었다. 이것은 세균으로부터 유래한 글리포세이트 저항성 유전자를 이용한 이전 실험들 중 두 가지와 비교하기 유용하다. 이 중 하나에서는, *Salmonella typhimurium*에서 유래한 돌연변이 *aroA* 유전자를 *Agrobacterium tumefaciens* Ti plasmid의 *ocs* 유전자 프로모터와 종결부분 염기서열 사이에 삽입하였다. 이를 통하여. 오직 제초제 내성의 중간 정도의 증가는 얻었다. BOX 5.4를 참고하여, 왜 내성이 제한되는지 설명할 수 있다. 원핵생물 유전자는 색소체 수송 펩티드 서열을 갖고 있지 않기 때문에 저항성효소가 엽록체로 않고 이로 인하여 내성이 제한된다.

기능성이 있는 색소체 수송 펩티드를 위한 요구는 수송 펩티드염기서열을 포함하는 페튜니아 EPSPS cDNA 서열의 N-말단과 *E. coli*로부터 돌연변이 된 *aroA* 유전자의 C-말단의 융합된 잡종 EPSPS 유전자의 구조에 의해 입증되었다(그림 5.3). 키메라(chimaeric) 효소의 발현은 형질전환 담배에서 글리포세이트(glyphosate) 내성을 0.01부터 1.2 mmol l^{-1} 글리포세이트까지 증가시켰다. 이 실험은 이러한 전략의 중요한 입증이었고 적절한 프로모터와 종결신호를 지닌 식물 핵 게놈으로 원핵생물 유전자를 삽입하여 발현하는 것의 가능함을 증명했다. 하지만 원핵생물 유전자의 발현은 종종 형질전환 식물에서 적절하지 않고 광범위한 변경은 높은 발현 수준을 포함하도록 요구될 것이다(4장 참조).

이러한 이전 실험들은 두 번째 전략의 가능성을 위한 유용한 증거를 제공하였으나(저항성 목적 단백질을 이용하여), 그것과 관련된 문제들이 드러냈다. 하나는 경쟁 억제자(inhibitor) 보다 낮은 친화력을 갖는 돌연변이 효소는 기질에 대해 낮은 친화도(증가된 K_M, the Michalis-Menten 상수)를 보인다는 것이다. 이것은 *E. coli*와 *S. typhimurium* 유전자를 가진 경우인 것으로 증명되었다. 이러한 이유로 다른 자원들로부터 유래한 글리포세이트(glyphosate) 저항성 유전자는 다른 식물들에서 그들의 효과가 검증되어지고 있다. 제초제 저항성 *A. tumefaciens* strain CP4로부터의 유전자는 글리포세이트(glyphosate) 저항성이 있는 EPSPS를 암호화하지만 PEP를 위한 낮은 K_M를 보유한다. 강화된 CaMV 35S 프로모터(4장 참조, 그림 4.2)와 애기장대 또는 페튜니아로부터의 엽록체 수송 펩티드를 결합한 이 유전자는 현재 몬산토의 주된 쌍떡잎 식물 Roundup Ready 작물(대두, 목화 그리고 유채)의 안에 포함되어졌다. 반면에 Roundup Ready 옥수수는 돌연변이 후에 분리되어 조직배양을 통해 선발된 옥수수로부터 유래한 저항성 EPSPS 유전자를 가지며, 벼 프로모터와 옥수수 엽록체 수송 펩티드 서열이 융합된 단자엽작물에 적합한 구조를 포함한다.

글리포세이트 내성을 위한 세 번째 전략: 이종 기원의 유전자에 의한 해독작용

구체적인 해독 기작에 기반을 둔 글리포세이트(glyphosate) 내성 유전자 조작을 위한 대안이 되는 전략이 개발되었다. 토양미생물에서 글리포세이트(glyphosate)는 아미노메틸포스폰산(aminomethylphosphonic acid, AMPA)과 글리옥실레이트(glyoxylate)를 형성하기 위해 산화환원효소(oxidoreductase)에 의해 촉매된 C-N 결합의 분열에 의해 분해 될 것이다(표 5.4). 글리포세이트 산화효소(glyphosate oxidase, GOX)를 암호화하는 유전자는 *Ochrobactrum anthropi* strain LBAA인 토양생물체로부터 분리되었고 수송펩티드의 추가에 의해 변형되었다. 이 유전자로 형질전환 된 유채와 같은 형질전환 작물은 포장에서 매우 좋은 글리포세이트(glyphosate) 내성을 보여준다. 하지만, 유전자 분리방법은 일반적으로 이용되지 않는다. 몬산토는 현재 저항성 *Agrobacterium* CP4 EPSPS 유전자와 GOX 유전자 둘 다 발현되는 카놀라(미국에서 재배되는 유채 품종)를 위해 이중의 전략을 채택한다. 강화된 글리포세이트(glyphosate) 내성뿐 만 아니라, 이 방법은 글리포세이트(glyphosate)가 상대적으로 무해한 생산물(글리실레이트(glyxylate)는 일반적인 식물 대사물질이고 AMPA는 글리신(glycine)으로 전환될 것이다.)로 파괴되기 때문에 내성식물에서 제초제의 축적을 피한다. 이것은 두 번째 전략과 세 번째 전략 사이의 주요한 차이점이다. 두 번째 방법은 제초제가 존재하는 환경에서 식물이 기능을 나타낼 수 있도록 하지만 그로 인하여 일반적인 환경에서 발견되는 작물에서 보다 더 높은 수준의 제초제 성분이 축적될 지 모른다. 대조적으로 해독방법은 제초제의 성분을 파괴하거나 원래의 화합물보다 독성이 적은 형태로 바뀌어 축적되는 결과를 나타낼 것이다.

조금 더 최근에, 글리포세이트 아세틸화(glyphosate acetylation) 해독 시스템은 분자의 진화에 의해 발전되어 왔다(BOX 5.5).

BOX 5.5 **글리포세이트 아세틸기 전이효소의 방향성 있는 진화**

N-acetylglyphosate는 EPSPS의 효과적인 억제제가 아니고 결과적으로 제초제도 아니며 때문에 아세틸화에 의해 해독된다. Pioneer Hi-Bred(DuPont의 자회사)와 함께 했던 연구팀은 글리포세이트(glyphosate)를 변경하는 위한 미생물의 능력을 연구하기 위해 다양한 미생물의 N-acetytransferase를 테스트했으나 어떤 것도 효과적이지 않았다. 그리하여 그들은 Acetyl-CoA와 글리포세이트(glyphosate)에 대한 투과성을 갖게 된 세포들을 배양하고 *N*-acetylglyphosate에 대한 감수성 분석을 수행하여 글리포세이트(glyphosate)의 아세틸화 활동에 대한 미생물의 집단을 조사하였다. *Bacillus licheniformis*는 가장 뛰어난 활동을 보였고, Glyphosate acetyltransferase(GAT) 유전자는 게놈 단편을 *E. coli*로 도입하는 샷건 클로닝 방법과 GAT 활동을 조사하는 것에 의해 두 가지 다른 균주로부터 분리되었다. 이 효소는 *N*-acetyltransferases의 GNAT 집단에 속하고, 세 번째 유전자는 이후에 서열 상동성을 기반으로 하여 *B. licheniformis*의 다른 균주로부터 분리되었다. 이 세 가지 유전자에 의해 암호화 된 효소는 K_{cat}(촉매반응의 비율 상수)와 K_M(기질을 위한 효소관련성의 단위)과 관련하여 특성화되었다. 이 효소는 비교적 낮은 K_{cat}(1.0-1.7 min^{-1})를 가지고 Acetyl-CoA(K_M = 1.0-1.2μM)에 대한 높은 관련성(즉 낮은 K_M)을 보였지만 glyphosate에 대한 낮은 관련성(K_M = 1.2-1.6μM)을 보였다. 낮은 효율성의 결과로 이 세 가지 유전자 어떤 것도 형질전환 식물에서 유의성 있는 glyphosate 저항성을 부여할 수 있는 능력이 없었다.

BOX 5.5 (계속)

효소 활성(높은 K_{cat}에 의해, glyphosate에 대한 낮은 K_M 또는 전체적으로 높은 K_{cat}/K_M 비율에 의해 측정된 것처럼)의 효율성을 향상시키기 위해, **분자진화** 또는 **직접적인 진화**의 과정이 활용되었다. 이것은 세 유전자로부터 파생된 무작위 단편화와 단편의 재조합에 의한 **유전자 혼합(gene shuffling)**을 수반했다. 이들은 섞인 유전자 변종의 도서관(library)을 만들기 위해서 *E. coli*로 복제되었고 투과된 세포들의 GAT 활동이 조사되었다. 대부분 활성이 높은 클론으로부터의 효소들이 분석되었고 우수한 3-12가지 변종들로부터 섞인 유전자는 DNA 혼합(shuffling)의 다음 단계를 위해 선택되었다. 세 번의 반복된 혼합 후에 여러 개의 효소들은 K_{cat}/K_M에서 약 1000배의 향상을 보였다. 이번 단계에서 글리포세이트(glyphosate)에 대해 혼합된 도서관(library)의 선발을 시작하는 것은 가능하였으나, 효소 효율성의 추가적인 향상은 안정기에 도달하는 K_M을 갖는 높은 K_{cat} 활동에 제한되었다. 그러므로 염기서열의 합성 도서관은 견본(template)으로서 네 번째 반복으로부터 최고의 GAT 변종을 이용하고, *Bacillus subtilis*와 *Bacillus cereus*에서 발견된 관련 있는 염기서열로부터 염기서열의 다양성을 통합함으로써 만들어졌다. 8번째 반복에서 염기서열의 다양성은 *Listeria inodua*와 *Zymomonas mobilis*의 가설 단백질 염기서열을 기반으로 통합되었다. 열한 번 반복 후에, 대부분 효과적인 GAT 변종은 416 min^{-1}의 높은 K_{cat}와 0.05M glyphosate의 K_M에 의해 나타난 8320 min^{-1}의 K_{cat}/K_M를 가졌고, 이것은 원래의 효소 보다 약 10 000배 향상된 것으로 나타났다. 향상된 *gat* 유전자는 애기장대, 담배 그리고 옥수수로 도입되었고, 현재 포장에서 그들의 글리포세이트(glyphosate) 내성을 평가하기 위한 시도가 이루어지고 있다.

전이 유전자의 다면 발현성 효과

식물로 전이유전자를 삽입하는 단계는 뜻밖의 원하지 않는 영향을 초래할 수 있다는 점에서 주목해야 된다. Roundup Ready 작물에서 이러한 종류의 문제가 없었던 것은 아니었다. 더운 날씨 동안에 Roundup Ready 대두에서 줄기의 갈라짐이 하나의 현상으로 발생했다. 이러한 현상은 식물내에 20% 더 높은 리그닌 함량이 발생의 원인으로 알려졌다. 글리포세이트(glyphosate)의 활동 방식에 대해 되돌아보는 것은 왜 추가적인 EPSPS 유전자의 도입이 리그닌 생합성의 증가를 초래하는지를 밝혀야 하기 때문이다(BOX 5.2 참조). 식물 EPSPS 효소가 제초제가 없는 일반적인 성장 조건에서 여전히 기능적이라는 것과 전이유전자로부터 추가적인 효소의 발현이 관련 있는 물질대사 경로의 균형에 영향을 미치는 것을 기억해야 한다. 이 주제는 이후의 장들에서 다시 살펴볼 것이며, 특히 식물 물질대사 경로의 조작을 다룬 10장과 11장에서 다시 언급될 것이다.

● 포스피노드리신(Phosphinothricin)은 자연적으로 발생하는 제초제이다.

사례연구 5.2 포스피노드리신(Phosphinothricin)

● 전이유전자는 아마도 예상하지 못한 효과를 나타낼 수 있다.

글리포세이트(glyphosate) 내성은 가장 널리 이용되는 경제적인 GM 형질 중의 하나이다. 내성작물의 재배면적과 수와 관련하여 글리포세이트(glyphosate)에 가장 근접한 라이벌은

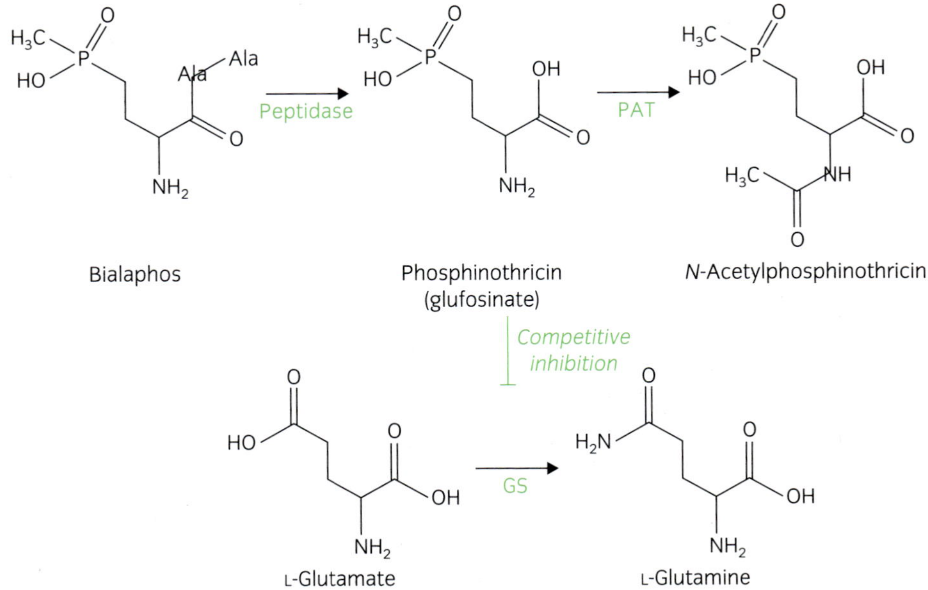

그림 5.4 PPT의 형성, 작용양식 및 해독작용. 바이알라포스(bioalaphos)가 PPT로 전환되는 것은 펩티다아제(peptidase)에 의해 2개의 알라닌(alanine) 잔기가 제거되는 것을 포함한다. 이 화합물은 글루타민 합성효소(GS, glutamine synthase)의 경쟁적 억제제로서 역할을 하고 그림은 기질 L-글루타메이트(L-glutamate)와 PPT 간의 구조적 유사성을 강조한다. 포스피노트리신 아세틸 전달효소(PAT, phosphinothricin acetyl-transferase)에 의해 촉매반응이 이루어진 해독작용 반응 또한 보여지고 있다.

제초제 phos-phinothricin(PPT) 또는 glufosinate 이다(표 5.3). 비록 둘 다 폭넓은 스펙트럼을 갖는 제초제이나, glyphoste는 특히 초본류에 대해 효과적이고 PPT는 잎이 넓은 잡초에 효과적이며 다년생 식물과 자연 곡류에 대하여 가장 적게 영향을 미친다(이 장에서, PPT는 glufosinate와 글리포세이트(glyphosate) 사이에서 혼동을 피하기 위해 glufosinate로 선호하여 이용될 것이다. Glufosinate는 보통 암모늄염으로 적용되었고 흔히 glufosinate ammonium으로 불렸다.) PPT는 자연 생산물로부터 파생된 제초제들 중에서 특이하다. Bialaphos는 특정 *Streptomyces* 종에 의해 생산된 PPT-Ala-Ala 형태의 트리펩티드 구조이다. 그것은 바로 제초제로 적용되었고 Herbiace(Meiji Seika)와 같은 다양한 상품명으로 판매되었다. Bialaphos는 alanine 잔여물의 단백질 가수분해 제거에 의해서 활동적인 형태 L-PPT로 전환되었다. PPT는 상품명 Basta로 독일 회사 Hoechst에 의해 판매되었다. 특정한 형질전환 작물의 진행과정을 추적함에 있어서 알아야 할 한 가지 요점은 농약과 생물공학 부분에서 역동적인 현상이다. 많은 수의 기업들이 인수와 합병을 하며, 이로 인하여 기업들의 이름이 바뀌는 결과가 나타난다. 그리하여 Basta 상품명은 Hoechst의 몇 번의 인수합병으로 인하여 AgrEvo, Aventis를 거쳐 현재는 Bayer CropScience로 소유권이 이전되었다. 또 다른 공식 상품으로써 PPT 또한 Bayer에 의해 Liberty라는 상품명으로 판매되고, 아래에 설명한 바와 같이 형질전환 PPT 내성 작물의 LibertyLink 라인들을 보완한다.

PPT의 제초적 활동은 글루타민 합성효소(glutamine synthetase)의 경쟁적인 억제제의 결과이다. 그림 5.4는 PPT와 glutamine 합성효소의 기질 중 하나인 glutamate 사이에서 크기와 전하가 비슷하다는 것을 보여준다. Glutamine 합성효소를 억제하는 즉각적인 효과는 식물세포를 빠르게 죽이는 유독한 수준의 암모니아 축적이다. Glutamine 합성의 방해 또한 광합성을 억제하고 PPT의 제초작용은 암모니아 독성의 영향과 광합성의 억제작용의 결합으로 인해 나타나는 것으로 설명된다. PPT의 흡수는 잎을 통해서 이루어지며 그것의 속도는 식물 종류, 생육 단계, 공중 습도, 온도 그리고 적용의 비율을 포함하는 많은 요인에 의해 달라질 수 있다. 식물 내에서 이동은 글리포세이트(glyphosate)와 달리 제한되고 종에 따라 다양하다. 몇몇 제한된 침투성 활동은 잎 주변으로, 잎에서 잎으로, 잎에서 뿌리로의 이동의 결과로 일어 날지 모른다. 이것은 접촉 활동에 의해 완전히 죽지 않았던 다년생 잡초의 재성장을 억제하는 데 충분할 지 모른다. 하지만, 그것은 종종 많은 다년생 초본성 잡초를 글리포세이트(glyphosate)에 의해 뿌리째 모두 죽이지는 못할 것이다.

PPT 내성을 위한 전략

Bialaphos의 자연적인 발생은 내성을 만들어내기 위한 전략을 수립함에 있어 기존의 선례에 따른 실마리를 제공한다. 글루타민산염(glutamate)과 같은 보통의 기질과 단순한 구조적인 상동성을 가지고 있는 PPT와 같은 유독성 화합물은 기주 유기체에 유독성이 되기 쉽다. 화합물들이 비활성 전구체로써 합성된다는 사실은 이러한 점을 뒷받침한다. 그러므로 *Streptomyces* 종 또한 PPT의 유독한 영향으로부터 유기체를 보호하기 위하여 해독 유전자를 포함하고 있다는 것은 놀라운 사실이 아니다. *Streptomyces hygroscopicus*의 *bar* 유전자와 매우 가까이 관련된 *Streptomyces viridochromogenes*의 *pat* 유전자는 포스피노드리신 아세틸 전달 효소(phosphinothricin acetyltransferase)를 암호화한다. PPT의 아미노 그룹에 아세틸 그룹의 추가는 화합물을 비활성화 한다(그림 5.4). 따라서, 이론적으로 식물에 이 유전자를 도입하는 것은 PPT에 대한 저항성을 제공하는 것이다. PPT 내성을 위한 유전자 조작의 접근법은 Hoecht(Plant Genetic Systems은 이후 AgrEvo에 의해서 취득되었다.)로부터의 계약 하에 Plant Genetic Systems에 의해 개발되었다. *bar* 유전자는 보통 35S 프로모터의 조절 하에서 많은 다른 식물에 도입되었다. 현재 주된 LivertyLink 작물 라인은 유채와 옥수수이다.

● Basta 내성은 해독화 전략에 의해 만들어진다.

bar 유전자는 또한 형질전환식물의 형질전환과 재분화를 확인하기 위한 선발표지로 이용가치가 있는 것으로 입증되었다. 그것은 다른 종들이 매우 다양한 반응을 가지고 있는 카나마이신 같은 항생물질을 이용하여 선발하는 것에 대한 대안을 제공한다(3장, 4장 참조). 형질전환식물은 PPT배지에서 직접 선발될 수 있으나, 주의가 필요하다. PPT에 의한 글루타민 합성효소의 억제는 비 형질전환 물질에서 암모니아축적을 일으키고 이러한 이유로 식물 조직의 죽음을 일으킬 뿐 아니라, 비 형질전환조직에서 암모니아의 축적은 또한 인접한 형질전환세포에 유독성의 문제를 일으킨다.

식물 해독 시스템에 대한 전망

아직 완전히 개발되지 않은 다른 하나의 전략은 내생의 식물 해독 기작을 향상시킬 수 있다는 가능성이다. 많은 생체이물(외래의)화합물은 식물체에서 해독되지만 그 경로는 히드록실화(hydroxylation), 접합과 수송단계와 같이 하나 이상의 단계를 포함하고 있을 지 모른다. 그래서 내성을 조작하기 위한 단일 유전자 메커니즘을 구명하는 것이 어렵다는 것을 입증할 수 있다. 화합물의 히드록실화는 큰 유전자 집단을 형성하는 시토크롬(cytochrome) P450 모노산소 첨가효소(monooxygenases)와 같은 효소를 포함한다. 예를 들어, 제초제 브로모시닐(bromoxynil)(표 5.4)에 저항성 있는 잡초의 분석은 브로모시닐이 내생의 식물 시토크롬 P450 모노산소 첨가효소에 의해 해독되는 것을 보여주었다. 이것은 다양한 제초제에 대해 저항성을 강화할 수 있는 내생의 식물 유전자를 이용할 수 있는 기회를 제공한다. 이 개념은 특정한 식물 시토크롬

● 식물 해독 기작은 히드록실화(hydroxylation), 접합 그리고 수송 과정을 포함한다.

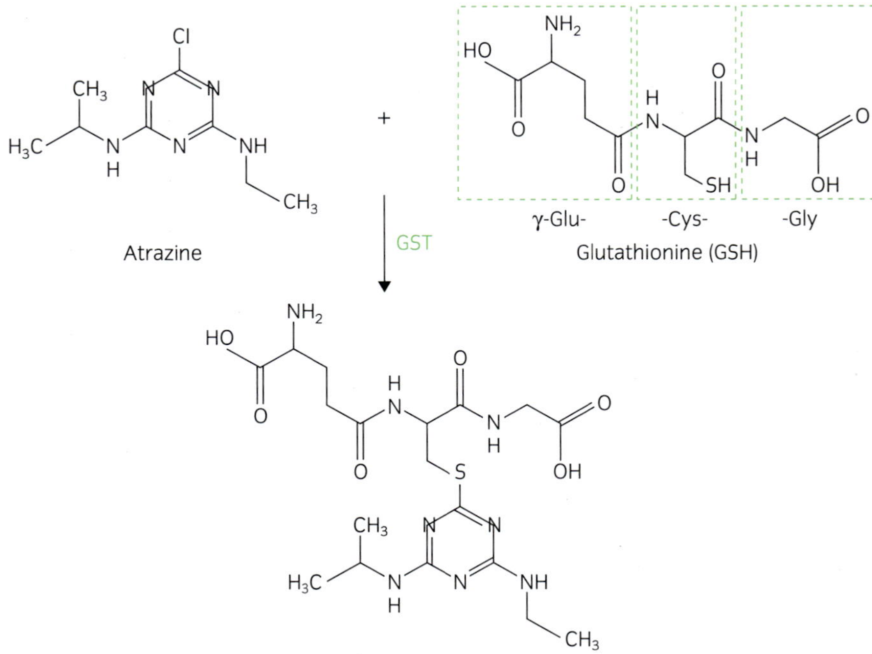

그림 5.5 아트라진(atrazine)과 글루타시온(glutathione)의 접합. 아트라진의 해독작용은 이단계법으로 글루타시온(glutathione)의 첨가 전 2-hydroxylation 과정 (염소(chlorine) 잔기의 제거)을 포함한다. 글루타시온은 핵심 잔기가 중간 시스테인(cysteine)인 트리펩티드(tripeptide)이다. SH기 그룹은 다수의 산화환원 반응과 접합 반응을 포함한다(9장 참조).

P450 효소가 페닐우레아(phenylurea) 제초제에 대한 저항성을 부여한다는 명확한 설명을 통하여 입증되었다. 하지만 시토크롬 P450 유전자 집단의 어떠한 구성원이 생체 이물의 특정한 부류에 특이성을 가지며, 이 유전자의 집단이 일반적인 대사과정에서 어떠한 역할을 하고 있는지에 대한 더 많은 연구가 요구되고 있다. 식물 해독 경로는 종종 글루타티온 S-전달효소(glutathione S-transferase, GST) 활동에 의한 글루타티온(glutathion) 접합과 액포로 접합하기 위한 특별한 수송을 포함한다. GST는 또한 큰 유전자 집단을 구성하고 이들 중 몇몇은 내생의 물질대사 반응과 관련되는 것으로 알려져 있다. 어떤 경우에는, 히드록실화와 접합 경로는 일제히 작동한다. 이러한 이유로 아트라진(atrazine)에 대한 옥수수의 저항성은 글루타티온으로의 2-히드록실화와 접합을 두 가지 경로에 의해 나타나는 것이다(그림 5.5). 그리하여, 큰 유전자 집단의 기능에 대한 더 많은 정보의 이용이 가능할 때, 내생의 시스템 또는 식물 종 사이에서 이동 시스템을 강화하기 위한 가능성이 있다. 기능 유전체학 기법(1장)의 개발은 이러한 지식의 습득을 가속화시킬 것이다.

현재까지 제초제 내성식물의 상업화

이 장은 유전적으로 조작된 제초제 내성 중, 가장 광범위하게 이용되고 있는 두 가지의 예를 설명하였다. 표 5.5는 포장 시험 단계에서 개발된 몇몇 다른 제초제에 저항성인 작물들을 나타낸다. 이들 중 몇몇은 경제적으로 널리 재배되지 않았다는 것에 주

표 5.5 포장에서 재배되는 제초제 저항성 작물

Class of herbicide	Compound/herbicide	Transgene/mechanism	Companies	Crops
Glycine	Glyphosate (Roundup)	*Agrobacterium* CP4-resistant gene	Monsanto	Alfalfa, cotton, oilseed rape, soybean, wheat
			Monsanto/Syngenta	Sugar beet
	Glyphosate (Roundup)	Maize resistant gene	Monsanto	Maize
	Glyphosate (Roundup)	Oxidoreductase detoxification	Monsanto	Maize, oilseed rape, soybean Soybean, maize
	Glyphosate (Roundup)	Acetylation detoxification	DuPont-Pioneer Hi-Bred	Soybean, maize
Phosphinic acid	Phosphinothricin (Basta), (Liberty)	*bar* gene; PAT detoxification	Bayer CropScience	Maize, rice, wheat, cotton, oilseed rape, potato
			Syngenta	Tomato, sugar beet
Sulphonylurea	Chlorsulphuron (Glean)	Mutant plant acetolactate synthase	DuPont-Pioneer Hi-Bred	Rape, rice, flax, tomato, sugar beet, maize
Imidazolinone	(Lightening, Beyond)	Mutant plant acetolactate synthase	BASF	Canola, maize, rice, sunflower, wheat (Clearfield non-GM technology)
S-Triazine	Atrazine (Lasso)	Mutant plant chloroplast *psbA* gene	DuPont	Soybean
Nitriles	Bromoxynil (Buctril)	Nitrilase detoxification	Calgene./Bayer CropScience	Cotton, oil rape, potato, tomato
Phenoxy-carboxylic acids	2,4-D	Monooxygenase detoxification	Bayer CropScience	Maize, cotton

2,4-D, 2,4-dichlorophenoxyacetic acid; PAT, phosphinothricin acetyltransferase.

목할 필요가 있다. 예를 들어 지속적으로 이용되는 제초제 부류로써 환경적인 관심을 받았던 아크라진(atrazine) 내성 작물은 더 이상 개발되지 않았다.

이 표는 각각의 경우에 선택된 방법을 제공한다. 이러한 모든 예들은 글리포세이트(glyphosate)와 PPT에 대한 설명 시 자세히 묘사되었던 돌연변이 목적 효소 접근법 또는 원핵생물의 해독 유전자 접근법 중의 하나를 이용한다. 하지만, 한 가지 추가적인 예에 대하여 더 연구할 가치가 있는데, 이것은 제초제 내성을 만들어내기 위해 내생의 식물유전자를 변형하는 상동성 재조합을 이용하는 것을 보여주기 때문이다.

사례연구 5.3 내생의 식물 유전자의 목적 변형에 의한 이미다졸리논 내성 유전공학

이 장의 시작 부분 즈음에 언급된 것처럼, 제초제의 두 가지 중요한 부류(sulphonyl-ureas와 imidazolinones)는 같은 작용 양식을 가진다. 즉, 그들은 효소 ALS를 억제한다(표 5.3, 그림 5.6 참조). 이것은 이소루신(isoleucine) 그리고/또는 루신(leucine)과 발린(valine)과 같

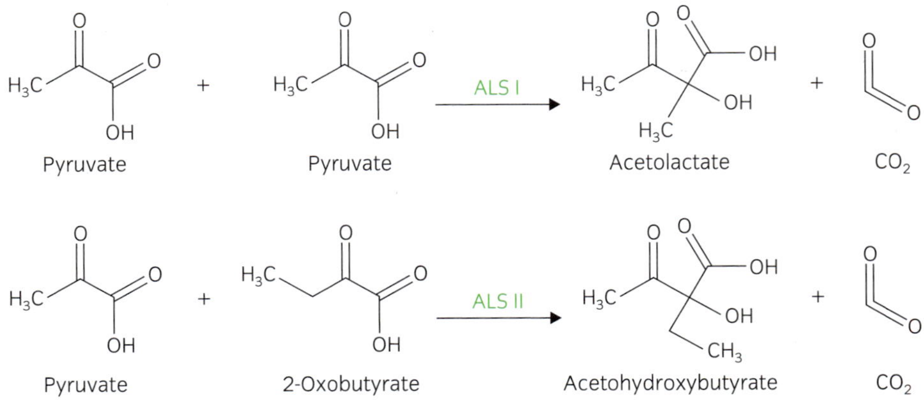

그림 5.6 ALS I과 ALS II에 의한 촉매반응. ALS I에 의한 아세톨아세테이트(acetolacetate)의 형성은 루신(leucine)과 발린(valine)의 생합성에서 첫 번째 단계이다. 반면, ALS II에 의한 유사한 촉매반응은 이소루신(isoleucine) 합성에서 핵심단계이다.

은 지방족 아미노산의 합성을 막는다. 이 효소의 제초제 내성 형태는 세균과 효모로부터 식물에 이르기까지 다양한 종으로 부터 분리되었고, 이들 중 몇몇은 표준 전략 두 번째 접근법에 의해 제초제 내성 공학기술로 이용되었다. 다양한 저항성 ALS 유전자의 염기서열 분석은 또한 저항성 형질을 나타내는 아미노산 서열의 정확한 변화에 대한 정보를 제공하였다. Pioneer Hi-Bred International의 연구원들은 내생의 옥수수 ALS 유전자 집단에서 단일 염기서열의 변화, Ser-621(AGT로 암호화된)이 Asn-621(AAT)로 변하는 것이 제초제 Lightning(imazathapyr(표 5.3)과 imazapyr의 혼합물)에 내성을 나타내게 할 수 있다는 것을 예측하기 위해 이와 같은 정보의 유형을 이용했다. 이것은 사실 바라던 돌연변이를 만든 단일 염기 불일치를 제외하고 내생 옥수수 유전자의 목표 염기서열에 정확한 상동성을 가진 32 염기부분을 가진 DNA와 RNA 염기들의 조합으로 구성된 올리고핵산염(oligonucleotide)으로 옥수수 세포에 유전자총을 이용하는 것에 의해 이루게 되었다. Imazathapyr를 포함하고 있는 배지에서 캘러스를 생장시키고 발육시킬 수 있었던 세포가 선발되었고 식물들은 10^{-4}의 형질전환 효율성으로 재분화 되었다.

● 식물체에서 매우 낮은 상동성 재조합빈도는 내생의 식물 유전자를 조작하는 데 장애가 된다.

독립적으로 변형된 9개의 식물들은 Lightning 내성 검사가 이루어졌다. 3개는 일반적으로 포장에서 사용되는 양의 4배 사용에서 저항성이 있었다. 반면에 다른 4개는 4배 사용에 약하게 상처를 입었고 일반적인 포장에서의 사용량에는 내성을 나타내었다. 남은 2개 식물은 대조식물과 같이 제초제에 감수성이었다. Lightning 내성과 형질전환된 식물에서 ALS 유전자의 염기서열 사이에는 직접적인 연관성이 있다. 높은 저항성을 보이는 식물체는 예견된 AGT→AAT 돌연변이를 포함한 반면에 중간 정도의 저항성을 보인 식물은 목표 구역에서 약간의 염기서열에서 돌연변이가 나타났다. 대조적으로 ALS 유전자의 염기서열은 감수성인 식물에서 변경되지 않았다.

이러한 연구로부터 얻은 결론은 비록 상동재조합이 식물에서 드문 일 일지라도, 그것이 특정한 환경 아래에서 내생의 유전자 염기서열을 바꾸기 위해 이용될 수 있다는 것이다. 따라서 미래에 더 많은 형질들이 이와 같은 방법에 의해 유전자 조작될 수 있다는 의미인가? 현장에서(*in situ*) 내생의 유전자를 조작하는 것에는 확실하게 이점이 있다. 이는 전이유전자 복제, 조작, 발현, 표적화뿐 만 아니라 게놈 안으로 무작위 삽입되어 예측할 수 없는 영향을 보이는 선발표지 유전자에 대한 요구 등과 관련된 많은 문제들을 피하기 때문이다. 하지만, 이러한 과정은 오직 특정한 유형의 유전자 조작에서만 적합할 것이다. 첫째, 원하는 돌연변이를 생산하기 위해 필요한 정확한 염기 변화를 알아야 한다. 둘째, 목적 유전자 돌연변이는 매우 낮은 형질전환 빈도에서 선발할 수 있는 형질을 수여하여야 한다. 이것은 제초제 내성을 위해 이상적이나 일반적으로 다음 3개의 장에서 논의될 병충해 저항성과 같은 형질의 유형에는 적합하지 않다. 이러한 점은 유전자 표적화의 주요한 예는 ALS 유전자에 맞춰져 있다는 사실에 의해 증명된다. 그리하여, 클로르설포란(chlorsulphuron) 저항성 ALS 유전자는 담배에서 Pro-196을 Ala, Thr, Glu 또는 Ser로 변화시키고 Try-573은 Leu로 대체되어 생산되었다. 비슷하게도 벼에서는 Pro-171→Ala, Trp-548→Leu 그리고 Ser-627→Ile 변경하여 만들어진 세 가지 다른 키메라(chimaeric) RNA/DNA 올리고핵산염은 클로르설포란 저항성을 보였다.

제초제 내성 작물의 환경적인 영향

제초제 내성 작물의 채택에는 긍정적 또는 부정적인 환경적 결과를 가질 수 있다.

제초제 내성 작물의 개발과 상업적 재배 관점에서 그들의 우월적 지위는 이번 장의 시작에서 강조되었다. GM 작물의 성적표에서 이들이 차지하는 위치를 유지할 수 있었던 몇몇 이유들이 이미 논의되었다. 과학적으로 제초제 내성은 그것의 빠른 발전을 가능하게 했던 몇 가지 이점을 가지고 있다. 접근 가능한 유전자를 이용한 몇 가지의 다른 단일 유전자 전략이 가능하고, 그 특성 스스로 선발표지로 사용될 수 있다. 농화학 산업에서 제공하는 연구개발에 자극과 함께 이러한 요인들은 예상한대로 그들을 최고의 위치로 이끌 것이다. 하지만 제초제 내성 작물이 단지 이러한 이유들로 성적표에서 최고가 아니라는 것을 주목하여야 한다. 그들은 이러한 기술이 받아들여지고 있는 나라에서 이들 작물을 빠르게 채택했기 때문에 선두를 유지하고 있다.

GM 작물이 가장 많이 재배되고 있는 미국에서 제초제 내성 대두의 비율이 1997년에 총 대두의 17%에서 2001년 68%까지 증가했다. 비슷하게 제초제 내성 목화는 1997년에 전체 목화의 10%에서 2001년 56%까지 확대되었다. 제초제 내성 작물의 이러한 빠른 전환에 따른 다수의 질문들에 대한 답변을 요구한다. 첫 번째는 분명한 상업적인 이점이 있기 때문에 농민이 이렇게 빠르게 이러한 작물을 채택하고 있는지 여부이다. 만약 그렇다면, 어떠한 이점인가? 두 번째는 이러한 성장 패턴과 이런 이유에 따른 제초제 사용 패턴에서 이러한 빠른 전환의 환경적인 영향과 관련되어 있다. BOX 5.6은 제초제 글리포세이트(glyphosate) 내성 대두의 재배로 나타나는 경제적인 이익과 제초제 사용에 따른 영향에 대한 한 가지 분석을 보여주고 있다. 이것은 비록 글리포세이트의 이용이 비 형질전환 대두와 비교하여 증가했더라도 제초제의 총 이용은 감소했다는 것을 나타낸다. 사실 이런 기술의 주요 수혜자는 전체적인 제초제 비용에 있어 뚜렷한 감소로 인해 생산자보다는 농민이었다. 그리하여, 필연적으로 제초제 내성 작물이 더 많은 제초제의 이용을 이끌 것이라는 가정은 검증될 필요가 있다. 목표 제초제의 사용은 아주 증가할 지 모르지만, 이것은 다른 제초제들을 대체하거나 그 사용 요구를 줄임으로써 아마도 제초제 사용의 순감소가 있을 것이다. 글리포세이트와 PPT 같은 제초제들

BOX 5.6 라운드업 레디(Roundup Ready) 대두: 글리포세이트(glyphosate) 이용

1997년부터 1998년까지 GM 대두의 비율이 13%에서 36%까지 증가한 것과 비슷하게 제초제 글리포세이트(glyphosate)의 사용은 81%(5540톤)까지 증가했다. 하지만 이것은 8990t의 대두에 사용된 다른 제초제들의 사용량이 총 3360t(−9.7%)으로 순감소의 결과를 나타냄으로써 글리포세이트 사용 증가에 대한 결과를 훨씬 보완하였다. 글리포세이트가 독성, 환경적 지속성, 생분해성에 관해서 다른 제초제들 보다 더 나은 특성을 가지기 때문에, 이것은 환경에 대한 순이익이 있다는 것을 주장했다. 이것은 또한 작물의 생산비용에 대해 영향을 가진다. 예를 들어 Rounup Ready와 비GM 대두의 전형적인 1999년도 생산비용(US달러로)은 각각 헥타르당 약 $225 그리고 $250로 Roundup Ready 대두에서 헥타르당 $25의 순이익을 보여준다. 제초제 이용에 따른 더 큰 절약은 Roundup Ready 작물을 개발하기 위해 지불했던 기술비용보다 더 많은 보상이 따른 다는 것이다.

주로 제초제 이용의 감소로부터 유래된 Roundup Ready 대두의 이용과 관련된 생산비용의 상당한 감소는 분명하다. 게다가 표에서 나타난 것처럼 대부분의 경제적인 이익이 농민에게 축적될 것이라고 평가되었다.

Beneficiaries	Estimated benefits (million $US)	Distribution of benefits (%)
Seed companies	32	3
US consumer	42	4
Technology inventor	74	7
US farmer	769	76
Total benefits	1061	100

(Data from Falck-Zepeda *et al.* (2000).)

의 환경적인 영향이 그들이 대신하고 있는 많은 화합물 보다 더 낮을 것이라고 생각되어 지기 때문에, 제초제 내성 작물의 생산자들은 그들의 작물의 채택이 환경에서 긍정적인 효과를 가질 것이라고 주장한다. 하지만, 제초제 내성작물의 빠른 채택에 대한 다른 환경적인 우려들이 있다. 이러한 우려중의 하나는 경작 가능한 땅으로부터 잡초 종들을 더 효과적으로 제거함으로써 그 결과 생물의 다양성이 감소하는 것이다. 이러한 우려들은 현재 집약적인 농업분야에서 더 넓게 관련되어 있으며, 이 책의 직접적인 범위 밖에 있다. 또 다른 우려의 하나는 제초제 저항성 잡초의 출현을 촉진할 가능성과 관련이 있으며 아래에서 논의할 것이다.

슈퍼잡초의 발달

제초제 내성 작물의 이용에 관한 주된 우려들 중의 하나는 그들의 소개가 흔히 사용되는 제초제의 통제를 회피할 수 있는 소위 슈퍼잡초라고 불리는 것의 발생을 유도할 수도 있다는 것이다. 이러한 두려움을 논의의 중심 맥락에 두는 것은 중요하다. 이전에 우리는 같은 제초제의 반복된 사용으로 발생된 선택적 압박이 있는 곳마다 자연스럽게 제초제 저항성 잡초들이 나타날 수도 있다는 것과 어떤 작물은 이미 특정한 제초제에 내성이라는 사실에 대해 논의했다. 그리하여 제초제 저항성 잡초의 문제는 GM 기술에 대한 특별한 새로운 현상이 아니라는 것 그리고, 표 5.2에 열거된 제초제의 큰 무기고를 명심하는 것은 주된 위협을 제기할 필요가 있는 것이 아니라는 것이다. 그럼에도 불구하고, 제초제 내성작물의 이용이 확대되는 것이 저항성 잡초의 수, 발생빈도, 유형에 차이를 발생시킬 것 인지를 묻는 것은 합리적이다. 왜냐하면 (1) 그들은 같은 제초제의 반복된 이용을 부추기며 (2) 제초제 저항성 유전자는 아래에 기술된 유전자 흐름의 과정들 중의 하나에 의해 잡초로 이동될 수 있는 것과 같은 이유로 민감한 문제이기 때문이다.

제초제 저항성 잡초는 이론적으로 다음과 같이 세 가지 유형의 기작에 의해 발생할 것이다.

● 슈퍼잡초는 세 가지 다른 기작에 의해 발생될 수 있다.

1 제초제 내성 작물은 순환(윤작)작물이 성장하는 포장에서 스스로 잡초로써 나타난다. 이러한 자발적인 집단은 경작지의 밖에서 재생산될 수 있으며 자발적으로 지속가능 한 집단을 형성할 것이다.

2 제초제 내성 작물의 꽃가루는 제초제 내성 잡종을 생산하는 작물과 유연관계가 있는 잡초와 수정한다. 잡초와의 교잡으로 형성된 이러한 잡종들의 다음 여교잡은 제초제 내성의 형질이 잡초집단으로 도입될 수 있도록 유도할 것이다.

3 제초제 내성 특성을 더욱 더 넓은 범위의 식물 종으로 전파시키는 다른 기작(예를 들면 바이러스)에 의한 수평유전자의 이동(1과 2에서 언급된 수직전파에 반대적 의미)이 있다.

반드시 각각의 제초제의 환경적인 영향이 별도로 고려되어야 하는 것처럼, 서로 다른 작물들을 개별적으로 다루는 것 또한 중요하다. 그리하여 특정한 작물들이 보통의 작물들 보다 자발적으로 잡초를 형성하기 쉽다면, 제초제 내성 계통의 존재는 만약 제초제가 그러한 잡초를 제거하기 위해 일반적으로 사용되었을 때 문제가 될 수도 있다.

그러나 표 5.2에서 보여진 제초제의 큰 무기는 자발적인 잡초들이 순환(윤작)작물을 위해 경작지로부터 깨끗하게 제거되는 것을 보장한다. 잡초의 개념이 일반적으로 제초제 내성을 포함하지 않는 특성의 복잡한 혼합의 산물이라는 것을 명심해야 됨에 틀림없다. 유전자의 이동이 GM 작물로부터 다른 작물들 그리고 잡초 종으로 이루어지는 것을 고려할 때 각각 작물의 특성 또한 고려되어야 한다. 예를 들면, 이종교배작물로부터의 꽃가루 확산은 자가교배작물보다 훨씬 더 큰 문제가 있다. 고려해야 할 또 다른 요인은 밀접하게 연관된 잡초 종들의 근접성이다. 따라서, 옥수수, 대두 그리고 목화는 GM 품종들이 널리 자라는 국가(미국과 캐나다)에서 교배가 가능한 야생형 동류가 존재하지 않는다. 밀, 유채 그리고 사탕무는 관련

종에 근접한 곳에서 재배되며, 유채와 사탕무는 이종 교배를 한다. 이러한 이유로 유채와 사탕무는 잡초로 유전자의 이동이 일어나는 것에 관한 연구를 위해 최악의 사례 분석을 위한 작물로 사용되어 왔다. 오늘날까지 수행되어온 연구들은 작물로부터 잡초 종으로 이동되어지는 발견 가능한 유전자가 존재하지만, 포장 조건 아래에서 이러한 이식유전자 이입은 아마도 드물다는 것을 보여주고 있다. 이러한 잠재적 유전자 흐름을 최소화하기 위해서 화분이 각각 GM 작물로부터 이동할 수 있는 거리를 예측하는 것과 잡초 연관 식물체와의 수정을 막기 위한 적절한 완충거리를 결정하는 것이 반드시 필요하다. 그러나 완충거리를 결정하기 위한 많은 연구들은 비교적 작은 규모로 이루어졌다. 최근 제초제 내성 유채(유전자 형질전환 이외의 방법으로 생산된)를 이용한 큰 규모 연구는 유채 화분이 예상보다 훨씬 멀리 이동하는 것으로 나타났으나, 그럼에도 불구하고, 비저항성 식물로의 유전자 이동은 아주 적었다.

식물 사이에 수평적인 유전자 이동은 관련 없는 종으로 전이유전자의 이동이 이루어지는 것에 대해 특정한 문제를 제기하기에는 아직 증거가 거의 존재하지 않는다. 제초제 내성 작물의 환경적인 영향의 주된 화제에 대해 명확한 것은 환경에서 식물들 사이의 모든 유전자 이동 유형의 완전한 정도를 이해하기 위해 더욱더 많은 연구가 필요하다는 것이다. 그리하여, 환경적인 위험과 GM 작물의 이점에 대한 최근 보고서는 다음과 같이 결론 내렸다.

1 GM 작물의 위험들과 이익들은 전체적으로 확실하거나 일반적이지 않다.

2 어느 도입종(GM 또는 GM이 아닌 것)의 생태학적인 영향들은 예견하기는 어렵고 이용할 수 있는 자료는 제한적이다.

3 몇몇 이익들과 위험들은 아직 구명되지 않았거나 출판된 문헌에서 다루어지지 않은 것으로 존재할 수도 있다.

4 결국 개발되게 될 다른 GM 작물의 양과 질은 위험평가를 위한 특별히 관심을 받을 가치가 있을 것이다.

5 잠재적인 이익들에 대한 더 나은 평가는 위험관리자들이 잠재적인 위험과 균형을 맞추는 방법을 알 수 있도록 도울 것이다.

6 야생 식물들에 대해 유전자전이를 막기 위해 개발된 조치들은 잠재적 환경적 영향들을 줄이고 잠재적인 이익들을 연장할 수 있을 것이다.

요약

이 장은 제초제 내성 식물의 유전자조작에 대한 개요를 제시하였다. 넓은 범위의 다른 화학적 집단의 제초제와 그들의 작용 기작에 대한 것들이 서술되었다. 제초제 내성의 유전적 조작에 대한 네 가지 기본전략이 몇몇 사례연구와 함께 논의되었다. 두 번째 방법(저항성 목적 단백질)과 세 번째 방법(특정한 해독)은 현재 가장 효과적인 접근법으로 결론지어졌다. 하지만, 미래 발전은 내생의 해독 기작에 대한 더욱더 향상된 이해와 내생의 저항성 유전자의 표적 돌연변이를 아마도 포함할지 모른다. 제초제 내성 작물들의 환경적인 영향에 대한 관심들은 12장에서 더욱더 넓은 관점으로 다루었다.

다음 4개의 장은 해충, 병해 그리고 비생물학적 스트레스와 같은 다른 스트레스 저항성에 대한 유전자 조작을 다룰 것이다. 이번 장에서 소개된 개념들 중 몇몇은 다음 장에서 반복적인 주제가 될 것이다. 하지만, 우리는 또한 우리가 다음 장들을 통해 나아감으로써 논리적인 순서에 대한 새로운 아이디어와 기술을 소개할 것이다.

FURTHER READING

Visit www.oxfordtextbooks.co.uk/orc/slaterplants2e/ for hyperlinked references that take you directly to online abstracts for the journal articles listed below:

Plant biochemistry

Buchanan, B. B., Gruissem, W., and Jones, R. L. (2002) *Biochemistry and Molecular Biology of Plants*. American Society of Plant Physiologists, Rockville, MD.

Heldt, H.-W. (1997) *Plant Biochemistry and Molecular Biology*. Oxford University Press, Oxford.

Herbicide-tolerant crops

Cole, D. J. (1994) Molecular mechanisms to confer herbicide resistance. In *Molecular Biology in Crop Protection* (G. Marshall and D. Walters, eds), pp. 146–176. Chapman & Hall, London.

Falck-Zepeda, J. B., Traxler, G., and Nelson, R. G. (2000) Rent creation and distribution from biotechnology innovations: the case of *Bt* cotton and herbicide-tolerant soybeans in 1997. *Agribusiness* **16**, 21–32.

Mullineaux, P. M. (1992) Genetically engineered plants for herbicide resistance. In *Plant Genetic Manipulation for Crop Protection* (A. M. R. Gatehouse, V. A. Hilder, and D. Boulter, eds), pp. 75–107. CAB International, Wallingford.

Directed evolution

Castle, L. A., Siehl, D. L., Gorton, R., Patten, P. A., Chen, Y. H., Bertain, S., Cho, H.-J., Duck, N., Wong, J., Liu, D., and Lassner, M. W. (2004) Discovery and directed evolution of a glyphosate tolerance gene. *Science* **304**, 1151–1154.

Siehl, D. L., Castle, L. A., Gorton, R., Chen, Y. H., Bertain, S., Cho, H.-J., Keenan, R., Liu, D., and Lassner, M. W. (2005) Evolution of a microbial acetyltransferase for modification of glyphosate: a novel tolerance strategy. *Pest Management Science* **61**, 235–240.

Homologous recombination

Iida, S. and Terada, R. (2005) Modification of endogenous natural genes by gene targeting in rice and other plants. *Plant Molecular Biology* **59**, 205–219.

Kovchenko, A. and Willmitzer, L. (2003) Chimeric RNA/DNA oligonucleotide-based site-specific modification of the tobacco acetolactate synthase gene. *Plant Physiology* **132**, 174–184.

Zhu, T., Peterson, D. J., Tagliani, L., St Clair, G., Baszczynski, C. L., and Bowen, B. (1999) Targeted manipulation of maize genes *in vivo* using chimeric RNA/DNA oligonucleotides. *Proceedings of the National Academy of Sciences USA* **96**, 8768–8773.

Zhu, T., Mettenburg, K., Peterson, D. J., Tagliani, L., and Baszczynski, C. L. (2000) Engineering herbicide-resistant maize using chimeric RNA/DNA oligonucleotides. *Nature Biotechnology* **18**, 555–558.

Environmental impact

Rieger, M. A., Lamond, M., Preston, C., Powles, S. B., and Roush, R. T. (2002) Pollen-mediated movement of herbicide resistance between commercial canola fields. *Science* **296**, 2386–2388.

Senior, I. J. and Dale, P. J. (2002) Herbicide-tolerant crops in agriculture: oilseed rape as a case study. *Plant Breeding* **121**, 97–107.

Wolfenbarger, L. L. and Phifer, P. R. (2000) The ecological risks and benefits of genetically engineered plants. *Science* **290**, 2088–2093.

Web-links

AgBiotechInfonet, web-link 5.1: www.biotech-info.net/herbicide-tolerance.html

AgBioTechNet, web-link 5.2: www.agbiotechnet.com/

Agricultural Biotechnology Council, web-link 5.3: www.abcinformation.org/benefits.php

Bayer CropScience BioScience, web-link 5.4: www.bcsbioscience.co.uk/

Biotechnology Industry Organisation, web-link 5.5: www.bio.org/foodag/

Council for Biotechnology Information, web-link 5.6: www.whybiotech.com

CropGen, web-link 5.7: www.cropgen.org/

DuPont Biotechnology, web-link 5.8: www2.dupont.com/Biotechnology/en_US/

Felsot, A. *Agrichemical and Environmental News* 2000–2001 [articles in issues 173, 175, 176, and 178], web-link 5.9: www.tricity.wsu.edu/aenews/Feb01AENews/Feb01AENews.htm#anchor5338542

GEO-PIE Genetically Engineered Organisms, Public Issues Education Project, Cornell University, web-link 5.10: www.geo-pie.cornell.edu/gmo.html

Herbicide Resistance Action Committee and the Weed Science Society of America, web-link 5.11: www.plantprotection.org/HRAC/MOA.html

James C. (2001, 2005) *International Service for the Acquisition of Agri-biotech Applications*, web-link 5.12: www.isaaa.org/

Monsanto Biotechnology Knowledge Centre, web-link 5.13: www.biotechknowledge.monsanto.com

Montsanto company, web-link 5.14: www.monsanto.com/monsanto/layout/default.asp

Pesticide Action Network Pesticide Database, web-link 5.15: www.pesticideinfo.org

Pioneer Hi-Bred, web-link 5.16: www.pioneer.com/biotech/default.htm

USDA Economic Research Service, web-link 5.17: www.ers.usda.gov/Briefing/Biotechnology/

6

병충해 저항성의 유전자 조작

개요

제5장에서, 잡초, 병해충, 질병으로 인한 세계 작물 손실의 규모에 대해서 논의되었다. 잠재적으로 세계 작물 수확량의 13%는 병해충에 의해 손실된다고 평가되어 왔다(그림 5.1). 식물 병해충의 범위는 선충에서부터 조류나 포유류까지 이르지만, 곤충에 의한 작물의 피해가 대부분을 차지한다. 따라서 이 장에서 작물에 곤충에 의한 피해 문제에 대한 생명공학적인 해결책에 초점을 맞출 것이다.

현대 농경법은 병충해에 의한 피해를 줄이기 보다는 이 문제를 악화시켰다. 이러한 악화를 야기한 요소 중 하나는 내재성(endogenous) 살충적 특성(pesticidal trait)의 이종번식이였다. 일부 방어적인 특성은 다른 특성을 위한 선별과정(selection process)에서 우연히 사라졌지만, 살충적 특성은 생산량과 품질 등과 같은 특징에 영향을 미치기 때문에 의도적으로 제거되었다. 어떤 이유건 간에 근래의 우수한 품종 중 대부분은 병충해에 대한 자연내성(natural resistance)이 그들의 이전 품종들 보다 적었다. 이러한 문제는 단일재배(monoculture)를 적용하므로서 복잡해졌다. 이는 매년 단작지대의 증가로 병충해 증가를 야기했기 때문이다. 병충해에 의한 손해와 같은 현대 농업의 부정적 영향은 화학살충제 사용에 대한 의존력을 강화시켰고 그로인해 새로운 살충제의 개발은 곤충의 군집이 현존하는 살충제에 대한 내성을 보이는 속도와 보조를 맞추게 되었다. 이러한 배경과는 반대로, 화학적 살충제에 대한 의존력을 줄이며, 곤충에 의한 피해를 줄일 수 있는 내충성(insect resistance) 작물의 발전은 많은 관심을 끌고 있다. 여기서 우리는 GM 작물을 이용하므로써 얻을 수 있는 장점과 단점에 대해 논하기 전에 병충해 내성을 성취하기 위한 과학적 전략에 대해 고려해 볼 것이다.

● 현대 농업은 해충에 의한 피해를 더욱 악화시키는 경향이 있다.

곤충에 의한 병충해가 작물에 미치는 특성 및 규모

내충성을 발달시키기 위한 GM 전략을 조사하기 전에, 곤충에 의해 발생되는 피해의 특징들에 관해 고려해 보는 것은 가치가 있다. 일부 성충이 식물을 먹으며 작물에 피

표 6.1 주요작물의 일반적 해충

Insect species	Common name of pest	Order	Crops affected
Helicoverpa armigera	Cotton bollworm	Lepidoptera	Cotton, maize
Helicoverpa zea	Corn earworm, tomato fruitworm	Lepidoptera	Cotton, maize, tomato
Heliothis armigera	Old World bollworm, tomato fruitworm	Lepidoptera	Cotton, tomato
Heliothis virescens	Tobacco budworm	Lepidoptera	Tobacco, cotton
Manduca sexta	Tobacco hornworm	Lepidoptera	Tobacco, tomato, potato
Ostrinia nubilalis	European corn borer	Lepidoptera	Maize
Pectinophora gossypiella	Pink cotton bollworm	Lepidoptera	Cotton
Spodoptera spp.	Armyworm, leafworm	Lepidoptera	Maize, rice, cotton, tobacco
Leptinotarsa decemlineata	Colorado beetle	Coleoptera	Potato
Callosobruchus maculatus	Cowpea seed beetle	Coleoptera	Cowpea, soybean
Tribolium confusum	Confused flour beetle	Coleoptera	Cereal flours
Locusta migratoria	Locust	Orthoptera	Grasses
Nilaparvata lugens	Brown plant hopper	Homoptera	Rice

해를 주기도 하지만, 이 문제에 대한 첫 번째 관점은 대부분 문제가 곤충의 유충에 의해 발생된다는 것이다. 곤충의 강(class)에서 작물에 피해를 주는 주된 목(order)은 인시목(Lepidoptera: 나비류와 나방류), 파리목(Diptera: 파리류와 모기류), 메뚜기목(Orthoptera: 메뚜기류와 귀뚜라미류), 매미목(Homoptera: 진딧물류), 딱정벌레목(Coleoptera: 딱정벌레류) 등 이다. 표 6.1은 몇몇 세계 주요 작물에 광범위한 피해를 주는 일반적인 해충을 보여준다.

해충 저항성을 위한 유전자 변형 전략 : *Bacillus thuringiensis* 접근

● 해충 저장성을 위한 두 가지 주된 GM 전략이 있다.

이 장에서는 두 가지 접근법을 비교한다: 첫째, 해충 피해로부터 보호하기 위해 세균성 살충 유전자의 사용; 둘째, 내생 식물 보호 메커니즘을 이용한 식물의 잠재적 능력(자연 모방 접근법).

지금까지 첫 번째 접근 방식의 가장 광범위한 예는 *Bacillus thuringiensis*로 부터 *cry* 내생독소 유전자의 사용이다.

*B. thuringiensis*는 병에 걸린 누에에서 1901년에 Ishiwaki에 의해 발견되었고, 이후 에른스트 베를린(Ernst Berliner)에 의해 투링거버그(Thuringberg)에서 병에 걸린 flour 나방 애벌레의 내장으로부터 분리된 후 그 뒤에 *B. thuringiensis*로 분류되고 명명되어졌다. 곤충 애벌레에 있는 박테리아의 역효과는 후에 세균에 의해서

생산되는 많은 독소들로 인해 발생하는 것으로 확인되었다. 세균은 포자형성기간 동안 정 양추형이나 입방형 결정 봉입체(inclusion bodies)의 형태로 살충제 결정 단백질(ICP; *cry* 유전자에 의해 암호화 되는 *cry* 단백질이라고도 불림)을 만든다. ICPs는 세균 포자형성에 의해 생산되는 몇몇 endotoxin 계열 중 하나이다; 따라서 그들은 원래의 δ-endotoxins의 다른 계열과 구분하기 위해, α, β, γ-endotoxins으로 분류된다.

Cry 유전자와 그 endotoxin 생산물의 구조는 잘 규명되었다. *cry* 유전자는 플라스미드로 운반되고 관련 유전자의 슈퍼 패밀리에 속한다. 표 6.2에서는 크기와 염

표 6.2 *B. thuringiensis*의 ICPs 유전자의 분류

Cry protein family holotypes	Protein size (kDa)	Susceptible insect class
Cry1A(a–i)	133	Lepidoptera
Cry1B(a–g)	140	Lepidoptera
Cry1C(a, b)	133–134	Lepidoptera
Cry1D(a, b)	131–132	Lepidoptera
Cry1E(a, b)	133–134	Lepidoptera
Cry1F(a, b)	132–134	Lepidoptera
Cry1G(a–c)	132–133	Lepidoptera
Cry1H(a, b)	133	
Cry1I(a–f)	81	Lepidoptera
Cry1J(a–d)	133	Lepidoptera
Cry1Ka	137	Lepidoptera
Cry1La	133	
Cry2A(a–e)	71	Lepidoptera and Diptera
Cry3Aa, Cry3B(a, b), Cry3Ca	73–75	Coleoptera
Cry4Aa, Cry4Ba	135, 128	Diptera
Cry5A(a, b)	142–152	Nematodes
Cry5Ac	135	Hymenoptera
Cry5Ba	140	Hymenoptera
Cry6Aa, Cry6Ba		Nematodes
Cry7A(a, b)	129–130	Coleoptera
Cry8Aa, Cry8B(a–c), Cry8(Ca–Ha)	131	Coleoptera
Cry9Aa, Cry9B(a, b), Cry9Ca, Cry9D(a, b), Cry9E(a–d)	130	Lepidoptera
Cry10Aa	78	Diptera
Cry11Aa	72	Diptera
Cry11B(a, b)	81	Diptera
Cry12Aa–Cry17Aa, Cry18(Aa–Ca), Cry19(Aa, Ba), Cry20Aa, Cry21(Aa, Ba), Cry22A(a, b), Cry22Ba, Cry23Aa, Cry24(Aa, Ba), Cry25Aa–Cry29Aa, Cry30(Aa, Ba), Cry31(Aa, Ba), Cry32(Aa–Da), Cry33Aa, Cry34A(a–c), Cry34Ba, Cry35A(a–c), Cry35Ba, Cry36Aa–Cry39Aa, Cry40(Aa, Ba) Cry41A(a, b), Cry42Aa, Cry43(Aa, Ba), Cry44Aa, Cry45Aa, Cry46A(a, b), Cry47Aa, Cry48A(a, b), Cry49A(a, b), Cry50Aa, Cry51Aa	Various	Various

표 6.3 *B. thuringiensis* 개별적인 균주에서의 ICPs의 범위

B. thuringiensis subspecies and strains	Crystal protein
aizawai	Cry1Aa, Cry1Ab, Cry1Ad, Cry1Ca, Cry1Da, Cry1Eb, Cry1Fa, Cry9Ea, Cry39Aa, Cry40Aa
entomocidus	Cry1Aa, Cry1Ba, Cry1Ca, Cry1Ib
galleriae	Cry1Ab, Cry1Ac, Cry1Da, Cry1Cb, Cry7Aa, Cry8Da, Cry9Aa, Cry9Ba
israelensis	Cry10Aa, Cry11Aa
japonensis	Cry8Ca, Cry9Da
jegathesan	Cry11Ba, Cry19Aa, Cry24Aa, Cry25Aa
kenyae	Cry2Aa, Cry1Ea, Cry1Ac
kumamotoensis	Cry7Ab, Cry8Aa, Cry8Ba
kurstaki HD-1	Cry1Aa, Cry1Ab, Cry1Ac, Cry1Ia, Cry2Aa, Cry2Ab
kurstaki HD-73	Cry1Ac
kurstaki NRD-12	Cry1Aa, Cry1Ab, Cry1Ac
morrisoni	Cry1Bc, Cry1Fb, Cry1Hb, Cry1Ka, Cry3Aa
tenebrionis	Cry3Aa
tolworthi	Cry3Ba, Cry9Ca
wuhanensis	Cry1Bd, Cry1Ga, Cry1Gb

기서열 유사성에 따른 *cry* 유전자 superfamily의 분류를 보여준다. 이 분류법은 1998년 소개되었고, 여전히 문헌에 나올지도 모르지만, 이전의 명명법을 대체한다. 그 염기서열 비교는 수많은 뚜렷한 집단(families)을 나타내고(*cry1*-*cry51* 발표 당시), 각각의 집단 내 3개 이상의 아과(亞科) 수준이 있을 수 있다. 따라서, *cry1Aa1*은 *cry1* 집단의 모든 형태의 일환으로 다른 *cry1A* 유전자와 근접한 관련이 있고, 다른 *cry1Aa* 유전자와는 매우 밀접한 관련이 있다. 표 6.3은 *B. thuringiensis*의 변형이 광범위한 다른 결정 단백질을 생산하는 것을 보여준다. 따라서, 그것은 하나의 특정 *cry* 유전자를 포함하는 각각의 변형된 경우는 아니다.

● Cry 단백질은 세 가지 핵심 도메인으로 나뉜다.

이외에도 서열 유사성에서, 그들이 어느 대형(≈ 130 kDa) 또는 소형(≈ 70 kDa) 단백질로 결합하는 경향이 있지만, 다른 cry 단백질 간의 크기는 큰 차이가 있다. 여러 슈퍼패밀리 사이의 크기는 상당한 차이가 있지만, 그들은 세 가지 도메인으로 구성된 일반적인 활성 코어(core)를 공유하고 있다. 그림 6.1은 일반적인 핵심 도메인을 보여주는, cry 단백질의 여러 classes의 간단한 배열을 보여준다. 전체 길이에는 큰 차이가 있음에도 불구하고 각 유전자의 N-말단은 이와 유사한 배열을 가지고 있다고 볼 수 있다. 사실, 이러한 Cry1 그룹과 같은 큰 단백질은 비활성이며, C-말단 서열의 단백질 분해로 제거되면 활성화된다.

그림 6.2에서는 각각 상당히 다른 접이식 구조를 가진 3개의 별개 도메인을 예로 들어 Cry1A 단백질의 활성 core의 구조를 보여주고 있다. N-말단 끝에 도메인 1은 원통형으로 배열된 α-나선형의 일련으로 구성된다. 이 도메인의 개방 원통형

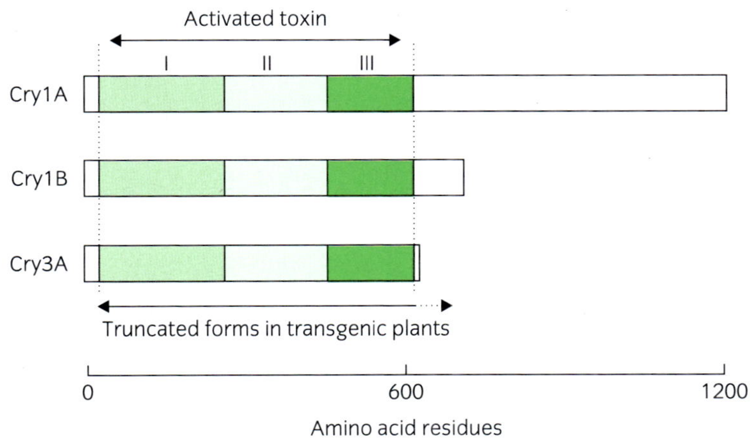

그림 6.1 Cry 단백질의 여러 classes의 구조 비교. Cry 단백질의 세 가지 classes는 전체적인 크기 차이를 입증하기 위하여 비교되고 있다. 도메인 I, II, III의 핵심 구조 형태를 또한 보여준다(그림 6.2 참고). N-과 C-말단 확장은 활성 독소를 방출하기 위해 곤충 내장 단백질 분해 효소에 의해 잘려진다. 몇몇 형질전환 식물체에서, 절단되어 활성화된 단백질이 직접적으로 생산된다.(Redrawn with permission from de Maagd *et al*.(1991).

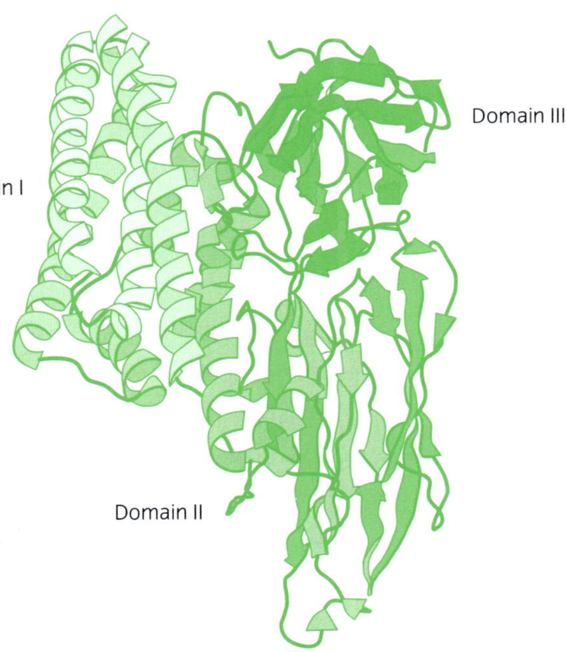

그림 6.2 Cry1Aa toxin 분자의 리본 모델. 활성화된 toxin의 구조는 3개의 뚜렷한 입증된 도메인을 보인다. 도메인 I의 형태인 α-helical cylinder는 막 삽입과 구멍 형성과 관련되어 있다. 도메인 II와 III은 곤충 중 장벽(insect midgut wall)에서 수용체의 인식, 결합과 관련이 있다.(Redrawn with permission from de Maagd *et al*.(1991).)

구조는 곤충중장(midgut)의 세포막을 통해 구멍을 만들기 위한 역할을 할 것으로 생각된다. 도메인 II는 a triple β-sheet를 구성하고 수용체 인식에 관한 일을 하고 있다. 도메인 III은 분해로부터 보호, 독소-이중층의 상호작용 및 수용체 결합을 포함하는 역할을 할 것으로 추정되는 많은 것을 가진, β-복합체(sandwich)이다.

● Cry 단백질은 중장막에서 선택적인 구멍을 만들기 위해 곤충 유충의 중장에 있는 특정 수용체에 결합한다.

δ-endotoxins의 작용 기작은 단백질과 곤충 유충 중장 간의 특정 상호작용을 포함하고 있다. 곤충의 유충에 의해 섭취된 단백질 결정은 그 중장에서 용해된다. 130 kDa Cry1 그룹과 같은 큰 단백질은 55-70-kDa 활성 조각단백질로 풀어지기 위해 이 단계에서 단백질 가수 분해로 쪼개진다. 이것은 중장 미소(微小) 융모막(midgut brush-border membrane)에서 고친화성 수용체와 상호작용한다. 이 결합의 결과 세포막에 양이온-선택적 구멍이 열린다. 세포 내에 양이온이 흐르는 것은 세포들의 파괴를 초래하는 중장 상피세포(midgut epithelium cells)의 삼투 용해를 야기한다. 따라서, δ-endotoxins는 맹독소이며 비교적 낮은 농도에서 감염될 곤충 유충에 치명적으로 작용할 수 있다. 한편, 다른 동물(예를 들어 포유류)에 대한 그들의 독성은 매우 낮다.

곤충 유충의 중장(midgut)의 조건은 곤충의 분류에 따라 매우 다르다. 딱정벌레의 소화관은 일반적으로 좀 더 알칼리성 혹은 산성인 반면, 인시류(Lepidoptera)와 쌍시류(Diptera)의 중장(midgut)은 미 알칼리성이다. 이러한 다른 조건들은 여러 Cry subfamilies의 활성과 용해성을 좋게 한다. 게다가 이 endotoxin과 중장 수용체(midgut receptor) 간의 상호작용의 특이성은 개별 Cry 단백질이 특정 곤충 유충에 대한 살충 활성을 나타낸다. 표 6.2는 Cry 단백질의 가장 좋은 특성을 보여주는 몇몇의 특정 그룹을 보여준다.

생물살충제로써 *B. thuringiensis*의 사용

*B. thuringiensis*의 포자 또는 분리된 crystals 조제는 반세기 동안 '유기'살충제로 지금까지 사용되고 있다. 분리된 crystals은 며칠간 잎에서 한정적이지만 포자형태의 조제는 잎에서 약 40일, 흙에서 2년까지 유효하다. 적용(application) 방법 중 어떠한 것도 식물의 표면과 기관에 관하여, 혹은 sap-침투 곤충에 대항하여 특히 효과적인 침투를 가지지 않는다. 즉, 그들은 침투성이 없다. 하지만, 관련 안전성 자료 및 규정 승인으로 연결된 유기 살충제로써 *B. thuringiensis* 포자와 isolated crystals을 사용한 농경법은 유전자 조작을 위한 *Bt* strategy 신속한 개발을 위해 유용하다.

● *Bt*, Cry, ICP와 δ-endotoxin은 *Bt* 단백질을 설명하는 데 사용되는 다른 용어이다.

참고로 *Bt*는 일반적으로 *Cry* 유전자 변형 작물(*Bt* 면화, 등)에 대한 속칭으로 사용되어지고 또한 Cry 단백질(*Bt* 단백질)도 그러하다. 이러한 것은 혼란스러울 수 있다. 우리가 효과적으로 동일한 단백질 그룹에 대해 네 가지 다른 용어를 사용하고 있다 : ICP, δ-endotoxin, Cry, 그리고 *Bt*

*Bt*를 기반으로 한 유전자 조작 식물

식물체 내에 해충 저항성을 얻기 위해 *cry* 유전자를 사용하는 GM 접근방식은 개념적으로는 간단하지만, 형질전환 식물체에서 세균 유전자의 과발현을 얻기 위한 자세한 분자생물적 접근의 좋은 본보기를 제공하고 있다. 이것은 앞 장에서 설명한대로 전사를 조절하는 식물 프로모터(promoter)와 종결서열(terminator sequences)에 대해 명백한 요구 사항을 넘고 있다. Cauliflower mosaic virus(CaMV) 355 or *Agrobacterium* T-DNA 프로모터 통제 하에 Cry1A와 Cry3A 단백질을 발현시키기 위한 첫 번째 시도는 담배, 토마토, 감자 식물체에서 아주 낮은 수준으로 발현됨을 확인하였다. 이는 원핵세포 유전자 염기서열 자체가 높은 수준의 안정된 발현을 얻기 위해 광범위하게 수정될 필요가 있다는 것을 인식하는 계기가 되었다. 이러한 수정사항은 BOX 4.5에 자세히 설명되어있다. 최종적인 결과, 발현은 훨씬 더 나은 전체 단백질 mg당 *Bt* 단백질의 100ng의 발현 수준을 얻음으로써 100배 이상 발현이 향상됨을 확인 할 수 있었다. 후속 실험에서는 이 수준에서 특정 Cry 단백질을 생산하는 효과가 감염될 곤충 애벌레에 의한 피해에 대항하는 상당한 보호 효과를 제공하는 것을 보여 주었다. 게다가 소규모 현장 실험에서 곤충 피해 방제를 제공하는 이 식물체의 효과의 확인은 1990년대 중반에 미국의 상업 재배 승인을 얻는 결과를 야기했다.

● 세균의 *Cry* 유전자 염기서열은 식물에서 발현을 최적화하기 위해 변형되어야 한다.

Bt 접근방식의 성공은 작물 보호(표 6.4)에 관련된 몇몇 주요 생명 공학 회사에

표 6.4 *Bt* 기술의 상용화 예

Company	Trade name	*Bt* protein	Crop	Insect pests
Monsanto	NewLeaf	Cry3A	Potato	Colorado beetle
Monsanto	Bollgard	Cry1Ac	Cotton	Tobacco budworm, cotton bollworm, pink bollworm
Monsanto	Bollgard II	Cry1Ac + Cry2Ab	Cotton	Tobacco budworm, cotton bollworm, pink bollworm
Dow	WideStrike	Cry1Ac + Cry1Fa	Cotton	Tobacco budworm, cotton bollworm, pink bollworm
Monsanto	YieldGard	Cry1Ab	Maize	European corn borer
Syngenta	Agrisure CB	Cry1Ab	Maize	European corn borer
Aventis	StarLink (discontinued)	Cry9C	Maize	European corn borer
Mycogen (Dow) Pioneer (DuPont)	Herculex 1	Cry1Fa	Maize	European corn borer
Dow/Pioneer	Herculex RW	Cry34Ab + Cry35Ab	Maize	Corn rootworm
Dow/Pioneer	Herculex Xtra	Cry1Fa/Cry34Ab/Cry35Ab	Maize	European corn borer + corn rootworm
Monsanto	YieldGard Rootworm	Cry3Bb	Maize	Corn rootworm
Monsanto	YieldGard Plus	Cry1Ab/Cry3Bb	Maize	European corn borer + corn rootworm
Syngenta	Agrisure RW	mCry3Aa	Maize	Corn rootworm

사례 연구 6.1 옥수수 들명나방과 다른 해충들에서 *Bt* 옥수수의 저항성

옥수수 들명나방(*Ostrinia nubilalis*)은 대표적인 옥수수 해충이다. 이름에서 알 수 있듯이, 유충은 줄기와 이삭에 중점적으로 구멍을 뚫어 옥수수에 피해를 준다. 그러나 이름과는 달리, 유럽지역에 국한되지 않고, 전 세계적으로 옥수수에 상당한 피해를 초래한다. 그러므로 옥수수 들명나방 저항 옥수수 개발은 농업 바이오기술 산업에 주요 목표가 되었다. 표 6.4는 여러 회사에서 개발 중인 옥수수 들명나방에 저항성을 가지는 *Bt* 옥수수 생산 라인을 보여준다. *Bt* 옥수수는 2004년, 세계 옥수수 생산의 14%를 차지할 만큼 채택 비율이 높아졌다.

상업라인개발은 transgene 발현의 안정성, 레벨, 유형 뿐만 아니라 transgene의 통합안정성, 복제수 그리고 원하는 특징 등의 질적인 면에서도 최상의 라인을 발견하기 위해 다수의 형질전환 식물 검사를 수반한다. 규제 승인은 보통 하나, 완전히 특성화 형질전환된 이벤트로부터 궁극적으로 계통되어진 품종만을 제공한다.

Cry1Ab 유전자와 3개의 형질전환 이벤트(Bt176, Bt11, Mon810)는 다른 회사에 의해 개발되었고, 그 후에 자격을 갖추어 판매되고 있다. 세 경우 모두, 옥수수 발현을 최적화 시킬 변형 코돈을 사용한 절편된 *cry1Ab* 유전자가 사용되었다. Bt11(Agrisure CB, Syngenta)과 Mon810(YieldGard, Monsanto) 이벤트에서의 transgene은 constitutive 프로모터에 의해 조절되었다. 한편, Bt176 이벤트는 2개의 별도 cry1Ab 구조로 bombardment에 의해 생산되었다.: 하나는 옥수수 phosphoenolpyruvate carboxylase(PEPC) 프로모터(녹색 조직에 대한 특정)에 의해 제어되고, 다른 하나는 화분-특정 단백질 kinase 유전자로부터 프로모터의 통제 하에 생산되었다. Bt176 이벤트로부터 파생된 품종은 Knockout(Novartis)과 NaturGard(Mycogen)라는 상호로 판매되지만, 다른 두 경우보다 유럽 옥수수 들명나방의 두 번째 brood에 대해 덜 효과적인 것으로 판명, 단계적으로 중단되었다. 당연히, Bt176 이벤트은 또한 다른 2개보다 훨씬 더 높은 수준으로 화분에서 Cry1Ab독성을 내는 것으로 확인되었고 이는 당연히 비해충인시류(non-pest lepidopterans)(아래 Box 6.3 참조)에게 꽃가루의 잠재적인 독성의 유발원이 되기도하다. 다른 *Cry* 유전자는 *cry1Ac*(BT-Xtra, DeKalb), *cry1F*(Herculex, Mycogen), 그리고 *cry9C*(표 6.4를 참조 StarLink, Aventis)를 포함하여 유럽 옥수수 들명나방을 대상으로 하고 있다. StarLink 라인에 의해 생긴 특정 문제가 BOX 6.1에 설명되어있다.

현재 *Bt* maize hybrids는 하나의 살충제로 잘 살포하는 처리방법으로 방제할 수 있는 것보다 옥수수 들명나방에 대해 더 좋은 방제 효과를 제공해 왔다. Bt11과 Mon810은 또한 옥수수 earworm에 대한 몇 가지 방제를 제공한다. 반면, Cry1F는 fall armyworm과 western bean cutworm에 대해 추가적인 방제를 제공한다. 하지만, 이 Cry1 단백질은 corn rootworm beetles와 그것들의 유충이나 잎 진드기와 같은 다른 옥수수 해충에 대해 효과적이지 않다. 많은 옥수수 형질전환 라인이 Cry3Bb(몬산토), 변형 Cry34Aa(mCry4Aa, 신젠타) 그리고 Cry34Ab plus Cry35Ab(Dow AgroSciences)(표 6.4 참조)와 같은 딱정벌레목 해충의 활성 유전자의 통합에 의해 corn rootworm 유충을 제어하기 위해 개발되었다.

의해 *Bt* 작물의 발전을 이끌었다. 이 표에서 Cry 단백질의 특이성이 특정 형질전환유전자에 의해 특정 해충을 목표로 하거나, 다른 작물에 삽입된 다른 *Cry* 유전자가 있을 수 있다고 허용하는 점을 입증하고 있다. 우리는 *Cry* 유전자의 구조의 특성이 특정 유전자 변형 작물의 성공 또는 실패에 대해 중요할 수 있다는 것을 나중에 보게 될 것이다. 표 6.4에서 보여지는 몇 개의 라인들(lines)은 이미 중단되

BOX 6.1 StarLink 옥수수의 흥망 성쇠

StarLink로 판매된 Aventis *Bt cry9C* 옥수수는 미국과 유럽에서 상당한 논쟁거리가 되었다. AgrEvo(후에 Aventis)가 미국에서 StarLink의 등록에 대한 승인을 추구할 때 문제가 발생했다. 인간의 소비에 대한 Cry9C 단백질의 적합성에 대한 미국 환경 보호기구(EPA)에 의해 제기된 의혹이 있었는데, Cry9C는 승인된 다른 Cry 단백질보다 산에서 더 안정적이고, 알레르기 유발 항원에 대한 자료가 부족했기 때문이다. AgrEvo는 GM 옥수수에 대한 제한과 조건 승인을 받아들였다. 이 제한된 등록 조건에 따라, StarLink 제품은 동물사료에만 사용하고, 인간의 소비를 위해 식품오염은 예방해야 했다. 단백질에 대해 더 자세히 알레르기 유발 항원 시험을 수행하는 동안, 미국 옥수수의 대부분이 동물 사료 및 산업 목적으로 사용되었다. AgrEvo는 상업 식물과 함께 진행되었다. 불행하게도, 2000년 StarLink 제품이 인간 소비용으로 승인되기 전에, StarLink 옥수수가 Kraft Foods에 의해 제조된 taco shells에서 확인되었다. 이 제품들은 즉각적인 리콜이 발생했고 다른 공급업체의 다른 옥수수 제품에 대한 많은 비용을 들어 리콜에 이어졌다.

이 경우는 조건부 승인 결정에 대해 많은 논란거리를 발생시켰고, 그 메커니즘은 GM 작물의 재배자와 가공자는 유전자변형 작물을 등록한 생명 공학 회사에 부과 된 조건을 준수할 것을 요구한다. 이 사건은 또한 GM 작물의 알레르기 유발 항원을 조사하도록 요구하고 비GM 작물에 GM 재료의 존재를 감지하는 테스트 절차의 필요성을 보여준다.

● 동물사료로만 사용되도록 등록된 StarLink제품이 인간의 먹이 사슬에서 발견되었다.

었다. 실제로, 옥수수와 면화는 *NewLeaf Bt potato*가 단종된 이후 미국에서 현재 상업적으로 재배되는 유일한 작물이다.

*Bt*에 대한 내성 곤충의 문제

곤충에 대한 저항성을 제공하는 *Bt* 기술의 지속적 사용으로 발생한 문제점 중 하나는 저항성 해충의 급격한 출현이었다. 이 문제는 처음에 최초 상용화 된 *Bt* 면화 작물(BOX 6.2 참조)의 광범위한 재배 기간 동안 주목을 끌었다.

곤충 저항성 메커니즘은 Cry 단백질의 메커니즘에 관련된 특정 결합(binding)과 직접 관련되어있다. 그것은 수용체 단백질을 암호화한 곤충 유전자의 돌연변이를 일으켜 특정 Cry 단백질의 결합을 크게 감소시키는 원인이다. 이것은 병 저항성에 대해 다음 장에서 다시 논의될 예정인 단일 유전자-유전자 상호작용의 결과들 중 하나이다. 이론에 따르면 *Bt* 작물의 곤충 및 해충 저항성 출현은 몇 세대 내에 나타날 수 있고, 같은 지역에서 *Bt* 작물의 반복된 재배는 저항성 해충 집단의 출현을 가속화하기 위한 선택적 이점을 제공할 것이다. 내성곤충 증가를 정량화하는 것에 대한 여러 가지 전략들이 있다.

● *Bt* 단백질 수용체 결합의 특이성은 *Bt*에 해충 저항성을 품종 개발하기 위한 메커니즘을 제공한다.

하나의 방법은 최초의 GM 접근법에 의해 발생한 문제를 해결하기 위해 추가적인 GM 접근법을 고려하는 것이다. 예를 들어, transgenes은 다른 형질전환체 라인(lines)사이의 보편적인 교배에 의해 연속적으로 중첩(stacked) 되어지는

● 파라미딩은 한 작물에 한 transgene 이상의 유전자를 중첩 시키는 것이다.

pyramiding이라 부르는 과정으로 하나 이상의 transgene을 사용하는 것이 가능하다. 예를 들어, 몬산토의 Bollgard II는 목화다래벌레(bollworm) 저항성 개발을 방지하고, 벌과 나방 거염벌레(beet armyworm and fall armyworm)에 대항하여 추가적인 보호를 제공하기 위해 second *cry1Ac*와 *Bt* 유전자(*cry2Ab*)의 중첩에 의해 만들어진 면화 형질전환체의 새로운 라인(line)이다. Dow에 의해 개발된 WideStrike은 *cry1Ac*와 중첩한 *cry1Fa* 유전자를 사용하는 유사한 접근방식을 가진다. Stacked *Bt* 형질들은 옥수수에 대해서도 개발되었다, 주요 해충인 인시목(lepidopteran)과 딱정벌레목(coleopteran)에 대항한 저항성은 이제 Monsanto YieldGard Plus(Cry1Ab plus Cry3Bb)와 Dow Herculex Xtra(Cry1Fa plus Cry34Ab plus Cry35Ab) 라인에서 볼 수 있다. 중첩된 신젠타 Agrisure CB(cornborer; Cry1Ab)와 RW(rootworm; mCry3Aa)의 전환체 또한 진행 중에 있다(표 6.4). 상업적인 *Bt* 형질의 대부분은 또한 제초제 저항성 형질(5장 참고)과 중첩하여 이용이 가능하다.

다른 GM 접근법은 키메라 단백질(chimaeric proteins)의 생산을 위해 도메인 엔지니어링(domain engineering)에 의해 *cry* 유전자의 활동 영역과 효과를 더욱 강화하기 위한 것이다. 예를 들어, 잡종 유전자(hybrid gene) SN19은 *cry1Ia*의 II 도메인과 *cry1Ba*의 I과 III 도메인의 융합에 의해 만들어졌다. 이 유전자를 감자에 형질전환 시킨 것은 콜로라도 감자잎벌레(딱정벌레목), 옥수수 들명나방과 감자나방 애벌레(둘 다 인시류) 등 3종류 해충에 대항하는 높은 저항력을 가진다.

다른 한 방법은 대신에 사용될 수 있는 다른 세균 살충 유전자를 찾기 위해, 또는 보강, *Bt* 독소를 가지는 현재 많은 계열의 *Bt* 유전자를 대체하는 것이다. 이미 개발 중인 후보들은 Vip(Vegetative insecticidal protein) 패밀리 단백질 계열을 포함한다. 이러한 단백질들은 포자형성 동안 축적되는 Cry 단백질과는 대조적으로 *B. thuringiensis*가 영양성장하는 동안에 배지로 분비되고 다양한 작용 기작을 가진다. 신젠타는 인시류(lepidoperan) 해충에 광범위한 스펙트럼(spectrum)에 의한 공격을 저항하기 위해 *vip3A* 유전자를 가진 목화 형질전환체 라인(line) COT102를 개발했다. 흥미를 끄는 또 다른 박테리아 유전자는 *Photorhabdus luminescens*의 *TcdA*(toxin A) 유전자이다. 이 세균은 곤충 숙주를 죽이기 위해 박테리아를 사용하는 기내 선충류 내에 공생한다. 선충의 넓은 숙주 범위는 283-kDa의 toxin A 단백질의 넓은 범위의 유독성에서 잘 반영되고 있다. 식물 오스모틴(osmotin) 유전자의 5′와 3′ 비해석부위(untranslated regions)에 거대 *tcdA* 유전자를 결합시킨 애기장대의 형질전환에서 7000ppm 이상의 수준으로 tcdA 단백질을 발현하였다. 이 식물은 박각시나방유충(*Manduca sexta*)에 매우 높은 해충 저항성이 있고, 추출된 단백질은 또한 남부 외잎벌레사촌(*Diabrotica undecimpunctata howardi*) 애벌레의 성장을 저해했다.

하지만, 곤충에 저항성을 가지기 위해 *Bt*와 다른 GM 접근법들은 곤충 피해의 위협으로부터 영구적으로 자유로운 특효약은 없다는 것을 인식하는 것이 중요하다. 오히려, GM 작물들은 현장에서 발생하는 식물과 환경 간의 모든 상호작용의 균형을 변화시키고, 내성 증대 곤충 개체수(population)은 우수 농산물 관리 제도 의해 반드시 관리 되어져야 한다.

IPM의 현재 관행은 넓은 맥락의 **해충-작물 상호작용**(천연 포식자, 인접 식물 종, 윤작 및 화학약품 살포)을 고려하고 있다. 예를 들어, *Bt* 작물의 선택적 사용은(이 둘에 일반적인 해충 이동 거리 이내의 *Bt* 작물과 비*Bt* 작물의 윤작하고, 다른 *Bt* 작물의 생육을 피하는 것 등) 내성 해충의 발생을 방지할 것이다. 이는 *Bt* 작물의 반복 사용에 의해 만들어진 연속 선택적 이점이다. *Bt* 내성 해충을 관리하기 위해 선호되어지는 해충 저항성 관리(pest-resistance management)의 한 가지 예는 **고농도/피난처(high-dose/refuge) 접근법**이다(그림 6.3). 이러한 접근에서, *Bt* 단백질의 고농도로 발현된 형질전환 작물들은 비 형질전환 작물이나 곤충이 먹은 다른 식물의 적은 피난처 쪽에서 자라게 된다. 고농도는 단지 동형 접합 저항성

● IPM(Inrgrated pest management, 통합 해충 관리)은 해충–작물 상호작용의 넓은 맥락까지 포함한다.

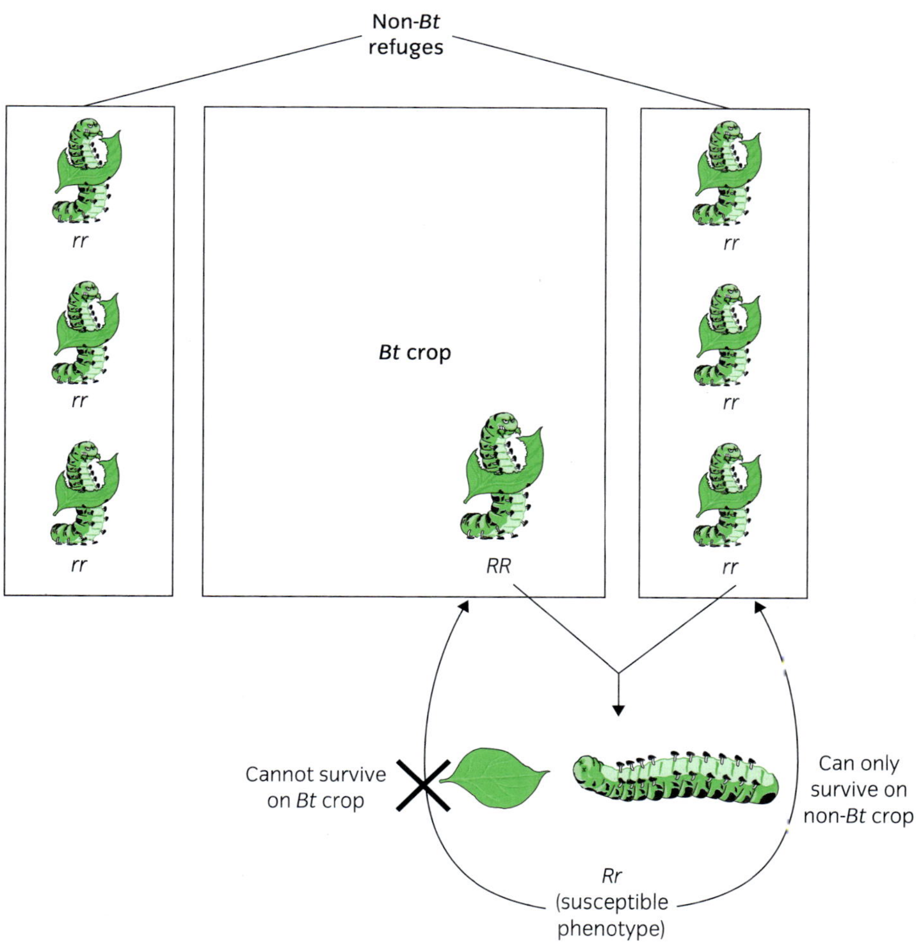

그림 6.3 High dose/refuge–resistance 관리 제도. High-dose/refuge 전략의 뒤에 이론적 근거가 입증되었다. High dose는 저항성 유전자 *R*의 1개 복제를 옮긴 곤충 이형접합 곤충(heterozygote insects)에 대한 저항성을 유지하기 위해 요구한다. 따라서, 동형 접합 *RR* 곤충은 농작물에 생존할 수 있을 것이다. Refuge는 *RR* 곤충의 비율이 매우 낮게 유지되는 것을 확인하기 위한 메커니즘을 제공한다. *RR* 곤충 대부분은 유전자형 Rr의 이병성 자손을 생산하면서, refuge에서 *rr* 곤충이 훨씬 더 큰 집단 짝짓기를 할 것이다.

곤충(homozygous resistant insects)이 GM 작물을 먹어 내성을 가질 수 있는지 확인하기 위해 중요하다. 동형 접합 저항성 곤충은 저항성 발달 초기 단계에서 거의 나타나지 않을 것이다. 피난처(refuge)는 동형 접합 저항성 곤충(homozygous resistant insects)보다 *Bt* 작물의 부근에서 *Bt* 작물에 민감한 곤충의 훨씬 더 큰 개체수가 있는 것을 보장해 준다. 따라서, 하나 또는 2개의 저항성 유전자를 가진 곤충들 사이의 대부분 짝짓기는 아마 작물에서 살아남을 수 없는 이형 접한 저항성(heterozygous resistant) 자식을 생산하는 동형 접합 이병성 곤충(homozygous susceptible insect)일 것이다.

● high-dose/refuge 전략은 *Bt*에 내성 해충 출현을 억제하는 한 가지 접근법이다.

BOX 6.2는 2001년 Bollgard 목화의 재배를 위해 미국환경보호기구(US Environmental Protection Agency: EPA)에서 승인받은 refuge options의 예를 보여주고 있다. 작물 재배자가 resistance-management 계획의 요구사항을 완전히 알고 따르는지, 승인된 refuge 전략이 정확하게 감시(monitored) 되어지는 것은 분명 중요하다. 그리고 재배 방식에서 편차가 생기고 내성 해충을 위한 조건을 만들 수

BOX 6.2 저항성 *Bt* 면화의 개발

미국 면화 작물은 인시류 유충(lepidopteran larvae), 특히 cotton bollworm(*Helicoverpa zea*), pink bollworm(*Pectinophora gossypiella*)와 tobacco budworm(Heliothis virescens)에 의해서 피해를 받는 경향이 있다. 그래서 곤충 저항성 면화의 개발은 미국 식물 생명 공학의 주된 목표 중 하나이다. 실험실에서 그리고 상용화 전 단계까지 상당히 많은 포장 실험 후에 단일 형질전환 이벤트인 Monsanto 531이 선택되었고 이후 Bollgard로써 몬산토가 판매한 해충 저항성 면화 품종이다. Bollgard 라인은 강화된 CaMV355 프로모터에 의해 조절되는 합성 *cry1Ac*같은 유전자를 내포하고 있다(4장 참조). 미국에서 재배된 Bollgard 면화 비율은 1996년 전체 면적의 12%에서 2000년 약 35%로 증가하였으며, 다양한 조건과 품종에서의 재배적 특성에 대한 상당한 정보를 축적해 왔다. Bollgard 면화가 지속적으로 담배나방(budworm)과 분홍 면화씨벌레(bollworm) 피해에 대한 높은 수준의 방제효과를 제공하는 것으로 확인되었다. 반면에, Bollgard는 면화씨벌레의 보통의 습격에는 충분하지만, 심각한 해충 습격에는 살충제의 살포도 동시에 요구되기도 한다. 1996년 상용 규모로 재배한 첫 해에, 예상치 못한 면화 bollworm의 심각한 발생피해가 있어 보충적으로 살충제 살포로 방제하였다. 가능한 넓게 작물을 소개하도록 서둘면서 면화씨벌레 개체수에 *Bt* 내성 관리에 불충분한 검토가 있다는 걱정을 낳았다. 특히, Cry1Ac의 dose가 사실상 모든 면화씨벌레 곤충을 죽이기에 불충분하다면, 이는 *Bt* 저항성 개체수 발생을 촉진할 수 있다.

몬산토와 미국 상업 라이센스 계약의 일환으로, 농부들은 resistance-management 계획의 조건을 준수해야 한다. 다양한 종류의 GM 작물이 상업적으로 재배하도록 승인 받을 때, EPA는 Resistance-management 계획을 요구한다. 1995년 EPA에 의해 승인된 Bollgard 면화에 대한 resistance-management 계획 조건은 2000년에 업데이트 되고, 2001년에 재배자를 위한 아래의 세 가지 옵션이 개정되었다.

1 *80:20 external sprayed refuge*. Bollgard 면화 100에이크(40.5헥타르)당, 비*Bt* 면화 25에이크(10.1헥타르)는 담배나방, 면화씨벌레, 핑크씨벌레를 방제하기 위해 살충제를 살

BOX 6.2 (계속)

포함 수 있도록 하고 장소는 bollgard 면화가 심겨진 포장의 끝에 1마일(1.6Km) 내에 심어져야 한다(그림 6.3 참고).

2 *95:5 external structured unsprayed refuge*. Bollgard 면화 95에이크(38.4헥타르)당, 비*Bt* 면화 5에이크(2.0헥타르)를 bollgard 면화가 심어진 포장의 끝에 0.5마일(0.8Km)내에 심고 그리고 담배나방, 면화씨벌레, 핑크씨벌레를 방제하기 전혀 살충제를 처리할 수 없게 한다. Bollgard 면화와 같이 관리하도록 하였다.

3 *95:5 embedded refuge*. Bollgard 면화 95에이크(38.4헥타르)에 비*Bt* 면화 적어도 5에이크(2.0헥타르를) bollgard 면화 포장 내에 연속적으로 같이 심어 재배한다. 살충제가 전 포장에 처리될 때마다 담배 나방, 면화씨벌레, 핑크씨벌레 방제를 위해 살충제에 노출되도록 한다.

이 세 가지 옵션은 약 5% target refuge size에 따라 결정된다. 옵션 1에 살포된 살충제가 비*Bt* 면화에 있는 곤충의 75%를 죽일 것이라 가정한다면, 이 살포된 refuge 지역은 전체 면적의 20%이며, 그 refuge에 민감한 곤충 비율은 전체의 약 5%일 것이다.

전반적으로, 1998년 미국에서 재배되는 Bollgard 면화는 900,000kg 정도의 살충제 살포를 감소시킨 것으로 추정된다. 재배자의 경제적 혜택은 비 유전자 변형 작물 대비하여 약 10%의 수확량 증가와 헥타르 당 약 20달러의 이익을 본 것으로 추산한다. 따라서, 내성 곤충의 출현으로 인해 붕괴되지 않는다는 것을 확인할 resistance-management 식물을 구현하기 위해 모든 parties에서 인센티브가 있다.

있다. refuge 전략에서 발생하는 또 다른 문제는 GM 작물과 비GM 작물 재료의 혼합되는 추가적인 기회가 제공할 수 있다는 것이다. GM 재료와 비GM 식품의 오염으로 인해 발생하는 문제는 BOX 6.1과 12장에서 논의될 것이다.

Bt 작물의 환경 영향

비록 *Bt* 작물에 관한 최초의 환경 문제는 *Bt* 내성 해충 출현과 관련되었을 지라도, 별도의 문제는 *Bt* 옥수수의 꽃가루가 제주왕나빗과(科)의 나비(Monarch butterfly)의 유충에 유독성을 가진다는 1999년에 등장한 보고서에 의해 전면으로 표면화되었다. 이 특별한 보고서와 그 결과는 BOX 6.3에서 설명하고 있으며, 어느 정도는 제주왕나빗과(科)의 나비에 대한 두려움이 이제 진정 되었다. 그 사건은 이러한 식물체들의 꽃가루에서 의도적으로 높은 수준의 *Bt* 단백질의 발현하는 Bt176 이벤트를 상업적으로 재배하도록 승인되었는지 여전히 질문을 하게 만든다. 이것은 아마 그 사건 보다 더 철저하게 GM 작물의 환경적인 영향을 감시하고, 위험을 평가할 필요성을 보여준다. 하지만, 이런 점과 대조적으로 GM 작물의 긍정적인 효과도 보여준다. 예를 들어, 어느 정도까지 *Bt* 목화 재배로 인한 화학 농약 사용을 감소 시켜서 작물에 해를 끼치지 않는 곤충 수 증대에 확실한 이익이 될 수 있다.

BOX 6.3 Monarch 나비 사건

Bt 작물에 대한 부정적인 주요 논쟁 중 하나는 *Bt* 옥수수 화분이 묻은 유액분비식물의 잎을 먹은 *Bt* 옥수수유충은 다른 잎을 먹은 것보다 잘 성장하지 않는 다는 것을 보여주는 코넬대학의 과학자에 의해 1999년 *Nature*에 실린 논문이다. Monarch 애벌레는 흔히 경작지나, 다른 서식지에 있는 유액분비식물의 잎만을 먹는다. 비록 그들이 인시류(lepidopterans)이고, *Bt* 옥수수에서 생산되는 Cry 단백질에 대해서는 민감해져 있을 지라도 GM 옥수수식물체를 먹는 인간에게 직접적인 위험이 되진 않는다. 하지만, GM 옥수수의 꽃가루가 인간들에게 접촉할 가능성이 있고, 이 논문은 애벌레에게 GM 옥수수 꽃가루의 독성을 테스트하는 시도를 보여준다. *Bt* 옥수수의 꽃가루를 실험실에 있는 유액분비식물에 묻히고, 군주애벌레에게 먹이는 방법으로 실험을 수행하여 *Bt*꽃가루로 덮인 잎을 먹은 애벌레는 꽃가루가 없거나, 비GM 꽃가루로 덮인 잎을 먹은 애벌레보다 덜 먹었고, 더 느리게 자라는 결과를 얻었다.

이 논문은 북미에서 가장 화려하고 친숙한 것 중 하나인 Monarch 나비에 대한 많은 대중의 상당한 우려를 유발했다. GM 작물의 반대자들은 *Bt* 작물로 인한 주요 환경적인 문제를 입증하는 보고서와 항의를 제기했고 반대로, GM 기술 지지자들은 단지 이것은 예비결과라고 판단하고 그 보고서를 묵살했다. *Bt*꽃가루의 독성 문제를 더 자세히 연구하기 위한, 그리고 자연 상태에서 *Bt* 옥수수 꽃가루에 Monarch 애벌레가 노출 가능성을 조사하기 위해 미국과 캐나다에 있는 여섯 그룹 간의 연구 협력으로 기금을 마련하였다. 여섯 그룹의 연구 결과는 *National Academy of Sciences USA*(Sears *et al.*, 2001)의 논문집에 함께 게재되었다.

그 결론 중 하나는, Bt176 이벤트과 동일한 *cry1Ab* 유전자를 함유한 다른 이벤트의 꽃자루에서 *Bt* 발현 수준 사이에 상당한 차이가 있다는 것이다(표 6.4 참고)(Bt176에 1.1–7.1μg g^{-1} 있는 것에 비해 다른 두 이벤트에는 0.09 μg g^{-1}). Bt176의 *cry1Ab* 유전자의 발현을 조절하는데 사용되는 꽃가루-특이 프로모터임을 감안할 때, 꽃가루에서 단백질 발현의 차이는 놀라운 일이 아니다. 다른 *Bt* 옥수수 식물체로부터 꽃가루의 독성에 상응하는 주목할 만한 차이도 있다. Bt176의 꽃가루는 Monarch 나비 유충을 테스트했을 때, LD_{50}(치사량) 수치가 100–400 grains cm^{-2}, 검은 제비 꼬리 나비 유충(black swallowtail butterfly larvae)에서는 600 grains cm^{-2}인 반면, 다른 2개는 1600 grains cm^{-2} 이상의 농도(실제로 옥수수 필드에 측정된 꽃가루의 최고 농도)에서 효과가 없었다.

Bt176이 미국 옥수수 품종에 더 이상 이용할 수 없게 되었기 때문에, 전체 결론은 현재 *Bt* 옥수수 품종으로부터 Monarch 나비 집단의 위기는 줄어들었다는 것이다.

자연 모방 전략

● Copy Nature은 *Bt*라는 마법의 탄환(magic bullet) 접근법에 대한 대안책이다.

*Bt*와 마주하는 몇 가지 문제들은 몇몇 과학자들을 **자연 모방(Copy Nature)** 접근법과 *Bt*에 의해서 축약된 단일, 고독성, 이종 유전자 접근법과 대조하도록 이끌고 있다. 그 전략은 해충 저항성 작물을 개발을 위한 합리적인 접근을 포함하고, 다음과 같은 단계의 특징을 가진다.

1 *lead의 동정*. 여기서 포인트는 해충 저항성을 보이는 식물을 자연에서 볼 수 있다는 것이다. 이러한 leads는 문헌이나 세계 종자 컬렉션, 또는 포장에서 관찰을

통해 발견할 수 있다. 저항성 식물의 동정은 해충 피해에 저항성을 주는 식물 유전자 발견을 위한 시작점을 제공한다.

2 *단백질 정제*. 프로세스의 다음 단계는 살충제 특성을 가진 단백질의 정제이다. 단백질들은 해충성를 탐색하는 일차적인 타겟이다. 이러한 단백질에 상응하는 유전자를 분리하기 위한 직접적인 방법이기도 하다. 기억할 것은 식물은 살충 성분 대사 화합물을 대량 생산하지만, 그것은 살충 단백질보다 유전자 변형 식물에서 이차대사 화합물 합성에 더 오랜 시간이 소요된다. Novel 화합물의 발견에서 시작으로, 그 생합성 경로 탐구되어야 되고, 동정된 관련 주요 효소 및 유전자는 형질전환 식물 생산에 활용될 것이다. 정제된 단백질의 특정 염기서열은 그에 상응하는 유전자를 분리하는 한 가지 방법이다. 단백질의 특징을 연구하는 것은 애기장대와 같은 모델 식물체에서 유전자 기능을 동정하는 수단으로 제공되기도 하고 흥미 있는 식물에서 orthologous 유전자에 대한 탐색을 위한 probe로 잘 알려진 DNA 염기서열을 사용하는 방법 또한 제공할 수 있다.

3 *Artificial-diet 생물검정*. 실험실에서 feeding assays를 수행함으로써 타겟 해충에 대해서 분리한 단백질의 활성을 결정하는 것이 중요하다. 즉, 단백질이 유전자 변형 식물에서 주목할만한 수준까지 발현되고 곤충이 먹어서 효과적으로 제지될 수 있을까?

4 *인축독성 실험*. 포유류의 독성 시험. 작물에 유전자의 삽입에 앞서, 포유류(잠재적으로 인간)에 대한 단백질의 독성을 테스트해야 한다. 핵심은 나중에 식품 안전에 대한 우려를 일으킬 유전자를 식물에 삽입하는 것은 시간낭비가 될 것을 알기 때문이다.

5 *유전공학*. 분리된 유전자를 작물로 이동시키기 위해 이 단계는 중요하다. 형질전환 기술, 벡터 디자인 그리고 construct building에 대한 전형적인 기법은 제 3장과 4장에 설명되었다. 해충 저항성 작물개발을 위한 특별히 고려사항 중 하나는 적절한 프로모터의 선택이다. CaMV 35S와 같은 보편적인 프로모터를 사용할 수 있지만, 조직 특이 프로모터나 wound-inducible 프로모터를 사용하면 장점이 많다. 많은 곤충 방어에 관련된 유전자는 부위 특이적으로 발현되고 또한 곤충피해에 의해 유도되기 때문에 이 또한 자연 모방 전략이다. 곤충 피해 부위에서 살충 단백질의 발현은 피해를 초래하는 곤충에게만 노출되도록 그 발현을 제한한다. 그것은 또한 식물에서 생합성의 부담을 감소시키고, 인간 소비하는 식물 부분에서 형질전환 단백질의 양도 줄여준다. 해충 저항성 유전자의 발현을 주도하는 데 사용되는 프로모터 중 일부는 표 6.5에서 보여준다.

● 특이 부위와 유도성 프로모터는 몇 가지 장점이 있다.

6 *선발과 테스트*. 형질전환 후, 형질전환 식물의 선별, 형질전환의 확인, T1, T2 등 세대로 transgene의 유전, 발현 수준 테스트를 수행해야 한다. 효과는 곤충먹이 섭식평가가 이루어져야 한다.

7 *생물학적 안전성*. 작물 수확량, 곤충 피해, 그리고 더 넓은 생태계에서

표 6.5 곤충 저항성 관련 유전자와 함께 사용되는 프로모터

Promoter	Origin	Expression site	Insecticidal protein	Plant
Mannopine synthase TR	*Agrobacterium* Ti plasmid	Most plant tissues	Cry1Ab	Tobacco, potato
Phytohaemagglutinin (PHA-L)	Bean	Seed	a-AI-Pv	Pea, adzuki bean, tobacco
CaMV 35S	Cauliflower mosaic virus	Most plant tissues	Most proteins	Most plants
Sucrose synthase (RSs1)	Rice	Phloem	GNA	Tobacco
Metallothionein-like (MT-L)	Maize	Root preferred	Cry1Ab	Maize
PEPC	Maize	Green tissue	Cry1Ab	Maize, rice
Pollen-specific	Maize	Pollen	Cry1Ab	Maize
Tryptophan synthase α-subunit (trpA)	Maize	Pith preferred	Cry1Ab	Maize
Ubiquitin-1 (Ubi-1)	Maize	All plant organs	Cry1Ac	Rice
Proteinase inhibitor II (Pot PI-II)	Potato	Wound-inducible	Pot PI-II, ipt	Rice, tobacco, tomato
rRNA operon (Prrn)		Chloroplasts	Cry1Ac	Tobacco
Actin-1 (Act-1)	Rice	All plant organs	CpTI	Rice
Pathogenesis-related protein-1a (PR-1a)	Tobacco	Chemically induced	Cry1Ab	Tobacco

PEPC, phosphoenolpyruvate carboxylase.

transgene의 효과는 포장 실험에서 제대로 평가되어야 한다(BOX 6.3).

자연 모방 전략의 목표는 다음과 같다: '상대적으로 지속 가능하고 환경 친화적 곤충 해충 제어'. 그 전략은 식물, 동물, 미생물, 토양, 그리고 물리적 환경 사이의 biological communities와 복합 상호작용으로 인식한다. 이것은 단지 곤충 해충 대 작물만의 일이 아니다. 이 전략은 또한 해충에 대한 기주식물 저항성이 보편적이고 두 가지 주요 범주로 떨어져 있다는 사실을 고려한다.

1 *수평 저항성*. 이 유형의 특징은 일반적으로 polygenic하다는 것이다; 즉, 몇 가지 사소한 유전자 특징의 누적효과로부터 초래된다. 이 저항의 형태는 유전자 간의 매칭(예를 들어 곤충 중장에서 Cry 단백질과 그 수용체의 경우는)을 포함하지 않고 일반적으로 지속력이 없다는 것이다.

2 *수직 저항성*. 반면, 수직 저항은 일반적으로 높은 수준의 발현을 하는 하나의 주요 유전자로부터 발생한다. 저항성 메커니즘은 유전자 간의 매칭을 잘 포함한다. 저항성의 형태는 곤충 피해 수준과 유형에서 단기 변화 동안 완충을 제공하기 위해 식물에서 일반적으로 발생하고, 지속적일 가능성이 있다는 점이 중요한 포인트이다.

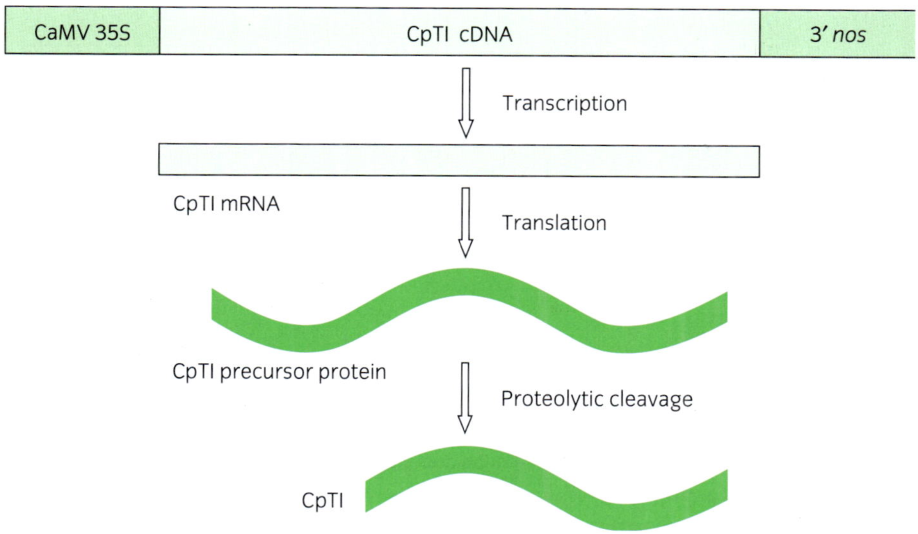

그림 6.4 식물 형질전환을 위한 CpTI 발현 벡터의 구성. CaMV 355 프로모터와 3′ *nos* terminator의 cowpea(중국콩) CpTI cDNA는 pBIN19 벡터에 삽입 되었다. 식물들에서 유전자 발현은 후에 CpTI 단백질 활성을 가지기 위한 특정 프로테아제에 의해 쪼개어질 CpTI 전구체 단백질을 생산한다.

사례 연구 6.2 Cowpea trypsin inhibitor

방충, 병충해 방제 구조로서의 cowpea trypsin inhibitor(CpTI)의 발달에서 첫 단계는 아프리카에서 재배하고 있는 해충의 다양성으로부터의 해충에 저항성이 있는 cowpea의 계통의 발견에서 비롯되었다. 분리된 살충 단백질은 trypsin inhibitor로 밝혀졌다. 인공 먹이 생물검정에서, trypsin inhibitor은 Lepidoptera, Orthoptera, 그리고 Coleoptera에 살충 효과가 있다고 밝혀졌다. 더 나아가 이 실험은 이 단백질 분해 효소 억제제가 포유류의 trypsin엔 영향을 미치지 않고 포유류에 독이 되지 않는 다는 것을 밝혔다. 이 유전자는 분리되어 변형 벡터 pROK2(a pBIN19)에 삽입되었다(그림 6.4).

기초 실험을 위해, 이 유전자는 먼저 담배에 전이되었고(3장 참고), 생산된 형질전환식물들은 수많은 담배 인시목(lepidopteran) 해충의 공격에 견딜 수 있는 능력이 시험되었다. 형질전환식물들이 대조식물에 비해 실험실 환경에서 눈에 띄게 해충 피해에 훨씬 더 강한 저항성이 있다는 사실이 밝혀졌다. 해충의 공격에 대한 식물체의 저항성 정도를 정량화하는 측면에서 피해 입은 정도를 측정하는 방법(무게나 잎 면적 감소) 또는 해충에게 먹힌 형질전환식물체의 결과를 분석하는 방법 등 여러 다른 방법들이 있다. 위의 생물검정 방법 둘 모두 CpTI 형질전환 담배 식물을 먹은 인시목 해충들(tobacco budworm, cotton bollworm, 그리고 cotton leafworm)이 피해를 덜 입히고 대조식물을 먹은 것들보다 덜 성장했다는 것을 밝히기 위해 사용되었다(그림 6.5).

실험실에서 실험을 한 뒤, field에서 이 결과를 재확인하는 것이 중요하다. CpTI 담배 형질전환체의 포장 실험 결과는 인시목(lepidopteran) 해충에 의한 피해에 대항하는 상당한 수준의 방제효과와 많은 섭식형 유충의 감소를 보여주었다(그림 6.6). CpTI는 그 뒤에 벼, 감자, 밀, 목화, 딸기 그리고 pigeonpea를 포함한 다양한 작물에 형질전환 되었다(표 6.6). 하지만, 이 작물들 중 어느 것도 아직 상용화되지는 않았다.

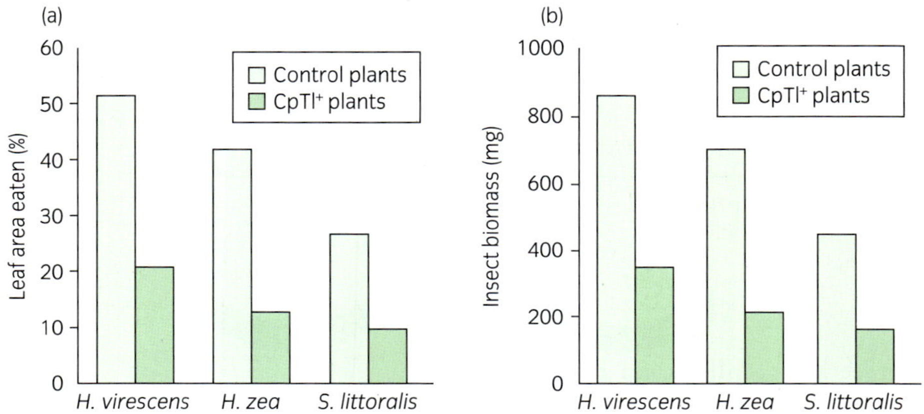

그림 6.5 CpTI 형질전환 담배식물체에서 인시목(lepidopteran) 해충들의 feeding 실험을 위한 생물검정 자료. 세 종류의 인시목 해충(Heliothis virescens, Helicoverpa zea, 그리고 Spodoptera littoralis)의 유충의 CpTI 유전자를 가지고 있는 형질전환 담배 식물체에서의 활동은 실험실에서 두 가지 방법으로 조사되었다: (a), (b) 담뱃잎의 피해 정도를 해충에 의한 잎의 피해 정도와 해충의 biomass를 측정함으로써 알아내었다. 두 방법에서, 대조식물체와 비교했을 때, CpTI 형질전환체에 대한 중요한 방제효과가 있었다. (Redrawn with permission from Gatehouse *et al*.(1992).)

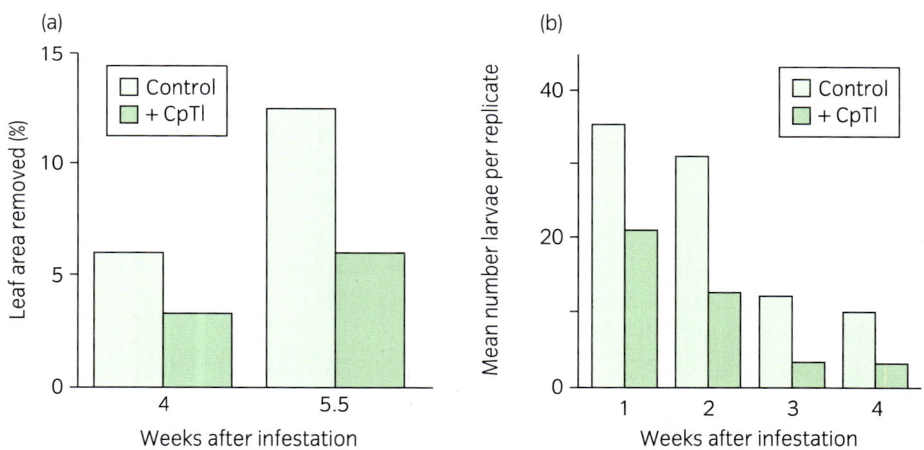

그림 6.6 포장실험에서 CpTI 유전자가 있는 형질전환 담배의 해충 저항성. 포장에서 Helicoverpa zea 유충으로부터의 피해에 저항하는 형질전환담배의 능력은 두 가지 방법으로 측정되었다: (a) 제거된 잎의 면적을 아는 것; 그리고 (b) 식물마다 유충의 수를 세는 것. CpTI 유전자에 의한 해충 피해가 눈에 띄게 방제 효과가 있었다. (Redrawn from Gatehouse *et al*. (1992).

CpTI는 식물에서 분리 유전자도 아니고, 곤충 해충 저항성 작물개발에 사용되는 유일한 유전자가 또한 아니다. 테스트를 거친 식물 저항성 유전자는 다른 단백질 분해효소 억제제와, α-amylase 억제제 그리고 렉틴(lectins)이 포함되어 있다. 표 6.6은 시도한 다른 유전자를 보여주고 생산된 유전자 변형 작물의 다양한 범위를 보여준다. 그러나, 이러한 예는 거의가 실험실에서 포장 실험까지 진행되었고, 아직 현재 상업

표 6.6 해충 저항성 품종개발에 사용되는 식물 살충성 유전자

Plant gene	Encoded protein	Plant of origin	Target insects	Transformed plants
Protease inhibitors	*Inhibited protease*			
C-II	Serine protease	Soybean	Coleoptera, Lepidoptera	Oilseed rape, poplar, potato, tobacco
CMe	Trypsin	Barley	Lepidoptera	Tobacco
CMTI	Trypsin	Squash	Lepidoptera	Tobacco
CpTI	Trypsin	Cowpea	Coleoptera, Lepidoptera	Apple, lettuce, oilseed rape, potato, rice, strawberry, sunflower, sweet potato, tobacco, tomato, wheat
14K-CI	Bifunctional serine protease and α-amylase	Cereals		Tobacco
MTI-2	Serine protease	Mustard	Lepidoptera	*Arabidopsis*, tobacco
OC-1	Cysteine protease	Rice	Coleoptera, Homoptera	Oilseed rape, poplar, tobacco
PI-IV	Serine protease	Soybean	Lepidoptera	Potato, tobacco
Pot PI-I	Proteinase	Potato	Lepidoptera, Orthoptera	Petunia, tobacco
Pot PI-II	Proteinase	Potato	Lepidoptera, Orthoptera	Birch, lettuce, rice, tobacco
KTi3, SKTI	Kunitz trypsin	Soybean	Lepidoptera	Potato, tobacco, rice
PI-I	Proteinase	Tomato	Lepidoptera	Alfalfa, tobacco, tomato
PI-II	Proteinase	Tomato	Lepidoptera	Tobacco, tomato
α-Amylase inhibitors				
α-AI-Pv	α-Amylase	Common bean	Coleoptera	Azuki bean, pea, tobacco
WMAI-I	α-Amylase	Cereals	Lepidoptera	Tobacco
14K-CI	Bifunctional serine protease and α-amylase	Cereals		Tobacco
Lectins				
GNA	Lectin	Snowdrop	Homoptera, Lepidoptera	Grapevine, oilseed rape, potato, rice, sweet potato, sugarcane, sunflower, tobacco, tomato
p-lec	Lectin	Pea	Homoptera, Lepidoptera	Potato, tobacco
WGA	Agglutinin	Wheat germ	Lepidoptera, Coleoptera	Maize
Jacalin	Lectin	Jack fruit	Lepidoptera, Coleoptera	Maize
Rice lectin	Lectin	Rice	Lepidoptera, Coleoptera	Maize
Others				
BCH	Chitinase	Bean	Homoptera, Lepidoptera	Potato
Peroxidase	Anionic peroxidase	Tobacco	Lepidoptera, Coleoptera, Homoptera	Sweet gum, tobacco, tomato
Chitinase	Chitinase			Oilseed rape
TDC	Tryptophan decarboxylase	*Catharanthus roseus*	Homoptera	Tobacco

생산을 하지 않고 있다. 자연 모방 접근방식은 현재의 해충 관리 전략에 대한 보완 방법으로 상당히 중요하다. 하지만, 이 전략을 실현 구현하기 위한 요인 중 하나는 식품 안전성에 있다.

내충성 작물과 식품의 안정성

특정 단백질 가수분해 억제제(protease inhibitor)나 일부 렉틴(lectin)류가 포유류에서 독성효과를 가지는 것으로 알려져 있음을 고려했을 때, 표 6.6에 나온 광범위하며 다

● Pusztai 사건은 GM 식품에 대한 공개 반발을 촉발시켰다.

BOX 6.4 Pusztai 사건

1990년대 중후반, GM 식품으로 표시된체 GM 토마토 통조림과 GM 콩을 사용한 가공 음식들이 자유로이 영국 슈퍼마켓들에서 구할 수 있었다. 1년이란 기간 안에, 대부분 마켓들은 GM 식품에 반대하는 여론에 밀려 모든 유전자 조작된 제품들을 판매대에서 제거하였다. GM 식품에 대한 영국 대중들의 자각에서 일어난 이 변화의 요인은 무엇일까?

가장 영향력이 큰 요인 중 하나는 1998년, TV에서 Scotland의 Aberdeen의 Rowett 기관의 Dr. Pusztai가 GM 감자를 쥐에게 먹였을 때, 장에 피해를 일으켰다는 발표였다. peer-reviewed 중에 즉시 출판되지 않았던 그의 초기 주장의 본질에 대한 상당한 혼란이 있었고 폭풍과 같이 뒤따르는 언론의 주목으로, Dr. Pusztai는 그의 직업을 잃었다. 영국 학술원은 Rowett 기관의 출간되지 않은 저작물을 검토하였고 그것에 결함이 있다는 것을 진술하는 보고서를 출간하였다. 하지만, 이러한 조치에도 영국에서 BSE(광우병) 범죄의 후유증으로 식품 안전과 과학적인 조언에 대한 대중의 걱정을 조금도 누그러뜨리지 못했다. 저작물이 그 후에 연구정보로 *Lancet*에 1999년에 출간되기 전에, 영국 대중의 GM 식품(그리고 GM 작물의 환경 영향)에 대한 걱정은 정점에 도달하였고, 슈퍼마켓 판매대엔 GM 제품들이 완전히 없어졌다. 그 보고서는 snowdrop lectin GNA(*Galanthus nivalis* agglutinin) 유전자를 지니고 있는 형질전환 감자를 쥐에게 먹이는 것이 위점막 세포 증식했다고 스스로 결론을 내렸다. 이 결과는 일반 감자에 추가첨가된 GNA의 존재가 같은 효과를 가지고 있다는 것을 알 수 있다. 하지만, 공장(jejunum, 空腸)에서 crypt 길이의 증가와 맹장 점막 두께의 감소는 GNA의 존재 그 자체보다는 감자의 유전자 변형에 의한 것이라 제기되었다. 그 후에, CaMV 35S 프로모터의 바이러스성 성질이 어떤 점에서는 이 변형과 관련된 유독성의 원인이 된다는 것이 제기되기도 했다. 영국학술원 보고서에 더하여, 그 실험에 대한 많은 평론이 실험설계(실험군과 대조군의 diets 사이의 공통점 부족, 모든 diets에서 전반적인 단백질 결핍)와 기술(crypt 길이의 측정, 세포증식의 실질적인 측정이 없음), 그리고 자료의 양(시간대 별 처리가 없음, 용량반응 곡선이 없음)에 대한 문제들에 대해 지적하면서 출간되었다. 그러나 부적절한 연구를 찾는 것은 잘못된 것을 찾아 증명하는 것과 다르므로, 명확하게 이 문제의 추가 조사가 필요하였다. 하지만, 지금까지, 유전자 조작의 행위나 CaMV 35S 프로모터의 integration과 같은 직접적인 결과인 식물재료의 유독성에서의 변화에 대한 설득력 있는 보고서는 없었다. 그럼에도 불구하고, Pusztai 사건은 식품 안전성 검사와 GM 식품과 관련된 규제의 타당성에 대한 재검토하는 촉매작용을 했다. 이 주제는 12장에서 좀 더 자세히 다룰 것이다.

양한 종류의 유전자들은 인간소비에서의 안정성에 관한 당연한 의문을 제기한다. 이 표에 있는 유전자 중 하나인 갈란투스(snowdrop)의 렉틴 GNA(*Galanthus nivalis* agglutinin)은, 이 전이유전자를 전달하는 감자가 쥐(rat)의 장벽(gut lining) 변화의 원인일 가능성을 제기하는 것과 같이 상당한 관심을 끄는 유전자 중 첫번째 유전자였다(BOX 6.4). 최근 이 유전자가 *Bt* 독소 또는 단백질 가수분해 억제제에 영향을 받지않는 수액흡수곤충(sap-sucking insect)에 저항성을 갖는 벼를 개발하는 수단으로 제시되고 있기 때문에 이러한 문제에 대한 해결법이 요구되고 있다. 이 갈색의 매미충(brown leafhopper, 경대매미충)은 벼작물에 있어서 매해 미화 2.5억불 상당의 피해를 야기하는 원인이고, 끝동매미충(green leafhopper)은 벼 퉁그로바이러스병(tungro virus)의 전이에 원인으로 벼작물에 있어 미화 3.4억불의 피해를 입힌다.

요약

이 장에서 우리는 *B. thuringiensis*의 *cry* 유전자들과 형질전환작물에서 살충단백질의 생산을 위한 이것들의 이용에 대해 살펴보았다. 북미에서의 현 상황은 두 주요 *Bt* 작물인 옥수수와 목화가 상업적 재배를 위해 1996년부터 승인되어 사용되고 있다. 승인된 이러한 작물의 광범위한 재배는 많은 문제를 야기하고 있고, 이중 일부는 논란의 여지를 보여 주고 있다. 2개의 주된 환경적 문제가 고려되고 있다: *Bt* 저항성을 갖는 곤충의 관리와 비해충(non–pest insect)에 대한 *Bt* 작물의 영향이다. 또 식품안정성에 관한 두 가지 우려도 대두되었다. 스타링크(StarLink)의 옥수수 사건(corn affair)은 규제승인(regulatory approval), 알레르기 유발성 시험(allergenicity testing), 비GM 작물의 오염에 관한 일련의 의문을 제기했다. 형질전환 작물에서 생산되는 살충성 단백질을 사용함에 있어 식품 안정성 시험과 보증에 관한 일반적인 문제들도 제기되었다. 자연 모방 전략(copy nature strategy)이란 면에서 이러한 단백질에 의해 제공되는 병충해내성에 대한 다른 접근법은 *Bt* 작물과 대비되었다.

FURTHER READING

Visit www.oxfordtextbooks.co.uk/orc/slaterplants2e/ for hyperlinked references that take you directly to online abstracts for the journal articles listed below:

Insect-resistant crops

Babu, R. M., Sajeena, A., Seetharaman, K., and Reddy, M. S. (2003) Advances in genetically engineered (transgenic) plants in pest management—an overview. *Crop Protection* **22**, 1071–1086.

Estruch, J. J., Carozzi, N. B., Desai, N., Duck, N. B., Warren, G. W., and Koziel, M. G. (1997) Transgenic plants: an emerging approach to pest control. *Nature Biotechnology* **15**, 137–141.

Moar, W. J. (2003) Breathing new life into insect-resistant plants. *Nature Biotechnology* **21**,

1152–1155.

Schuler, T. H., Poppy, G. M., Kerry, B. R., and Denholm, I. (1998) Insect resistant transgenic plants. *Trends in Biotechnology* **16**, 168–175.

cry genes and other bacterial insecticidal proteins

Crickmore, N., Zeigler, D. R., Feitelson, J., Schnepf, E., Van Rie, J., Lereclus, D., Baum, J., and Dean, D. H. (1998) Revision of the nomenclature for the *Bacillus thuringiensis* pesticidal crystal proteins. *Microbiology and Molecular Biology Reviews* **62**, 807–813.

Lee, M. K., Walters, F. S., Hart, H., Palekar, N., and Chen, J.-S. (2003) The mode of action of the *Bacillus thuringiensis* vegetative insecticidal protein Vip3A differs from that of Cry1Ab δ-endotoxin. *Applied and Environmental Microbiology* **69**, 4648–4657.

Liu, D., Burton, S., Glancy, T., Li, Z.-S., Hampton, R., Meade, T., and Merlo, D. J. (2003) Insect resistance conferred by 283-kDa *Photorhabdus luminescens* protein TcdA in *Arabidopsis thaliana*. *Nature Biotechnology* **21**, 1222–1228.

Naimov, S., Dukiandjiev, S., and de Maagd, R. A. (2003) *Plant Biotechnology Journal* **1**, 51–57.

Bt crops

de Maagd, R., Bosch, D., and Stiekma, W. (1999) *Bacillus thuringiensis* toxin-mediated insect resistance in plants. *Trends in Plant Science* **4**, 9–13.

Peferoen, M. (1997) Progress and prospects for field use of *Bt* genes in crops. *Trends in Biotechnology* **15**, 173–177.

Zhao, J.-Z., Cao, J., Li, Y., Collins, H. L., Roush, R. T., and Earle, E. D. (2003) Transgenic plants expressing two *Bacillus thuringiensis* toxins delay insect resistance evolution. *Nature Biotechnology* **21**, 1493–1497.

Bt cotton

Perlak, F. J., Oppenhuizen, M., Gustafson, K., Voth, R., Sivasupramanian, S., Heering, D., Corey, B., Ihrig, R. A., and Roberts, J. K. (2001) Development and commercial use of Bollgard cotton in the USA—early promises versus today's reality. *Plant Journal* **27**, 489–501.

Gene stacking

Halpin, C. (2005) Gene stacking in transgenic plants—the challenge for 21st century biotechnology. *Plant Biotechnology* **3**, 141–155.

Monarch butterfly

Losey, J. E., Rayor, L. S., and Carter, M. E. (1999) Transgenic pollen harms monarch larvae. *Nature* **399**, 214.

Sears, M. K., Hellmich, R. L., Stanley-Horn, D. E., Oberhauser, K. S., Pleasants, J. M., Mattila, H. R., Siegfried, B. D., and Dively, G. P. (2001) Impact of *Bt* corn pollen on monarch butterfly populations: a risk assessment. *Proceedings of the National Academy of Sciences USA* **98**, 11937–11942.

Shelton, A. M. and Sears, M. K. (2001) The monarch butterfly controversy: scientific interpretations of a phenomenon. *Plant Journal* **27**, 483–488.

Protease inhibitors and other plant genes

Boulter, D. (1993) Insect pest control by copying nature using genetically engineered crops. *Phytochemistry* **34**, 1453–1466.

Gatehouse, A. M. R., Boulter, D., and Hilder, V. A. (1992) Potential of plant derived genes in the genetic manipulation of crops for insect resistance. In *Plant Genetic Manipulation for Crop Protection* (A. M. R. Gatehouse, V. A. Hilder, and D. Boulter, eds), pp. 155–181. CAB International, Wallingford.

Gatehouse, A. M. R., Shi, Y., Powell, K. S., Brough, C., Hilder, V. A., Hamilton, W. D. O., Newell, C. A., Merryweather, A., Boulter, D., and Gatehouse, J. A. (1993) Approaches to insect resistance using transgenic plants. *Philosophical Transactions of the Royal Society of London Series B* **342**, 279–286.

Lawrence, P. K. and Koundal, K. R. (2002) Plant protease inhibitors in control of phytophagous insects. *Electronic Journal of Biotechnology* **5**, 1–9.

Nagadhara, D., Ramesh, S., Pasalu, I. C., Rao, Y. K., Krishnaiah, N. V., Sarma. N. P., Bown, D. P., Gatehouse, J. A., Reddy, V. D., and Rao, K. V. (2003) Transgenic indica rice resistant to sap-sucking insects. *Plant Biotechnology Journal* **1**, 231–240.

The Pusztai affair

Ewen, S. W. B. and Pusztai, A. (1999) Effect of diet containing genetically modified potatoes expressing *Galanthus nivalis* lectin on rat small intestine. *Lancet* **354**, 1353–1354.

Horton, R. (1999) Genetically modified foods: 'absurd' concern or welcome dialogue? *Lancet* **354**, 1314–1316.

Web-links

Bacillus thuringiensis Toxin Nomenclature, web-link 6.1: www.lifesci.sussex.ac.uk/home/Neil_Crickmore/Bt/

Bt Corn & European Corn Borer, University of Minnesota Extension Service, web-link 6.2: www.extension.umn.edu/distribution/cropsystems/DC7055.html

Corn pests BASF, web-link 6.3: http://basfagproducts2.com/information/insect-id-guide.asp/

Genetically Engineered Corn and the Monarch Butterfly Controversy, web-link 6.4: http://pewagbiotech.org/resources/issuebriefs/monarch.pdf

NAPIS PestTracker, web-link 6.5: www.ceris.purdue.edu/napis/

Peairs, F. B. (2001) Managing corn pests with *Bt* corn: some questions and answers, web-link 6.6: http://cls.casa.colostate.edu/TransgenicCrops/BtQnA.html

Royal Society (1999) Review of data on possible toxicity of GM potatoes, web-link 6.7: www.royalsoc.ac.uk/displaypagedoc.asp?id=6170

Royal Society (2002) Genetically modified plants for food use and human health—an update, web-link 6.8: www.royalsoc.ac.uk/displaypagedoc.asp?id=11319

The *Bacillus thuringiensis* Toxin Specificity Database, web-link 6.9: www.g fc.cfs.nrcan.gc.ca/science/research/netintro99_e.html

The StarLink case: issues for the future, web-link 6.10: http://pewagbiotech.org/resources/issuebriefs/starlink/starlink.pdf

Transgenic crops: an introduction and resource guide, web-link 6.11: http://cls.casa.colostate.edu/TransgenicCrops/index.html

Union of Concerned Scientists, web-link 6.12: www.ucsusa.org/food_and_environment/genetic_engineering/

US Environmental Protection Agency, web-link 6.13: www.epa.gov/pesticides/biopesticides/pips/index.htm

7

식물 병 저항성

개요

전세계 인구수가 계속적으로 증가함에 따라 현대농업은 수요 증가에 발맞추어 생산량의 지속적인 증가를 주 타겟으로 해야 한다. 이것은 수많은 접근들, 특히 질병으로 인한 수확 전과 후의 손실을 줄이는 것에 의해 달성될 수 있을지도 모른다.

● 단일재배는 질병감수성으로 인한 심각한 문제를 일으킬 수 있다.

다양한 식물 병에 의해 생긴 피해를 수량화시키는 것은 어렵다. 미국에서만 작물 손실이 한 해당 약 330억 US달러가 든다고 추정되고 있다. 인간의 관점에서 자급자족 농민에게 작물의 손실은 미국 중서부에서 수천 헥타르의 손실 그 이상이다. 이런 거대한 손실들은 부분적으로는 해충과 질병의 전염성을 촉진시키는 단일재배 때문이다. *Bipolaris maydis* 곰팡이에 의해 발생하는 옥수수 잎 마름병을 예를 들 수 있다. 옥수수 작물의 주요 종인 교잡종은 제한된 조건 하에서 웅성 수분 매개자를 이용해 세포질적 웅성 불임성(CMS) 계통인 모본을 육종함으로써 생산되었다. 1960년대 후기까지 같은 CMS 계통(CMS-T)으로 개발된 옥수수 품종들은 미국의 많은 지역에서 사용되어 왔다. 불행하게도, 이런 생식질은 마름병에 취약했다. 옥수수 작물의 많은 면적들은 전에는 심각하지 않은 잎 마름병의 형태였지만 지금은 매우 전염성이 강한 형태인 질병에 의해 훼손되었다. 비록 이것은 심각한 경우이긴 하지만, 이것은 단일재배의 문제를 강조했다. 최근에는 왜 넓은 지역에 확산되어 있는 식물 형태가 단일재배보다 좋은지를 설명하기 위해 연구가 진행되고 있다. 이 장 마지막에 유도저항성에 관한 섹션에서 다루어질 한 가지 특별한 점은 야생 혹은 혼합된 집단들이 질병 저항성 시스템에서 다형성을 나타낼 가능성이 있기 때문에 전염성이 강한 병원균으로부터의 공격에서 생존하는 확률이 더 크다는 것이다. 단일재배는 그럴 가능성이 더 적다. 단일재배에 대한 두 가지 중요한 점이 있다. (1) 다른 식물 종류들은 환경 조건의 다양성을 더해주고 특별한 병원균에 덜 유익하게 한다. (2) 친화성의 숙주 품종 간에 확산되기 때문에 식물 유전형 사이에 증가된 유전적 거리는 정해진 병원종의 접종원을 약하게 한다.

이 장은 식물생명공학에 의해 식물 병과 싸우기 위한 몇몇 과정들을 설명할 것이다. 간략하게 병의 종류, 포함된 유기체들, 이러한 질병들로 인한 비용들에 관해 고찰하고 정상적인 식물에서 찾은 질병 저항성의 기작과 이런 기작들이 유전적 조정을 이용해 어떻게 강화되는지에 관해 고려할 것이다.

식물–병원균 상호관계

식물과 미생물 사이의 상호관계는 단순하게 네 가지 종류로 나눠질 수 있다.

1 미생물은 숙주와 공생관계를 형성할 수 있다. 이것은 *Rhizobium* spp.와 같은 박테리아와 근권 곰팡이를 포함한다.

2 미생물은 숙주 식물에 질병을 일으킬 수 있다.

3 숙주 식물은 병원균에 저항할 수 있고 감염이 되지 않을 수 있다.

4 숙주 식물은 감염에 내성을 보일 수 있다. 이러한 경우 병원균은 자라거나 복제될 수 있지만 감염의 증상은 미세하다.

이러한 감염의 넓은 범위 안에서 다른 것들의 전체적인 범위가 이해되기 시작했다.

● 저항성의 주요한 두 가지 유형 : 기주 및 비기주 저항성

병원균 자체는 두 가지 기본적인 종류가 있다. (1) 사물영양체 : 숙주를 죽이고 그 내용물을 먹이로 하며 종종 독성 물질과 결합된다. (2) 활물영양체 : 생활주기를 완성하기 위해 살아있는 숙주가 필요하다. 세균과 곰팡이는 두 종류 중 하나일 수 있지만, 바이러스는 절대적 활물영양체이다. 이러한 두 극단적인 것들 사이에는 hemibiotrophs가 있다. 이들은 초기에는 활물영양체이지만 사물영양체로 변한다. 또한 몇몇 생물체들은 다른 것들이 아니라 몇몇 식물체에 발병을 일으킨다는 것은 확실하다. 이런 케이스에 관한 이유가 분자 수준에서 이해되기 시작했다. 식물에 의해 나타나는 질병 저항성의 두 가지 극단적인 것들이 있는 데 그것은 비숙주저항성과 숙주저항성이다. 비숙주 저항성은 전체적인 식물종이 특정한 기생충이나 병원에 저항성을 가질 때이다. 이것을 일으키는 저항성 기작은 종 간에 보존되며 유전되는 많은 마커를 갖는 것과 같이 매우 복잡하지만 결과적으로 자연에서 탄탄하다. 이런 지속되는 저항성은 아마도 숙주 저항성과 우호적으로 대조했을 때 생명공학자들의 궁극적인 목표일 것이다. 숙주 저항성은 특정 병원균에 대하여 단일 식물 품종에 의해 나타난다. 그 종의 다른 개체들은 그 감염에 민감할 수도 있다. 이런 저항성 종류는 단일 식물 단백질과 병원균의 단일 단백질 사이의 상호작용 때문이다. (유전자-유전자 상호작용) 보통 병원균의 전파를 막는 것은 과민성 반응(HR; 유도 저항성 참조)으로 이어진다. 그것은 기주 저항성만큼이나 탄탄하지 않지만 비록 단기간만 가능하더라도 현재 달성 가능한 것이다. 병원균과 함께하는 것처럼 저항성의 두 가지 극단적인 예 사이에는 종 비 특이적 저항성 또는 일반적 반응이 있다. 이것은 또한 다유전자성 반응이지만 개별적으로 그 유전자는 아마도

성공적인 방어를 제공할 수 없을 것이다. 아래에서 볼 것처럼 이런 방어 시스템에 의해 나타나는 반복이 많이 있으며 아마도 식물이 공격에 대응하는 수단의 연속체로 보여질 것이다.

다음 섹션에서 유기체의 주요 종의 간략한 요약과 그들의 영향을 볼 것이다. 그리고 나서 지금까지 시도된 형질전환체 접근을 이해하기 위해 저항성의 분자 생물학에 관해 다루어질 것이다.

원핵생물

● 세균 중에서 제한된 속에서만 식물병원균에 해당한다.

원핵생물 중에서 가장 생태적으로 중요한 병원 유기체는 파이토 플라즈마 그룹의 멤버와 (전에는 마이코플라즈마와 비슷한 유기체로 알려져 있었다.) 몇몇 박테리아 속들 중의 유기체들이다. 파이토 플라즈마는 세포벽이 없고 사물기생균(죽은 유기물의 분해를 도우며 사는 유기체) 또는 세포 내의 병원균 중 하나로서 생존하는 원핵생물 그룹에 속한다. 질병은 aster yellows를 포함하고, 그 안에서 파이토 플라즈마는 aster leafhopper에 의해 확산된다. 그 병원균은 아마, 유채, 밀, 보리, 감자와 같은 300개 이상의 숙주 식물 종을 감염시킨다. 화학물질로 전반에 관여하는 매미충을 죽이는 것으로 이 질병을 조절한다.

식물 병원성 세균의 주요 그룹은 식물 세포에 T-DNA를 전달함으로써 뿌리혹병과 털뿌리병을 일으키는 *Agrobacterium* 속의 구성원을 포함한다. (3장 참조) 몇몇 병원균은 기공과 같은 자연적인 구멍을 통해 숙주로 들어갈 수 있지만, (밑의 BOX 7.4 참조) 많은 다른 병원균처럼 *Agrobacterium*은 상처 부위를 통해 식물로 들어간다. 다른 세균성 병원균은 *Corynebacterium*, *Erwinia*, *Pseudomonas Xanthomona*, *Streotintces* 속 중에서 찾을 수 있다. (사례연구 7.2 참조) 세균의 다른 체내 침입에 의해 발생하는 증상들의 대부분은 점, 혹병, 동고병(유기체의 국부적 괴사), 마름병(급속한 변색, 시들음, 죽음), 무름병(식물 세포벽을 분해하고 저장 시간을 줄이는 분비 효소에 의해 발생함), 시들음(도관 조직을 막는 박테리아에 의해 발생)과 같다. 이러한 감염들은 과일이나 잎의 모양을 흉하게 만드는 최소한의 상업적 효과를 가지거나 수량 또는 상업적 가치의 큰 효과를 가질 수 있다. 예를 들어, *Erwinia* spp.에 의해 발생하는 세균성 질병인 화상병은 단 한 계절에서 과일 나무 전체를 죽일 수도 있다.

곰팡이(fungi)와 Water moulds

● 곰팡이는 매우 중요한 식물 병원균이다.

식물의 세포 병원균의 대부분은 곰팡이 중에서 찾을 수 있다. 곰팡이 질병에 의해 발생하는 식량 손실은 인류에 심각한 영향을 주고 있다. 이것은 수많은 방법들이 있다. 그들은 포장에서와 수확 후에 식물에게 해를 입힐 수 있고, (부패 등등) 아플라톡신과 같은 극심한 독성으로 식량을 오염시킬 수 있다. 알려진 곰팡이 종은 100 000종 이상

표 7.1 심각한 경제적 손실의 원인 병원체의 예

Pathogen	Major crops infected (disease caused)	Notes
Fungi and water moulds		
Bipolaris maydis	Maize (southern corn leaf blight)	A minor pathogen until a major outbreak occurred in 1969/1970 on maize lines with certain cms backgrounds
Fusarium spp.	Wheat, barley (scab) Cotton (wilt)	Multibillion dollar losses worldwide Multimillion dollar losses in USA annually
Phytophthora spp.	Potato (blight) Cocoa (e.g. black pod) Soybean (e.g. root rot)	*Phytophthora* caused the Irish potato famine of 1846 Loss >450 000 tons annually in Africa/Brazil/Asia corresponds to $430 million 15% of Ohio land area is covered with a crop worth $1 billion; losses reach $120 million annually Total crop losses due to *Phytophthora* spp. of >$10 billion
Puccinia graminis	Wheat (rust)	A major problem controlled with chemicals. Losses could be in the order of billions of dollars annually
Rhizoctonia solani	Many major crops (rots, scabs)	Serious fungal pathogen
Viruses		
Barley yellow dwarf virus	Major small-grain cereals	Annual losses in USA estimated at >$300 million
Cacao swollen shoot virus	Cocoa (swollen shoot)	Losses in Africa of >$50 million
Cassava African mosaic virus	Cassava	Losses attributed to this and other cassava viruses of >$2 billion annually
Rice tungro virus complex	Rice	Losses in south-east Asia of >$1.5 billion
Tomato spotted wilt virus	Peanuts (spotted wilt disease)	Losses of $20–40 million annually in Georgia, USA
Bacteria		
Agrobacterium spp.	Range of dicotyledonous plants	See Chapter 3
Pseudomonas syringae *Xanthomonas campestris* *Xanthomonas fragariae*	Beans (blight, brown spot) Tomato, pepper, beans (bacterial spot) Strawberries (angular leaf spot)	Florida's climate makes the $2 billion-worth of susceptible crops particularly vulnerable to the disease and losses can run into many millions

Costs are in US dollars.

이다. 대부분은 사물기생균의 종류이지만, 곰팡이는 균근과 같은 공생자도 포함하며, 아마도 식물 병을 일으키는 것은 8,000종 이상일 것이다. 상처 부위나 기공과 같은 자연적 구멍, 죽은 유기물을 분해하는 효소와 같은 침입 방법들은 세포벽 거대분자를 분해함으로써 살아있는 식물로 들어가기 위해 병원균에 의해 이용될 수 있다. 그들이 일으키거나 활동 방법인 질병의 세세한 부분에 들어가기에는 곰팡이 병원균이 너무 많이 있지만 몇몇 특정한 예를 표 7.1에서 보여준다. *Phytophthora infestans*(난균성 그룹 병원균의 전형적인 예)는 1846년에 심각한 아일랜드 기근을 일으킨 감자 마름병의 원인인 유기체이다. 최근까지 난균은 곰팡이로 분류되었다. 그러나, 생화학적 분

자적 연구는 현재 이런 **water mould**가 따로 분류되어야 한다는 것을 나타내고 있다. 이러한 유기체들의 세포벽은 키틴이 아닌 셀룰로오스 화합물과 글리칸으로 구성되어 있고, 균사(필라멘트) 내의 없는 핵은 반수체가 아니라 곰팡이처럼 이배체이다. 난균성 그룹의 또 다른 구성원인 *Phytophthora ramorum*은 BOX 7.1에서 다루어진 최근에 알려진 질병을 일으키는 원인이 된다.

바이러스

식물 바이러스 저항성에 대한 생명공학적 접근은 8장에서 다루어질 것이다. 여기서는 바이러스가 병원균의 대부분 그룹에 속하고 밑에서 다루어질 자연적 숙주 방어 중 대부분은 세포적이고 바이러스에 의한 병원균에 의해 유도된다는 것을 아는 것이 중요하다.

식물 바이러스를 분류하기 위한 노력이 최근 이루어지고 있다. (최신 분류학을 위한 과, 속, 종 등등, web-link 8.5 참조) 950개의 식물 바이러스와 그 숙주, 이에 의해 일어나는 질병들의 완전한 세부사항은 식물 바이러스 온라인(Web-link 7.1)에서 확인할 수 있다. 식물 바이러스의 대부분은 단일 가닥이고 양의 방향 RNA 바이러스이지만 원형과 같은 다른 종류들은 이중 가닥의 DNA 바이러스로 존재한다. 흥미롭게도 그 예들 중 하나는 표 7.1에서 확인할 수 있는 tungro 바이러스 질병인데 rice tungro bacilliform virus(DNA badnavirus)와 rice tungo spherical virus(RNA waikavirus)인 두 가지 바이러스를 포함한다. Badnavirus는 tungro 증상(황화-주황화 잎과 성장 저해)을 일으키지만 leafhopper에 의한 tungro 전파는 waikavirus에 따라 달라지고(waikavirus는 또한 tungro 증상을 악화시킨다.) 반면에 waikavirus 혼자서는 미약한 성장 정해를 일으킨다.

BOX 7.1 **식물의 신생 질병들**

인간 병원균과 함께, 신생 병원균이라고 불릴 수 있는 식물 병원균의 예가 있다. 참나무 급사병의 원이 되는 요인으로 알려진 난균류 *Phytophthora ramorum*이다. 이것의 원인이 되는 요인은 갑작스런 오크나무의 죽음으로 알려져 있다. 1990년대에 이 유기체는 미국에서 수백만개의 오크나무를 죽음으로 이끌었고 전에는 알려지지 않은 이 산림 병원균은 2000년에 겨우 확인되었다. *P. ramorum*은 현재 유럽을 포함한 많은 나라에서, 그리고 많은 식물종에서 발견되어지고 있다. 2004년에 물푸레나무, 너도밤나무와 같은 34개의 다른 종의 나무들 뿐만 아니라 진달래속 식물, 가막살 나무속 관목, 희나비속, 동백나무와 같은 장식용 식물에서 질병을 일으키는 것이 발견되었다.

*Pantoea ananatis*는 흥미로운 신생 박테리아이다. 이 유기체는 인간 병원균으로 식별되어왔고, 최근에 세균성 마름병과 유칼립투스 종의 잎마름병과 양파의 중앙 부패와 같은 다양한 식물 병과 연관되어 있다. 미국 조지아 주에서 심각한 양파 손실을 일으키는 이 세균병은 경제적으로 중요하며, 또한 칸탈로푸 멜론, 감로멜론, 머스크멜론, 파인애플, 토마토도 감염시킨다.

질병과 투쟁하기 위한 새로운 접근들

현재 많은 질병들은 병원균이나 병원균을 옮기는 벡터를 죽이는 비싼 화학적 방법을 대규모로 이용하여 조절된다. 현재 미국에서 살균제에 연간 7억 달러를 소비하고 있다. 이러한 화학물질들은 아마도 그들의 고유성에 의해 인류 건강과 환경에 해로울 수 있다. 이것은 한 예는 병원균, 해충, 선충을 조절하는데 쓰여지고 있는 훈증 메틸 브로마이드이다. 미국에서 화학물질의 약 27 200톤(30 000ton)은 매년 토양을 훈증 소독하고 수출입 전에 저장하는 동안 수확된 작물을 훈증 소독하기 위해(잠재가능한 병원균을 죽이기 위해) 매년 사용되고 있다. 메틸 브로마이드는 오존층을 줄어들게 하는 화학물질로 알려져 있으며 그 사용이 단계적으로 중지되고 있다. 이것은 농업산업에서 메틸 브로마이드를 사용하지 않는 농장을 만들기 위한 숙제로 남아있다. 또 다른 문제는 병원균이 사용되고 있는 화학물질에 대한 저항성을 가질 수 있다는 것이다. 이 장에서는 이러한 화학물질들의 사용을 줄이기 위해 개발되고 있는 전략들의 몇몇 예를 소개할 것이다(6장도 참조).

● 생물학적 방제는 화학농약의 교체를 가능하게 할 것이다.

대안으로는 생물학적 조절 방법을 사용하는 것이다. *Agrobacterium rhizogenes* 84와 같은 *Agrobacterium*의 확실한 자연적 계통들은 뿌리 혹병을 제한하는 데에 상업적으로 사용되고 있다(3장 참조). 이 방법이 성공적으로 적용되는 식물의 범위는 제한되어 있으며 *Agrobacterium vitis*와 같은 다른 계통들은 숙주 범위를 확장하는 것으로 발달되고 있다. 이 세균은 리보좀에서 합성된 펩타이드 항생제 trifolitoxin(TFX)를 분비하도록 변화되었고, 이것은 유전자 변형 방식이다.

농업용 종자 회사는 질병 저항성 라인을 개발하는 데에 성공적이었으나 병원균은 그 저항성을 극복하기 위해 돌연변이되므로 그것은 계속되는 싸움이다. 과거에는 원하는 모든 성질을 갖거나 요구되는 수준의 저항성을 갖고 있지 않더라도 그런 식물을 만들기 위한 철두철미한 육종 프로그램에 수많은 시간이 걸렸다. BOX 7.2는 전통 육종에 의해 생산된 농산물의 예를 보여준다.

형질전환 방법은 이 영역에서 매우 가치가 있다. 사용되는 방법과 이용 가능한

BOX 7.2 전통 육종 – 장기간

원하는 특성을 갖는 작물을 육종하는 데에는 오랜 시간이 걸리 수 있다. 2000년대에 뉴욕의 코넥대학교는 뉴욕 121이라는 감자 품종을 개발했다. 이 감자는 난균류 *Phytophthora infestans*(잎마름병의 원인), 시스토 선충, 붉은 곰팡이병, 감자 바이러스 Y에 저항성을 갖는다. 이 감자의 역사는 남아메리카의 안데스 산맥으로부터 얻은 종자로 육종 프로그램을 처음 시작하던 때인 30년 전으로 거슬러 올라간다. 코넬 그룹은 뉴욕 지역에 잘 맞고 특정 바이러스에 저항성을 갖는 품종을 개발했다. 그 라인들 중 하나는 뉴욕 121의 모본으로 이용되었다. 이것은 페루로부터 얻은 시스토 선충에 저항성을 갖는 종자로부터 개발된 라인과 교배되었다. 뉴욕 121의 자손을 얻고 검정하는 데 9년이 걸렸다. 이 감자가 갖는 커다란 결점은 잘 익지만, 프렌치프라이를 만들 수 없다는 것이다.

기회를 이해하기 위해 우리는 유전자 조작에 의해 최적화될 수 있는 병 저항성의 자연적 기작에 대해 고려해야만 한다.

자연적 병 저항성 기작 : 해충과 질병 사이의 중복

● 식물방어시스템은 복잡하지만 효과적이다.

식물이 병원균의 공격에 저항성을 갖지 않는다는 인상을 주는 것은 잘못될 것이다. 왜냐하면 그들이 저항성을 갖는다는 것이 명확하기 때문이다. 그들은 침략한 미생물을 공격하기 위한 특정 세포를 만드는 면역시스템을 갖고 있지 않지만 오히려 더 일반적인 방어 시스템에 적응하고 있고, 포유류의 타고난 방어 시스템과 매우 비슷하다. 또한 병원균에 대한 식물의 반응과 해충에 대한 반응 사이에는 중복되는 부분이 많이 있다. 두 가지 모두에 의해 일어나는 일반적인 세포 손상은 일반적인 방어 시스템을 유발하는 신호로 사용할 수 있다. 식물들이 그러한 일반적인 시스템을 갖는 것에는 장점이 있다. 왜냐하면 해충들은 종종 병원균의 벡터로 행동하기 때문이다. 우리가 밑에 보여주는 것처럼 식물은 또한 특정 신호에 반응하는 시스템을 갖고 있다. 그러나 최근 많은 분자 연구들은 담배와 애기장대와 같은 모델 식물을 이용해 진행되어 왔고, 이것은 모든 식물에 적용 가능한 방법이 아니다. 이 섹션에서는 네 가지 다른 수준의 방어 방법에 관하여 다룰 것이다.

1 해부학 상의 방어

2 이미 존재하는 단백질과 화학적 보호

3 유도 시스템

4 전신적 방어

이 네 가지 수준들 모두 저항성에 기여할 수 있고 그 양은 병원균이 앞선 방어벽을 얼마나 잘 극복하는가에 의존할 것이다. 수준 1과 2는 식물의 일반적 방어의 기초를 형성하고 유도 시스템 또한 기초에 기여한다. 그러다 유도 시스템은 또한 더 특정한 방어 반응을 보여준다.

해부학상의 방어

위에서 나타낸대로 많은 병원균들은 상처를 통해 식물에 침입할 수 있다. 이것은 식물이 살아있는 세포에 병원균의 접근을 못하게 하는 형태학적, 구조적 시스템을 개발하고 있기 때문이다(방어의 첫 방법). 이것은 큐티클, 나무껍질, 왁스층과 같은 보호물질로 된 두꺼운 층일 수 있다. 일단 이 방어벽이 파괴되면 방어 시스템의 일련의 단계적인 반응이 시작된다.

BOX 7.3 항균성 화합물질로서의 이차 산물

식물 세포는 이차 산물로서 작은 분자를 많이 만든다. 그들 중 대다수, 예를 들어 테르펜, 페놀수지, 알칼로이드는 항균 성질을 갖는다. 이미 합성된 화합물들은 **피토안티시핀**(**phytoanticipins**)라는 이름을 얻었다. 이는 직접적인 독성일 수 있고, 결합상태로 방출될 수 있다. 예를 들어 식물 글리코사이드는 종종 액포 글리코시데이즈를 방출하는 곤충해나 병원균 침입 후 가수분해된다. 이 효소반응은 침략자와 근접 세포에 독성을 갖는 아글리콘을 방출하고 국소적인 '방화대'를 만든다. 감염 중에 생채 내에서 합성된 항균 화학물질은 **파이토알렉신**(**phytoalexin**)으로 알려져 있다. 이 화학물질들 중 몇몇은 한 식물에서는 피토안티시핀으로 그리고 다른 식물들에서는 파이토알렉신으로 분류될 수 있다. 메틸화된 플라바논 사쿠라네틴의 경우에는 까막까치밥나무에서 본질적으로 축적되지만, 쌀에서는 주요 유도 항균 물질이다.

이미 존재하는 단백질과 화학적 보호

방어의 두번째 방법은 식물의 성장과 발달 동안 만들어지는 디펜신이나 디펜신 같은 단백질과 같은 항균 단백질로 구성된다. 이 디펜신 단밸질은 감염체로부터 방어할 때 곤충과 포유류의 중요한 역할을 하는 곳에서 발견되는 것과 비슷하다. 그들의 구조는 삼차 접힘구조 패턴을 보존하고 있고 이것은 그들이 식물과 동물의 차이를 만드는 superfamily를 대표한다는 것을 암시한다. 몇몇 디페신은 곰팡이의 분지를 증가시키지만 다른 디페신들은 단지 성장을 느리게 한다. 그들은 종종 발아 시기에 종자와 협력되고 그때 환경으로 방출되어 종자 주위에 곰팡이의 성장을 억압하는 미세환경을 만든다. 이차 산물로 만들어지는 작은 화학물질들의 대다수 또한 항균 성질을 갖고 있을 수 있다. 이 단백질과 화학물질은 단순히 해충 또는 병원균의 성장을 막거나 사실상 그들에게 독일 수 있다(BOX 7.3 참조).

유도 시스템

유출자 반응

방어의 세번째 단계는 생체 내에서 단백질 합성과 관련된 반격의 전환이다. 식물이 영구적으로 이렇게 전환된 방어 시스템을 갖는 것은 힘드므로, 감염을 감지하고, 방어 시스템을 켜는 기작이 있다. 이 기작은 아래에서 다루어질 것이다(BOX 7.4 참조).

병원균이 살아있는 세포에 도착하고 침입했을 때 감염에 대한 저항성이 유도될 수 있다. 이 유도자 또는 유출자는 많은 종류가 있고 그 반응은 복잡하고 자연에서 중복되는 부분이 많다. 먼저, 병원균(외재성 유출자)에 의해 방출된 분자 또는 숙주 자체에 의해 방출된 분자와, 병원균 공격에 대한 반응으로(내재성 유출자), 숙주의 수용 분자와의 상호관계를 포함하는 국부적 반응이 있을 수 있다. 이 상호관계는 숙주 식물과 비숙주 식물 모두 일반적 방어 시스템을 자극할 수 있고, 특

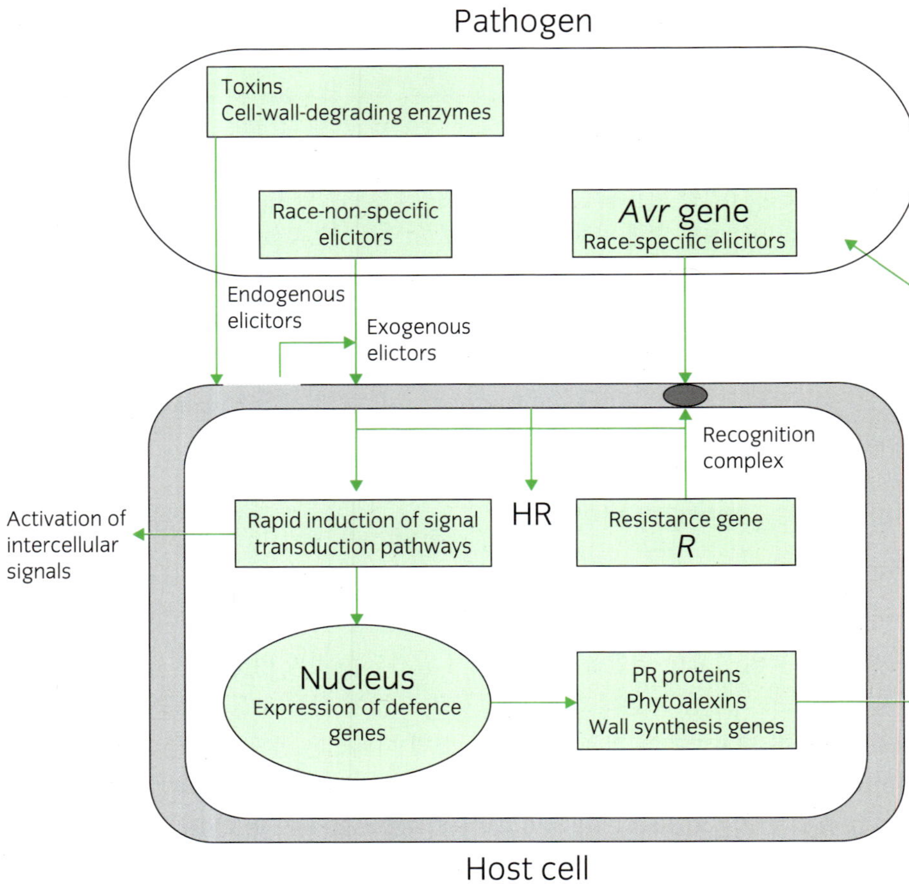

그림 7.1 병원균의 공격에 대한 세포반응. 이 도표에서 강조된 2개의 주요한 식물 병원균 상호작용. 기주방어 시스템은 내재성 유도체와 외재성 유도체 및 식물의 저항성(*R*) 유전자와 병원균의 비병원성 유전자(*Avr*)에 의해 유도된다.

정 품종에만 방어 반응을 유도하는 특정 종특이적 상호작용일 수 있다. 이러한 상호작용 둘 다 과민성 반응(HR)을 포함하는 일련의 단계적인 반응을 이끌 수 있다. 이런 상호작용은 그림 7.1에서 요약된다. 표 7.2는 다양한 유도체와 그들의 영향을 보여준다. 방어 반응의 다음 파트는 전신적 저항성의 유도이다(심지어 다른 식물에 신호 수송까지지도).

일반적 반응

감염의 첫 번째 단계에서 일반적으로 세포벽에 손상이 있다. 곰팡이나 세균은 펙틱 올리고머(예를들어 올리고갈락투로나이드)와 같은 벽 부분을 분해하는 단백질 가수분해 효소를 방출한다. 이것은 종종 특정 수용체를 결합하는 일반적인 시그널(내재성 유도체)로 행동하고, 특정 방어 유전자의 유도를 일으키는 일련의 단계적인 반응을 시작하게 한다. 이러한 방어 유전자들은 세포벽을 두껍게 하는 구조 성분을 합성하는 효소(손상을 회복하기 위한), 이차 대사산물, 렉틴(세포를 접합시키는 다중결합된 설탕 결합 단백질), 발병과 관련된(PR) 단백질로 불리는 것들을 코드한다(표 7.3 참조). PR 단백질은 키티나아제, β-1,3-글루카나아제, 프로테아제 억제인자, 비특정 지질-수

표 7.2 유도체의 예

Elicitor	Pathogen	Type	Biological response
β-Glucans	Fungi	PAMP/general	Induction of defence response in rice, tobacco, and legumes Phytoalexins in soybean
Chitin	Fungi	PAMP/general	Induction of defence response in tomato, *Arabidopsis*, rice, wheat, and barley Phytoalexin in rice Lignification in wheat leaves
Pectolytic enzymes releasing endogenous elicitors, e.g. oligogalacturonides	Fungi/bacteria	General	Protein inhibitors and defence genes in *Arabidopsis* and tomato
Flagellin	Gram-negative bacteria	PAMP/general	Defence gene and ROS induction in tomato and *Arabidopsis*
Endoxylanase	Various fungi	Race-specific	HR and defence genes in tobacco
Avr proteins	Fungi/bacteria	Race-specific	HR in a range of plants
Peptide toxins	Fungi	Race-specific	Programmed cell death in oats

Avr, avirulence protein; PAMP, pathogen-associated molecular pattern; ROS, reactive oxygen species.

표 7.3 발병 관련 (PR) 단백질 종류

Family	Type member	Properties
PR-1	Tobacco PR-1a	Antifungal, 14–17 kDa
PR-2	Tobacco PR-2	Class I, II, III endo-β-1,3-glucanases, 25–35 kDa
PR-3	Tobacco P, Q	Class I, II, and IV endochitinases, 30 kDa
PR-4	Tobacco R	Antifungal, *win*-like proteins, endochitinase activity, similar to prohevein C-terminal domain, 13–19 kDa
PR-5	Tobacco S	Antifungal, thaumatin-like proteins, osmotins, zeamatins, permeartins, similar to α-amylase/trypsin inhibitors
PR-6	Tomato inhibitor I	Protease inhibitors, 6–13 kDa
PR-7	Tomato P	Endoprotease
PR-8	Cucumber chitinase	Class III chitinases, chitinases/lysozyme
PR-9	Lignin-forming peroxidase	Peroxidases, peroxidase-like proteins
PR-10	Parsley PR-1	Ribonucleases, Bet v 1-related proteins
PR-11	Tobacco class V chitinase	Endochitinase activity
PR-12	Radish Ps-AFP3	Plant defensins
PR-13	*Arabidopsis* THI2.1	Thionins
PR-14	Barley LTP4	Non-specific lipid-transfer proteins

(Based on table in web-link 7.2: **http://dmd.nihs.go.jp/latex/defense-e.html** with permission of site owner/maintainer.)

송 단백질, 리보좀 억제인자 단백질과 다양한 항균 단백질을 포함한다. 이런 항균 단백질은 SN1과 같은 디펜신을 포함하고, 이것은 감자에서 세균과 곰팡이 병원균에 대해 활성화된다. 형질전환 실험에서 유전자 이용 타당성의 가장 중요한 부분 중 하나는 대다수의 PR 유전자 산물은 라텍스 알레르기 유발 항원으로 확인된다는 것이다. 이것은 많은 식물에서 발견되는 단백질 족이고 라텍스 상품과 대다수 과일에 알러지 반응을 보이는 많은 사람들에게 심각한 의학적 상황을 만들 수 있다. 더 많은 정보는 이 장의 끝에 있는 더 읽을 거리 부분에 나와있는 Web-link에서 확인할 수 있다.

방어 단백질을 합성하는 것의 영향은 부분적으로 병원균에 달려있다. 예를 들어, 만약 곰팡이의 균사가 세포 방어를 막는다면, 키티나아제와 글루카나아제는 병원균의 세포벽 분해를 야기할 것이다. 이것은 키틴과 β-1,3-글루칸 올리고머 생산을 이끌 것이다. 이런 화합물들은 신호 분자(외재성 유도체)로 역할을 할 수 있고 이것은 막 수용체와 결합하고 방어 시스템의 유도를 재강화한다. 이 세포는 또한 병원균과 감염 부분의 세포를 죽여 확산을 막는 파이토알렉신(페놀성 화합물 또는 테르펜)을 생산할 수 있다.

저항성의 일반적 유출자로서 세포벽 구성성분(지질당류, 플라젤린, 키틴)은 뜻밖이지 않다. 왜냐하면 상호작용의 접점에 있기 때문이다. 아마도 더 놀라운 것은 식물과 동물이 같은 유도체에 대해 반응한다는 것이고, 그 신호의 수용체는 구조적으로 많은 유사성을 갖고 있다는 것이다. 세균성 플라젤린은 병원균과 관련된 분자 패턴(PAMP)의 잘 연구된 예이며, BOX 7.4에서 다룰 것이다.

BOX 7.4 유도체 – 저항성 단백질 상호작용

박테리아 편모의 소단위인 플라젤린은 잘 연구된 일반적인 유출자이다. 이것의 PAMP 활성은 그램음성 세균인 *Pseudomonas syringae*의 소단위에서 염기서열이 보존된 15–22번 아미노산에 위치하고 있다. 이 분자의 수용체는 FLS2이다. 이것은 단백질 인산화효소에서 막의 안팎의 부분을 통해 연결되는 류신이 풍부한 반복서열(LRR) 기본단위를 갖고 있다. 그림 7.3에서 보듯 이 R 단백질은 플라즈마 막을 가로지른다. 외부의 수용체와 유출자의 결합은 내부 단백질 인산화효소에 의해 핵에 신호되고 그 후 미토겐 활성된 단백질 인산화효소(MAPK)의 일련적 반응을 통해 신호된다. 이것은 최근 애기장대에서 FLS2로 밝혀졌다. 이 일련의 반응은 일련의 인산화 효소(MAPKKK, MAPKK, MAPK)와 전사인자인 WRKY를 포함한다. 이 전사인자는 다양한 방어 유전자의 발현을 조절한다. 애기장대 게놈 분석은 이것이 스트레스와 병 저항성에 기능이 있는 유기체에서 나타나는 MAPK 유전자의 큰 집단의 부분이라고 나타낸다.

공변세포에서 FLS2 시스템의 분석은 최근에 기공이 식물 방어 시스템에서 활동적인 참여자라는 것을 보여주었다. *P. syringae* 계통 pv. 토마토(DC3000)을 이용한 실험은 잎에 들어가기 위해 기공개폐를 통해 나아갈 수 있다는 것을 보여주었다. 공변 세포는 Abscisic acid(ABA), 일산화질소, OST1 인산화효소와 같은 일련의 반응을 이끄는 플라젤린 분자(리포폴리사카라이드와 다른 것들)의 PAMP를 통해 박테리아 존재를 인지한다. 이것은 병원균이 잎으로 들어오는 것을 막기 위해 기공 닫힘을 유도한다. 그러나 병원균은 다시 싸울 수 있고, 이 과정의 억제자인 Coronatine으로 불리는 피토톡신을 생산할 수 있는 것으로 알려져있다.

토마토에서 Pto 단백질(R 단백질)은 *avrPto* 유전자를 수반하는 *Pseudomonas* 속의 계통에 저항성을 주는 세린/트레오

BOX 7.4 (계속)

닌 인산화효소이다. 이것은 여러가지 이유에서 FLS2와 비교되는 흥미로운 예이다. 먼저, R 단백질은 세포질에 있고, 이것은 박테리아 avrPto 단백질이 식물 세포에서 도입되어야만 한다는 것을 의미한다. Type III 단백질-분비 시스템(TTSS)를 통한 숙주 세포에서 병원균 단백질의 트래피킹은 병원균 공격의 흔한 모습이다. 둘째로, Pto는 인산화효소이고, 신호 전달의 일련의 반응의 시작을 위한 평범하고 직접적인 기작이다. 세 번째 이유는 Pto가 LRR 인지 도메인이 없다는 것이다. 이 도메인은 지금까지 알려진 바로는 R 단백질의 대부분에서 발견된다. 그러면 어떻게 Pto가 기능을 할까? 이 반응은 두 번째 식물 단백질인 Prf에 달려 있는 것으로 보여지며, 이것은 NB-LRR 도메인을 포함한다. Pto 단백질은 AvrPto와 Prf와 복합체를 형성하고, 이것은 다양한 방어 단백질의 발현을 이끄는 HR 반응과 신호 전달 반응(인산화효소 활성을 통해)을 시작하게 한다. 또한 AvrPto 단백질은 인산화될 수 있다는 것이 최근에 밝혀졌다. 이것은 토마토 잎에서 발견되는 인산화효소의 기질을 모방한다. 이 인산화는 단백질의 발병 활성을 증가시킨다(그림 참조).

몇몇 모델들이 이 관찰을 설명하기 위해 제시되고 있다. 그 중 하나는 Avr 단백질이 선천적인 비특이 방어 시스템에서 R 단백질의 기능을 간섭한다는 것이다. 이 시나리오에서 NB-LRR 도메인의(또는 Pto 시스템과 Prf 단백질에서) 역할은 선천적인 방어 시스템의 기능 부전을 확인하고 세포의 유도 방어를 활성화시킴으로써 R 단백질을 보호하기 위한 것이다. 이것은 **보호 가설**로 알려져 있다.

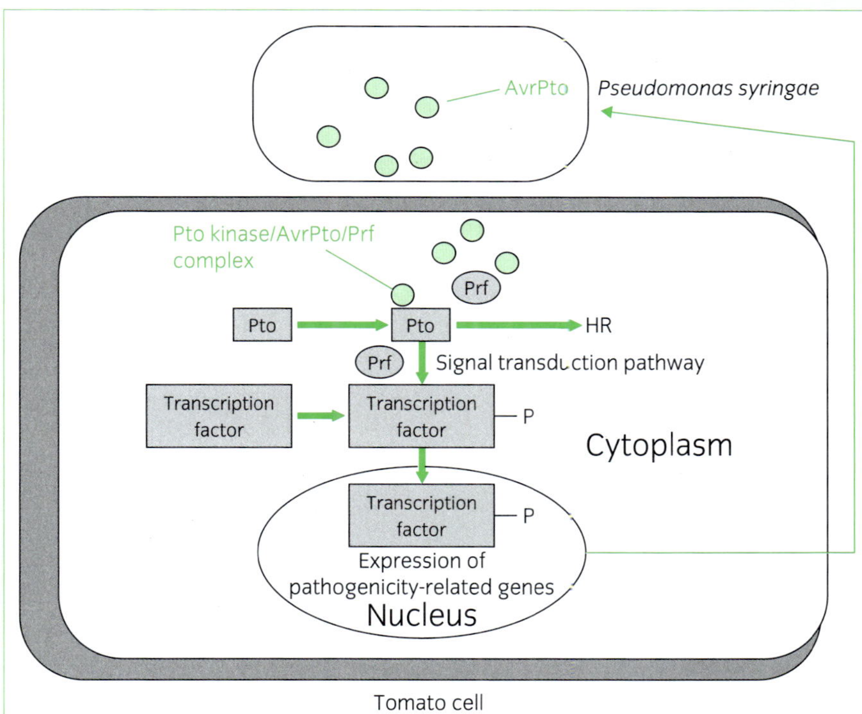

Pto kinase 경로. *Pseudomonas syringae AvrPto* 단백질을 생산하여 토마토 식물에 감염되었을 때, 단백질은 Pto kinase와 Prf 단백질과 함께 복합체를 형성할 수 있다. 복합체는 HR과 발병관련 유전자의 범위의 발현을 유도하는 형질전환 경로의 신호를 활성화한다.

● 과민성 반응(HR)은 식물에서 병원균의 전반을 막기위한 자살시스템이다.

균종 특이적 반응

아마와 아마의 녹병 사이의 상호작용의 유전자적 분석을 이용하여 Harold Flor는 50년 보다 훨씬 전에 gene-for-gene 가설을 만들었다. 이 생각은 병 저항성이 2개의 상호보완적인 유전자가 필요하다는 관찰로부터 얻게되었다. 병원균은 비병원성(*Avr*) 유전자를 수반하고 이것은 식물세포에서 특정 수용 단백질에 의해 인지되는 단백질을 코드하고, 저항성 유전자(*R*)에 의해 인코딩된다. 이 상호작용은 HR을 포함하고 이것은 NADP(감소된 니코티아마이드 아데닌 디뉴클레오티드 인산염)-의존성 산화 burst 와/또는 페놀수지와 일산화질소의 방출을 통한 국부적 괴사로 나타내진다. 신호 기작의 활성은 또한 발병 관련 단백질의 대부분을 유도한다. 이 인지 시스템의 가장 중요한 특징은 만약 그 단백질들 중 하나라도 없다면 병원균이 식물에 병을 일으킬 것이라는 것이다. 이것은 그림 7.2에서 설명된다.

유전자-유전자 시스템은 식물이 저항성 시스템으로 전환하는 가장 중요한 방법 중 하나이고 이것은 식물과 진딧물, 선충, 곰팡이, 바이러스, 세균 간의 상호작용을 위한 기능으로 보여진다. 이것은 세균성 비병원성 단백질의 대부분이 type III 단백질 분비 시스템(TTSS)에 의해 식물 세포로 수송된 일종의 단백질로 나뉘어진다는 것이 명확해지고 있다. 그들은 병원성 요소로서 식물과 인코딩된 병원성 타겟 간의 상호작용을 통해 세포 기능을 전복시키는 기능을 할 것으로 상정된다. 예를 들어 *Pseudomonas syringae* pathovar(pv.) *phaseolicoli*의 type III effector인 VirPphA는 HR 반응을 유도하는 것으로부터 다른 가려진 Avr 단백질을 막는다.

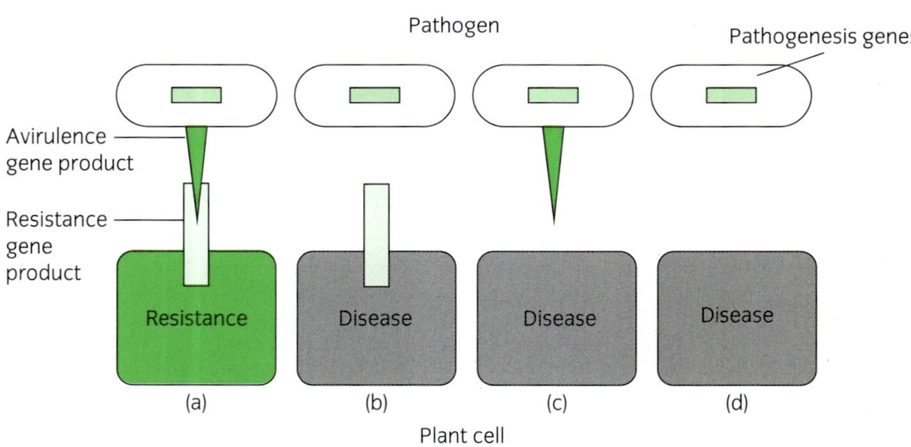

그림 7.2 HR 상호작용. (a) 식물세포는 저항성 유전자(R)이 들어있고 병원균은 비병원유전자 산물(Avr)을 생산한다. 그래서 방어시스템이 활성화되고 식물은 감염에 저항성을 보여준다. (b) 병원균은 Avr 단백질을 생산하지 않으며, 국부 HR 반응이 유도되지 않고, 그래서 그 상호작용은 질병을 야기한다. (c) 기주세포는 R 단백질을 생산하지 않아서 발병한 결과이다. (d) 또한 R 단백질과 Avr 단백질이 모두 생산되지 않아 발병한 결과이다.

Effector의 다른 종류는 PAMP로 유도된 방어를 억압할 수 있다. AvrPto는 세포벽과 방어 단백질을 인코딩하는 유전자 세트의 발현을 억압하는 것으로 보여진다.

곰팡이 균사가 세포에서 세포벽을 분해할 때, 세포로부터 필요한 영양분을 빼내기 위해 복잡한 세포 구조인 흡기를 만든다. 흥미롭게도 흡기는 사실상 숙주 세포의 막을 통과할 수 없지만, 곰팡이는 세포의 내용물을 이용할 수 있다. 곰팡이와 난균성 병원균을 이용한 최근 연구는 이러한 유기체들이 숙주세포에서 병원균의 이익과 다른 방어 기작을 방해하기 위해 숙주의 대사작용을 변화시키도록 만들어진 작은 단백질을 주입하는 것으로 알려졌다. 이런 단백질들은 HR 반응을 자극할 수 있다. 그들은 숙주 방어 시스템을 유도하는 R 단백질(아래 참조)에 일치함으로써 비병원성 단백질으로 인지될 수 있다.

유도체 수용체(R 단백질)

R 단백질의 많은 예가 확인되고 있다. 애기장대 게놈 서열의 주석은 게놈을 통해 분포된 약 100개의 *R* 유전자 자리가 있다는 것을 나타냈다. PAMP 수용체와 TTSS 단백질은 선천적인 면역 반응의 개시에 필요하고 병원균으로 얻은 요소들을 감지하는 데에 필요한 포유류와 곤충의 수용 단백질 구조와 많은 유사성을 보였다. 그들은 다섯 가지 기본적인 구조 그룹에 속하고, 이것은 그림 7.3에서 나타난다. 가장 큰 그룹에서 단백질은 뉴클레오타이드 결합 사이트와 류신이 풍부한 반복 영역(NB-LRR이라고 부름)을 갖는 특징을 갖는다. 다른 네 가지 그룹들은 구조적으로 다양하지만 예는 R 단백질 또한 LRR 영역을 포함하거나 BOX 7.4에서 다루었듯이 R 단백질이 LRR 도메인

● PAMPs와 TTSS는 유사한 수용체를 가진 유도체의 다른 유형이다.

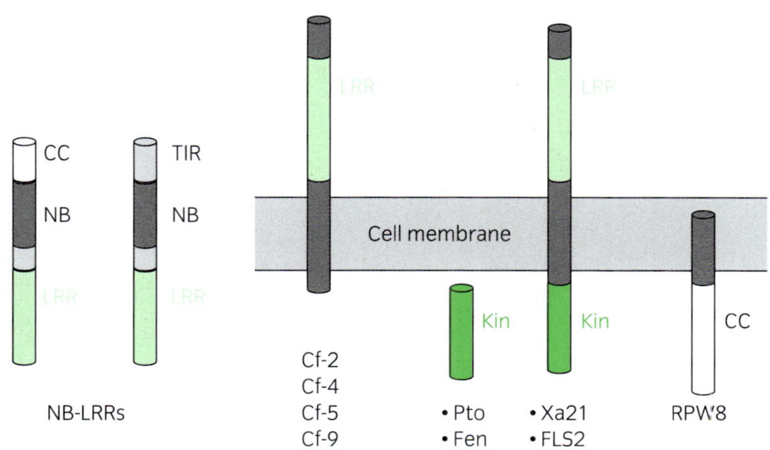

그림 7.3 식물 질병 단백질의 5개의 주요 클래스의 위치와 구조. NB-LRR과 Pto는 막과 연관되어 있으나 세포질에 존재한다고 여겨진다. 다른 유형(Cf-2, Xa21 및 RPW8 등의 R 단백질들)은 모두 막과 연관된다. TIR은 Toll-interleukin-resistence, Kin은 인산화효소, CC는 coil-coil 도메인이다.(Dangl and Jones (2001)의 허가로 변경.)

을 포함하는 다른 단백질과 상호작용한다는 것을 나타낸다.

Xa21은 벼의 LRR 수용체 키나아제인 R 단백질이다. 이것은 AvrXa21 비병원성 단백질을 발현하는 *Xathomonas aryzae* pv. *oryzae*에 품종 특이적 저항성을 준다. 이것은 구조상 인간 Toll 유사 수용체와 애기장대의 플라젤린 수용체 FLS2인 PAMP 수용체와 닮았다. 이와 같은 비교는 식물은 유출자의 다른 종류를 감지하기 위해 비슷한 구조의 수용체를 사용하고 이것들은 제한된 수의 고대 수용체로부터 진화되었다는 것을 나타낸다. 이러한 작은 수의 R 단백질이 많은 식물 병원균을 다루기 위해 필요한 다양성을 가질 수 있는 것과 유출자 단백질에서 진화적 변화를 다루기 위해 진화한 방법을 고려하는 것은 흥미롭다. 식물 방어 기작을 선호하는 것 같은 한 가지 요소는 많은 유출자 단백질들이 병원균의 생명 활동에서 중요소이고 그런 의미로 그들은 높은 비율로 진화하지 않는다는 것이다. 또한, 발생하는 변화를 충족하기 위해 식물 R 단백질에서 몇몇 가변성은 LRR 도메인이 매우 가변성있는 영역 안에서 돌연변이한다는 것과 새로운 아미노산을 인코딩하는 돌연변이가 선택된다는 사실로부터 나온다는 증거가 있다. *R* 유전자의 유전자자리는 야생 집단에서 매우 다형성적이며, 낮은 확률로 존재하는 각각의 *R* 유전자의 대립유전자와 함께 병원균의 집단에서 병원성을 위한 선택이 제한적이다. 전통 농업에서 단일재배 이용과 함께 저항성 유전자 안의 다형성 사이에서의 균형은 무너지고 따라서 작물이 잠재적으로 병원 감염에 더 민감하도록 만든다. R과 Avr 사이의 상호작용이 HR과 방어 단백질의 발현을 유도하는 것에 의한 기작은 아직 밝혀지지 않았고, 이 중 대부분은 BOX 7.4에서 다루어진다.

전신적 반응

● 메세지는 감염의 부위로부터 전신과 다른 식물로 전달된다.

국부적 방어 기작의 유도는 전신 획득 저항성(SAR)이라고 불리는 전신적 반응을 만드는 세포간 신호를 유도할 수 있다. 비록 병원성 병원균의 경우에는 대개 느린 과정이지만, 비병원성과 병원성 병원균 둘 다 SAR을 유도할 수 있다. SAR은 초기단계와 유지단계의 두 단계를 갖는다. 초기단계에서 감염 병소에 있는 세포는 전형적으로 살리실리산과 같은 신호 분자를 체관부로 방출한다. 이것은 SAR 유전자(특정 PR 단백질 등과 같은)가 발현하는 곳에서 식물의 다른 부분에 목적 세포로 수송되고 따라서 식물에게 감염으로부터 일정 수준의 저항성을 준다. 장기간으로 유지 단계는 몇 주 동안 지속되거나 심지어 식물생의 전기간에 걸쳐 도달하며, 그 안에는 병원성 병원균에 대한 준정상 상태 저항성이 있다(그림 7.4 참조).

살리실리산과 독립된 유도 전신 저항성과 같은 병 저항성의 다른 상태는 또한 에틸렌이나 자스몬산을 전달자로서 포함하는 것 같은 경로를 통해 비병원성 병원균에 의해 유도된다(그림 7.5 참조). 이러한 것은 다른 수준의 방어 단백질을 유도할 수 있다. 현재 이 증거는 메틸 자스몬산과 같은 휘발성 화학물질에 의해 운반된 신호는 공격을 경고하기 위해 식물 사이에 전달될 수 있다는 것을 보여준다.

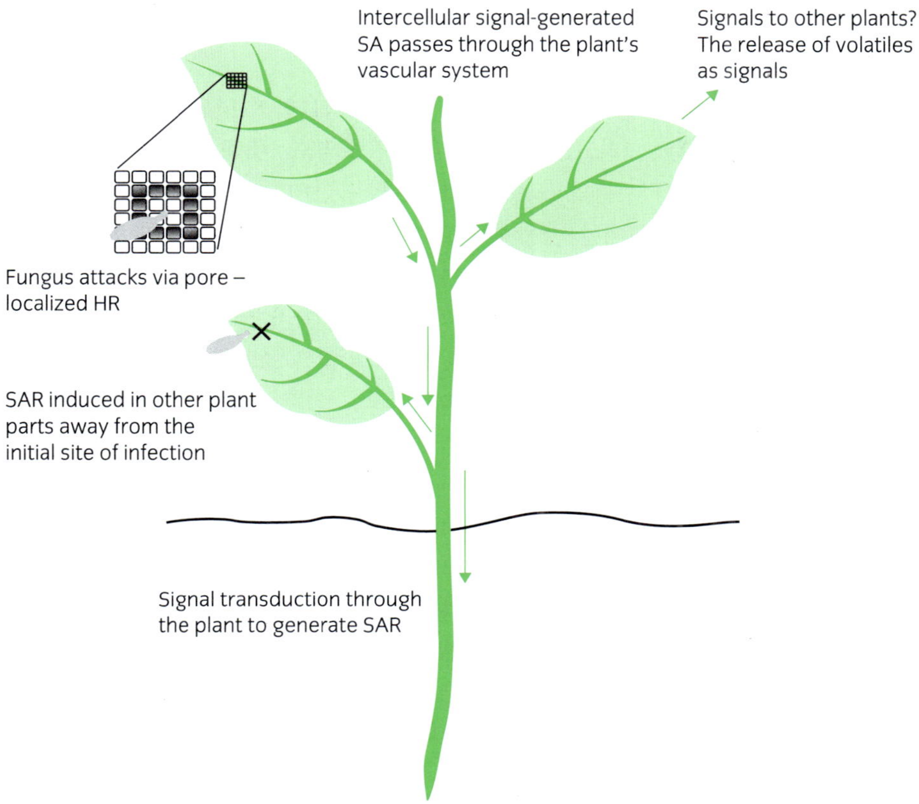

그림 7.4 전신 획득 저항성 (SAR)의 유도. SA: 살리실릭산

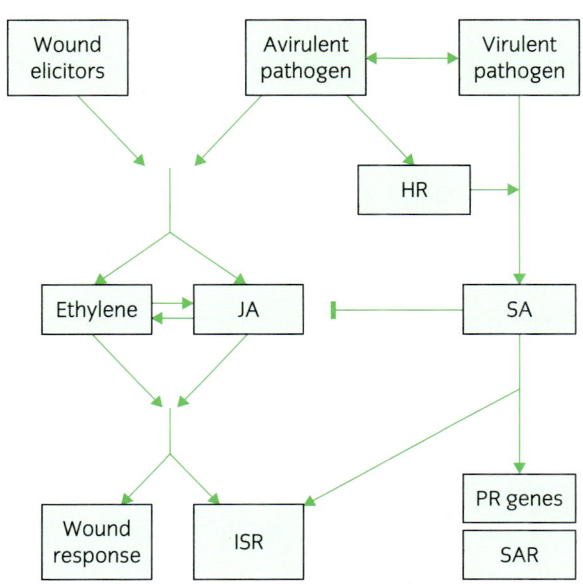

그림 7.5 병반응경로의 네트워크. ISR은 유도 전신저항성; JA는 자스모닉 산; SA: 살리실릭산; SAR: 전신획득 저항성(Dong (1998)에서 허가에 의해 기초함)

이 경로에 수반된 많은 단백질들은 확인되고 있고, 병 저항성에 관한 더 많은 식견을 제공하고 있다.

전사체 연구로부터의 한 가지 흥미로운 연구는 생물학적(병원균 상처, 곤충에 의한 기계적 상처 등등) 그리고 비생물학적(가뭄, 고염도, 냉해 등) 스트레스 신호 네트워크 사이에 상당한 수준의 crosstalk가 있다는 것이다. 같은 유전자의 대다수는 이런 다른 스트레스에 대한 반응에서 발현되고 같은 호르몬의 대다수는 이 과정을 조절하기 위해 수반된다. 최근에 이러한 현상을 조절하는 데에 활성산소(ROS)의 역할에 많은 관심이 쏠리고 있다. HR의 수립에 일산화질소와 상호작용하는 ROS에 대한 많은 증거가 있지만, 현재 ROS가 많은 스트레스 반응에서 하류과정을 유발하는 흔한 신호라는 증거가 있다.

다른 식물 방어 시스템은 식물 본질적인 면역 시스템으로 부를 수 있는 것과 같은 중복 부분의 상당한 수준을 갖고 있다는 것이 명확해지고 있다. 숙주 저항성은 TTSS 단백질과 *R* 유전자의 상호작용에 달려있고, 보통 이것은 HR 반응을 유도한다. 비숙주 저항성은 더 복잡하고 R 단백질과 같은 다양한 방어 유전자로 구성되어 있는 것 같다. 비숙주 저항성에는 두 가지 종류가 있는 것으로 알려지고 있다. 한 종류는 HR 반응을 유도하지 않고 세포벽의 물리적 방어벽, 항균성 화합물, PAMP의 반응에 의해 나오는 이차 대사산물과 같은 일반적인 방어 기작을 수반한다. 비숙주 방어의 두 번째 종류는 비숙주 HR 반응을 만든다. 만약 병원균이 일차적 방어를 극복하고, 세포로 들어온다면 곰팡이나 난균류의 경우에는 세포표면의 유출자와 반응하거나, 세균의 경우에는 TTSS-*R* 유전자 상호관계를 형성할 수 있다.

병 저항성에 대한 생명공학적 방법

엄청난 진보는 식물 방어 시스템을 강화하기 위한 전략에서 저항성으로 얻은 기본적 정보를 전환하는 데에 만들어졌다. 한 가지 생각해보면, 이것은 개개의 병원균이 일반적인 저항성 시스템을 강화하기 위해 만들어진 방법에 타겟된 전략에서부터 다양한 병원균을 막기 위한 것까지 범위가 걸쳐진다. 많은 것들이 모델 시스템으로 시험되었고, 몇몇은 작물에도 도입되었지만 아직 대규모로 상업화된 것은 없다(8장에서 다루어질 바이러스 저항성을 제외하고).

다음 섹션에서 유전자 조작을 위한 타겟과 전략이 다루어질 것이다. 초기에 특정 행동을 하는 단백질을 위한 유전자가 다루어질 것이다. 이것은 질병을 막는 것에 몇몇 활성을 보이지만 제한적인 활성을 갖고 있고 일반적으로 병-저항성 경로로 전환하지 않는 PR 단백질을 포함한다. 항균 단백질의 이용도 또한 다루어 질것인데 이것은 단독으로 혹은 다른 유전자와 결합하여 이용되어왔고 유전자 조작된 형태의 몇몇 예가 강조되었다. 더 진화된 접근은 조절 경로로 전환함으로써 병-저항성 유전자의 집단을 조절하기 위한 시도이다. 이것은 R 단백질, 유출자, 호르몬 발현, 또는 수많은 경로를 조직화하는 조절 단백질을 이용함으로써 얻어진다. R 유전자는 특히 전통적 육종 방식에서 사용되었기 때문에 호의적이고 형질전환 방법을 위한 산업에서 더 많이 적용될 수 있다.

다음 섹션은 사용된 방식의 몇몇 예를 강조할 것이다. 그것은 완성된 리스트는 아니고 많은 다른 예가 이 장 끝에 열거된 논문을 읽으면 찾을 수 있다.

병원균에 대한 보호

PR 단백질

● 단일 방어 유전자를 이용한 형질전환 접근은 단순하지만 지속적이지는 않다.

저항성을 증가시키기 위한 초기 연구는 식물 자체의 방어 시스템, 특히 PR 단백질을 코딩하는 유전자를 식물에 형질전환시키는 것에 기초를 두었다. 곰팡이 병원균에 대응하기 위해 많은 식물들은 키티나아제와 글루카나아제 효소를 코드하는 유전자로 형질전환되었다. 이것은 곰팡이에서 숙주 식물이나 다른 동물을 공격하지 않고 세포벽에서 중합체를 분해시킨다. 이 효소의 유전자는 식물(벼, 보리), 박테리아(*Serratia marcescens*), 심지어 곰팡이(*Trichoderma harzianum*)와 같은 많은 것들에서부터 분리되었다. 이용된 효소의 선택은 부분적으로 그것의 이용가능성과 다루어지고 있는 병원균에 대한 유효성에 달려있다. 왜냐하면 성공적인 병원균은 이미 식물 시스템에 대한 저항성을 갖고 있을 것 같기 때문이다. 35S 프로모터(4장)는 종종 이 유전자를 발현하기 위해 이용된다. 방어 단백질의 계속적인 발현은 초기 공격에 대한 경계를 제공하기 위해 설계되고 숙주 방어 시스템의 유도 기간 동안의 경우일 수 있으므로 병원균의 설립을 허용하지 않는다. 또한 감자 *prp1-1* 프로모터와 같은 상처 유도 프로모터도(BOX 4.1) 그들이 병원균 공격에 대한 반응으로 빠르고 국부적인 발현을 중재하기 때문에 이용되고 있다. 이런 종류의 프로모터는 그 단백질이 요구되는 곳에서 유전자 발현을 제한하고 그 단백질과 관련된 잠재된 위험을 줄일 수 있다. 유전자 발현이 오직 감염 동안에만 나타나므로, 따라서 유전자 발현을 제한하는 것은 식물의 생합성 능력의 심각한 고갈이 없고 수량 감소도 심각하지 않다는 것을 의미한다.

이 시스템의 효율은 많은 식물에서 시험되었고, 많은 상황에서 특정 곰팡이 병원균에 대한 저항성/내성의 몇몇 수준이 설명되고 있다. 내성의 가장 초기 설명 중 하나는 노지에서 길러진 박테리아 *S. marcescens*의 키티나아제 유전자를 갖고 있는 형질전환 담배 라인에 의해 나타난다. 효소의 세포 안과 밖의 형태 둘 다(글리코실화되거나 글리코실화되지 않은 형태) 식물의 병원균 *Rhizoctonia solani*에 대한 내성을 증가시킨다. 다른 예로, 형질전환 오이는 35S 프로모터에 의해 벼 키티나아제 서열(RCC2)를 형질전환시켰을 때, 잿빛곰팡이 *Botrytis cinerea*에 대한 다양한 반응을 보여주었다. 흥미롭게도 병의 확산이 완전히 막힌 많은 라인에서 높은 수준의 저항성이 관찰되었다. 그러나 곰팡이 공격에 대한 방어는 감염과정에서 다른 단계에 발생하였다. 몇몇 라인들은 균사의 침투를 막는 반면, 다른 것들은 침투를 허용하지만 그 확산을 제한했다.

아마도 키티나아제 유전자를 이용한 대부분의 열정적인 연구들은 과일 나무를 이용해 수행되어 왔다. 곰팡이 *T. harzianum*에서 분리된 엑소키티나아제 또는 엔도키티나아제를 발현하는 사과 나무는 *Agrobacterium* 형질전환기법을 이용해 만들어졌다. 곰팡이 *Venturia inaequalis*에 의한 붉은곰팡이병에 대한 저항성과 그 단백질의 발현 수준 사이에는 양의 상관관계가 있다. 만약 두 유전자 모두 식물에 도입된다면, 그 단백질들은 상승 작용에 의해 활성화될 것이다. 한 가지 결점은 엔도키티나아제의 발현이 식물 성장을 감소시킨다는 것이다. 남아있는 한 가지 중요한 문제는 얼마나 오랫동안 저항성이 지속되냐는 것이다. 키티나아제 접근에 대한 뒤따른 단점은 *Phytophthora* spp.와 같은 대부분의 난균성 병원균은 그들의 세포벽에 키틴을 갖고 있지 않다는 것이다. 이 점을 극복하기 위해 PR 유전자와의 조합이 이용되고 있고(아래에 기술됨) 다른 항균 단백질들이 시험되고 있다. 이것은 하나 이상의 유전자의 이용이 저항성의 발달을 막고 장기간 보호를 제공하는 데 도움을 줄 것이기 때문에, 어쨌든 실용적인 전략이다.

PR 단백질 그룹 중 하나인 글루카나아제는 곰팡이 감염에 대한 저항성을 증가시키기 위한 도구로 이용되고 있다. 다른 기질 특이성을 가진 효소의 형태도 다르지만, 대부분 주로 사용되는 것 중 하나는 보리의 class II β-1,3-글루카나아제이다. 35S 프로모터 조절 하의 형질전환 담배에서 이 유전자가 발현될 때 토양성 곰팡이 병원균 *R. solani*에 대한 보호가 증가된다. 또한 키티나아제 유전자를 발현하는 식물에서도 상승작용 효과가 있고, 저항성이 더 증가되었다.

단백질의 세번째 종류인 미소기관 불활성화 단백질(RIPs)은 곰팡이 감염에 대한 방어로 사용된다. RIPs는 진핵생물과 원핵생물의 미소기관의 큰 rRNA에서 특정 지역의 아데닌 잔기를 제거하는 효소이고 따라서 단백질 합성을 막는다. 이 단백질의 특징은 다양하지만 중요한 점은 식물 미소기관을 방해하지 않는다는 것이다. 계속적으로 발현하는 Type 1 보리 RIP는 곰팡이 공격에 대한 저항성을 제공하는데 이용되고 키티나아제 유전자와 함께 협력하여 시험되었다. 또한, 형질전환 담배에서도 *R. Solani*에 대한 상승작용 효과를 찾을 수 있었다.

이러한 방법들의 대부분의 난관은 온실에서 노지로 옮기는 것이다. 이것은 *Fusarium graminearum*에 의해 발생하는 붉은 곰팡이병에 저항성을 주는 타우마틴 유사 단백질, 키티나아제, 글루카탄아제의 유전자를 안정적으로 발현하는 형질전환 밀로 대부분의 연구에서 시험되었다. 온실에서 키티나아제와 글루카나아제를 동시에 발현하는 라인이 감염의 확산을 지연시키는 것을 보여주었다. 이것은 또한 타우마틴 유전자를 발현하는 라인에서도 나타났다. 그러나 노지에서 자랐을 때, 두 라인 모두 대량의 곰팡이 접종물과 만났을 때 붉은 곰팡이병에 대한 저항성을 보이지 않았다. 추후 실험이 이런 종류의 방법을 개선하기 위해 명백하게 필요하다. 유전자들의 다른 조합은 광범위하고 지속적인 저항성을 얻기 위해 노지 환경에서 요구될 수 있다. 몇몇 다른 접근들은 아래에서 다루어진다.

항균 단백질

항진균, 항균 활성을 모두 하는 단백질을 코드하는 많은 다른 유전자들을 식물에 도입하는 것이 매우 성공적이었다. 이용된 단백질들은 단기간 동안 곰팡이 감염을 지연시키는 라이소자임(키틴과 펩티도글리칸을 분해하는 효소)을 포함한다. 라이소자임을 발현하는 감자는 *Erwinia carotovora*에 대한 저항성에 대하여 연구되고 있다. 다양한 티오닌 단백질(표 7.3 참조)은 엇갈린 성패로 식물에 도입되었다. 형질전환 담배에서 발현하는 보리 α-티오닌은 *P. syringae*에 대한 저항성이 증가되었지만 다른 시도에서는 저항성이 증가되지 않았다.

연구의 흥미로운 분야는 디펜신에 관한 분야이다. 이 단백질은 고든 살아있는 세포에서 발견된다. 다양한 특징을 갖고 있지만, 본질적인 방어의 아주 오래된 중재자인 작은 항균 펩타이드(26-50 아미노산 잔기)이고 몇몇 500개의 다른 것들이 밝혀졌다. 디펜신은 미생물의 플라즈마 막 안에서 결합함으로써 용균성 활성을 보인다. 이러한 종류의 공격은 저항성을 얻기 위한 병원균의 어려운 점을 보여줄 수 있다. 막의 온전함이 중요하므로, 막 구조의 변화가 디펜신 침투를 막기 위해 일어날 수도 있다는 것은 있을 수 없다. 알파파 디펜신 유전자인 *AlfAFP*는 감자에 도입되었고 그 특징이 노지에서 확인되었다. 디펜신은 형질전환체에서 잎과 뿌리의 세포 왜 공간에서 만들어지고 분비된다. 온실과 몇몇 노지 실험에서 형질전환체는 곰팡이 *Verticillium dahlia*에 대해 큰 저항성을 보였다. 저항성의 수준은 자연적으로 저항성을 갖는 감자에서 발견되는 것과 비교할 만 하지만, 그들 또한 *Alternaria solani*에 대한 저항성이 예상되지만 그 경우가 아닌 것이 증명되었다.

인공적인 디펜신 유전자는 거대한 누에나방에서 얻은 세크로핀과 벌에서 얻은 멜리틴 유전자(CEMA)를 포함하여 만들어졌다. 이 두 유전자의 활성 부분은 멜리틴(벌침 독의 주요 용균성 성분)의 용혈성 활성을 제거하기 위해 그리고, 자연적인 세크로핀 실험이 숙주의 단백질 분해 효소에 의해 쉽게 분해되는 것을 보고 융합되어왔다. *CEMA* 유전자는 감자에 도입되었고, 그 형질전환체는 세균 *E. carotovora*가 있는 조직 배양 상태에서 실험되었다. 그 후 괴경은 *E. carotovora* 무름병을 위해 시험되었고, 실험의 과정 동안 형질전환 괴경이 단단하게 남아 있는 반면에 대조구는 부패했다. 이런 종류의 연구는 또한 획득 특징을 갖는 유전자가 계(界)를 따라 이동할 수 있는 곳에서 형질전환 방법의 능력을 나타낸다. 상처 유도 프로모터와 연관된 융합 *CEMA* 유전자는 또한 아주 흔한 곰팡이 *Fusarium solani*에 대해 저항성을 주는 것으로 보여지는 곳에서 담배에 도입되었다.

이 분야의 인상적인 연구 중 몇몇은 세균성 병인 화상병을 방지하기 위해 수행되어왔다. 중요한 상업 사과 품종과 유럽에서 자란 근경의 대부분은 화상병에 민감하다. 이 병은 *Erwinia amylovora*에 의해 생기고, 일단 발생하면 성장시기의 나무를 죽일 수 있다. 이것은 또한 배의 매우 심각한 병이다. 대다수의 독립적인 그룹들은 이 문제를 항균 단백질 유전자를 갖는 형질전환 나무를 만듦으로써 해결하고 있다. 이용되고 있는 한 가지 전략은 T4 라이소자임 유전자와 곤충 항균성 단백질 아타신 E와 세크로핀 유전자를 갖는 형질전환 과일 나무를 만들기 위한 (*Agrobacterium* 형질전환 방법을 통한) **용균성 접근**이다. 이용되고 있는 두 번째 접근은 미생물의 사이드로포어와 경쟁하기 위한 소의 락토페린 유전자와 특정 엑소폴리사카라이드를 분해할 수 있는 산물을 만드는 디폴리머라아제 유전자의 함유물을 포함한다.

이런 실험들은 다양한 단계에 있지만 노지 시험은 사과 나무에서 수행되고 있다. 항상 발현하는 프로모터의 조절 하에 아타신 E를 발현하는 식물은 화상병에 대한 노지 저항성이 증가하는 것을 보였다. 1998년에 2년생과 3년생 식물을 *E. amylovora*에 접종시키고 당시 계절의 슈트 길이 장해를 입은 조직의 비율을 확인하였다. 형질전환 라인들의 다수는 대조구에 비해 적은 장해를 보였다. 특히 한 라인은 비 형질전환 대조구가 슈트 길이 장해가 56%인 것에 비해 5%의 장해 만을 보였다.

실험된 또 다른 펩타이드 그룹은 템포린이다. 이것들은 유럽의 빨간 개구리 (*Rana temporaria*)의 피부 분비물로부터 분리한 작은 양이온 항균 펩타이드이다. 이것은 용혈성이지 않은 장점을 갖고 있어서 독성이 없는 것 같다. 이런 비 시스테인 함유 펩타이드는 10-13 아미노산 길이이며, 가장 강한 것은 템포린 A이고 이것은 항균성 활성과 항진균성 활성을 모두 갖고 있다. 이 펩타이드 유전자의 조작 형태는 식물에서 그 발현이 매년 US$40억의 손실을 주는 *E. carotovora* spp. *Carotovora*(세균성 무름병)과 *P. infestans*(잎마름병)과 *Phytophthora erythroseptica*(pink rot)을 포함하는 여러 병원균에 대한 저항성을 만드는 곳에서 감자를 형질전환하기 위해 이용되었다. 후자의 유기체는 심각한 수확후 손실을 만들고 최근에 오직 효과적인 살진균제인 mefanoxam에 저항성이 연구되고 있다.

장미와 밀의 *Ace-AMP1*, gallerimycin, 담배에서 발현하는 나방 단백질, *Rana esculenta*과 담배에서도 발현하는 Esculentin-1과 같은 식물에 도입된 항균 단백질 유전자의 많은 예가 있고 이들은 모두 기주 식물의 저항성 패턴의 변화를 야기한다.

위에서 주어진 예는 병원균과 직접적으로 상호작용하고 감염을 막기 위해 항균 단백질의 이용을 강조한다. 한 가지 물어볼 수 있는 것은 그들이 상업화될 것인가 하는 것이다. 몇몇은 그럴 것 같지만 비특정 효소를 이용했을 때 얻은 저항성의 스펙트럼이 매우 제한적이었기 때문에, 지금까지 이 접근들은 실망적이었다. 왜냐하면 식물 라인들에서 저항성의 광범위한 스펙트럼이 오직 단일 병원균에게 다루어지는 것보다 농민들에게 더 적용 가능할 것 같기 때문이다. 화상병에 대한 접근에서 보듯, 몇몇 병은 병자체로 개별적으로 다루는 전략이 더 좋은 결과를 나타내고 있다. 다른 시도들은 광범위한 스펙트럼의 저항성을 도입하기 위해 만들어졌는데, 예를 들어 저항성 경로로 전환하는 전략이 개발되었다. 이것들은 아래에서 다루어진다.

식품 안전을 위한 형질전환 작물

위에서 열거된 항진균성 접근들은 병으로부터 식물을 보호할 뿐만 아니라 식품 진균독으로부터 인류를 보호한다. 최근, 형질전환 접근은 곰팡이 감염 그 자체보다 감염의 영향을 방지하기 위해 이용된다. 한 가지 흥미로운 예는 *Fusarium verticillioides*인데, 이것은 옥수수에서 Fusarium 이삭 곰팡이를 일으키고, 특정 가축에 정확한 독성을 갖고 암을 유발하기도 하는 푸모노신 진균독을 만든다. 지금까지는 옥수수에 이삭 곰팡이 저항성을 갖게 하는 것이 가능하지 않았지만 옥수수에서 곰팡이 에스테라아제 유전자나 곰팡이 아민 산화효소 유전자를 도입하는 것과 어느 정도로 옥수수를 해독하는 것이 가능하다.

곤충해를 최소화하기 위한 *Bacillus thuringiensis*(*Bt*) 유전자의 이용은 감염될 수 있는 상처 부분을 줄임으로써 이삭 부패를 줄이는 효과가 있다. 이것은 장기간의 해결책은 아니지만 탐구되기 위한 흥미로운 방법의 가능성을 올려준다. 또다른 접근은 합성의 17개 아미노산 길이의 선형 펩타이드 D4E1을 이용하는 것인데, 이것은 곰팡이와 세균 병원균의 성장을 방해하는 매우 광범위한 항미생물 활성을 갖고 있다. 이 펩타이드는 곰팡이에 의해 생성되는 아플로톡신의 생성을 줄이기 위한 목적으로 *Aspergillus flavus*의 성장을 막기 위해 목화에 도입되었다.

형질전환체에서 HR과 SAR의 유도

위에서 얻은 정보를 통해, 일반적인 저항 경로로 전환하기 위한 대부분 명확한 접근은 유출자-수용체 시스템의 성분을 이용할지도 모른다. Guard 가설(BOX 7.4 참조)의 한 가지 가능한 영향은 R 단백질이 세포에서 일반적인 저항성 기작과 관련된 기능을 갖는다는 것이다. 이것은 R 단백질의 생성의 증가가 저항성 시스템의 발현을 증가시킨다는 것을 의미한다. 이 가설은 35S 프로모터의 조절 하에서 pto 유전자가 토마토에 도입된 일련의 실험으로 시험되었다.

● 방어 경로의 전환은 단일 방어 유전자 이용보다 더 지속적인 접근법일지 모른다.

3개의 형질전환 라인들의 정밀한 관찰은 Pto-AvrPto 상호작용이 없을 때 Pto 단백질의 과발현이 방어 반응을 활성화된다는 것을 밝혔다. 몇몇 600개의 유전자는 Pto 단백질이 없는 자매식물과 비교했을 때, Pto 단백질을 발현하는 식물에서 다르게 발현되고 그 cDNA 마이크로어레이 분석은 223개의 Pto-과발현-반응 유전자가 있다는 것을 보였다. 또한 유도된 유전자의 40%는 인간 혹은 초파리 면역 반응 동안에 별도로 발현된다는 것이 이전에 확인되었다. 또한 이것은 몇몇 원형 형태로 존재하는 선천적인 면역 시스템에 대한 증거이다. 세포 수준에서 HR 반응으로 인한 세포 죽음은 책상 세포에 위치되어있는 것으로 보여진다. 그 책상 세포는 또한 자가형광 화합물 축적, 칼로오스 축적과 리그닌화를 보인다. 잎 또한 살리실리산 축적을 보였고, 발병 관련 유전자의 발현이 증가되었다. 이 연구의 중요한 결과는 저항성 시스템의 계속적 발현이 병원균 특이적이 아니라는 것이다. 정상적으로 *P. syringae* pv. *tomato*에 민감할 수도 있는 식물은 avrPto없이 저항성을 보였다. 또한 세균성 반점병을 일으키는 잎 병원균인 *Xanthomonas campestris* pv. *Vesicatoria*와 잎-곰팡이 병을 일으키는 *Cladosporium fulvum*로도 실험을 진행했다. 형질전환체는 또한 이 병원균에 대한 더 많은 저항성을 갖고 있다.

HR과 관련된 방어 시스템을 전환하기 위해 적용된 또 다른 접근은 매우 활성 높은 유출자인 크리토게인을 코드하는 *Phytophthora cryptogea* 유전자와 담배의 병원균 유도성 프로모터와 융합되어 형질전환 담배에 도입되도록 고안되었다. 유도되지 않은 상황에서(예를 들어 병원균이 없는) 유출자가 만들어지지 않았다. 병원성 곰팡이인 *Phytophthora parasitica* var. *nicotianae*에 의한 감염에서 크리토게인 유전자가 발현되었고 유출자 유도성 방어 유전자 발현이 감염 부위에서 탐지되었다. 비병원성 병원균에 의해 생성된 것과 비슷한 국부적인 괴사가 감염 부분에서 발생했다. 그 식물은 또한 *Phytophthora*와 관련이 없는 다른 곰팡이에 대해 저항성을 보였다. 최소한 곰팡이에서 광범위한 스펙트럼의 저항성은 도입유전자의 계속적인 발현없이도 생성되었다.

다른 자극에 의해 조절되는 다양한 유전자의 발현을 일으킴으로써 병 저항성을 증가시키기 위해 시도하는 접근은 애기장대 유전자 NPR1을 토마토, 밀, 벼와 같은 작물에 도입하는 것이다. 이 유전자의 산물은 SAR, 유도 전신 저항성, *R* 유전자 중재 저항성, 에틸렌, 살리실산, 자스몬산을 연결하는 조절 경로에서 교점에 놓여있다. 이것은 기본적인 류신 zipper(bZIP) 전사인자의 TGA 족(族)의 구성원들과 상호작용함으로써 유전자 발현을 활성화시킨다. 이 유전자의 도입은 토마토에서 다양한 식물 병원균에 대한 저항성을 증가시키지만 벼에서는 해로운 영향을 주었다. 이 도입유전자의 활성 기점은 기폭제 기능처럼 보이고 이 식물은 계속적으로 전환되는 방어 시스템을 갖는 것보다 공격에 더 빠르게 반응하고, 이것은 수량에 영향을 줄지도 모른다.

방어 유전자의 일련의 단계적인 반응으로 전환하는 것에 대한 또 다른 접근은 해바라기에서 이용되었다. HR 반응의 전달자로서 과산화수소와 같은 산소종의 관련성은 밀의 옥살산염 산화효소 유전자를 식물에 형질전환시킴으로써 실험되었다. 이 효소는 옥살산과 O_2를 CO_2와 과산화수소로 전환시킨다. 형질전환체는 옥살산을 분해하고 과산화수소를 발생하고 살리실산 합성과 유전자 발현에 따른 HR 유사 반응이 보고되었다. 이 유전자는 PR 단백질과 디펜신 단백질이 되는 것으로 확인되었고, 형질전환 해바라기는 곰팡이 *Sclerotinia sclerotiorum*가 발생하는 옥살산에 대한 저항성이 증가되었다.

사례 연구 7.1 BASF 감자

감자에서 잎마름병(*P. infestans*) 저항성에 대한 형질전환 접근을 위한 저항성 유전자의 이용은 BASF 감자의 경우에는 흥미로운 점에 도달했다. 상업적 감자 *Solanum tuberosum*의 병 저항성을 코드하는 다양한 우성 유전자를 갖는다. 그러나 그 병원균은 이 저항성을 극복하기 위해 계속적으로 돌연변이를 만든다. 수년동안 저항성 유전자는 교잡 접근에 의해 야생형 품종으로부터 먹을 수 있는 감자로 도입되어왔지만 그 영향은 곧 병원균에 의해 극복되었다. 이 접근은 최근 *S. tuberosum*과 성적으로 양립할 수 없는 야생형 멕시코 종인 *Solanum bulbocastanum* 사이에서 이용되었다. 이것은 번식할 수 없으나 잎 마름병에 대한 저항성이 있다. 교잡 접근은 다양한 종류의 배경 유전자를 전달한다는 문제가 있고 따라서 타켓 특이적 저항성 유전자 형질전환 기술이 이용되어야 한다. 2개의 NB-LRR 수용체를 코딩하는 감자의 *R* 유전자 2개를 형질전환시켰다(그림 7.3 참조). 이 수용체들은 세포질에 있고 자극된 리간드와 결합하고 나면 HR을 일으킬 것이다.

BASF는 이 새로운 라인과 함께 노지 실험을 하기 위해 신청했지만 놀탑지 않게도 유럽 연합의 나라에서 많은 반대가 있었다. 이용된 *R* 유전자는 BASF 감자에서 사용되는 유전자의 보통 자원인 *Solanum demissum*이 아니라 새로운 배경으로부터 나온 것이라는 많은 비판이 있었다. 이 단백질은 알러지 반응을 시험하지 않았으며 방출 전에 시험되어야 한다는 것이다.

미래를 위한 개발

다른 형질전환 접근들

몇몇 연구팀은 방어 기작과 직접 관련되지 않은 방법에 의해, 감염에 대한 저항성을 일으키기 위한 다른 접근을 시도하고 있다. 한 가지 흥미로운 접근은 RNA 간섭(RNAi) 기술을 이용하는 것이다. *iaaM*과 *ipt* onco 유전자에 상보적인 서열을 갖고 있는 애기장대와 토마토는 *Agrobacterium* 감염에 저항성을 갖는 식물을 만들었다.

상업적 기업(Intergrated Plant Genetics)은 항체 접근을 설계했다. 병원균에 의해 생성된 병원성 관련 단백질들을 결합할 Single-chain variable fragment 항체(scFvs)를 갖고 있다. 그들은 세포막 또는 아포플라스틱 공간에 방출되는 경향이 있기 때문에 보통 크기의 단일클론항체 대신에 scFVs를 이용한다. 목적 분자는 scFVs가 있는 세포질에서 찾을 수 있다. 이것의 개발의 초기 단계에서 병을 막는 기술은 많은 식물에서 이용되었고 증상을 완화시키는 것으로 보여졌으나 항상 면역력을 이끄는 것은 아니었다. 추후의 개발 연구는 그 시스템에서 이루어지고 있다.

육종을 위한 미래적 관점

과거에는 육종 전략이 성숙한 식물에서 형질의 기본적 관찰에 의존하였지만, 지금은 마커와 분자 생물학 기법을 이용하고 있다. 비교 유전체학과 전사체학의 이용은 병 저항성과 관련된 유전자와 신호 경로에 대한 많은 정보를 제공할 수 있고, 저항성 유전자의 위치를 알 수 있게 한다. 이것은 모델 식물 시스템에서만이 아니라 주요 작물에서 제한효소 단편 다형성(RFLPs)와 게놈 서열 프로젝트의 결과로 증대하는 양적형질유전자좌(QTL) 지도, 임의증폭다형디엔에이(RAPD), 유전자 증폭산물 길이 다형성(AFLP), 미소부수체, 서열꼬리표부위(STSs)와 같은 중합효소 연쇄 반응(PCR)에 기초한 분자 마커는 유전자와 특성을 육종 기간 동안 따라오게 하는 매우 강력한 도구들의 연료를 제공한다. 최근에 마커를 기초로한 육종은 식물에게 복합 병 저항성 유전자를 진행시키는 데 이용되었다. 이러한 결합된 접근들은 화학물질의 사용의 감소와 함께 수량의 엄청난 개선을 가져올 수 있는 광범위 스펙트럼을 갖고 지속 가능한 병 저항성을 위해 빠르고 확실한 방법을 제공한다. 마커 의존 육종 전략은 많은 장점이 있다. 그러나 그들은 생식질에 저항성 유전자가 존재하는지와 이용 가능한 분자적 정보에 의존한다. 다음의 사례 연구에서 어떻게 분자적 접근을 이용해 증가된 전통적 육종 전략이 병 저항성 식물을 만들기 위해 형질전환 기법을 사용할 수 있는 지를 설명할 것이다.

사례 연구 7.2 *Xanthomonas* spp.

*Xanthomonas*는 식물과 연관된 모든 것들 중에서 식물 병원균의 흥미로운 속이고, 어느 것도 독립생활을 하지 않거나 다른 기주 종류에 연관된 것이 보여진다. 이 속은 68개의 식물계에서 240개의 속을 감염시키는 것으로 확인된다. 이럼에도 불구하고, 다른 *Xanthomonas* 종은 매우 제한된 기주 범위를 갖고 있다. 가장 중요한 예 중 하나는 *X. oryzae* pv. *oryzae*이고, 벼에서 매우 파괴적인 세균성 잎마름병의 원인이다. 이 세균성 질병은 세계 벼 공급에 엄청난 손실을 가져오고 종종 총 작물의 20%를 초과한다. 과거에는 인도의 펀자브주, 하리아나주, 우타르 프라데시주에서 모든 작물이 해를 입었다. 비록 몇몇 구리와 수은이 기본인 화학물질을 이용한 조절이 과거에는 사용되었지만 환경적으로 안전한 화학물질을 이용한 조절은 이 질병을 위해 개발되고 있다. 오히려, 그 병원균에 대응하는 성공은 안전한 화학물질, 생물학적 조절(Pseudomonas fluorescens 계통과 같은 경우), 전통 육종과 형질전환의 개발과 같은 접근들의 조합으로부터 나올 것이다.

전통 육종 전략은 질병 저항성을 코딩하는 유전자와 연관된 마커를 식별하고 지도화하는 이점을 갖는다. 이 정보는 RFLP-RAPD, RFLP-PCR, 더 최근에는 벼 게놈 프로젝트(1장과 13장 참조)와 같은 기술에서 얻어지고 있다. 벼에서 일부 30개의 유전자는 세균성 벼 잎마름병에 대한 저항성과 연관이 있다. (*Xa1-Xa29*) 이런 유전자들에 의해 코드된 단백질은 다양한 기능과 특징이 있다. 예를 들어 *Xa21* 유전자는 우성 마커이고 막전위 LRR 수용체 키나아제를 코드한다. 이런 다른 유전자들은 종종 *Xanthomonas*의 다른 균종에 저항성을 갖는다. 상업적 벼 라인의 저항성 스펙트럼을 넓히고 더욱 탄탄한 저항성을 만들기 위해 최근에 전통적 육종에서 사용된 접근은 피라미딩으로 알려진 전략에 의해 식물에 다른 저항성 유전자들을 도입하는 것이다. 유전자들은 식물체들에 단독으로 혹은 집단으로 도입되고 따라서 그 식물은 다양한 유전자를 포함하게 된다. 이 전략은 수용체 유전자 *Xa5*와 *Xa13*, 우성 유전자 *Xa21*으로 행해졌다. 일단 원하는 육종 라인에서 분자적 기본인 감시는 목적 유전자를 갖는 자손의 선별에 이용될 수 있다. STS-마커-의존성 선발은 여기서 사용된 접근의 예이다. 열성 유전자가 우성 유전자에 의해 가려져 있을 수 있기 때문에, 선발은 형질에 기초하지 않는다. 오히려 서열 마커들은 유전자의 존재를 보여주는 것을 위해 사용된다.

만약 이러한 방법들이 성공적이라면, 왜 형질전환이 필요할까?

형질전환 접근은 많은 중요한 이점이 있다. 먼저, 단일 유전자는 한 식물 라인에서 또 다른 라인으로 이동될 수 있다. 이것은 저항성 성질을 새로운 배경에서 확실히 되도록 만들어줄 수 있다. 또 다른 이점은 배경을 약화시키지 않고 좋은 육종 라인에 직접 유전자를 도입시킬 수 있다는 것이다. 벼의 몇몇 라인들은 저항성 유전자를 전달하지 않거나 특정 균종에 민감하므로, 형질전환은 유전자를 이동시키기 위해 여기서 사용될 수 있다. Xa21은 형질전환 방식에서 사용되어왔고, 인도 벼, 일본 벼, 교배 벼 도입에 어느 정도 성공하였다. 그러나 *Xanthomonas*의 몇몇 한국 균종은 *Xa21*로 얻어진 저항성에 의해 억제되지 않는다. 그래서 형질전환 방식의 또 다른 이점은 다른 식물의 유전자를 이용할 수 있다는 것이다. SAR을 조절하는 TGA 전사인자(bZIP 전사인자)와 상호작용하는 단백질을 만드는 애기장대 유전자 *AtNPR*은 쌀에 도입되었고 *X. oryzae*에 대한 저항성을 증가시키는 것으로 보여진다.

요약

● 식물 병 저항성의 조작은 성공적인 접근법이나 아직까지 상업적으로 성공하지 못했다.

이 장은 식물 병원균의 종류와 그 영향에 대하여 소개하였다. 그들이 식물이 방어 기작을 갖고 있음에도 불구하고 농업 산업에 주요 재정적 손실을 일으킨다는 것은 확실하다. 방어의 다른 수준들이 확인되었지만 서양 농업에서 저항 시스템은 야생 집단에서 일어나는 자연적인 다형성을 제한하는 단일 재배의 성질에 의해 억제되었다. 지난 50년 이상, 병과 대응하기 위해 식물이 이용하는 기작에 관한 많은 정보가 모였다. 이것은 다양한 유전자 조절 전략의 개발을 허용했다.

저항성을 증가시키는 초기 시도는 PR 단백질 또는 항미생물적 성질을 갖는 것으로 확인되는 단백질 중 하나인 항진균성 또는 항균성 유전자의 도입과 관련되었다. 이러한 단백질들은 제한된 스펙트럼의 저항성을 갖고 있다. 그러나 화상병을 일으키는 *E. amylovora*와 같은 매우 심각한 병원균을 다루기 위한 시도를 할 때, 0 것은 아마 적용 가능할 수 있다. 병원균이 쉽게 극복할 수 있는 지속적인 시스템을 만들기 위한 조치가 필요할 것이다. *R* 유전자의 이용과 연관된 문제들은 현재 항체가 직면하고 있는 일시적인 비정상적 호경기와 비슷한 점을 공유한다. 만약 형질전환 방식이 같은 저항성 유전자에 이용된다면(단독으로나 피라미드 접근으로나), 병원균은 이 유전자를 극복하기 위해 빠르게 진화할 것이다. 지속가능하고 광범위한 저항성 시스템을 위한 전략을 개발하기 위한 첫번째 시도로써, 형질전환 식물은 신호 수송 반응으로 전환하는 유전자를 포함하도록 만들어졌다. 이러한 방식들은 식물에 이점이 있는 것으로 보여지지만 노력이 매우 많이 든다. 계속 방어 기작으로 전환하는 것은 더사 유해물질 때문에 수량 손실을 이끌 수 있다. 병 저항성의 기작과 그 복잡성에 관해 더 많이 배움으로써 다른 더욱 지속가능한 시스템은 복합/다양한 기작을 포함하도록 만들어질 것이다.

지금까지 곰팡이나 세균에 저항성이 증가된 어떤 식물도 상업화되지 않았다. 이것은 많은 요소들 때문이다. 이 중 몇몇은 제한된 범위의 저항성과 수량 감소와 같은 기술에 본질적인 것이다. 그 이유들 중 몇몇은 GM 반대 캠페인(예를 들어, BASF 감자)과 저항성 식물의 첫 세대를 상업화하기 위한 산업이 없는 것 같은 외적인 것이다.

전통 육종 전략에 적용된 분자적 접근은 현재 저항성 유전자를 주요 작물에 피라미드형으로 하도록 만든다. 이런 포스트 게놈 시대에서 애기장대와 쌀 게놈의 서열은 많은 병 저항성 유전자가 확인되도록 했고 전사 프로파일링(전사체는 1장에서 간략하게 나옴)은 그들의 상호작용이 세세하게 연구되도록 할 것이다. 이것은 분자 마커 기초 육종 전략과 형질전환 방식 모두의 장점을 가질 것이다. 육종은 저항성 유전자가 이미 세포질에 있을 때에만 성공할 수 있다. 형질전환 방식은 종간에 저항성 유전자의 이동을 가능하게 할 것이다. 포스트 게놈 시대에 장기간의 목적 중 하나는 인공적으로 민감한 작물 종에서 저항성 식물로부터 많은 저항성 유전자를 피라미딩함으로써 다형성을 인위적으로 재설립하는 것이다.

FURTHER READING

Visit www.oxfordtextbooks.co.uk/orc/slaterplants2e/ for hyperlinked references that take you directly to online abstracts for the journal articles listed below:

Non-GM approaches to disease control

Chrispeels, M. J. and Sadava, D. E. (1994) *Plants, Genes, and Agriculture*. Jones and Bartlett, Boston.

Dixon, R. A. (2001) Natural products and disease resistance. *Nature* ***411***, 843–847.

Disease resistance

Asai, T., Tena, G., Plotnikova, J., Willmann, M. R., Chiu, W.-L., Gomez-Gomez, L., Boller, T., Ausubel, F. M., and Sheen, J. (2002) MAP kinase signalling cascade in *Arabidopsis* innate immunity. *Nature* ***415***, 977–983.

Cvetkovska, M., Rampitsch, C., Bykova, N., and Xing, T. (2005) Genome analysis of MAP kinase cascades in *Arabidopsis* defence response. *Plant Molecular Biology Reporter* ***23***, 331–343.

Dangl, J. L. and Jones, J. G. (2001) Plant pathogens and integrated defence responses to infection. *Nature* ***411***, 826–833.

Dong, X. (1998) SA, JA, ethylene, and disease resistance in plants. *Current Opinion in Plant Biology* ***1***, 316–323.

Espinosa, A. and Alfano, J. R. (2004) Disabling surveillance: bacterial type III secretion system effectors that suppress innate immunity. *Cellular Microbiology* ***6***, 1027–1040.

Farmer, E. E. (2001) Surface-to-air signals. *Nature* ***411***, 854–856.

Feys, B. J. and Parker, J. E. (2000) Interplay of signalling pathways in plant disease resistance. *Trends in Genetics* ***16***, 449–455.

Gomez-Gomez, L. and Boller, T. (2002) Flagellin perception: a paradigm for innate immunity. *Trends in Plant Science* ***7***, 251–256.

Grant, M. and Lamb, C. (2006) Systemic immunity. *Current Opinion in Plant Biology* ***9***, 414–420 (and other papers in this issue).

Lam, E., Kato, N., and Lawton, M. (2001) Programmed cell death, mitochondria and plant hypersensitive response. *Nature* ***411***, 848–853.

Melotto, M., Underwood, W., Koczan, J., Namura, K., and He, S. Y. (2006) Plant stomata function in innate immunity against bacterial invasion. *Cell* ***126***, 969–980.

Montesano, M., Brader, G., and Tapio Palva, E. T. (2003) Pathogen derived elicitors: searching for receptors in plants. *Molecular Plant Pathology* ***4***, 73–79.

Mysore, K. S. and Ryu, C.-M. (2004) Nonhost resistance: how much do we know? *Trends in Plant Science* ***9***, 97–104.

Numberger, T., Brunner, F., Kemmerling, B., and Piater, L. (2004) Innate immunity in plants and animals: striking similarities and obvious differences. *Immunological Reviews* ***198***, 249–266.

van der Biezen, E. A. (2001) Quest for antimicrobial genes to engineer disease resistant crops. *Trends in Plant Science* ***6***, 89–91.

Zaninotto, F., La Camera, S., Polverari, A., and Delledonne, M. (2006) Crosstalk between reactive nitrogen and oxygen species during the hypersensitive disease resistance response. *Plant Physiology* ***141***, 379–383.

Engineering disease-resistant plants

Gurr, S. J. and Rushton, P. J. (2005) Engineering plants with increased disease resistance: what are we going to express? *Trends in Biotechnology* ***23***, 275–282.

Salmeron, J. M. and Vernooij, B. (1998) Transgenic approaches to microbial disease resistance in crop plants. *Current Opinion in Biology* ***1***, 347–352.

Stuiver, M. H. and Custers, J. H. H. V. (2001) Engineering disease resistant plants. *Nature* ***411***, 865–868.

Web-links

Plant Viruses Online, web-link 7.1: http://image.fs.uidaho.edu/vide/refs.htm

PR proteins as latex allergens, web-link 7.2: http://dmd.nihs.go.jp/latex/index-e.html

Defence-related proteins of higher plants, web-link 7.3: http://dmd.nihs.go.jp/latex/defense-e.html

8

바이러스성 식물 병의 영향 감소

개요

식물의 바이러스 감염은 세포의 괴사, 형성 부전(세포 분열과 형성을 지연되는 것), 과다형성(과도한 세포 분열 및 팽창)을 유발시키고, 이와 같은 현상들로 인해 식물은 생장 지연, 형태 변형, 잎의 모자이크 무늬 발생, 황변 및 시들음 등의 증상들을 보이게 된다. 흔히, 이러한 감염 증상들은 심각하지 않은 문제이다. 바이러스는 종종 풍토적이고 작물손실만을 일으키기도 한다. 그러나 전장에서 서술된 것처럼 식물 바이러스는 심각한 전염병으로 주기적으로 일어나게 될 경우 수십억 달러까지 손실을 가져다 줄 수 있는 농업의 중요한 문제이다. 이 장에서, 다른 종류의 바이러스와 그들의 몇 가지 특징들, 이전 농경에서 바이러스 감염 확산을 막기 위해 이용했던 방법들을 간단히 소개할 것이다. 식물의 바이러스 감염 효과를 감소시킬 수 있도록 발달해온 생물 공학 기법에 대해서 심도 있게 논의될 것이다. 그 중에 주요 기법은 병원체 유래 저항성(pathogen–derived resistance, PDR)을 이용한 것이다. 이 기술은 부적절한 시기, 수준 및 형태로 발현하는 것을 기초로 하여 병원체 서열이 숙주에 도입된 장소에 작용하여 감염을 유지하는 바이러스 능력을 방해하는 방법이다. 아래 서술될 내용으로 이 기술은 성공적으로 보고되었다. 이 연구는 생물학의 많은 흥미로운 관점으로 밝혀져 왔고, 유전자 침묵(gene silencing)과 같은 기술들이 이 장에서 간단히 언급될 것이다.

식물 바이러스 종류

국제바이러스 분류위원회(International Committee on Taxonomy of Viruses)는 바이러스 과와 속의 공식화 및 명명법의 표준화를 시작하고 진행해오고 있다. 이 책에서 바이러스 이름은 국제바이러스 분류위원회 데이터 베이스 또는 ICTVdB(web-link 8.5)를 기초로 하였다. 과 또는 속의 이름은 본문에 언급되지 않았다면 웹사이트를 통해 확인할 수 있다.

모든 종류의 바이러스를 설명할 수 없기 때문에 표 8.1에 주된 과와 속 이름을 표시하였다. 바이러스 입자는 단일 또는 다중 구조의 핵산 유전체(표 8.1에 다섯 가지 유형으로 서술됨)로 이루어진다. 바이러스 유전체는 캡시드 또는 뉴클레오캡시드를 형성하는 단백질외피로 둘러싸여 있다. 식물 바이러스는 형태적으로 막대기꼴에서 아이소매트릭 입자까지의 범위로 존재하고, 몇 가지 식물 바이러스는 뉴

표 8.1 식물 바이러스 유전체 구조

Genome structure	Examples of families and genera	Notes
RNA, single-stranded, positive-sense (acts as mRNA directly)	Families: *Bromoviridae*, *Comoviridae*, *Potyviridae*, *Sequiviridae* and *Tombusviridae*, *Luteoviridae* Examples of unassigned genera: *Tobamo-* and *Tobravirus*	70% of known plant viruses; both non-segmented and segmented (two or more RNAs in different virus particles)
RNA, single-stranded, negative-sense (RNA needs to be copied before it can act as mRNA)	Family: *Bunyaviridae*, genus: *Tospovirus*; Family: *Rhabdoviridae*, genus: *Rhabdovirus* Unassigned genus: *Tenuivirus*	*Bunyaviridae* possess a lipidic envelope in addition to their nucleocapsid
RNA, double-stranded	Family: *Reoviridae*, genera: *Fijivirus*, *Phytoreovirus*, *Oryzavirus* Family: *Partitiviridae*, genera: *Alpha-* and *Betacryptovirus*	The plant members of the *Reoviridae* family have a genome consisting of 10–12 segments of RNA; each has one ORF that produces a protein
DNA, double-stranded	Family: *Caulimoviridae*, genera: *Caulimovirus* and *Badnavirus*	The only plant viruses of this group are the caulimoviruses; their genome consists of one double-stranded circular DNA molecule with specific single-stranded discontinuities in both strands; it codes for six or eight ORFs located on one strand only; DNA replication occurs by a process of reverse transcription (i.e. via an RNA intermediate) similar to that of animal retroviruses
DNA, single-stranded	Family: *Geminiviridae*	The only plant viruses possessing either one or two molecules of single-stranded genomic DNA; DNA replication occurs via double-stranded DNA intermediates; ORFs located on both the viral strand and its complement

ORF, open reading frame.

클레오캡시드 주위에 막을 가지고 있다. 바이러스 유전체 코드는 **코어단백질**과 유사한데, 캡시드 또는 단백질외피, 복제 관련 단백질(폴리메라아제 및 헬리카제), 캡 형성 효소 및 단백질, 이동단백질(바이러스 확산을 가능하게 함)이 코어단백질에 속한다. 이 단백질들과 다른 바이러스 단백질의 기능은 이 장의 다양한 절에서 설명될 것이다. 어떤 바이러스들은 추가된 **위성 RNA(RNA segment)**라고 불리는 작은 RNA 절편을 가지고 있다. 이 위성 RNA는 바이러스 감염의 병리를 변화시킬 수 있다. 본문에서 바이러스가 언급된 부분에서 자세한 배경은 설명하지 않았지만 더 많은 정보는 이 장의 끝에 실려있는 Web-link에서 얻을 수 있다.

식물 바이러스에 발견되는 유전자 발현의 구성과 다른 방식들을 강조하기 위해 가장 많은 유형이고 다양한 방식의 유전자 발현을 보이는 positive-sense RNA 바이러스 중 2개를 택하여 다음 절에 예시로 설명될 것이다.

RNA 바이러스

담배 모자이크 바이러스

● 담배 모자이크 바이러스는 오래 연구된 바이러스이다.

● 담배 모자이크 바이러스는 서브게놈 프로모터와 함께 복잡한 단일 가닥 게놈을 가진다.

그림 8.1은 토바모바이러스인 담배 모자이크 바이러스(Tobacco mosaic virus, TMV)의 게놈 구조와 발현 패턴을 나타낸다. TMV는 모든 바이러스 중에서 가장 오랫동안 연구됐을 것이다. 이것은 100년 이상의 기간으로 집중적인 연구 대상이었다. TMV 게놈은 하나의 단일 가닥 선형 RNA 분자(≈6400 bases)와 3′ 말단에 tRNA 유사 구조를 가진다. 5개의 번역되는 ORF(Open Reading Frame)들을 암호화하며, 이 중 적어도 3개의 ORF는 183-kDa, 126-kDa, 30-kDa의 비구조적 단백질이다. 나머지 2개의 큰 단백질들은 복제효소 복합체와 관련이 있으며, 126-kDa 단백질은 메틸트랜스퍼라제 활성을 가져서 RNA 캡핑에 관여하며 헬리카제 기능을 가진다. 183-kDa 단백질은 폴리머라제 기능 또한 가지고 있는 126-kDa 단백질 산물을 read-through 한다. 30-kDa 단백질은 이동단백질(Movement protein, MP)이다. 이 RNA는 또한 기능이 알려지지 않은 추정상 54-kDa 단백질 및 캡시드 또는 외피단백질(Coat protein, CP;

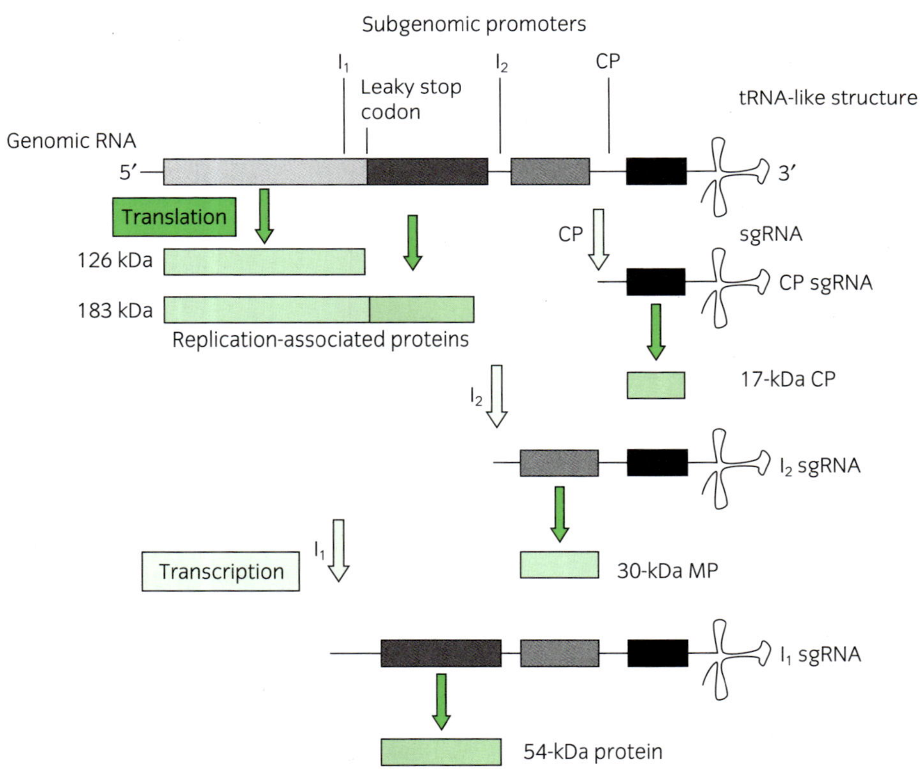

그림 8.1 담배 모자이크 바이러스게놈의 전사와 번역. 처음 번역은 복제효소를 생산한다. 그것은 그리고 나서 음성가닥으로부터 서브게놈 mRNAs를 합성한다. 밝은 녹색화살표는 전사; 어두운 녹색화살표, 번역. CP; 외피단백질; MP, 이동단백질; sg, subgenomic.(Adapted with permission from web-links 8.1 and 8.4.)

17 kDa)를 암호화한다. 세포로 들어가서, 126 kDa과 183 kDa의 고분자량 단백질은 mRNA로 행동하는 전체 genomic RNA에 의해 직접 번역된 단백질들이다. 183 kDa 단백질은 126-kDa 단백질 생성을 위해 번역을 중지시키는 암버(amber) 종결 코돈의 read-through에 의해 만들어진다. 하나의 개시 코돈이 이 read-through 영역에 있고, 54-kDa 추정 단백질을 잠재적으로 암호화할 수 있는 하나의 ORF가 존재한다. 그 대신에 subgenomic RNA(I_1)가 이 단백질을 암호화할 수도 있다. 복제복합체(replication complex)는 negative-sense RNA를 형성하도록 positive-sense RNA를 복제하는데, 이 negative-sense RNA는 positive-sense RNA를 만드는 데 주형으로 이용된다. Subgenomic message는 negative-sense 가닥의 2개의 프로모터에서 전사되고, 이것은 I_2 RNA와 외피단백질 subgenomic RNAs로부터 각각 이동단백질과 외피단백질을 합성하는 데 주형으로 이용된다(그림 8.1).

코모바이러스

그림 8.2는 코모바이러스인 동부콩 모자이크 바이러스(cowpea mosaic virus, CPMV)의 게놈 구조와 번역 기작을 나타낸다. 이 바이러스의 게놈은 절편으로 이루어져 있어서 RNA1과 RNA2인 두 부분으로 나뉘어져 있다. RNA1은 코어 폴리머라제 및 프로테아제와 유전체결합바이러스단백질(genome-linked viral protein)의 암호화 서열을 가지고 있다. 이 유전체결합바이러스단백질은 5′ 말단에 붙어 캡 기능을 한다. 이

● 코모바이러스는 polycistronic mRNA처럼 행동하는 분절된 게놈을 가진다.

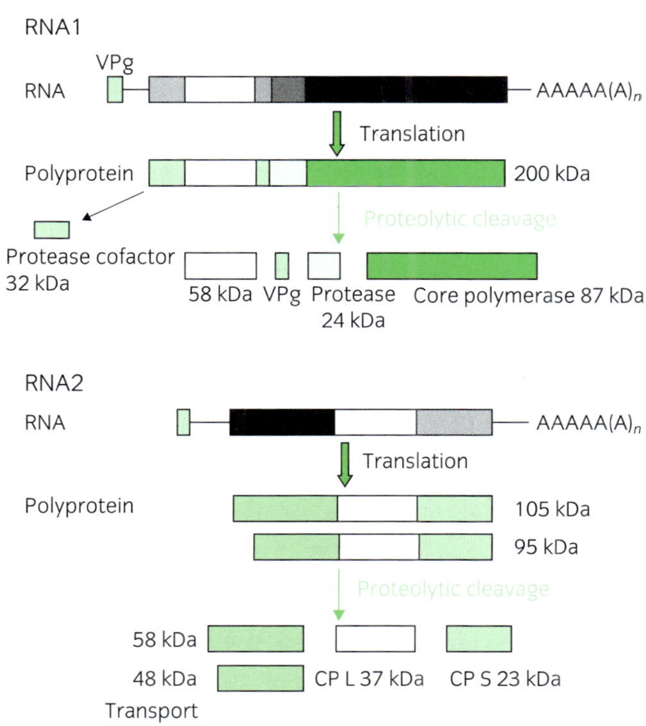

그림 8.2 동부콩 모자이크 바이러스(CPMV)의 게놈. VPg, 바이러스게놈과 연결된 단백질. (Lomonossoff와 Johnson(1991)

경우, 2개의 외피단백질 서브유닛의 암호화서열은 이동단백질과 마찬가지로 RNA2에 존재한다. 세포로 들어가서 게놈은 message로서 행동하고 직접 번역될 수 있다. 큰 다단백질은 전체 암호화 서열을 나타내는 데 만들어진다(그림 8.2). 이것들은 특정 프로테아제에 의해 활성단백질로 잘린다. 네포바이러스와 같은 코모비리대의 다른 바이러스들들의 게놈 구조와 유전자 발현 방식에 대해 아래에 논의될 것이다.

진입과 복제: 억제점

어느 바이러스 감염과 같이, 바이러스는 숙주 세포 안으로 들어가 복제해야 한다. 각각의 바이러스들은 세포로의 초기 진입과 식물로의 이동을 위한 특정 메커니즘들을 갖고 있다. 식물체들 간 많은 바이러스 이동은 선충, 절지동물(진딧물, 매미충, 가루이) 및 균과 같은 매개체에 의해 일어난다.

세포 안으로 들어가면, 바이러스는 외피막을 벗고 바이러스 유전 물질을 이동시키고 복제한다. 복제는 바이러스에 의해 인코딩된 리플리카제 복합체에 의해 일어난다. 감염의 최종 단계는 캡시드 안으로 복제된 바이러스 핵산을 포장하는 것이다. 한 가지 흥미로운 점은 핵산 분자들이 캡시드 안으로 분리되어 포장되는 것인데, 각 RNA 분자는 자신만의 캡시드 안으로 포장된다. 이것은 RNA 함량에 따라 크기별로 분리하는 기술인 밀도기울기원심법에 의해 CPMV의 20면체 입자로 입증되었다. 또한, 전자현미경은 사탕무 엽맥 황화 바이러스(beet necrotic yellow vein virus, BNYVV)와 같은 막대 모양의 바이러스를 관찰하는데 이용되어왔다. 이렇게 전자현미경을 이용할 때, 4개의 다른 크기의 바이러스 입자를 관찰하는 것이 가능하다. 번역과 복제와 관련된 메커니즘은 바이러스 종류에 따라 달라질 것이다 (더 많은 정보는 이 장 끝에 Web-link 목록에서 확인할 수 있다.).

● 전신이동 양상은 PDR 접근성공에 영향을 줄 수 있다.

전신감염(systemic infection)이 이루어지려면 바이러스가 원형질연락사(plasmodesmata) 또는 관다발조직(vascular tissue)를 통해 세포 간 이동을 해야 한다. 그러나, 원형질연락사의 배제 한계 때문에 원형질연락사 크기가 너무 작으면 바이러스 입자가 이동하기 어렵다. 바이러스 이동단백질은 원형질연락사의 분자크기 배제 한계를 증가시켜 바이러스 이동을 쉽게 만드는 기능을 하는 것으로 추측된다. 외피단백질 또는 이동단백질로 둘러싸이는 것으로 추측되어 RNA 상태로 이동되거나 바이러스 입자 상태로 이동되는 것과 같이 바이러스마다 각기 다른 이동 방식을 보인다. 예를 들어, TMV 30-kDa 이동단백질은 원형질연락사를 변형시켜 30-kDa 단백질로 덮인 genomic RNA를 세포 간 이동시킨다. CPMV와 같은 코모바이러스들은 58-/48-kDa 단백질들이 관상 구조를 형성하여 원형질연락사를 통해 세포간의 온전한 바이러스 이동을 가능하게 한다. 관다발 조직으로 이동하는 것은 다른 메커니즘이 있는 것으로 추측된다.

농경 사회는 바이러스를 어떻게 다루었을까?

농부들과 농업은 바이러스 존재 유무를 기초로 하여 많은 방법으로 바이러스 문제를 다뤄왔다. 풍토적인 바이러스가 있는 곳엔 직접적인 화학적 방제는 기본적인 옵션이 될 수 없다. 그러나 곤충이나 다른 매개체를 통해 확산되는 바이러스를 막는데 화학적 방제를 이용할 수 있었으나 그 효과는 매우 제한적이었다.

다른 방법으로 **간섭 효과**(cross-protection)와 같은 식물시스템을 이용하여 바이러스 방제 효과를 얻었다. 1920년대 이래, 몇 식물들이 바이러스에 감염되면 그 후에 연관 바이러스에 대해 방어 기능을 보이는 것을 발견하였다. 이 전략은 의도적으로 식물을 경증상을 갖게 하는 바이러스에 감염시켜 치명적인 바이러스 감염에 저항성을 갖게 한다. 이 경증상은 감염으로부터 어떤 저항성을 가진 식물이 있는 지역의 바이러스로부터 얻은 것이다. 분석을 통해 이런 식물들은 바이러스의 경증상을 감추는 것으로 보였다. 시트러스 나무(10억 달러의 세계적 산업)에 중요 질병인 클로스테로바이러스 시트러스 트리스테자 바이러스(closterovirus citrus tisteza virus), 포티바이러스 파파야 바이러스(potyviruses papaya ringspot virus), 쥬키니황화모자이크 바이러스(zucchini yellow mosaic virus, ZYMV)와 같은 바이러스들에 의해 일어나는 간섭 효과는 몇몇 성공적인 사례를 만들었다. 비슷한 방법으로 관련된 위성 RNA를 갖고 있는 오이모자이크 바이러스(cucumber mosaic virus, cocumovirus, CMV) 계통을 이용하였다. 위성 RNA의 존재는 초기 바이러스 감염의 병원성을 감소시키고, 위성을 지니지 않은 다른 CMV-연관 바이러스에 의해 일어나는 증상 또한 감소시켰다.

● 다른 바이러스들의 간섭 효과는 생물적방제의 한 형태이다.

그러나 농업사회에서 이 간섭 효과 전략을 완전히 받아들이는 것을 주저하는데, 의도적으로 식물에 바이러스를 감염시키고 치명적인 형태로 변할 가능성이 있는 약한 바이러스 특성을 관리하는 것에 대한 우려를 갖고 있다. 하지만 이 간섭 효과 전략은 이 장에서 후에 논의될 주요 유전자 조작(genetic-modification, GM) 전략의 기초를 형성한다.

다른 방법은 바이러스 무병 묘목을 만드는 것이다. 이것은 특히 감자, 고구마, 딸기와 같은 영양번식 식물에 특히 중요하고 이런 작물들은 클론 배양에 이용된다. 바이러스 감염 증상은 영양 생장 단계에서 지속적으로 나타나지 않아 작물의 수확량이나 품질에 심각한 영향을 끼칠 수 있다. 감자잎말림바이러스(potato leafroll virus, PLRV), 감자바이러스 Y(potato virus Y, PVY)와 같은 괴경 수확량을 50-80%까지 감소시킬 수 있다. 감자의 전체 클론 개체군이 증식 방식으로 바이러스 감염될 수 있기 때문에 바이러스 무병을 개발하기 위한 시스템에 많은 노력을 기울여야 한다. 1960년대 이후로 가장 널리 이용된 시스템은 열 요법(heat therapy)과 생장점 배양(meristem tip culture)이 있다(2장). 최근 들어 항생제 또한 이용되고 있다. 원론적으로 이 기술들의 조합은 바이러스무병주를 만드는 데 이용할 수 있다. 필드에도 이용할 수 있지만 후의 감염에 대항하지 못한다.

사례 연구 8.1 사탕무 산업의 발달

많은 나라들은 비풍토병 영역에 바이러스 유입을 막기 위해 격리 시스템을 이용하였다. 영국에서 주로 이용된 전력의 중요 부분이며 사탕무의 초근병(rhizomania)을 나라 밖으로 격리 시키는데 오랜 기간이 걸렸다. 바이러스와 바이러스의 벡터가 규명된 이래 1950년대에 이탈리아에서 처음으로 규명되었다. 이 초근병은 positive-sense RNA 베니바이러스인 BNYVV에 의해 발생하는데 토양에서 fungus *Polymyxa betae*의 포자에 의해 식물 간 전염된다. A, B, P의 다른 병원형이 존재하는데, 다른 특성 및 유전체 구성을 가지고 있다. 이전 절에서 언급된 것 같이, 이 바이러스는 일반적으로 4개의 분리된 게놈 절편(병원형 A와 B)을 가지고 있지만 몇 가지 분리균에서는 P를 포함하며 5번째 genomic RNA가 발견되었다. 몇몇 염기서열 차이가 RNA5의 다양한 형태 사이에서 나타나지만 이 병원형은 좀 더 치명적이고 식물에 급격히 전염되는 것으로 보인다. 이 모든 분리균은 심각한 전염성을 가지고 상당한 양으로 수확량을 감소시킬 수 있다. 이 질병은 사탕무가 자라는 전 세계 지역에 천천히 퍼져왔고 차량, 도구, 세척되지 않는 작물들에 의해 오염된 토양을 통해 이동해 왔다.

● 새로운 분자 기술은 좀 더 분별력 있고 토양과 감염식물에서 바이러스를 검정하는 데 좀더 빠른 결과를 주며 치료방법을 취할 수 있게 해준다.

불행히도 증상이 나타나기 전 오염된 지역을 찾아내기 어려워 바이러스가 더 퍼질 수 밖에 없다. 여전히 이용하고 있는 한 가지 방법은 많은 바이러스 감염 증상이 보이는 나뭇잎을 찾기 위해 공중을 살피는 것이다. BNYVV로 오염된 토양을 찾는 데 주요 문제는 그림 8.3에 보이는 것처럼 표본 조사이다. 잠재적으로 BNYVV에 오염된 토양을 실험실로 가져와 질병의 유무를 보기 위해 비오염 실험 식물을 키우는 데 배지로 이용하게 되면, 그 식물들은 효소면역측정법(enzyme-linked immunosorbent assay, ELISA)으로 바이러스가 존재하는 것으로 판명될 것이다. 이 시스템은 시간이 많이 걸리고 민감하지 않다. 이런 단점을 극복하기 위해 측면유동 장치와 같은 소형 테스트기-임신 테스트기와 유사-를 농부들

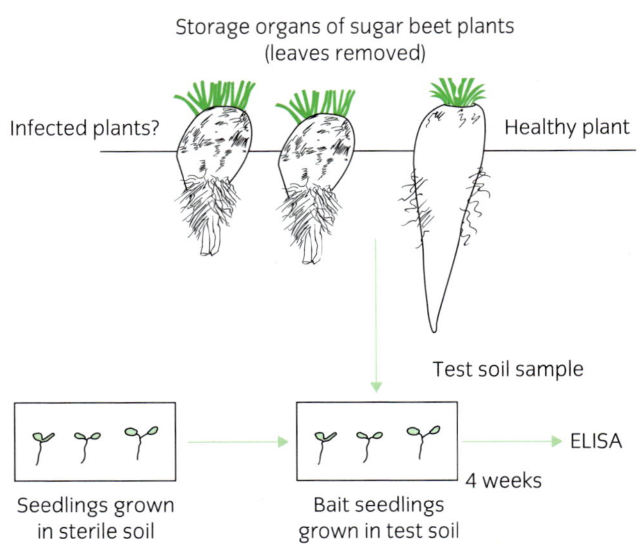

그림 8.3 토양미끼테스트 개요

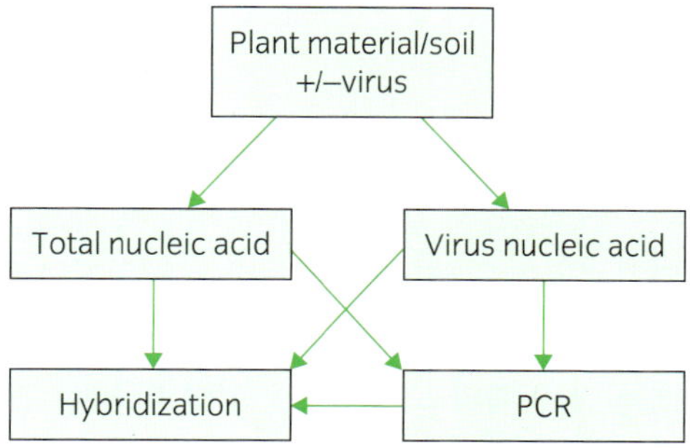

그림 8.4 바이러스핵산의 분자 검정

이 필드에서 이용할 수 있게 발전시켰다. 또한 혼성화와 PCR(polymerase chain reaction)과 같은 분자 생물학 기술들을 이용했고(그림 8.4) 마이크로 어레이 기술은 진행 중이다. PCR 기술은 매우 빨리 발달하여 현재 TaqMan chemistry와 함께 *P. betae* 탐지에 리얼타임 PCR를 이용하고, BNYVV 및 다른 사탕무 바이러스와 매개진균(fungal vector)을 동시에 탐지하는데 다중역전사 PCR(multiplex reverse transcription PCR) 기법을 이용한다. PCR 기술과 서열의 빈도수 또한 다른 병원성을 빠르게 규명할 수 있다. 문헌의 빠른 조사는 바이러스 전체를 탐지하 는데 이용되고 있는 기술들을 보여주고 있다.

불행히도 이런 노력은 큰 효과가 없어서 그레이트브리튼은 더 이상 근초병의 보호 구역이 아니다. 설탕 산업을 보호하기 위해 바이러스에 감염된 사탕무는 공정은 허락되었지만 다른 지역으로 질병이 전파되지 않도록 감염된 토양을 최소화시키도록 철저히 관리된다.

● 초근병을 근절하기 위한 검역적 접근은 섬에서 조차 실패하였다.

BNYVV 질병을 격리하기 위한 가장 중요한 기술은 작물 저항성을 발달시키는 것이었다. 이전에 바이러스 증상이나 그 농도가 많이 감소는 되지만 식물을 감염시키는 바이러스에 저항성을 가지기 보다 내성을 보이는 식물들의 경우 때문에 이 전략을 이용하는데 주저함이 있었다. 작물이 보호되는 동시에 비저항 품종을 감염시킬 수 있는 바이러스의 대량 병원보유체로 행동할 수 있다. 최근에 근초병 저항성 품종 개발이 가능한 것이 증명되었는데 상당한 설탕 수확량을 비감염 및 감염 두 경우 모두에서 얻을 수 있었고 뿌리에서 BNYVV가 매우 낮은 수준을 보였다. 이 낮은 수준의 BNYVV는 매우 중요하다. 왜냐하면 바이러스 형성을 늦게 할 수 있고 비감염 지역에 전파를 제한시킬 수 있다. 이런 품종을 개발하는 것은 사탕무 종과 관련된 저항성 유전자가 내재돼 있어서 가능했고 우수한 품종으로 육종될 수 있었다. 그러나 주요 저항성 타입은 위협적이다. 사탕무의 저항성에 대한 주요 원천은 사과 흰가루병(powdery mildew) 양적형질유전자좌(quantitive trait locus, QTL)에 가까운 *RZ1* 유전자이다. 이 유전자는 대부분 상업화된 저항성라인에 존재하여 A, B 병원형 모두에 저항성을 갖게 한다. 또 다른 유전자 *RZ2*도 규명되어 RZ1과 조합하여 P 병원형에 저항성을 갖게 한다. 두 저항성 유전자의 요건에도 A 타입 바이러스가 저항성 식물을 감염시킨다는 보고가 이따금씩 있다. 사탕무 산업의 종사자들은 또 다른 저항성 원천을 찾기 위해 노력 중이다.

사탕무 이야기는 저항성 라인을 갖은 다른 작물에도 적용된다. 병원체는 결국 저항성 장벽을 깨고 새로운 저항성 원천을 항상 찾아야 한다. 아래 어떤 다른 저항성 유전자가 규명되어야 할지 간단히 고려하였다. 많은 작물에서 특정 질병에 대한 저항성 유전자는 아직 밝혀지지 않았다. 그러므로 병원유래저항성과 같은 유전자조작기술을 이용하는 새로운 기술과 비병원성유래 유전자의 도입을 고려해야 한다.

형질전환 기술: PDR

● PDR은 단순한 아이디어이지만 복잡한 작용기작를 가지고 있다.

처음부터 지금까지 주요한 항생제 형질전환 기술은 병원체유도저항성(PDR) 방법으로, 원래 기생충유도저항성으로 알려졌다. PDR은 병원체 게놈 염기서열이 의도적으로 숙주 식물 게놈에 염기서열이 감염 사이클 동안 부적절한 시간, 양 또는 부적절한 형태로 발현되게 만드는 비과학적인 방법을 이용한 기술로 식물에 저항성을 유도한다. 이 전략의 유형은 약한 병원체의 도입이 병원성이 더 강한 관련 병원체에 대한 저항성을 갖도록 했던 간섭 효과 연구와 같은 실험으로부터 발달했다. 그러나 이 분야에서 많은 발전은 실질적인 지식을 기반으로 이루어지지 않았다. 실제로 그 반대인데, PDR의 사용은 바이러스 생물학의 많은 기본 정보를 이끌어낼 수 있었고 질병 저항성을 발견하게 했다. PDR의 메커니즘은 다양하고 복잡하다. 병원체 염기서열의 존재는 병원체의 복제를 직접 방해할 수 잇거나 숙주의 방어 메커니즘을 유도할 수도 있다. 이런 상호작용은 매우 복잡한 것으로 밝혀졌다. 좀 더 근본적인 메커니즘과 관련 저항성 유전자들이 밝혀질수록 식물 저항성 유전자들과 관련된 새로운 기술이 발달될 것이다.

형질전환 염기서열과 바이러스 생활사의 상호작용의 가능성 유형은 두 가지로, 바이러스 단백질 합성 관련 작용과 바이러스 RNA 작용으로 나뉠 수 있다. 이 절에서 이 전력의 몇 가지를 제시할 것이다.

바이러스 단백질 연관 상호작용

● 많은 단백질유전자는 PDR 접근에 활용되었지만 다양하게 성공하지는 못했다.

처음 가장 성공적이었던 바이러스 저항성 형질전환 기술은 외피단백질(CP) 염기서열을 발현시키는 것이었다. 외피 단백질 매개 저항성은 1986년 TMV/담배 모델 체계를 통해 처음 보고되었다. 이어서 외피 단백질 외래 유전자를 포함하는 많은 형질전환체들이 다양한 작물 종과 바이러스에 이용되었다. 표 8.2에 예시를 들었다. 종류가 매우 많기 때문에 이 목록은 완벽하지 않다. 몇몇 예시들은 이 장에서 소개될 것이다. 많은 경우 몇몇 바이러스 저항성 정도가 보고되었지만 몇 가지 변화가 발견되었는데 이것은 유전자 침묵, 전이유전자(transgene) 위치 효과(position effect)와 코딩 염기서열과 목적 바이러스 사이의 관계와 연관될 수 있다. 몇 가지는 아래 논의 될 것이다.

외피 단백질 기술의 몇 가지 중요한 특징이 있다. 첫째, 간섭 효과의 어떤 수주는 관련 바이러스의 감염을 방해한다. 앞으로 논의될 내용이지만, 저항성은 같은 핵산 염기서열을 가진 바이러스에 제한적이지 않다. 둘째, TMV와 다른 그룹의 몇 바이러스들에서 저항성 수준은 생산된 형질전환 외래 단백질 수준에 따라 달라진다. 알팔파 모자이크 바이러스(alfalfa mosaic virus, AlMV)와 감자 바이러스 X(patato virus X, PVX)에서도 마찬가지였지만, 감자 바이러스 Y(potato virus Y, PVY)에서는 저항성이 있었지만 형질전한 외피단백질 수준을 검출할 수 없었다. 이것은 몇 가지 다른 저항성 메커니즘이 작용하는 것 때문인 것으로 보인다. TMV

표 8.2 CP 매개 저항성의 예

Plant	Source of CP gene	Virus resistance exhibited to
Alfalfa	AlMV	AlMV
Citrus	CTV	CTV
Papaya	PRSV	PRSV
Peanut	TSWV (*N* gene)	TSWV
Potato	PVX PVY PLRV	PVX, PVY PVY PLRV
Rice	RTSV RSV (*N* gene) RHBV (*N* gene) RYMV	RTSV RSV RHBV RYMV
Squash	CMV WMV 2 ZYMV	CMV WMV 2 ZYMV
Sugar beet	BNYVV	BNYVV
Tobacco	TMV CMV AlMV	TMV, PVX, CMV, AlMV CMV AlMV
Wheat	SBWMV BYDV	SBWMV BYDV

List of virus names can be obtained from **http://image.fs.uidaho.edu/vide**. AlMV, alfalfa mosaic virus; BNYVV, beet necrotic yellow vein virus; BYDV, barley yellow dwarf virus; CMV, cucumber mosaic virus; CTV, citrus tristeza virus; PLRV, potato leafroll virus; PRSV, papaya ringspot virus; PVX, potato virus X; PVY, potato virus Y; RHBV, rice hoja blanca virus; RSV, rice stripe virus; RTSV, rice tungro spherical virus; RYMV, rice yellow mottle virus; SBWMV, soil-borne wheat mosaic virus; TMV, tobacco mosaic virus; TSWV, tomato spotted wilt virus; WMV 2, watermelon mosaic virus 2; ZYMV, zucchini yellow mosaic virus.

에 대한 많은 연구는 TMV 외피단백질 매개 저항성(TMV CP-mediated resistance, CPMR) 메커니즘을 밝히는 데 초점을 맞춰 왔다. 다른 돌연변이 외피단백질 유전자들로 바이러스 유사 입자(virus-like particles, VLPs)를 생성할 수 없게 만들거나 다른 외피단백질들과 연관시키거나 담배에 도입시켜 안정성을 증가시켰다. 이러한 연구는 CPMR TMV 유사 바이러스가 형질전환된 외피단백질과 2차 침입한 바이러스 상호작용이 원인인 것으로 추측하였다. 형질전환 식물체의 외피단백질의 안정성을 증가시킨 돌연변이에서 바이러스 입자의 위협이 있을 때 CPMR이 증가하였다. 이것은 외피단백질이 적극적으로 외피가 없는 유입된 바이러스를 막고 번역과 복제를 방해하는 것으로 추측된다. 또한 이 외피단백질은 몇 바이러스들의 확산을 방해하는 것 같다. 형질전환 TMV 외피단백질은 식물이 TMV 나출 RNA(naked TMV RNA)에 노출되었을 때 감염을 멈추지 못했다. PVX와 AlMV와 같은 다른 바이러스의 외피단백질을 발현시키는 형질전환 식물체들은 바이러스 RNA에 의한 감염에 저항성을 나타낸다. 현재 이동단백질과 외피단백질과 관련된 세 현상들이 점점 나타나고 있다. 몇 바이러스들은 외피단백질이 필요하지 않다. 세 번째 그룹에서 바이러스들은 입자로 움직인다. 가장 중요한 점은 위에 언급했던 것과 같이 다른 바이러스들은 TMV에 다른 특성을 가지고 있고 CPMR이 단백질 수준이나 앞으로 나올 내용처럼 RNA 수준으로도 다른 메커니즘이 존재한다는 것이다.

다른 바이러스 단백질을 이용하는 시도가 있었다. 복제 관련 단백질(완전하고 부분적인 염기서열) 유전자를 식물에 다양한 방법으로 도입시켰다. Rep 단백질이 도입된 감자는 상업적으로 이용되고 있다(아래). 저항성이 보이는 곳을 관찰하면 일반적으로 염기서열이 얻어진 곳에 바이러스가 특이적이다. 이런 작용의 메커니즘에 대한 논쟁이 있는데, 단백질 수준에서 형질전환 리플리카제 단백질과 바이러스에 의해 코딩된 단백질 사이의 어떤 상호작용이 존재하는 것으로 보인다. 그러나 RNA 효과로 인해 저항성이 있는 것으로 여겨지는 데 이는 이 장의 후에 논의할 것이다. 돌연변이 이동단백질을 형질전환시켜 바이러스 확산을 막으려는 다양한 성공적인 시도가 있었다. 예를 들어 결함 TMV 이동단백질 형질전환 식물은 AlMV, 꽃양배추모자이크 바이러스(cauliflower mosaic virus, CaMV)와 몇 개의 바이러스들에 저항성을 가진다. 유전자를 이용한 다양한 전략은 저항성을 얻는데 이용되었다. 외피단백질을 유도성(상처, 화학) 프로모터와 조직특이적 프로모터에 연결하였다. The gene has also been expressed in transgenic root stocks of non-transgenic grafts. 탈피호르몬 작용물질은 탈피호르몬 유도성 프로모터에 TMV 외피 단백질을 접목시켜 형질전환시킨 식물에 토양 관주로 이용해왔다. TMV 감염 이전에 관주가 되면 저항성을 얻을 수 있다. PLRV complete-sense replicase 유전자는 35S 프로모터 또는 체관부 특이적 RolA(*Agrobacterium rhizogenes*) 프로모터에 연결하여 감자에 도입하였다. 이 형질전환 감자는 진딧물에 의해 PLRV에 감염되면 두 가지 저항성 패턴을 보인다. 항시성 프로모터(constitutive promoter)를 이용한 것은 감염 초기 반응을 몇몇 보이지만 40일 이후에는 감지할 수 없다. RolA 발현 유전자는 반대 효과를 보이는 데 초기에 바이러스 증상이 보이지 않지만 후에 저항성을 극복한다. 이 경우는 PDR 기술 이용의 복잡성을 보여준다. 바이러스 유도 유전자를 발현시키는 것과 저항성을 얻는 문제는 간단하지 않다.

다음 절에 외피단백질 코딩 염기서열 분리와 식물에 발현시킨 실제 현황에 대한 사례 연구를 살펴보고자 한다.

사례 연구 8.2 아라비스 모자이크 바이러스

아라비스 모자이크 바이러스(Arabis mosaic virus, ArMV)는 경제적으로 중요한 네포바이러스(선충에 의해 이동) 중에 하나로 포도 부채잎 바이러스와 라즈베리 원형반점 바이러스를 포함한다. 와인산업에 있어서 바이러스로 인한 수확량과 질에 상당한 감소를 일으킨다. 선충에 의해 바이러스가 이동되기 때문에 근경 저항성을 발전시켜 바이러스에 적합한 보호를 일으키도록 해야 한다. 그러나 육종에 이용되는 생식질(germplasm)에 이용가능한 적합한 저항성 마커가 존재하지 않기 때문에 형질전환 기술로 저항성 라인을 생산하려는 노력을 하고 있다. 이 사례연구에서 담배에서 외피단백질 산물을 생산하고 실험실 조사한 것을 언급하였다. 외피단백질 발현과 저항성은 정적 상관관계를 보여 이 프로젝트의 목표는 식물에서 외피단백질을 높은 수준으로 생산하는 것이다. 그래서 강력한 프로모터, 전사 인핸서, 번역 인핸서를 이용하였다. 이 사례 연구의 방법은 ArMV를 이용한 방법이지만 다른 바이러스 적합하지 않을 수 있다.

ArMV는 positive-sense RNA 바이러스로 두 분자의 게놈으로 RNA1과 RNA2를 가지고 있다. cDNA 클론들은 이 염기서열들로 만들어졌고 게놈에 다양한 단백질 코딩 염기서열의 위치를 찾아낼 수 있다. 외피단백질은 RNA2로 암호화되지만 코스모비리대에서 보여지는 것과 같이, 외피단백질을 분비하는 세포에 작용하는 다단백질의 일부르 초기에 합성된다. 외피단백질 벡터를 생산하는 첫 단계는 게놈에서 외피단백질 유전자 염기서열의 정확한 위치를 규명하는 것이다. 이를 위해 컴퓨터 분석을 통해 염기서열 상동성(homology)을 찾는다. CPMV의 캡시드는 2개의 CP 서브유닛을 갖지만 네포바이러스는 단일 CP 서브유닛(64kDa)을 갖고 RNA2의 3′ 말단에서 발견된다(그림 8.5). 외피 단백질 유전자의 3′ 말단은 ORF의 종결코돈에 의해 정의된다(1장). 단백질 염기서열의 5′ 말단을 규명하는 것은 다단백질 코딩 영역에 위치할수록 어려워진다. 그러나, 외피단백질의 N-말단 아미노산 서열을 얻는 수 있는 다양한 방법들에 통하여 외피단백질 서열 분석 결과를 얻을 수 있다. 이러한 결과를 RNA 염기서열로 확인된 5′ 말단 결과를 비교하여 분석이 가능해진다.

PCR 프라이머(올리고뉴클레오티드)는 외피단백질의 염기서열을 증폭하도록 디자인되었다. 이 프라이머들은 바이러스의 약 30 뉴클레오타이드에 상보적이고 바이러스서열과는 별도로 프라이머의 5′ 말단에 몇 개의 제한효소인식자리를 가지고 있다. N말단의 프라이머는 외피단백질 코딩 염기서열 프레임에 붙어있는 AUG 개시코돈을 포함한다. RNA2 cDNA를 주형으로 PCR을 하여 증폭한다. 증폭된 cDNA는 제한효소로 잘라 증폭된 외피단백질 산물을 직접 *Escherichia coli* 클로닝 벡터에 연결시킨다. construct의 N 말단에 CaMV 프로모터에 전사 인핸서와 TMV Ω 염기서열이 있어 번역 수준을 최적화 시켰다. C 말단에는 노팔린 합성 유도 전사 터미네이터(nopaline synthase-derived transcription terminator)가 있다(4장). 완전한 염기서열은 중개 플라스미드 밖에서 잘려 *Agrobacterium* 형질전환에 이용되는 바이너리 벡터(binary vector) pBIN19(4장에 언급)에 연결된다. *E. coli* 벡터의 중간 단계를 불필요하게 만들어 많은 바이너리 벡터를 사용할 수 있게 되었다. 일반적인 모식도는 그림 8.5에 나와 있다.

CP construct는 3장에서 설명된 기법으로 담배에 도입되어 가나마이신 태지에 키워 선별한다. 많은 형질전환 라인들을 얻을 수 있고 ELISA를 이용하여 단백질 발현 수준을 조사하여 선별할 수 있다.

생잎 조직에서 20μg/g 정도의 형질전환 외피단백질 수준이 다양한 식물에서 검출되었다(제11장에서 설명하는 단백질의 TMV 서브게놈의 CP 프로모터 수준과 비슷한 정도). 흥미롭게도 형질전환 식물의 현미경 조사로 외피 단백질이 전체 바이러스 RNA게놈이 결핍된 VLPs를 형성하는 것을 발견하였다. 이 식물들은 전체 바이러스, RNA 또는 대조구인 물로 잎에 기계적 접종을 하여 ArMV에 대한 저항성을 테스트하는 데 이용된다. 접종된 잎중에 바이러스가 유도된 부분괴사병반(local necrotic lesions)을 세어 대조구 식물보다 매우 적게 나타난 형질전환체를 찾는다. ELISA 분석은 또한 접종된 잎(국부 감염)와 새로운 잎의 끝(전신 감염)에 바이러스 항원이 존재하는 양을 분석하는데 이용

● VLPs는 단백질결합을 위한 운송수단으로서 캡시드 전환이나 분자농업에서 사용을 위한 가능성을 가진다.

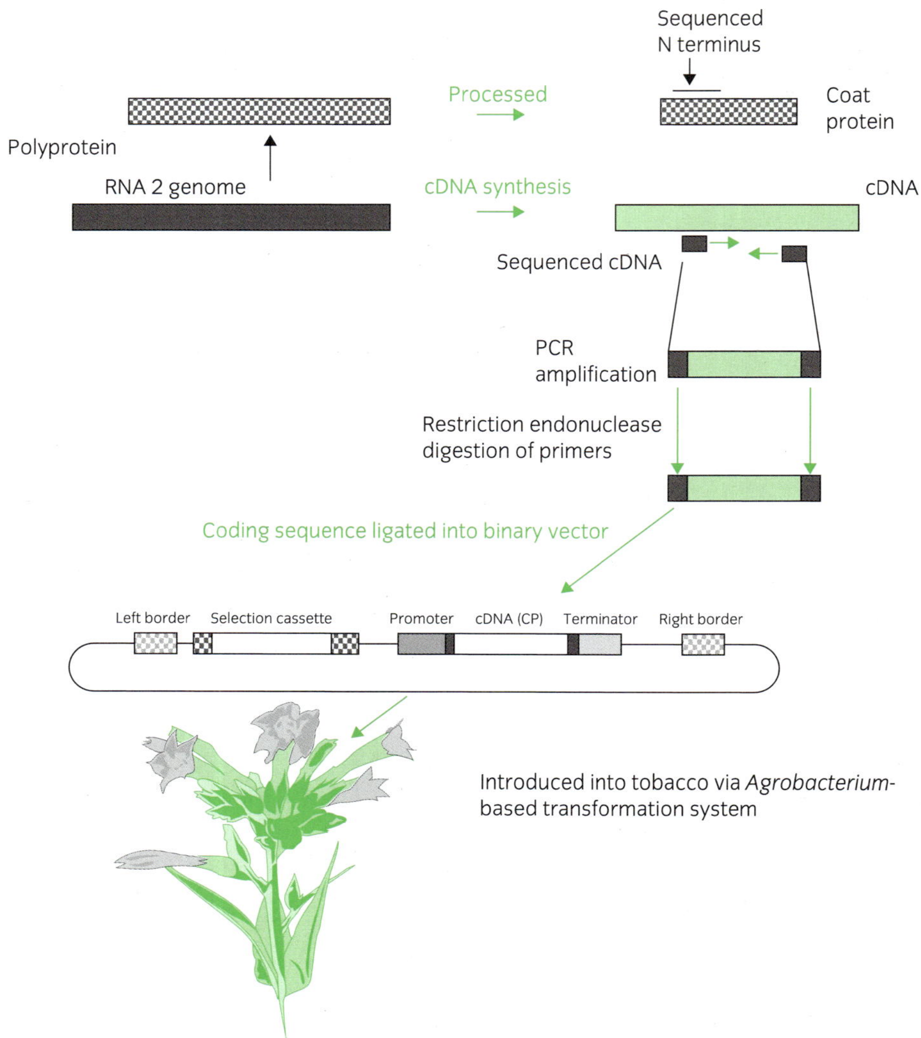

그림 8.5 **ArMV 형질전환 벡터의 구축을 위한 전략과 형질전환식물체**

한다. 새 잎에 존재하는 CP 항원의 농도가 감염된 대조구 보다 훨씬 적은 형질전환 식물을 찾는다. 검출된 항원의 농도는 그림 8.6에 나타내었다. 그 결과 형질전환 식물에 존재하는 ArMV CP가 바이러스 입자와 노출 RNA에 의한 전신 감염 과정(위에 언급된 TMV 상황과 다름)을 방해한다는 것을 알수 있다.

RNA 효과

PDR 영역에서 가장 흥미로운 발달은 RNA 효과와 관련된다. 몇 가지 기술들은 단백질 합성, 위성 RNA, 안티센스 RNA와 리보자임 기술이 필요하지 않게 발달되었다. 그러나 이 분야에서 가장 중요한 발달은 유전자 침묵이다. 바이러스 코딩 염기서열을

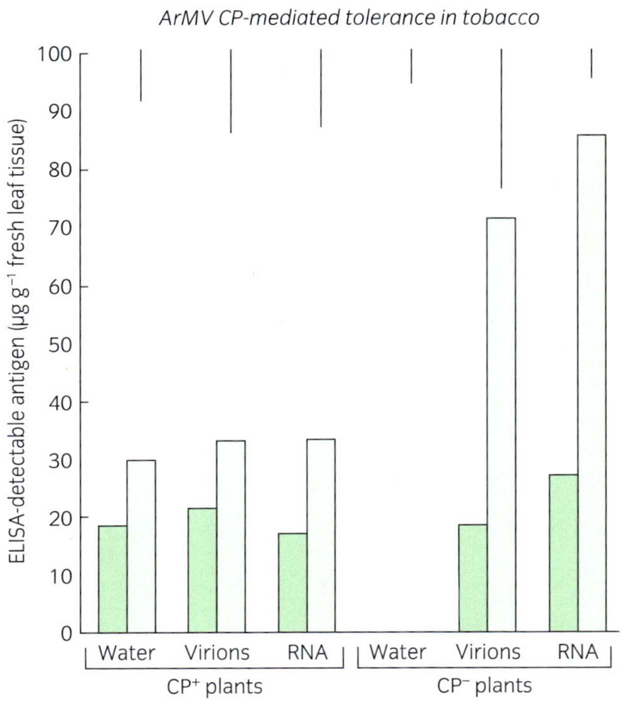

그림 8.6 ArMV 비리온 또는 ArMV-derived RNA를 접종한 ArMV CP를 발현하는 식물(CP^+ plants)과 ArMV CP를 발현하지 않는 식물(CP^- plants)의 상엽(옅은 녹색막대)와 접종엽(진한 녹색막대)에 대해 효소결합 항체법에 의해 검정한 ArMV 외피단백질의 정량. 상엽에 데이터에 대한 95% 신뢰한계는 그래프 맨 위에 선에 의해 나타내었다.(Redrawn with permission from Bertioli *et al*.(1992).)

변이시켜 식물에 도입하여 높은 RNA 합성으로 전사 후 유전자 침묵현상(post-transcriptional gene-silencing, PTGS, co-suppression)을 일으키는 것이다. 이 연구 영역은 CP 연구로 얻은 저항성 방식을 설명할 수 있는 방법이 되고 있지만 또한 PDR의 대체 전략을 발전시켰다.

위성 염기서열

식물 바이러스 위성 RNA는 소형 RNA 분자로 특정 헬퍼 바이러스(helper virus) 없이 숙주세포에서 증식할 수 없다. 위성은 바이러스 복제가 필요하지 않지만 질병 증상에 영향을 끼칠 수 있다. 많은 경우에, 위성 RNA 존재는 바이러스 효과를 감소시킬 수 있고, 하나의 전략으로 위성 염기서열을 갖은 형질전환 식물을 만드는 것이다. 교차 보호에 관한 부분에서, 그것은 바이러스가 위성(satellite)을 운반할 때 CMV 증상이 감소 된 것으로 관찰되었다. 그리고 이것은 항 바이러스 보호를 위한 상업적인 방법으로 사용되었다. 대부분의 연구는 형질전환 방법이 이러한 접근에 도움이 되는지 여부를 확인하기 위해 실시되었다. CMV 위성 RNA 발현 담배와 토마토 형질전환체는 중국(1990-1992)에서 테스트되었다. 질병 증상의 적은 감소가 발견되었지만, 식물을 보호할 정도로 크게 감소하지 않았다. 그러나 위성 RNA PDR은 CMV CPMR와 함께 발달되었다. 저항력은 CPMR 또는 위성 PDR 단독보다 더 강한 것이 발견되었다. 이것은 유전자의 조합이 더 튼튼한 저항을 생성하는 것처럼 보이지만, 일부 연구들은 위성 RNA는 일반적으로 보조 바이러스에 중립 또는 감쇠 효과가 있는 반면, 어떤 경우에는 질병의 상태가 증대될 수 있다는 것을 나타낸다. ArMV 분리 병원성에 위성 RNA의 효과를 테스트한 42가지 식물 종을 조사한 연구에서, 위성의 존재가 영향을 미치지 않거나 대부분의 경우 바이러스의 효과를 감소시킨 것으로 나타났다. 그러나, 위성은 여러 콩 품종에서 바이러스의 영향을 악화시켰다. 이 실험의 저자들은 형질전환 식물의 서열 포함의 잠재적인 위험에 대해 언급했다. 이와 관련된 접근 방식은 작은 결손 간섭 RNA와 DNA를 포함하고 있다. 이것들은 일부 바이러스 복제 시 발생한 작은 서열 조각이다. 서열의 존재는 바이러스의 양을 감소시키며, 결손 간섭 RNA와 DNA를 향해 복제기구를 재전송한다. 이 전략은 공동 억제(co-suppression)와 어떤 관계를 가지고 있다.

Antisense RNA와 리보자임

한가지 시도 된 간단한 전략은 안티센스 RNA 접근 방법을 사용한 것이다(10장). 리보자임은 이러한 넓은 범주에도 속한다. 형질전환체에서 바이러스성 질병에 대한 안티센스 저항을 생산하기 위해, negative-sense RNA 분자를 발현하는 구조가 설계되었고, 이것은 감염 바이러스 서열과 hybrid될 것이다.(그림 8.7a) 안티센스는 특히 바이러스의 복제를 방해하도록 설계되었다. 리보자임은 표적센스 RNA 서열의 절단을 촉매할 수 있는 촉매 안티센스 RNA 분자이다. 그 구조는 촉매 작용하는 짧은 서역이 특정 대상 영역 내에 포함되는 것을 제외하고, 안티센스 방법에 사용되는 것과 유사하다.(그림 8.7b) 목적은 이중 가닥 RNA(dsRNA) hybrid의 형성에 의해 두 블록을 복제하는 것과, 복제할 수 있기 전에(레플리카제 혼합 유전자 내에서와 같이) 바이러스 게놈의 핵심 영역을 절단하는 것이다. 모두 안티센스 및 리보자임 기술이 서열 상동성을 기반으로 하기 때문에, 안티센스 서열이 매우 보존된 부근을 이용하여 설계되지 않는 한, 그들의 교차 보호 값(cross-protection value)은 제한되어 진다. 안티센스 RNA가 보호 기능을 제공한다는 몇 가지 보고가 있었지만, 이것은(다음 절에서 설명하는) 유전자 침묵 때문일 수 도 있다. 리보자임 접근법은 항바이러스 도구로써 일반적으로 식물에서는 거의 성공하지 못하였다.

● 핫 토픽: small RNA 분자의 연구는 특정바이러스 단백질효과의 이해로부터 유전자조절의 완전히 새로운 수준에 대한 설명까지를 주도하고 있다.

유전자 침묵/보조 억제: RNA의 효과에 대한 설명

RNA 매개 PDR과 관련된 가장 중요한 현상은 개시 전사 유전자 침묵(PTGS) 이다. PTGS는 식물 형질전환의 배경에 대해서 제1장, 제3장에서 자세히 설명했다. 이 현상은 식물에서만 발견되는 것이 아니고, 광범위한 유기체에서도 설명되며(곰팡이, 선충

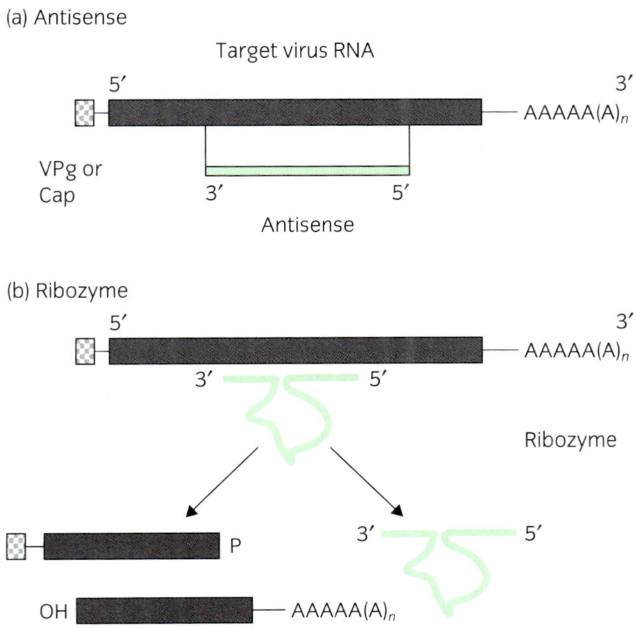

그림 8.7 RNA의 PDR로의 접근 (a) A안티센스; (b) 리보자임.

웜, 인간) 바이러스와 트랜스포존 서열에 의한 침입을 방지할 뿐만 아니라 세포의 어떠한 규제 기능을 갖기 위한 중요한 시스템인 것으로 보인다. 식물 연구의 2개의 분리된 방법은 유전자 침묵 현상을 발견했다.(진한 보라색 꽃을 생산하도록 설계된) 강력한 프로모터의 제어 하에 찰콘 합성 효소 유전자를 발현하는 피튜니아 형질전환 연구에서, 꽃잎의 특정 위치에서의 색소 생산이 종종 변하고, 주로 흰색과 잡석의 꽃이 생산 되었다. 도입된 유전자 및 내인성 유전자가 모두 해제 된 이후의 이러한 효과를 **보조 억제**라고 한다. 식물 바이러스와 함께, PTGS에 대한 첫 번째 증거는 담배 etch 바이러스(TEV)에 대한 연구에서부터 유래되었다. 이 연구에서, 프레임의 정지 코돈에 있고, 전체 길이의 단백질을 생성할 수 없는 바이러스 CP의 도입 유전자가 야생형 CP의 유전자 구조보다 TEV 감염에 대한 높은 수준의 보호를 제공하는 것으르 확인되었다. 다른 관련된 관찰은 변이 토마토 반점모잘록병 바이러스(TMSV) 뉴클레오캡시드 단백질, PVY CP 구성, 그리고 기능성 단백질로 번역되는 능력이 있는 PVX의 RNA 중합 효소(RdRp) 유전자의 다양한 형태에 대한 실험으로부터 유래되었다. 처음에 이것은 트랜스진의 positive-sense RNA가 바이러스의 negative-sense RNA에 붙는 안티센스 효과와 관련 있다고 생각되었다. 어떤 연구로는 PVY의 프로테아제 유전자를 센스와 안티센스를 듀플렉스 구조(헤어핀)로 만들어 실험하였다. 이 실험에서 저항성 라인에 트랜스진이 많은 복제수(copy number)로 발견되었으나 트랜스진의 높은 RNA 수준과 높은 저항성 수준 사이의 상관관계는 없었다. 반대로 저항성 식물은 종종 트랜스진 RNA의 낮은 항정 상태(steady-state) 수준을 보이는 것 같았지만 유출량 실험으로 실제 유전자 발현량이 측정됐을 때 RNA 전사 수준이 높은 것으로 나타났다. 이러한 관찰 결과들로 PTGS의 간단한 모델이 밝혀졌다. 세포가 RNA 양을 감지할 수 있는 메커니즘을 갖고 있는 것으로 여겨진다. 포지티브 및 네거티브 혼합체가 복제과정 동안 형성되는 바이러스 감염 장소에서 이중가닥 핵산의 비정상적인 양을 감지하여 특정 RNA 수준 이상의 양을 급속히 분해시킨다. 이 모델은 PDR과 바이러스 감염 내용에도 적용된다. RNA 효과로 인해 효과적인 저항성을 보이는 식물은 한계유의 수준을 초과하거나 가까운 수준의 트랜스진 RNA 함량을 보였다. 이런 식물에서는 트랜스진 RNA가 높은 수준으로 발현되지만 급속하게 분해된다. 그리하여 같거나 매우 비슷한 연관 바이러스 감염될 때 세포는 이미 침략한 RNA를 분해하려고 대비하여 감염을 막는다. 이 한계유의수준 모델은 많은 결과들을 설명할 수 있지만 몇 가지 문제점이 있다. 일부, dsRNA의 성질이 분해를 유발할 수 있지만 생성된 dsRNA의 양이 필수적이지 않아도 되는 가능성을 감안하도록 수정되었다. 세포가 이상 RNA를 포함할 수 있는 dsRNA 분자를 선별할 수 있다고 제안되었다. 그러나 실제로 현재까진 불분명하다. 그러나 **cryptic** 전사개시부위(안티센스 RNA의 결과), 역반복을 통한 전사 또는 RdRp의 활성으로 인한 결과일 수 있다. 이 모델은 형질전환체 식물에서 관찰할 수 있는 co-repression 현상을 설명하는데 이용할 수 있다.

다른 진핵생물에도 존재하는 PTGS 메커니즘을 이해하는데 큰 진전이 있었다. 1장에서 설명된 현재 견해를 그림 8.8에 요약하였다. dsRNA는 21-23 뉴클레오티드 길이(3′ 말단에서 19-21 염기가 듀플렉스로 되어있고 2 염기가 돌출된 모양)의 짧은 간섭 RNA(small interfering RNA, siRNA, guide RNA)들로 잘린다. 이것은 RNA III double-stranded-specific ribonuclease(*초파리*에서 dicer로 알려짐)에 의해 일어난다. 식물에서는 적어도 3개의 Dicer-like protein(DCL)이 존재하는데 DCL2는 바이러스 복제 산물인 dsRNA를 분해하고 DCL3는 RdRps 2와 6의 활성을 통하여 내생 전사체를 분해한다. DCL1은 microRNA의 생성과 관련된다. siRNA 듀플렉스는 다른 뉴클레아제를 포함한다고 여겨지는 복합체에 붙으며 이 복합체는 RNA-induced silencing complex(RISC)를 형성한다. 관련 ATP 의존성 헬리카제는 듀플렉스를 풀고, RISC는 염기짝짓기 방식으로 단일 가닥의 RNA 전사체의 호몰로그를 목적으로 하여 분해한다. 어떤 짧은 RNA 분자들은(다른 크기의 범위들) 더 많은 이중가닥 분자 합성의 프라이머로 행동하여 증폭 단계를 시작하는 것으로 추측된다. 짧은 siRNA가 식물 전체로 이동하는 전신 신호로 행동하여 전신 유전자 침묵을 유도하는 것으로 보인다.

miRNA들은 식물과 동물에서 유전자 발현의 중요 레귤레이터이다. 식물에서 miRNA는 발달 조절과 관련이 깊다. miRNA는 단일가닥 RNA(20-24 뉴클레오티드)로 좀 더 긴 pre-miRNA 전구체로부터 DCL1(*아라비돕시스*)에 의해 생성된다. 이 RNA들은 RISC 복합체로 모여져 특정 서열로 염기 짝짓기 되어 두 메커니즘

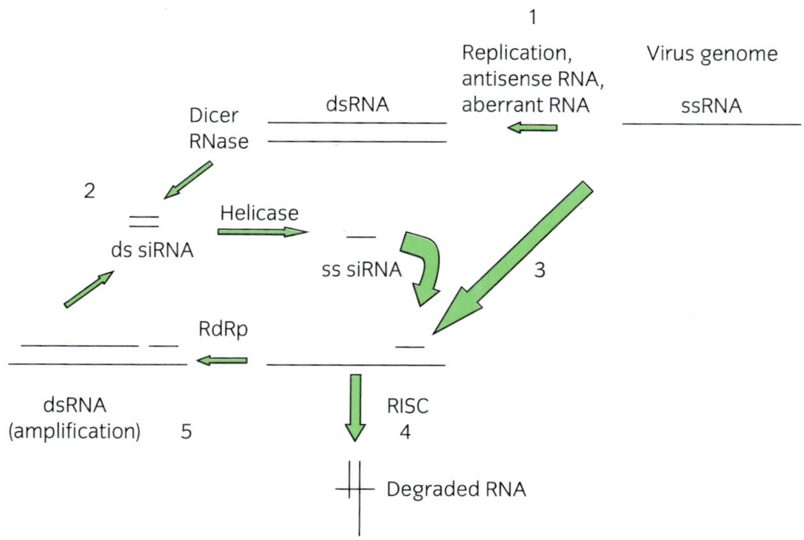

그림 8.8 **전사 후 유전자 침묵현상(PTGS)의 메커니즘 모델**. (1) 식물세포에서 이중가닥 RNA (dsRNA)를 형성한다. (2) The dsRNA Dicer 복합체에 의해 인지하게 되고 단일가닥의 작은 간섭RNA (ss siRNA)로 분해된다. (3) 침입한 바이러스는 세포 내에서 확인되고 (4) RISC에 의해 분해된다. (5) 대체적으로 그 RNA는 복제복합체 형태의 일부분이다. (Adapted with permission from web-link 8.3.)

중 하나에 의해 발현을 하향 조절한다. 동물에서 이 염기 짝짓기로 인해 번역 억제가 일어나고, 식물에서는 목적 mRNA 분해가 일어난다. 이 관찰 결과들을 통해서 식물이 바이러스를 방어하는 효과적인 메커니즘을 갖는지에 대한 의문점이 존재한다. 이 의문점에 대한 대답의 일부로, 유전자 침묵에 서프레서로 행동할 수 있는 바이러스 단백질을 규명하였다. 포티바이러스에서 HcPro 단백질이 이 기능을 갖는 것으로 밝혀졌다. 비슷하게 CMV에서 2b 단백질이 유전자 침묵의 서프레서로 행동하는 것으로 보인다. 이 단백질들이 다른 방식으로 행동한다는 점이 흥미롭다. HcPro 단백질은 일찍이 형성된 유전자 침묵 현상을 방해하는 반면, 2b 단백질은 유전자 침묵의 개시를 억제한다. 다른 현상들이 밝혀져 우세한 바이러스 감염이 siRNA와 miRNA 경로를 방해함으로써 숙주 식물에 심각한 영향을 끼칠 수 있다는 것을 알게 되었다.

CP construct로 보여지는 많은 효과들은 유전자 침묵으로 인한 것으로 보인다. 최근에, 메커니즘에 대해 더 많이 밝혀졌기 때문에 저항성을 발달시키기 위해 PTGS를 의도적으로 이용하는 시도를 하였다. 특히, 이중 가닥 염기서열은 직접적인 PTGS 시스템에 충족되어 바이러스에 더 효과적인 저항성을 얻을 수 있다. 담배에 CMV cDNA의 역반복을 삽입하였는데, 전사 단계에서 분자 내 이중가닥 분자들을 형성할 수 있도록 RNA 염기서열을 고안하였다. PTGS 시스템이 발현되어 CMV에 대한 저항성을 유도하였다. 이것은 위에 언급했던 짧은 siRNA들의 존재로 확인할 수 있다. 또 다른 연구로, 다른 PVY 개체 사이에서 보존되는 PVY 외피 단백질의 3′ 말단을 형질전환 감자에 dsRNA로 발현되도록 조작하여 Spunta의 상업 품종으로 만들었다. 많은 다른 PVY 라인에 대해 15개 중 12개의 형질전환 라인들이 저항성을 갖는다. 다른 그룹은 TSWV, groundnut ringspot virus, tomato chlorotic spot virus와 watermelon silver mottle virus의 4개의 짧은 토스포바이러스 염기서열을 역반복으로 배치시켜 만든 단일 construct를 담배(*nicotiana benthamiana*)에 도입시켰다. 단일 트랜스진을 이용한 이 기술은 형질전환체 식물에 4개 바이러스에 대한 저항성을 주었다. 이런 종류의 기술은 항상 성공적이지 못하다. 또 다른 연구로 네보바이러스 염기서열(이동단백질을 포함한 여러 단백질을 코딩)를 포도나무 근경에 PTGS를 유도하기 위해 역반복 construct를 도입시켰는데, 그 효과는 적었으며 그 이유는 아직 확실히 밝혀지지 않았다.

심지어 miRNA 또한 바이러스 감염을 막을 수 있는 방안으로 여겨진다. 순무 황화 모자이크 바이러스와 순무 모자이크 바이러스 두 식물바이러스에 상보적인 miRNA 염기서열의 변화는 miRNA 합성을 방해하지 않아서 애기장대에서 저항성을 띄는 염기서열 발현이 될 수 있다. 이 연구는 miRNA 이용이 PTGS 기술보다 유리할 수 있다는 것을 보여준다. 이전에 바이러스 RNA 매개성 저항성이 환산온도(reduced temperature)에 민감하다는 것을 알게 되었다. 그리하여 miRNA 기술을 이용해서 형질전환체 식물이 3주 동안 15°C에 자라는 것을 볼 수 있었다.

Some non-PDR 기술

non-PDR 기술을 이용하여 바이러스 저항을 유도하려는 많은 시도가 있었다. 바이러스나 바이러스 단백질에 대하여 항체를 가지고 있고 다양한 돌연변이가 존재한다. 최근 기술 중 하나는 바이러스 번역을 목표로 하는 것이다. 식물에 많은 유전자를 도입하는 방법인데 가장 흥미로운 방법은 사람의 이중가닥 의존성 단백질 키나아제를 이용하는 것이다. 이 효소는 인간의 인터페론에 의해 유도되며 dsRNA에 의해 활성화되는 번역 개시 인자 eIF-2α(translation initiation factor)를 비활성화시킴으로써 바이러스 복제를 막는다. 이 유전자는 애기장대 상처 유도성 프로모터와 청색동 단백질(blue copper protein)에 연결되어 담배에 형질전환 되었다. 이 단백질이 발현되는 식물은 CMV, TEV, PVY를 포함하는 다양한 바이러스에 도전을 받고 상당한 저항성을 보인다. 작물에서 자연적으로 발생하는 저항성 유전자가 또 다른 번역 개시 단백질 eIF4E(rym4/5)의 돌연변이 형태때문인 것으로 보여짐으로써 매우 중요한 발전이라 할 수 있다. 보리에 보리호위축병(barley yellow mosaic virus) 저항성과 멜론에 멜론괴저반점바이러스(melon necrotic spot virus) 저항성을 갖게 할 수 있다. 이것은 향후 연구에 중요한 분야가 될 것이다.

사례 연구 8.3 DNA 바이러스

RNA 바이러스 연구가 우세하지만 몇 가지 중요한 DNA 바이러스들이 있다. DNA 바이러스의 예로 제미니바이러스가 있다. 제미니바이러스는 아열대 및 열대 지역의 중요 문제로 급부상하고 있는 바이러스과 중 하나이다. 현재 4개의 속으로 정의되어 있어 *Begomovirus*, *Topocuvirus*, *Curtovirus*, *Mastrevirus*로 이루어지는데, 모두 곤충 매개체를 필요로 한다(각 바이러스에 해당하는 곤충-가루이, 뿔매미, 멸구, 멸구). 처음 3개의 속은 모두 쌍자엽식물을 숙주로 삼고 비슷한 게놈 구성을 가지고 있다. Mastrevirus는 독특한 게놈 구성을 가지고 있고 단자엽 식물을 숙주로 삼는다. Begomovirus는 아마 가장 중요한 그룹으로-알려진 바이러스 133개 중 117개에 해당-경제적으로 가장 중요한 질병에 해당된다. 이 바이러스 종류의 대부분은 2개의 단일가닥 DNA(이연, bipartite)로 이루어져 있다. 아프리카 카사바 모자이크 바이러스(african cassava mosaic virus)는 그 중에 하나로 아래 예시를 들었다. 몇몇 begomovirus는 단일 게놈을 가지고 있다(단일 가닥 DNA, monopartite).

Bipartite begomovirus의 두 게놈은 한정된 수의 단백질을 암호화하고 양쪽 DNA 분자는 감염에 필요하다. 게놈 A는 DNA 복제 단백질(복제 관련 단백질, 복제 인핸서 단백질 Rep; replication enhancer protein, Ren), 숙주의 유전자 조절 및 침묵 활성 관련 단백질(전사 활성 단백질; transcription activator protein, TrAP, AC4)과 외피단백질을 암호화한다. 게놈 B는 두 가지 이동단백질을 암호화한다(이동단백질; MP; nuclear shuttle protein, NSP). 곤충을 매개로 숙주 식물 세포에 축적되는 데 바이러스 입자는 탈피 되면서 원형 단일 가닥 DNA를 공여한다. 숙주의 핵 안을 들어가 이중 가닥으로 만들어진다. 이것은 전사(두 가닥 모두 전사됨)나 회전환 복제기작(rolling-circle mechanism)을 위한 주형이 된다. 전사된 RNA는 핵 밖으로 나와 세포질에서 다양한 단백질로 번역이 된다. 단백질의 이동은 세포 간 바이러스 이동과 관련이 있고, 외피단백질은 단일가닥 DNA를 바이러스 입자로 포장한다.

생활사 내에 많은 잠재적인 표적들을 공학 기술로 이용하고 있지만 다른 바이러스들과 마찬가지로, 강한 저항성을 만들어낼 거라면 전략을 짤 때 많은 다양한 요인들을 고려해야 한다. 예를 들면, 이 바이러스들은 종종 재조합(recombination)을 일으키는 데 새로운 계통이 만들어지게 된다. 또한, 환경 상태의 영향과 매개체는 감염에 대한 식물의 반응에 변화를 끼칠 수 있다. 몇 육종 기술은 성공을 거두었지만, 형질전환 기술은 저항성 유전자를 바이러스 감수성 근원종(virus-sensitive lansrace)이나 육성 계통(breeding line)에 직접 도입하거나 저항성의 강도와 범위를 향상시키기 위해 저항성 유전자들을 채우는 것을 가능하게 했다. 외피단백질 기반 전략은 이런 DNA 바이러스를 위해 고안되었다. 숙주 식물에 형질전환 외피단백질을 도입하는 것은 많은 방식으로 호몰로그 바이러스들의 생활사에 영향을 끼칠 것이다. 예를 들어, TMV에서 바이러스의 탈피를 방해하는 것으로 여겨진다. 형질전환 외피단백질은 바이러스 이동을 방해하거나 그 염기서열이 RNA 효과를 일으키는 것으로 보인다. Monopartite 제미니바이러스에서 외피단백질은 입자의 전신 확산에 필요하다. 외피단백질을 이용한 기술은 몇 가지 성과를 거두었다. 토마토 황화 잎말림 바이러스의 외피단백질을 발현시킨 토마토는 바이러스에 감염됐을 때 증상 발달이 늦춰 졌는데, NSP가 기능상 기능을 대체한 것으로 보인다. 한 가지 흥미로운 발상은 감염성을 낮추고 벡터의 상호작용을 일으키는 외피단백질의 변이 형태를 식물에 도입시켜 식물 체내와 식물 간의 바이러스 확산을 감소시킬 수 있다는 것이다. 다른 전략으로는 리보자임 억제 단백질과 바이러스 조절 시스템과 연결된 RNase를 이용하여 결핍 이동 및 복제 단백질과 DNA 및 RNA 간섭기술을 이용하는 것이다. 후자는 바이러스 생활사의 복잡성에 기초한 것이다. 아프리카 카사바 모자이크 바이러스

(ACMV) 감염 식물은 기능은 알려져 있지 않지만 게놈 사이즈의 두 배 또는 반인 작은 양의 바이러스 DNA를 가지고 있는 것으로 보인다. 이 염기서열들은 결손 간섭 DNA로서 행동하고 subgenomic defective interfering ACMV DNA B의 종열중복(tandem repeat)을 형질전환시킨 식물은 감소된 증상을 보였다. 이 방법은 parent virus에 특이적이다. RNA 간섭 방법은 바이러스 프로모터를 침묵화시키는 것을 포함한다. 양방향 바이러스 프로모터에 dsRNA 호몰로그를 발현시킨 DNA construct는 형질전환 발현 시스템에서 발현 수준을 감소시켰다. 코딩 염기서열의 침묵화와 안티센스 기술과 같은 다른 RNA 기법들도 이용하였다. 지금까지 이러한 기술들은 대부분 성공적이었다. 모두 바이러스 단백질 유전자를 목적으로 이용하였다. 아프리카 카사바 모자이크 바이러스에 대한 저항성을 카사바 식물에 바이러스 유전자 *Rep*(*AC1*), *TrAP*(*AC2*), *Ren*(*AC3*)를 표적으로 하는 안티센스 RNA들을 발현시키는 구성체를 형질전환 시킴으로써 유도하였다. 대체 방법으로는 *AC1* 유전자를 표적으로 하는 것이다. ACMV로부터 이 유전자의 하나의 복제본을 ACMV와 다른 2개의 관련 바이러스에 저항성을 갖도록 한 카사바에 도입시켰다. 두 시스템 모두 식물을 분석했을 때, 트랜스진에 특이적인 siRNA들이 생성되었고 PTGS를 일으켜 감염에 저항성을 갖는 것을 보았다.

서양 농업에서 상업화된 것은 무엇일까?

옐로스쿼시와 주키니

● 바이러스저항성 식물은 사용할 수 있지만 일반적으로 산업에서 인정받지 못 했었다. 파파야는 예외였으나 압력단체로부터 많은 반감이 발생했었다.

Asgrow seed company(몬산토)는 스쿼시와 주키니의 몇 가지 품종을 Independence II, Liberator III, Freedom III, Destivy III라는 이름으로 판매한다. 이 라인들은 ZYMV, 수박 모자이크 바이러스 2, CMV 세 가지 중요한 바이러스에 저항성을 갖는다. 이 바이러스들은 박과 식물에 심각한 병원으로 잎 mottling, 황화, 왜화, 기형과실 증상의 원인이다. 병원 계통과 환경에 따라 영향을 많이 받지만, 전통적인 저항성 자원은 비효과적인 반면, 유전자 변형 계통들이 더 나은 수준의 저항성을 보였다. 이 라인들에 대한 두 가지 흥미로운 점이 있다. 몇 가지 계통이 포함하는 3개의 분리된 바이러스 외피단백질 코딩 염기서열을 구성체로 이용하였다. 선발표지와 CP 구성체 사이의 연결에 유리한 손실로부터 이익을 얻는다. 이것은 마커프리 식물을 간단한 육종 기술로 만들 수 있게 한다.

파파야

몇 가지 다른 종류의 유전자 조작 파파야가 만들어졌고 상업적으로 판매되고 있다. 놀라운 점은 빠른 시간 내로 이루어졌다는 것이다. 1992년 시작으로, PRSV의 심각한 발병으로 하와이 파파야 생산량이 5년 이내에 40%까지 감소했다. 코넬 대학교와 하와이의 종사자들은 SunUp과 Rainbow라는 두 가지 유전자 조작 파파야를 만들어 1999년 이후로 농부들에게 판매를 하였다. 이 이야기에는 흥미로운 사실이 있다. 이

형질전환체들은 꽤 심각한 바이러스 감염 지역에서 형성될 수 있었고, 모든 파파야를 치울 필요 없이 농부들이 새로운 라인들을 키울 수 있게 하였다. SunUp과 Rainbow 모두 바이러스 계통의 범위는 다르지만 PRSV에 상당한 저항성을 보였다. SunUP은 형질전환 CP 유전자가 상동접합성(homozygous)으로 있어 하와이 이외의 계통을 포함한 다양한 범위의 바이러스에 저항성을 갖는다. 강화된 PTGS를 이끄는 유전자량(gene-dosage) 효과로 인한 것으로 보여진다. 반면에, Rainbow는 반접합성(hemizygous)으로 트랜스진이 존재하여 오직 하나의 복제수를 갖는다. SunUP과 비형질전환 식물 Kapoho를 교배시킨 F_1 잡종으로 얻은 희석 효과(dilution effect)는 비하와이 바이러스 계통에 더 큰 감수성을 보였고 이것은 국부 계통(local isolate)에 내성이 약한 것으로 추측된다. 지금까지 이에 대한 증거는 없다. Rainbow의 잠재적 약세(potential weakness)가 있어도 시장과 재배자들에게 선호되는 라인 중에 하나이다.

현재, 몇몇 해외 시장에서는 비형질전환 식물을 요구하고 있다. 형질전환 식물은 β-glucuronidase(GUS) 단백질이 붙어있어 쉽게 검출된다. 그래서 비형질전환체를 심는 상당한 지역이 존재한다. 흥미롭게도 이 지역 주변에 형질전환 품종들을 심어놓는데, 이 지역이 형질전환체들로 이루어진 지역에 완충역할을 한다. 바이러스를 운반하는 진딧물은 형질전환 식물에 기생할 수 있고 비형질전환 식물체에 도달하기 전에 제거할 수 있다. 하와이에서 이 작물의 성공으로 브라질과 자메이카 같은 나라에 바이러스 저항성 작물들을 생산하는 기술을 전달할 수 있었다.

감자

주요 예시를 든 이 식물들은 복제 관련 염기서열들이 형질전환된 식물들이다. 몬산토는 NewLeaf 감자를 판매했는데 이 라인은 *Bacillus thuringiensis*(*Bt*) 저항성과 몇 가지 바이러스(PLRV와 PVY 포함)에 대한 저항성을 가지고 있다. 이 라인들은 낮은 수요 때문에 판매에서 철회되었다. 여전히 새로운 상업적인 형질전환 식물을 개발하는 것에 관심을 갖고 있지만 현재 시장에서 더 이상 발전하지 못하였다.

위험성

외피단백질 형질전환체의 상업화는 GM 기술을 반대하는 사람들의 집중 표적이 되었고 그들이 반대하는 문제점들을 BOX 8.1(캡시드전환 및 재조합)에 논의하였다. 그들은 외래단백질의 존재로 식물 생장에 도움을 주는 장점을 넘어서 본질적으로 잡초에 전이될 수 있다는 점을 문제점으로 삼았다. 같은 논쟁으로 외피단백질 유전자가 야생종으로 전이될 수 있는 상황을 우려하였다. 이에 대하여 사탕무와 야생종을 대상으로 많은 연구가 이루어지고 있다. 전이는 가능한 것으로 보여졌고, 바이러스 감염으로 스트레스 상태일 때 잡종에 몇 가지 장점이 있을 수 있다고 추측된다. 몇 가지 바이러스 저항성 식물들을 가지고 실행하는 큰 규모의 필드 실험을 통해 후에 그 결과를 알 수 있을 것이다. 질병 저항성에 대한 내구성 또한 테스트 중이다.

BOX 8.1 새로운 바이러스를 생산하는 위험성

CPMR의 작동이 많은 construct에서 원활한것 같지만 CP 효과를 일으키는 RNA와 단백질의 의도적인 발현은 문제가 발생할 수 있는 두 가지 수준의 상호작용에 이르게 한다. RNA 재조합의 위험이 있고, CP가 발현될 때 **캡시드전환(transcapsidation)**(heterologous encapsidation, transencapsidation, 또는 genome masking이라 불림) 현상이 나타날 수 있는지 없는지에 대한 심각한 우려가 있다. 그 위험은 CP 단백질이 트랜스진으로부터 생성되어 invading-virus CP(그림(b)) 키메라 입자를 형성하거나 호환이 되는 바이러스의 핵산을 포장(그림(c))할 수 있다는 것이다. 중요한 이유는 CP가 핵산의 보호, 벡터의 전달 및 특이성, 전신 침입, 증상발현과 같은 다양한 바이러스 특성에 영향을 끼칠 수 있기 때문

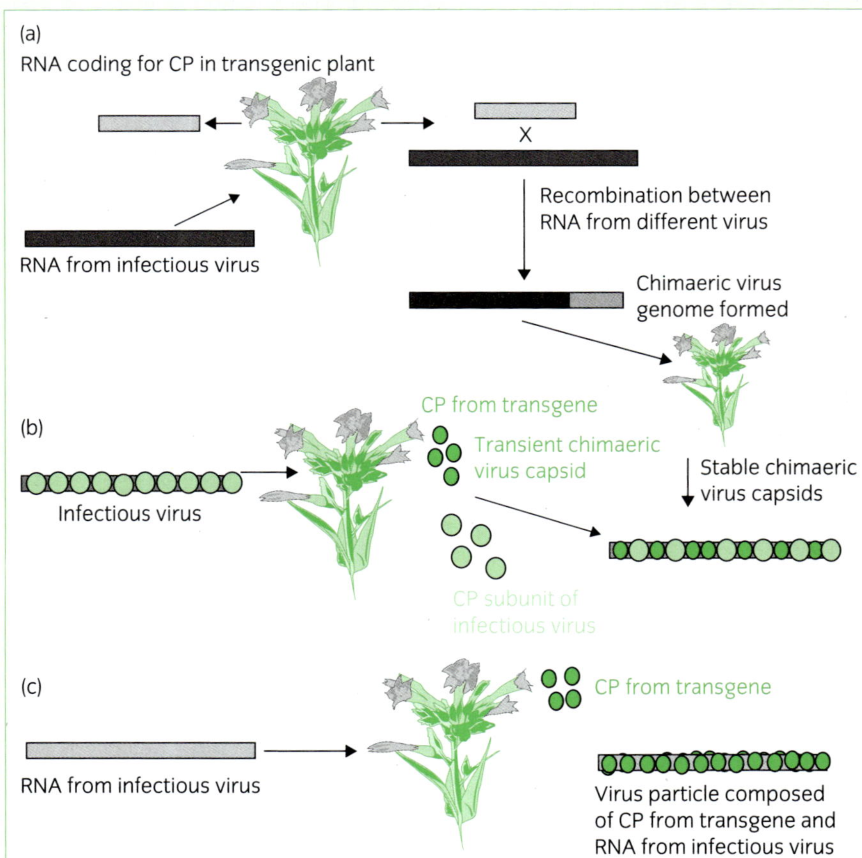

재조합(Recombination), 외피단백질전위(transcapsidation), 키메라입자(chimaeric particles).

BOX 8.1 (계속)

이다.

많은 연구를 통해 캡시드전환의 가능성을 조사하였다. 키메라 입자는 TMV CP 형질전환 식물체가 CP 생산에서 결함이 있는 변이 계통의 영향을 받는 것에 대한 연구에서 처음 입증되었다. 형질전환으로 생성된 CP는 결손 RNA로 포장될 수 있다. 표현형 혼합(phenotypic mixing)은 PVY 계통 N의 CP를 생산하는 형질전환 감자에서 발견할 수 있었다. 식물이 PVY 계통 O에 감염됐을 때 PVY-O 입자의 75% 정도 만큼의 수가 형질전환 PVY-N CP를 포함하는 것을 발견하였다. AlMV의 CP를 생산하는 형질전환체가 CMV에 감염됐을 때, 혼합 CP 단백질들은 2개의 관련 없는 바이러스에서 보이기도 하였다.

이 관찰의 생물학적 중요성은 많은 다른 연구들이 캡시드전환을 입증하는데 실패했기 때문에 여전히 논쟁으로 남아 있다. 그러나 식물 유전공학 관점에서 이 관찰에서 가장 중요한 것은 CP 혼합이 진딘물의 ZYMV 계통의 비 진딧물 전염성 바이러스의 전달성을 복원시키는 것을 증명하였다. 형질전환된 자두곰보병(plum pox virus) 외피단백질의 표현형 혼합 이후에 나타난다. 모순적인 결과는 다시 필드 연구에서 관찰되었다. CMV의 높은 진딧물 전염성 계통의 외피단백질을 발현시킨 박과 식물에 같은 바이러스의 비 진딧물 전염성 계통을 접종시켰다. 식물을 통제하는 두 번째 바이러스 계통의 진딧물 매개 전염성이 관찰되지 않았다. 이 경우에 형질전환으로 생성된 CP가 이동을 조절하지 않았다.

캡시드전환을 이끄는 CP의 합성은 바이러스 전염성을 변경시킬 수 있지만 이러한 현상은 자연에서 이미 존재한다는 논쟁이 있다. 비록 유전공학이 자연에서 정상적으로 발생하지 않는 상황을 만들어낼 수 있더라도 많은 경우에 사실일지도 모른다. 예를 들어 CP가 바이러스가 정상적으로 발견되지 않는 조직에 생성될 때 문제가 생길 수 있다. 이는 감자의 RLRV 경우에 해당하는데 이 바이러스는 보통 감염되는 동안 관다발조직에서 발현된다. 그러나 감자에 CP 트랜스진을 구성적 발현(constitutive expression)시킬 때, 식물 전체에 발현되지만 다른 바이러스에 노출될 때 정상적으로 발현되지 못한다.

트랜스 캡 빈도는 매우 낮을 가능성이 있고 이러한 벡터의 변화와 같은 효과(유전물질의 교환이 없을 때)는 일시적 일 것이다. 그럼에도 불구하고 최신 construct를 만들어 잠재적인 문제점을 제거하려는 노력을 하였다. 캡시드전환 가능성을 감소시키는 몇 가지 방안을 구성하였다. 한 가지 방법으로, CP 염기서열을 변이시키는 방법으로 이동에 관련된 염기서열(예; 진딧물 전이에 필요한 포티바이러 CP 염기서열)를 제거하거나 방어에 필요한 최소한의 크기로 염기서열의 길이를 줄였다. 또 다른 방법으로는 PTGS로 전체적으로 단백질 발현을 막는 방법인데 어떤 단백질도 발현을 하지 못하게 construct를 조작하며 유전자 침묵화에 의존한다.

CP 트랜스진의 RNA 합성과 RNA 기반 기술은 몇 가지 잠재적인 문제가 있다. 특히 다른 바이러스 게놈 사이에 재조합이 발생할 수 있다는 점이다. 가장 가능성 있는 메커니즘은 주형 전환이다. 바이러스 게놈이 복제되는 동안, 바이러스 RNA 중합효소(polymerase)는 주형인 RNA 염기서열을 따라 이동하여 상보적인 RNA 가닥을 합성한다. 몇 다중 바이러스(multipartite virus)의 복제 과정에서 게놈의 RNA 단편에서 다른 부위로의 이동과 관련된 일부 과정이라는 논쟁이다. 본질적으로 바이러스 중합효소는 복제 과정 동안 잠깐 멈추어 다른 주형으로 전환하여 합성을 다시 시작한다. 중합효소가 다른 바이

(다음 장 계속)

BOX 8.1 (계속)

러스의 RNA 주형으로 이동한다면 재조합 바이러스를 만들 수 있기 때문에 잠재적으로 심각한 문제가 될 수 있다. 자연에서 재조합은 루테오바이러스와 토브라바이러스와 같은 바이러스 그룹에서 흔히 볼 수 있는 현상이지만, 또한 관련 없는 바이러스 사이에서도 일어날 수 있는 현상이다. A-type BNYVV의 CP가 형질전환된 사탕무가 B-type 바이러스 계통을 운반하는 *Polymyxa betae*가 있는 토양에 키워 두 바이러스의 CP 염기서열 간에 재조합이 일어나는지를 테스트하였다. 이를 위해, 형질전환 A-type 염기서열의 일부와 형질전환 염기서열 바깥 부분으로 B type의 CP 염기서열 일부를 증폭할 수 있도록 프라이머를 디자인하여 PCR 분석을 하였다. 이 분석에는 고감도성을 요구되지만, 재조합의 증거가 발견되지 않았다. 그러나 재조합의 위험을 최소화 시켜야 한다. 몇 가지 가능성을 제시하였다. 염기서열로부터 단백질이 발현될 수 없도록 선택한 염기서열에 종결코돈을 포함시키는 방법이다. 형질전환 염기서열과 다른 야생형 바이러스 사이의 재조합 결과로 낮은 생존율의 재조합 바이러스를 만들 수도 있다. 다른 방법으로는 PTGS에 적합한 짧은 염기서열을 이용하는 방법 등 여러 가지를 고안할 것이다.

요약

● 분자육종 및 형질전환 방법의 조합은 금세기 농업에 필요한 식물을 생산할 것이다.

이 장에서 PDR에 대해서 몇 가지를 자세히 논의하였다. TMV와 다른 연관 바이러스를 이용한 실험에 의해 단백질 수준으로 그 효과를 설명하려는 몇 가지 시도가 있었다. PTGS 또한 자연적인 바이러스 방어 메커니즘으로 떠올랐고 단지 형질전환의 쟁점이 아니었다. 몇 가지 형질전환 식물들은 다양한 성공을 거두어 상업화될 수 있었다. 형질전환 파파야 라인들은 하와이에서 좋은 대안으로 환영받았지만 NewLeaf 형질전환 감자는 현재 거부되어 미국에서 판매가 금지되었다.

PDR형 저항성의 미래는 이런 작물이 내구성 저항성을 제공할 여부는 국민 수용성에 달려있다. 바이러스 저항성에 대한 다른 방법들이 고려되고 있다. PTGS 시스템의 향상은 바이러스 저항성에 대한 확실한 전략이다. 7장에서는 일반화된 저항 경로를 활성화하는 가능성과 바이러스 저항성에 대한 잠재적인 경로를 검토하고 있다. N 유전자를 포함한 담배 계통이 TMV 감염에 저항성을 보였던 것으로 알려졌다. 현재 N 유전자 산물이 *R* 유전자(TIR–NBS–LRR) Toll–interleukin1 receptor(TIR), nucleotid–binding(NB) domain, leucine–rich repeats(LRR) class에 속하는 것으로 밝혀졌다. 많은 다른 *R* 유전자들과 다양한 신호경로 사이의 상호작용들이 바이러스들로 알려졌다. 많은 노력으로 형질전환 기술에 이용하거나 마커 육종 개발에 이용할 분자 탐침을 위한 저항성 유전자들의 규명과 매핑을 하고 있다.

박테리아 병원균과 조합시켜 바이러스 질병을 앞서갈 수 있는 훌륭한 전량을 제공할 수 있다. wheat streak mosaic virus에 대한 밀의 CP 기반 저항성과 리플리카제 기반 저항성을 몇몇 비 형질전환 저항성 라인들과 비교하는 최근 연구에서, 실제 필드에서 테스트했을 때 형질전환 기법이 그 뒤로 두드러졌다. 7장에서 논의된 병원과 숙주 방어 시스템 사이의 상호작용은 바이러스 저항성의 지속성에 영향을 줄 수 있다. 한 바이러스에 저항성 형질을 보이다가 다른 바이러스 감염에 의해 저항성이 사라진 예시가 있다. 파파야에서 이러한 부정적인 측면이 있음에도 불구하고 GM 전략은 오늘까지 좋은 성과를 보이고 있으며 혼합 생장에 취약한 라인들을 보할 수 있는 잠재적 능력을 갖고 있다.

FURTHER READING

Visit www.oxfordtextbooks.co.uk/orc/slaterplants2e/ for hyperlinked references that take you directly to online abstracts for the journal articles listed below:

PDR approaches

Bertioli, D. J., Harris, R. D., Edwards, M. L., Cooper, J. I., and Hawes, W. S. (1991) Transgenic plants and insect cells expressing the coat protein of arabis mosaic virus produce empty virus-like particles. *Journal of General Virology* **72**, 1201–1209.

Bertioli, D. J., Cooper, J. I., Edwards, M. L., and Hawes, W. S. (1992) Arabis mosaic nepovirus coat protein in transgenic tobacco lessens disease severity and virus replication. *Annals of Applied Biology* **120**, 47–54.

Virus groups and expression patterns

Lomonossoff, G. P. and Johnson, J. E. (1991) The synthesis and structure of comovirus capsids. *Progress in Biophysics and Molecular Biology* **55**, 107–137.

Non-GM approaches to crop protection

Fenby, N. S., Scott, N. W., Slater, A., and Elliott, M. C. (1995) PCR and non-isotopic labelling techniques for plant virus detection. *Cellular and Molecular Biology* **41**, 639–652.

Osman, F. and Rowhani, A. (2006) Application of a spotting sample preparation technique for the detection of pathogens in woody plants by RT-PCR and real-time PCR (TaqMan). *Journal of Virological Methods* **133**, 130–136.

Transgenic resistance

Beachy, R. N. (1997) Mechanisms and applications of pathogen-derived resistance in transgenic plants. *Current Opinion in Biotechnology* **8**, 215–220.

Dasgupta, I., Malathi, V. G., and Mukherjee, S. K. (2003) Genetic engineering for virus resist-ance. *Current Science* **84**, 341–354.

Gonsalves, D. and Slightom, J. L. (1993) Coat protein-mediated protection: analysis of transgenic plants for resistance in a variety of crops. *Seminars in Virology* **4**, 397–405.

Robaglia, C. and Caranta, C. (2006) Translation initiation factors: a weak link in plant RNA virus infection. *Trends in Plant Science* **11**, 40–45.

Gene silencing

Bucher, E., Lohuis, D., van Poppel, P. M. J. A., Geerts-Dimitriadou, C., Goldbach, R., and

Prins, M. (2006) Multiple virus resistance at a frequency using a single transgene construct. *Journal of General Virology* **87**, 3697–3701.

Lecellier, C.-H. and Voinnet, O. (2004) RNA silencing: no mercy for viruses? *Immunological Reviews* **198**, 285–303.

MacDiarmid, R. (2005) RNA silencing in productive virus infections. *Annual Review of Phytopathology* **43**, 523–544.

Mlotshwa, S., Voinnet, O., Mette, M. F., Matzke, M., Vaicjeret, H., Ding, S. W., Pruss, G., and Vance, V. B. (2002) RNA silencing and the mobile silencing signal. *Plant Cell* (Suppl.), S289–S301.

Niu, Q.-W., Lin, S.-S., Reyes, J. L., Chen, K.-C., Wu, H.-W., Yeh, S.-D., and Chua, N.-H. (2006) Expression of artificial microRNAs in transgenic *Arabidopsis thaliana* confers virus resist-ance. *Nature Biotechnology* **24**, 1420–1428.

Scholthof, H. B. (2005) Plant virus transport: motions of functional equivalence. *Trends in Plant Science* **10**, 376–382.

Sontheimer, E. J. (2005) Assembly and function of RNA silencing complexes. *Nature Reviews: Molecular Cell Biology* **6**, 127–138.

Waterhouse, P. M., Wang, M. B., and Lough, T. (2001) Gene silencing as an adaptive defence against viruses. *Nature* **411**, 834–842.

DNA viruses

Vanderschuren, H., Stupak, M., Futterer, J., Gruissem, W., and Zhang, P. (2007) Engineering resistance to geminiviruses—review and perspectives. *Plant Biotechnology Journal* **5**, 207–220.

Vanitharani, R., Chellappan, P., and Fauquet, C. M. (2005) Geminiviruses and RNA silencing. *Trends in Plant Science* **10**, 144–151.

Virus-resistance genes

Kang, B.-C., Yeam, I., and Jahn, M. M. (2005) Genetics of plant virus resistance. *Annual Review of Phytopathology* **43**, 581–621.

Ritzenthaler, C. (2005) resistance to plant viruses: old issue, news answers? *Current Opinion in Biotechnology* **16**, 118–122.

Risk

Falk, B. W. and Bruening, G. (1994) Will transgenic crops generate new viruses and new diseases? *Science* **263**, 1395–1396.

Greene, A. E. and Allison, R. F. (1994) Recombination between viral RNA and transgenic plant transcripts. *Science* **263**, 1423–1425.

Tepfer, M. (1993) Viral genes and transgenic plants. *Biotechnology* **11**, 1125–1132.

Commercialization

Fuchs, M. and Gonsalves, D. (1995) Resistance of transgenic hybrid squash ZW-20 express-ing the coat protein genes of zucchini yellow mosaic virus and watermelon mosaic virus 2 to infections by both potyviruses. *Biotechnology* **13**, 1466–1473.

Tricoli, D. M., Carney, K. J., Russell, P. F., McMaster, J. R., Groff, D. W., Hadden, K. C., Himmel, P. T., Hubbard, J. P., Boeshore, M. L., Reynolds, J. F., and Quemada, H. D. (1995) Field evalu-ation of transgenic squash containing single or multiple virus coat protein gene constructs for resistance to cucumber mosaic virus, watermelon mosaic virus 2, and zucchini yellow mosaic virus. *Biotechnology* **13**, 1458–1465.

Web-links

Bustamante, P. I. and Hull, R. (1998) Plant virus gene expression strategies. *Electronic Journal of Biotechnology*, web-link 8.1: www.ejb.org/content/vol1/issue2/full/3/index.html

Fuchs, M., Ferreira, S., and Gonsalves, D. (1997) Management of virus diseases by classical and engineered protection. *Molecular Plant Pathology On-Line*, web-link 8.2: www.bspp.org.uk/mppol/1997/0116fuchs

Melcher, U., web-link 8.3: www.opbs.okstate.edu/~melcher/mg/MGW3/MG33322.html

Rybicki, E., web-link 8.4: www.uct.ac.za/microbiology/tutorial/RNA%20virus%20replication.htm

Universal Virus Database, ICTVdB, web-link 8.5: www.ncbi.nlm.nih.gov/ICTVdb/index.htm

9

스트레스 저항성을 부여하기 위한 전략

개요

- 식물은 여러 비생물학적 스트레스에 노출되어있다.
- 대부분의 스트레스는 궁극적으로 잠재적 위험 요소인 활성산소(ROS)를 만들어낸다.

작물은 생장과 발달에 부정적인 영향을 주는 외부요인에 노출되어있다. 앞선 네 장에서, 작물 생산에 대한 여러 생물학적인 요인(잡초, 충해, 질병)의 영향과 이들에 저항성을 부여하는 생물공학적인 전략에 대해서 생각해 보았다. 이번 장에서는 작물에 대한 온도, 물의 이용가능성, 염농도와 같은 환경적 조건의 영향에 대해서 생각해 볼것이다. 그림 9.1에서 식물에 대한 비생물학적 스트레스로 작용하여 생장과 발달에 악영향을 주는 물리적 요인들을 나타내었다. 이 요인들은 고온, 냉해(chilling), 동해(freezing)과 같은 온도스트레스로 분류할 수 있는 것들을 포함하는데, 이 요인들은 더 큰 분류 그룹인 수분부족과 같은 스트레스에 속한다. 그림 9.1에서 보듯 대부분의 비생물학적, 생물학적 스트레스는 직간접적으로 자유라디칼과 활성산소 생산을 촉진하여 산화스트레스를 일으킨다.

표 9.1은 작물 생산량에 대한 비생물학 스트레스의 영향을 생물학적 스트레스(잡초, 충해, 질병)의 것과 비교하였다. 이 표에서 작물의 평균 생산량과 최고기록 생산량(최적 조건에서 가능한 최대 생산량의 척도)사이의 가장 큰 차이는 바로 비생물학 스트레스에 의한 것임을 알 수 있다. 따라서, 한 해와 다음 해의 환경조건의 차이가 생산량의 차이를 만들어 낸다고 할 수 있다. 밀의 경우 평균 생산량은 최고기록 생산량의 13%에 불과하다. 이와 반대로, 5장의 첫머리에 언급했듯이, 산업화된 농업에서는 생물학적 스트레스의 경우 조절을 통해 연생산량에서 매년 상당히 일정한 수준의 손실만 보이게 된다. 이 손실은 일반적으로 가장 나쁜 비생물학적 스트레스보다 더 적은 양이다. 따라서 작물의 비생물학적 스트레스 저항성을 증진시키는 것은, 환경 조건의 변화시에도 작물이 생장과 발달을 유지할 수 있게 해주고, 결과적으로 매년 존재하는 생산량의 큰 차이를 완충할 수 있게 해 줄 것이다.

장기적으론, 오존층의 소실과 전 지구적 온도 상승에 따른 기후 변화에 따라 작물에 가해지는 환경 스트레스가 더 많아질 것이며 이에 따른 스트레스 저항성 작

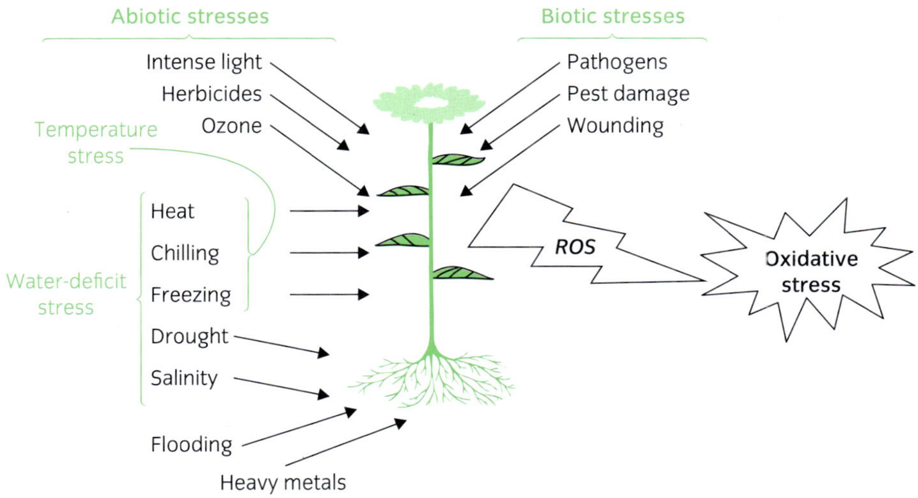

그림 9.1 **식물의 생장과 발달에 영향을 주는 여러 외부 스트레스.** 이 그림에서는 식물의 생장과 발달에 영향을 주는 외부 스트레스를 나타내었다. 스트레스는 공통 성질에 따라 분류되었다. 따라서 ㅂ 생물학적 그리고 생물학적 스트레스로 먼저 나뉘었다. 많은 비생물학적 스트레스는 결과적으로 수분부족으로 나타난다. 거의 모든 스트레스는 활성산소(ROS)를 생산하여 산화스트레스를 만들어낸다.

표 9.1 일부 주요 작물의 평균 및 최고 기록 생산량

Crop	Record yield (kg ha^{-1})	Average yield (kg ha^{-1})	Average yield (% of record yield)	Average loss (% of record yield)	
				Biotic	Abiotic
Wheat	14 500	1 880	13.0	5.0	82.1
Barley	11 400	2 050	18.0	6.7	75.4
Soybean	7 390	1 610	21.8	9.0	69.3
Corn	19 300	4 600	23.8	10.1	65.8
Potato	94 100	28 300	30.1	18.9	54.1
Sugar beet	121 000	42 600	35.2	14.1	50.7

(Data from Bray *et al.* (2000).)

물의 개발 요구는 증가할 것으로 여겨진다. 게다가 작물의 생육에 적합하지 않은 환경의 지역(예, 사막 또는 높은 염 조건)까지 작물 재배를 확장해야 하는 요구가 증가하고 있다. 따라서 스트레스 저항성 식물의 개발은 작물생물공학의 주요 목표이며 점차 그 중요성이 증가할 것이다.

비생물학적 스트레스의 성질

● 스트레스를 정의하기란 쉽지 않다: 한 식물에 스트레스 조건은 다른 식물에 최적 조건일 수 있다.

스트레스 저항성에 대한 논할 때, 먼저 식물생리학적 측면에서 스트레스를 정의하는 것이 필요하다. 식물은 물리적 환경에서 많은 환경적 변화에 노출되어있다. 한 위치에 고정하여 생장하기 때문에 식물은 환경변화를 회피하는 동물의 것과 같은 전략은 가지고 있지 않다. 따라서 식물은 외부 환경의 변화를 견디어 내기 위해서 대부분 식물 내부 기작을 사용한다. 식물은 가소적 성질(외부 환경조건에 따라 대사작용과 발달 프로그램을 바꿀 수 있는 능력; 2장 참조)을 가지고 있어 정상적 범위 내의 변화에 적응할 수 있기 때문에, 모든 환경 변화가 식물에게 스트레스인 것은 아니다. 따라서, 변화하는 환경에서 기능할 수 있게 식물은 적응되어있고 정상적인 외부적 변화는 식물 내부 변화로 식물의 생장과 발달에 악영향 없이 대처할 수 있다. 식물에 물리적 손상을 줄 수 있는 환경스트레스는 급격한 또는 계속되는 극단적인 환경 조건이다. 참고로 극단적인 환경 조건은 특정 식물종에 따라 다르다; 사막 식물은 온대식물에 적합한 기후에 잘 자라지 못한다.

식물이 노출되는 비생물학적 스트레스들을 고려할 때, 특정한 스트레스 저항성 식물을 만들기 위해서는 서로 다른 많은 전략이 필요할 것으로 생각되기 쉽다. 그러나, 많은 다른 스트레스는 유사한 형태의 손상을 일으킨다. 이 장은 여러 스트레스에서 기인하는 두 가지 주요 손상에 대해서 초점을 맞출 것이다. 초점을 맞출 한 손상은 수분부족에서 오는 손상으로 수분부족은 건조, 염, 고온, 저온과 같은 여러 환경 조건에 의해 일어난다(그림 9.1). 다른 또 하나의 손상은 식물의 세포 구성분자에 화학적 손상을 일으키는 활성산소의 생산에 의해 일어나는 것이다. 대부분의 비생물학적, 생물학적 스트레스는 직간접적으로 활성산소의 생산을 일으킨다.

수분부족 스트레스의 성질

● 여러 다른 비생물학적 스트레스는 궁극적으로 수분부족으로 나타난다.

그림 9.1에 나타낸 여러 물리적 변화는 결과적으로 수분부족으로 나타난다; 즉, 수분의 수요가 공급을 초과하는 상태가 나타난다. 수분 공급은 토양에서 뿌리로 수분의 이용가능성에 따라 결정된다. 수분 수요는 주로 식물의 증산율에 의해서 결정이 된다. 증산은 잎의 기공을 통한 지상부의 식물로부터의 물의 손실을 나타내는 것으로 태양광과 공기 온도에서 얻어진 열 에너지를 분산시키는 데 필요하다. 따라서 식물에 전달되는 외부 에너지가 높을 때, 증산은 잎을 주변 공기온도 보다 상대적으로 차갑게 해준다. 증산율은 상대습도와 풍속에 따라서 영향을 받는다.

식물 세포와 조직의 수분 상태를 나타내주기 위한 두 변수는 수분포텐셜과 상대수분함량(relative water content)이다. 수분포텐셜은 압력 단위(메가파스칼 MPa)로 측정되고 전기포텐셜의 개념과 유사하다: 두 부위가 연결되어 있다면 높은 포텐셜

부위로 부터, 낮은 포텐셜 부위로 전류가 흐른다.

따라서, 대기(매우 낮은 포텐셜)와 토양(습할 때 상대적으로 높은 포텐셜) 사이의 수분포텐셜의 차이에 의해 물은 식물을 통해서 토양에서 대기로 움직이게 된다. 물이 잎에서 증산하기 때문에 잎의 수분포텐셜은 감소한다. 물이 토양에 존재한다면, 토양의 물은 잎의 물 손실을 보충해주기 위해 잎으로 흘러들어간다. 그러나, 토양의 수분포텐셜이 감소하기 시작한다면(예를 들면, 토양이 마르기 때문에), 뿌리로부터의 수분 공급과 잎의 수분 수요사이의 격차가 발생한다. 지속적인 수분부족은 식물을 탈수와 죽음에 이르게 하지만, 식물은 수분부족에 여러가지 다른 방법으로 대응할 수 있다. 한 방법은 잎의 수분포텐셜을 더 낮춰서 토양으로 부터 물의 유입을 유지할 정도의 수분포텐셜 차이를 만들어내는 것이다.

수분포텐셜을 결정하는 두 가지 주요 요인은 용질 또는 삼투포텐셜을 만들어내는 용질 농도와 세포 또는 조직 경계의 물리적 압력으로 만들어지는 압력/팽압 포텐셜이다. 삼투포텐셜은 일반적으로 수분포텐셜보다 낮다(더 음의 값을 갖는다). 그리고, 팽압포텐셜은 삼투포텐셜과 수분포텐셜 사이의 차이값이다. 잎의 수분포텐셜이 삼투포텐셜과 같은 값으로 떨어지게 되면, 잎의 팽압은 사라진다(즉, 팽압 포텐셜은 0). 잎의 팽압이 떨어짐에 따라, 기공은 증산을 줄이기 위해서 닫히게 된다. 팽압을 잃게 되면 잎 세포는 찌그러 들며, 잎은 시들게 된다. 이러한 현상은, 기공을 닫는 방식이나 시든 잎 또는 동그랗게 말려진 잎의 형태로 태양열 노출을 줄여, 잎으로부터의 수분 손실을 줄이는 결과를 얻게한다.

● 용질 축적에 의한 삼투 조절(osmotic adjustment)로 팽압을 유지한다.

그러나, 기공의 닫힘은 광합성 생산량의 감소를 유발하게 되어 생장 감소를 일으킨다. 또한, 증산의 감소로 잎의 온도가 상승하여 열에 의한 잎의 상해를 야기할 수 있다. 따라서 팽압과 증산의 유지는 식물이 건조 스트레스에서 생장을 유지시키는 데 중요하다.(마른 토양으로 부터 수분의 유입을 유지하여) 잎의 수분포텐셜을 높게 유지함으로써 또는 삼투포텐셜을 감소함으로써 팽압은 유지될 수 있다. 삼투포텐셜 감소는 용질 농도로 만들어 질 수 있다(용질 농도의 증가는 더 음의 값의 삼투포텐셜을 만들어 낸다. 즉, 물의 움직임을 위한 더 가파른 농도차가 만들어진다.): 이러한 현상을 삼투 조절(osmotic adjustment)이라고 한다.

다른 비생물학적 스트레스는 수분부족을 일으킨다

가뭄/건조 스트레스는 고온, 건조, 또는 바람이 부는 환경조건이 토양 수분포텐셜을 감소시키거나 잎 수분포텐셜을 증가시킴에 따라 일어나는 수분부족 스트레스이다. 고염 조건은 토양 수분포텐셜을 감소시켜서(염용액의 삼투포텐셜이 물의 삼투포텐셜보다 낮아서) 수분부족을 일으키며 이에 따라 뿌리가 물을 빨아들이기 어렵게 된다. 위에서 언급했듯, 높은 기온은 증산에 의한 수분 손실의 증가를 일으킨다. 따라서 고온 스트레스는 수분부족을 일으킨다고 할 수 있다. 그러나, 동해유발온도(freezing

● 수분부족은 세포에 해를 끼친다: 광합성을 저해하고, 독성 이온농도를 증가시키고, 생체고분자의 수분보호막을 제거한다.

BOX 9.1 생체고분자 주위의 수분막

수용성 단백질의 정확한 접힘(folding)은 단백질 내의 아미노산 상호 작용 뿐만 아니라 주변 용액과의 상호작용에 의해서도 결정된다. 예를 들면, 소수성 곁사슬은 주변 물분자와 상호작용을 최소화하기 위해 보통 단백질 분자 내부안에 놓이게 되는 반면 전하를 띠거나 극성을 띤 아미노산은 단백질의 바깥쪽에 주로 위치한다. 단백질의 주변 물분자는 아주 규칙적인(따라서 낮은 엔트로피) 구조의 **수분막**(**hydration shell** 또는 **water shell**)을 형성하여 단백질을 안정화시키고 극성 용질과의 상호작용을 완충해주는 역할을 한다. Na^+와 Cl^- 수분막을 쉽게 투과하여 단백질을 안정화시키는 비공유성 결합을 방해할 수 있기 때문에 단백질 주변의 이온농도 증가는 단백질의 구조를 망가뜨릴 수 있다. 한편, 양립용질(compatible solutes)은 단백질 수분막으로부터 배제되기 때문에 단백질이 용질과 접촉할 수 없어 결국 구조 변성이 일어나지 않게 된다.

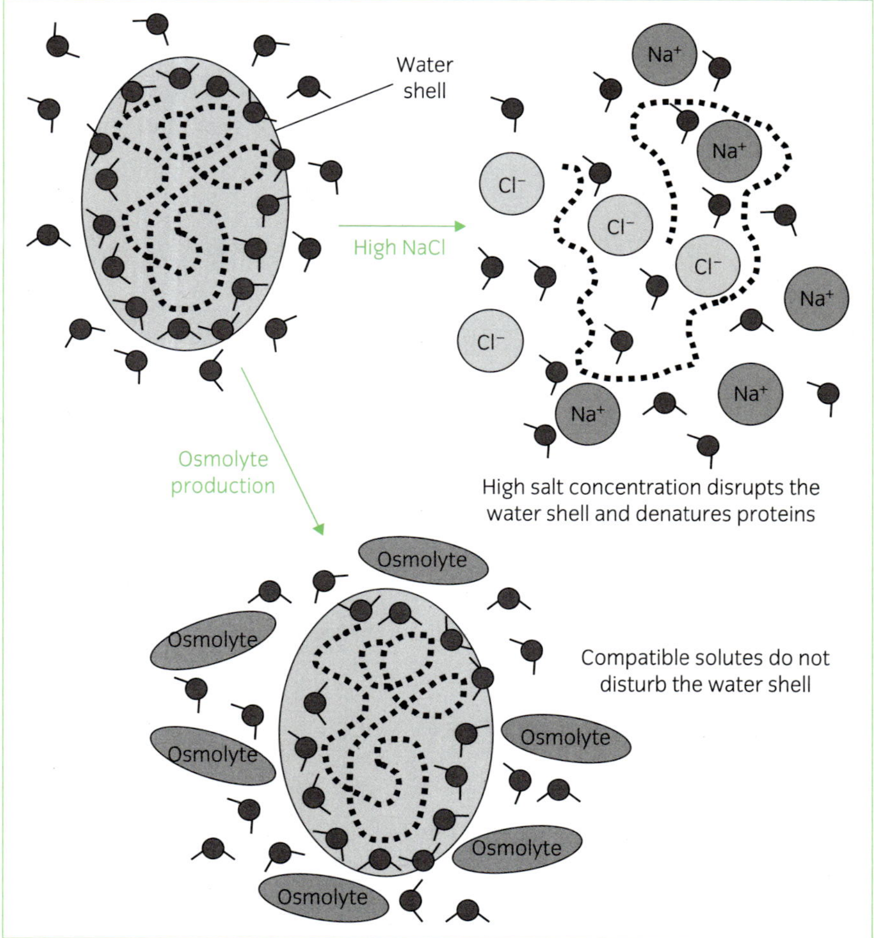

단백질 주변의 수분막은 이온농도가 증가할 때 그 구조가 저해되어 단백질 변성이 일어난다. 하지만, 같은 농도의 양립용질(또는 삼투조절물질(osmolyte))은 수분막 구조를 저해하지 않기 때문에 단백질 변성은 일어나지 않는다.

temperature) 또한 세포외 공간에 얼음결정을 형성하여 이 부위의 수분포텐셜을 감소시켜 세포 내 수분의 유출을 유발하므로 삼투스트레스를 야기한다. 일반적으로 수분부족을 일으키는 많은 요인은 세포 내 수분 유출을 유발하여 원형질분리를 일으킴으로써 궁극적으로 세포사멸에 이르게 한다.

수분부족은 틸라코이드 막에 영향을 끼쳐 광합성을 저해하기 때문에 식물세포에게는 중요한 문제이다. 수분부족은 또한 세포 내 독성 이온 농도 증가와 수분부족에 민감한 생체 분자 주위의 수분막의 손실 증가를 일으키기 때문에 모든 세포에 위해를 가할 수 있다(BOX 9.1).

위에서 언급했듯이, 용질농도를 증가시켜 삼투포텐셜을 감소하는 삼투조절을 통해 세포는 어느 정도의 수분포텐셜 변동을 수용할 능력이 있다. 그러나, BOX 9.1에서 보듯, Na^+ 또는 Cl^-와 같은 이온의 증가는 이들이 생체 분자에 미치는 영향을 고려할 때 오히려 부정적 효과가 있다. 대신, 식물 세포는 **양립용질**(삼투조절물질(osmolyte), 또는 삼투보호물질(osmoprotectant))이라고 불리는 무독성 분자를 생성해냄으로써 삼투 스트레스에 대응한다. 양립용질이 무독성인 이유는 이들이 단백질과 세포막과 같은 생체분자 주위의 수분막을 손상시키지 않고 고농도로 세포 내 축적이 가능하기 때문인 것으로 여겨진다(BOX 9.1). 그림 9.2는 식물이 만들어

● 식물은 수분부족시 양립용질 또는 삼투보호물질을 축적하여 대응한다.

● 삼투보호물질의 생산은 수분부족을 극복하기 위한 일반적인 전략이다.

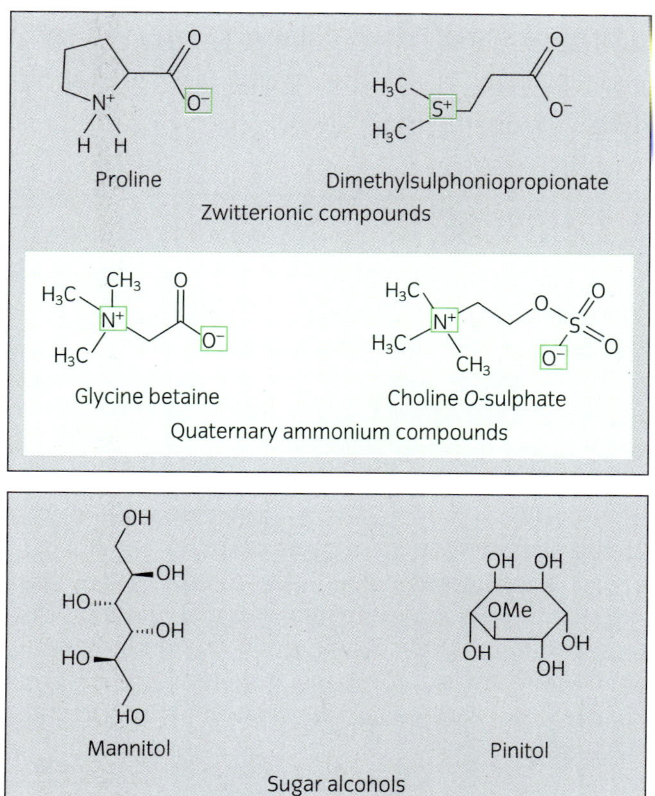

그림 9.2 양립용질. 여러 양립용질의 화학 구조를 나타내었다. 이들은 양성이온 또는 당을 기반으로한 분자류로 나뉠 수 있다.

내는 여러 종류의 양립용질을 나타낸다. 이들은 두 종류로 나눠지는데, 당과 당알콜류, 그리고 양/음전하를 동시에 띠는 양성이온성 분자로 나뉜다. 전자의 경우 마니톨(mannitol), 소르비톨(sorbitol), 피니톨(pinitol), D-오노니톨(D-ononitol)을 포함하는 당알콜류와 트레할로스(trehalose), 프럭탄(fructans)을 포함하는 올리고당류를 포함한다.(이들 분자를 생성하는 형질전환 식물에 대해서는 11장에 자세히 서술되어있다.) 후자의 경우는 프롤린(proline)과 같은 아미노산 그리고 글리신 베타인(glycine betaine)과 같은 4급 암모늄 화합물(quaternary ammonium compound)을 포함한다.

서로 다른 식물종은 서로 다른 양립용질을 만들어낸다. 예를 들면, 셀러리는 염 스트레스에 대응하여 마니톨을 대량으로 생산하는 반면, 시금치는 글리신 베타인을 축적한다. 고염농도의 배지에서 자란 시금치 세포는 세포질 내에 300 mM 농도의글리신 베타인을 축적한다. 이렇게 해서 세포질 내 Na^+과 Cl^- 이온 농도를 낮게(〈50 mM) 유지하고 고농도의 Na^+(200 mM)과 Cl^-(150 mM)를 액포내 보관하여, 아포플라스트(apoplast)에 대한 세포질 내부의 삼투포텐셜을 유지한다.(아포플라스트는 상호 연결된 세포외부 공간의 총칭이며 심플라스트(symplast)는 원형질연락사로 연결된 연속적 세포내 공간의 총칭이다.)

● 일부 주요 작물은 삼투보호물질을 생산하지 못한다.

일부 벼와 담배같은 작물식물은 이러한 주요한 삼투보호물질이 상당히 부족하다. 따라서 수분 스트레스 저항성을 증진시키기 위한 기본 전략은,, 수분 스트레스 극복 기작으로 삼투보호물질의 생산에 초점이 맞춰져왔다. 이러한 전략은 일반적으로 삼투보호물질의 생합성 기작의 결정, 관련된 유전자의 분리, 대상 유전자 발현 및 발현 단백질 조절 벡터의 제작을 필요로 한다.

사례 연구 9.1 글리신 베타인 생산

글리신 베타인은 적어도 10종의 현화식물과 해양조류에서 발견되는 4급 암모늄 화합물이다. 전하를 띠기 때문에 물에 아주 잘 용해되고 생리적 pH에서는 전기적으로 중성이다. 4급 암모늄 그룹을 형성하는 3개의 메틸그룹이 소수성 뿐만 아니라 친수성 분자와도 상호작용할 수 있게 해 준다. 따라서, 글리신 베타인은 세포 삼투조절물질(osmolyte)로 작동할 뿐만 아니라 이러한 상호작용을 통해서 단백질과 세포막을 안정화시킨다.

글리신 베타인의 식물체 내 합성은 시금치, 비트와 같은 명아주종(*Chenopodaciease*)에서 주로 연구되었다. 이들 종에서는 글리신 베타인이 콜린의 두 단계 산화에 의해서 형성된다. 이 두 단계의 첫 단계는 콜린 모노옥시게나아제(CMO; 그림 9.3)에 의해서 촉매된다. CMO는 시토크롬 b_6/f 복합체의 리스케 단백질에서 발견되는 것과 유사한 철-황 클러스터를 가지고 있는, 독특한 페레독신 의존성 단백질이다. 이 효소는 엽록체의 스트로마에 존재하고 광합성 전자전달에 의해서 만들어지는 환원된 페레독신을 필요로 하기 때문에 효소 활성은 빛의존적이다. 글리신 베타인 합성의 두번째 단계는 베타인 알데히드 탈수소효소(BADH)에 의해서 촉매된다. 이 효소 역시 명아주과류 엽록체의 스트로마에 존재한다. CMO와 BADH는 둘다 삼투 스트레스에 의해서 유도되며 현재 여러 종의 식물에서 그 유전자가 분리되었다.

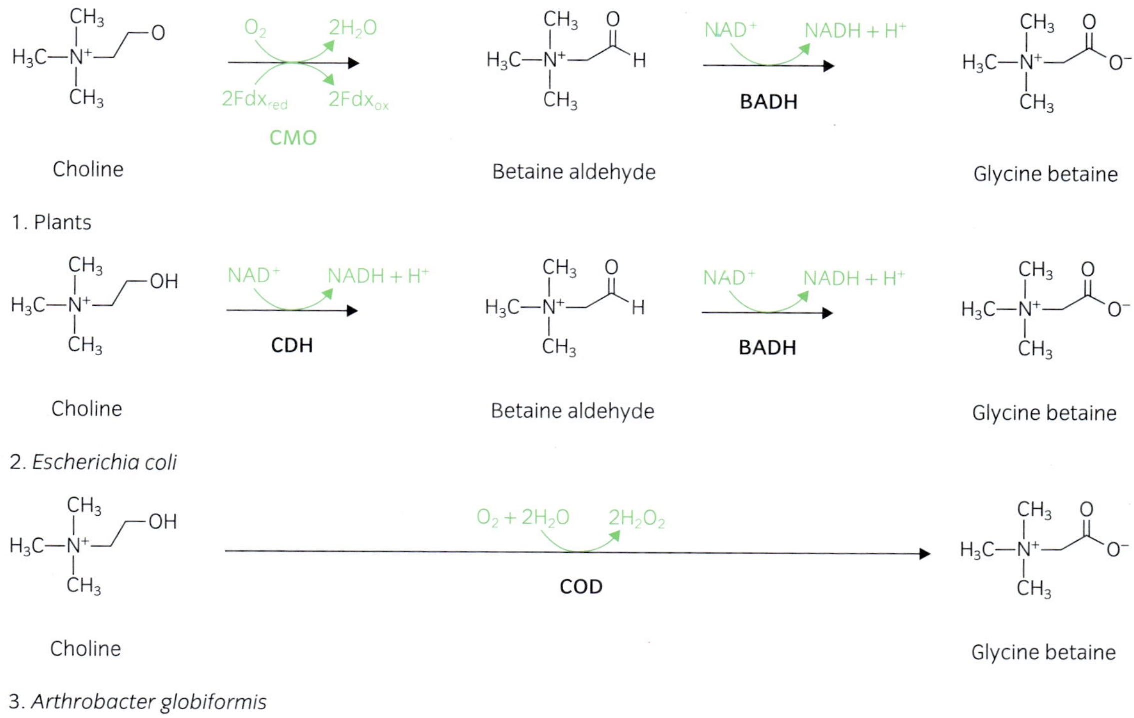

그림 9.3 글리신 베타인 생성 경로. 식물, 대장균, 그리고 *Arthrobacter globiformis*에서의 서로 다른 콜린에서 글리신 베타인 생성 경로가 비교되었다. BADH, 베타인 알데히드 탈수소효소(betain aldehyde dehydrogenase); CDH, 콜린 탈수소효소(choline dehydrogenase); CMO, 콜린 모노옥시게나아제(choline monooxygenase); COD, 콜린 산화효소(choline oxidase); Fdx, 페레독신; ox, 산화됨; red, 환원됨.

대장균의 경우 콜린에서 시작하는 글리신 베타인 생합성 경로는 첫째 단계에 콜린 탈수소효소(CDH)를 사용한다(그 이후는 식물과 같이 BADH를 사용)는 면에서 식물의 것과 다르다. 반면, *Arthrobacter globiformis*에서는 글리신 베타인 생합성에 *coda* 유전자에 암화화 되어있는 콜린 산화효소 단일 효소에 의해서 이루어진다. 이 효소는 과산화 수소(H_2O_2)를 부산물로 생성하며 콜린을 직접 글리신 베타인으로 촉매한다.

이와 관련된 식물, 대장균, *A. globiformis* 유전자를 이용하여 글리신 베타인을 생산을 조절하기 위한 시도가 있어 왔다(표 9.2). 식물 또는 대장균의 베타인 알데히드 탈수소효소 유전자를 삽입한 형질전환 식물체는 베타인 알데히드(식물체에 독성이 있음) 독성에 대해 저항성을 보이며 글리신 베타인 축적이 발생했다. 그러나, 이 형질전환체는 베타인 알데히드가 없을 때는 글리신 베타인을 축적하지 않았다. 이는 일반적으로 글리신 베타인을 축적하지 않는 식물에서, 콜린이 베타인 알데히드로 잘 전환되지 않아서 일 것이다.

엽록체로 타겟팅이 되는, 식물 *CMO* 유전자를 담배식물에 도입했을 때 매운 낮은 수준의 글리신 베타인 축적이 일어났다(표 9.2). 이것은 담배 세포에 아주 적은 양의 콜린이 존재하거나 담배 엽록체에 베타인 알데히드 탈수소효소 활성이 없기 때문일 것이다. *대장균* 콜린 탈수소효소 유전자인 *betA*로 형질전환된 담배의 경우, 이 효소가 베타인 알데히드를 베타인으로 전환시킬 수 있는 능력이 있음에도 불구하고 글리신 베타인 축적이 일어나지 않았다. 이 경우는 이 효소가 식물 세포 내에서 만들어졌으나, 엽록체에 이동 위치하지 않아서 성공적이지 않았을 것으로 보인다. 그러나, 글리신 베타인 농도가 증가하지 않았음에도 이 형질전환체들은 염에 대한 저항성이 증가되었다.

표 9.2 형질전환 식물체에서의 글리신 베타인 생성

Transgene	Host plant	Accumulation of glycine betaine	Stress tolerance tested
Barley *badh*	Tobacco peroxisome	Not tested	Not tested
Spinach *badh*	Tobacco chloroplast	20 μmol g^{-1} FW (in 5 mM betaine aldehyde)	Not tested
Spinach *cmo*	Tobacco chloroplast	<0.05 μmol g^{-1} FW	Not tested
E. coli betB (betaine aldehyde dehydrogenase)	Tobacco chloroplast or cytosol	Not tested	Not tested
E. coli betA (choline dehydrogenase)	Tobacco cytosol (membranes)	Not detected	Salt
E. coli betA/betB	Tobacco	0.035 μmol g^{-1} FW	Chilling, salt
E. coli betA	Rice	5.0 μmol g^{-1} FW	Drought, salt
A. globiformis codA (choline oxidase)	*Arabidopsis* chloroplast	1.2 μmol g^{-1} FW	Salt, chilling, freezing, heat, strong light
A. globiformis codA	Rice	5.3 μmol g^{-1} FW	Salt, chilling
Arthrobacter pascens cox (choline oxidase)	*Arabidopsis*	19 μmol g^{-1} DW	Freezing, salt
Arthrobacter pascens cox	*Brassica napus*	13 μmol g^{-1} DW	Drought, salt
Arthrobacter pascens cox	Tobacco	13 μmol g^{-1} DW	Salt

badh, betaine aldehyde dehydrogenase; *cmo*, choline monooxygenase; DW, dry weight; FW, fresh weight.

Arthrobacter 종의 콜린 산호효소 유전자를 이용하여 제작된 형질전환 식물체에서 높은 농도의 글리신 베타인 축적이 일어났다. 특히 담배보다는 콜린 함량이 높은 애기장대나 벼와 같은 식물종에서 성공적이었다.

글리신 베타인 축적이 일어난 많은 경우에 대해서, 염, 냉해, 동해(freezing), 고온, 그리고 건조에 의해 유발되는 수분부족 스트레스 저항성 수준이 측정되었다(표 9.2). 글리신 베타인을 높은 농도로 축적하는 형질전환 식물체에서 다양한 삼투 스트레스에 대해서 증가한 저항성을 보이는 것이 확실하게 관찰되었다. 이 결과는 삼투보호물질이 수분부족을 일으키는 다양한 스트레스에 저항성을 증가시킬 것이라는 초기 생각이 유효함을 증명해준다. 그러나, 글리신 베타인의 보호 효과가 무엇인지 아직 확실히 밝혀진 건 아니다. 대부분 형질전환 식물에서 생산되는 글리신 베타인의 수준은 대부분 상대적으로 높지 않을 뿐 아니라(시금치와 같은 식물에서 축적되는 수준의 10% 수준) 삼투 조절을 통해 삼투스트레스 저항성을 일으킬 만큼 충분하지 않다. 이것은 아마도 낮은 농도에서 글리신 베타인의 생체고분자 구조 보호 효과가 삼투조절자로서의 기능보다 더 주요하기 때문일 것이다.

식물 내 수분 감소를 유발하는 여러 종류의 스트레스에 대한 저항성 증가가 글리신 베타인 생산 증가로 성취됨에 따라, 유사하게 다른 삼투 보호 물질 생산 증

표 9.3 글리신 베타인 이외의 삼투보호물질을 합성하도록 개발된 형질전환식물체

Osmoprotectant	Transgene	Crop plant	Accumulation	Stress tolerance
Polyamines	Arginine decarboxylase	Rice		Drought
	S-Adenosylmethionine decarboxylase	Rice		Salt
	Spermidine synthase	*Arabidopsis*		Cold, salt, drought
Proline	Mothbean *P5CS*	Tobacco		Salt
		Rice		Drought, salt, oxidative
		Soybean		Osmotic pressure, heat
	P5CS[F127A] (feedback-inhibition-insensitive)	Tobacco	4 mg g^{-1} FW	Salt
	Anti-ProDH	*Arabidopsis*	0.6 mg g^{-1} FW	Salt, freezing
Mannitol	*E. coli mt1D*	*Arabidopsis*	10 μg g^{-1} FW	Salt
		Tobacco	6 μmol g^{-1} FW	Salt
Sorbitol	Apple *s6pdh*	Tobacco		Oxidative stress
		Persimmon	61.5 μmol g^{-1} FW	Salt
Trehalose	Yeast *tps1*	Tobacco	3.2 μg g^{-1} DW	Drought
		Potato		Drought
	E. coli otsA + otsB	Tobacco	90 μg g^{-1} FW	Drought
D-Ononitol	Ice plant *imtl*	Tobacco	35 μmol g^{-1} FW	Drought, salt
Fructans	*Bacillus subtilis sacB*	Tobacco	0.35 mg g^{-1} FW	Drought
		Sugar beet	5 mg g^{-1} DW	Drought
Glutamine	GS2	Rice		Salt, chilling
Osmotin	*Osm1–Osm4* (protein accumulation)	Tobacco		Drought, salt

Anti-ProDH, proline dehydrogenase; DW, dry weight; FW, fresh weight; GS2, chloroplastic glutamine synthetase; *imtl*, myo-inositol-o-methyltransferase; mt1D, mannitol-1-phosphate dehydrogenase; *otsA + otsB*, trehalose-6-phosphate synthase and trehalose-6-phosphate phosphatase; *P5CS*, pyrroline carboxylase synthetase; s6pdh, sorbitol-6-phosphate dehydrogenase; *tps1*, trehalose-6-phosphate synthase.

가 역시 스트레스 저항성 증가를 유발하는가가 형질전환 식물체 제작을 통해 연구되었다. 형질전환 식물을 제작하는 데 쓰여진 유전자와 삼투 보호 물질을 표 9.3에 나타냈다.

이 표에서 확실히 알 수 있는 것은 식물에서 삼투 보호 물질 생산을 위한 다양한 효과적인 유전자가 존재한다는 것과 이들이 일반적으로 수분부족을 야기하는 다양한 스트레스에 저항성을 부여한다는 것이다. 어떤 경우에는 한 형질전환 식물에서 한 가지 스트레스 이상에 저항성을 보였다. 이것은 수분부족 스트레스 대응의 일반적인 전략이 여러 다른 스트레스에 저항성을 부여해 줄 수 있다는 시각을 확인시켜준다. 그러나, 삼투조절 물질 축적의 몇몇 점들은 추가적인 연구와 설명이 필요하다. 표 9.2와 9.3에서 주목해야할 점은 프롤린과 D-오노니톨을 제외한 대부분의 양립용질의 축적량이 삼투 조절에 의한 보호 효과를 나타낼 수 있는 양보다 더 적다는 점이다. 스트레스 저항성을 부여하는 기작은 아마도 각 경우마다 다

● 삼투 보호 물질은 생체고분자 보호와 삼투 조정의 두 가지 기능을 가지고 있다.

를 것이다. 예를 들면, 글리신 베타인과 같은 화합물은 주로 생체거대분자의 구조 안정화를 통해 기능할 것이고, 마니톨, 소르비톨과 프롤린과 같은 양립용질은 ROS를 효과적으로 제거하여 기능할 것이다(아래 참조). 또 다른 주목해야할 점은 이들 형질전환 식물의 스트레스 저항성 검정이 종종 실험실 조건에서 수행된다는 것이다. 짧지만 강한 삼투스트레스가 실험실 조건에서는 가해지지만, 현실에서는 지속적인 수분부족 스트레스가 존재한다. 이 형질전환 식물체들은 대부분 자연 상태 조건에서 테스트되지 않았다. 스트레스 저항 전략 개발시 고려해야할 또 다른 점은 트레할로스와 소르비톨의 축적이 식물 생장을 저해하는 것으로 알려졌다는 점이다.

● 건조 저항성은 식물의 생존을 증가시킬 수 있지만 체감할 수 있는 수준으로 생산량을 증가시키지는 않을지 모른다.

마지막으로 주의해야 할 점은, 형질전환식물체가 수분부족 스트레스 조건에서 세포와 조직의 팽압을 유지할 정도로 삼투조절물질을 축적하는 것이 건조 조건에서 작물 생산을 증가시킬 것이라는 가정에 관한 것이다. 건조한 토양 조건 하에서, 식물체가 잎의 팽압 유지로 증산을 유지하여 지속적인 생장을 한다는 것은 결국 토양의 수분을 더욱 감소시키고 잎의 탈수를 더 촉진할 것이다. 식물의 생존을 위협할 정도로 심각한 수분부족의 조건에서, 기본 작물 생산 역시 낮아서 상대적 생산량 증가비율이 많이 높아져도 실질적인 생산량의 증가로 이어지지 않는다는 것을 이해해야 할 것이다.

특정 수분부족 스트레스에 대한 저항성을 조작하기 위한 표적 전략

삼투보호물질 생산만이, 그림 9.1에서 보인 것과 같은 수분부족 스트레스에 대한 저항성을 유도하기 위한 유일한 전략이 아니다. 각각의 스트레스는 저항성 증진을 위한 특정 기작에 취약할 수 있다. 이들의 일부는 다음 섹션에 서술될 것이다.

염스트레스에 대한 다른 접근법

● 염 저항성은 세포질에 Na^+와 Cl^- 이온의 세포질 내 축적을 막아서 획득될 수 있다.

관개 지역에서 염 축적이 일어나는 지역이 증가함에 따라 염 저항성이 작물 개선에 중요한 목표가 되고 있다. 게다가, 농경지 확충의 수요에 따라 나쁜 품질의 물과 염이 더 축적된 조건에서 작물을 재배할 수 있게하는 것이 필요하게 되었다. 상기한 바와 같이, 염조건은 뿌리로 물이 흡수되는 것과 세포에서 물이 빠져나오는 것을 저해해서 삼투스트레스를 일으키게 한다. 그러나, 세포질에 Na^+과 Cl^- 이온의 축적이 단백질 합성, 광합성 그리고 효소활성을 저해함으로써 직접적인 악영향을 끼치게 된다. 그리하여, 양립 용질을 생산하여 수분스트레스 저항성을 부여하는 전략은 염 조건에서 삼투효과에 대응할 수 있지만, 이온 독성에는 제대로 대응할 수 없다. 따라서, 특정 이온의 독성효과를 감소할 수 있는 다른 접근법이 필요하다. 염 저항성을 부여하는 전략은 고염조건에 민감한 식물인 비내염성 식물(glycophyte)의 염스트레스 반응과 고염조건에 저항성이 있는 식물인 내염성 식물(halophytes)의 염스트레스 반응을 비교하여 개발되어 왔다. 일반적으로 비내염성 식물은 염스트레스에 삼투보호물질을 축적하여 반응하는 반면 내염성식물은 Na^+와 Cl^- 이온의 독성을 피하는 특정한 방법을 이용한다. 어떤 내염성식물은 실제로 잎표면의 특이적인 샘조직을 통해 염을 배출한다. 그러나, 세포질안의 Na^+ 이온 축적을 조절하는 것이 더 일반적인 방법이다. 작은 액포를 가지는 취약한 세포(예, 정단분열조직 세포)에서는 세포 바깥으로 Na^+ 이온을 배출하는 반면, 커다란 액포를 가지는 다른 세포들은 액포로 Na^+를 축적하기도 한다.

사례 연구 9.2 Na^+/H^+ 역수송체는 염저항성을 촉진시킨다

염저항성을 촉진하는 한 방법은 세포질 내에서 Na^+ 이온을 제거하는, 내염성식물이 사용하는 전략을 사용하는 것이다. 이것을 실행에 옮기기 위해서는, 세포질에서 이온을 배출하는 기작을 이해할 필요가 있다. 첫번째 형질전환 실험에서는 Na^+ 이온을 액포로 옮기는 것을 시도했다. 이 이동은 농도구배 기울기에 반하여 일어나므로, 에너지 유입이 필요하다. 이것은 운반단백질이 수소이온펌프에 결합한 형태로 해결하였다. 수소이온펌프는 운반단백질과 반대방향으로 H^+ 이온을 운반한다(따라서, 역수송체 단백질이라고 부른다.)애기장대 액포 Na^+/H^+ 역수송체 단백질 AtNHX1은 액포 H^+—이동 피로인산가수분해효소(vacuolar H^+-translocating pyrophosphatase)인 AVP1과 함께 작동한다. 비유를 하자면, AtNHX1은 회전문, AVP1은 회전문을 돌리기 위한 에너지 공급처라고 생각하면 된다. 따라서, 막을 통한 물질교류를 증가시키기 위해서는 문의 개수를 증가시키거나, 존재하는 문이 더 빨리 돌 수 있게 에너지를 공급시키는 것을 생각할 수 있다.

토마토에서 염저항성을 증가시키기 위해 사용되었던 성공적인 첫번째 시도는 애기장대 AtNHX1 역수송체 유전자를 사용한 형질전환이었다. 보통은 염에 약한 토마토는 형질전환된 후 고농도의 염조건에서 성공적으로 자랄수 있었다. 200 mM NaCl 농도에서 자란 토마토는 잎에서 정상보다 약 20배 높은 농도로 염을 축적했으나, 중요하게도 과일은 Na^+와 Cl^-의 농도가 낮았다. 같은 전략으로 제작된 형질전환 카놀라(유채의 일종)에서 6%의 Na^+을 축적했지만, 기름 품질과 종자의 생산량은 정상이었다. 애기장대 AtNHX1이 역시 옥수수와 밀에 도입되어 염저항성의 증진과 높은 염농도 조건하에서 개선된 곡물 생산을 보였다. 다른 식물체 *NHX1* 유전자의 염저항성 잠재력이 조사되었다. 예를 들면, 벼 또는 내염성 식물인 *Atriplex gmelini* NHX1이 벼에 도입되었을때 염스트레스 조건하에서 증가된 생장과 바이오매스를 보였다. 유사하게 면, 유채, 야생벼에서 얻어진 *NHX1* 유전자를 함유하는 형질전환 담배가 실험조건하에서 높은 염저항성을 나타내었다.

액포 운반을 촉진하기 위한 다른 방법으로 *AVP1* 유전자를 과발현하여 액포로 수소이온펌프 능력을 증가하여, 궁극적으로 Na^+를 운반하는 능력을 증가하였다. 초기엔 애기장대에 적용하였다. 그 결과, 이온 밸런스의 변화로 식물이 물을 더 함유하게 도어, 염저항성 뿐만아니라 건조스트레스에도 저항성을 보였다.

최근에, 세포막 Na^+/H^+ 역수송체를 도입하여 Na^+이온을 식물 세포에서 배출할 때의 효과가 연구되었다. 애기장대 세포막 Na^+/H^+ 역수송체인 *AtSOS1*이 애기장대에 과발현되었을 때 캘러스 배양에서 염저항성이 증가했고, 형질전환체의 물관에서 Na^+이온 농도가 감소했다. 분열 효모 *SOD2* 유전자를 애기장대에 발현시켰을 때 종자 발아가 증가했고 식물체의 염저항성이 증가했다. 대장균 세포막 Na^+/H^+ 역수송체인 *nhaA*로 형질전환된 벼에서 염과 건조스트레스하 발아율, 생장 그리고 생산량이 증가하였다. 흥미롭게도 nhaA의 발현은 형질전환 벼에서 프롤린의 양을 증가시켰다. 이는 이 형질전환 벼에서 삼투조절 기능 증가가 적어도 일부는 프롤린 생합성의 증가 때문이라고 추정할 수 있다.

Flowers(2004)는 형질전환 식물에서 염저항성 획득을 주장하는 것에 대해 조심해야할 것이 있다고 경고했다. 그는 1993년과 2003년 사이 출판된 68개의 논문에서 19편의 논문만이 식물 생장의 정량적인 결과를 가지고 있음을 보고했다. 특히, 이 중 단 4편의 논문만이 야외 조건에서 생장을 측정했고 염스트레스와 정상조건에서의 정상체와 형질전환체의 반응을 비교했음을 지적했다. 실제 많은 실험실 내 실험은 거의 증산이 없는 조건에서 수행되었고, 세포 수준의 저항성의 결과가 반드시 전체 식물 수준의 염저항성으로 나타나진 않는다.

저온 스트레스에 대한 다른 접근법

● 저온저항성은 저온순화과정을 증가시킴으로써 얻어질 수 있다.

식물들은 저온 또 어는 온도(동해 유발 온도)에 견딜 수 있는 능력면에서 아주 다양한 차이를 보인다. 대부분 열대 식물들은 어는 온도 조건에서 살아남을 수 있는 능력이 거의 없다. 반면, 많은 온대 식물은 종에 따라 −5°C에서 −30°C까지의 온도범위에서 살아남을 수 있는 능력이 있다. 추운 지역의 식물들은 심지어 이것보다 더 낮은 온도를 견딜 수 있다. 식물이 먼저 저온이나 얼지 않는 정도의 온도에서 저온순화라는 과정을 겪게되면 식물이 냉해(cold) 또는 동해(freezing) 스트레스에 더 잘 견디는 것이 잘 알려져 있다. 예를 들면, 정상온도에서 성장한 밀은 −5°C에서 죽게되지만, 10°C 미만에서 자라서 저온순화된 후 밀은 −20°C까지 생존할 수 있다.

식물이 냉해 또는 동해 조건을 견딜 수 있는 능력은 각각 다르고 저온 저항성은 식물육종을 통해 수세기 동안 선택되어온 형질이다. 그러나, 지난 20년 이상 주작물에서 전통적인 육종에 의한 저온 저항성의 개선은 거의 없었다. 이에, 분자적 해법을 찾으려는 시도가 개시되었다.

사례 연구 9.3 COR 레귤론

일부 식물종에 존재하는 동해(freezing)와 같은 저온스트레스 저항성 기작을 연구하는 것이 저온 저항성 증진 연구의 한 방법으로 여겨져 왔다. 저온 순화 기간동안, 식물은 저온 저항에 역할을 하는 것으로 여겨지는 다수의 저온 유도성 단백질을 생산한다. 약 50개의 저온 유도성 단백질이 다른 식물종에서 확인되었다. 이 단백질들은 작은 수의 몇 그룹으로 분류되나 모두 높은 친수성을 갖는 공통점이 있다. 이들 중 많은 수는 모티프가 반복이 되는 상대적으로 간단한 아미노산 구성을 가지고 있다. 이들 그룹 중 일부는 이전에 LEA(**late embryogenesis abundant**) 단백질이라고 알려졌던 것들이다. 이들은 종자 건조 동안에 기능하는 것으로 여겨진다. 또 다른 단백질을 암호화하고 있는 유전자들은 발현 양상에 따라서 *COR*(cold-responsive) 유전자로 명명된 유전자들이다. 이들 저온 유도 유전자의 정확한 기능은 아직 밝혀지지 않았다. 그러나, 이들이 동해와 연관된 탈수의 상해 효과를 상쇄하여 동해 저항성에 직접적으로 기여할 것으로 추정된다. 따라서, 이들 저온 유도 단백질의 과발현 또는 전위적(ectopic) 발현이 냉해 또는 동해 스트레스 저항성을 부여하는 방법일 수 있다.

저온 유도 단백질을 형질전환체에서 발현시킨 몇가지 예가 있다. 예를 들면, 친수성이며 엽록체에 존재하는 작은 COR 단백질인 COR15a을 애기장대에서 항상적으로 발현시켰을 때 엽록체와 원형질체에서 저온 저항성이 증가되었다. 그러나, 식물체 전체에서는 저온 저항성의 증가가 없었다. 이러한 사실의 원인은 저온 유도 단백질들이 취약한 세포 구성 요소로 이동하여 세포를 보호하기 위해서는 한 종류가 아닌 모든 종류의 저온 유도 단백질이 필요해서 일 것으로 추정할 수 있다. 따라서 저온 저항성을 증진시키기 위해서 많은 *COR* 유전자를 작물에 도입을 해야 할 것을 쉽게 생각할 수 있다. 4장에서 논의되었듯이, 한 벡터로 여러 유전자를 한 형질전환 식물체에 도입하는 것은 기술적으로 어렵고 형질전환 식물체를 교배하여 유전자를 순차적으로 도입하는 것(6장, 11장의 예)은 시간이 많이 든다. 따라서 다른 전략이 필요하다.

다수의 유전자에 의해 결정되는 형질을 도입하기 위한 해결책은, 여러 저온 저항성 관련 유전자의 프로모터에 유사한 조절 염기서열인 C 반복서열/건조반응 염기서열/저온반응 염기서열(CRT/DRE/LTRE)이 존재하는 것을 인식함으로써 제시되기 시작했다. 또한, CBF1라는 전사 인자가 CRT/DRE/LTRE 염기서열에 결합하고 이 대상 유전자의 발현을 활성화시키는 것(COR 레귤론, BOX 9.2)이 밝혀졌다. 따라서, *CBF1* 유전자를 과발현 시킬 경우, COR 저온저항성 유전자 그룹의 발현을 유도하게 될 것이다. 이에 따라, 35S 프로모터::*CBF1* 유전자를 가지고 있는 형질전환 애기장대가 제작이 시도되었고, 이 식물체는 저온순화 없이도 *COR* 유전자들을 발현하였고 저온순화없이도 저온저항성을 보였다. 대조구로써, 단일 *COR* 유전자, COR15a를 과발현시킨 형질전환 식물은 CBF1 과발현 식물체보다 저온저항성이 낮았다. 다른 스트레스 반응의 상호관련성 역시 유사한 실험에서 증명되었다. 애기장대에 CBF1 유사유전자인 DRE 결합 단백질 1A(DREB1A)를 스트레스 유도성 프로모터 조절하에서 발현시켰을 때, 건조, 염, 그리고 저온 저항성이 증가되었다. 실제로 저온 스트레스와 수분 스트레스 신호전달 경로가 서로 상호 교류하고 있다는 건 점차 확실해지고 있다(BOX 9.3).

레귤론(Regulon)은 한 도입유전자가 여러 내재 유전자를 활성화시킬 수 있게 하는 공통조절 기작을 가지고 있는 유전자 그룹이다.

BOX 9.2 COR와 열충격 레귤론

여러 저온 유도성 *COR* 유전자들의 특징이 분석되었고 이들 프로모터의 염기서열이 비교되었다. 여러 다른 *COR* 유전자 특징 중의 하나는 이들의 프로모터가 **C 반복서열**(CRT) 또는 **저온반응 염기서열**(LTRE)라고 불리우는 공통적인 조절 염기서열이 존재한다는 점이다. 이들은 5개 뉴클레오티드인 보존 염기서열인 CCGAC를 가지고 있다. 이 염기서열은 이미 건조 저항성과 연관되어 있음이 알려져 있어서, **건조 반응 염기서열**(DRE)라고 불리기도 한다. CBF 전사 인자 CBF1이 이 CRT/LTRE/DRE에 결합한다. CBF1의 구조는 그림과 같이 핵 위치 서열, DNA 결합 도메인, 다른 단백질과 결합할 것으로 여겨지는 산성 부위로 구성되어있다.

(다음 장 계속)

BOX 9.2 (계속)

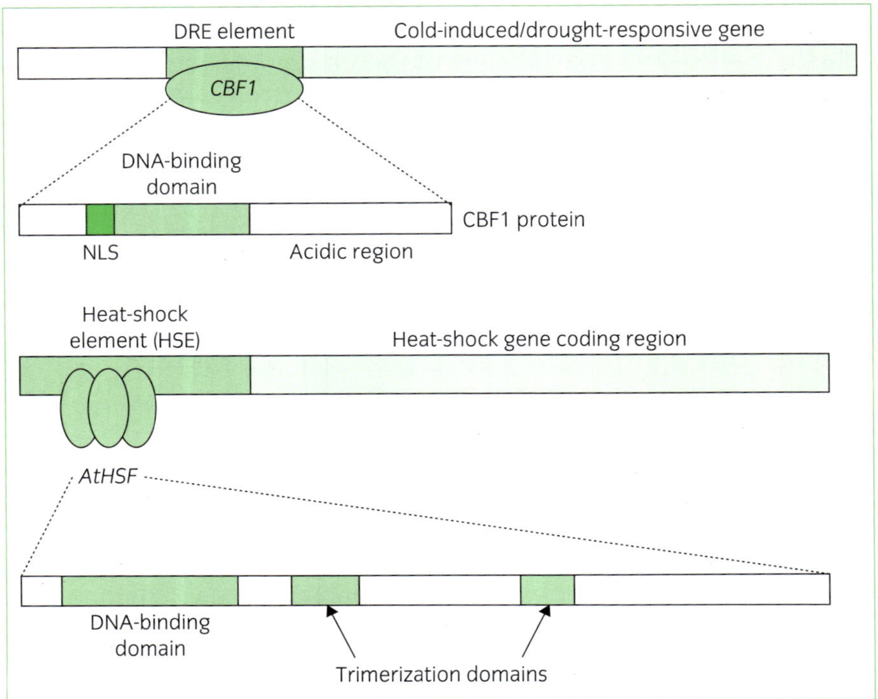

저온 유도/건조 반응 유전자 일부는 DRE 염기서열을 이들 프로모터에 가지고 있다. 이 DRE 염기서열에 CBF 패밀리 전사 인자가 결합하여 전사를 활성화 한다. 따라서, 단일 *CBF* 유전자를 과발현 시켰을 때, 여러 저온 유도/건조 반응 유전자의 발현이 유도된다. 열충격 유도 유전자 역시 열충격 염기서열(HSE)을 프로모터에 가지고 있다. 열충격 인자 (HSF) 단백질은 HSE에 삼량체 형태로 결합한다. *HSF* 유전자를 과발현 혔을 때, 여러 열충격 단백질의 발현이 유도된다. NLS, 핵 위치 신호

CBF1 발현은 저온순화에 의해서 유도되고 이는 *COR* 유전자들의 발현을 일으킨다. 이와 같은 공통 조절 기작을 가지고 있는 유전자 그룹을 **COR 레귤론**이라고 한다.

*CBF1*은 소수의 유전자 패밀리의 한 유전자이다; *CBF2*와 *CBF3* 역시 전사 인자이고 이 세 가지 *CBF* 유전자 모두 저온에 의해서 빠르게 발현이 유도된다(건조, ABA, 또는 고농도의 염에 의해서는 유도되지 않는다.). 또한, *CBF3* 과발현은 저온순화와 관련된 여러 생화학적 변화(예를 들면 양립 삼투조절물질, 프롤린, 수용성 당의 증가)를 일으켰다.

비록 CRT 염기서열에 의해 매개되는 저온 유도 유전자 발현은 식물에서 잘 보존되어 있는 것으로 보이지만, 모든 저온 유도 유전자들(*CBF* 유전자를 포함해서)이 CCGAC 염기서열을 프로모터에 가지고 있지는 않다.

CRT/CBF에 의해 매개되지 않는, 다른 저온 유도 유전자 발현을 위한 경로가 식물에 존재하는 것으로 보여진다. 또한, 일부 유전자의 저온 유도성을 부여하는 것으로

BOX 9.2 (계속)

CCGAAA와 같은 다른 염기서열이 밝혀졌다.

열충격 유전자 역시 레귤론으로 구성되어 있다. 이들은 모두 열충격 염기서열(HSE)을 프로모터에 가지고 있다. 전사 인자 HSF는 HSE에 삼량체로 결합한다.

BOX 9.3 저온과 건조 신호전달에 의한 전사 조절

BOX 9.2에서 설명된 COR 레귤론은 저온과 건조/삼투 스트레스에 의해 유도되는 단백질들을 포함한다. 이러한 이유는 아래 그림에서 설명될 수 있다. 이 그림에서 가상의 스트레스 유도 유전자의 프로모터를 조절하는 단순화된 신호전달 경로를 나타내었다. 이 경로 그림에서 확실한 것은 CRT/DRE 염기서열이 4종의 신호전달 경로에 반응한다는 것이다: 두 저온 신호전달은 ICE1과 ICE 유사 단백질을 통해서, 다른 두 건조신호경로는 ABA 의존적/비의존적 경로를 통해서 일어난다. ABA 비의존적 경로는 DREB2 전사 인자의 활성화를 필요로 하는 반면, ABA 신호전달 경로의 여러 효과 중 하나는 CBF4의 활성화에 의해서 발생한다. ABA는 다른 그룹의 여러 전사 인자를 활성화하기도 한다. 여기에 해당하는 전사 인자는 ABA 반응 염기서열(ABREs)에 결합하는 AREB/ABF basic zipper(bZIP) 단백질과 많은 ABA 반응 유전자의 프로모터에서 발견되는 MYCR/MYBR 염기서열에 결합하는 MYC/MYB 전사 인자를 포함한다.

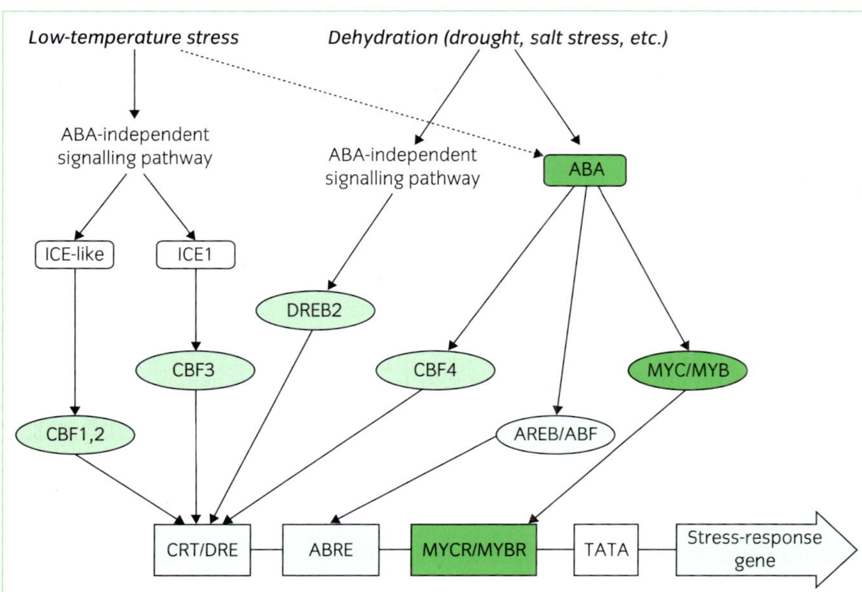

스트레스 반응 유전자 발현 조절에 관여하는 신호전달 경로

표 9.4 고온 저항성 조절에 사용된 유전자

Gene	Protein	Transgenic plant
AtHSF1	Heat-shock transcription factor HSF1::GUS fusion	*Arabidopsis*
Hsp101	HSP100-class heat-shock protein	*Arabidopsis*
Hsp70	HSP70-class heat-shock protein	*Arabidopsis*
Hsp17.7	SmHSP small heat-shock protein family	Carrot
TLHS1	Class I smHSP	Tobacco

GUS, β-glucuronidase.

고온 스트레스 저항성

오랫동안, 여러 종류의 생물체에 고온 스트레스가 가해질 때 특정한 종류의 **열충격단백질**(HSPs)이 유도된다는 것이 알려져 있었다. HSP는 5종류로 나누어져 있고, 그 중 4종류는 원핵생물과 진핵생물에 매우 잘 보존되어있다. 이들 4종은 그 크기에 따라서 HSP100, HSP90, HSP70과 HSP60으로 분류되고 각 종에 포함되는 개별단백질은 샤페론분자로 기능하는 것으로 여겨진다. 이들의 일부는 항상적으로 발현되고 정상 단백질 합성과 단백질 접힘에 관여한다. 고온에 의해서 유도되는 단백질들은, 변성된 단백질을 다시 접힐 수 있게 돕거나 보호함으로써 고온 스트레스의 효과를 상쇄하는 기능을 하는 것으로 생각된다. 열처리에 의해서 유도되는 이들 유전자의 발현은 일부 경우에는 고온스트레스 저항성의 획득과 연관되기도 한다. 다섯번째 그룹인 작은 HSP들은 특별히 식물에서 많이 발견되나 그 기능이 확실히 밝혀지지 않았다.

● 열충격 레귤론의 활성화는 고온 저항성을 증가시킨다.

저온 저항성을 부여한 전략과 유사하게, 각각의 HSP이 형질전환 식물체 제작에 사용되어 고온 저항성을 증진시키고자 했다(표 9.4). 그러나, 빠른 열충격 반응은 열충격인자(HSF)에 의해 조절되는 것이 또한 알려져있다. 이 HSF 단백질은 항상적으로 발현된다, 그러나 정상온도에서는 한 HSP70단백질과 결합한 단량체로 존재한다. 고온스트레스 상에서 HSP70은 떨어져 나오고 HSF가 삼량체로 형성이 된다(BOX 9.2). 이 HSF 삼량체는 HSP 유전자 프로모터에 존재하는 열충격 염기서열(HSE)에 결합한다. HSE는 NGAAN 5bp 반복서열로 구성되어 있으며 교대배열(alternating orientation) 형태로 존재한다. TATA BOX 근처에 5-7개의 반복서열이 프로모터에 존재한다.

AtHSF1 전사 인자 유전자를 애기장대에서 과발현시켰을때, 이 전사 인자는 활성화되지 않았고 고온저항성이 나타나지 않았다. 그러나, AtHSF1을 gusA 리포터 유전자의 N 또는 C 말단에 부착시켜 고온 조건이 아니어도 삼량체가 될 수 있게 조작하여 이 결합 단백질이 항상적으로 발현되는 애기장대 형질전환체를 제작했을 때 사전 고온 처리가 없어도 증가한 고온 저항성이 획득되었다.

비생물학적 스트레스의 이차효과: 활성산소(ROS)의 생성

비록 전부는 아닐지라도 많은 형태의 환경스트레스(생물학적/비생물학적 스트레스)는 산화스트레스로 귀결된다. 산화스트레스는 대부분 직접적으로는 오존 오염이나 이온화 방사선으로 발생한다. 그러나, 산화스트레스는 병원균 침입에서 수분부족 스트레스에 이르기까지 많은 형태의 스트레스의 이차과이기도 하다. 산화스트레스는 자유라디칼의 생성과 그 후속적인 연속 반응으로 일어난다. 산화스트레스가 세포에 유도하는 손상의 대부분은 ROS의 형성의 결과로 나타난다(BOX 9.4).

● 비생물학적 스트레스의 이차효과: 활성산소의 생성

BOX 9.4 활성산소(ROS)

산화스트레스와 ROS 생산의 중요성을 이해하기 위해서는 산소의 기본적 화학성질을 이해할 필요가 있다. 안정 상태에 있는 대기중 산소는 2개의 홀전자(unpaired electron)를 가지고 있다. 이 두 전자의 스핀은 서로 평행하고, 결론적으로 산소는 일반적으로 짝진 전자(paired electron)를 가진 대부분의 유기분자와 반응을 하지 않는다.(이가성 환원제(divalent reductant)가 산소와 반대로 평행한 스핀을 가진 2개의 홀전자를 가지고 있지 않다면, 산소는 이가성 환원제와 반응할 수 없다. 이 스핀 제한의 의미는 생화학 반응에서 가장 일반적인 산소 환원의 기작은 단 1개의 전자를 전달하는 반응이라는 것이다.) 산소가 반응 활성을 얻는 방법은 2개의 다른 기작으로 일어날 것이다.

첫번째 기작은 단일항(singlet) 상태를 형성하기 위하여 짝을 짓지않은 한 전자 중 한 개의 스핀을 돌릴 수 있는 충분한 에너지를 흡수하는 것이다. 단일항 상태에서는 두 전자가 반대의 스핀을 가지고 있다(그림 9.4 참고). 단일항 상태 산소는 두 전자의 동시 전달을 가지는 반응에 참여할 수 있다. 짝진 전자는 유기분자에서는 일반적이기 때문에 단일항 산소는 이것의 삼중항(triplet) 상대분자의 경우 보다 유기분자에 대해서 훨씬 더 반응적이다. 광합성을 하는 식물에서는 단일항 산소가 광시스템에 의해서 종종 형성된고 외부화합물(xenobiotics)을 산화시키거나 리그닌 중합화 등 대사반응에서 역할을 한다. 그러나, 단일항 산소는 화학적, 환경적 스트레스에 의한 대사의 교란의 결과로 효소의 잘못된 기능 또는 전자전달시스템에 의해서도 형성된다.

두 번째 기작은 단계적 산소의 환원으로 초과산화 이온(superoxide, $\cdot O_2^-$), 과산화수소(H_2O_2), 하이드록시 라디칼($\cdot OH$)과 같은 활성산소를 형성하는 것이다. 초과산화 이온은 강력한 산화제 또는 환원제이다. 초과산화 이온은 황, 아스코르빈산, NADPH를 산화시킬 수 있는 반면 시토크롬 c와 금속이온들을 환원시킬 수 있다. 과산화수소와 산소의 형성을 일으키는 반응은 초과산화 이온 불균등화 효소(superoxide dismutase, SOD) 효소로 촉매된다. 그러나, 이 반응은 자발적으로도 일어난다(그림 9.4 참고). 과산화수소는 과산화효소에 의해서 촉매되는, 복합 유기분자의 합성과 같은 많은 산화 반응의 기질이다. 과산화수소는 막을 쉽게 통과할 수 있어 식물 세포안에 자유롭게 분포한다. 과산화수소의 반응성은 금속이온에 의한 환원의 결과로 고반응성의 하이드록시 라디칼을 형성하게 된다.

하이드록시 라디칼은 유기분자를 2개의 다른 반응 기작으로 산화시킨다: 수산화 화합물을 형성하게 하이드록시 라디칼을 추가하는 반응과 유기 라디칼과 물을 형성하는 반응이다. 유기 라디칼은 삼중항 산소와 반응하여 과산화 라디칼(peroxy radical)을 형성할 수 있다. 과산화 라디칼은 다시 다른 유기 라디칼을 형성할 수 있다. 이런 반응은 계속적인 유기 라디칼을 형성하는 연쇄반응으로 진행될 수 있다.

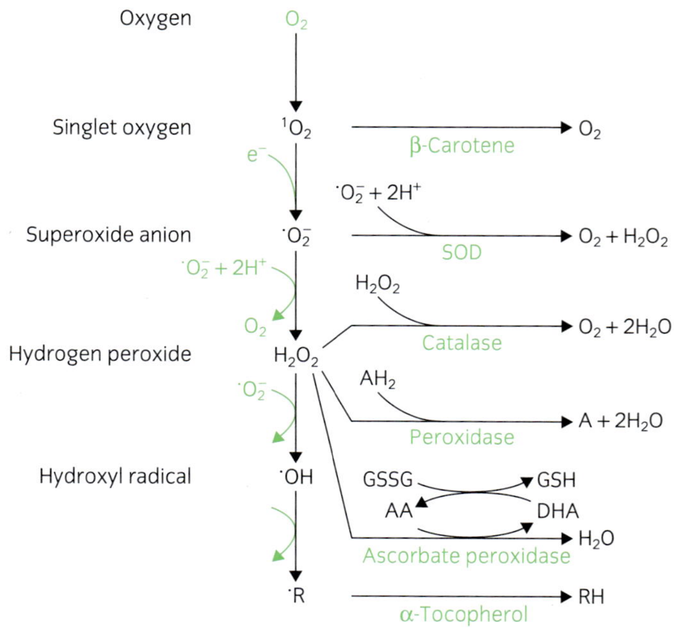

그림 9.4 ROS의 형성과 ROS를 제거하는 효소. ROS 형성과 그 후속의 연속 반응을 나타내었다. 항산화물질과 항산화효소의 기능을 볼 수 있다. AA, 아스코르빈 산; DHA, 탈수소아스코르빈산; GSH, 글루타티온; GSSG, 산화된 글루타티온; SOD, 초과산화 이온 불균등화 효소.

그림 9.4는 초과산화 이온, 과산화수소, 하이드록시 라디칼을 만드는 연속적인 반응들을 나타내었다. ROS는 세포 생체고분자와 반응을 하여 상해를 입힌다. 세포막의 손상은 저농도의 하이드록시 라디칼이 막지질의 과산화 연속 반응을 야기해서 일어난다. 단백질 산화 손상은 특정 아미노산 변성, 펩티드 사슬의 조각화, 교차결합(crosslink) 생산물의 축적, 변화된 전하, 단백질분해에 대한 증가된 감수성 등으로 나타난다. DNA에서는, 당과 염기가 ROS에 의해 쉽게 산화되어, 염기의 분해, 단일 가닥의 분해, 단백질과 교차결합이 발생한다. 이들 DNA의 변형은 결실, 돌연변이, 다른 유전적 손상을 일으킨다.

● 항산화물질은 ROS 청소군 역할을 한다.

식물은 ROS를 반응성이 약한 화합물로 변화시키는 효소를 가지고 있다(그림 9.4). ROS를 중화시키는 효소 중 주목해야 할 효소는 초과산 이온 불균등화 효소(SOD), 카탈라아제, 과산화효소이다. 또한 그림에서 보듯이 활성산소분자와 반응하여 무해한 분자를 만들어내는 **항산화물질**들이 존재한다. 여기에는 3개의 다른 비타민 분자 — β-카로틴(전비타민 A), 아스코르빈산(비타민 C), α-토코페놀(비타민 E)—가 포함된다. 다른 중요한 항산화물질은 글루타티온과 제아잔틴이 있다(BOX 9.5 참고). 아스코르빈산-글루타티온 회로는 항산화 시스템의 가장 중심에 있다(그림 9.4). 아스코르빈산과 글루타티온 산화환원 회로의 짝지은 연결은 엽록체에서 가장 많이 연구되었다.

BOX 9.5 식물의 항산화물질

L-아스코르빈산

아스코르빈산(ascorbic acid, 비타민 C)는 식물 대사, 생장과 발달에 중요한 역할을 한다. 다른 여러 기능 중에서 아스코르빈산은 산화스트레스에서 기인하는 상해를 최소화하기 위해 많은 자유라디칼에 대한 환원제로 역할한다. 아스코르빈산은 효소 존재유무와 상관없이 ROS를 직접적으로 처리할 수 있다. 아스코르빈산은 ROS를 처리할 때 α-토코페놀을 재활용(아래 참고)하여 간접적으로 환원된 형태로 바꿀수 있다. 실제로, 아스코르빈산은 다른 수용액 요소들 보다 더 ROS와 잘 반응한다. 예를 들면, 아스코르빈산은 초과산화 이온과 반응하여 과산화수소와 탈수소아스코르빈산을 형성한다. 또한 과산화수소와 반응해서 아스코르빈산 과산화효소에 의해 단일탈수소아스코르빈산(monodehydroascorbate)과 물을 생성한다. 아스코르빈산은 또한 과산화라디칼과 단일향 산소를 처리하는 α-토코페놀과 같은 막결합 항산화물질을 재생산한다. 토코페록실 라디칼은 아스코르빈산이 단일탈수소아스코르빈산으로 산화되면서 α-토코페놀로 전환된다.

아스코르빈 산화물은 두 가지 다른 화합물이 존재한다 — 단일탈수소아스코르빈산와 탈수소아스코르빈산(dehydroascorbate)이 이들이며, 각각 전자 1개와 2개 전자가 이동한 결과물이다. 2개의 단일탈수소아스코르빈산 분자는 자발적으로 아스코르빈산과 탈수소아스코르빈산을 형성하거나 NAD(P)H 단일탈수소아스코르빈산 환원효소에 의해 아스코르빈산으로 환원된다. 탈수소아스코르빈산은 pH가 6이 넘는 조건에서 불안정하여 타르타르산과 옥살산을 형성한다. 이를 막기 위해서, 탈수소아스코르빈산은 효소반응으로 빠르게 아스코르빈산으로 환원된다. 이 환원반응은, 글루타티온에서 기인한 환원당량(reducing equivalent)을 이용하는 탈수소아스코르빈산 환원효소(dehydroascorbate reductase)가 촉매한다.

글루타티온

글루타티온(GSH)은 3개의 아미노산으로 구성(Glu-Cys-Gly)되어 있으며 이미 5장에서 제초제 해독에 관한 내용에서 언급되었다. 글루타티온의 항산화 반응은 시스테인기의 티올기를 포함해서 일어나는데, 이 티올기는 산화시 티일 라디칼(thiyl radical)을 형성하고 이어서 산화된 두번째 GSH와 반응해서 이황화다리결합(disulfide bond, GSSG)을 형성한다. GSH의 산화환원 전위는 탈수소아스코르빈산을 아스코르빈산으로 환원시키거나 단백질의 이황화다리결합을 형성할 수 있게 해준다.

GSH은 단일향 산소, 초과산화 이온, 하이드록실 라디칼과 화학적으로 반응하여 자유라디칼 청소군으로 직접적으로 기능하고, 또한 지질 과산화 반응에 의해서 형성된 아실과산화물(acyl peroxides)을 제거하여 세포막을 안정화시키기도 한다. GSH는 환원반응으로 탈수소아스코르빈산을 아스코르빈산으로 재생시키기도 한다.

GSSG를 GSH로 환원은 글루타티온 환원 효소에 의해 촉매된다. 이 효소는 식물에 다른 세포내 소기관과 연계되어 다양한 형태로 존재한다. 글루타티온 과산화효소는 또 다른 방법으로 활성산소를 제거하는데, GSH를 사용하여 과산화수소를 환원하고 그 결과 GSSG를 만들어낸다.

(다음 장 계속)

BOX 9.5 (계속)

α-토코페놀

α-토코페놀(비타민 E, 10장 참고)은 막에 결합하여, 활성산소 라디칼, 지질 과산화 라디칼(lipid peroxyl radical), 단일항 산소(singlet oxygen)를 제거한다. 또한 α-토코페놀은 막을 안정화시키기도 한다. 지질이중층에서 형성된 과산화 라디칼과의 반응은 특별히 중요하다. 생성된 토코페록실 라디칼은 안정해서 더 이상 자유라디칼을 연속해서 생성하지는 않는다. 위에서 설명했듯이, α-토코페놀은 아스코르빈산에 의해서 재생산된다.

카로티노이드

카로티노이드는 C_{40} 이소프레노이드인 테트라테르펜으로 카로틴과 잔토필(10장 참고)을 포함한다. 이들은 광합성 또는 비광합성 조직내의 색소체에 존재한다. 엽록체에서, 카로티노이드는 ROS와 빛에 의한 광계(photosystem)의 들뜸으로 형성된 삼중항 엽록소를 제거함으로써 광계를 보호한다. 따라서, 카로티노이드는 지질 과산화 반응의 생산물을 제거하는 α-토코페놀과 유사한 기능을 한다. 카로티노이드는 단일항 산소와 반응하여 에너지를 열로 배출한다. 이들은 또한 잔토필 사이클을 통해서 초과한 들뜬 에너지를 배출한다. 아울러, 이들은 삼중항 엽록소 또는 들뜬 엽록소를 제거하여 단일항 산소 형성을 막는다.

엽록체는 광조건에서 초과산화 이온과 과산화수소를 특히 광계 I에서 형성한다. 형성된 초과산화 이온은 자발적인 불균등화 반응(dismutation)이나 SOD의 활성으로 과산화수소로 변화한다. 생성된 과산화수소는 아스코르빈산과 아스코르빈산 과산화 효소에 의해서 제거된다. 이 반응에서 형성된 단일탈수소아스코르빈산(BOX 9.5 참고)은 두 가지 경로로 재생된다. 한 경로는 단일탈수소아스코르빈산 환원효소에 의해서 촉매된 NAD(P)H의 환원에 의한 것이다. 다른 하나는 2개의 단일탈수소아스코르빈산 분자의 불균등화 반응에 의해서 아스코르빈산과 탈수소아스코르빈산이 형성되고, 형성된 탈수소아스코르빈산은 탈수소아스코르빈산 환원효소가 촉매하여 글루타티온에 의해 환원되는 경로이다.

● 산화스트레스 저항성을 부여하는 두 가지 일반적인 전략이 있다.

식물 항산화물질과 위에서 주어진 산소제거 활성에 대한 설명에서 산화스트레스 저항성을 부여하는 두 가지 일반적인 전략을 생각할 수 있다: ROS를 제거하는 효소를 증가시키거나, ROS와 반응하는 항산화물질 수준을 증가시키는 방법이다.

전략1: ROS를 제거하는 효소의 발현

SOD는 그림 9.4에서와 같이 초과산화 이온 라디칼이 2개의 수소이온과 결합하여 산소와 과산화수소를 형성하는 반응을 촉매한다. 따라서 이 효소의 활성은 하이드록실 라디칼을 형성하는 두 기질(초과산화 이온과 과산화수소)의 농도에 따라 결정된다.

BOX 9.6 SOD 효소 종류

SOD는 초과산화 이온의 불균등화 반응을 촉매하여 과산화수소와 산소를 생성한다. SOD는(전부는 아닐지라도) 대부분 활성산소를 만들어 내는 식물세포의 세포소기관에 존재하고 산화스트레스에 방어기작에 중요한 역할을 하는 것으로 여겨진다. SOD는 금속보조인자에 따라서 세 종류로 분류된다. 구리/아연(Cu/Zn-SOD), 망간(Mn-SOD), 철(Fe-SOD)의 이형질효소가 있다. Mn-SOD는 미토콘드리아에서 발견되지만 Cu/Zn-SOD는 세포질 또는 엽록체안에서 발견된다. Fe-SOD는, 식물체에서 항상 발견되는 건 아니지만, 보통은 엽록체안에서 발견된다. 모든 식물 *SOD* 유전자는 핵DNA에 암호화되어있고 N-말단의 아미노산서열에 따라 각각의 세포소기관으로 위치하게된다. 그러나, 이들은 상호 조화롭게 조절되지 않고 각 세포소기관의 산화스트레스정도에 따라 독립적으로 조절된다.

활성을 위해 필요한 금속이온의 종류와 활성을 보이는 세포소기관에 따라 다른 여러 종류의 SOD 효소가 존재한다. 실제로, 특정 세포소기관에 따라 Mn, Fe, Cu/Zn 형태가 발견되었다(BOX 9.6).

표 9.5에 나와있듯 각 종류의 SOD 효소를 발현하는 형질전환 담배식물체가 제작되었고 이 형질전환식물을 이용하여 산화스트레스에 대한 능력이 테스트되었다. 각 경우, 오존 스트레스와 같은 산화스트레스에 대한 저항성의 증가가 있었다. Mn-SOD는 역시 알팔파에도 도입되어 엽록체 또는 미토콘드리아에 위치하게 했다. 이 경우, 3년간의 현장 실험 결과 생산량과 생존에 상당한 증가가 있었다.

그러나, 보호효과가 SOD 효소에 의한 초과산화 이온의 제거 때문인지 과산화수소가 다른 스트레스 관련 유전자 발현을 유도하여 스트레스 저항성이 증가한 탓인지 분명하지 않다. 최근에, Cu/Zn-SOD, Mn-SOD, Fe-SOD 유전자가 동시에 알팔파에 도입되었을 때 작물의 저온저항성을 증가시켜줌이 관찰되었다.

전략2: 항산화물질의 생산

또한 표 9.5는 실제 사용중인 산화스트레스 저항성에 대한 다른 전략을 보여준다. 따라서, 그림 9.4에서 보여준 3개의 효소 — 아스코르빈산 과산화 효소, 글루타티온 과산화 효소, 글루타티온 환원 효소가 애기장대와 담배에 도입되어 고온, 저온, 염스트레스와 같은 다양한 비생물학적 스트레스의 저항성에 효과가 있음이 보여졌다. 글루타티온 환원 효소는 파라콰트 처리에서 발생한 산화스트레스에 저항성을 부여했다. 한편, 글루타티온 합성 효소를 발현시켜서 단순히 글루타티온의 세포 내 농도를 높였을때 스트레스 저항성에 영향을 끼치지 못했다.

표 9.5 산화스트레스 저항성을 부여하기 위해 사용된 유전자

Gene	Host	Stress tolerance
Mitochondrial Mn-SOD, tobacco	Alfalfa chloroplast	2× increase in SOD, increased field drought tolerance, increased freezing tolerance
Mitochondrial Mn-SOD, tobacco	Tobacco chloroplast	2–4× increase in SOD, increased ozone tolerance
Mitochondrial Mn-SOD, tobacco	Tobacco mitochondria	8× increase in SOD, no effect on ozone tolerance
Mn-SOD	Canola	Increased aluminium tolerance
Chloroplast Cu/Zn-SOD, pea	Tobacco chloroplast	3–15× increase in SOD, increased tolerance to high light and chilling
Cytosolic Cu/Zn-SOD	Tobacco cytosol	1.5–6× increase in SOD, reduced damage from acute ozone exposure
Arabidopsis Fe-SOD	Tobacco	Protected plants from ozone damage
Apx3	Tobacco	Increased protection against oxidative stress
Apx1	*Arabidopsis*	Heat tolerance
GST/GPX	Tobacco	Increased stress tolerance
Nt107 (glutathione *S*-transferase)	Tobacco	Sustained growth under cold and salinity stress
ParB (glutathione *S*-transferase)	*Arabidopsis*	Protects against aluminium toxicity and oxidative stress
NtPox (glutathione peroxidase)	*Arabidopsis*	Protects against aluminium toxicity and oxidative stress
Glutathione reductase, *E. coli*	Tobacco chloroplast	3–6× increase in foliar GR, increased tolerance to SO_2 and paraquat
Glutathione reductase, *E. coli*	Tobacco cytosol	1–35× increase in GR, increased tolerance to paraquat
Glutathione synthetase, *E. coli*	Poplar cytosol	100× increase in GS, GSH not increased, no effect on paraquat tolerance
MsFer, alfalfa ferritin	Tobacco	Increased tolerance to oxidative damage caused by excess iron

Apx, ascorbate peroxidase; GPX, glutathione peroxidase; GR, glutathione reductase; GS, glutathione synthetase; GSH, glutathione; GST, glutathione *S*-transferase; SOD, superoxide dismutase.

요약

이 장은 매년 작물 생산의 큰 변동을 있게 하는 비생물학적 스트레스의 중요성을 주로 다루었다. 작물이 많은 다른 비생물학적 스트레스를 겪을 지라도 이들의 몇몇은 같은 두 가지 큰 문제를 야기한다: 수분부족과 산화스트레스가 바로 그것이다. 따라서 비생물학적 스트레스에 저항성을 부여하는 일반적인 두 전략이 가능하다. 수분부족 스트레스에 대한 저항성은 양립용질 합성에 의해서 어느 정도 달성 가능하다. 또 한편, ROS를 제거하는 데 관여하는 효소를 발현하여 산화스트레스에 저항할 수 있다.

어떤 경우에는, 특정 스트레스에 대한 저항성을 부여하기 위해 한 유전자만 도입하는 방법이 적용될 수 있다(예, 염스트레스와 저온스트레스). 그러나, 이 장에서 알 수 있는 교훈은 비생물학적 스트레스는 식물에서 복잡한 반응을 일으키고 따라서 최적의 저항성은 여러 유전자를 포함할 것이라는 점이다.

FURTHER READING

Visit www.oxfordtextbooks.co.uk/orc/slaterplants2e/ for hyperlinked references that take you directly to online abstracts for the journal articles listed below:

Plant stress—general

Bray, E. A., Bailey-Serres, J., and Weretilnyk, E. (2000) Responses to abiotic stresses. In *Biochemistry and Molecular Biology of Plants* (B. B. Buchanan, W. Gruissem, and R. L. Jones, eds), pp. 1158–1203. American Society of Plant Physiologists, Rockville, MD.

Fujita, M., Fujita, Y., Noutoshi, Y., Takahashi, F., Narusaka, Y., Yamaguchi-Shinozaki, K., and Shinozaki, K. (2006) Crosstalk between abiotic and biotic stress responses: a current view from the points of convergence in the stress signaling networks. *Current Opinion in Plant Biology* **9**, 436–442.

Pastori, G. M. and Foyer, C. H. (2002) Common components, networks, and pathways of cross-tolerance to stress. The central role of "redox" and abscisic acid-mediated controls. *Plant Physiology* **129**, 460–468.

Stress tolerance—general

Holmberg, N. and Bulow, L. (1998) Improving stress tolerance in plants by gene transfer. *Trends in Plant Science* **3**, 61–66.

Wang, W., Vinocour, B., and Altman, A. (2003) Plant responses to drought, salinity and extreme temperatures: towards genetic engineering for stress tolerance. *Planta* **218**, 1–14.

Zhang, J., Kueva N. Y., Wang, Z., Wu, R., Ho, T.-H., and Nguyen, H. T. (2000) Genetic engineering for abiotic stress resistance in crop plants. *In vitro Cellular and Developmental Biology—Plant* **36**, 108–114.

Zhang, J., Creelman, R. A., and Zhu, J.-K. (2004) From laboratory to field. Using information from *Arabidopsis* to engineer salt, cold, and drought tolerance in crops. *Plant Physiology* **135**, 615–621.

Osmoprotectants and stress tolerance

Chen, T. H. H. and Murata, N. (2002) Enhancement of tolerance of abiotic stress by metabolic engineering of betaines and other compatible solutes. *Current Opinion in Plant Biology* **5**, 250–257.

Nuccio, M. L., Rhodes, D., McNeil, S. D., and Hanson, A. D. (1999) Metabolic engineering of plants for osmotic stress resistance. *Current Opinion in Plant Biology* **2**, 128–134.

Sakamoto, A. and Murata, N. (2000) Genetic engineering of glycine betaine synthesis in plants: current status and implications for enhancement of stress tolerance. *Journal of Experimental Botany* **51**, 81–88.

Sakamoto, A. and Murata, N. (2002) The role of glycine betaine in the protection of plants from stress: clues from transgenic plants. *Plant, Cell and Environment* **25**, 163–171.

Serraj, R. and Sinclair, T. R. (2002) Osmolyte accumulation: can it really help increase crop yield under drought conditions? *Plant, Cell and Environment* **25**, 333–341.

Salt tolerance

Apse, M. P., Aharon, G. S., Snedden, W. A., and Blumwald, E. (1999) Salt tolerance conferred by overexpression of a vacuolar Na^+/H^+ antiport in *Arabidopsis*. *Science* **285**, 1256–1258.

Chinnusamy, V., Jagendorf, A., and Zhu, J.-K. (2005) Understanding and improving salt tolerance in plants. *Crop Science* **45**, 437–448.

Flowers, T. J. (2004) Improving crop salt tolerance. *Journal of Experimental Botany* **55**, 307–319.

Frommer, W. B., Ludewig, U., and Rentsch, D. (1999) Taking transgenic plants with a pinch of salt. *Science* **285**, 1222–1223.

Yamaguchi, T. and Blumwald, E. (2005) Developing salt-tolerant crop plants: challenges and opportunities. *Trends in Plant Science* **10**, 615–620.

Cold tolerance

Jaglo-Ottosen, K. R., Gilmour, S. J., Zarka, D. G., Schabenberger, O., and Thomashow, M. F. (1998) *Arabidopsis* CBF1 overexpression induces COR genes and enhances freezing tolerance. *Science* **280**, 104–106.

Kasuga, M., Liu, Q., Miura, S., Yamaguchi-Shinozaki, K., and Shinozaki, K. (1999) Improving plant drought, salt and freezing tolerance by gene transfer of a single stress-inducible transcription factor. *Nature Biotechnology* **17**, 287–291.

Thomashow, M. F. (1998) Role of cold-responsive genes in plant freezing tolerance. *Plant Physiology* **118**, 1–7.

Heat stress

Lee, J. H., Hubel, A., and Schoffl, F. (1995) Derepression of the activity of genetically engineered heat shock factor causes constitutive synthesis of heat-shock protein and increased thermotolerance in transgenic *Arabidopsis*. *Plant Journal* **8**, 603–612.

Oxidative stress

Mittler, R. (2002) Oxidative stress, antioxidants and stress tolerance. *Trends in Plant Science* **7**, 405–410.

Suzuki, N. and Mittler, R. (2006) Reactive oxygen species and temperature stresses: a delicate balance between signaling and destruction. *Physiologia Plantarum* **126**, 45–51.

Web-links

McKersie, B. Tutorial on oxidative stress, web-link 9.1: www.agronomy.psu.edu/Courses/AGRO518/oxygen.htm

Plant stress, web-link 9.2: www.plantstress.com

10

작물의 생산성 및 품질 향상

개요

이전 5장에서는 작물의 생물 및 비생물적 스트레스에 대한 내성을 강화시킴으로써 생산성을 증대시킬 수 있는 다양한 방법에 대해서 다루어보았다. 이러한 방법들은 작물의 품질과 수확량 감소에 영향을 주는 여러가지 외적 요소들에 대한 저항성을 향상시킴으로써 최종 수확물 증대를 가능하게 하였다. 하지만, 작물의 생산성은 수확량과 품질에 영향을 주는 내재성(Endogenous factors)에 의해서도 지배를 받는다. 따라서, 본 장에서는 작물의 품질과 수확량을 향상시킬 수 있는 다양한 유전적 방법에 대해서 알아보도록 하겠다.

작물의 생산량은 근본적으로 광합성 효율(광 에너지를 화학적 에너지로 변환시키는 효율)에 관여하는 작물천개(Crop Canopy)에 의해 흡수되는 태양광선의 양과 수확된 작물의 건물중인 수량 지수(Yield Index)에 의해 결정된다. 따라서, 작둘의 수확량을 조절하기 위해서는 작물의 광합성 효율과 건물중 분배(Dry-matter partitioning)에 영향을 주는 근본적인 과정에 대한 이해가 필요하다. 반면, 작물 수확물의 품질을 결정하는 특성의 범위는 영양학적 품질, 풍미, 가공제품의 품질과 유통기한 등 매우 다양하다. 수량성과 품질의 특성은 다른 형질들 보다 더욱 다양하고 넓은 범위를 가지기 때문에 이번 장에서는 다소 다르게 접근할 것이다(수량성과 품질의 특성은 다른 형질들에 비해 더욱 다양하고 광범위하므로 다른 접근법이 필요하다). 본 장에서는 다양한 작물의 전반적인 범위를 다루기 보다는 현재 산업에 적용되어 사용 되는 몇몇 작물들의 수량과 품질 특성에 관한 연구를 살펴볼 것이다. 따라서, 먼저 여러 가지 기술과 구상(Concept) 등을 도출할 수 있는 토마토 숙성 시스템부터 살펴보도록 하자.

● 작물의 생산성은 포획된 태양광선과 광합성 효율 그리고 수확지수에 의해 결정된다.

과실 성숙의 유전적 조절

상업적으로 개발된 유전자 변형(GM: Genetically modified) 형질들의 대부분이 제초제와 해충 저항성이라는 점은 이전 장에서 다루어보았다(5장, 6장). 하지만, 1994년경 상업적 시장에 보급된 최초의 GM 작물은 Calgene sFlavrSavr fresh 토마토와 영국 제네카(Zeneca)와 노팅엄 대학(University of Nottingham)에서 개발한 연화지연(Delayed-softening) 토마토였다. 북미지역 주요 GM 작물들(옥수수, 콩, 유채, 면)에 비해 토마토는 상대적으로 작은 규모를 차지하여 최초의 GM 작물이 토마토라는 사실이 다소 의아하게 여겨질 수 있다. 게다가, 제네카가 프로젝트를 시작할 당시(제네카가 ICI였을 시기), 회사는 토마토 종자와 가공상품에 관한 직접적인 관심이 없었기 때문에 이러한 거대 생명공학 회사가 왜 이 프로젝트에 관심을 가지게 되었는지에 대한 이유가 명확히 떠오르지 않을 것이다. 이에 대한 부분적인 해답은 ICI와 Calgene의 작물품질향상을 위한 식물생명공학기술의 가능성과 실험, 전문성을 개발하기 위한 모델 시스템으로써 토마토 성숙이 가지는 가치에 대한 초기 인식에서 찾을 수 있다. 왜 토마토 성숙이 좋은 모델 시스템인지 이해하기 위해서는 과실 성숙에 관한 기본적인 생물학적 특징을 살펴볼 필요가 있다.

토마토에서의 과실 성숙과정은 기후에 의존한 과호흡(The respiratory climacteric)으로 에틸렌가스 생산, 연화, 색과 풍미의 변화와 연관성을 가지고 있

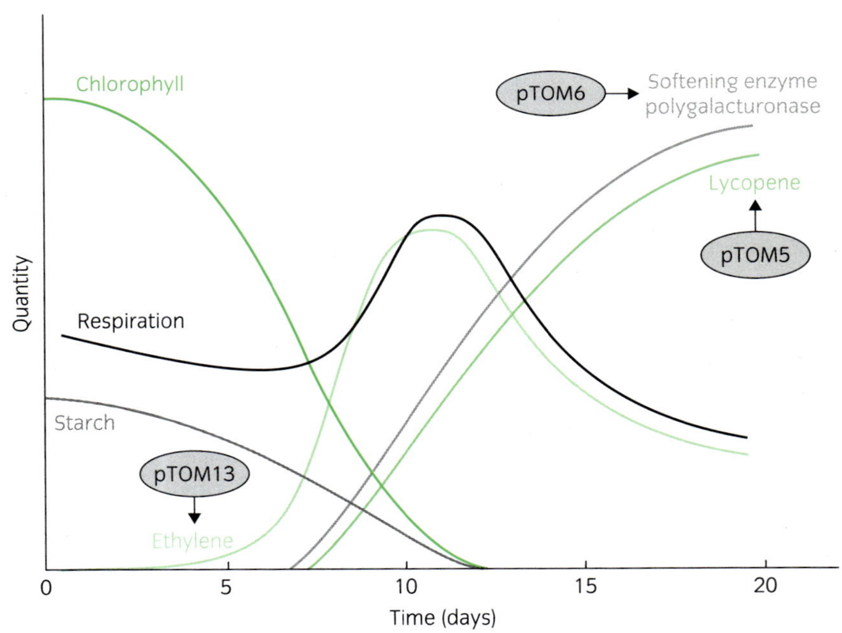

그림 10.1 토마토 성숙 동안 생화학물질의 변화. 표는 mature green 단계에서 완숙까지의 변화를 보여준다. 에틸렌 합성의 급증을 동반하는 호흡급증에 의해 성숙이 개시된다. 엽록소가 분해됨에 따라 과실의 녹색이 옅어지며, 전분이 당으로 변환되면서 당도가 증가한다. 적색색소가 합성되고, 세포벽 분해 효소인 PG효소의 발생에 의해 연화가 시작된다. 표에서 성숙과 관련된 클론을 확인할 수 있다. PG가 암호화된 pTOM6, phytoene synthase가 암호화된 pTom5, 에틸렌 형성 효소인 1-amino-cyclopropane-1carboxylic acid(ACC) Oxidase가 암호화된 pTOM13(Redrawn with permission from Grierson and Covey (1988).

다. 표 10.1에서 토마토 성숙의 개시단계에서 연화, 녹색에서 적색으로의 색의 변화, 풍미의 향상 등이 동반되는 호흡과 에틸렌가스 생산의 정점을 볼 수 있다. 에틸렌은 성숙기 과실의 성숙 개시를 유도하는 식물호르몬이므로 에틸렌가스 발생량의 최정점은 매우 중요하다. 엽록소의 분해와 적색 색소(라이코펜) 생산의 결과로 과실색의 변화가 발생하며, 풍미의 변화는 전분이 당으로 분해되어 축적됨으로써 발생한다. 과실의 향과 맛을 향상시키는 다양한 이차 산물(Secondary products) 또한 생성된다. 과실의 연화의 주요 원인은 polygalacturonase(PG)와 pectin methylesterase(PME) 효소들의 활성으로 인한 세포벽의 분해이다. PG 효소는 과실 성숙 중 데노보 합성(*de novo* synthesis)에 의해 생성되며, 세포들을 인접세포와 고정시키는 역할을 하는 중간박막층(middle lamella)의 펙틴 글루(Pectic glue)를 형성하는 polygalacturonic acid chain을 분해하는 역할을 한다. 과실 성숙이 PG와 같은 성숙관련 유전자의 활성에 관여한다는 사실은 이러한 유전자들이 실험상에서 분리되어진다는 것으로 증명되어졌다(BOX 10.1).

● 과실의 성숙은 에틸렌에 의해 발생하는 활동적 과정이다.

BOX 10.1 성숙관련 유전자들의 cDNA 클로닝

본 장에서 다루는 3개의 성숙 유전자는 완숙한 토마토에서 얻은 동일한 cDNA library에서 추출하였다. 성숙관련 클론들은 mature green과 완숙 토마토의 mRNA로부터 얻은 cDNA 염기서열을 가지고 cDNA 라이브러리(library)를 스크린(screen)하여 확인하였다. 성숙 토마토의 cDNA와 혼성화된 클론들만 성숙관련 클론으로 분류하였다. 클론의 세 그룹, pTOM5, pTOM6, pTOM13, 이 성숙 관련 클론으로 확인 되었으며, 에틸렌가스 생성을 유도하는 것으로 확인되었다. 성숙 과정에서 이들 클론의 역할은 표에 정리하였다.

Clone	Gene product	Function	Role in ripening
pTOM5	Phytoene synthase	Lycopene synthesis	Red coloration
pTOM6	Polygalacturonase	Cell wall degradation	Fruit softening
pTOM13	ACC oxidase	Ethylene formation	Ripening trigger

ACC, 1-amino-cyclopropane-1-carboxylic acid.

사례 연구 10.1 과실 연화의 유전적 조절

pTOM6 염기서열 분석(sequencing)을 통해 이 염기서열(sequence)이 PG 단백질의 N-말단 염기서열과 일치함을 확인하였다. 달리 표현하면, 그 유전자들 중 성숙 과정 특히, 연화와 관련된 것으로 추정되는 하나의 유전자가 관련되어 있다는 것을 나타내고 있다. Northern blot을 통해 *PG* 유전자가 ripening specific 지역에서 발현되고 에틸렌 가스 생성을 유도함을 확인하였다. 여기서, *PG* 유전자의 이용 가능성에 대한 두 가지 의문점이 있다. (1) 이

유전자를 이용하여 성숙과정에서 PG의 정확한 역할을 규명할 수 있는가? (2) 성숙과정 조절을 위한 *PG* 유전자의 발현 조절이 가능한가? 식물 유전자 발현 조절을 위한 안티센스 techniques의 사용이 예가 될 수 있다(4장 참조).

초기 안티센스 PG 구성체는 35s 프로모터의 reverse orientation downstream에 삽입된 pTOM6의 cDNA 단편으로 구성되었다(그림 10.2). 따라서, 안티센스 유전자의 발현은 필수적인 반면에 내재성 유전자의 발현은 ripening-specific이다.

● 안티센스 PG의 발현은 센스와 안티센스 mRNA level을 둘 다 감소시킨다.

이 구성체를 토마토 안에 transforming하는 효과는 아주 유익하다. 표 10.1에 센스 RNA와 안티센스 RNA가 probe로 삽입된 형질전환 토마토와 비형질전환 토마토의 mature green과 완숙 과실에서 추출한 RNA의 Northern blot의 결과를 요약하였다. PG mRNA는 mature green wild-type 과실에는 존재하지 않았지만, 성숙과정에서 유도됨을 확인하였다. 성숙된 형질전환 토마토에서는, PG RNA가 현저히 감소하였다. 즉, mature green 상태의 과실에서는 안티센스 RNA probe의 축적이 매우 높게 나타나지만 성숙한 과실에서는 안티센스 RNA probe가 감소하였다. 결론적으로 센스와 안티센스 mRNA의 상호작용은 두 전사물의 감소를 야기한다.

● 안티센스 PG는 과실연화를 방지한다.

이들 형질전환 과실에서는, 성숙과정 동안에 PG의 활성이 현저히 감소하는 것을 확인할 수 있었으며, 더욱이 이러한 감소는 비형질전환 과실과는 다르게 연화의 지연을 유도

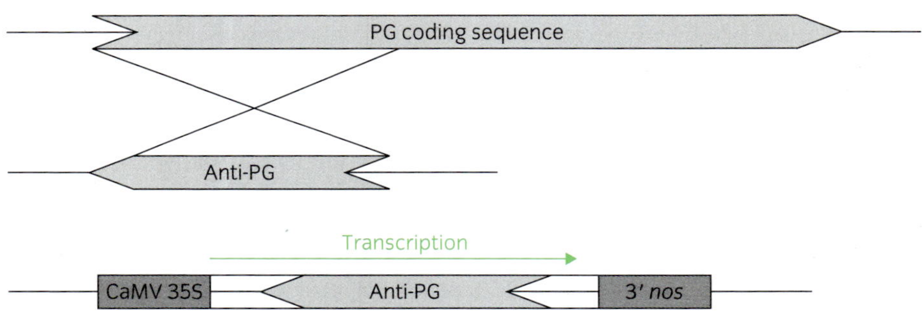

그림 10.2 안티센스 PG 벡터의 구조. 이 그림은 가동 중인 안티센스의 컨셉을 보여준다. 기본적으로 유전자 염기서열의 전체 혹은 부분은 wrong orientation으로 벡터에 도입되었고, 그 결과 정상적인 부분으로 부터의 opposite strand가 antisese transcript를 생산하도록 전사되었다. 이것은 이중나선 RNA를 형성하도록 하는 내재성 mRNA에 상호보완적일 것이다.

표 10.1 형질전환 토마토에서의 pTOM6의 발현

	Non-transgenic fruit				Transgenic fruit			
	Mature green		Ripe		Mature green		Ripe	
Probe	Sense	AS	Sense	AS	Sense	AS	Sense	AS
Signal	ND	ND	Intense band	ND	ND	Intense bands	Faint band	Faint bands
Size of RNA			PG mRNA			〈PG mRNA	PG mRNA	〈PG mRNA

The results of Northern blot hybridization of samples from transgenic tomato fruit with sense and antisense pTOM6 probes are shown. AS, antisense; ND, not detected.

하였다. 예를 들어, 적색 라이코펜(라이코펜) 색소는 형질전환 과실에서는 여전히 축적되었지만 연화 효소의 생성은 저해되었다. 이형접합체(heterozygote: one 안티센스 유전자)와 동형접합체(homozygote: two 안티센스 genes) 식물을 분석함으로써 안티센스의 효과를 조절하는 것이 가능하였다. 과실의 성숙기 동안 실제로 감지하기 어려운 정도의 PG level에서 two copies의 안티센스 유전자이 확인되었다. 따라서, 효과적으로 1개의 specific 효소가 knock-out된 토마토를 개발하였으며, PG 구성체를 사용하여 co-suppression에 의한 PG 활성의 감소가 가능하다는 것을 증명할 수 있었다(4장 참조).

세포벽안에 대형크기의 polyuronides가 남아있는 것을 확인하여 low-PG 형질전환 과실에서의 PG 활성의 감소는 펙틴 분해를 방지하는 효과가 있음을 확인하였다. 이러한 결과는 Zeneca가 만든 식품생산특성들(그림 10.3)을 변화시켰다. 잠재적인 토마토 paste 생산량을 측정하는데 사용하는 Bostwick viscosity는 insoluble cell-wall polymers에 주로 영향을 받는다. PG 활성이 약 99% 감소한 Low-PG 과실에서의 Bostwick viscosity는 cell-wall pectins의 크기 증가로 약 80% 이상 향상되었다. 이것은 토마토 paste의 생산량의 상당한 증가를 의미한다. 이러한 결과는 Zeneca가 소스와 피자 등에 사용되는 토마토 가공식품 제조를

● low–PG과 low–PME 과실은 가공특성이 향상되었다.

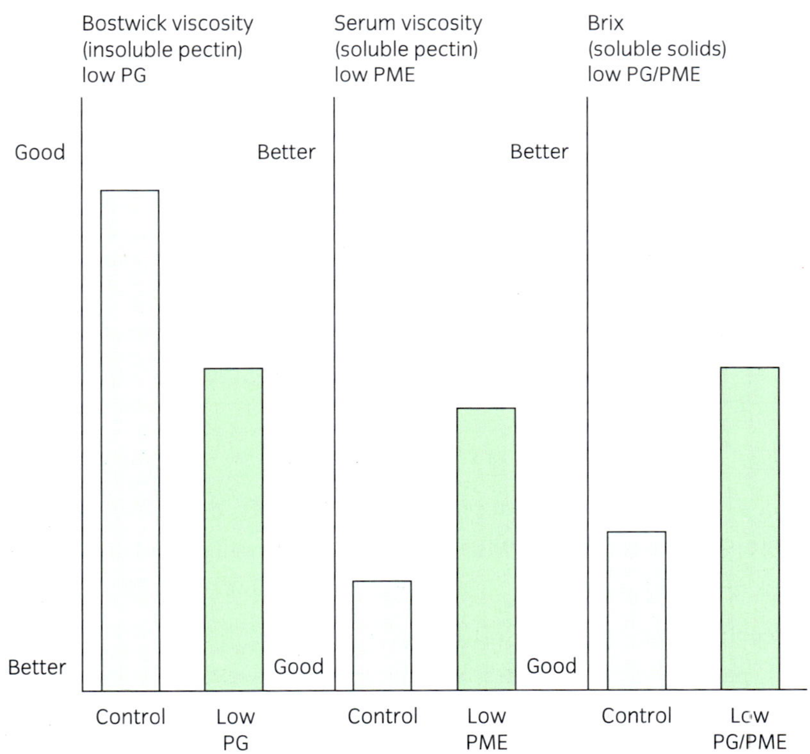

그림 10.3 low–PG와 low–PME 과실의 relative processing performance. processing qua ity의 세 가지 assay가 reducing two cell-wall-degraing 효소(PG, PME)들의 효과를 평가하기 위해 사용되었다. low-PG 과실은 Bostwickviscosicty(insoluble pectin에 의해 결정)가 향상 되었음을 보여준다. 반면에 lcw-PME 과실은 더나은 serum viscosity(soluble pectin과 관련)를 보여준다. 총 soluble solids(Brix)는 low-PG와 low-PME가 조합된 과실에서 향상되었다(Redrawn with permission from Grierson and schuch(1393)).

위한 paste 생산을 위해 형질전환 토마토의 사용이 가능하다는 것을 의미한다.

● low-PG FlavrSavr 과실은 덩굴에서 연화가 지연되었다.

미국 회사인 Calgene은 매우 다른 방법으로 연화지연특성에 관여하는 형질을 이용하였다. 그들은 low-PG 품종들이 수확되기 전과 저장기간 동안 개량되지 않은 품종들에 비해 더 높은 경도를 유지하고 있음을 발견하였다. 토마토는 일반적으로 수확 및, 저장 가공 중 충격에 대한 손상을 방지하기 위해 완숙되기 전에 수확하며 판매 전에 에틸렌 처리를 하여 숙성시켜 판매한다. 이러한 과정이 판매 전 과실의 손상을 방지하고 균일한 크기와 색을 가진 토마토의 판매가 가능하게 하지만, 소비자들은 이러한 과정이 토마토가 줄기에서 성숙했을 때 얻을 수 있는 더욱 풍부한 맛과 향(aroma)의 손실을 야기한다는 것을 인지하고 있다. 이에 비해, **Calgene FlavrSavr 토마토**는 과실이 줄기에서 완숙이 되어도 유통 중 발생하는 충격과 곰팡이 감염에 견딜 수 있는 경도를 유지하게 함으로써, 숙성되는 과정에서 본연의 풍부한 맛과 풍미를 가질 수 있게 한다.

그림 10.3은 토마토 과실에서의 PME 활성저해 효과를 보여준다. 이 효소는 성숙과 미성숙된 과실 모두에 존재하며, cell-wall pectin의 methyl groups를 제거한다. Low-PME 과실에서 soluble pectin 비율의 증가를 나타내는 serum viscosity가 강화됨을 확인하였다. Serum viscosity는 토마토 paste의 윤기정도를 나타낸다. 각각의 single trait을 가지는 작물간 교잡과 2개의 유전자를 동시에 재형질전환(re-transformation) 하여 low PG, low-PME를 한 식물에 도입하였을 때, 2개의 특성이 과실에서 모두 발현되었으며, high Brix value를 나타내는 soluble solids의 함량도 크게 증가하였다. Refractometry를 이용하여 Brix scale로 soluble solids를 측정한다. High Brix value는 좋은 가공특성을 의미하므로 soluble solids는 토마토 가공특성의 중요한 결정요소이다.

이러한 최초의 실험적 성공에도 불구하고, 매우 다른 이유로 Zeneca와 Calgene의 low-PG 토마토의 생산은 불가능했다. Zeneca의 low-PG 토마토 paste는 처음 생산이 이루어졌을 때, 명확하게 GM products라고 명시하였고 판매 또한 잘 되었다. 그러나 이러한 GM paste가 인체 건강에 문제를 초래한다는 어떠한 명확한 증거가 없음에도 불구하고 Pusztai affair에 의해서 촉발한 anti-GM backlash에 의해 영국 내 마켓에서 판매가 금지되었다(6장 참조). Calgene의 FlavrSavr는 이러한 특성이 본래 적합한 background로 도입되지 않고 이러한 토마토는 생산에 적합하지 않다는 문제점에 직면하였다.

과실연화의 유전적 조절은 안티센스와 co-suppression를 이용하여 내재성 유전자(endogenous gene)의 발현을 down regulating 하여 특정한 형질의 조절이 가능하다는 것을 증명하였다. 내재성 PG와 PME를 목표로 하여 cell-wall degradation을 감소시키는 이러한 방법은 망고, 복숭아, 배 등 다양한 다른 과실에서도 적용되었다. 게다가 pectin depolymerization은 과실질감(texture)의 유일한 결정요소가 아니라는 것이 밝혀졌으며, pectate lyases, cellulases, xyloglucan hydrolases와 같은 다른 효소들의 역할에 대한 연구가 진행중이다. 식물 세포벽의 구조와 대사에 관한 연구는 현재 굉장히 미미한 실정이지만, 이러한 연구는 식물 생장과 발달에 관한 다양한 요인이 조작 가능하다는 점에서 계속 진행 중에 있다.

사례 연구 10.2 에틸렌 생합성의 유전적 조절

pTOM6의 사용은 성숙과정이 조직화되어 있더라도 다른 부분에 미치는 영향없이 성숙에 관여하는 특정한 요소들의 조절이 가능하다는 것을 나타낸다. 따라서, 안티센스 PG 과실은 색과 당의 축적 그리고 풍미요소들이 계속 변한다. 하지만, 몇가지 ripening-related 염기서열의 클로닝은 이들 중 몇몇이 분명히 에틸렌 생산의 급증에 관여할 것이라는 것을 보여준다. 그리고 이러한 클론에 관한 연구를 통해 과실성숙에 관한 전반적인 조절 과정을 밝혀낼 수 있을 것이다. 손상된 잎에서의 Ripening-related 클론들의 발현에 관한 연구에서 pTOM13의 발현이 성숙 그 자체보다 에틸렌 가스 생산과 더 깊은 관련이 있음이 확인되었다. 염기서열 분석을 통해 S-adenosylmethionine으로부터 에틸렌까지의 두 단계 대사경로 안에서 second-ethlyene-forming 효소로써의 pTOM13의 역할을 확인할 수 있다(그림 10.4). 클론의 이용가능성에 대한 단백질 발현 연구와 더불어 단백질 염기서열 연구는 1-amino-

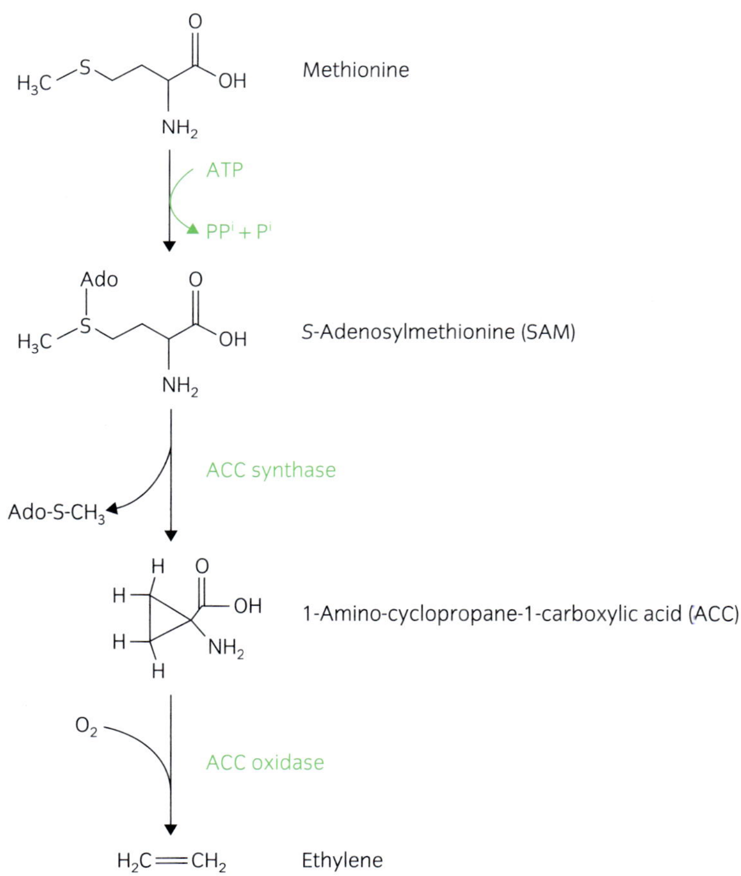

그림 10.4 에틸렌 생합성과 조절. methionine으로부터의 에틸렌 대사경로를 보여준다. 오직 S-asenosylmethionine으로부터 두 개입단계에 관여한다. 첫 번째는 unusual three-sided ring compound를 발생시키는 1-amino-cyclopropane-1-carboxylic acid(ACC) synthase에 의한 촉매작용이다. 이것은 과정 중에 이산화탄소, HCN 과산화수소를 발생시키는 ACC oxidase에 의해 에틸렌으로 변환된다. Ascorbate는 co-substrate이며 dehydroascorbate로 산화된다(9장 참조).

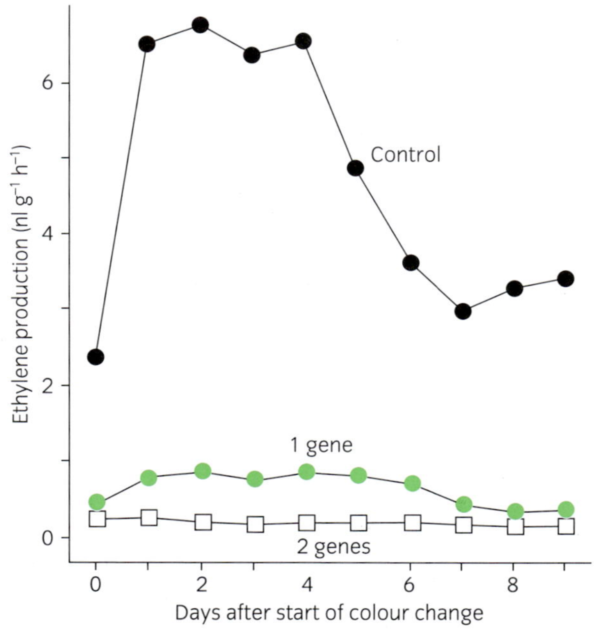

그림 10.5 안티센스 ACC oxidase 구성체가 도입된 토마토에서의 에틸렌 생산. 대조구에서 보이는 에틸렌의 climacteric burst가 1 안티센스 유전자가 도입된 과실에서 현저히 감소하며, 2 안티센스 유전자가 도입된 homozygotes에서 효과적으로 중지된다(Adapted with permission from Hamilton *et al.*(1990)).

cyclopropane-1-carboxylic acid(ACC) oxidase와 같은 이전에 특성분석이 이루어지지 않은 에틸렌-forming 효소의 분석을 가능하게 하였다.

● pTOM13의 에틸렌 생합성에서의 역할은 안티센스 실험에 의해 규명되었다.

안티센스 전략은 초기 에틸렌 합성에서 pTOM13의 역할을 확인하기 위해 사용되었다. 안티센스 pTOM13 구성체가 도입된 형질전환 토마토에서는 성숙기간과 손상된 잎에서 비형질전환 토마토에 비해 에틸렌 생산량이 현저히 감소하였다(그림 10.5).

성숙기 동안 에틸렌 가스 생성의 현저한 감소는 완숙기까지의 전체과정을 지연시키는 효과가 있다. 따라서 라이코펜 생성과 과실연화가 일반 식물체에 비해 현저히 늦게 발생하였다(그림 10.6). 이러한 성숙현상은 외부처리 에틸렌의 적용에 의해 안티센스 식물체에서 유도될 수 있다. 이러한 토마토의 향상된 저장능력은 토마토의 저장과 운송 중 부패에 의한 손실량을 현저히 감소시킬 수 있다.

● low-에틸렌 기술은 다양한 적용성을 가진다.

안티센스 에틸렌 기술은 모든 클라이맥터릭 과실뿐만 아니라 에틸렌 가스에 의해서 발생하는 채소의 부패, 절화류의 노화와 같은 분야에 적용이 가능하다. 예를 들어, 에틸렌 반응을 방지하는 silver salts를 절화가 담긴 꽃병에 첨가하면 꽃의 수명을 연장시킬 수 있다. 안티센스 ACC synthase와 ACC oxidase의 도입은 에틸렌 합성 저해에 의한 절화류의 수명연장과 비슷한 효과를 보일 것이다. 과실과 채소의 수확 후 부패는

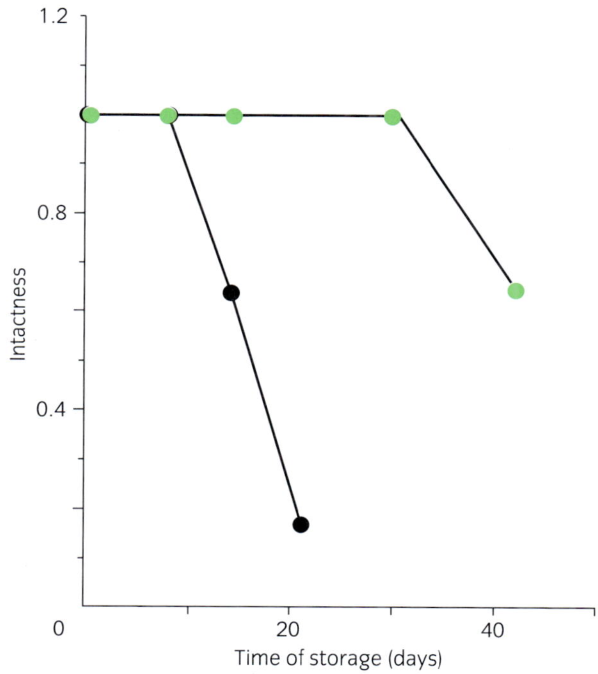

그림 10.6 **low 에틸렌 과실에서의 증가된 저장.** 안티센스 ACC oxidase 과실에서의 에틸렌 형성의 감소는 성숙과정을 지연시킨다. 이러한 효과의 질적인 측정은 과실의 intacteness에 관한 측정이다: 달리 말하면, 안티센스 과실이 soft pulp가 되기까지 더 오랜 시간이 소요된다. 녹색점, ACC oxidase; 검은점. 대조구 (Redrawn with permission from Grierson and Schuch(1993)).

열대지역 국가에서 열대지역 국가의 저장시설에서 많이 발생하여, 특히 농산물의 수송 기반시설이 확충되지 않은 국가에서 효율적인 농산물분배를 방해하는 커다란 장애물이다. 성숙, 노화, 부패를 지연시키는 기술은 개발도상국 국가들의 농산물 수송의 문제점을 해결하는 데 중요한 역할을 할 것이다.

또한 특정식물의 성장조절인자의 성공적 조작은 다른 식물조절인자를 조절하는 식물발달공학의 잠재적 가능성을 보여준다. *Agrobacterium tumefaciens* Ti plasmid의 오옥신(Auxin)과 사이토키닌(Cytokinin) 생합성 유전자의 이용가능성은 이 두 식물호르몬이 다양한 프로모터들(promoters)에 의해 조절된다는 것을 의미한다(3장 참조). Abscisic acid(ABA)와 지베렐린(Gibberellin) 합성 및 반응에 관여하는 유전자의 클로닝(Cloning)에 관한 최근의 연구는 중요한 식물발달과정의 유전적 조절이 가능하다는 것을 인식시켜 주었다(다음 참조).

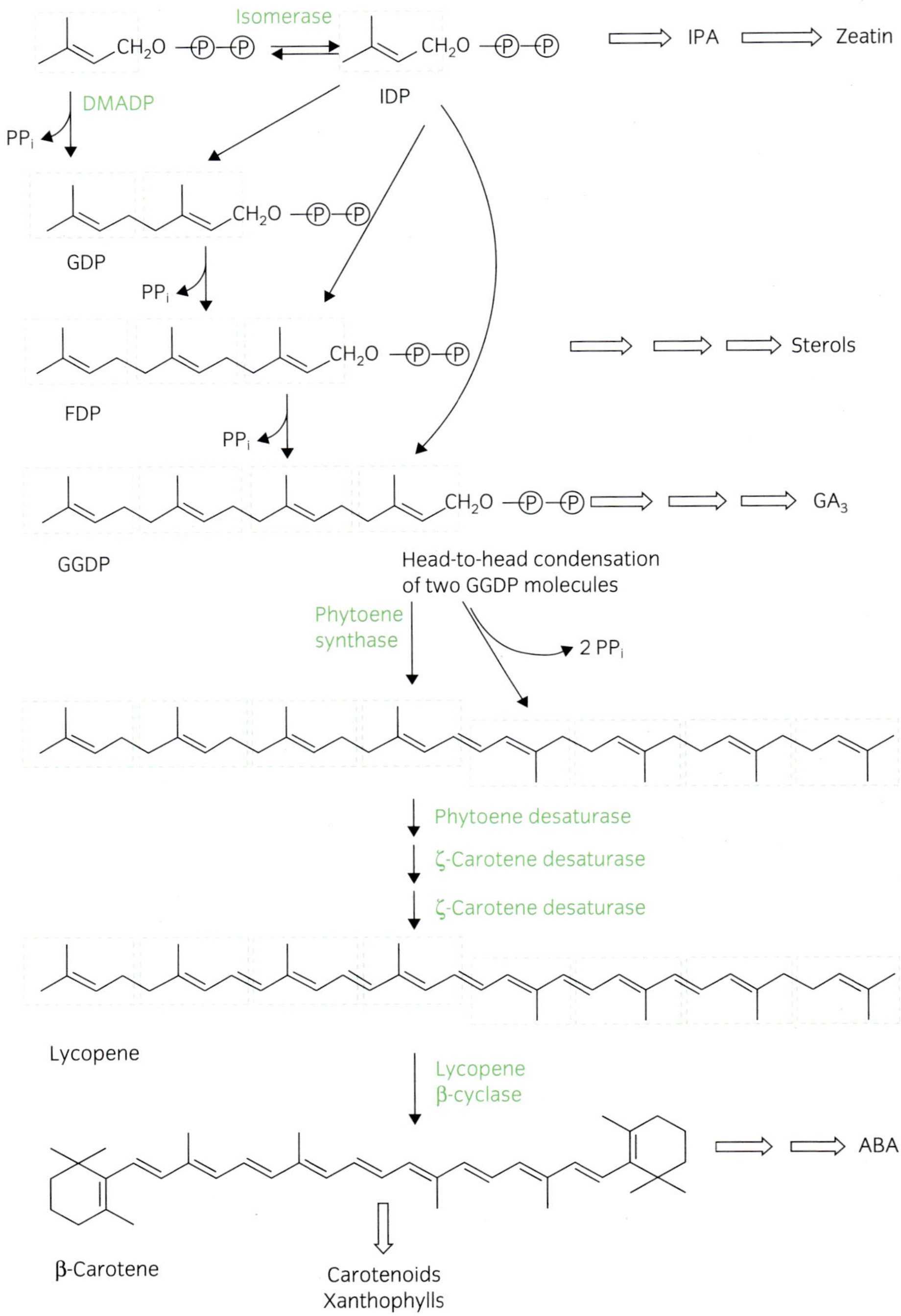

그림 10.7 카로티노이드 생합성 대사경로. 리이코펜과 β-carotene의 합성은 isoprenoid 대사경로를 통해서 이루어진다. 10-carbon(geranyl diphosphate; GDP), 15-carbon(farnesyl diphosphate; FDP), 20-carbon (geranylgeranyl diphosphate; GGDP) unit들을 형성하기 위한 five-carbon isoprenoid (isopentenyl diphosphate, IDP; dimethylally diphosphate, DMADP) unit들의 순차적인 첨가는 steroids, carotenoids, xanthophylls, anthocyanins를 포함하는 다양한 화합물 합성의 중요한 시작점이다. isopernoid precursor들에 의해 지베렐린과 ABA가 합성되는 반면에 사이토키닌은 isopentenyl unit이 purine의 N6 position에 첨가를 통해 형성된다.

사례 연구 10.3 색의 조절

본 장의 서두(BOX 10.1)에서 강조한 세번째 ripening-related 클론인 pTOM5는 적색색소(라이코펜) 생합성의 핵심 효소인 phytoene synthase에 암호화되어 있다(그림 10.7). 식물의 isoprenoid 대사경로 안에서 이 단계의 위치는 규명되었다. Five-carbon isoprenoid unit으로부터 쌓인 분자로 인해 다양한 화합물이 합성된다. 특히, 이 경로는 세 가지 일반적인 식물호르몬의 biosynthetic 대사경로의 기본을 형성한다(2장 참조). Zeatin과 같은 사이토키닌은 adenosine에 single isoprenoid unit이 더해져 생성된다. 지베렐린의 생합성은 20-carbon unit geranylgeranyl diphosphate(GGDP)로부터 시작된다. ABA는 다양한 carotenoids와 xanthophylls이므로, β-carotene으로부터 생성된다.

예상한대로 안티센스 pTOM5 토마토는 성숙기간동안 노란색의 과실을 생성한다. 반면에 35s promoter에 의한 pTOM5 과발현 식물체는 이소성(ectopically)의 타이코펜을 생산할 뿐만 아니라, 짧은 초장을 가진다. 짧아진 초장은 예상치 못한 결과였지만 그림 10.7에 의해 설명할 수 있다. 이러한 식물체의 지베렐린 합성 분석으로 ectopic phytoene synthase의 활성은 20-carbon units이 라이코펜 대사경로로 channelling됨으로써 야기된다는 점을 확인할 수 있었다. 지베렐린은 줄기의 신장에 중요한 역할을 하며, 지베렐린 합성의 감소는 왜소성의 표현형을 보이는 역할을 한다.

● pTOM5의 과발현은 예측불가능한 결과를 가진다.

라이코펜 합성의 조절과 지베렐린 합성에 미치는 영향은 생산량과 품질을 조절하는 세 가지 다른 예시를 보여준다. 첫째, 일반적으로 색조절에 관한 분야이다. 이 분야에서는 장식화(Ornamental flowers)를 비롯해 다양한 예시들이 있다(BOX 10.2 참조).

둘째, 토마토 과실색의 유전적 조절과 관련된 다른 분야는 지베렐린 대사경로가지며 dwarf(왜성)을 유도하는 phytoene synthase의 과발현 효과이다. Dwarf 특성은 농업적으로 매우 중요한 특성이기 때문에 이 분야에 대한 관심이 증가하고 있다. Dwarf 작물은 줄기생장에 적은 양의 자원이 소모되어 짚보다 곡류의 건물중(주요 상업적 산물) 증가를 유발한다. 이 수확량 지수의 증가는 직접적으로 수확량을 향상시키고 더욱이, dwarf 작물은 바람과 비에 의한 피해를 적게 받는 특성이 있다. Dwarf 형질은 밀과 옥수수의 고 수확량 품종의 주요 특징이며, 이러한 특징으로 **Green Revolution(녹색혁명)**이 가능하였다(BOX 10.3).

밀의 녹색혁명 변형은 비정상적인 지베렐린 반응에 의한 작물의 왜성이 특징이다. 이 형질은 two reduced height-1 loci(*Rht-B1*, *Rht-D1*)의 mutant dwarfing alleles에 의해 수여된다. 최근 연구에 따르면 *Rht-B1*/*Rht-D1*과 옥수수의 Dwarf-8 유전자들은 *Arabidopsis* gibberellins-insenstive(*gai*) 유전자과 기능이 유사하다. *gai* 유전자은 지베렐린 활성의 nuclear regulators로써 역할을 하는 family of DELLA 중 하나를 암호화하고, 오옥신, 에틸렌, 지베렐린 생육 조절 signals와 반비례한다. Mutant *gai* 단백질은 지베렐린 signaling에 둔감하게 만들어 식물생육억제 역할을 하는 DELLA domain 안의 17번째 아미노산이 결실되어진 것이다. 이러한 이유로 대해 insensitive 해져 식물생육이 저해된다.

BOX 10.2 화색

화색은 주로 flavonoids carotenoids betalains에 의해 결정된다. 이러한 관점에서 flavonoids에서 가장 중요한 색소는 적색과 청색의 화색에 관여하는 anthocyanins이다. Anthocyanins 대사경로는 아래 표에 정리하였다. 첫 번째 효소는 제8장 유전자 침묵(gene silencing)에서 다룬 chalcone synthase이다. Anthocyaninssynthesis 대사경로는 아주 복잡하다. 다양한 단계에서 다양한 색상의 색소를 생산하는 dihydroflavonol-4-reductase(DFR)과 같은 효소에 의해 화합물들이 조절 및 수정

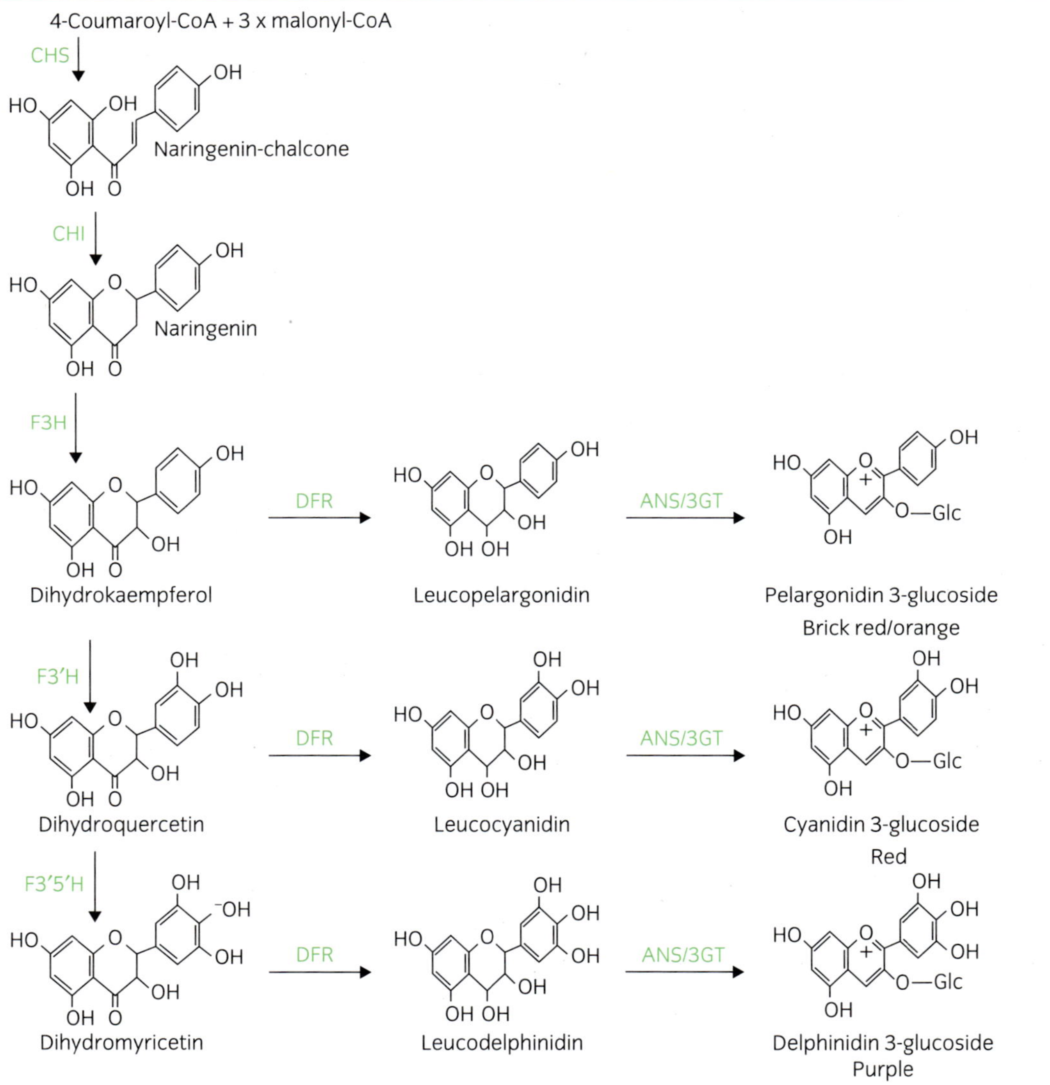

안토시아닌 합성 대사경로. CHS, chalcone synthase; CHI, chalcone flavanone isomerase; F3H, flavanone-3-hydroxylase; F3′H, flavonoid-3′-hydroxylase; F3′5′H, flavonoid-3′,5′-hydroxylase; DFR, dihydroflavonol-4-reductase; ANS, anthocyanidin synthase; 3GT, UDP-flavonol 3-*O*-glucosyltransferase.

BOX 10.2 (계속)

된다. 그러나, 모든 식물이 이러한 효소 대사경로를 가지지 않기 때문에, 몇몇 식물에서는 특정한 화색의 생성이 불가능하다. Anthocyanins 대사경로의 유전적 조절과 돌연변이의 조합을 이용하여 이전에 본래 식물체에서 생성이 불가능한 화색을 발생시키는 것이 가능할 것이다. 예를들어, 페튜니아의 경우 DFR이 dihydrokaempferol를 사용하지 못하기 때문에, pelargonidin-related pigments(brick red/orange)를 생산하지 못한다. flavonoid-3′-hydroxylase(*F3′H*) falvonoid-3′,5′-hydorxylase(*F3′5′H*) 유전자의 돌연변이로 anthocyanins 대사경로의 다른 부분에서 dihydrokaempferol의 사용이 불가능하여 기질 축적이 발생하는 식물체를 선발한다. 이 식물 계통에 형질전환방법을 이용하여 maize *DFR* 유전자를 도입한다. Maize 단백질의 발현은 페튜니아에서 brick-red pigment pelargonidin 3-glucoside의 생산 및 이용을 가능하게 하여 그 결과 brick-red색을 가진 페튜니아 꽃을 생산한다.

Florigene과 같은 기업들은 화색을 결정하는 기본 대사경로의 유전적 조사를 실시하였고, 화색 조절유전자에 대한 특허를 보유하고 있다. 이러한 기업들은 장미, 카네이션, 국화, 거베라에서 청색계열(Blue spectrum: mauve-violet-blue)의 꽃을 생산하기 위해 anthocyaninssynthesis 대사경로 기술을 이용한다. 이러한 꽃들은 *F3′5′H* 결실에 의한 anthocyanin delphinidin부족으로 청색의 화색을 가진다. 청색의 꽃을 개발하기 위해 이러한 효소들의 클론을 다양한 꽃에 도입했다. 1996년에 Florigene에서연보라색(mauve)의 화색을 가지는 GM 카네이션(Moondust™)을 처음으로 개발, 상업화 하였다. 뒤이어 다양한 화훼상품들이 EU(European Union)를 제외한 많은 국가에서 판매되었다. EU에서는 최근 2006년 가을에 이러한 GM 작물의 수입 허가 여부와 이러한 식물들에 대한 식물육종가의 권리에 대한 특허와 관련하여 많은 논쟁이 있었다.

특히 regulator들과 관련된 재배방법(culture practice)은 이러한 상업화된 계통들의 흥미로운 전환점, 왜곡(twist)들 중 하나이다. 서부 지역 국가들에서는 GM 절화류 작물은 비교적 상업화하기 안전하다고 인식하고 있으며, 몇몇 국가에서 온실에서 재배하고 또한 인체 건강이나 환경에 무해하다는 것이 입증되었다. 그러나 일본과 같은 다른 국가에서는 꽃잎을 음식 장식용이나 식용으로 사용한다. 이것은 GM 작물을 상업화 하는데 있어서 반드시 고려되어야 하는 매우 중요한 부분이다. 그러나, 이러한 논점에 대해서 주목해야할 점은 anthocyanin molecules이 기능성 식품(nuraceuticals)이라는 점과 anthocyanin-enhanced material이 실제로 유익하다는 것이다.

Mutant *gai* 유전자가 도입된 형질전환 쌀과 밀은 지베렐린에 대한 반응이 감소하였고, dwarf의 표현형을 보였다. 이전에 육종을 통하여 basmati rice의 왜소화된 개체가 개발되었지만 이들 개체에서 풍미에 대한 특성이 손실되는 현상이 발견되어, 위의 형질전환 결과는 특히 중요하다. *gai* 유전자 형질전환 실험의 성공은 현재 elite line들의 중요한 형질의 변형이 발생하지 않고 다양한 작물의 생산성 증대를 위한 dwarf 형질의 이용이 가능하다는 것을 보여준다. 이러한 점은 특정 유전자를 사용하여 작물의 특징을 향상시키는 형질전환적 접근방법이 전통 육종에 비해 더욱 정확하고 예측가능하다는 것을 의미한다. 그러나 다음 장에서 공부할 phytochrome의 변형효과에 대한 경우가 항상 발생하지 않는다는 점 또한 명심해야 할 것이다.

작물의 질 향상에 대한 마지막 예시는 carotenoind biosynthesis에 관한 연구 즉 황금쌀이라고 불리는 프로비타민 A가 생성되는 쌀이다.

● 왜성-표현형 유전자는 녹색혁명 특성을 공학적으로 사용할 수 있다.

BOX 10.3 녹색혁명

1960년대 전통육종방법을 이용하여 쌀과 밀에서의 왜성 식물체 개발은 다양한 개발도상국들 특히 인도지역(Indian subcontinent) 나라들이 식량부족국가에서 수출국으로 전환하는 것을 가능하게 하였다. 이러한 곡물 생산량의 급증을 녹색혁명(Green Revolution)이라고 한다. 저명한 밀 육종가 Norman Borlaug는 국제식량안전보장(Global Food Security)에 기여한 공로로 노벨 평화상을 수상하였다. 그는 이차 세계대전 이후 semi-dwarf, 고생산의 특징을 가지는 winter 밀 품종을 강수량이 높은 미국지역에서 생산이 가능하도록 하여 큰 성공을 거두었다. 개발된 밀은 winter형으로 초기 생육에 일정기간의 저온을 요구하기 때문에 열대 및 아열대 지역의 기후에는 적합하지 않았으며 녹병균(rust fungus)에도 취약하였다. Semi-dwarf 밀 계통을 사용하여 빈곤 국가의 재배환경에 적용 가능한 품종개발 육종 프로그램이 멕시코에서 시작되었다. 세계 여러 지역에서 채집한 밀 품종과 semi-dwarf 품종의 교잡을 이용하여, 연중 한 번 이상의 재배가 가능한 조숙형 spring 밀을 개발하였다. 이 품종은 녹병균에 대한 저항성을 가졌으며 온화한 기후에서도 재배가 가능하였다. 이러한 형질적 특징은 풍부한 수정조건에서 기존 품종에 비해 생산량의 두 배 이상 증가가 가능하다는 것을 의미한다.

비슷한 시기에 필리핀에 있는 국제미작연구소(International Rice Research Institute: IRRI)에서 밀과 유사한 육종방법으로 벼에 관한 연구가 진행되었다. Semi-dwarf japonica, high-yielding indica 계통간의 교잡으로 몇몇 우수한 계통이 육성되었고, 그 결과 semi-dwarf, high-yielding, 도열병(Blast-fungus)저항성 등의 특징을 가지는 품종이 개발되었다. IRRI 실험결과 동일한 실험적 조건하에서 이 신품종은 기존 품종에 비해 3-4배 높은 생산성을 보였다.

녹색혁명의 영향으로 농부들은 높은 생산성을 유지하기 위해 이러한 새로운 곡물 종자를 사용하고 high-input method 농법인 질소비료, 제초제 및 병해충제 사용과 관수 및 tilling을 위한 장비를 구입해야 했다. 실험적인 조건에서의 결과만큼은 아니지만 곡류 생산에 중대한 향상이 있었다. 소규모 농장에서는 신품종을 재배하기 위한 조건을 구비하기 어려웠다. 그러나 대규모 농장에서는 적은 노동력으로 더 많은 양의 작물을 생산하여 더 많은 농토를 소유하게 되었다. 그 결과 소규모 농장의 토지는 점점 대규모 농장의 토지로 대체되었다. 높은 농업적 투입량으로 세계적 식량생산은 급격하게 증가하였지만 지역 품종은 점차 사라지게 되었고 빈곤은 더 증가하였다.

현재 인구증가율에 관한 분석은 녹색혁명보다 한차원 높은 수준의 작물 생산량의 증가가 필요하다는 것을 보여준다. 작물의 유전적 조작은 현재 전통육종방법을 이용하여 최대치에 도달한 작물 생산량의 더욱 급격한 증가를 가능하게 한다. 그러나 이러한 이차 녹색혁명을 실행하기 전에 부정적인 측면에 관해 먼저 고려해봐야 한다.

사례 연구 10.4 황금쌀(Golden Rice)

쌀(rice)은 세계주요 식량작물 중 하나이며, 약 38억 명의 인구가 소비한다. 쌀을 주식으로 사용하는 몇몇 국가에서는 비타민 A의 결핍이 주요 영양학적 문제로 대두되어왔다. 비타민 결핍은 xerophthalmia와 keratomalacia의 영향으로 야맹증부터 심하면 실명에 이르는 증상을 일으킨다. 약 1억2천4백만 명의 어린이들이 비타민 A 부족에 시달리며, 이들 중 매년 약 50만 명이 실명되고 있다. 비타민 A의 결핍은 설사, 호흡기 질환, 홍역 등의 다른 질병을 유발한다. 비타민 A 결핍을 예방하면 매년 약 1-2백만 명의 어린이들을 살릴 수 있다. β-carotene(프로비타민 A)이 없는 백미를 주식으로 하는 지역에서 비타민 A 결핍 증상이 주로 발생한다. 이 문제를 해결하기 위한 한 가지 방법으로 배유에 프로비타민 A의 합성이 가능한 쌀을 개발하는 방법이 있다. 유전적으로 조절되어 β-carotene 합성이 가능한 쌀의 색이 황/주황색을 띠어 이를 비유해 **황금쌀(Golden rice)**이라고 부른다.

● 황금쌀은 프로비타민 A를 낱알에서 생산한다.

그림 10.7을 보면 프로비타민 A의 합성 대사경로가 이전 섹션에서 다룬 라이코펜 대사경로의 연장선임을 알 수 있다. 미성숙 벼의 배유는 GGDP의 합성이 가능하지만 이어지는 대사경로에서는 배유에서 발현되지 않는다. 수선화(daffodil)의 phytoenesyntase(*psy*) 유전자를 rice endosperm-specific promoter에 유합하는 초기 형질전환실험을 통해 쌀의 GGDP로부터 phytoene의 합성이 가능하다는 것을 확인하였다. 그러나 phytoene이 β-carotene으로 변환되기 위해서는 세 단계의 추가적인 과정이 필요하다: phytoenedesaturase와 ζ-carotene desaturase가 라이코펜을 형성하는 double fonds로 도입되어야 하며 라이코펜 β-cyclase가 β-carotene 안의 rings 구조를 형성하여야 한다. 다행히도, 모든 four double bonds에 도입 가능한 bacterial carotene desaturase 유전자은 phytoenedesaturase와 ζ-carotene desaturase로 대체가 가능하다. 그럼에도 불구하고 초기 실험결과 황금쌀의 조절에는 phytoene synthase, carotene desaturase, 라이코펜 β-cyclase, 이 세 가지 유전자의 도입이 필요하다는 것을 확인하였다.

● 비타민 A 대사경로는 라이코펜 대사경로가 확장된 것이다.

3개의 전이유전자와 더불어 선발표지 유전자를 삽입하는 데 사용되었었던 초기의 전략 중 하나는 동시 형질전환(co-transformation)이 었고, 사용되었던 2개의 구성체(construct)는 그림 10.8에 나와 있다. 수선화의 *psy* 유전자::벼 glutelin 프로모터(*psy* 유전자::rice glutelin promoter) 구조체는 35S 프로모터에 의해 조절되는 *Erwinia uredovora*의 카로틴 불포화효소(carotene desaturase 유전자: crt1)와 함께 pZPsC 벡터에 삽입되었다. 이 2개의 유전자는 플라스티드(GGDP 합성의 장소)를 표적화했다: *psy* 유전자는 자신의 통과펩티드(transit peptide)에 의해, *crt1* 유전자는 루비스코 소단위체(rbcS) 통과펩티드에 의해. 수선화의 리코펜 베타 고리화효소(라이코펜 b-cyclase) 유전자와 기능 통과펩티드는 벼의 내배유 선택적 글루텔린(endosperm-specific glutelin) 프로모터의 조절 하에서 하이그로마이신(hygromycin) 내성 선발표지 유전자와 함께 pZLcyH 벡터에 삽입되었다

● 3개의 유전자가 벼의 프로비타민 A 합성조절을 위해 필요하다.

벼의 미성숙배를 *Agrobacterium*(Strain: LBA4404)에 접종하였다(3장 참조). pZLcyH 구성체를 함유한 총 60개의 하이그로마이신(Hygromycin)저항성 개체를 임의적으로 선택하였다. 이들 중 12개체에서 pZPsC cassette가 포함된 것을 확인하였다. 이들 형질전환 식물체 종자의 대부분에서 carotenoid 합성을 나타내는 노란색의 색소를 생성하는 구성체가 포함되어 있다는 것을 확인하였다. β-carotene이 유일한 carotenoid인 다른 식물과는 달리 이들 계통에서는 다양한 carotenoid가 발견되었다. 이들 중 가장 높은 생산성을 보이는 계통은 segregating grains의 혼합집단의 배유 1당 약 1.6μg β-carotene g^{-1}을 포함하였다. 하루에 약 300g의 쌀을 섭취한다면, 1일 동안 100μg의 retinol을 섭취하는 양과 비슷한 대략 2μg g^{-1} 프로비타민 A를 이 계통의 동형접합체에서 생산할 것으로 예상된다. 비록 이 쌀의 섭취가 완벽하게 하루 비타민 권장량을 충족시키지 못하지만, 하루 비타민 A 섭취 권량장

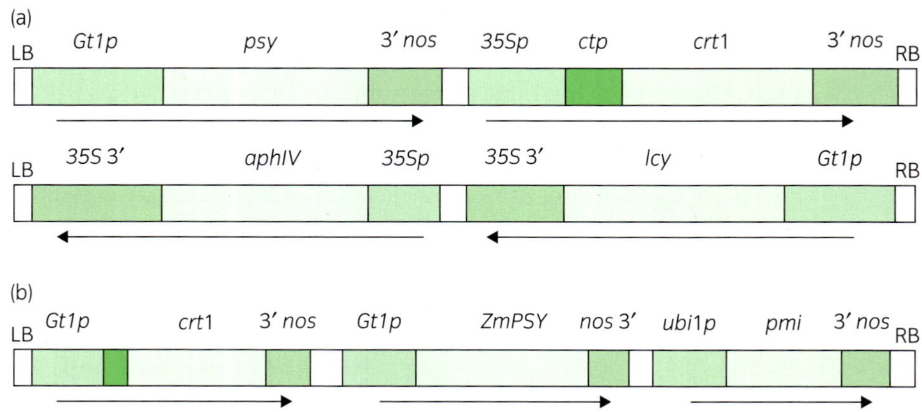

그림 10.8 **황금쌀 생산을 위한 구성체.** (a) 황금쌀 생산에 2개의 독립적인 구성체가 형질전환에 사용된 초기의 가장 성공적인 전략. 이들 중 하나는, 35s 프로모터에 의해 작동되는 bacterial carotene desaturase 유전자(*crt1*)와 endosperm-specific rice glutelin promoter(*Gt1p*)가 나란히 fused된 badaffodilphytoene synthase(*psy*) 유전자를 포함하는 pZPsC이다. 다른 하나는, hygormycin-resistance 선발표지 유전자 aphIV과 Gt1p가 나란히 fused된 daffodil 라이코펜 β cyclase 유전자(*lcy*)를 포함하는 pZLyH이다. (b) 향상된 pSYN12424 구성체를 도입하여 황금쌀 2를 생산하였다. 이것은 Gt1p에 의해 작동하는 *crt1*과 maize phytoenesyntahse(*ZmPSY*), ubiquitin 유전자 프로모터(*ubi1p*)가 fused된 phosphomannomutatase(*pmi*) 선발표지 유전자를 포함한다. ctp, Pea *rbc* Scholoroplast transit peptide sequence.

충족에 상당한 기여를 할 것이다(BOX 10.4 참조).

이러한 유전학적 접근의 과학적 가능성에 대한 초기연구의 성과 이후에 황금쌀을 개발하기 위한 많은 기술들이 개발되었다.

- Hygromycin resistance 유전자을 이용한 항생제 선발을 대체할 수 있는 *pmi* (phosphomannoseisomerase; mannose-6-phosphate isomerase, 표 4.1) mannose-selection 유전자의 사용
- 황금쌀 형질이 도입된 indica rice의 개발. indica rice는 아시아 인구의 약 90%가 소비하는 반면에 황금쌀은 japonica variety Taipei 309 품종을 사용함.
- 이 후 추가적인 연구를 통해 발달초기단계 동안 라이코펜 β-cyclase transgene은 endosperm안에서 β-carotene 생성을 요구하지 않는다는 것을 확인하였다. Syngenta에서 β-carotene 생성 최적화를 위해 실시한 추가적인 연구에서 daffodil phytoene synthase는 rate-limiting였고, 옥수수의 *psy* 유전자이 더욱 효과적이었다. 구성체 pSYN12424(그림 10.8)이 도입된 벼에서 **Golden Rice2**라고 불리는 개체에서 기존 황금쌀보다 23배 높은 37 μg g^{-1} carotenoid 함량을 보였다.

최초 실험실 조건에서의 결과가 얻어졌을 때, 과학적 최적화는 단지 프로비타민 A-enriched rice로부터 이익을 얻을 사람들에게 도달하기 전에 반드시 합의가 이루어져야 하는 여러 장벽 중 하나라고 인식되어 왔다.

BOX 10.4 황금쌀에 대한 GM 반대론자들의 반대

황금쌀 프로그램에서의 놀랄만한 특징 중의 하나는 GM 식품 반대론자에 의한 반대가 계속적으로 존재해 왔다는 것이다. 왜냐하면, 황금쌀은 반 GM 그룹에 의해 만들어진 GM 작물의 모든 반대항목에 일치했기 때문이다. 황금쌀의 개발자인 Ingo Potrykus는 아래와 같이 강조하고 있다.

1 주로 빈곤국가에 유익하다.
2 자급자족 농민들에게 무상으로 제공한다.
3 비축된 수확물로부터 매년 재 재배가 가능하다.
4 부유한 농장과 농부들에게는 이익이 발생하지 않는다.
5 생명공학기업을 위하거나 기업에 의해 개발되지 않았기 때문에 산업과 기업에 이익이 발생하지 않는다.
6 기존 원조를 대체하기보다는 보완적인 역할을 하므로 현재 긴박한 요구를 만족시킨다.
7 비타민 A의 부족을 추출, 가공, 유통 등의 다른 리소스를 요구하지 않고 비용이 들지 않는 지속 가능한 방법으로 해결할 수 있다.
8 녹색 혁명에서 발생한 불운한 부작용이 없다(Box 10.3 참조).
9 새로운 의존도를 발생시키지 않는다.
10 추가적인 input없이 생육이 가능하다.
11 농업적 생물다양성을 감소시키지 않는다.
12 자연 생물다양성을 감소시키지 않는다.
13 추후의 환경에 대한 부작용이 없다.
14 예상치 못한 건강에 대한 위험요소가 없다.
15 전통육종방법으로는 이와 같은 특성을 가진 개체를 만들 수 없다.

하지만, 황금쌀은 주로 다른 GM 작물들의 트로이 목마가 될 것이라며 Greenpeace와 같은 단체의 반대에 부딪쳐 왔다. 이러한 반대의 특성은 주로 GM 작물은 바람직하지 않으며, 황금쌀에 대한 어떠한 양보는 다른 GM 작물들의 그린라이트가 될 수 있다는 근본적인 믿음으로부터 발생하였다. 따라서, 황금쌀에 대한 많은 논쟁이 있어왔다. 많은 비평들 중 하나는 황금쌀이 함유한 비타민 A의 양이 고작 하루 권장량의 20%뿐이라는 점이다. 그러나 이러한 문제점은 황금쌀 2의 개발에 의해 현재 해결되었다. 다른 논쟁점은 비타민 A의 부족을 다양한 토종 채소의 섭취(많은 지역에서 재배되었지만 재배지역이 쌀 재배지로 대체되었다)가 더욱 효과적이라는 점이다. 비록 지역특정 채소의 재배를 장려하는 것이 더욱 효과적이긴 하나, 현재 쌀을 재배하는 데 발생하는 경제적 이익과 부패가 쉬운 특정 작물 그리고 계절적 특성 등과 관련한 문제점들이 있다. 많은 경우에서, 비타민 A 함량의 향상을 위한 다른 방법의 접근(황금쌀 이전 선진국에서의 환경 최우선적 관점이 아닌)들에 관한 언급들은 황금쌀에 대한 반대에 어떠한 부가적인 영향을 미치지 못한다.

황금쌀, IPRs, 그리고 기술이전

● 황금쌀은 70개의 IPRs와 기술보호권리에 의해 보호되는 절차를 이용하여 개발되었다.

황금쌀을 잠재적인 수령자들에게 전달 시 발생하는 주된 장애물 중 하나는 IPRs의 보호를 보증하는 것이다. 인도적 차원으로 공공 연구소에서 황금쌀을 개발한 이래로, 주된 목적은 자급자족 농민에게 부가적 비용과 제한 없이 공급하는 과정에 관한 특허를 보호하는 것이었다. 하지만, 국제특허지원서를 작성하던 중 황금쌀 개발에 근거한 연구의 기술과 절차들이 IPRs 및 32개의 기업들과 대학들의 기술보호에 걸려있었다(기술보호권리의 한 방법으로 기술에 대한 권리를 가지고 있는 연구실로부터 DNA 구성체를 요구받았을 때 특정한 조건을 충족시켜야 하는 물질교류동의서(material transfer agreements)의 사용이 있다. 이 조건들은 DNA가 실험실에서만 사용될 때 요구된다). 개발도상국에 있는 공공 연구시설이 소위 면허로부터 자유로운 권리를 수여받기 위해서는, 그들 국가의 토종식물에 특허받은 특성을 도입해야 한다. 이것은 라이선스(license)권리를 소유하고 있는 특허소유자로부터 자유롭기 위해 필수적이다.

이러한 라이선스를 획득하고 특허 지원서를 작성하는 업무의 복잡성과 규모는 공공과 학자들이 기술의 상업적 이용을 위한 독점 라이선스의 대응으로 Sygenta와 같은 상업적 파트너와 특허관련 작업에 연관있게 만들었다(상업적 이용은 황금쌀로부터 생기는 USD10 000를 초과하는 수입으로 정의한다).

다행히도 인도적인 목적을 위한 free license는 최소한 부분적으로 현명한 이기심을 가진 생명공학 기업들의 관여 때문에 주로 IPRs 소유자들에 의해 수여되어 왔다. 황금쌀은 생명공학기업들에 의해 대중들의 GM 작물에 대한 인식을 향상 시킬수 있는 가치있는 중요 프로젝트(flagship project)라고 여겨졌다(BOX 10.4). 하지만, 이 프로젝트의 인도적 목적에 대한 대중들의 많은 부정적인 시선과 의구심이 있었다.

다음 문제는 황금쌀 개발자들의 기술이전에 관한 것이었다. 황금쌀은 스위스에 위치한 실험실에서 japonica rice계통의 일련의 연속적인 실험을 통해 개발되었다. 이들 계통은 다른 품종의 쌀을 재배하는 국가에서는 생육이 불량하므로 지역적으로 적응된 품종이 개발되어 왔다. 따라서, indica line에 황금쌀의 특정 형질을 도입하는 연구와 같은 수많은 연구가 있어 왔다. 이러한 기술이전을 돕기위해 **Golden Rice Humanitarian Board**가 설립되었다. 이 이사회는 지역 각각의 필요성에 대한 적절한 평가와 황금쌀의 최적 사용을 위한 체제를 개발하였다. 쌀을 소비 시장에 출시하기 전에 생물학적 이용성, 식품안정성, 알레르기 유무 등을 공동으로 평가하였다. 오직 GM 작물을 지역적 법과 규칙에 따라 적절한 관리와 사용이 가능한 공공연구기관에서만 Golden Rice material이 사용되었다. 이러한 연구소들은 황금쌀의 특성을 지역 엘리트 품종에 전통적 육종법이나 *de novo* 형질전환을 이용해서 도입할 것이다. 사회경제적, 환경적 효과에 관한 연구 역시 이러한 기술의 가난한 지역으로 보급시 어떠한 환경적 영향이나 파괴를 유발하지 않는다는 것을 보장하기 위해 수행될 것이다. 인도는 이러한 기술이전 과정에서 선두적인 역할을 하며, 다른 후속국가에 모델국가로서의 역할을 하고 있다.

황금쌀부터 biofortified Rice까지

황금쌀 개발 프로젝트와 humanitarian board에 속한 사람들은 황금쌀을 능가하는 다른 비타민의 함량과 미량 영양소의 함량이 강화된 **biofortified rice** 개발을 전망하고 있다. 이러한 목적 중 하나는 전통육종법이나 GM 기술을 이용하여 철분(Fe)과 아연(Zn)이 곡물에 강화된 벼 품종을 개발하는 것이다. 철분 부족은 쌀을 주식으로 하는 국가에서 주로 발생하며 전 세계인구의 약 30%가 철분이 부족하며, 이는 국제적 영양불균형의 주요 문제점 중 하나이다. 철분부족을 유발하는 주요 원인 중 하나는 벼의 도정이다. 도정이란 쌀 낱알의 최외곽층을 제거하여 이 층에 함유된 지방산 산화를 방지하여 쌀의 부패를 방지하기 위해 실시한다. 불행히도 이 최외곽층에는 미량원소와 비타민 또한 축적되어 있어 도정된 쌀에서는 철분, 아연, 비타민, 미량원소의 함량이 매우 낮다. 철분과 아연 함량에 대해 연구하는 다른 목적은 이들 영양소가 내장에서 프로비타민 A의 흡수를 돕는 역할을 하기 때문이다.

쌀의 낱알에 유전적 조절을 이용한 철분과 아연을 축적시킨다는 실험적 전략은 철분을 무독성의 생물학적으로 이용가능한 형태로 고정 및 저장하는 콩의 ferritin 유전자의 endosperm-specific expression을 이용함으로써 가능하게 된다. 이러한 전략은 이미 여러 형질전환 벼에서 성공하였다. 다른 방법으로는 섭취 시 철분의 흡수를 방해하는 phytic acid를 분해하는 phytase가 즉각적으로 충분히 생성되도록 조절하는 것이다. 벼에서 cysteine-rich 단백질의 발현은 또다른 철분의 생물학적 이용가능성을 향상시키는 방법이다.

tocopherols와 tocotrienols 두 가지 그룹(9장 참조)으로 구성된 양친매성 분자의 복합체 비타민 E(tocochromanols)의 함량을 향상시키는 것 또한 다른 목적 중 하나이다. α-tocopherol은 간에서의 보유성 때문에 비타민 E 활성이 가장 높게 나타난다. tocochromanols는 hydrophobic prenyl tail group(isoprenioid 대사경로에서 합성 그림 10.7 참조)이 aromatic homogentisic acid head group(shikimate/prephenate 대사경로를 통한 타이로신(tyrosine)으로부터 합성, BOX 5.2)과 결합하면서 형성된다. 토코페롤 합성과 관여된 핵심 효소와 함량 증가를 위한 형질전환적 접근법은 모델 식물인 애기장대에서 모두 진행되었다. 다른 방법은 aromatic head group: homogentisic acid의 유동을 증가시키는 것이다. 2개의 효소들이 타이로신을 homegentisic acid로 변환시키는데 관여한다: p-hydroxyphenylpyruvate (HPP)와 HPP dioxygenase(HPPD)을 생산하는 tryosine amino transferase. HPPD는 tocopherol의 흐름을 조절하는 핵심 효소로 예상되지만, HPPD나 tyrosine amino transferase의 형질전환 실험결과 tocopherol 함량의 증가는 거의 없었다. 하지만 yeast TyrAgenerhk HPPD 유전자를 같이 도입하였을 경우 담뱃잎에서 8배, 애기장대의 종자에서 2-3배 증가하였다. *TyrA*는 prephenate를 바로 HPP로 변환시키고, tyrosine에 의한 arpgenate dehydrogenase의 feedback inhibition을 우회하는 prephenate dehydrogenase을 암호화한다(BOX 5.2 참조). 고농도의 homogentisic acid의 oxidative polymerization 때문에 형질전환 종자는 검은색이며, 발아율은 불균일하다. homogenisateprennyltransferases에 의한 tocochromanol 합성 첫 번째 단계를 목표로하는 전략도 있다. phytyl diphosphate를 homogentisic acid로 이동시키는 homogentisate prenyltransferases를 암호화하는 *Arabisopsis VTE2* 유전자의 과발현으로 형질전환 애기장대에서 전반적인 토코페롤 함량의 증가가 발생하였다. *VTE2*와 *VTE4*(encoding γ-tocopherol methyl transferase)가 공동 발현된 애기장대 종자에서 γ-tocopherol이 α-tocopherol로 변환되어 약 12배 비타민 E 활성이 증가하였다. 이러한 전략은 콩에서 tocopherol 함량을 향상시키기 위해 적용되었다. TyrA, HPPD, VTE2의 공동발현으로 콩의 종자유에서 약 11배 비타민 E 활성이 증가하였다.

다른 비타민 함량을 증가시키기 위한 연구들도 진행되었다. 예를들어, 밀 dehydroascorbate reductase의 발현으로 담뱃잎, 옥수수낱알에서 비타민 C 함량이 2-4배 증가하였고 또한 glutathione도 증가하였다(9장 참조). GTP cyclohydrase-1을 encoding하는 *Escherichia coli folE* 유전자의 발현에 의해서 애기장대의 엽산함량이 증가하였다. 이 효소는 pterin synthesis의 첫 번째 단계와 unregulating bacterial 효소의 발현에서 촉매작용을 하여 약 1,250배의 pterins 함량증가와 2-4배의 folate 증가를 보였다. 이러한 영양적 요소가 강화된 다양한 샘플들은 국제연구협력, 더 나은 영양학적 가치를 위한 공통된 육종목표와 biofortified 작물의 분배를 담당하는 implementing agencies로써 HarvesPlus의 목적과 일치한다.

영양강화를 위한 식물단백질구성 공학기술

● 식물을 먹는 것이 건강에 좋다는 우리의 견해에도 불구하고 몇몇은 필수 영양소가 부족하다.

황금쌀의 예시는 주로 영양적 질의 한 부분에 국한하여 이야기하였다. 다른 목표는 식량작물의 아미노산 함량을 조절하는 유전공학기술이다. 인간은 오직 자연적으로 발생하는 10-20개의 아미노산을 합성할 수 있다. 다른 **필수 아미노산**은 식품섭취를 통해 얻는다. 만약 특정 음식만을 섭취한다면, 섭취되는 아미노산의 균형에 문제가 발생할 수 있다. 이러한 문제는 기본적인 에너지원으로 섭취하는 곡류, 인간과 동물의 단백질 섭취에 중요한 요소 중 하나인 콩을 섭취하는 데서 발생할 수 있다. 곡류만 섭취시 lysine이 부족할 수 있으며 반대로 콩을 주로 섭취시 lysine은 충분히 섭취하지만 sulphur-containing 아미노산, methionine, cysteine의 섭취가 제한된다. 동물은 methionine을 cysteine으로 변환시킬수 있다. 그러나 반대방향으로는 불가능하기 때문에, methionine 함량의 증가에 따른 황 함유 아미노산(sulphur-containing amino acid)의 감가상각분이 발생할 수 있다. 형질전환은 주로 몇몇 다른 아미노산 함량의 증가에 관한 연구였으며, 여기서 몇 사례를 살펴보도록 하자. 하나의 접근법은 sulphur-poor 단백질을 분리하고 이들의 sulphur-containing 아미노산 핵산 염기서열을 수정하거나 강화하는 방법이다. 위 연구는 *Phaseolus vulgaris*로부터 β-phaseolin, *Vicia faba*로부터 vicilin을 추출한 단백질들을 수정하거나 강화하였지만, 이것은 불안정하거나 methionine 함량이 실용적으로 사용하기에 매우 적었다. 더 성공적인 다른 방법은 high sulphuric 아미노산 함량을 포함하는 단백질이 암호화된 완전히 가공된 유전자를 제조하는 것이었다. 13%의 methionine 잔여물을 포함하는 1개의 전체적인 합성 단백질이 고구마에서 성공적으로 발현되었다. 몇몇 mehionine-rich 단백질들이 옥수수(21-kDa zein 28% methionine; 10-kDa zein, 23% methionine), 벼(10-kDa prolamin, 20% methionine), 해바라기(2S sunflower seed albumin, 16% methionine, 8% cysteine), 브라질넛(Brazil nut albumin, 18% methionine, 8% cystenine)에서 확인되었다. 이러한 단백질들을 위한 유전자들은 곡류와 콩이 혼합된 가축사료의 sulphur-containing 아미노산을 증가시키기 위해 많은 작물(옥수수, 콩, 유채, 루핀)에 도입되었다. 종(species)간 단백질 유동과 관련된 중요한 문제점은 Brazil nut albumin이다; 브라질넛의 잠재적인 알레르기 항원과 관련된 단백질이다. Brazil nut albumin containing 형질전환 식물체의 종자에도 이러한 특성이 발견되었다. 이러한 결과 이 작물들은 식용상업화 되지 못하였고 이 시기에 식량작물안정성에 관한 논쟁이 뜨겁게 이루어졌다. 이러한 연구와 연관된 몇몇 문제점들은 바로 단백질의 안정성과 식물안에서의 국소화에 관한 점이다. 이러한 부분은 벼와 같은 곡류의 배유에 high-lysine 단백질의 발현과 관련하여 설명할 수 있다. 사용될 수 있는 단백질의 타입과 어떻게 단백질이 배유(grain)에 국소화되는 가에 관한 중요한 요점, 어떠한 이유에서건 이소성의 단백질발현이 발생할 시기에 관해 고려해야만 한다는 과제를 남겨두게 되었다. 곡류의 배유에서 저장단백질은 주로 최종적으로 분화된 세포의 단백질-저장 액포에 축적되며, protein bodies는 즉각적으로 endoplasmic reticulum(ER)안에서 조합된다. 예를들어, 벼의 경우 두 가지 대표적인 저장단백질 형태가 있다. ER의 lumen에서 분비물들에 의해 형성되는 prolamins와 Glutelins(11S globulins와 관련됨). 종자 단백질의 최대 80%를 구성하는 glutelins는 rough ER에서 합성되며, protein-storage 액포로 이송된다. 최근 rough ER polysomes에서 두 가지 형태의 단백질을 코딩하는 mRNA가 발견되었다. 그러나 prolamin transcripts는 우선적으로 prolamin-containing bodies 주위의 membrane에 위치하였으며, 이와는 대조적으로 glutelin mRNAs 는 주로 cisternal ER의 polysomes와 연관되어 있었다.

콩의 lysine-rich 단백질이 벼의 배유에서 발현되게 하는 한 가지 흥미로운 연구가 진행되었다. 발현을 최적화하고 국소화(localization) 확인을 위해 선택된 콩 단백질은 11S globulin family의 member인 glycinin이었다. glycin의 중요한 특징은 콩에서의 저장과 process가 벼의 glutelins의 것과 매우 유사하다는 것이다. 형질전환 벼를 분석하였을 때, 두 globulins(glutelin, glycinin)이 발현되고 정확하게 의도된 분별력있는 크기의 복합체를 형성하였다. 만약 이러한 결과를 얻지 못하였으면, 적절한 단백질 수준을 얻지 못하였을 것이다. 콩의 glycinin 단백질의 다른 흥미로운 점은 만약 이 단백질이 하루에 6g 이상 식품으로 섭취되었을 때 hyporcholesterolaemic effect(콜레스테롤 감소)에 영향을 준다는 점이다. 따라서, 벼에서 이 콩 유전자의 발현은 두 가지 이로운 점이 있다; endosperm 단백질 안의 lysine의 양을 대량으로 증가시킨다. 식품섭취에 의한 soybean globulins는 콜레스테롤(cholesterol)의 감소를 유도한다.

● 몇몇 접근법들은 아미노산 함량의 증가를 위해 조합될 필요가 있다.

더 많은 proteomic 정보가 현재 이용가능해지면서, 다른 접근법들이 현실가능화되었다. sulphur-containing 아미노산의 양에 영향을 미치기 위해서 합성경로 조절이 고려되었다. 예를들어, 알팔파(*Medicago sativa*)의 methionine 수준을 증가시키기 위해, methionine 대사경로의 첫 번째 효소로 암호화된 *Arabidopsis* cystaathionineγ-synthase 유전자(*AtCGS*/*AtCγS*)을 잎에서 발현하게 하는 *Arabidopsis* ribulose-1,5-bisphosphate carboxylase/oxygenase(Rubisco) small subunit 프로모터와 연계하여 도입하였다. 이것은 흥미로운 결과를 보였다: 수용성 단백질 잔해와 통합된 methionine의 양이 증가하였고, 뿐만아니라 protein-bound cysteine의 양도 증가하였다. 다른 핵심 효소들은 조절을 위한 targete들이다. Aspartate는 필수아미노산인 lysine threonine, methionine, isoleucine의 공통적인 precursor이다. 이들 대사경로들의 초기단계 조절은 아미노산 함량의 조절을 향상시킬 수 있다. 옥수수 β-zein과 같은 high-methionine 단백질의 알팔파로 도입하였을 때 필연적인 더 높은 수준의 sulphur-rich proetien synthesis를 유도하지 않았다. 다소, methionine의 pool은 발현의 증가를 위해 제한적이어야만 한다. AtCGS 유전자의 통합을 포함하는 단백질의 이중적 접근은 통합을 향상시켰다.

광합성강화를 통한 작물생산성의 유전적 조절

● 광합성은 쉽게 조절이 불가능한 복잡한 시스템이다.

작물생산성은 빛과 광합성의 암반응에서 발생하는 빛의 사용가능한 에너지(이산화탄소가 탄소로 ATP, NADPH)로의 변환(light harvesting, electron transport)에 전적으로 영향을 받는다(이산화탄소가 탄수화물로 전환됨; 그림 10.9). 이러한 반응은 주로 잎의 엽록체(chloroplast)에서 발생하고 효율은 주로 고정된 탄소를 이용하는 sink 조직과 기관의 능력에 영향을 받는다. 이 과정은 이 책의 범위밖의 매우 복잡한 과정이다. 그러나 몇몇 연구는 생명공학적 기술과 방법을 이용한 광합성 강화의 잠재성에 대해 조사하고 있다. single 유전자의 도입은 지속적인 생산 증가를 야기하지 않는다는 것은 명확한 사실이다. 그러나 몇몇 예시들이 생리학적인 상호반응의 복잡성을 조절하는 잠재성에 관해 간단하게 말해준다. electron transfer, photoprotection나 photoacclimation의 과정, light harvesting 등의 직접적인 조절은 본 교재에서는 다루지 않겠다.

light harvesting과 assimilate distribution: phytochromes

농경지나 자연환경에서 식물이 생육할 때, 심지어 낮시간에도 항상 최적의 광조건이 아니다. 양, 방향, 지속시간, 입사광조사 등의 변화에 직면한다. 식물들은 광합성에 이용가능한 에너지 획득에 최적화된 메커니즘(mechanism)을 갖도록 진화되었다. 밀식재배지역이나 응달 조건에서 식물은 그늘에 대한 반응을 보인다. 식물은 그늘을 형성하는 식물보다 웃자라기 위해 줄기나 엽병의 신장을 증가시키는 이용가능한 자원을 사용한다; 엽록소의 감소, 잎이 두꺼워지는 현상이 나타난다. Assimilates는 저장보다는 광합성을 위한 최적의 광조건을 재정비하는 데 사용되기 때문에 농업적 관점으로부터 이러한 그늘 반응은 생산성에 관한 중요한 암시들을 가진다. 이러한 단백질들(쌍자엽에 이러한 Phy 단백질들이 최소 5개 이상 존재한다)중 phytochrome(Phy) family가 가장 특정화된 단백질이다. 그들은 조사광의 수준과 질을 감지할 수 있으며, 그 다음 유전자 발현을 조절하는 연속적인 signal transduction 대사경로를 통해 생육과 발달을 조절한다. Phy 단백질들은 photochromic 단백질들이다; 그들은 tetrapyrrolechromophore와 연결된 protein moiety를 가지며, 두 가지 형태로 존재할 수 있다: 생리학적 불활성(P_R, red-light abdorbing), 활성(P_{FR}, far-red-light absorbing). 이러한 형태들은 각각 red와 far-red light에 의해 상호보완적인 상태가 된다. 잎의 photosynthetic pigments는 대부분의 가시광선(400-700nm)을 흡수하지만 700nm가 넘는 광(far-red, 700-800nm)은 반사한다. 이것은 식물밀집지역에서 far-red radiation의 high proportion을 야기한다. phytochromes의 평형상태가 불활성의 형태로 이동하였기 때문에 식물은 이를 통해 이러한 파장과 다른 식물의 인접함을 인

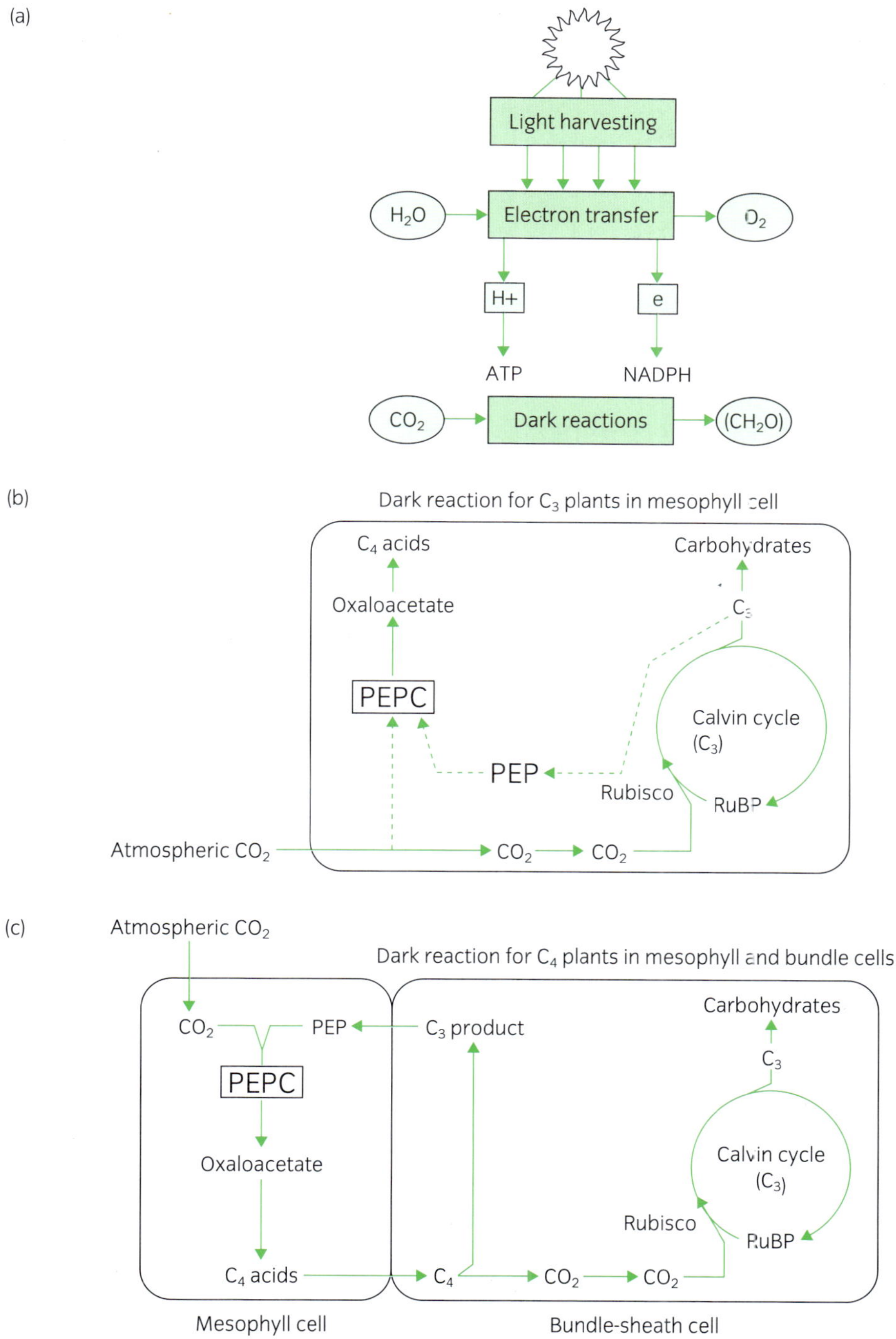

그림 10.9 광합성. (a) 광합성은 다양한 단계로 나눌 수 있다: light harvesting과 electron transfer, 빛에너지가 유용한 화학에너지(ATP, NADPH)로 전환; 이산화탄소가 고정되는 명반응으로 나뉜다. (b) C_3식물은, mesophyll cell(굵은 화살표)의 엽록체 안에서 칼빈회로(C_3 cycle)의 부분으로써 Rubisco (ribulose-1,5-bisphosphate carboxylase/oxygenase)에 의해 고정이 이루어진다. (c) C_4식물에서는 이산화탄소 고정이 phosphoenolpyruvate (PEP) carboxylase(PEPC)를 통해 malate, aspartate와 같은 C_4 acid를 형성하기 위해서 mesophyll cell들에서 발생한다. 이들은 C_4 acid의 metabolism이 일반적인 C_3 cycle의 Rubisco에 의해 사용되는 높은 농도의 이산화탄소를 발생시키는 인접한 bundle-sheath cells로 이동되어 진다. PEPC를 포함하는 형질전환 C_3식물에서는 (b), 기존의 C_3 cycle과 C_3 precursor를 calvin cycle로부터 빼내 탄수화물로의 고정을 제한하는(점선화살표) PEPC간의 충돌이 발생한다. RuBP, ribulose 1,5-bisphophate(in part redrawn with permission from Edwards, G.(1999) Tuning up crop photosynthesis. *Nature Biotechnology* 17, 22-23.).

지한다. 이 반응과 관련된 2개의 주요 phytochrome은 PhyA와 PhyB이다. PhyA는 암조건에서 축적되며 labile PFR from으로 흡수된 red light에 의해 빠르게 분해된다. 이럼에도 불구하고 지속적인 far-red light의 감지와 shade-avoidance response를 약화시키는 역할을 한다. PhyB는 적색광을 감지하고 고광도 조건(high relative proportions of red light)에서 shade-avoidance response를 억제하는 형태인 active form으로 변환된다.

phytochromes의 조절은 광합성과 assimilate distribution에 pleiotropic effects를 가지는 일반적인 접근법이다. 이러한 시스템의 분석은 phytochrome 조절이 광합성에 중요한 결과와 sink-source relationship을 가지는 것처럼 보이는 제안을 한다(phytochromes는 광합성과 관련된 많은 유전자들을 공동적으로 조절한다). 따라서, PhyA와 PhyB가 이소적이게 둘 다 발현하는 많은 다른 형질전환 식물들이 개발되어왔고 다른 흥미로운 효과들이 관찰되어 왔다. 매우 높은 수준에서의 phytochrome 발현은 식물의 성장에 매우 큰 영향을 주지만, 식물밀집재배지역에서 phytochrome에 의해 수확지수가 향상된 개체의 선별이 가능할 것이다. 몇몇 자세한 예시를 아래에서 다루어 볼 것이다.

일련의 실험에서 귀리(oat) PHYA cDNA가 과발현되게 조작된 담배를 다섯단계의 밀집강도에서 재배하였다. 밀집강도가 높은 처리구에서 야생형의 담배는 shade response를 보였는 데 이것은 식물이 일반적으로 밀집강도가 낮은 처리구에 비해 키가 더 크다는 것을 말한다. 형질전환 개체에서는 밀집강도가 낮은 처리구에서 줄기가 신장하였다; 따라서, 밀집강도가 높을 때 상대적으로 강도가 낮은 처리구에 비해 dwarfed 식물이었다. 이소적이게 발현하는 PhyA는 far-red light의 반응에서 나타나는 shade response 반응을 억제하지만 PhyA는 실제로 최적의 광조건에서 정상적인 줄기신장률보다 낮은 줄기신장을 보인다. 평균적인 생산량에 효과는 없었지만, assimilated는 수확지수의 약 20% 증가와 잎의 생성할당의 강화를 보였다. 따라서, 이러한 접근의 이로운 결과는 밀식재배지역에서 줄기의 생육을 조절하지는 못하지만 잎의 생성과 저장은 조절이 가능했다.

비슷한 왜성효과는 이소적으로 발현하는 *Arabidopsis PHYB* 염기서열이 도입된 형질전환 감자 실험에서도 확인할 수 있다. 하지만 phytochrome의 과발현은 또한 엽록체의 증가와 전반적인 잎면적당 광합성지수를 증가시켰다. 광합성은 신장된 광 스트레스 아래서 photoinactivation에는 덜 민감하다. 비록 엽록소분해와 같은 잎의 노화는 지연되지 않았지만, photo-synthetic activity 기간의 연장을 야기하였다. 광합성율과 photo-synthetic activity 기간의 연장은 biomass의 증가를 야기하였다. 이것은 extended underground organs(roots/shoots)와 많은 작은 괴경(tuber)들을 이용하여 증명할 수 있다. 실제로 괴경생산량은 약 50%(무게 기준) 증가하였다.

이러한 접근법의 pleiotropic 특성은 잎의 노화를 지연시킴으로써 photosynthetic

period를 연장하는 전략과 다소 겹치는 부분이 있다. 하나의 그런 전략은 *Agrobacterium* cytokinin biosynthetic 유전자 ipt의 발현을 유도하는 sensecence-related SAG12 promoter(*SAG*, senescence-activated 유전자)가 도입된 형질전환 식물체 생산과 관련있다(3장 참조). 잎의 노화가 개시되며 *ipt* 유전자의 발현 스위치가 켜지고, 그것에 의해 잎의 cytokinin level이 증가한다. 이것은 노화를 지연시키고 엽록체함량을 유지하게 한다. 연장된 photosynthetic activity 기간은 assimilate production의 증가를 기대하게 한다. 하지만, 질소대사와 관련된 문제가 발생할 수 있을지도 모른다는 점에서 이러한 전략이 성공적인지 아닌지는 불투명하다. 노화하는 잎에서 질소를 방출하는 것은 곡류에서의 grain filling과 같은 다른 developmental processes에서 요구되는 것이기 때문에 잎 안에서의 질소 유지는 유익하지 않아 보인다. 다른 연구들에서 *ipt* 유전자의 sink 크기, 강도 증가의 목적을 가지고 developing endosperm에서 발현되는 것을 확인하였다. 이것은 종자의 크기와 assimilate 함량의 증가를 야기하였다.

광합성의 직접조절: 암반응의 강화

광합성과 assimilate storage의 순전한 복잡성은 생산량을 증가하는 것이 핵과 엽록체 전체를 강화시키는 유전자들의 전체 모음이 필요하다는 것을 의미한다. phytochrome과 *ipt* 접근법은 이 두 가지 방법이 이소적 효과를 가진다는 점에서 이러한 점을 가능하게 한다. 작물별로 특화된 기술과 전략이 요구될 것이다. 이것은 우리가 다음 장에서 다룰 C_3, C_4 식물(이산화탄소 고정과정에서 식물이 사용하는 것이 3탄당인지, 4탄당인지에 따라 분류)의 경우와 유사하다. 하지만, 대사경로 안의 제한적 단계를 알아내는 것은 생산량 증가를 가능하게 한다. C_4 식물의 경우 C_4 photosynthetic 대사경로의 첫 번째 단계에서 촉매역할과 mesophyll cytosol에서 대기 중의 CO_2를 중탄산염(bicarbonate)로 변환하는 carbonic anhydrase는 대사경로의 정상적인 작동을 위해서 필수적이다. 또한, 최근에 담배에서 칼빈 회로(Calvin cycle)(C_3 cycle; 그림 10.9b)의 두 효소가 제한된다는 것을 발견하였다. 칼빈 회로의 모든 효소들은 CO_2 고정률의 지속적인 유지를 위해 요구되는 수준 이상으로 존재한다. 하지만, fructose-1,6-bisphosphatase(FBPase)와 sedoheptulose-1,7-bisphosphate(SBPase)의 수준은 칼빈 회로의 다른 효소들보다 매우 낮다. 엽록체 목적 single 유전자가 도입된 담배(dual-function cyanobacterial fructose-1,6/sedoheptulise-1,7-bisphosphate)에서 광합성효율과 생육특성이 강화되었다. 건물중과 phothocynthetic CO_2 고정은 비형질전환 담배와 비교하여 각각 형질전환 식물체에서 1.5배, 1.24배 높게 나타났다. Rubisco 활성은 증가되었고 칼빈회로 intermediates와 탄수화물 축적 또한 높게 나타났다. 이러한 결과들은 증가된 metabolic flux와 연관된 것으로 생각되며, 그 효소들이 담배의 photosynthetic 대사경로 제한한다는 전제를 증명하고 있다.

Rubisco 효소의 효율 증가의 가능성을 조사하기 위해 환경스트레스로부터 보호하거나 효소 자체에 관련한 많은 연구들이 있었지만, 가장 도전적인 접근법은 C_4 photosynthetic 대사경로의 다양한 효소들을 C_3 식물로 도입하는 것이었다. 밀, 귀리, 콩을 포함하는 C_3 식물은 잎에 mysophyll cell들을 포함하는 엽록체를 가진다. 이산화탄소는 이 엽록체 안에서 칼빈회로의 부분인 Rubisco를 통해 분해되며(그림 10.9b), 이것으로부터의 첫 번째 산물은 C_3 molecule 3-phosphoglyceric acid 이다. 이것은 rate-limiting factor가 될 수 있는 C_3 식물의 이산화탄소 농도에 매우 부적합한 시스템이다. 또한, Rubisco는 산소를 최종적으로 광호흡(photorespiration)을 야기하는 ribulose 1,5-bisphosphate와의 반응을 위한 대체체로서 사용할 수 있다(미토콘드리아에서 이산화탄소방출을 야기하는 C_3 molecules의 대사). 필수적으로 산소는 Rubisco에 의한 이산화탄소 고정을 고려해볼 때 효과적인 inhibitor이다. 게다가, 고온상태에서 Rubisco의 이산화탄소 이용이 감소하고 수분스트레스(기공이 닫혀서)는 이산화탄소의 잎으로 확산에 대한 저항을 증가시킨다. 옥수수와 사탕수수같은 C_4 식물에서 두 가지의 choloroplast-containing cell들이 이산화탄소 assimilation에 관여한다. 이산화탄소는 먼저 phosphoenolpyryvate carboxylase(PEPC; 그림 10.9c)에 의해 mesophyll cell에 고정된다. 그 다음 C_4 대사경로가 이용가능한 이산화탄소의 농도를 높이고 후에 Rubisco에 의해 사용되는 associated bundle-shaeth cell들로 C_4 acids가 이동한다. 이 시스템은 C_3 시스템이 적응 불가능한 모든 조건에서 매우 효율적이다.

최근에 complete maize PRPC 유전자(옥수수는 C_4 식물이다)을 벼(C_3 식물)에 도입하여 놀라운 결과를 얻었다. 얻어진 많은 벼에서 옥수수보다 2-3배 높은 발현을 보였으며 효소는 총 leaf 단백질의 12%까지 차지하였다. 가장 중요한 발견은 형질전환벼에서 광합성의 산소반응성이 감소한 것이다. 이유는 명확히 밝혀지지 않았지만 maize 효소에 의한 탄소고정이 Rubisco에게 이산화탄소 공급을 증가시켰다는 것을 보여준다. 이 실험에서 photosynthetic 대사경로들의 다른 단계의 조절가능성을 확인할 수 있었다. 그러나, PEPC 유전자 발현이 단점을 가지기 때문에 이러한 프로세스는 매우 어려운 과정일 것이다. C_4 대사경로의 다른 효소들의 부재속에서 PEPC의 발현은 탄수화물에서 탄소를 빼내기보다 C_4 acid의 것을 사용하기 때문에 작물생산성의 감소를 유발한다(그림 10.9b).

요약

이 장에서 생산성과 품질에 관련된 특징의 유전적 조절에 관한 많은 구체적인 예시들을 살펴 보았다. 토마토성숙조절은 이 장의 주제와 관련된 많은 기술과 접근법을 다루기 때문에 좀 더 심도있게 다루었다. 토마토 성숙은 내재성 유전자 expression을 조절하기 위해 안티센스 기술을 이용한 초기 시스템들 중 하나이며 이러한 기술을 이용하여 효소활성이 야생종에 비해 1% 미만을 보이는 결과를 얻었다. 안티센스 techniques는 성숙과정(PG)의 특정 유전자의 역할을 확인하거나 성숙관련 유전자(ACC oxidase)들을 확인하는데 사용되었다. 이 기술은 또한 다른 상업적 목적과 성숙을 조절하기 위해서도 사용되었다. 이 시스템에 관한 이후의 연구들에서 내재성 유전자의 발현이 센스 구성체에 의해서도 저해된다는 것과, co-suppression 현상은 유전적 조절의 목적으로 사용이 가능하다는 것을 확인하였다. 중요한 유전자들 중 3개가 실험적인 서로 다른 분야의 유전적 조절을 목적으로 확인되고 사용되었다. PG의 조절은 식물안에서 관련된 다른 과정에 매우 적은 영향을미치는 single 유전자의 유전적조절가능성을 확인하였다; 과실연화는 다른 성숙과정들에게 끼치는 영향없이 조절이 가능하다. 이와 대조적으로 regulatory 대사경로(에틸렌 production)의 조절은 성숙의 전반적인 과정에 많은 영향을 끼친다. 세 번째 예로서, phytoene synthase는 식물의 complex biochemical 대사경로 조절의 잠재성과 위험성에 대해 보여주었다. 이러한 잠재성은 인상적이게도 황금쌀 개발에 사용되었다. 영양학적 요소의 강화를 아미노산 함량과 관련하여 살펴보았다. 이 분야는 plant 대사경로에 관한 정보를 제공하는 metabolomic 연구로써도 이용 가능하다.

photosynthetic 대사경로의 강화에 관한 몇몇 주요 연구를 이 장에서 소개하였다. 이러한 연구들은 명반응의 조절에 의해 생산량의 증가가 가능하다는 것을 증명하였다. 하지만 이것은 급진적인 과정의 결과가 아니며, 이 분야에 대한 더 많은 기본적인 연구가 필요하다는 것을 보여주었다. 몇몇 연구에서 어떻게 광합성의 명반응 조절이 가능한가에 관한 이해가 진행중이다. 다시 말해서 이분야는 매우 복잡한 영역이며 더 많은 기본적인 연구가 light harvesting이나 광합성의 energy-production 요소들의 조절을 통한 생산량의 최적화 조건 등을 규명하는 것이 요구된다.

FURTHER READING

Visit www.oxfordtextbooks.co.uk/orc/slaterplants2e/ for hyperlinked references that take you directly to online abstracts for the journal articles listed below:

Crop yield and quality

Chapple, C. and Carpita, N. (1998) Plant cell walls as targets for biotechnology. *Current Opinion in Plant Biology* **1**, 179–185.

Mazur, B., Krebbers, E., and Tingey, S. (1999) Gene discovery and product development for grain quality traits. *Science* **285**, 372–375.

Tomato ripening

Bouzayen, M., Hamilton, A., Picton, S., Barton, S., and Grierson, D. (1992) Identification of genes for the ethylene-forming enzyme and inhibition of ethylene synthesis in transgenic plants using Antisense genes. *Biochemical Society Transactions* **20**, 76–79.

Grierson, D. and Covey, S. (1988) *Plant Molecular Biology*, 2nd edn. Blackie, Glasgow.

Grierson, D. and Schuch, W. (1993) Control of ripening. *Philosophical Transactions of the Royal Society London Series B* **342**, 241–250.

Hamilton, A. J., Lycett, G. W., and Grierson, D. (1990) Antisense gene that inhibits synthesis of the hormone ethylene in transgenic plants. *Nature* **346**, 284–287.

Smith, C. J. S., Watson, C. F., Ray, J., Bird, C. R., Schuch, W., and Grierson, D. (1988) Antisense inhibition of polygalacturonase expression in transgenic tomatoes. *Nature* **334**, 724–726.

White, P. J. (2002) Recent advances in fruit development and ripening: an overview. *Journal of Experimental Botany* **53**, 1995–2000.

The Green Revolution

Ait-ali, T., Rands, C., and Harberd, N. P. (2003) Flexible control of plant architecture and yield via switchable expression of *Arabidopsis gai*. *Plant Biotechnology Journal* **1**, 337–343.

Alvey, L. and Harberd, N. P. (2005) DELLA proteins: integrators of multiple plant growth regulatory inputs? *Physiologia Plantarum* **123**, 153–160.

Chrispeels, M. J. and Sadava, D. (2003) *Plants, Genes and Crop Biotechnology*, 2nd edn. Jones and Bartlett Publishers, London.

Peng, J. R., Richards, D. E., Hartley, M. N., Murphy, G. P., Devos, K. M., Flintham, J. E., Beales, J., Fish, L. J., Worland, A. J., Pelica, F., Sudhakar, D., Christou, P., Snape, J. W., Gale, M. D., and Harberd, N. P. (1999) 'Green Revolution' genes encode mutant gibberellin response modulators. *Nature* **400**, 256–261.

Golden Rice

Al-Babili, S. and Beyer, P. (2005) Golden Rice—five years on the road—five years to go? *Trends in Plant Science* **10**, 565–573.

Mayer, J. E. (2005) The Golden Rice Controversy: useless science or unfounded criticism? *BioScience* **55**, 726–727.

Paine, J. A., Shipton, C. A., Chaggar, S., Howells, R. M., Kennedy, M. J., Vernon, G., Wright., S. Y., Hinchcliffe, E., Adams, J. L., Silverstone, A. L., and Drake, R. (2005) Improving the nutritional value of Golden Rice through increased pro-vitamin A content. *Nature Biotechnology* **23**, 482–487.

Potrykus, I. (2001) Golden Rice and beyond. *Plant Physiology* **125**, 1157–1161.

Ye, X., Al-Babili, S., Kloti, A., Zhang, J., Lucca, P., Beyer, P., and Potrykus, I. (2000) Engineering the provitamin A (β-carotene) biosynthetic pathway into (carotenoid-free) rice endosperm. *Science* **287**, 303–305.

Biofortification

Bouis, H. E., Chassy, B. M., and Ochanda, J. O. (2003) Genetically modified food crops and their contribution to human nutrition and food quality. *Trends in Food Science and Technology* **14**, 191–209.

Chen, Z., Young, T. E., Ling, J., Chang, S.-C., and Gallie, D. R. (2003) Increasing vitamin C content of plants through enhanced ascorbate recycling. *Proceedings of the National Academy of Sciences USA* **100**, 3525–3530.

DellaPenna, D. (2005) Progress in the dissection and manipulation of vitamin E synthesis. *Trends in Plant Science* **10**, 574–579.

Hossain, T., Rosenberg, I., Selhub, J., Kishore, G., Beachy, R., and Scheubert, K. (2004) Enhancement of folates in plants through metabolic engineering. *Proceedings of the National Academy of Sciences USA* **101**, 5158–5163.

Karunanandaa, B., Qi, Q., Hao, M., Baszis, S. R., Jensen, P. K., Wong, Y.-H. H., Jiang, J., Venkatramesh, M., Gruys, K. J., Moshiri, F., Post-Beittenmiller, D., Weiss, J. D., and Valentin, H. E. (2005) Metabolically engineered oilseed crops with enhanced seed tocopherol. *Metabolic Engineering* **7**, 384–400.

Lucca, P., Hurrell, R., and Potrykus, I. (2001) Genetic engineering approaches to improve the bioavailability and the level of iron in rice grains. *Theoretical and Applied Genetics* **102**, 392–397.

Welch, R. M. and Graham, R. D. (2004) Breeding for micronutrients in staple food crops from a human nutrition perspective. *Journal of Experimental Botany* **55**, 353–364.

Enhancement of photosynthesis

Ku, M. S. B., Agarie, S., Nomura, M., Fukayama, H., Tsuchida, H., Ono, K., Hirose, S., Toki, S., Miyao, M., and Matsuoka, M. (1999) High-level expression of maize phosphoenolpyruvate carboxylase in transgenic rice plants. *Nature Biotechnology* **17**, 76–80.

Miyagawa, Y., Tamoi, M., and Shigeoka, S. (2001) Overexpression of a cyanobacterial fructose-1,6-sedoheptulose-1,7-bisphosphatase in tobacco enhances photosynthesis and growth. *Nature Biotechnology* **19**, 965–969.

Raines, C. R. (2006) Transgenic approaches to manipulate the environmental responses of the C3 carbon fixation cycle. *Plant, Cell and Environment* **29**, 331–339.

Robson, R. H., McCormac, C., Irvine, S., and Smith, H. (1996) Genetic engineering of harvest index in tobacco through overexpression of a phytochrome gene. *Nature Biotechnology* **14**, 995–998.

Thiele, A., Herold, M., Lenk, I., Quail, H., and Gatz, C. (1999) Heterologous expression of *Arabidopsis* phytochrome B in transgenic potato influences photosynthetic performance and tuber development. *Plant Physiology* **120**, 73–81.

Enhancement of protein content

Bagga, S., Potenza, C., Ross, J., Martin, M. N., Leustek, T., and Sengupta-Gopalan, C. (2005) A transgene for high methionine protein is posttranscriptionally regulated by methionine. *In vitro Cellular and Developmental Biology—Plant* **41**, 731–741.

Herbers, K. and Sonnewald, U. (1999) Production of new/modified proteins in transgenic plants. *Current Opinion in Biotechnology* **10**, 163–168.

Herman, E. M. and Larkins, B. A. (1999) Protein storage bodies and vacuoles. *Plant Cell* **11**, 601–614.

Katsube, T., Kurisaka, N., Ogawa, M., Maruyama, N., Ohtsuka, R., Utsumi, S., and Takaiwa, F. (1999) Accumulation of soybean glycinin and its assembly with glutelins in rice. *Plant Physiology* **120**, 1063–1073.

Tabe, L. and Higgins, T. J. V. (1998) Engineering plant protein composition for improved nutrition. *Trends in Plant Science* **3**, 282–286.

Web-links

Florigene website, web-link 10.1: www.florigene.com

Golden Rice Humanitarian Board, web-link 10.2: www.goldenrice.org/index.html

HarvestPlus—Breeding Crops for Better Nutrition, web-link 10.3: www.harvestplus.org/index.html

Norman Borlaug, a listing of the best and most comprehensive online resources pertaining to Norman Borlaug, web-link 10.4: www.ideachannel.com/Borlaug.htm

11

분자농업

개요

분자농업(molecular farming, 때로 molecular pharming으로 표현)은 식물체에서 상업적 산물을 합성하는 데 활용되는 분자생물학적 기술을 적용하는 것을 나타내는 용어이다. 이 용어는 다양한 활동에 적용되기도 하는데, 식물로부터 추출하여 활용되는 산물의 생산을 증가시키는 기술과 완전히 새로운 물질을 생산하는 기술까지 포함한다. 다양한 범위의 산물이 분자농업의 대상이 되는데, 탄수화물(carbohydrate), 지방(fat), 단백질(protein) 및 이차 대사산물(secondary product)이 대상이 된다. 이 장에서는 형질전환식물체를 이용하여 생산된 다양한 물질에 대한 예를 살펴보고자 한다. 앞부분에서는 탄수화물과 지방(oil)에 관한 예에 대해 살펴보고, 형질전환식물체 자체가 대상이 되는 분자농업의 예에 대해 살펴보고자 한다. 식물체를 통해 생산된(farmed) 단백질로는 인간 및 동물의 건강을 증진하기 위한 항체(antibody), 항원(antigen) 및 의약품(biopharmaceuticals)이 있으며, 분자농업을 위한 흥미롭고 유익한 발전이 진행되고 있다. 마지막 부분에서는 대상으로 하는 물질을 분자농업을 통해 생산하는 것이 새로운 대안이 되는 이유에 대해 살펴보고자 한다.

탄수화물 및 지질

이 절에서는 식물에서 새롭거나 변형된 탄수화물 및 지방(oil, 이들의 변형체)을 생산한 예(표 11.1 참고)에 대해 살펴본다. 다양한 활용도(변형 식품 및 사료, 상업적 활용)가 있는 예를 먼저 살펴본다.

탄수화물 생산

식물체는 상업적으로 가치가 있는 다양한 탄수화물을 생산한다. 목화 및 아마 유래 섬유, 목본식물 유래 펄프, 페인트 및 폴리머 등 상업적으로 활용되는 셀룰로스(cellulose) 및 식품, 사료 및 상업적 목적으로 활용되는 전분(starch)이 식물체에 존재하는 주요 탄수화물이다. 이렇게 대량으로 존재하는 탄수화물의 생산성과 질을 개선하기 위한 생명공학적 노력이 진행되어 왔다. 또한 형질전환식물체에서의 생산이 매

표 11.1 분자농업에서 주요 대상인 탄수화물 및 지질

Compound	Origin of genes	Application	Transgenic plant
Carbohydrates			
Amylose-free starch	Potato	Food, industrial	Potato
High-amylose starch	Potato	Food, industrial	Potato
Cyclodextrins	*Klebsiella pneumoniae*	Food, pharmaceutical	Potato
Fructans	*Bacillus subtilis*	Industrial	Tobacco, potato, maize
	Jerusalem artichoke	Food	Sugar beet
Trehalose	*Escherichia coli*	Food	Tobacco
Lipids			
Medium-chain fatty acids	California bay tree	Food, detergent, industrial	Oilseed rape
Saturated fatty acids	*Brassica rapa*	Food	Oilseed rape
Mono-unsaturated fatty acids	Rat	Food	Tobacco
Polyhydroxybutyrate	*Alcaligenes eutrophus*	Biodegradable plastics	*Arabidopsis*, soybean, oilseed rape, cotton

력적이라 할 수 있는 탄수화물로는 올리고프럭탄(oligofructan), 사이클로덱스트린(cyclodextrin) 및 트리할로스(trehalsoe)가 있다(그림 11.1).

● 탄수화물은 다양한 세포 내 구획에서 합성되고 저장된다.

그림 11.2에는 이러한 화합물의 생합성 경로(biosynthetic pathway) 및 세포 내 위치(cellular location)를 표시하였다. 중요한 점은 탄수화물이 다양한 세포 내 구획(compartment)에서 합성되고 저장된다는 것이다. 전분과 이들의 변형물들은 색소체(plastid)에서 생합성되고, 식물에서 또 다른 주요 저장형의 탄수화물인 프럭탄(fructan)은 액포(vacuole)에서 생합성되고 저장된다. 당(sugar) 및 당알코올(sugar alcohol)은 세포질(cytosol)에서 생합성되고 세포에 전반적으로 분포하며, 비생물학적 스트레스(abiotic stress)에 반응한다(9장 참고). 그림 11.2에서 볼 수 있듯이, 서로 다른 탄수화물은 서로 다른 조직 및 기관에 축적된다. 예를 들어, 곡물에서 전분은 잎에 일시적으로 저장되며 종자의 배젖(grain endosperm)의 아밀로플라스트(amyloplast)에 축적된다. 하지만 일부 곡물에서 주요 저장형태인 프럭탄은 잎과 줄기에 축적된다.

사례연구 11.1 전분

주요 전분 생산 작물(곡물 및 감자)은 화학적 용도로 사용되는 전분을 생산하기 위해 재배되고 있다. 유럽과 미국에서 생산되는 약 70%의 전분은 다양한 산업적 목적으로 이용되고 있으며, 약 30%의 전분을 동물의 먹이나 사람이 사용하고 있다. 그림 11.2에는 칼빈회로(Calvin cycle) 유래 3탄당인산(triose phosphate)으로부터 시작되는 전분생합성 경로가 표시되어 있다. 3탄당인산은 6탄당인산(hexose phosphate)으로 전환된 후 전분합성의 기질인 ADP-글루코스로 전환된다. 곡물의 배유(endosperm)에서 ADP-글루코스는 세포질에서 합성된 후 색소체로 이동된다. 전분 생합성은 두 종류의 효소가 관여한다. 전분합성효소(starch synthase)는 ADP-글루코스에서 글루코스(glucose) 잔기를 길어지는 체인의 비환원(non-reducing) 말단에 결합시키며 이때 α(1→4)결합이 형성된다. 전분 중 아밀로스(amy-

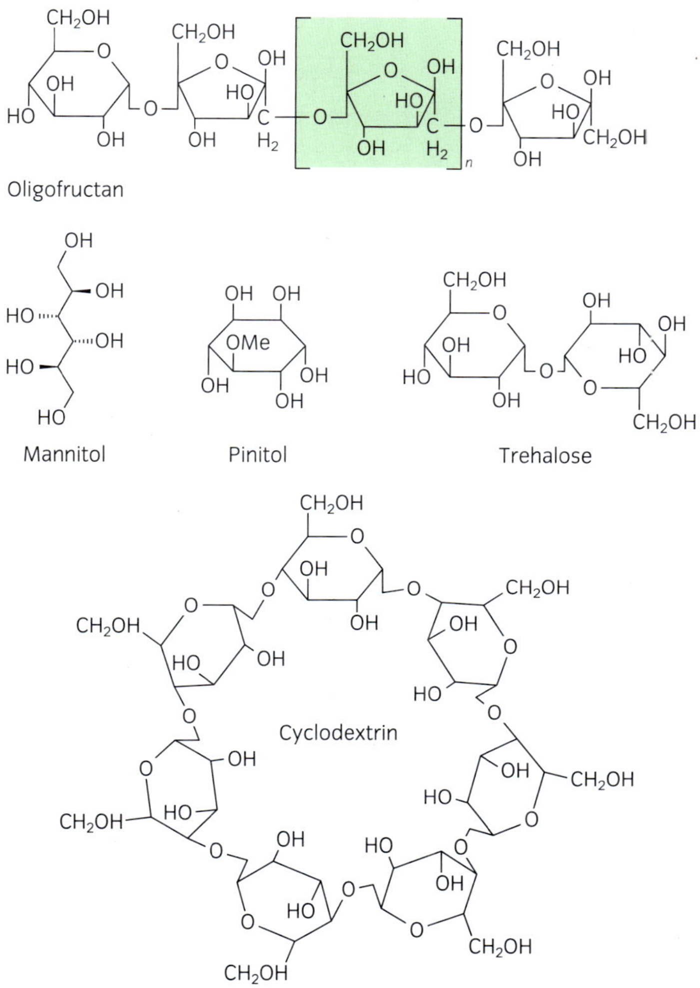

그림 11.1 분자농업에서 목적으로 하는 탄수화물. 일부 목적 탄수화물의 구조를 나타내었다. 올리고프럭탄은 슈크로스(sucrose) 분자에 프럭토스(fructose)가 연쇄적으로 결합하여 생성되는 폴리머이다. 당알코올(sugar alcohol)인 마니톨(mannitol)과 피니톨(pinitol)은 삼투질(osmolyte)로 기능하며 이를 생산하는 형질전환식물체는 스트레스에 대한 저항성이 증가되었다(9장에서 자세히 다루어지고 있음). 트리할로스는 이탄당(disaccharide)으로 식품보존물질(food preservative)과 같은 유용한 특성이 있다. 사이클로덱스트린은 6개, 7개 혹은 8개의 글루코스로 구성되어 있다. 그림에 표한 6개의 링을 가진 사이클로덱스트린은 비수용성 저분자 물질의 용해도 증가(solublization)와 같은 다양한 의학적 적용이 가능하다.

lose)는 약 1,000개의 글루코스로 구성되어 있으며, 곁가지를 가지고 있지 않다. 다양한 전분합성효소(starch synthase)의 동위효소(isoenzyme)가 존재하며, 일부는 색소체의 스토로마(stroma)에 존재하고 일부는 비용해성전분입자(insoluble starch granule)에 결합된 형태로 존재한다(granule-bound starch synthase, GBSS).

다른 전분 생합성 효소로는 전분 분자에서 α(1→6)결합을 형성하는 starch-branching 효소(starch-branching enzyme(SBEs))가 있다. 아밀로펙틴(amylopectin)이라 부르는 곁가지를

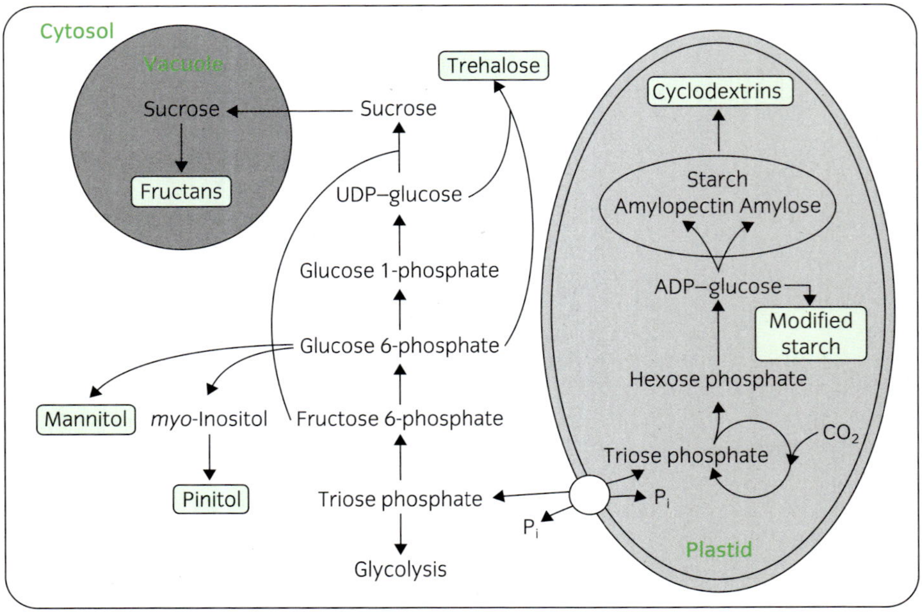

그림 11.2 분자농업을 위한 탄수화물 생합성 대사 경로. 그림 11.1에 표시된 화합물을 생산하기 위한 생합성 경로는 따로 표시하였다. 세포질에서 6탄당인산 풀에서 합성된 슈크로스는 액포로 이동되어 프럭탄의 형태로 저장된다. 세포질에서 UDP-포도당과 포도당 6-인산이 트리할로스 형성이 이용되며, 포도당 6-인산은 당알코올의 전구체로 이용된다. 잎세포에서 3탄당인산은 엽록체로 이동되어 6탄당인산으로 전환되고 ADP-포도당은 전분생합성에 이용된다. 사이클로덱스트린은 식물체에서 발견되지 않으며 전분이 박테리아 유래 생합성 효소의 기질로 이용된다.(Redrawn with permission from Goddijn and Pen(1995).)

● 전분은 두 가지 형태(아밀로스와 아밀로펙틴)이 있다.

● 전분은 세 가지 방법(함량 증대, 아밀로스 고함유, 무아밀로스)으로 변형될 수 있다.

갖는 전분 분자(branched starch molecule)은 10^4–10^5개의 글루코스로 구성되어 있다. 곁가지는 사슬(chain)에서 α(1→4) 결합을 절단한 후 절단된 환원 말단을 약 20개의 분자를 포함하는 사슬의 말단에 위치하는 글루코스의 C-6 위치에 결합시켜 형성된다. 이러한 작용기작으로 인해 아밀로펙틴의 곁가지는 대략 20개의 글루코스마다 형성되어 규칙적으로 형성된다.

전분 생합성 경로를 그림 11.2에 간단하게 나타내었으며, 생합성 경로의 유전공학적 전환에서 중요한 원칙을 보여주고 있다. 일반적인 일차 대사물질(primary metabolite)인 6탄당인산(hexose phosphate sugar)의 pool로부터 전분 생합성의 직전 전구물질인 ADP-글루코스는 ADP-glucose pyrophosphorylase에 의해 합성된다. 이러한 전구물질은 전분 생합성 경로에서 특이적이며, 6탄당(hexose sugar)으로부터 전분 생합성이 시작된다. 전분은 아밀로스(amylose)와 아밀로펙틴으로 구성되며, 곁가지에 따라 다양한 형태의 전분이 형성된다. 따라서 전분 생합성 경로는 다음의 세 가지 방법으로 조작이 가능하다. ADP-글루코스의 생산을 변경할 수 있으나, 이는 전분 생합성의 수준이 전반적으로 영향 받을 수 있다. 따라서 ADP-glucose pyrophophorylase의 양과 활성을 증가시킬 경우, 생산되는 전분의 양을 증가시킬 수 있다. 반면, 경로상에서 곁가지의 형성을 조절할 경우 아밀로스에 대한 아밀로펙틴의 비율이 변하게 된다.

일반적으로 아밀로스와 아밀로펙틴의 비율은 아밀로스가 20-30%이고 아밀로펙틴이 70-80%인데, 이러한 비율이 변화되면 전분의 물리화학적 특성(physicochemical property)이 크게 변화하게 된다. 특정 목적을 위해 아밀로펙틴의 비율을 증가시킬 수 있다. 전분을 물에 넣어 열을 가하고 식혀 한천(gel)을 만들어 식품에 활용하기도 한다. 아밀로스 분자의 경우 열 변성 후 응집되어 결정화되는 경향이 있으나, 아밀로펙틴으로 만든 한천의 경우보다 안정적이어서 식품 가공에 적당한 형태를 가진다. 옥수수 혹은 다른 곡물의 *waxy* 돌연변이체에 대한 연구가 많은 기간 동안 계속되어 왔다. 이 돌연변이체의 특성은 아밀로스를 가지지 않아 쉽게 젤라틴화(gelatinized)되는 특성이 있고, thickening and stabilizing food product에 적당한 투명한 반죽(clear paste)으로 가공될 수 있다. *Waxy* 유전자는 GBSS를 코딩하고 있으며, GBSS1 유전자를 안티센스 기술로 억제하여 waxy starch를 생산하는 형질전환 감자가 개발되었고 동일한 유전자를 sense suppression으로 waxy starch를 생산하는 형질전환 고구마가 개발되었다.

GBSS 유전자 및 세 종류의 전분 생합성 효소 유전자 중 2개의 유전자 SSII 및 SSIII의 발현을 억제하여 높은 동결-융해 안정성(freeze-thaw stability)을 갖는 전분이 감자에서 생산되었다. 이 들 세 종류 유전자의 발현량을 낮추어 짧은 사슬 길이를 갖는 아밀로펙틴인 waxy starch는 높은 동결-융해 안정성를 가지며 냉동식품의 제조에 적당한 형태이다. 벼에서 SBEII-b 유전자가 기능하지 못하는 돌연변이체에 SBEIIb 유전자를 과발현시켜 짧은 곁가지가 많은 아밀로펙틴이 생산되었다.

반면, 곁가지가 적은 고아밀로스 전분은 높은 교질화 특성(high gelling property)를 가지는데, 과자의 생산에 적당하며 산업적 용도로 활용될 수 있다. 감자에는 두 가지 형태의 SBE 동위효소(SBE A 및 SBE B)가 존재한다. 고아밀로스(60% 이상의 아밀로스 함량) 생산을 위해서는 두 가지 유전자의 발현을 anitisense 기술로 억제하여야 한다. 동일한 목적을 위해 SBE A 단백질에 대한 single-domain antibody 유전자를 발현시키고 동시에 SBE B의 발현을 안티센스 기술로 억제하기도 한다. 생산되는 고아밀로스 전분은 인산(phosphate)을 많이 포함하는 특성이 있어 식품 및 산업적(예, 종이 생산)으로 유용한 것으로 밝혀졌다.

전분으로부터 생산되는 사이클로덱스트린

전분 자체가 대량으로 산업적으로 이용되지만, 식물체에서 추출 후 화학적 처리 또는 발효과정을 거치지 않고 생물학적 전환(biotransformation)을 통해 다양하게 변형될 수 있다. 사이클로덱스트린은 전분으로부터 생산할 수 있는 고부가가치 산물 중의 하나이다. 이 화합물은 6개, 7개 또는 8개의 glucopyranose 단위체가 α(1→4) 결합하여 링의 형태를 이루고 있다(그림 11.1). 이 화합물은 미생물을 이용하여 의약품의 용도로 활용하기 위해 옥수수 전분을 미생물을 이용한 발효를 통해 생산한다. 원추형 링(Cone-shaped ring)의 구조를 이루고 있으며, 외부는 친수성잔기(hydrophilic residue)로 구성되어 있고 링의 중심은 소수성 포켓(hydrophobic pocket)을 가지고 있다. 7개로 구성된 것은 작은 분자량의 소수성 화합물(hydrophobic compound)에 적당한 포켓을 가지게 된다. 따라서 사이클로덱스트린은 농축된 현탁액의 형태르 스테로이드와 같은 소수성 약품(hydrophobic pharmaceutical)의 용해도를 높이는 데 적당하다. 주사로 혈류(bloodstream)에 주입된 이후와 같이 낮은 농도에서는 생리활성물질이 방출된다.

분자농업이 적용될 수 있다는 것이 확인된 이후, 1991년 최초로 사이클로덱스트린을 생산에 대한 논문이 발표되었다. *Klebsiella pneumoniae* 유래 cyclodextrin glycosyltransferase를 엽록체 이동 서열과 결합하고 patatin 유전자 프로모터의 조절을 받도록 제작하였다. patatin은 감자의 괴경에 축적되는 단백질이며, 이 유전자의 프로모터는 형질전환 식물체의 괴경에서 유전자의 높은 발현을 유도한다. 하지만 이와 같은 구성으로 제작된 형질전환체에서 전분이 사이클로덱스트린으로의 전환은 매우 낮았다(0.001-0.01%). 비수용성 전분 입자에 박테리아 유래 효소의 접근이 불가능하거나 성장하고 있는 전분입자에 효소가 갇히게 되어 나타난 것으로 판단된다. 이 보고 이후 식물체에서 사이클로덱스트린의 생산에 관한 보고는 없는 실정이다.

● 사이클로덱스트린은 비용해성 의료물질의 용해도를 높이는 데 유용하다.

사례연구 11.2 폴리프럭탄(polyfructan)

● 폴리프럭탄(fructan)은 프럭토스로 구성된 폴리머이다.

형질전환 식물체를 이용하여 생산하고자 하는 다른 탄수화물로 폴리프럭탄이 있다. 이 화합물은 액포에서 합성되고 저장되는 수용성 폴리머이다. 그림 11.3에서 보듯이 전형적인 형태는 글루코스-프럭토스-(프럭토스)$_n$(G-F-F$_n$)이다. 프럭탄은 식물계에서 널리 발견되고 있다. 글루코스 폴리머와 같이 프럭토스 잔기 사이의 글리코시드 결합(glycosidic linkage)이 가능하며 다른 형태의 곁가지가 있는 폴리머가 될 수 있다. 이눌린(inulin)은 양파와 같은 구근, 치커리와 돼지감자의 저장뿌리에서 주요한 저장형 탄수화물이며,(1→6β) 결합으로 이루어져 있다. 밀과 같은 곡물과 같이 초본의 잎과 줄기에서 흔히 발견되는 레반(levan)은(6→2β) 결합으로 이루어져 있다. 초본류에서 발견되는 gramine-type의 프럭탄은 두 가지 형태의 결합((1→6β) 및(6→2β))을 가지고 있다.

식물체에서 프럭탄의 생합성은 두 단계로 진행된다. 첫 단계는 sucrose-sucrose fuctosyltransferase(SST)에 의해 이루어 지는데, acceptor sucrose 분자에 donor sucrose 분자의 프럭토스를 전이하여 kestose를 형성한다.

$$G\text{-}F + G\text{-}F \rightarrow G\text{-}F\text{-}F + G$$

여기서 G는 글루코스이며 F는 프럭토스이다. 두 번째 단계는 fructan-fructan fructosyltransferase에 이루어지는데, 프록토스 공여체로 kestose(GFF 또는 GF$_2$)가 이용되며 성장하는 프럭탄 체인에 연결되고 슈크로스 분자는 재활용된다.

$$G\text{-}F\text{-}F_n + G\text{-}F\text{-}F \rightarrow G\text{-}F\text{-}F_{n+1} + G\text{-}F$$

*Bacillus subtiltis*와 같은 일부 박테리아에서는 한 단계의 반응으로 매우 분자량이 큰 레반이 합성되며, sucrose-fructan fructosyltransferase(SFT)가 슈크로스를 프럭토스 공여체로 사용한다. 모든 경우 슈크로스가 initial acceptor로 쓰이기 때문에 프럭탄 체인에서 첫 번째 sugar는 글루코스이다. 하지만 프럭토스 잔기가 체인에 부가된 후 글루코스 잔기가 방출되는데, 글루코스는 액포로부터 세포질로 이동된다.

● 액포이동 서열은 도입된 효소가 액포로 이동될 수 있게 한다.

폴리프럭탄을 생산하는 다양한 형질전환 식물체가 개발되었다. 6→2β 결합을 촉매 하는 levan sucrase를 코딩하는 *B. subtilis* 또는 *Bacillus amyloliquifaciens*의 *sacB* 유전자를 옥수수, 담배, 감자 및 사탕수수에 형질전환한 실험이 있다. *sacB* 유전자를 발현시키기 위한 벡터의 구조는 그림 11.4에서 볼 수 있는데, 효모 carboxypeptidase 유전자(cpy)의 액포이동

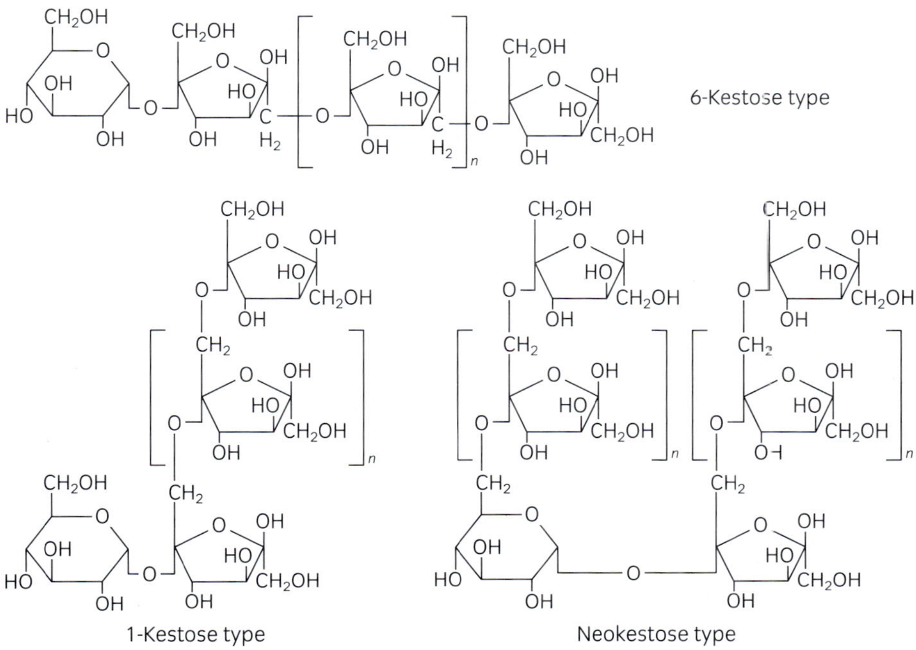

그림 11.3 폴리프럭탄(polyfrutan)의 구조 및 합성. 세 종류의 폴리프럭탄의 구조를 나타내었다. 6-kestose인 레반(levan)형의 프럭탄은 프럭토스-(6→2β)-프럭토스(fructose-(6→2β)-fructose) 결합으로 형성된다. 이런 형태의 프럭탄은 n=200이며 주로 초본류(grass)에서 발견된다. (박테리아의 경우 이보다 큰 폴리머의 형태이다). 1-kestose 타입인 이눌린은 프럭토스-(1→2β)-프럭토스(fructose-(1→2β)-fructose)결합으로 이루어져 있다. 이러한 형태는 구근과 돼지감자 및 치커리의 저장 뿌리에 발견되며, $n<50$이다. 초기 슈크로스 잔기의 글루코스 및 프럭토스 모두에 1-kestose chain이 결합된 neokestose 형의 프럭탄은 가장 작은 프럭탄으로 5~10개의 프럭토스 잔기를 가지고 있다.

그림 11.4 형질전환체의 액포에서 프럭탄을 생산하기 위해 사용한 벡터의 구조. 프럭탄을 생산하기 위해 담배의 형질전환에 사용된 벡터를 표시하였다. 효모의 carboxypeptidase(*cpy*)의 N-말단 액포이동 서열에 박테리아 유래 *sacB* 유전자를 결합하였다. CaMV 35S 프로머터 서열을 반복적으로 사용하였으며, 알팔파모자크바이러스(alfalfa mosaic virus, ALMV)의 translational enhancer를 사용하였다.

서열과 결합한 구조를 확인할 수 있다. 액포 이동 서열(1장 참고)의 특성은 BOX 11.1에 볼 수 있다.

이동 서열의 도움으로 인해 효소가 액포로 이동될 수 있는데, 액포에는 슈크로스가 저장되어 있으며 폴리프럭탄이 합성되고 축적된다.

담배에서 *sacB* 유전자의 발현으로 많은 양의 프럭탄 축적이 가능하였다. 형질전환 식물체는 배지에 포함된 polyethylene glycol에 의해 일어나는 건조 스트레스에 높은 저항성을 나타내었다. 9장에서 osmoprotectant의 생산을 통해 건조 스트레스에 대한 저항성이 증가한 예를 보여주었는데, 여기서 보여주는 예는 다른 방법으로 스트레스 내성을 부여할

BOX 11.1 액포 이동 서열(vacuolar targeting sequences)

엽록체로의 단백질 타겟팅에 관한 예는 10장에 있으며, 여기서는 도입유전자(transgene)의 산물이 액포로 이동하는 예는 처음으로 다루고 있다. 많은 수의 단백질이 액포로 이동되는 것으로 알려져 있는데, 단백질에 따라 타겟팅 서열은 다양하다. 액포 이동 서열의 예는 다음과 같다.

NTPP (N-terminal) sequences

Sweet potato sporamin	HSRFNPIRLPTTHEPA
Barley aleurain	SSSSFADSNPIRPVTDRAASTLE

CTPP (C-terminal) sequences

Barley lectin	VFAEAIAANSTLVAE
Tobacco chitinase	NGLLVDTM
Tobacco β-1,3-glucanase	VSGGVWDSSVQTNATASLVSQM
Tobacco AP24	QAHPNFPLEMPGSDEVAK

액포 이동 서열, 서로 다른 단백질에서 그 위치와 아미노산 서열에 차이가 있음. CTPP, C-terminal propeptide; NTPP, N-terminal.

수 있음을 보여주고 있다. 최근에 사탕수수에서 *sacB* 유전자의 발현으로 polyethylene glycol-유도 건조 스트레스에 대한 저항성이 증가하는 것을 확인하였다.

동일하게 액포 이동 서열을 갖는 *sacB* 유전자를 patatin 유전자 프로모터(사이클로덱스트린의 예를 참고)의 조절을 받도록 한 벡터를 이용하여 감자에서 폴리프럭탄의 생산이 시도되었다. 감자의 괴경에서 슈크로스가 전분의 축적에 사용되지 않고 다른 형태의 sink로 전환되어 액포에 저장됨으로서, 슈크로스 대사와 동화산물 분배(partitioning)의 조절에 관한 연구를 수행할 수 있는 예를 제공하였다. *Erwinia amylovora*에서 유래한 levansucrase 유전자를 여러 가지 targeting 서열(apoplast, 액포, 세포질)과 결합하여 전분결핍 감자에 형질전환하였다. apoplast와 액포로 이동하도록 제작된 형질전환체에서 괴경 건조중량의 12% 및 19%에 해당하는 프럭탄이 생산되었다. 하지만 프럭탄은 탄수화물의 새로운 sink로 역할을 수행하지 못하여 괴경의 수확량은 보다 감소한 결과를 나타내었다.

옥수수의 경우 zein 프로모터(zein은 옥수수 종가 저장 단백질임)의 조절을 받는 *B. amyloliquifaciens*의 *sacB* 유전자를 배유에서 발현시켰다. 2개의 서로 다른 targeting 서열을 이용하여 옥수수 배유 세포의 액포로 이동되도록 하였다. 일부의 경우 효소의 N-말단에 고구마의 sporamin signal peptide 및 액포 이동서열이 사용되었다(BOX 11.1 참고). 다른 경우에는 보리의 lectin signal peptide를 N-말단에 결합하고 보리의 액포 이동서열을 C-말단에 결합한 것을 활용하였다. 이를 도입한 형질전환체에서 일부의 경우 비형질전환체와 차이가 없었으나, 일부 계통의 종자에서는 7-9 mg/g의 프럭탄이 축적되었다. 이들을 전분을 축적하지 않아 슈크로스의 함량이 높은 옥수수와 교배하였을 때 프럭탄의 함량이 8-9배 증가하였다. 반면, 액포 이동 서열이 포함되지 않았을 경우 옥수수 낟알의 크기 및 건조중량이 비형질전환체의 것과 큰 차이가 나타났으며 낟알의 색이 진하게 나타났다. 이는 세포질에서 슈크로스에 대한 fructosyl transferase 활성과 전분 생합성 활성의 경쟁이 일어난 것을 나타내며, 전분의 축적량이 낮은 것으로 나타났다.

식물에서 유래한 이눌린 생합성 효소의 유전자를 이용하여 형질전환 식물체가 제작되었다. 돼지감자에서 유래한 1-SST(sucrose-sucrose fructosyltransferase)를 드입한 사탕무는 짧은 길이의 올리고프럭탄(GF_2, GF_3 및 GF_4)이 생산되었다. 사용된 효소는 GF_2(kestose), GF_3 및 GF_4의 생산을 촉매한다. 저장뿌리에 일반적으로 축적되는 sugar가 모두 올리고프럭탄으로 전환된 것으로 나타났으며, 형질전환 사탕무를 **fructan beet**라고 명명하였다. 흥미롭게도 fructan beet의 저장뿌리의 형태와 생장률은 변화가 없었다. 이러한 fructan beet는 바로 약효식품(nuceutical)으로 이용될 수 있으며, short-chain 프럭탄은 슈크로스와 비슷한 정도의 단맛을 내어 음료에 sugar 대신 사용될 수 있다. 프럭탄은 장(gut)에서 소화되지 않기 때문에 작은 열량의 감미료로 사용될 수 있다. 또한 프럭탄은 장내 유용 세균(*Lactobacillus* 및 *Bifidus*)의 증식을 유도하고 소화기 내의 산성화를 촉진하며 대장균(*Escherichia coli*)을 억제하는 효과가 있는 것으로 알려져 있다. 사탕무에서 생산한 긴 길이의 프럭탄은 접착제(glue), 섬유 코팅(textile coating) 및 폴리머를 생산하기 위한 재료로 사용될 것이 기대된다.

● 올리고프럭탄은 의료용물질로 이용될 수 있고, 긴 사슬을 갖는 프럭탄은 공업적으로 활용될 수 있다.

글로브 아치초크 유래 1-SST 및 1-FFT(fructan-fructan fructosyltransferase) 유전자를 감자 괴경에서 발현시켰을 때는 분자량이 큰 이눌린이 생산되었다. 글로브 아티초크는 분자량이 큰 이눌린(degree of polymerization, DP, 200개 이상의 subunit)을 생산하며, 돼지감자의 이눌린(DP≈60)보다 분자량이 크다. 글로브 아티초크의 뿌리에서 발견되는 다양한 크기의 이눌린이 감자의 괴경에서도 발견되었다. 양파의 6G-fructosyltransferase 유전자를 치커리에서 발현시키면 neoseries(일반적인 선형의 이눌린도 포함됨)의 이눌린을 생산할 수 있다. 보리의 6-SFT(sucrose-fructan fructosyltransferase) 유전자를 치커리에서 발현시키면 graminan 형의 곁가지가 있는 프럭탄을 생산할 수 있다. 이 유전자는 sucrose:fructan 6-fructosyltransferase를 코딩하며, 이 효소는 초본류에서 일반적으로 발견되는 β-2,6-결합을 갖는 프럭탄의 형성과 연장을 촉매한다. 반면, 보리의 유전자를 담배(프럭탄을 생산하지 못함)에서 발현시키면 곁가지가 없는 레반형의 프럭탄이 생산되었다.

형질전환 식물체에서 프럭탄의 생산에 관한 리뷰 논문(Cairns, 2003)에서, 저자는 수 주 또는 수 개월간 많은 양의 프럭탄이 형질전환 식물체에서 축적 되지만 합성율은 일차 탄수화물 흐름 중 극히 미미하다고(0.00005-0.08%) 계산하였다. 식물체에서 탄소분배의 극적인 변화가 나타나지 않음을 나타내며, 이는 프럭탄으로 극히 적은 양이 유출됨을 나타낸다. Cairns(2003)는 이렇게 낮게 나타나는 프럭탄 축적의 이유로, 박테리아 유래 유전자의 코돈 사용빈도(codon usage), 도입 유전자에서 유래된 mRNA의 낮은 양, 효소 단백질의 낮은 발현량, 낮은 효소 활성, 숙주 환경에 적절히 기능하지 못하는 도입 효소의 반응 특성, 생산된 프럭탄의 가수분해 및 생산된 프럭탄의 독성을 들고 있다. 많은 논문에서 액포로의 이동이 확인되지 않았는데, 또 다른 이유로 도입 유전자의 산물이 액포로 정확히 이동되지 못하고 세포 주변이나 endomembrane system으로 이동되어 프럭탄으로의 전환이 낮다고 볼 수 있다.

트리할로스

● 트리할로스는 식품가공용으로 가치를 가지고 있다.

트리할로스(trehalose)는 삼투 스트레스(그림 11.1 참고)에 의해 일부 식물과 미생물(예, 효모)에서 생산된다. 수분 스트레스와 같은 비생물학적 스트레스에 대한 저항성을 부여하기 위한 방법으로 활용될 수 있다(9장 참고). 또한 트리할로스는 식품 가공, 탈수, 보향제(flavor retention)로 활용될 수 있다. 효모와 *E. coli*의 트리할로스 합성 유전자가 담배, 감자 및 벼에 도입되었으나, 일차적인 목적은 건조 저항성(9장)을 조절하는 것이지 대량의 sugar를 얻기 위한 것은 아니었다.

지질의 대사 공학적 변환

분자농업에서 두 번째 대상으로 생각할 수 있는 화합물로는 지질(lipid)과 이들의 유도체이다. 탄수화물과 마찬가지로 지질은 대량으로 캐놀라(oilseed rape), 콩, 옥수수와 같은 주요 작물에서 생산되어 산업용 및 식품용으로 이용되고 있다. 탄수화물을 대상으로 하는 분야에서와 마찬가지로 다음과 같은 분야에서 분자농업을 통해 널리 활용될 수 있다.

- 존재하는 지질의 개선
- 신규 형태의 지질 생산

식물 지방(oil)의 개량

일상생활에서 동물 지방(fat)의 사용이 점차 식물 지방의 사용으로 변화되고 있다. 다양한 종류의 작물에서 유래된 지방을 사용하고 있음을 나타낸다. 캐놀라 및 콩의 지방은 널리 활용되고 있으며, 해바라기, 옥수수 및 올리브에서 얻은 지방은 특정 목적으로 널리 이용되고 있다. 식물유래 지방은 가공 식품 및 사료 등 다양한 용도로 이용되고 있다. 또한 비누, 세제, 윤활유 및 biofuel 등 다양하게 산업적으로 활용되고 있다. 하지만 생산되는 식물성 지방의 10%만이 식품 이외의 용도로 이용되고 있다. 산업적으로 낮게 활용되는 이유로는 식물 유래 지방의 특성이 복잡하고 다양하기 때문이며, 화학적 특성(oleochemical properties)이 적합하지 않아 비교적 낮은 가격의 미네랄오일(mineral oil)이 많이 활용되고 있다. 따라서 이 절에서는 산업적 활용을 위한 식물 지방(궁극적으로 재생할 수 없는 석유화학제품을 대체해야 함)의 개선에 관하여 다루기로 한다.

● 식물은 지방을 triacylglycerol의 형태로 저장한다.

식물에서 종자 및 일부 과일(올리브 및 아보카도)에 탄소 및 에너지의 저장형으로 지방을 축적하는데, 지방산의 glycerol ester 즉 triacylglycerol(TAGs; 그림 11.5)이다. 서로 다른 식물에서 유래된 지방은 TAG(표 11.2)를 구성하는 지방산의 특성에 따라 다르다. 일반적인 지방을 그림 11.5에서 볼 수 있다. 이들은 길이와 이중 결합의 위치가 서로 다르다. 포화지방은 이중결합을 가지고 있지 않으며, 이중결합이 많을수록 불포화도가 높다.

지방산(fatty acid)은 색소체의 스트로마(stroma)에서 합성되며(BOX 5.1 참고), 지방산의 변형은 세포질과 소포체(endoplasmic reticulum, ER)에서 일어난다. TAG로의 전환은 소포체의 막에서 일어난다. TAG는 유체(oil body)에 저장되는데, 유체는 ER의 지질이중층에서 유래된 지질단일층으로 쌓여 있는 구조를 가진다. 종자(극심한 건조조건에 있는 일부 조직포함)의 유체에는 **올레오신(oleosin)**이라는 단백질을 가지고 있다(이 장의 뒷 부분에서 올레오신에 대해 자세히 살펴본다).

● 구성되는 지방산의 길이와 포화도가 서로 다른 지방을 가지고 있다.

색소체에서 지방산 생합성의 첫 단계는 acetyl-CoA carboxylase(ACCase)에 의해 진행되는데, acetyl-CoA에서 malonyl-coenzyme A(CoA)가 형성되며 ATP를 필요로 하는 반응이다. CoA 잔기는 acyl carrier protein(ACP)에 의해 수용되며, acetyl-CoA는 malonyl-ACP로 전환되어 acetoacetate-ACP가 형성된다. 이 과정에서 한 분자의 CO_2가 발생한다. 연속되는 세 번의 반응(carbonyl group의 감소, 이중결합으로부터 물분자의 제거, 이중결합의 축소)을 거쳐 acyl-ACP가 형성되는데, 이러한 반응을 통해 2개의 탄소분자가 추가된다. ACP로의 결합으로부터 시작된 연장반응은 지방산 합성효소 복합체(fatty acid synthase multienzyme complex)에 의해 촉매된다. 길어진 지방산은 또 다른 ACP 단백질로 전달되어 새로운 malonyl-ACP가 형성된다. 지방산의 합성은 carboxy-말단에 2개의 탄소가 부가되는 연속적인 반응으로 진행되기 때문에, 지방산의 탄소원자 수는 짝수로 나타난다(그림 11.5). 많은 종류의 기름을 생산하는 작물에서 이 반응은 16개의 탄소원자 상태에서 정지되며, palmitoyl-ACP(16:0)에서 stearoyl-ACP(18:0)으로의 전환은 특정효소에 의해 일어난다.(지방산의 이름은 탄소원자의 수와 이중결합의 수를 나타내고 있다) 이 단계에서 색소체 스트로마에 존재하는 수용성 Δ^9C-stearoyl desaturase가 stearoyl-ACP를 oleoyl-ACP(18:1Δ^9)로 전환시킨다. (Δ^9는 carboxy 말

● 지방산은 색소체에서 합성되고 세포질과 소포체에서 변형된다.

표 11.2 주요 오일 작물에서 지방산의 조성

Fatty acid	Composition (%)				
	Soya oil	Palm oil	Rape–seed oil (LEAR)	Sunflower oil	Peanut oil
16:0	11	42	4	5	10
18:0	3	5	1	1	3
18:1	22	41	60	15	50
18:2	55	10	20	79	30
18:3	8	0	9	0	0
20:1	0	0	2	0	3
Others	1	0	2	0	0

LEAR, low-erucic-acid rape.
Percentages may not add up to 100% due to rounding and non-inclusion of other constituents.

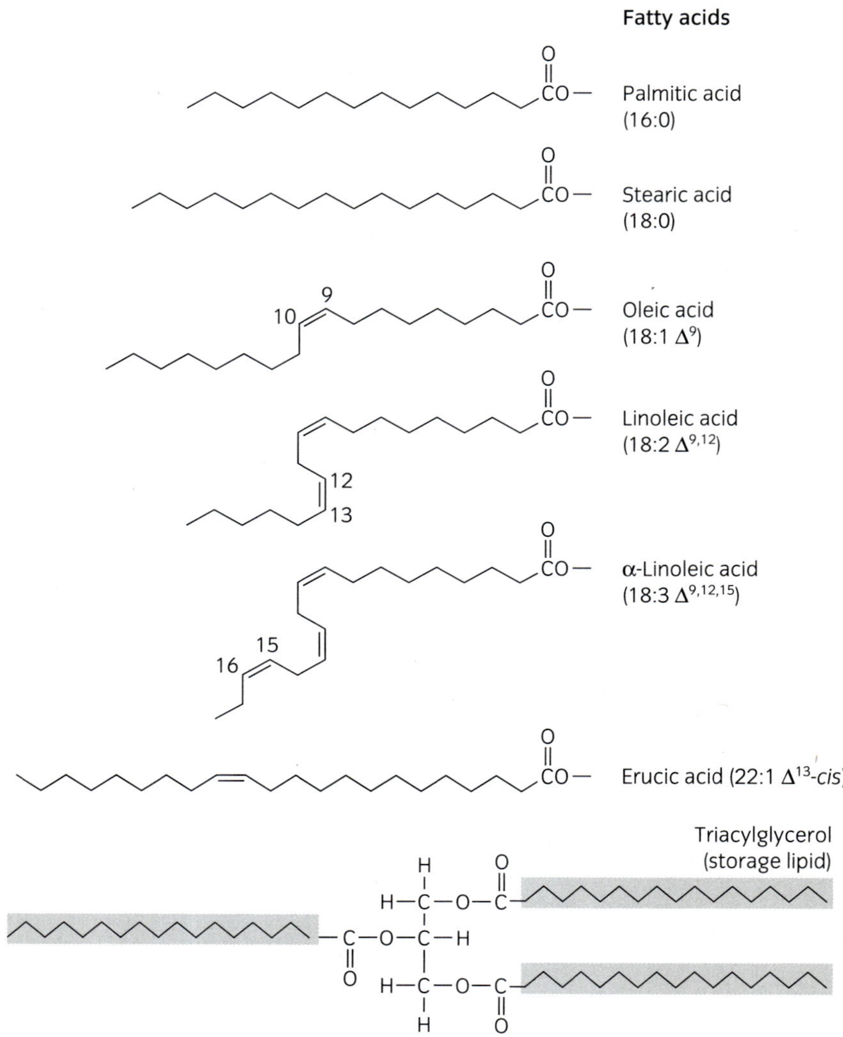

그림 11.5 지방산과 triacylglycerol(TAG)의 구조. 식물에서 일반적으로 발견되는 지방산의 구조를 나타내었다. 괄호에 나타낸 표준화된 명칭은 탄소의 수를 나타내며, 이중결합의 수 및 이중결합의 위치는 카복실 말단 또는 (Δ)-말단부터의 숫자이다. 따라서 linoleci acid(18:2 $\Delta^{9,12}$)는 18개의 탄소로 구성되어 있고 2개의 이중 결합(하나는 C_9-C_{10}에 있고 다른 하나는 C_{12}-C_{13}에 있음)을 가지고 있다. 또한 TAG의 형태로 저장되는 지질의 구조를 나타내었으며, 글리세롤 분자에 3개의 지방산 체인이 결합되어 있음을 나타내었다. 글리세롤 잔기와 달리 이 분자들은 완전하게 소수성을 갖고 있음을 주목할 필요가 있고, 세포막에 존재하는 인지질(phospholipid, 지방산 중 하나가 극성을 분자로 대치되어 있음)의 구조와 비교할 필요가 있다.

단으로부터 9번째 탄소부터 이중결합이 있음을 나타낸다.)

색소체에서 합성이 완료된 후, 지방산(주로 palmitic acid, stearic acid 및 oleic acid)는 ACP와의 결합이 끊어지고 세포질로 이동되어 acetyl-CoA ester로 전환된다. 소포체 막에서 glycerol 3-phosphate의 순차적인 acylation으로 TAG가 형성된다. 지방산의 추가적인 변형은 이들이 다양한 glycerophophatide와 결합한 후 발생한다. 이중결합이 추가될 수 있다(Δ^{12}, Δ^{15}, Δ^{6}, Δ^{9}). 이중결합 위치에 물 분자가 부가되는 hydroxylation과 같은 다른 변형도 있다.

Short-chain 지방산의 생산

기름을 생산하는 주요 작물에서는 주로 16개의 탄소(C_{16}) 혹은 18개의 탄소(C_{18})를 가지는 palmitic acid, stearic acid, linoleic acid 및 linolenic acid가 생산된다(표 11.2). 코코넛과 팜의 기름은 주로 C_8 - C_{14}인데, 특히 lauric acid(12:0)은 비누, 화장품 및 세제의 생산에 중요하게 이용된다(sodium lauryl sulphate, SDS). 특정 길이의 지방산 합성은 thioesterase에 의한 acyl-ACP의 절단으로 일어난다. 캘리포니아 베이나무는 종자에 많은 양의 lauric acid를 함유하고 있는데, 이 나무로부터 lauroyl-ACP를 특이적으로 분해하는 acyl-ACP thioesterase가 클로닝되었다. 이 유전자를 유채(oilseed rape)에 도입했을 때, 이 식물에서 지방산의 합성이 12:0 상태에서 종결되고 종자에 많은 양의 lauric acid이 축적되었다(총 지방산의 58%를 차지함). 이 식물은 야외에서 정상적인 생장을 보였고 수확량도 변화가 없었다. Caprylic acid(8:0)를 생산하기 위해 *Cuphea hookeriana*에서 유래된 acyl-ACP thioesterase를 유채에 도입하였으나 성공적인 결과를 보이지 않았고 총 지방산의 12%만이 carprylic acid로 전환되었다. 이는 짧은 길이의 acyl-ACP pool이 적어 이용성이 낮은 결과로 판단되었고, *Cuphea* 유래 축합효소(3-ketoacyl-ACP synthase, KAS)(6:0-(caproic) 및 8:0-acyl-ACP에 대한 특이성이 있음)를 발현하는 식물체를 *Cuphea* 유래 acyl-ACP thioesterase 유전자를 발현하는 식물체와 교잡한 결과 짧은 길이의 지방산을 축적할 수 있었다.

- 주요 작물의 기름은 16개의 탄소(C_{16}) 혹은 18개의 탄소(C_{18})의 형태이다.
- lauric acid($C_{12:0}$)는 비누와 세제로 널리 이용된다.

Longer-chain 지방산의 생산

C_{18} 보다 긴 길이의 지방산을 생산하는 것은 산업용 기름의 생산을 위한 주요 대상이다. 유채 및 배추과 식물에서 oleoyl-CoA(18:1 Δ^{9})를 erucoyl-CoA(22:1 Δ^{13})으로 전환하기 위한 두 단계의 길이 증가 반응이 있다. Eruic acid는 배추과 식물의 기름 중의 하나이다. Eruic acid가 산업적으로 중요하지만 사람이 소비하기에는 적당하지 않다. 전통적인 교배를 통해 산업적 용도로 쓰일 수 있는 eruic acid를 많이 축적하는 유채(high-eruic-acid rape, HEAR) 및 식품으로 사용할 수 있는 eruic acid를 적게 축적하거나(low-eruic-acid rape, LEAR) 없는 유채가 개발되었다(표 11.2 참고)(주의: 서로 다른 특성을 갖는 종류를 구분하여 종자생산, 작물 재배 및 가공과정에서 교차 혼입을 억제하는 **구분유통 파종(identity preservation)**이 필요하다. 형질전환체(GM)과

- Eruic acid는 산업적으로 중요한 용도를 갖는 기름이다

● HEAR과 LEAR을 구분하기 위해 구분유통 파종이 필요하다.

비형질전환체(non-GM)의 구분과는 전혀 다른 개념이다). HEAR 식물체에서 총 지방산의 약 50%가 eruic acid로 구성되어 있어, 다른 종류의 지방산을 구분하기 위한 비용이 발생한다. Eruic acid 함량을 증가시키기 위한 시도는 성공적인 결과를 나타내었는데, β-ketoacyl-CoA synthase와 22:1 acyl-CoA:lysophosphatidic acid acyltransferase를 동시에 형질전환한 유채에서는 60%의 eruic acid 함량을 나타내었다.

포화도의 조절

● Stearic-acid($C_{18:0}$)를 고함유하는 지방은 산업적으로 중요한 지방이다.

Eruic acid의 예에서 보았듯이 산업적인 관점에서 대상 물질의 균일성은 매우 중요하다. 이는 길이뿐만 아니라 포화도의 균일성도 중요함을 나타낸다(식품으로 가공하는 과정에서는 동일한 문제가 발생하지 않는데, 이는 다양한 성질을 갖는 복합물이 이상적인 가공품이 되기 때문이다. 재료의 균일성 보다 가공품의 동일성이 중요하다). Δ^9 desaturase 유전자를 안티센스로 유채에 도입하여 oleic acid(18:1 Δ^9) 대신 stearic acid(18:0)의 함량을 증가시키기 위한 실험이 진행되었다. Napin 유전자의 프로모터(napin은 배추과 식물에서 종자 특이 단백질임)에 Δ^9 desaturase 유전자를 안티센스로 결합하였다. Desaturae의 양이 크게 감소하였고 oleic acid의 함량이 감소하였으며, 총 지방산의 1-2% 많게는 40%까지 stearic acid 비율이 증가하였다.

● Oleic acid($C_{18:1}$)을 고함유하는 지방은 식품용으로 중요하다.

반면, oleic acid의 함량(90% 이상)이 증가된 기름은 균일한 특성을 갖는 식품의 가공에서 매우 중요하다. 전통적인 교배를 통해 oleic acid의 함량이 80%에 이르는 유채가 개발되었으나, 내한성이 크게 감소하는 특성이 있는데 이는 세포막에서 불포화지방산의 결핍으로 인한 것으로 판단된다(9장 참고). 유채에서 Δ^{12} desaturase 유전자를 안티센스 또는 co-suppression을 통해 억제할 경우, 내한성의 차이는 나타나지 않으나 oleic acid의 함량이 87-88%로 증가되었다. 유사한 실험을 통해 콩에서는 oleic acid의 함량이 22-79%로 증가되었다.

희귀 지방산 생산

● Petroselenic acid($C_{18:1}$; 고수 기름)은 높은 부가가치를 갖는다.

식물에는 210 종류의 지방산이 알려져 있으나, 주요 작물에서는 생산되지 않는 것으로 알려져 있고 경제적으로 이들을 생산하는 것은 어려움이 있다. 하지만, 이들 식물 유래 유전자를 주요 기름 작물에 도입함으로써 지방산을 조성을 조절할 수 있다. 고수(coriander)와 같은 일부 산형과(umbelliferae) 식물에서 생산되는 petroselenic acid(18:1 Δ^6)는 산업적으로 활용될 가능성을 가지고 있다. petroselenic acid는 오존에 의한 산화로 비누와 세제로 사용되는 lauric acid(12:0)와 나일론 생산에 사용될 수 있는 adipic acid(6:0)로 전환될 수 있다. 고수의 acyl-ACP desaturase를 도입한 담배의 캘러스는 총 지방산 중 5%의 petroselenic acid가 생산하였다(가공에서의 경제성에 대한 논의는 BOX 11.3 참고).

일부 다중불포화 지방산은 의약적 용도 및 기능성 식품으로 활용될 수 있다.

γ-linolenic acid(18:3 $\Delta^{6,9,12}$)와 arachdonic acid(20:4 $\Delta^{5,8,11,14}$)는 사람의 주요 지방산이며 eicosanoid(prostaglandin, leukotriene, thromboxane)의 전구체이다. 이들의 합성은 **front-end desaturease**라 불리는 특정한 마이크로솜 효소가 관여하는 것으로 알려졌다. 이들 효소는 기존의 결합과 지방산의 carboxyl front-end 사이에 이중 결합을 추가하는데, 식물의 desaturase 경우 methyl 말단에 순차적으로 이중 결합을 추가한다. 보리지(borage, γ-linolenic acid를 생산하는 식물) 유래 front-end desaturase를 도입한 담배는 높은 수준의 Δ^6 불포화 지방산을 축적하는 것으로 나타났다. 최근에 Δ^{12}-desaturase가 도입된 유채에서는 46%의 linolenic acid가 축적되었으며, 18:1 Δ^{12}-desaturase와 18:2 Δ^6-desaturase가 도입된 유채에서는 γ-linolenic acid가 43%까지 생산되었다.

● 다중불포화 지방산은 의약적 용도 및 기능성 식품으로 활용된다.

다른 종류의 다중불포화 지방산이 식물에서 생산되었다. arachidonic acid를 축적하는 사상성 곰팡이인 *Mortierella alpina*에서 유래된 Δ^5-desaturase가 도입된 유채는 상당한 수준의 다중불포화 지방산을 축적하였다. 피마자에서는 총 지방산의 90%이르는 ricolenic acid(Δ^{12}-hydroxyoleic acid)를 생산한다. 하지만 ricin과 같은 독성물질이 기름을 짜낸 잔유물에 존재하여 피마자 기름의 사용하는 것은 문제점을 가지고 있다. Ricolenic acid는 소포체 막에서 phosphatidylcholine에 결합된 oleic acid의 직접적인 hydroxylation으로 합성된다. 피마자로부터 Δ^{12}-hydroxylase의 cDNA가 클로닝되었으며, 이는 주요 작물에서 피마자 기름의 생산에 활용될 수 있다.

Epoxygenanse는 기름에 화학적으로 활성을 갖는 epoxy site를 도입하는 데 활용될 수 있어 중요한 지방산-전환 효소 중의 하나이다. epoxygenated 지방산은 접착제, 레진, 플라스틱 등 다양한 폴리머에 생산에 활용될 수 있어 산업적으로 중요하다. *Crepis*에서 분리된 Δ^{12}-epoxygenase는 헴(haem)이 없고 2개의 철분자를 가진 단백질(di-iron protein)로 같은 식물에서 분리한 Δ^{12}-acetylenase와 서열이 유사하고 fatty acid Δ^{12}-desaturase와 비슷한 구조를 가지고 있다. *Crepis palaestina*의 Δ^{12}-epoxygenase(종자 특이 프로모터의 조절을 받음)가 형질전환된 애기장대는 약 6%의 epoxygenated lipid(12-epoxy-18:1 Δ^9과 12-epoxy-18:2 $\Delta^{9,15}$)를 생산하였으나 Δ^{12}-epoxygenase 유전자의 동시 도입으로 그 양이 증대될 것으로 기대된다. *Euphorbia lagascae*의 epoxygenase는 cytochrome P450으로, 이 유전자가 도입된 담배 캘러스와 콩의 체세포배에서는 epoxygenasd fatty acid를 축적하였다.

사례연구 11.3 바이오플라스틱(bioplastic)

분자농업에서 가장 창의적인 예는 생분해성 플라스틱(**바이오플라스틱**)을 식물에서 생산하는 노력이다. 이 물질은 최근에 박테리아의 발효를 통해 생산되고 있는데, 이들을 식물체에서 대량으로 생산의 가능성을 결정하고자 하는 실험이 진행되고 있다. 바이오플라스틱을 구성하는 polyhydroxyalkanoate(PHA)의 구조는 그림 11.6에서 볼 수 있다. R side chain의 길이에 따라 플라스틱의 특성이 변화되는데, 탄소가 없는 것(3-hydroxypropionate), 하나의 탄소를 갖는 것(3-hydroxybutyrate), 2개의 탄소를 갖는 것(3-hydroxyvalerate)과 긴 탄소 체인을 갖는 것이 있다. 다양한 PHA 중 가장 잘 알려진 polyhydroxybutyrate(PHB)는 다양한 박테리아에서 생산되는데 세포사이에서 발견된다. *Alcaligenes eutrophus*는 박테리아 건조 중량의 80%까지 해당하는 대량의 고분자 폴리머를 축적한다.

● PHB의 생합성은 acetyl-CoA로부터 시작되는 세 단계로 진행된다.

PHB의 합성경로는 그림 11.7에서 볼 수 있다. 비교적 단순하여 acetyl-CoA에서 세 단계를 거쳐 합성된다. *A. eutrophus*로부터 세 가지 효소에 해당하는 유전자(*phaA*, *phaB*, *phaC*)가 분리되었다. 초기의 실험을 통해 합성경로의 첫 번째 단계(actoacetyl-CoA의 생산)는 식물체의 세포질에서 iosprenoid 경로(10장 참고)로부터 시작된다는 것을 알게 되었다. acetocetyl-CoA reductase를 코딩하는 *phaB*와 *PHB* synthase를 코딩하는 phaC 유전자를 애기장대에 targeting 서열이 없는 상태로 도입하였다(그림 11.8a). 형질전환 애기장대의 세포질, 핵 및 액포에서 바이오플라스틱 미소체가 축적되는 것이 현미경 관찰을 통해 확인되었다. 하지만, 바이오플라스틱의 양은 비교적 낮았고(20-100 μg/g 생중량) 식물체의 생장이 매우 억제되었다.

이후 세 가지 유전자의 산물을 엽록체로 타겟팅되도록 애기장대를 형질전환하였다(그림 11.8b). 첫 번째 실험에서는 CaMV 35S 프로모터의 조절하에서 transit peptide의 서열과 리불로스-1,5-비스포스페이트 카복실라제/옥시게나제(Rubisco)의 N-말단 서열을 각 유전자에 결합하였다. 각 구성체를 서로 다른 애기장대에 도입한 후, 형질전환체의 연속적인 유성교잡을 통해 한 식물체에서 모든 유전자가 발현되도록 하였다. 이 경우 색소체에 0.2-0.7 μm 크기의 바이오플라스틱 과립이 축적되었는데 식물체 건조중량의 14%에 이르렀으나 식물체의 생장 및 임성에는 변화가 없었다.

세 가지 유전자를 동시에 도입한 형질전환 애기장대는 PHB의 생산이 증가되었다. 많은 수의 형질전환체를 대상으로 gas chromatography-mass spectrophotometer(GC-MS) 분석을

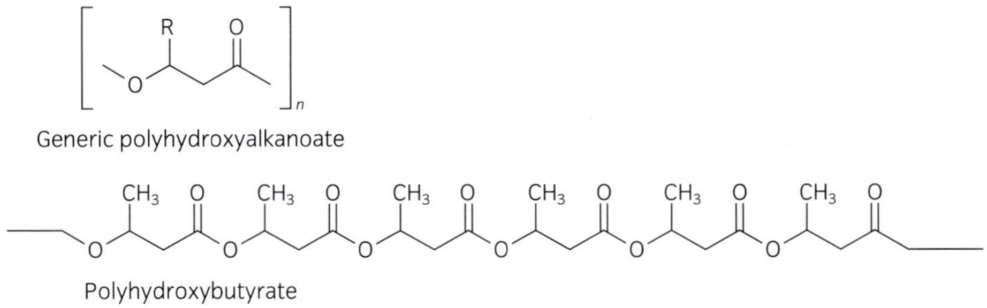

그림 11.6 주요 polyhydroxyalkanoate(PHA)의 화학구조. PHA의 단위와 메틸그룹을 R-그룹으로 가지는 polyhydroxybutyrate(PHB). R-그룹은 탄소가 없는(즉 수소)것부터 10개 이상인 것이 있다. R-그룹의 길이는 이들 폴리머로부터 생산되는 플라스틱의 물리적 특성에 영향을 미친다.

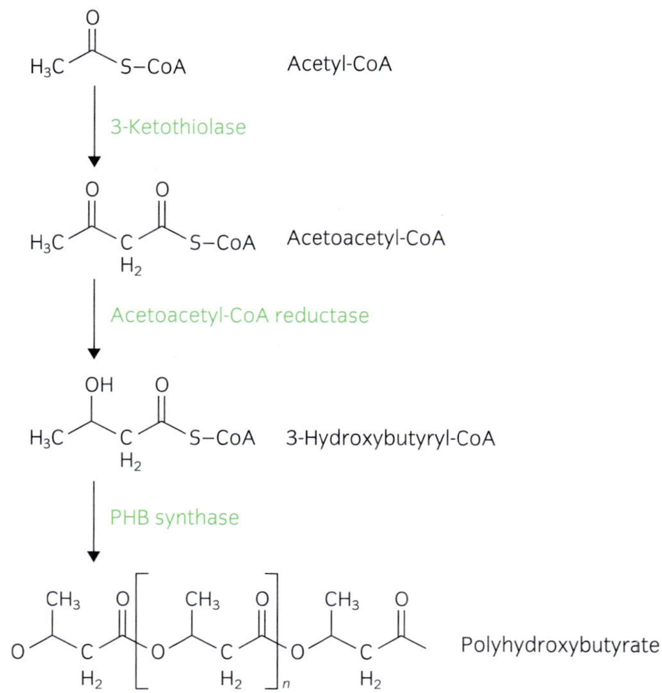

그림 11.7 박테리아에서 PHB의 생합성 경로. Acetyl-CoA로부터 시작되는 PHB의 생합성은 세 단계로 구성된다. 첫 번째 단계에서는 3-ketothiolase의 의해 촉매되며 두 분자의 acetyl-CoA의 응축으로 acetoacetyl-CoA가 형성된다. 이는 acetoacetyl-CoA reductasre에 의해 3-hydroxybutyryl-CoA로 환원된다. 마지막 단계는 PHB synthase에 의해 진행된다.

수행하여 생중량의 4% 이상(건조 중량의 40%)를 잎의 엽록체에 축적하는 개체를 선별하였다. 하지만 다량의 PHB를 생산하는 계통은 생장이 억제되었으며 임성을 가지지 않았다. 흥미롭게도 식물체의 지방산 조성 및 축적은 PHB의 생산과 무관하였으나, 다양한 유기산, 아미노산, sugar 및 sugar alchool의 양은 큰 영향을 받았다.

이러한 분석에서 애기장대는 가치 있는 모델 식물이지만 유지 작물에서 플라스틱의 상업적 생산 가능성을 확인하기 위한 연구가 집중되고 있는데, 지방산 생합성으로부터 acetyl-CoA의 풀을 바이오플라스틱 생산으로 전환하기 위한 연구가 진행되고 있다. 몬산토의 연구팀은 *Ralstonia eutropha*의 세 가지 유전자를 각각 종자 특이 프로모터(Lesquerella fendleri oleate Δ^{12}-hydroxylase 유래)에 연결하여 사용하였다. 이들을 여러 유전자를 포함하는 하나의 벡터(multigene vector)로 구성하고 유채의 형질전환에 이용하였다. 종자 생중량의 7.7%에 해당하는 PHB가 mature oilseed leucoplast에 축적되었다. 하지만 애기장대와는 다르게 형질전환체에서 높은 양의 PHB를 생산할 수는 없었다. 최근의 연구결과 β-ketothiolase 유전자의 항시적 발현은 일부 식물에서 PHB의 효율적 생산에 결정적인 역할을 하는 것으로 나타났으며, phbA 유전자의 유도발현 또는 발달단계에 따른 발현을 통해 담배 및 감자에서 PHB의 생산이 가능하였다.

또 다른 흥미로운 예로 목화와 아마의 섬유에 바이오플라스틱을 생산하고자 하는 것이

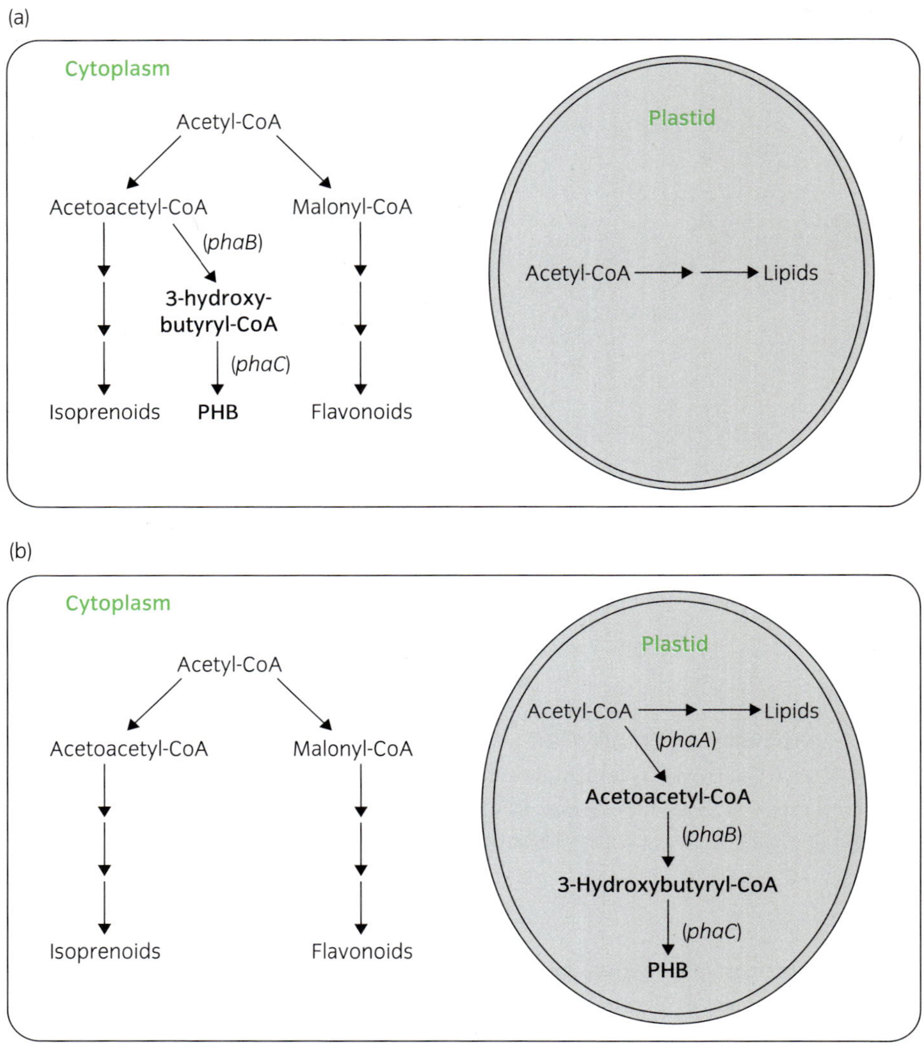

그림 11.8 애기장대에서 PHB 생합성 경로의 발현. 식물의 세포질에 3-ketothiolase의 활성이 존재하여 세 가지 유전자를 모두 도입할 필요가 없어, *Alcaligenes eutrophus*의 *phaB* 및 *phaC* 유전자를 protein-targeting sequence가 없는 상태로 애기장대에 형질전환 하였다. PHB 입자가 세포질뿐만 아니라 핵과 액포에서도 관찰되었다 (a). 세 가지 유전자를 모두 Rubisco small-subunit transit peptide sequence를 결합하여 색소체로 타겟팅하였을 때, 색소체에서 PHB가 축적되었다 (b)

● 플라스틱을 함유하는 목화섬유는 절연저항성이 증대되었다.

다. 목화의 섬유에는 3-ketothiolase 활성 (PHB 생산에서 첫 번째 효소, 그림 11.7 참고)이 있는 것으로 알려져 있다. *A. eutrophus*의 phaB 및 phaC 유전자를 목화의 seed-axis meristem에 particle bombardment(3장 참고)의 방법으로 형질전환하였다. phaB 유전자는 목화 섬유소 특이 유전자의 프로모터에 연결하였으며, phaC 유전자는 35S 프로모터에 연결하였다. 작은 PHB 입자가 섬유소 세포의 새포질(fiber lumen 내부)에 축적되는 것을 확인하였다. 이 섬유소의 열화학적 특성이 변화되어 절연저항성(insulation)이 증대되었다. 아마의 경우 *phaA* 유전자는 줄기 특이 프로모터에 연결하여 이 프로모터의 조절을 받도록 하였으며, *phaB*와 *phaC* 유전자는 35S 프로모터의 조절을 받도록 하였다. 세 가지 유전자는 모두 색소체로 타겟팅되도록 제작되었으며, 줄기에서 PHB의 축적이 확인되었다. 형질전환체에 따라 다양한 변이가 있었으나 줄기의 기계적 특성이 변화되었음이 확인되었다.

PHB는 결정체로 이루어진 폴리머이기 때문에 생산되는 바이오플라스틱은 뻣뻣하고 잘 부러지는 특성을 가져 한계가 있다. 보다 긴 모노머로부터 생산되는 PHA co-polymer는 적은 결정체를 이루어 유연하여 물리적 특성이 우수하다. *Pseudomonas*는 지방산을 기반으로하여 중간 정도의 체인(medium-chain length)을 갖는 PHA를 축적한다. 이 PHA는 지방산의 β-oxidation에 의해 형성되는 3-hydroxy-acyl-CoA 중간체로부터 합성된다. 따라서 PHA monomer의 크기는 사용되는 지방산의 길이와 비례한다. *Pseudomonas aeruginosa*의 phaC1 유전자를 유채 isocitrate lyase의 peroxisome targeting 서열과 연결하여 제작한 형질전환 애기장대는 medium-chain-length PHA를 생산하였다. 이 효소는 양지에서 키운 식물체에서는 leaf-type peroxisome으로 이동되었고, 암상태에서 키운 식물체에서는 glyoxisome으로 이동되었다. 이 식물체에서 4 mg/g 건중량의 수준으로 PHA가 glyoxisome, peroxisome 및 액포에 축적되었다. PHA는 6개에서 16개의 탄소로 구성된 포화 혹은 불포화 3-hydroxyalkanoic acid를 포함하고 있었으며, 이 중 41%는 포화된 8개의 탄소 또는 단일불포화 모노머로 구성되어 있었다.

식물체에서 생산될 수 있는 바이오플라스틱은 PHA만이 가능한 것은 아니다. 특정 박테리아에서 발견되는 아미노산 중합체는 산업적인 목적으로 다양하게 이용되어 왔다. 이와 같은 폴리머의 하나인 폴리아스파테이트를 식물체에서 생산하기 위한 전략을 BOX 11.2에서 확인할 수 있다.

단백질을 대상으로 하는 분자농업

이 책을 통해서 도입 유전자의 발현을 통해 생합성 경로의 변형, 생장과 발달의 조절, 제초제 저항성과 같은 식물의 특성변화에 대해 살펴보았다. 하지만, 형질전환 식물체 자체가 중요하다. 10장에서는 낟알의 아미노산 함량을 개선하기 위해 높은 양의 라이신을 포함하는 단백질을 생산하기 위한 시도에 대해 살펴보았다. 이 절에서는 항체 및 백신과 같은 고부가가치 단백질과 효소의 생산에 관한 내용을 살펴보고자 한다. 식물체에서 기능을 갖는 단백질을 산업적인 스케일로 생산하는 것은 큰 어려움이 없다. 하지만 의료용으로 안전하게 사용될 수 있으며, 폴딩되어야 하거나 변형되어야 하거나 쉽게 분리정제가 가능한 단백질을 적은 비용으로 생산하는 것은 도전할 만한 주제이다.

식물체에서 단백질을 생산하는데 있어 자본환경은 복잡하다. 실제로 소요되는 비용은 다양한 요인이 있는데, 식물체 생산 비용, 생산된 식물의 이송 비용, 단백질의 정제 및 가공 비용이 포함된다. 알려진 방법을 통해 식물체에서 단백질을 생산하는 비용을 절감할 수 있으나, 과잉 공급은 시장가격을 하락시킨다. 알려진 방법을 통해 식물체에서 일부 백신을 생산하는 예에서 이러한 상황을 알 수 있다. 하지만 400억 달러 규모에 이른다고 판단되는 의료용 단백질 시장은 식물생명공학

BOX 11.2 폴리아스파테이트 폴리머

특정 아미노산을 중합함으로써 플라스틱 유사 물질이 생산될 수 있다. 다양한 박테리아가 생산하는 poly-γ-glutamate와 poly-ε-lysine와 같은 폴리머는 농후제 및 하이드로젤의 생산에 이용되고 있다. 수용성이며 독성이 없고 생분해성 폴리머인 폴리아스파테이트는 비슷한 용도로 이용되고 있으나 생물체에서는 검출되지 않는다. 하지만, 시아노박테리아가 축적하며 β-Asp-Arg 단위가 반복되는 폴리머인 시아노피신의 약한 가수분해를 통해 폴리아스파테이트를 생산할 수 있다. 시아노피신는 하나의 효소인 cyanophysin synthetase에 의해 합성되는데, 이 효소는 아스파테이트의 β-carboxy 그룹에 아르지닌을 연결하는 iso-peptide결합을 촉매하며 이 결합은 폴리머의 근간이 되는 아스파테이트 잔기를 연결시킨다.

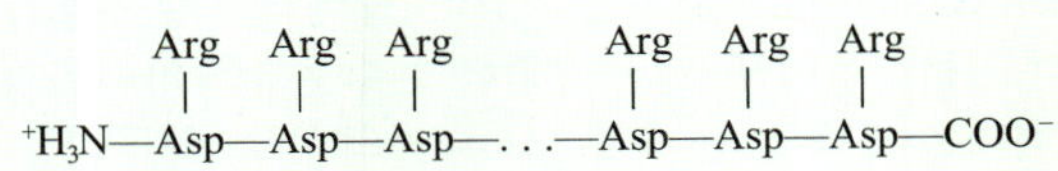

CaMV 35S 프로모터의 조절을 받는 *Thermosynechococcus elongatus*의 cyanophycin synthetase 유전자가 단백질 이동 서열을 포함하지 않는 형태로 담배와 감자가 도입되었다. 건중량의 1.1%에 해당하는 cyanophycin-like 폴리머가 세포질과 핵에서 발견되었다.

● 의료용 단백질의 시장규모는 식물학자들이 관심을 가질 만한 규모이다.

자들이 도전해 볼 만한 것이다.

이 절의 나머지 부분에서는 두 가지 타입의 단백질 생산에 관하여 살펴 볼 것이다. 첫째로 산업적 용도와 농업적 용도로 이용되는 효소에 대한 내용이고, 두 번째로 의학적으로 활용될 수 있는 아래의 단백질에 관한 내용이다.

- 항체: 이뮤노글로뷸린(full immunoglobulin) 및 scFv(single chain variable fragment antibody)와 같이 변형된 형태
- 서브유닛 백신(subunit vaccine): 병원균 자체를 백신(whole organism-based vaccine)으로 사용하는 대신 항원(antigen)으로 기능하는 짧은 펩타이드 서열을 갖는 백신
- 단백질 항생제

생산 시스템

앞에 언급한 단백질을 식물체에서 생산하고자 하는 것에 대한 관심은 발효나 바이오리액터를 사용하는 방법에서의 문제를 해결하고자 하는 것과 관련되어 있다. 포유류의 세포를 이용하는 방법은 비용이 많이 소요되고 대규모 배양이 어려운 것으로 알려져 있다(1 kg의 산물을 생산하기 위해 백만 달러가 소요된다고 알려져 있음). 박테리아와 효모를 이용하는 시스템은 어느 정도 대규모 배양이 가능하지만, 원핵생물에서 생산되는 재조합 단백질은 적절하게 변형(폴딩이 일어나지 않거나 이황화 결합

(disuphide bridge)이 형성되지 않음)되지 않아 세포 내에서 기능을 갖지 않는 형태로 생산된다. 식물을 이용한 시스템은 많은 양의 산물을 수확하여 가공할 수 있는 규모로 확대가 가능하여 산업적 규모의 단백질 정제가 가능하다. 일부의 경우, 식물체에서 백신을 생산하는 것과 같이 정제 과정을 생략할 수 있고, 재조합 효소를 포함하는 식물재료를 직접 가축사료나 산업적 용도로 이용할 수 있다. 식물과 동물은 번역 후 변형(post-translational modification)이 서로 다르고 단백질의 글리코실화 양상이 차이가 있어, 식물체에서 항체를 생산하고자 할 경우는 더 많은 고려가 필요하다. 하지만 식물은 비식물유래 단백질의 폴딩, 가교결합(cross link) 형성, 번역 후 변형(예, 단백질 글리코실화)이 가능하여 대부분의 경우 기능을 갖는 단백질을 생산할 수 있다. 식물체에서 재조합 단백질을 생산하는 것은 변형이 일어나며 단백질이 보다 안정한 형태로 위치할 수 있는 세포 내 구획으로 목적 단백질을 이동시킬 수 있는 장점을 가지고 있다. 식물체를 이용한 시스템은 동물과 사람에서 유래되는 독성 단백질이나 병원체 및 프리온의 오염 가능성을 감소시킬 수 있는 장점을 가지고 있다.

단백질 생산을 위한 초기 실험은 주로 형질전환이 가능한 식물체를 대상으로 진행되었다. 대부분의 연구는 담배를 대상으로 이루어졌으나, 담배의 경우 잎에 알칼로이드를 함유하고 있어 동물의 먹이로는 적당하지 않다. 식용 산물을 생산하기 위해 감자, 토마토, 옥수수 및 상추가 활용되고 있다. 대량으로 단백질을 생산하는 경우 연중 여러 번 잎을 수확할 수 있는 담배와 알팔파의 잎이 적당한 대상이 될 수 있다. 하지만 바이오매스 생산량이 낮은 벼, 밀 옥수수 및 콩이 이용되기도 한다(표 11.3)

단백질 생산을 위한 전략(방법)

식물체에서 단백질을 생산하기 위한 다양한 방법이 개발되었다. 안정적인 유전자 도입 방법이 많은 경우 이용되었고, 식물 바이러스를 이용한 일시적 발현(transient expression) 방법이 이용되고 있다. 앞으로 설명하겠지만, 바이러스를 이용하여 안정적으로 유전자를 도입하는 것과 같이 두 가지 방법 사이의 차이는 작아지고 있다. 또한 엽록체를 이용하는 방법이 있다.

● 단백질 생산을 적정화하기 위해 안정적인 유전자 도입 방법과 일시적 발현방법이 활용되고 있다.

표 11.3 단백질을 생산하기 위해 이용될 수 있는 다양한 식물의 바이오매스 생산량

Crop	Potential annual biomass yield (t ha^{-1})
Tobacco	〉100
Alfalfa	25
Maize	12
Rice	6
Wheat	≈3

핵에서 도입유전자(transgene)의 안정적 발현

이 방법의 장점은 도입유전자가 세대를 거쳐 유전되는 것이다. 적당한 발현량을 가지는 계통이 선발될 경우, 많은 기간 동안 단백질의 생산에 이용될 수 있다. 계통을 선발하는 시간이 많이 필요하고 유전자 침묵이 일어 날 수 있으며 좋지 않은 발현량을 갖게 되는 단점을 가지고 있다. 일반적으로 35S 프로모터와 같이 강하고 항상적인 프로모터의 조절을 받는 도입유전자를 이용하는 안정적 발현 시스템은 잎에서 수용성 단백질의 대량생산에 적당하다(이 방법의 경우 수율이 낮을 수 있다). 보다 정교한 방법으로 유전자의 발현과 단백질 생산을 특정 조직에서 일어나게 하는 것이다(그림 11.9 참고). 특정 기관과 조직에서 유전자의 발현을 제한 함으로써 재조합 단백질의 생산량을 높일 수 있다. 특정 조직에서 발현시키는 방법(targeting expression)은 생산량을 높이는 것과 관련된 몇 가지 장점이 있다. 수확 후 이용되지 않는 식물체의 부분

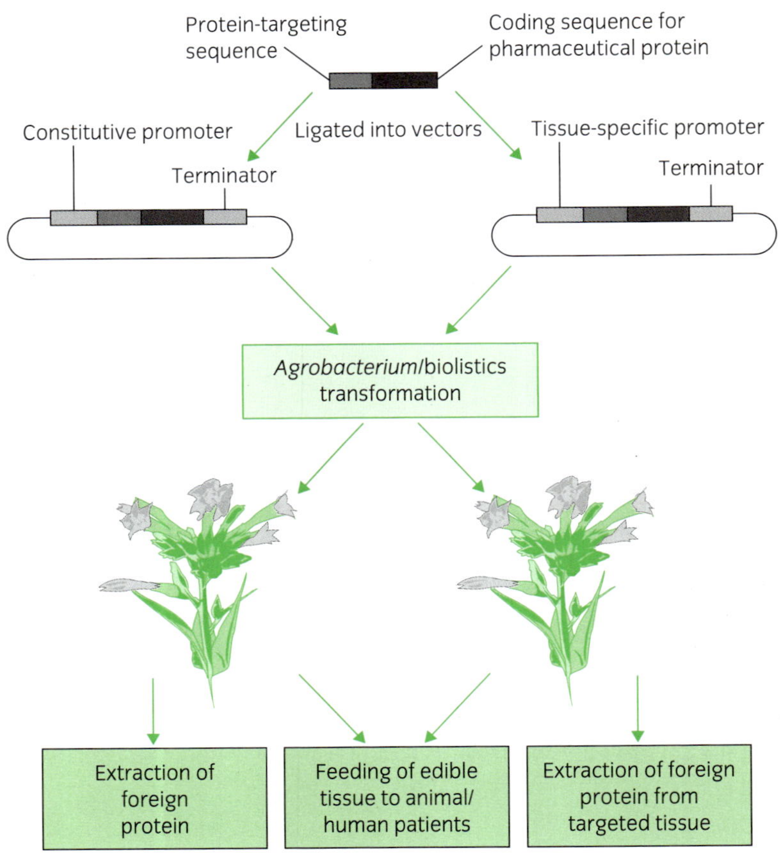

그림 11.9 안정적인 형질전환 식물체에서 서로 다른 단백질 생산방법. 항상적인 발현(35S 프로모터 이용) 또는 특정 조직 또는 기관에서의 발현을 통해 재조합 단백질을 축적할 수 있으며 이는 단백질을 정제하여 이용하거나 식물체 자체를 바로 이용할 수 있다.

에서 단백질이 생산된다는 것은 식물체의 자원을 낭비하는 것이다. 최소의 변형 후 섭취되어야 하는 백신의 경우 단백질이 먹는 식물의 부위에서 생산되드록 하는 것이 필요하다. 다른 중요한 점으로 괴경과 종자와 같은 저장기관이 긴 시간 동안 생물학적 기능을 유지하도록 하는 것이다. 35S 프로모터를 사용한 경우에 비해 36배 증가된 단백질 생산이 가능하였던 종자특이 프로모터를 이용하고 종자에 단백질이 이동되도록 한 경우 재조합 단백질의 안전성이 수주에서 수년 동안 유지되었다. 생산되는 단백질의 정제가 용이한 점에서 종자에 대한 관심이 많다. 담배의 종자는 잎보다 단순한 단백질 및 지질의 혼합물을 가지고 있고 페놀 화합물의 양이 적다.

특정 기관이나 조직에서 단백질을 발현시키는 방법뿐만 아니라, 활성형의 단백질을 적절하게 생산하기 위해 세포내 특정 부위에 단백질을 이동시키기도 한다. 번역 후 변형은 소포체와 연관되어 있으며 세포외로의 이동과도 관련되어 있고, 이동서열(transit peptide)을 포함시킴으로써 생산량과 활성을 증가시킬 수 있었다. 단백질 정제를 목적으로 오레오신(oleocin)을 이용한 경우 조직 및 세포내 특정 위치에서 발현시키는 방법이 활용되었다. 이를 사례연구 11.4에서 자세히 설명하였다. 단백질 생산을 최적화하기 위한 다양한 노력은 다른 예에 대해서 살펴 볼 수 있다. 융합 단백질을 이용하는 방법과 식물에서의 발현을 최적화하기 위해 유전자의 코딩 서열을 변경하는 방법이 포함된다.

사례연구 11.4 오레오신 시스템: 히루딘과 인슐린 생산

식물에서 의료용 단백질을 효율적이며 경제적으로 생산하기 위해 이용된 정제 시스템에 대해서 살펴보도록 하겠다. 혈액응고 방지제인 히루딘과 인슐린 생산에 적용된 기술에 대해서 살펴본다. 의료용 단백질의 생산에 관해서 본문에서 보다 자세히 논의되겠지만, 여기서는 식물체에서 생산된 의료용 단백질의 정제 방법이 널리 적용될 수 있는지 살펴보도록 한다.

배경

TAG를 저장하는 세포 내 소기관인 유체(oil body)에 대해서는 이 장의 앞부분에서 살펴보았다(식물 기름의 기능향상에 관한 절을 참고). 유체는 유채의 종자와 같은 기름종자에 많이 있으며, 이는 유식물체의 발아 및 초기 생장에서 주요 에너지원으로 이용된다. 유체는 TAG와 이를 둘러 싸고 있는 인지질 단일막으로 구성되어 있다. 오레오신이라는 단백질은 유체의 표면에 분포하는 것으로 알려져 있다. 오레오신의 C-말단 결핍 돌연변이 단백질이나 본래 크기 단백질의 C-말단에 gusA reporter 유전자를 결합하였을 때 β-glucuronidase(GUS)의 활성이 유체 분획에서만 분포하는 것이 밝혀져 리포터가 오레오신의 도움으로 유체로 이동되었음이 확인되었다. 오레오신의 N-말단과 중앙 도메인은 GUS의 유체로의 정확한 이동에 필요한 부위이다.

유체의 정제

여러 단계의 원심분리를 통해 유체는 쉽게 분리될 수 있다. 완충액에서 종자를 갈고 원심분리를 수행하면 3개의 분획으로 구분된다. 녹지 않는 물질로 구성된 침전물은 튜브의 바

닥에 침전되고, 종자에서 유래된 수용성 물질이 수용액에 존재하게 된다. 맨 위층은 유체와 이에 결합된 오레오신으로 구성된다. 이러한 유체층을 쉽게 분리할 수 있으며, 이를 완충액에 녹임으로써 유체의 순도를 높일 수 있다. 이러한 과정은 그림 11.10에서 볼 수 있다.

히루딘(hirudin)

히루딘은 의료용 거머리(*Hirudo medicinallis*)의 침샘에서 발견되는 작은 크기(약 7 kDa)의 혈액응고방지 펩타이드이다. 히루딘은 드롬빈(혈액응고의 첫 단계를 촉매하는 serine protease)의 강력한 억제제로 혈전증(thrombosis)의 치료에 이용되고 있다. 혈전증(심근경색 및 중풍)은 서구에서 주요한 사망원인이다. 히루딘은 혈액응고방지제로 흔히 사용되는 헤파린(heparin)보다 다양한 장점을 가지고 있다. 히루딘은 면역원성이 낮으며 활성을 나타내는데 보조 인자가 필요하지 않고 혈액에서 다른 단백질과 상호작용을 하지 않는다. 하지만 이것은 대량으로 확보할 방법이 없어 제한적으로 이용되고 있다. 재조합 히루딘이 대장균과 효모에서 생산되었는데, 대장균에서는 생산량이 낮고 활성이 감소하였다. 일부 효모에서는 대량의 활성형 단백질을 효율적으로 생산할 수 있었다.

식물체에서의 생산 및 정제

히루딘을 코딩하는 합성유전자(*Brassica napus*에서 발현을 최적하기 위해 코돈 사용을 변경함)를 애기장대의 오레오신 유전자의 3′ 말단에 결합하고 자신의 프로모터를 활용하였다. 오레오신의 C-말단과 히루딘의 N-말단 사이에 endoprotease Factor Xa의 절단부위를 도입하였고 이를 *B. napus*에 형질전환하였다. 본 사례연구의 앞부분에서 언급한 유체 분리 방법을 변형하여 히루딘을 정제하였다. 유체를 원심분리로 분리한 후 오레오신으로부터 히루딘을 잘라내기 위한 endoprotease Factor Xa를 그림 11.10과 같이 처리하였다. 유체를 다시 원심분리하면 고순도의 히루딘이 수층(aqeous phase)에 남게 된다(그림 11.10).

전망

유체와 오레오신을 이용한 생산 및 정제 방법은 Factor Xa를 대신하여 사용할 수 있는 값싼 물질이 개발된다면 식물체에서 의료용 단백질을 경제적으로 생산할 수 있는 것으로 전망된다. 캐나다의 SemBioSys라는 회사에서는 이러한 방법으로 히루딘과 같은 의료용 단백질을 시장에 출시할 수 있을 것으로 기대하고 있다.

● 복잡한 형태의 단백질을 이 방법으로 생산할 수 있다.

이 기술의 한 가지 단점은 ER에서의 많은 변형과정이 없어 임상적으로 중요한 단백질의 생산에 적용할 수 없다는 것이다. 이 기술의 더욱 발전시키고 단일 펩타이드에만 적용되지 않는다는 것을 확인하기 위해 인슐린 생산에 이 기술을 적용하였다. Mini-insulin 분자에 Klip(trypsin-cleavable) 서열로 오레오신 단백질을 연결하고 애기장대에 형질전환하였다. 이 결합체는 Mini-C propeptide에 A-chain과 DesB30 chain이 연결된 것이다. 이 식물체에서 종자를 수확한 후 위에서 설명한 방법으로 대부분의 단백질을 제거할 수 있었다. 분리한 유체에 트립신을 처리하여 인슐린 단백질을 분리하고 Mini-C fragment를 제거하였다. 오염 물질을 제거하기 위한 과정이 수행되었지만, 기능을 갖고 정확하게 교차결합(2개의 인슐린 체인 사이와 A-사슬 내에 있는 2개의 disulphide bridge)을 갖는 인슐린 분자를 얻을 수 있었다. 이 회사에서 산업적 기반 작물인 잇꽃(safflower, *Carthamus tinctorius*)에 이 기술을 적용하여 인슐린 생산을 시도하였다. 이를 통해 생산 비용이 절감될 것으로 기대된다.

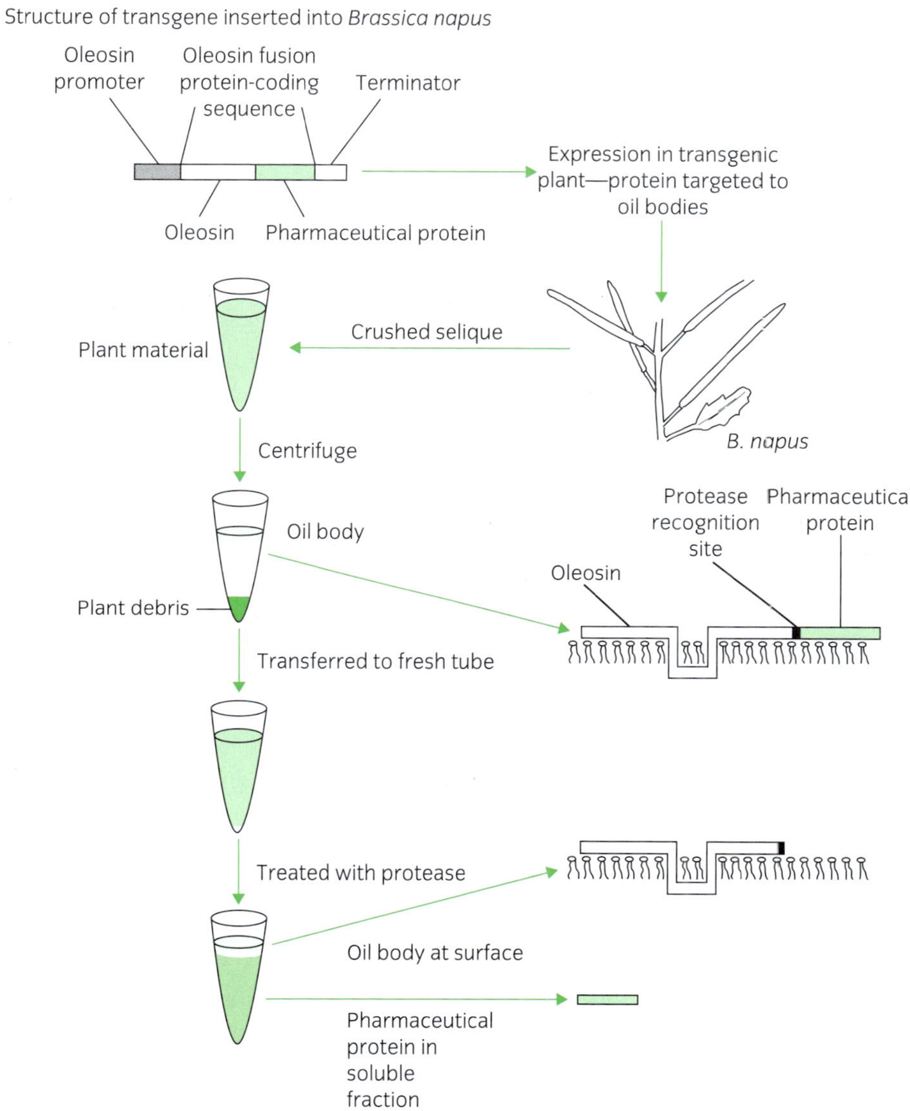

그림 11.10 유체를 이용한 의료용 단백질의 생산 및 정제에 관한 모식도. 의료용 단백질을 오레오신(유체와 결합되어 있는 단백질)의 C-말단에 결합한 형태로 생산한다. 의료용 단백질과 오레오신은 protease cleavage를 통해 분리할 수 있다. 종자를 완충액에서 갈고 원심분리하면 3개의 층으로 분획되며, 오레오신 및 의료용 단백질이 결합되어 있는 유체는 최상층에 위치하게 된다(수층위에 떠 있는 상태). 이러한 유체층을 분리한 후, 다시 원심분리하고 protease를 처리하면 오레오신으로부터 의료용 단백질을 분리할 수 있다. 이를 다시 원심분리하면 수층에 높은 순도로 존재하는 단백질을 얻을 수 있다. 자세한 내용은 본문에서 볼 수 있다. (Redrawn from Goddijn and Pen(1995).)

바이러스를 이용한 발현 시스템(일시적 발현 및 안정적 발현 시스템)

재조합 단백질의 생산에 식물 바이러스가 벡터로 이용되어 왔다. 사용된 바이러스로는 담배모자이크 바이러스(tobacco mosaic virus, TMV), 감자 바이러스 X(potato virus X, PVX) 및 알팔파 모자이크 바이러스(alfalfa mosaic virus, AlMV)가 있다. 바이러스를 사용하는 것은 다음과 같은 장점을 가지고 있다. 생산 시간이 짧으며, 대량생산이 용이하고 생산량이 매우 높다는 것이다. 초기의 실험에서는 형질전환 식물체를 생산하지 않고 수행되었다. 특히 백신과 같은 재조합 단백질의 수송체로 식물 바이러스의 캡시드가 이용되었다. 에피토프(20개의 아미노산) 또는 단백질을 코딩하는 서열을 바이러스 게놈의 표피 단백질(coat protein, CP) 유전자에 결합하여 바이러스 입자의 표면에 이들이 존재하도록 하였다. 이러한 방법은 그림 11.11에서 볼 수 있다.

또 다른 방법으로 재조합 단백질이 변형되도록 ER로 이동시킬 수 있는 바이러스 벡터(viral vector)를 제작하는 것이다. 이 바이러스를 숙주 식물에서 증식시킬 수 있으며, 여러 번에 걸쳐 임상적으로 충분한 양의 단백질을 생산하였다.

에피토프를 확인하고 벡터를 제작하는 과정에 많은 시간이 소요되는 것이 제한 요소이다. 바이러스는 일반적인 과정과 같이 식물체 내에서 증식하여 이동할 수 있다(일부 바이러스는 2-3주가 소요됨). 생산량은 CP의 합성량을 반영하며, 일부의 경우 총 수용성 단백질의 10%까지 생산할 수 있다. 재조합 바이러스(일부 서열이 제거되거나 다른 바이러스의 일부를 사용한 것)의 식물체에서의 증식과 이동을 최적화하기 위한 분자진화를 통해 생산량을 증대시킬 수 있었다. 바이러스의 전체 서열을 사용하는 과정에서 발생하는 여러 단점을 극복하기 위해 다양한 방법들이 시도되었다. 숙주 범위가 제한적인 것, 유전자 침묵의 문제, 재조합, 바이러스 서열이 인트론으로 인식되어 제거되는 것, 긴 길이의 서열이 적절히 발현되지 않는 것과 같은 문제가 있다. 유전자 침묵의 경우 이 과정을 억제하는 억제유전자를 도입함으로써 해결할 수 있었다. 또 다른 방법으로 이동단백질(movement protein)을 도입하는 것이다. 바이러스의 증식이 적절하게 일어날 수 있는 보다 나은 숙주 식물을 제작하는 것이 목표 중의 하나인데, 이것은 식물의 방어기작을 억제하는 것이다. 하지만 각각의 방법을 통해 얻은 많은 정보가 상호보완적으로 활용될 수 있다. 발현을 최적화하기 위한 다른 예는 아래에서 설명한다.

● *Agrobacterium*는 식물체로 재조합된 바이러스를 감염시키는 데 이용된다.

다른 흥미로운 방법은 바이러스를 이용하여 단백질 생산 시스템을 개발하는 것이다. 하나는 바이러스 서열의 일부를 이용하는 것이고, 다른 하나는 식물체에 바이러스 서열(전체 혹은 일부)을 안정적으로 삽입하고 이들의 발현을 조절하는 방법이다. 바이러스 RNA를 합성하거나 해당 유전자의 발현을 켜는 것이다. Bipartite RNA virus인 Cowpea mosaic virus(CPMV)을 이용하는 시스템이 개발되었다. CP와 도입 단백질을 코딩하는 서열을 포함하는 RNA2 서열(전체 혹은 일부)을 숙주의 게놈에 삽입한 후, RNA2로 식물체를 감염시키거나 이 서열을 갖는 식물체와 교잡하여 이들이 활성화되도록 한다. 바이러스의 일부를 사용하는 경우

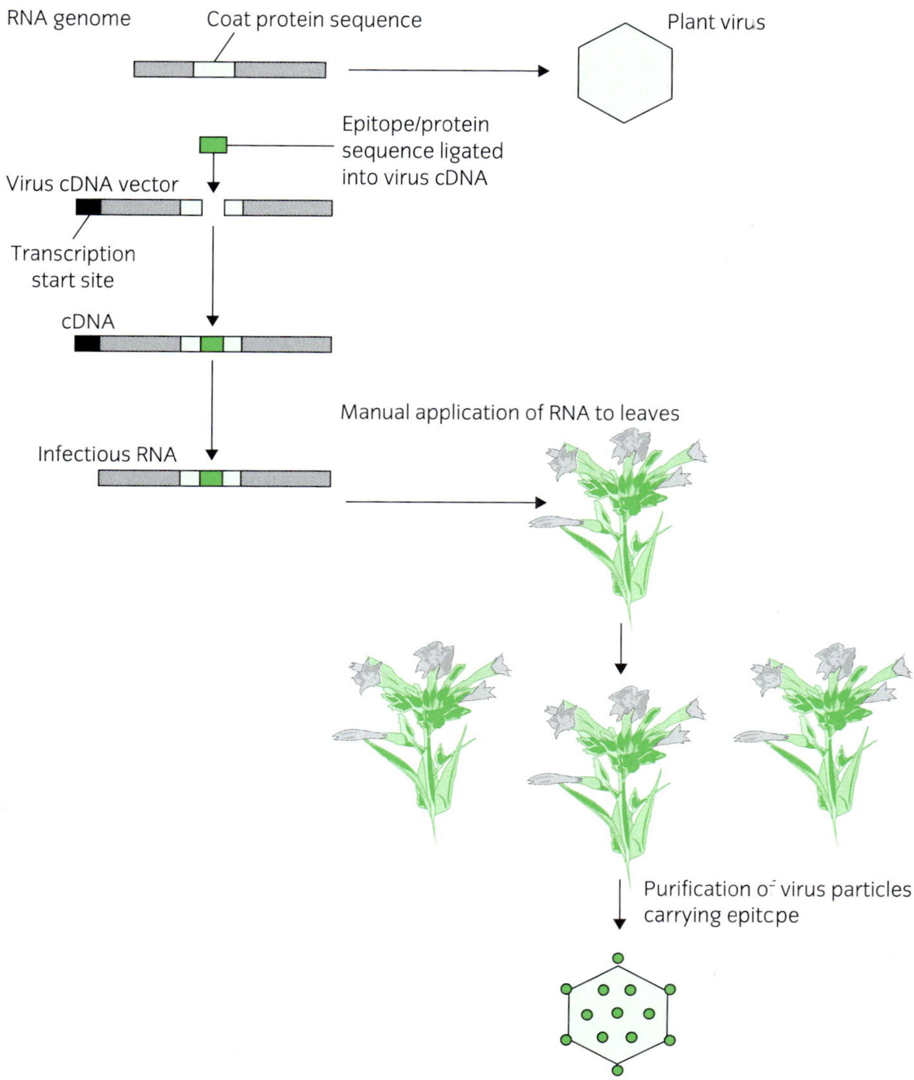

그림 11.11 단백질 에피토프를 가지는 재조합 식물 바이러스의 제조. 에피토프의 유전자를 외피 단백질(coat protein, CP)에 도입하였다. 감염성을 갖는 RNA를 제작하고 이를 식물체에 감염시키면 원하는 단백질을 갖는 바이러스의 외피 단백질이 생산된다. 이를 **overcoat system**이라고 하며 다양한 단백질의 생산에 이용되었다.

(deconstructed virus) 바이러스의 생존에 필수적이지 않은 부위를 제거하거나 다른 게놈(숙주 식물의 게놈)에 도입한다. 짧은 길이의 바이러스 벡터는 *Agrobacterium*을 이용하여 식물체에 도입할 수 있으며(Agroinfection이라고 칭함), 식물체의 프로모터에 해당 단백질의 코딩 서열을 연결할 수 있으며 이동 기능은 숙주 식물에서 제공된다. 이러한 방법은 오염가능성과 다른 바이러스 서열과의 상호작용을 제거할 수 있다. 소량의 단백질을 생산하는데 사용되는 이 시스템을 'desktop system'

이라고 한다.

그 외에 바이러스를 이용하는 발현 시스템이 있으며, 이 중 하나의 예는 사례연구 11.5에서 볼 수 있다. 변형된 TMV 바이러스를 이용하는 또 다른 흥미로운 예이다. magnICON 시스템(Icon Genetics)은 기능적 바이러스 리플리콘(replicon)으로 재조합 될 수 있는 형태의 TMV 서열을 활용하고 있다. 목적 단백질의 유전자를 하나의 모듈에 위치하고 다른 바이러스 유전자 다른 모듈에 위치시키고 각각을 독립적으로 Agroinfection의 방법으로 식물체에 도입한다. 식물체의 핵에서 특정 재조합효소(recombinase)가 동시에 발현되면 2개의 모듈이 합쳐지게 된다. 이러한 시스템을 이용하여 많은 수의 단백질을 생산하였다. *Nicotiana benthamiana*에서 사람 성장 호르몬(human growth hormone)을 발현시켰으며 아포플라스트, 엽록체 및 세포질과 같이 식물 세포의 특정 분획으로 이동하도록 하였다. 아포플라스트의 경우 총 수용성 단백질의 10%(1 mg/g)로 가장 높은 발현을 보였다. 동일한 시스템으로, *Yersinia pestis* 유래 F1 및 V 항원을 같은 방법으로 발현시켰다. 기니아피그에 정제된 항원 단백질을 피부를 통해 투여하였을 때, 전신 면역 반응이 발생하여 감염성 *Y. pestis*의 공기 감염에 대해 저항성이 나타났다. 복합 단백질로 조립되는 각각의 단백질을 가지는 서로 다른 바이러스를 이용하는 방법이 있다. 완전하게 기능하는 IgG를 생산하기 위해 TMV와 PVX 동시에 사용한 예가 있다. 이러한 연구를 위해 서로 다른 6개의 벡터를 구성하여 식물체에 적용하였다. 바이러스는 식물 세포의 단백질 load를 경감할 수 있게 제작되었는데, PVX의 경우 CP가 없도록 제작되었고 이는 TMV의 이동단백질이 기능을 보충할 수 있을 것으로 생각된다. 하지만 이 시스템은 완전하게 작동되지 않아 독립된 벡터의 형태로 CP를 보충해 주었다. 이러한 조합으로 Kg 생중량당 0.5 g 단백질을 얻을 수 있었다. 바이러스에 의해 발생되는 문제점을 보완하고 대규모로 수행하기 위한 연구가 계속되고 있다.

산업용 효소의 생산

전세계 산업용 효소의 시장규모는 년당 20억 달러에 이른다고 계산되고 있다. 이러한 시장에 접근하기 위한 식물생명공학적 접근은 작은 규모이고 개념확인(proof-of-concept)의 단계이다. 식물체에서 생산되어 최초로 상업화된 산업용 단백질은 분자생물학자들에게 익숙한 avidin(닭 유래)과 β-glucuronidase(GUS, 대장균 유래) 단백질로 모두 옥수수에서 생산되었다(식물체에서 생산된 재조합 단백질은 표 11.4에 요약되어 있다). 이를 개발한 ProdiGene은 상업적인 용도로 사용되는 식물체 유래 효소의 대량생산에 관한 연구를 선도하고 있다. 2002년 이 회사는 단백질 분해 효소이고 일반적인 방법으로 생산하기 어려운 특성을 갖는 트립신(trypsin)을 대량생산하고자 한다고 발표하였다. 이 단백질은 소나 돼지의 장에서 분리하여 다양한 용도, 즉 인슐린과 같은 의료용 단백질의 생산, 백신 생산, 상처치료에 이용되고 있다. 이 회사는 5년

표 11.4 식물체에서 생산된 효소

Enzyme	Use
Avidin	Diagnostic kits
β-Glucuronidase	Diagnostic kits
Trypsin	Pharmaceuticals, wound care
Cellulase	Ethanol production from cellulose waste
Thermostable xylanase	Biomass processing
Phytase	Phytate breakdown, improved phosphate utilization
α-Amylase	Food processing
1,3–1,4–β-Glucanase	Brewing
Lignin peroxidase	Paper manufacture
Gastric lipase	Pharmaceuticals

(Data taken with permission from Hemming (1995), Kusnadi *et al.* (1997), Giddings *et al.* (2000), and Daniell *et al.* (2001).)

내 이 효소의 수요가 5배 증가할 것으로 예측하였다. 기존의 방법을 통해서 이와 같은 수요증가를 충족할 수 없고 동물로부터 유래된 제품에서 발생할 수 있는 병원균(광우병, bovine spongiform encephalopathy)의 전파에 대한 염려가 증가되고 있다. 이와 같은 요구에 대응하기 위해 ProdiGene은 식물체로부터 kg 규모의 단백질을 생산하는 목표를 가지고 있다.

식물체에서 생산할 수 있는 다른 중요한 효소들 중 일부는 흥미롭게도 식물세포의 구성성분을 가해하는 것들이다. 반추류의 장내 미생물이 일반적으로 생산하는 셀룰라제 및 자일라나제가 여러 종류의 식물에서 생산되었다. 이들 효소는 바이오에탄올, 섬유, 펄프 및 종이산업과 동물 사료의 생산 등 큰 시장이 존재하고 있다. 이러한 효소를 식물체에서 생산하는 것은 자가분해를 초래한다는 점에서 비상식적인 개념에 속하지만, 높은 최적온도를 가지는 내열성의 형태로 변형한 것을 사용하고 있다. 따라서 식물체가 정상적으로 생장하는 온도에서는 유해한 효과가 없으나 효소의 최적온도로 가열되었을 때 효소의 활성이 높게 나타난다. 이러한 연구는 아직 작은 규모에서 시작되고 있으나, 쉽게 대규모로 진행될 수 있다.

ProdiGene은 최근 백색부휴균(white-rot fungus)에서 유래된 망간 함유 퍼옥시다제(manganese peroxidase)를 옥수수에서 발현시켰다. 이 효소는 oxidoreductase의 일종으로 리그닌을 분해하는 효소이다. 이 효소는 생물공학적 방법으로 생산하는 어렵다. 곰팡이의 발효를 통해 이 효소를 생산하기 위해서는 많은 양의 haem cofactor를 필요로 한다. 식물체에서의 초기 시도에서는 건강하지 못한 식물체가 생산되었다. 이 효소를 종자에서의 발현을 통해 이 회사는 성공적인 생산을 이루었고, 건강한 식물체에서 많은 양의 단백질을 생산할 수 있었다. 이 단백질은 펄프산업에 이용될 수 있으며, 효소의 이용으로 많은 양으로 사용되는 표백제를 감소시킬 수 있다.

흥미로운 점은 이들 효소의 경우 최소한의 정제과정만이 필요하다는 것이다(이

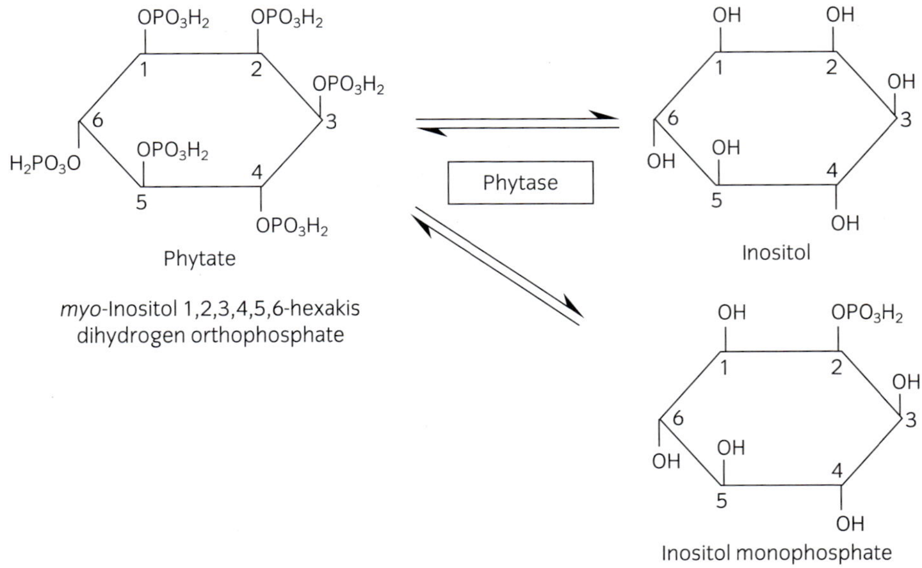

그림 11.12 Phytase의 작용 기작. Phytate는 inositol monophosphate (phytate가 분해되어 생성되는 주요 산물)이나 inositol로 분해된다.

용가능성과 경제적 실현 가능성은 중요한 고려대상이다). 가수분해 효소인 phytase는 이와 같은 효소의 또 다른 예이다. 이 효소는 inositol hexaphophate(phytate)를 가수분해하여 sugar alchool과 inorganic phosphate의 생성을 촉매한다(그림 11.12 참고). phytase는 단위 동물(monogastric animal)에서 소화되지 않는 물질로부터 phosphate를 떼어 내는 기능을 가져 매우 유용한 효소이다. 돼지와 가금류의 사료로 가공되는 종자에 phytate가 상당량 발견되는데, 동물들은 이러한 형태의 phosphate을 활용하지 못하며 이들이 이용되기 위해서는 적당히 변형되어야 한다. 단위동물이 phytate 이용하지 못하여 소화되지 않은 phytate가 변으로 배출되고 이는 지하수의 phosphate 양을 증가시키고 부영양화(eutrophication)를 초래하는 문제를 가지고 있다. 종자에 phytase를 발현시킨 형질전환 식물체가 개발되었다. 돼지와 가금류의 먹이에 형질전환 식물체의 종자를 추가하면 phophate의 이용성이 증가되고(추가 공급을 억제함) phosphate의 배출이 줄게 된다. 따라서 식물유래의 효소를 추가함으로써 영양문제와 환경문제를 동시에 해결할 수 있다.

의료용 단백질

식물체에서(*in planta*)에서 제조된 재조합 단백질인 의약품은 식물생명공학의 영역을 확장하는 데 중요하며, 식물유래 의료용 단백질은 사용이 허용되고 널리 이용될 것이다. 이 절에서는 아래의 세 분야에 대해서 설명한다.

1 항체
2 백신
3 의료와 관련된 단백질

항체 또는 plantibody

포유류는 다양한 형태의 항체(antibody, immunoglobulin)를 가지고 있다. 이뮤노글로뷸린은 각각의 물리적, 화학적, 면역학적 특성에 따라 IgA, IgD, IgE, IgG 그리고 IgM 등 다섯 가지로 구분한다. 그림 11.13에서는 IgG(이 장의 뒷 부분에서 설명)의 구조가 나와있다. 이뮤노글로뷸린은 2개의 heavy chain과 2개의 light chain으로 구성되어 있다. 이뮤노글로뷸린은 각각 서로 다른 종류의 heavy(H) chain을 가지는데, α, β, ε, γ, μ라고 불리고 있다(예를 들어 IgA는 2개의 α-class heavy chain을 가지고 있다). 각 이뮤노글로뷸린은 2개의 light(L) chain을 가지며, 2개의 light chain에는 κ와 λ가 있으며 서로 혼용되지는 않는다. 가장 많이 분비되는 항체인 IgA는 보다 복잡한 구조를 가지고 있다. IgA의 경우는 2개의 IgA 분자가 joining(J) chain으로 연결된 dimer 형태로 분비된다. 각 항체분자는 2개의 항원결합부위(antigen-binding site)를 가지는 데 이 결합부위는 light chain과 heavy chain의 variable(V)으로 구성되어 있다. single chain variable fragment antibody(scFv)의 구조를 그림 11.13에서 볼 수 있다.

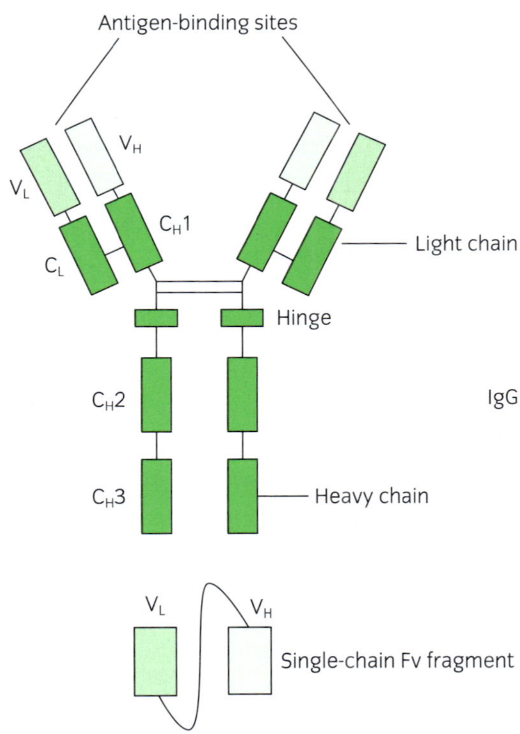

그림 11.13 IgG의 구조와 single-chain variable fragment antibody (scFv)의 구조. 전형적인 항체는 동일한 2개의 heavy (H) chain과 2개의 light (L) chain으로 구성된다. 항원결합부위는 heavy chain과 light chain의 N-말단에 위치한다. Hinge와 tail 부위는 heavy chain으로만 구성되어 있다. Light chain과 heavy chain은 constant (C) domain과 variable (V) domain을 가지고 있다. Heavy chain의 variable region (V_H)와 light chain의 variable region (V_L)이 항원결합부위를 구성한다. scFv는 2개 variable region을 결합하여 생산할 수 있다. 항원의 결합은 이러한 variable region에 의해서 결정된다.

Light chain과 heavy chain의 variable region이 항원과 결합하기 때문에 항원과 결합할 수 있는 작고 단순한 분자를 생산할 수 있다. Light chain과 heavy chain의 variable region에 해당하는 서열을 결합한 인공합성 유전자로 scFV를 생산할 수 있다. scFv 항체의 예는 다양한 가공된 형태의 항체를 대표하는 것이 아니지만, scFv의 경우 가장 널리 사용되며 성공적인 예이다.

1989년 최초로 식물에서 기능을 갖는 항체(쥐의 이뮤노글로뷸린 IgG1)가 생산되었다. 이 항체의 생산을 위해 두 가지 단계를 적용하였다. 첫 번째로 γ heavy chain의 유전자와 κ light chain 유전자가 서로 다른 식물체에서 생산되는 담배가 생산되었다. 두 번째 단계로 각각을 발현하는 형질전환 식물체의 교배를 통해 두 유전자가 동시에 발현되는 식물체를 제작하였다. F_1 세대에서 2개의 chain이 확인되었으며, 상당량의 조립된 항체가 생산되었다(총 잎 단백질의 1.3%). 각 도입유전자는 이뮤노글로뷸린 원래의 신호 서열을 가지고 있어 ER로 동시에 이동되어 효율적으로 항체가 식물체에서 조립되었다.

이 분야의 연구에서 중요한 뒷받침이 될 수 있는 발견이 이 연구를 통해 이루어졌다. 각 사슬(chain)이 ER의 루멘(lumen)으로 이동되어야 효율적인 항체의 조립이 일어나고 항체가 안정적으로 유지된다. ER의 루멘은 항체의 적절한 변형에 필요한 환경을 제공하는데, 이곳에서 이황화 결합(disulphide bridge)이 형성되고 분자적 샤페론(molecular chapherone)이 항체의 폴딩과 조립에 도움을 준다. 또 다른 중요한 관찰로는 F_1 식물체에서 완전한 형태의 항체가 조립됨으로써 단일 chain을 생산하는 경우 보다 많은 단백질이 생산되었는 데 이는 식물체에서 완전히 결합된 항체분자의 안정한 특성을 반영한다는 것이다. 비록 식물체에서 조립되어 기능을 갖는 항체가 생산될 수 있다는 것을 확인하였으나, 이를 통해 생산된 항체는 실제로 이용되지 않았다.

● 식물은 분비형 항체인 sIgA와 같이 복잡한 단백질을 생산할 수 있다.

식물체에서 생산된 항체는 국부 면역치료(topical immunotherapy)에 적당하다고 생각된다. 다양한 항체의 서브유니트(subunit)를 서로 다른 식물체에서 생산하고 교배를 통해 기능을 갖는 항체를 생산하는 방법이 *Streptococcus mutans*에 의해 발생하는 충치를 예방하는 분비형 IgA(sIgA)의 생산에 적용되었다. 생산된 항체는 세포표면 결합 분자인 *Streptococcus*의 항원(SA) I/II를 인식하여 박테리아의 군체 형성(colonization)을 억제하였다.

헤비체인(Heavy chain), 라이트체인(light chain) 및 연결체인(joining chain; light chain과 heavy chain은 SA I/II cell-surface adhesion molecule을 인식하는 쥐의 항체(Guy's 13)를 코딩하는 cDNA를 이용하였음)을 각각 생산하는 식물체와 분비요소(secretory component)를 생산하는 식물체 등 네 종류의 식물체를 제작하여 교배를 시행하였다(각 유전자는 35S 프로모터의 조절을 받는 형태임). 이 방법은 그림 11.14에서 볼 수 있다. 이와 같은 예는 기술적인 업적으로 평가된다. 포유류에서는 플라스마 세포(plasma cell)와 상피세포(epithelial cell)가 분비형 항체의 생

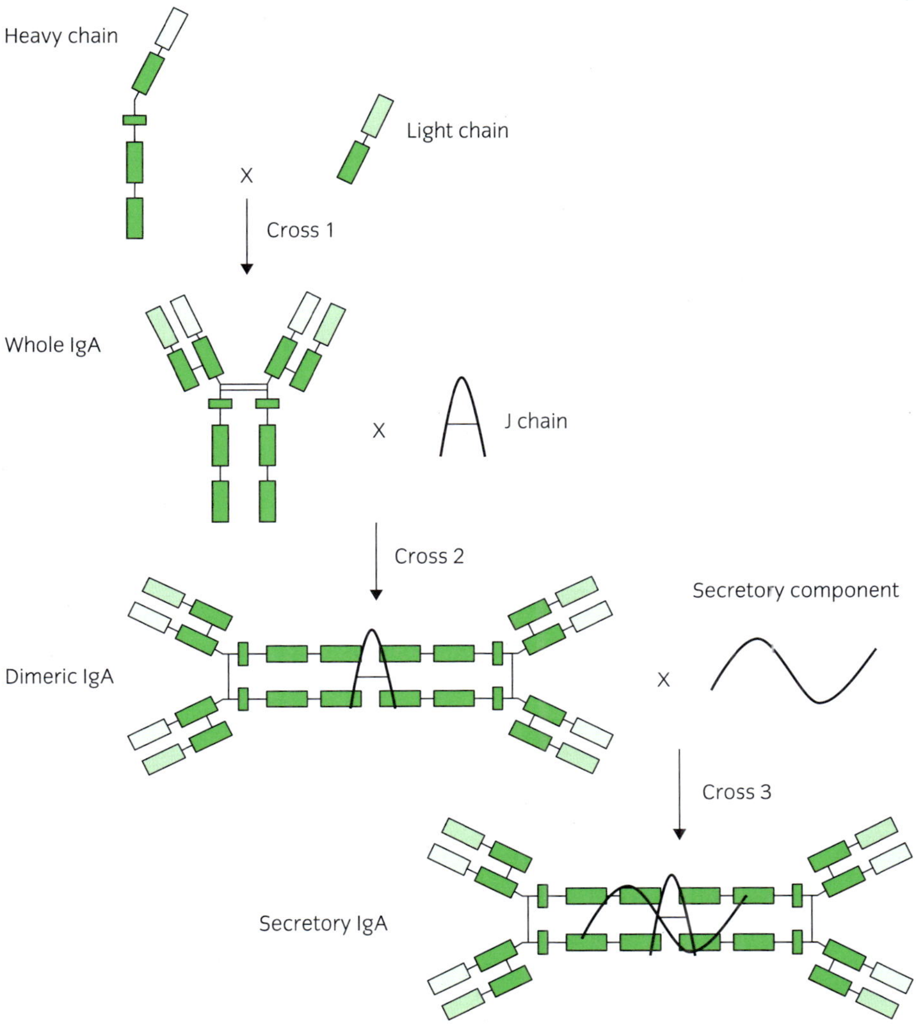

그림 11.14 형질전환 식물체에서 분비형 IgA(secretory IgA, sIgA)의 생산. 네 가지 서로 다른 식물체를 제작하였다. 각 식물체는 항체의 각 요소(헤비 체인, 라이트 체인, 연결 체인 및 분비요소)를 발현하고 있다. 헤비 체인과 라이트 체인을 발현하는 식물체를 교배하여 생산한 F1 식물체는 IgA를 축적하였다. 이 식물체를 연결 체인(joining chain, J chain)을 발현하는 식물체와 교배하여 생산된 식물체는 2합체 IgA(dimeric IgA)를 생산하였다. 이를 다시 분비요소를 발현하는 식물체와 교배하여 생산된 식물체는 기능을 갖는 sIgA를 생산하였다.

산과 조립에 관여하는데, 식물체의 경우 단일 세포에서 네 종류의 도입유전자의 발현을 통해 항체를 성공적으로 생산할 수 있었다. 분비형 항체는 앞의 예에서와 같은 상황에서 많은 이론적 장점을 가지고 있다. 분비형 IgA는 점막(mucosal site)을 통한 세균성 감염을 억제하는 주요 항체이다. 이들은 쉽게 단백질가수분해(proteolysis)되지 않고(생산성을 증진시키는 요인) 식물체에서 생산되는 원래 크기의 항체보다 높은 효율로 항원에 결합한다.

이런 분비형 항체는 사람에 적용하기 위한 실험이 진행되었다. 경구로 이(teeth)에 투여된 항체는 4개월 이상 동안 *S. mutans*의 생장을 억제하는데 효과가 있었으며, 쥐류 혼성세포(murine hybridoma)에서 생산된 IgG와 유사한 효율을 가지고 있었다.

전체 항체(whole antibody), 항원 결합 절편(antigen-binding fragment) 및 scFvs 형태의 다양한 항체를 생산하기 위해 식물체가 사용되었다. 식물체와 동물세포에

표 11.5 식물체를 이용하여 생산된 항체의 예

Application	Plant	Antibody	Signal sequence
Immunoglobulins			
S. mutans SA I/II (dental caries)	Tobacco	sIgA (hybrid)	Murine IgG
S. mutans SA I/II (dental carries)	Tobacco	IgG (Guy's 13)	Murine IgG
Surface antigen (colon cancer)	Tobacco	IgG Co17–1A	Murine IgG/KDEL[a]
Herpes simplex virus	Soybean	IgG (anti HSV-2)	Tobacco extensin
Single-chain Fv			
Lymphoma	Tobacco	scFv (38C13)	Rice α-amylase
Carcinoembryonic antigen (cancer)	Cereals	scFvT84.66	Murine IgG/KDEL[a]

[a]ER targeting sequence (see Chapter 1).
(Data taken with permission from Hemming (1995), Kusnadi *et al.* (1997), Giddings *et al.* (2000), and Daniell *et al.* (2001).)

서 생산된 항체는 서로 다른 글리코실화 유형(glycosylation pattern)을 가지고 있다는 것이 잘 알려져 있지만, 식물에서 생산된 항체는 동물세포에서 생산된 항체와 비슷한 특성을 가진다고 알려져 있다. 일부 중요한 예는 표 11.5에서 볼 수 있다. 많은 수의 예가 성공적이지만 단백질 생산을 최적화하기 위한 연구가 계속되고 있다. 특별히 글리코실화에 대한 연구를 통해 생산되는 단백질의 양을 증진하기 위한 노력이 진행되고 있다. 위에서 언급했으며, 항원에 대한 절에서 다시 볼 수 있지만(아래 참고), 많은 예에서 결합 단백질(protein fusion)에 대한 연구가 진행되었다. 최근 scFvfs를 종자에서 생산되는 elastin-like polypeptide의 C-말단에 결합하여 담배에서 생산하였다. 이 연구에서는 종자를 사용한 것이 높은 수준의 단백질 생산과 상온에서 긴 저장 기간 동안 단백질을 기능을 갖는 형태로 보관할 수 있는 장점을 활용한 것이다. 이러한 방법을 통해 총 수용성 단백질의 25%에 해당하는 scFvs를 축적하여 40배 이상 생산성이 증가하였다.

사례연구 11.5 맞춤 항체(custom-made antibody)

● 맞춤항체(custom-built antibody)는 임상실험 중에 있다.

표 11.5에 나타낸 대부분의 항체는 단백질을 생산하기 위해 식물의 안정적 형질전환 방법을 활용하였다. Large Scale Biology Corp.에서는 특수형 항원(idiotype vaccine)을 생산하기 위해 다른 방법을 이용하였다. TMV-유래 벡터(TMV-based vector)를 개발하고 이를 이용하여 분비형 scFvs를 비형질전환 담배 식물체에서 생산하였다. 이 벡터에서 scFv 유전자의 발현은 바이러스 프로모터의 조절을 받으며 항체를 코딩하는 서열은 벼 α-아밀라제의 분비서열 하위에 위치하여 생산된 단백질이 식물체의 세포외 공간(extracellular compartment)으로 이동되도록 하였다(그린 11.15 참고). 이러한 일시적 발현 시스템의 장점은 매우 신속하여 맞춤 항체를 생산하기 위한 작은 규모의 실험이 가능하다는 것이다.

이 회사는 B-세포 림프종(B-cell lymphoma)을 대상으로 이 시스템을 적용하였다. 이 병에서 이들 림프종 세포는 각 환자에 특이한 항체를 생산한다. 이러한 특수형 항원 시스템은 원래의 림프종 세포가 생산하는 항체에 대한 항원성(immunity)이 유도되는 림프종 항체로 환자를 치료할 수 있는 방법을 제공한다. 각 항체는 항원결정 부위인 variable region, 즉 특수형이기 때문에 이러한 방법이 작동할 수 있다. 따라서 특수형 항원은 림프종 세포에 특이한 반응을 일으키고 환자의 다른 세포에 대한 반응을 일으키지 않는다. TMV 벡터 시스템을 활용하여 특정 환자에 해당하는 종양 특이 이뮤노글로뷸린의 특수형 영역(idiotyoe region)을 scFV의 형태로 6-8주 내에 생산할 수 있다. 쥐를 대상으로 이러한 시스템이 개발되었으나 16명의 환자를 대상으로 임상단계에 있다. 1상 실험(phase 1 testing)의 경우 미국 식품의약국(US Food and Drug Administration, FDA)은 최소의 규모만을 요구하고 있다. 흥미로운 것은 임상 실험에서 각 항체를 사용하는 것이 각각 독특하기 때문에 하나의 약품으로 인정되진 않는다. 이 시스템의 중요한 장점은 온실에서

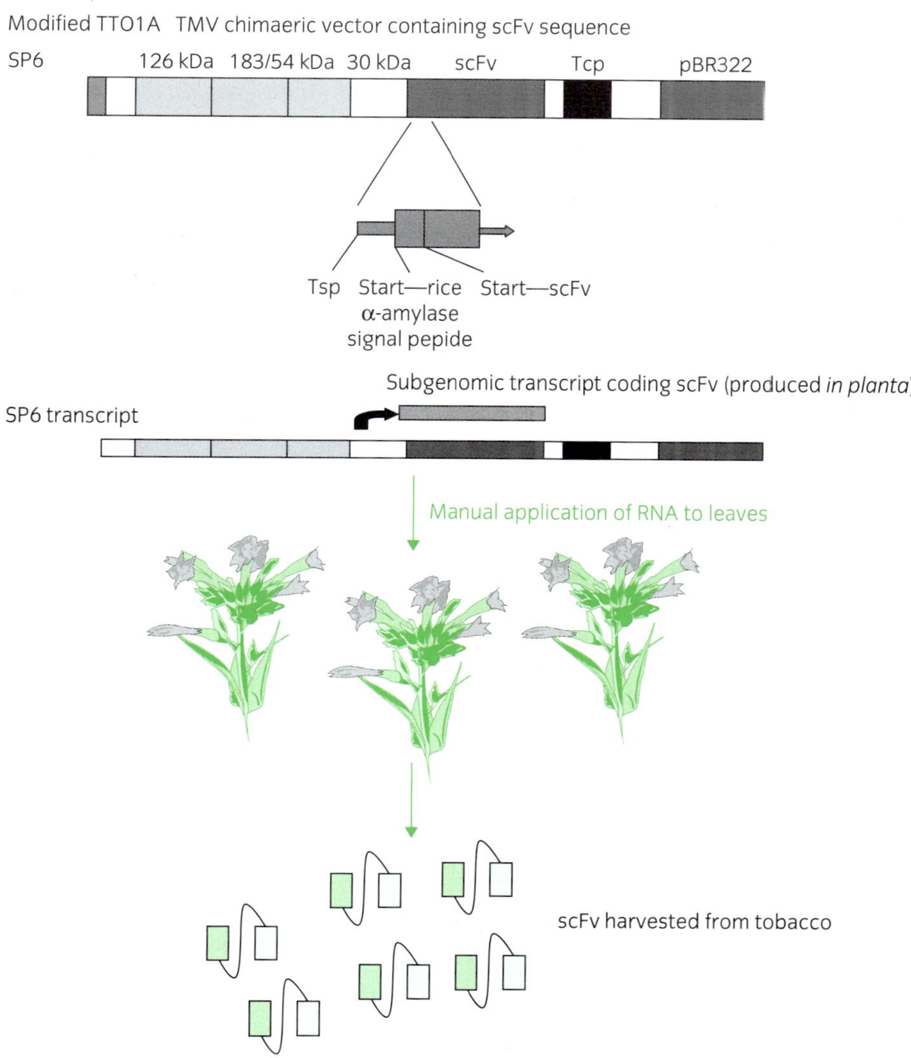

그림 11.15 의료용 단백질을 생산하기 위한 가공된 TMV 벡터의 이용. scFv 항체 서열을 번역개시 서열과 벼의 α 아밀라제의 분비서열에 연결하였다. 감염성 RNA는 SP6 프로모터를 이용하여 생산하였고 이를 식물체에 감염시켰다(transfection). Subgenomic RNA (18장 참고)가 생산되고 이는 scFv의 발현에 이용된다. scFv 단백질이 분리된다.

재배한 식물체로부터 임상적으로 활용될 수 있는 재료를 확보할 수 있으며, 높은 수준의 방지책이 필요하다.

식물 유래 백신

식물체에서 백신의 생산을 위해 안정적인 발현시스템 및 일시적 발현시스템이 이용되었다. 이러한 영역에서 성공적인 첫 번째 시도는 일시적 발현시스템을 이용하는 것이었다. 밍크 장염 바이러스(mink enteritis virus)의 VP2 외피 단백질에 대한 선형 에피토프(epitope, 항원 결정인자)를 생산하기 위해 재조합 CPMV가 벡터로 사용되었다. VP2 에피토프를 발현하는 키메라 바이러스 입자(chimeric virus particle, CPMV-VP2)를 동부(black-eyed bean, *Vigna unguiculata*)에서 복제하고 분리하여 밍크에 피하주사 하였다. 생산된 백신은 밍크 장염 바이러스의 감염에 대한 저항성을 유도하였다. PVX의 CP에 E2 당단백질을 연결하여 *식물체에서(in planta)* 전형적인 돼지콜레라(swine fever)에 대한 백신이 생산되었다. 많은 수의 백신이 식물체에서 생산되었으며, 표 11.6에 일부의 예를 나타내었다.

이러한 연구의 주요 목표는 경구용 백신(edible vaccine)을 생산하는 것이다. 개발도상국에서 장질환(enteric disease)을 값싸고 효율적으로 치료하기 위해 경구용 백신을 생산하고자 하였다. 식물을 이용하는 시스템(plant-based system)은 비용이 낮고 관리가 쉬우며 해당 지역에서 경구 백신을 생산하여 이용함으로써 매년 수백만의 인구, 특히 어린이의 사망원인이 되는 감염원에 대한 점막면역(mucosal immunity)을 제공할 수 있다. 실질적이면서 경구적용하기 위해서는 분비형 항체를 생산하는 소화관에서 장관련림프양조직(gut-associated lymphoid tissue, GALT)을 자극하기에 충분한 백신이 필요하다.

소화관에 백신을 공급하는 데 고려해야 할 사항은 위(stomach)를 통과해야 한다는 것이다. 단백질인 백신은 위에서 분해될 수 있다. 현재까지 진행된 실험을 통해 경구로 투여된 백신을 포함한 식물 유래의 물질이 면역반응을 유도하는 것으로 확인되었으며, 특히 입자성 물질이 가장 효율적이다. 흥미롭게도 식물의 잎에서 발현된 바이러스의 CP는 바이러스 입자를 형성하여 백신이 원래 형태의 단백질을 유지하여 안정성과 효율성이 증대되었다.

● 결합단백질의 형태로 발현시킬 경우 발현된 단백질의 안정성과 축적이 증대된다.

앞에서 설명된 예에서 주요한 문제점으로는 많은 경우 발현량이 매우 낮다는 것이다. 따라서 이러한 문제를 해결하기 위한 연구가 많이 진행되고 있다. 이를 해결하기 위한 한가지 방법은 결합단백질(fusion protein)형태로 생산하는 것이다. 바이러스와의 결합단백질 형태에 대해서는 앞에서 설명하였다. 여기서는 백신을 생산을 위해 안정적인 결합의 형태에 관한 것이다. 맹독 개 파로바이러스(virulent canine parovirus)에 대한 바이러스의 21-mer 펩타이드에 해당하는 유전자를 GUS 단백질 유전자에 결합한 형태로 제작하였다. 제작된 벡터를 애기장대에서 발현하여 결합단백질의 형태로 생산하였다. 식물체를 쥐에게 투여한 결과 면역력을 갖게 되었다. 비슷한 형태의 실험은 다양한 결과를 나타냈다.

최근 인체면역결핍바이러스-1(human immunodeficiency virus type 1, HIV-1)의 p24 외피 단백질을 IgA(2개의 α 체인 constant region)과 결합하여 담배에서 세포내막계(endomembrane system)로 이동되도록 발현하였다. 이러한 방법을 통해 생산량이 13배 증가하였는데, 이는 단백질의 이합체화(dimerization)를 통한 안전성 증가의 덕분에 기인하는 것이다.

또 다른 흥미로운 예는 토끼 출혈성 질환 바이러스(rabbit hemorrhagic disease virus)에 대한 백신을 생산하는 것이다. 바이러스의 VP60 단백질을 유비퀴닌(ubiquitin) 또는 rbcS에 결합하였다. 이러한 융합은 단백질의 안전성을 증가시켰으며 실질적인 효과를 나타내었다. 첫 번째의 경우 폴딩이 빠르게 진행되어 매우 안정적이며 단백질 가수분해가 일어나지 않았고, 두 번째의 예에서는 단백질이 엽록체로 이동되었다. 식물체에서 결밥단백질의 형태와 비결합단백질의 형태로 생산되었다. 하지만 모두가 기대하듯이 비결합단백질의 형태로 발현된 경우 식물체에서 바이러스 유사 입자(virus-like particle)가 생산되었고, 이는 면역성을 부여할 수 있었다. 결합된 형태의 단백질(translational fusion)은 정확한 단백질 구조의 형성에 영향을 미쳐 VLP의 형성이 이루어지지 않았다.

초기의 많은 연구에서 담배와 같이 먹을 수 없는 식물에서 백신을 생산하였다. 토마토와 바나나와 같이 가공되지 않은 형태로 먹을 수 있는 식물체에서 백신을 생산하고자 하는 연구를 일부 과학자들이 시도하였다. 바나나는 많은 개발도상국

표 11.6 식물체에서 생산된 백신

Origin	Recombinant protein	Plant	Production level[a]
Human			
Escherichia coli	Heat-labile enterotoxin B	Tobacco	0.001% SLP
Vibrio cholerae	Cholera CtoxA and CtoxB subunits	Potato	0.3% TSP
Hepatitis B	Envelope surface protein	Tobacco/potato	〈0.1% FW
Norwalk virus	Capsid protein	Tobacco/potato	0.23/0.37% TSP
Rabies virus	Rabies virus glycoprotein	Tomato	1% TSP
Animal			
Foot-and-mouth disease virus	Virus epitope VP1	Alfalfa/*Arabidopsis*	N/A
Porcine coronavirus	Viral glycoprotein	Tobacco/maize	0.2% TSP/0.01%
Mink enteritis virus	Viral epitope VP2	Black-eyed bean	N/A (CPMV)[b]
Canine parvovirus	Peptide from VP2 capsid protein	*Arabidopsis*	3% SLP

[a]FW, fresh weight; N/A, not available; SLP, soluble leaf protein; TSP, total soluble protein.
[b]Produced using a CPMV expression system.
(Data taken with permission from Hemming (1995), Kusnadi *et al.* (1997), Giddings *et al.* (2000), and Daniell *et al.* (2001).)

에서 재배되고 가공하지 않은 형태로 먹고 있기 때문에 많은 과학자들이 이상적인 백신 생산 식물체로 생각하고 있다. 동물에 적용하는 경우 사료작물(fodder crop) 또는 식용작물(food crop)을 고려할 수 있다. 사례연구 11.6에서는 토마토를 사용한 예를 볼 수 있다.

사례연구 11.6 경구백신(edible vaccine)

노로바이러스(Norwalk virus)는 사람에게 급성위장염(acute gastroenteritis)을 일으키는 주요 인자이다. 이 바이러스는 개발도상국 및 선진국에서 비세균성(non-bacterial) 질병의 유행을 초래하는 주요 인자로 알려져 있다(96%에 이름). 노로바이러스는 positive-sense, single-stranded, non-enveloped RNA virus로 두 번째 번역개시위치(open reading frame)는 외피단백질(NVCP)를 코딩하고 있다. CP를 코딩하는 서열(rNV)을 감자와 같은 식물체와 바큐로바이러스/곤충세포 현탁배양(baculovirus/insect cell-suspension)에서 발현시키면, 생산된 단백질이 바이러스의 RNA를 포함하지 않는 VLP로 자가조립된다(8장에서 arabis mosaic virus 참고). 이 입자는 90개의 2합체(dimer)로 구성된 외피단백질(NVCP)을 포함하고 있어, 동결건조하면 낮은 pH 조건에서 안정하여 4°C에서 보관할 수 있다. 곤충세포에서 생산된 것은 실험동물과 인체에서 면역성을 가지고 있었다. 이는 VLP가 백신으로 사용될 수 있음을 나타낸다. 하지만 생산비용을 축소하고, 주사바늘을 사용하지 않으며, 냉장고를 사용하지 않고 원재료를 보관하기 위한 노력이 필요한데, 곤충 세포를 이용하는 것보다 감자를 백신의 원재료로 이용할 수 있는 가능성이 있다. 앞선 실험에서는 감자 괴경에서 발현량이 낮았고 가공하지 않은 감자를 섭취해야 했다. 최근에는 이러한 문제점을 해결하기 위해 식물체에 적합한 형태로 발현될 수 있는 유전자(plant-optimized gene)를 도입한 토마토를 제작하였다. 해당 유전자(*sNVCP*)를 쌍자엽 식물에서 많이 이용되는 코돈(dicotyledonous-pant-favoured codon)으로 변환하였는데, 28개의 CG dinuleotide를 제거하였으며, 여러 개의 메틸화 위치(methylation site)와 아데닐산중합반응 유사 모티프(potential polyadenylation motif)를 제거하였다. 변형된 유전자를 토마토와 감자에서 도입하여 다른 실험보다 많은 양의 단백질을 얻을 수 있었다. 토마토 과일에서는 총 수용성 단백질(total soluble protein)의 8%에 해당하는 단백질을 얻을 수 있었지만, 감자 괴경에서는 0.4%로 나타났다. 생산된 단백질은 VLP로 조립되었으며 이를 모델 마우스에 투여하여 면역반응을 나타내는지 확인하였다. 64 μg의 rNV(40 μg의 VLP에 해당함)를 포함하는 동결건조된 토마토 0.4 g을 네 차례 투여한 결과, 노로바이러스에 특이적인 혈청인 IgG와 점막 유래 IgA가 실험에 사용된 80% 이상의 마우스에서 생성되는 것을 확인하였다. 0.8 g의 동결건조 토마토를 투여한 경우 모든 마우스에서 면역반응이 확인되었다. 감자의 경우, 120 μg의 rNV(90 μg의 VLP에 해당)를 포함하는 1 g의 동결건조된 감자 괴경이 필요하였다. 위의 예에서 실험치에서 큰 차이가 없으나, 동결건조된 감자의 수분 재공급(rehydration)에 따른 페놀성 화합물의 산화로 인해 VLP의 안전성이 감소되고 이는 면역원성(immunogenicity)의 감소로 나타났다. 동결건조는 토마토 과일의 막 구조와 세포 기질(cell matrix)에 나쁜 영향을 줄 수 있어 공기 건조된 재료가 이용되기도 하였다. 공기 건조된 과일은 동일한 양을 사용하였을 때 동결 건조한 과일보다 강력한 면역반응을 나타내었다.

이러한 관찰은 실험실에서의 결과를 실제로 적용할 때 중요한 역할을 한다. 토마토 과일의 경우 감자 괴경보다 단백질 생산량이 우수하고 면역반응을 높게 유도하기 때문에 백신을 생산하기에 적당한 방법이다. 온실에서 식물체를 생산해야 한다는 단점이 있으나, 관리적 측면에서는 격리된 형태로 재배한다는 것이 장점이 될 수 있다. 또한 공기 건조를 통해 원재료를 확보할 수 있기 때문에 개발도상국에 적당한 방법이 된다. 토마토를 사용하는 경우 가공되지 않은 감자 괴경을 먹는 것보다 토마토 과일을 먹는 다는 점이 보다 많은 사람들이 수용할 수 있는 부분이다.

이와 같이 실험실 수준에서 확인된 소위 경구백신(edible vaccine)의 효과가 실제로 기대되는 결과로 나타나는가? 이러한 방법의 주요한 결점은 질병을 효율적이고 안전한 방지가 가능하도록 환자에게 투여되는 양을 매우 조심스럽게 조절해야 한다는 것이다. 백신을 공급하는 방법이 식품의 형태로 공급될 경우 투여되는 양을 조절하는 방법이 쉽지 않다. 이 분야에서 많은 성과를 가지고 있는 Charles Arntzen은 최근 수확 후 식물체를 바로 사용되는 것을 나타내는 '경구백신'이라는 용어를 받아들일 수 없다고 표현을 하였다. 백신을 포함하는 바나나는 어떠한 가공의 과정 없이 섭취될 수 있다. 이들은 토마토에서 백신을 생산하였고 이를 일정한 양의 백신을 포함하도록 토마토를 일부 가공하여 food-based tablet의 형태로 제작하였다. 이러한 예는 식물체로부터 유래한 백신에 대한 허가를 쉽게 얻을 수 있음을 나타내며 보다 진보된 형태의 과학적 접근이다. 이와 같이 가공과정을 거쳐 생산된 식물체 유래 백신이 실질적인 백신이며 경구백신이라는 용어는 적용될 수 없는 것이다. 물론 바나나의 경우 개발도상국에서 백신을 지역적으로 생산할 수 있는 유용한 방법으로 여전히 생각되고 있다.

그 외의 단백질: 바이오의약품

다양한 의료용 단백질을 경제적으로 대량 생산하고자 하는 노력의 일환으로 형질전환 식물체에서 이들 단백질을 발현하고자 하는 연구가 계속 되어 왔다(표 11.7). 물론 활성을 갖는 재조합 단백질이 생산되었지만, 식물에서 단백질을 생산하는 과정에서 발생되는 문제점은 상대적으로 낮은 생산량과 생산된 단백질의 분리/정제이다. 이를 해결하기 위한 다양한 방법이 개발되었는데, 새로운 분리 방법(오레오신의 예를 참고)과 엽록체 형질전환 방법(3장과 12장에서 논의됨)이 있다. 상당한 어려움에도 불구하고 식물체를 의료용 단백질을 생산하기 위한 방법이 여전히 관심을 가질 수 있는 것이며 이에 관한 일부의 예를 설명하도록 하겠다.

트리코산틴

트리코산틴은 하늘타리(Trichosanthes kirilowii)의 괴경에서 발견되는 것으로 중의약(Chinese medicine)에서 이용되고 있다. 트리코산틴은 리보좀 불활성화 단백질(ribosome-inactivating protein)로 암세포의 생장과 면역반응을 억제하여 HIV/후천성면역결핍증(acquired immunodeficiency syndrome, AIDS)의 치료에 유용하다. 비교적 높은 수준의 트리코산틴을 *N. benthamiana*에서 바이러스 발현 시스템(viral RNA-based transfection system)을 이용하여 생산할 수 있었다(바이러스 감염 2주 후 총 수용성 단백질의 2%). 이러한 신속한 생산시스템을 통해 향상된 약효와 부작용을 줄일 수 있는 형태의 트리코산틴을 생산하기 위한 돌연변이 연구가 가능하였다.

Glucocerebrosidase

고셰병(Gaucher's disease)은 유전되는 질병으로 리소솜(lysosome)에 glucocerebroside(적혈구(red blood cell)에 존재하는 물질로, 적혈구가 손상을 받았거

표 11.7 식물에서 생산된 바이오의약품의 예

Recombinant protein	Origin	Plant	Application
Protein C	Human	Tobacco	Anticoagulant
Hirudin	*Hirudo medicinalis*	Canola	Anticoagulant
Somatotrophin	Human	Tobacco	Growth hormone
β-Interferon	Human	Rice/turnip/tobacco	Treatment for hepatitis B + C
Serum albumin	Human	Tobacco	Burns/fluid replacement, etc.
Haemoglobin-α and -β	Human	Tobacco	Blood substitute
Homotrimeric collagen	Human	Tobacco	Collagen
α_1-Antitrypsin	Human	Rice	Cystic fibrosis, haemorrhages
Aprotinin (trypsin inhibitor)	Human	Maize	Transplant surgery
Lactoferrin	Human	Potato	Antimicrobial
ACE	Human	Tobacco/tomato	Hypertension
Enkephalin	Human	*Arabidopsis*/canola	Opiate
Trichosanthin-α	*Trichosanthes kirilowii*	Tobacco	HIV therapy, cancer

ACE, angiotensin-converting enzyme; HIV, human immunodeficiency virus.
(Data taken with permission from Hemming (1995), Kusnadi *et al.* (1997), Giddings *et al.* (2000), and Daniell *et al.* (2001).)

나 노화됨에 따라 신체에서 제거되는 데 일반적으로 글루코스와 세레마이드로 분해되는 물질)가 축적되는데, 이 과정을 촉매하는 효소인 glucocerebrosidase가 없을 때 나타난다. 비장(spleen)과 간이 팽창되고 뼈의 손상이 나타나는 고셰병은 심신을 쇠약하게 하고 고통스러운 질병이다. 사람의 태반(placenta)에서 정제한 glucocerebrisidase를 포함하는 약품을 이용하여 증상을 조절하거나 치료하는 방법이 있다. 하지만 많은 양의 태반(한 사람의 환자의 치료를 위해 일년에 9-11톤의 태반)이 필요하여 가장 비싼 의약품 중의 하나이다. 포유류의 세포를 이용한 재조합 단백질의 생산을 통해 일부 생산비용을 감소할 수 있으나 여전히 매우 비싼 의약품이다.

최근 담배에서 이 효소를 생산하기 위한 방법이 특허화되었는데, 이를 통해 고셰병 환자가 이용할 수 있는 값싼 glucocerebrosidase의 공급이 가능할 것으로 생각된다.

사람혈청알부민

사람혈청알부민(human serum albumin, HAS)는 다양한 의학적 용도를 가지고 있다(화상치료 및 간경변(liver cirrhosis)의 치료 등). 35S 프로모터의 조절을 받는 형태로 HAS가 담배와 감자에서 발현되었다. HSA의 분비가 일어나도록 서로 다른 형태의 분비신호 서열이 있는 두 가지 형태가 발현되었다. 한 가지 형태는 사람의 prepro sequence를 가지고 있고, 다른 형태는 담배의 세포외로 분비되는 PR-S 단백질의 분비 신호 서열을 가지고 있다. 모두 HSA가 분비되었으나 human prepro sequence를 가지고 있는 경우 적절하게 처리되지 않아 proHSA의 형태로 분비되었다. PR-S의 분비신호를 갖는 경우, 적절히 처리되어 성숙한 형태의 HSA를 얻을 수 있었고 사람의 것과 동일하였다.

Arginine vasopressin

임상적/경제적으로 높은 가치를 갖는 식물 유래 의료용 단백질과 비식물 유래 의료용 단백질을 식물체에서 성공적으로 생산한 예를 살펴보았다. 하지만 기술 개발과정 중 특정한 경우 식물체를 통해 단백질을 생산하는 것이 성공적인 결과를 나타내지 않았다.

담배 배양으로 arginine vasopressin을 생산하고자 하는 시도는 성공적이지 못했는데, 생산되는 단백질이 불안전하고 세포의 생장이 지연되는 것으로 나타났다.

분자농업의 경제적 측면 및 규제적인 측면

이 장에서 분자농업에서 대상으로 하는 물질/단백질에 대한 많은 예에 대해 논의하였으나, 상업적으로 생산한 예는 매우 적다. 이는 적용되는 기술의 자체적인 문제(싸이클로덱스트린의 예를 참고)이거나, 실험실에서 확보된 결과가 야외 실험 및 식품 또는 의약품으로의 허가에 필요한 적정화 및 승인에 많은 시간이 필요하기 때문이다. 하지만 과학적 돌파구를 통해 달성한 생산 수준이 경제적으로 실행가능하기에 충분하지 못한 이유도 있다. 태양으로부터 얻은 에너지를 이용하여 경작지에서 원하는 물질을 생산하는 것이 공장이나 상업적 규모의 발효기를 통해 생산하는 것보다 비용이 적게들 것이라는 순진한 가정이 솔깃하게 생각되는 점은 놀라운 일이다(형질전환 콩에서 petroselenic acid를 생산하는 것에 대한 경제적인 면을 BOX 11.3에서 볼 수 있다). 보통 이렇지는 않은데, 농업에 비용이 투입되지 않는 것이 아니고 식물체로부터 최종 산물을 추출하는 과정이 쉽지 않고 비용이 많이 필요하며 최종 산물의 가격이 대체되는 작물의 가격보다 상당히 높아야 하기 때문이다. 이는 형질전환 식물체를 통한 현재의 생산 수준이 생산비용을 현재의 생산 방법과 비교하였을 때 위에서 설명한 많은 예가 비경제적이라는 점을 동시에 나타낸다. 반면, 식물생명공학 기술의 지속적인 개선과 재생가능하지 않은 자원(석유화학제품 등)의 가격이 증가되는 점은 궁극적으로 이들을 식물체를 이용하여 생산하게 하는 동력이 될 것이다.

많은 의료용 단백질의 단위 가격이 높고 이 단백질에 대한 시장규모가 확장되고 있기 때문에 식물체에서 의료용 단백질의 생산에 관한 경제적인 측면은 많은 논의가 진행되고 있다. 특히 많은 회사와 투자자들은 식물체를 이용한 분자농업이 경제적으로 실행 가능하다는 희망을 가지고 있다. 이들 회사와 투자자들에게 다행스

BOX 11.3 형질전환 대두(soybean)에서 peteroselenic acid의 생산 비용

분자농업의 경제적인 측면을 결정하기 위해서는 많은 요인이 고려되어야 한다. 형질전환 대두를 이용하여 peteroselenic acid가 강화된 기름을 생산하는 데 소요되는 비용을 계산하는 것을 통해 알아본다. 대량의 생산량과 낮은 생산 비용을 고려할 때 대두는 분자농업에 적당한 작물이다. 미국에서 대두는 매년 6.5×10^{10} kg이 생산되고 가격은 kg 당 $0.24이다. 대두 생산에 필요한 낮은 비용으로 인해 대두 오일의 가격은 kg 당 $0.41 ~ 0.53 정도로 많은 석유화학 제품과 비교하여 낮은 수준이다. 따라서 대두와 같이 대량생산되고 생산비용이 낮은 작물을 분자농업의 대상으로 하는 것은 많은 장점이 있다. 하지만, 특별한 용도로 이용되는 제품을 생산하기 위해 많은 노력으로 개발된 작물을 이용하는 것은 비용을 발생시킨다.

콩과 같은 주요 작물의 생산성은 수량과 병저항성과 같은 형질의 지속적인 육종을 통해 유지되어 왔으며, 서로 다른 환경에 적당한 품종이 지속적으로 개발되어 왔다는 점을 고려해야 한다. 따라서 이와 같은 작물의 지속적인 개선을 고려하지 않고 우수 계통에 형질전환을 통한 형질의 도입은 충분하지 않다. 형질전환 작물은 상대적인 수량이 지속적으로 감소될 때 도입될 수 있거나 계속되는 육종프로그램과 보조를 맞추는 노력이 필요하다. 일반적으로 수량과 같은 형질은 여러 유전자가 관여하여(polygenic), 대규모의 육종 집단으로부터 선발해야 한다. 연관되지 않은 유전자좌(locus)를 발견하기 위해서는 육종 집단의 규모를 2배 이상 증가시켜야 하며, 3개의 유전자를 도입(예를 들어 바이오플라스틱을 생산하기 위한 경우)하고자 할 때는 육종 집단의 규모를 8배로 증가시켜야 한다. 비록 형질전환체의 제작이 육종에 의한 품종 개선의 속도와 보조를 맞추었다고 하더라도, 특정 우수 계통(elite line)에 외부 유전자의 도입은 개발된 품종이 재배되는 시기에 3%의 생산량 감소(yield penalty)를 초래하는 것으로 계산되고 있다. 이러한 생산량 감소는 작물 생산자들에게 정상적인 우수 계통의 콩을 재배함으로써 발생하는 수확량 감소가 보상되어야 한다. 3%의 수량 감소는 농부들에게 추가적으로 kg 당 $0.24의 3%에 해당하는 비용이 필요하게 되며, 따라서 이러한 형질전환체를 생산하기 위해서는 추가적으로 kg 당 $0.007이 더 소요된다.

주요 작물에서 형질전환을 통한 유용 물질을 생산하기 위해서는 추가 비용이 필요한데, 이를 **구분유통 파종(identity preservation)** 비용이라고 하며, 이는 형질전환 작물을 대규모의 비형질전환 작물과 구분하는 데 필요한 비용이다. 이는 대규모 작물 가격의 6%에 해당하는 것으로 계산되고 있으며, 콩의 경우 이 비용은 kg 당 $0.015이 된다. 따라서 소요 되는 총 비용은 kg 당 $0.262이다($0.24 + 0.007 + 0.015 = $0.262)

콩에서 종자유의 함량은 20%이고 형질전환 작물에서 가치가 증가된 것은 오일뿐이기 때문에, 증가된 직접적인 비용은 오일에만 해당된다. 가공되지 않은 콩의 kg 당 $0.022이 추가로 소요되기 때문에 오일 생산을 위해서는 kg 당 $0.11(5 × $0.022)이 추가된다. 예를 들어 일반적인 콩 기름을 생산하기 위해서는 kg 당 $0.58이 소요되지만, 형질전환 식물체로부터 콩기름의 생산하는 데는 kg 당 $0.69이 소요된다.

다음으로 고려되어야 할 것은 추출과 가공에 소요되는 비용이다. 오존분해(ozonolysis)를 통해 petroselenic acid(18:1 Δ^6)는 나이론 6,6 모노머의 전구체가 될 수 있는 adipic acid와 lauric acid로 전환된다. 오레익산 고함유 콩(85%)과 같은 수준으로 petroselenic acid를 축적하는 형질전환체를 생산한다고 가정할 때, 1 kg의 기름으로부터 0.4 kg의 adipic acid, 0.55 kg의 lauric acid, 0.1 kg의 글리세롤 및 0.26 kg의 다른 지방산이 생산된다. Adipic acid 및 lauric acid의 가격($1.48/kg), 글리세롤의 가격($1.01/kg), 다른 지방산

BOX 11.3 (계속)

의 최소 가격(($0.07/kg)을 고려하면 얻을 수 있는 총 수익은 kg 기름당 $1.52이다(adipic acid의 경우 $0.59, lauric acid의 경우 $0.81, 글리세롤의 경우 $0.10, 다른 지방산의 경우 $0.02).

하지만 오존분해에 필요한 비용은 kg 당 $1.29로 계산되고 있다. 사용되는 형질전환 상품의 비용(kg 당 $0.69)과 생산비용(kg 당 $1.98)을 제품생산으로 얻을 수 있는 가치(kg 당 $1.52)와 비교할 필요가 있다. 따라서 콩에서 petroselenic acid의 생산은, 총 지방산의 85% 수준으로 생산한다고 하더라도 위의 숫자를 고려하면 수익성이 없다.

럽게도 분자농업은 희망적인 면이 있다. 알팔파에서 이뮤노글로뷸린을 250 m^2의 온실 규모로 생산하는 비용은 g당 $500-600로, 하이브리드로마를 이용한 항체생산 비용(g당 $5,000)과 비교될 수 있다. 'Planet Biotechnology'라는 회사는 4개의 서로 다른 시스템에서 IgA 항체를 생산하는데 필요한 비용을 계산하였다. 세포 배양 시스템, 형질전환 염소, 곡물(생산량을 ha 당 120톤으로 추정), 잎(생산량을 ha 당 120톤으로 추정)에서의 비용을 계산하였다. 잎에서 IgA를 생산하는 비용은 g당 $50 이하로 계산되었다. 이러한 수치는 세포배양 시스템(g당 $1,000) 및 형질전환 동물(g당 $100)을 이용하는 생산비용보다 낮은 것이다. 이러한 수치는 기대되는 수율만을 고려한 매우 개략적인 것이다. 하지만 이러한 계산을 통해 식물체를 이용한 단백질 생산 비용이 다른 생산 시스템과 비교하여 낮다는 것을 알 수 있었으며, 보다 발달된 방법을 통해 더 낮아 질 수 있을 것이다. 엽록체를 이용한 생산 시스템이 이러한 예 중 하나이다. BOX 11.4에는 세포 내 소기관을 활용하는 방법의 장점과 단점에 대해 논의하였다.

식물체로부터 생산되어 시장에 진입한 단백질로는 avidin, trypsin 및 GUS(ProdiGene의 옥수수를 이용한 시스템)이 있다. 이 단백질들은 주로 실험실에서 사용되기 때문에 규제에 심각한 영향을 받지 않는다. 다른 단백질들의 경우 상업화를 통한 시장 진입이 시도되고 있다. 인터페론 α-2a와 α-2b(Large Scale Biology 및 Sigma-Aldrich Co)는 스케일업 단계에 진입하였고 많은 수가 임상 시험 단계에 있다. 의료용 단백질을 생산하는 시스템으로서 식물은 환경방출을 위한 여러 가지 형태의 규제에 적합한 결과를 얻기 위한 연구가 진행되고 있다. 다른 식용 작물과 마찬가지로 유럽에서는 다양한 EU 규제를 따라야 하며 미국에서는 USDA(US department of Agriculture)/APHIS(Animal and Plant Health Inspection Service)의 규제를 따라야 한다. 생산물은 또한 의료품 생산을 감시하는 기관, 유럽의 경우 EMEA(European Agency for the Evaluation of Medicine)과 미국의 경우 FDA의 관리를 받아야 한다. 결과적으로 의료용품은 다양한 임상단계를 거쳐야 한다. 많은 수가 안전성(safety), 반복사용에 의한 약효저하 문제(tolerability), 복용량 적정화(dose optimization) 등 몇 가지 관점을 소규모 임상 시

● 엽록체를 이용하는 방법(chloroplast system)은 다른 방법에 비해 많은 장점을 가지고 있다.

BOX 11.4 엽록체: 대량의 단백질을 생산하는 깔끔한 시스템

3장에서 살펴본 바와 같이, 엽록체에 외래 유전자를 도입할 수 있는 형질전환이 방법이 개발되었는데, 엽록체는 하나의 세포에 10,000개 이상이 있는 것으로 알려져 있다. 이러한 방법을 통해 재조합 단백질의 함량이 총 수용성 단백질의 47%에 이를 것으로 판단하고 있다. 표 11.7의 예에서 보듯이 엽록체에서 생산된 somatotrophin(성장 호르몬)의 경우 총 수용성 단백질의 7%에 이르렀다. 이러한 수치는 핵으로 외래유전자를 도입하는 경우(총 수용성 단백질의 0.01%)와 비교될 수 있다. 엽록체를 기반으로 하는 단백질 생산 방법은 다른 방법과 비교하여 많은 장점을 가진다. 많은 수의 유전자를 가진다는 장점 외에, 단백질 생산량에 영향을 미치는 유전자 침묵(gene silencing)이 발견되지 않는다. 또한 대장균과 같이 다른 방법을 통해 단백질을 생산할 경우 단백질 가공과정의 비용이 전체 생산비용에서 많은 부분을 차지한다. 엽록체는 복잡한 외부 단백질을 적절히 조립할 수 있다고 알려져 있으나, 번역후 변형(post-translational modification)에 대한 부분은 더 많은 연구가 필요하다.

엽록체는 또한 비정상적인 구조를 가진 유전자의 발현도 가능하다. 파상풍 독소(tetanus toxin)의 C 단편(TetC)은 다른 시스템을 이용하여 생산하기 어려운 것이다. 이 유전자는 높은 AT 함량(73%)를 가져 대장균에서는 작동하지 않는다. 코돈 사용빈도(codon usage)를 변경하여 단백질 생산을 개선할 수 있었다. 대장균 유래 독성 세포벽 발열물질(toxic cell-wall pyrogens)을 효모 시스템으로 생산하고자 하였다. 이 유전자는 아데닐산중합반응 위치를 우연히 가지고 있어, mRNA의 합성이 중간에서 중단된다. 효모에서 이 단백질을 생산하기 위해 아데닐산중합반응 신호가 없으며 GC 함량을 높인 유전자를 이용하였다. 합성된 단백질은 글리코실화되지 않아 항원으로 작동할 수 없었다. 높은 AT 함량과 높은 GC 함량을 가지는 TetC 유전자를 담배 엽록체에 도입하여 총 수용성 세포 단백질의 25% 및 10% 수준으로 해당 단백질을 얻을 수 있었다. 농축된 단백질 용액을 코를 통한 면역방법(nasal immunization)을 통해 TetC에 대한 항체가 생성되었음을 확인하였다.

또 다른 엽록체의 장점은 이들이 모계유전(maternal inheritance)된다는 것이다. 이는 꽃가루를 통해 도입 유전자가 비형질전환체로 전이되지 않는 것을 나타낸다. 이러한 형태의 '**clean-gene technology**'는 격리시설(contained facility)을 이용하지 않고 형질전환 식물체를 재배하기 위한 승인에 있어 중요한 점이다.

엽록체를 통한 건강관련 단백질로는 다음과 같은 것이 있다. 자가면역 질병의 치료에 활용되는 인체 프로인슐린(proinsulin), 인터페론-α 2b, 인체 혈청 알부민, 인간 합성 헤모글로빈 유전자 및 Guy's 13 monoclonal antibody와 같은 항체이다.

다양한 분자농업의 방법의 단점 및 도전해야 할 부분은 단백질의 정제 및 가공 비용을 축소해야 한다는 것이다. 해당 단백질을 세포내 소기관(organelle)에서 발현시킴으로써 다른 세포 유래 물질을 배제할 수 있다. 백신과 같이 일부 단백질과 효소는 정제과정을 필요로 하지 않는다. 콜레라 독소 B(chorela toxin B subunit), *Bacillus anthracis*에 대한 항원, *Y pestis* 유래 F1 항원(capsular protein) 및 V 항원(유형 3 단백질 분비 시스템의 요소)을 결합한 단백질, 그리고 개파보바이러스(canine parvovirus)의 VP2 항원이 이러한 예에 속한다. 이 들 단백질은 정상적으로 발현되었으며, 일부의 경우 정상적으로 폴딩되어 면역원성(immunogenicity)을 갖는 것으로 확인되었다. 담배의 엽록체에서 단백질을 생산하는 대신 일부의 경우 당근의 뿌리에서 단백질을 생산하기도 하였다. 잎에서의 경우와 같은 높은 발현량을 보이지 않았으나, 당근의 뿌리 조직에도 충분한 양의 세포소기관이 존재하여 효과적인 발현방법임을 확인하였다.

험(small-scale trial, 20-80인)을 수행하는 1단계에 있다. 이러한 단계에 있는 것으로는, 상추와 감자에서 생산된 B-형 간염(hepatitis B) 백신(HBsAg), 감자에서 생산된 노로바이러스 외피 단백질 백신(Norwalk virus capsid vaccine), 시금치에서 바이러스 벡터를 이용하여 생산된 광견병 관련 당단백질(rabies glycoprotein)이 있다. 이 외에 여러 가지가 1단계 임상에서 확인되고 있으며, 비호지킨 림프종(non-Hodgkin's lymphoma의 치료를 위한 항체가 1단계 임상에 있다(사례연구 11.5 참고). 일부 생산물은 2단계 임상에서 확인되고 있는데, 2단계에서는 보다 많은 사람을 대상으로 수행되며 치료에 있어 효능(clinical efficacy)을 검토한다. 1단계에서 조사된 항목에 대해서는 지속적으로 고려된다.

이 단계에 있는 단백질로는 Plant Biotechnology라는 회사가 생산한 CaroRx™이 있다. 이 단백질은 앞에서 살펴본 바 있는 충치(tooth decay)에 사용되는 sIgA이다. 이 단백질은 충치의 원인세균인 *S. mutnas*에 결합하여 세균이 치아에 결합하는 것을 방지한다.(이 회사는 식물체로부터 다른 단백질을 생산하고 있는데, RhinoRX™이라는 제품은 사람의 rhinovirus에 대한 리셉터(receptor)를 Protected-SIgA™에 결합한 것으로 목구멍에 스프레이될 경우 리노바이러스와 안정성이 높은 결합이 일어난다. 이때 바이러스는 사람의 목에 결합하지 않고 단백질에 결합한다). 여러 가지 단백질이 2단계 임상시험에 있는데, 낭포성 섬유종(cystic fibrosis)과 췌장염(pancreatitis)에 사용되는 위 리파아제(gastric lipase), 소화기 감염에 사용되는 락토페린(Meristem Therapeutics) 및 조류의 콕시듐증(coccidiosis in poultry)에 대한 항체(Guardian Biotechnologies)가 이에 해당한다.

일부 단백질의 경우 시장에 진입해 있다. 덴마크 회사인 Cobento는 사람 고유인자(human intrinsic factor)를 진단용 단백질로 상업화하였다. Dow Chemicals은 가금류에서 발생하는 뉴캐슬병 바이러스(Newcastle disease virus)에 대한 항체를 USDA로부터 승인 받았다. 이 항체는 니코틴이 없는 담배의 세포 배양을 통해 생산하였다. 이러한 접근은 형질전환 식물체에서 유래하는 문제의 일부를 해결할 수 있는 방법이다. 이러한 식물체를 사용함으로써 식품 및 사료 작물의 교차 감염(cross contamination)을 배제할 수 있다는 것이 주요 장점이다. 수확 전후에 일어날 수 있는 교차감염 문제는 항상 조사되어야 한다. ProdiGene의 경우 의료용 단백질을 생산하는 옥수수를 재배한 1년 후 콩 재배지역에서 발견된 형질전환 옥수수로 인해 정화 비용을 포함한 $250,000의 벌금을 선고 받은 바 있다.

● 투자자들이 수익을 얻을 수 있을까?

요약

이 장에서는 형질전환 식물체를 이용하여 생산한 다양한 성분에 대한 예를 설명하였고, 이들이 미래에 식물생명공학의 가치가 있는 목표가 될 수 있음을 제시하였다. 이 장에서는 세 가지 주요 생체 고분자(biological macromolecule)인 탄수화물, 지질 및 단백질에 대해서 집중하여 설명하였다. 형질전환 식물체를 통해 생산할 수 있는 다양한 이차대사산물이 있음을 명심할 필요가 있으나, 이 책의 범위에는 적당하지 않다.

탄수화물의 경우 두 가지 형태의 생산물이 있다. 한편에서는 대량으로 식물체에 존재하는 전분의 용도를 증진하기 위한 노력이 있어 왔다. 또 다른 면으로 고수확작물에서 높은 가치의 신규 탄수화물을 생산할 수 있는 가능성이 있다. 현재 가장 성공적인 예는 'fructan beet'를 개발한 것이지만, 신규 탄수화물을 생산하기 위한 예는 아직 성공적이지 못하다. 그럼에도 불구하고 이와 같은 연구는 탄수화물 대사의 조절에 관한 지식과 식물체의 조직과 세포내 소기관 사이의 탄소분배(partitioning of carbon)에 대한 지식의 확장에 기여하였다.

지질 대사의 정확한 조절을 위해서는 서로 다른 식물체에서 서로 다른 형태의 지방산을 생산하는 효소의 기능을 확실하게 이해하는 것이 필요하다. 일정한 조성을 갖는 맞춤 오일(designer oil)을 생산하기 위해서는 보다 기초적인 연구가 필요한 것으로 판단된다. 반면 식물체에서 바이오플라스틱의 생산을 위한 연구는 성공적이었는데, 이는 복잡한 식물체의 대사 경로를 미세조정(fine–tune)하지 않고, 잘 알려져 있으며 식물체에 존재하지 않는 미생물의 대사경로를 도입함으로써 가능하였다. 식물체로 이러한 경로를 도입한 경우 식물체 자체의 대사가 크게 영향을 받는 것으로 나타나 작물로부터 상업적으로 충분한 양의 바이오플라스틱을 생산하기 위해서는 많은 어려움이 있다.

많은 종류의 단백질을 식물체에서 생산하였으나, 많은 경우 상업적인 규모에 도달하지 못해 식물체를 통한 단백질 생산의 가능성에 대한 의문이 완전하게 해소되지는 않았다. 식물체에서 단백질 생산을 위한 기술 개선이 있으리라는 것에 대한 의문은 없으나, 지질 대사의 경우와 같이 단백질 변형(protein processing), 번역후 변형(post–translational modification) 및 생산된 단백질의 안전성 등에 대한 기초적인 연구가 필요한 상황이다. 형질전환체 제작 비용과 규제에 관한 비용이 여전히 높은 수준이지만, 이와 같은 연구를 통해 식물체에서 단백질을 생산하는 데 필요한 비용이 감소될 것이다. 식물 유래 의료용 단백질을 생산하기 위해서는 5천만달러가 소요된다고 추정되고 있다.

식물을 이용한 단백질 생산에 대한 미래는 불확실한 상황이지만, 식물체에서 재조합 단백질을 생산하는 것은 식물생명공학을 통해 인간 및 동물의 건강과 삶의 질에 긍정적인 효과를 나타낸 가장 좋은 예라고 할 수 있다.

FURTHER READING

Visit www.oxfordtextbooks.co.uk/orc/slaterplants2e/ for hyperlinked references that take you directly to online abstracts for the journal articles listed below:

Plant biochemistry

Buchanan, B. B., Gruissem, W., and Jones, R. L. (2000) *Biochemistry and Molecular Biology of Plants*. American Society of Plant Physiologists, Rockville, MD.

Heldt, H.-W. (1997) *Plant Biochemistry and Molecular Biology*. Oxforc University Press, Oxford.

Molecular farming

Cappell, T. and Christou, P. (2004) Progress in plant metabolic engineering. *Current Opinion in Biotechnology* **15**, 148–154.

Goddijn, O. J. M. and Pen, J. (1995) Plants as bioreactors. *Trends in Biotechnology* **13**, 379–387.

Hitz, B. (1999) Economic aspects of transgenic crops which produce novel products. *Current Opinion in Plant Biology* **2**, 135–138.

Carbohydrates

Andersonn, M., Melander, M., Pojmark, P., Larsson, H., Bulow, L., and Hofvander P. (2006) Targeted gene suppression by RNA interference: an efficient method for production of high-amylose potato lines. *Journal of Biotechnology* **123**, 137–148.

Caimi, P. G., McCole, L. M., Klein, T. M., and Kerr, P. S. (1996) Fructan accumulation and sucrose metabolism in transgenic maize endosperm expressing a *Bacillus amyloliquefaciens SacB* gene. *Plant Physiology* **110**, 355–363.

Cairns, A. J. (2003) Fructan biosynthesis in transgenic plants. *Journal of Experimental Botany* **54**, 549–567.

Ebskamp, M. J. M., Van der Meer, I. M., Spronk, B. A., Weisbeek, P. J., and Smeekens S. C. M. (1994) Accumulation of fructose polymers in transgenic tobacco. *Biotechnology* **12**, 272–275.

Hellwege, E. M., Czapla, S., Jahnke, A., Willmitzer, L., and Heyer, A. G. (2000) Transgenic potato (*Solanum tuberosum*) tubers synthesize the full spectrum of inulin molecules naturally occurring in globe artichoke (*Cynara scolymus*) roots. *Proceedings of the National Academy of Sciences USA* **97**, 8699–8704.

Jobling, S. (2004) Improving starch for food and industrial applications. *Current Opinion in Plant Biology* **7**, 210–218.

Oakes, J. V., Shewmaker, C. K., and Stalker, D. M. (1991) Production of cyclodextrins, a novel carbohydrate, in the tubers of transgenic potato plants. *Biotechnology* **9**, 982–986.

Schwall, G. P., Safford, R., Westcott, R. J., Tayal, A., Shi, Y. C., Gidley, M. J., and Jobling A. S. (2000) Production of very-high-amylose potato starch by inhibition of SBE A and B. *Nature Biotechnology* **18**, 551–554.

Sevenier, R., Hall, R. D., Van der Meer, I. M., Hakkert, H. J. C., van Tunen, A. J., and Koops, A. J. (1998) High level fructan accumulation in a transgenic sugar beet. *Nature Biotechnology* **16**, 843–846.

Slattery, C. J., Kavakli, H., and Okita, T. W. (2000) Engineering starch for increased quantity and quality. *Trends in Plant Science* **5**, 291–298.

Tanaka, N., Fujita, N., Nishi, A., Satoh, H., Hosaka, Y., Ugaki, M., Kawasaki, S., and Nakamura, Y. (2004) The structure of starch can be manipulated by changing the expression levels of starch branching enzyme IIb in rice endosperm. *Plant Biotechnology Journal* **2**, 507–516.

Van der Meer, I. M., Ebskamp, S. C. M., Visser, R. G. F., Weisbeek, P. J., and Smeekens, S. C. M. (1994) Fructan as a new carbohydrate sink in transgenic potato plants. *Plant Cell* **6**, 561–570.

Lipids and bioplastics

Bohmert, K., Balbo, I., Kopka, J., Mittendorf, V., Nawrath, C., Poirier, Y., Teschendorf, G., and Trethewey, R. N. (2000) Transgenic *Arabidopsis* plants can accumulate polyhydroxybutyrate to up to 4% of their fresh weight. *Planta* **211**, 841–845.

Bohmert, K., Balbo, I., Steinbuchel, A., Tischendorf, G., and Willmitzer, L. (2002) Constitutive expression of the β-ketothiolase gene in transgenic plants. A major obstacle for obtaining polyhydroxybutyrate-producing plants. *Plant Physiology* **128**, 1282–1290.

Conrad, U. (2005) Polymers from plants to develop biodegradable plastics. *Trends in Plant Science* **10**, 511–512.

Houmiel, K. L., Slater, S., Broyles, D., Casagrande, L., Colburn, S., Gonzalez, K., Mitsky, T. A., Reiser, S. E., Shah, D., Taylor, N. B., Tran, M., Valentin, H. E., and Gruys K. J. (1999) Poly(β-hydroxybutyrate) production in oilseed leucoplasts of *Brassica napus*. *Planta* **209**, 547–550.

John, M. and Keller, G. (1996) Metabolic pathway engineering in cotton: biosynthesis of polyhydroxybutyrate in fiber cells. *Proceedings of the National Academy of Science USA* **93**, 12768–12773.

Mittendorf, V., Robertson, E. J., Leech, R. M., Kruger, N., Steinbuchel, A., and Poirier, Y. (1998) Synthesis of medium-chain-length polyhydroxyalkanoates in *Arabidopsis thaliana* using intermediates of peroxisomal fatty acid β-oxidation. *Proceedings of the National Academy of Sciences USA* **95**, 13397–13402.

Napier, J. A., Michaelson, L. V., and Stobart, A. K. (1999) Plant desaturases: harvesting the fat of the land. *Current Opinion in Plant Biology* **2**, 123–127.

Neumann, K., Stephan, D. P., Ziegler, K., Huhns, M., Broer, I., Lockau, W., and Pistorius, E. K. (2005) Production of cyanophycin, a suitable source for the biodegradable polymer polyaspartate, in transgenic plants. *Plant Biotechnology Journal* **3**, 249–258.

Poirier, Y., Nawrath, C., and Somerville, C. (1995) Production of polyhydroxyalkanoates, a family of biodegradable plastics and elastomers, in bacteria and plants. *Biotechnology* **13**, 142–150.

Scheller, J. and Conrad, U. (2005) Plant-based material, protein and biodegradable plastic. *Current Opinion in Plant Biology* **8**, 188–196.

Thelen, J. J. and Ohlrogge, J. B. (2002) Metabolic engineering of fatty acid biosynthesis in plants. *Metabolic Engineering* **4**, 12–21.

Topfer, R., Martini, N., and Schell, J. (1995) Modification of plant lipid synthesis. *Science* **268**, 681–685.

Wrobel, M., Zebrowski, J., and Szopa J. (2004) Polyhydroxybutyrate synthesis in transgenic flax. *Journal of Biotechnology* **107**, 41–54.

Proteins

Boothe, J. G., Saponja, J. A., and Parmenter, D. L. (1997) Molecular farming in plants: oilseeds as vehicles for the production of pharmaceutical proteins. *Drug Development Research* **42**, 172–181.

Daniell, H., Streatfield, S. J., and Wycoff, K. (2001) Medical molecular farming: production of antibodies, biopharmaceuticals and edible vaccines in plants. *Trends in Plant Science* **6**, 219–226.

Daniell, H., Chebolu, S., Kumar, S., Singleton, M., and Falconer, R. (2005) Chloroplast-derived vaccine antigens and other therapeutic proteins. *Vaccine* **23**, 1779–1783.

Fischer, R., Schumann, D., Zimmermann, S., Drossard, J., Sack, M., and Schillberg, S. (1999) Expression and characterization of bispecific single-chain Fv fragments produced in transgenic plants. *European Journal of Biochemistry* **262**, 810–816.

Giddings, G., Giddings. G., Allison, G., Brooks, D., and Carter, A. (2000) Transgenic plants as factories for biopharmaceuticals. *Nature Biotechnology* **18**, 1151–1155.

Gil, F., Brun, A., Widgorovitz, A., Catalá, R., Martinez-Torrecuadrada, J. L.. Casal, I., Salinas, J., Borca, M. V., and José, M. E. (2001) High-yield expression of a viral peptide vaccine in transgenic plants. *FEBS Letters* **488**, 13–17.

Gleba, Y., Marillonnet, S., and Klimyuk, V. (2004) Engineering viral expression vectors for plants: the 'full virus' and the 'deconstructed virus' strategies. *Current Opinion in Plant Biology* **7**, 182–188.

Goddijn, O. J. M. and Pen, J. (1995) Plants as bioreactors. *Trends in Biotechnology* **13**, 379–387.

Hemming, D. (1995) Molecular farming: using transgenic plants to produce novel proteins and other chemicals. *AgBiotech News and Information* **7**, 19N–29N.

Hiatt, A. (1990) Antibodies produced in plants. *Nature* **344**, 469–470.

Kusnadi, A. R., Nikolov, Z. L., and Howard, J. A. (1997) Production of recombinant proteins in transgenic plants: practical considerations. *Biotechnology and Bioengineering* **56**, 473–484.

Ma, J. K.-C. and Hein, M. B. (1995) Immunotherapeutic potential of antibodies produced in plants. *Trends in Biotechnology* **13**, 522–527.

Ma, J. K.-C., Hiatt, A., Hein, M. B., Vine, N. D., Wang, F., Stabila, P., van Dolleweerd, C., Mostov, K., and Lehner, T. (1995) Generation and assembly of secretory antibodies in plants. *Science* **268**, 716–719.

Ma, J. K.-C., Chikwamba, R., Sparrow, P., Fischer, R., Mahoney, R., and Twyman, R. M. (2005) Plant-derived pharmaceuticals—the road forward. *Trends in Plant Science* **10**, 580–585.

Miele, L. (1997) Plants as bioreactors for biopharmaceuticals: regulatory considerations. *Trends in Biotechnology* **15**, 45–49.

Peeters, K., De Wilde, C., and Depicker, A. (2001) Highly efficient targeting and accumulation of a Fab fragment within the secretory pathway and apoplast of *Arabidopsis thaliana*. *European Journal of Biochemistry* **268**, 4251–4260.

Santi, L., Giritch, A., Roy, C. J., Marillionnet, S., Klimyuk, V., Gleba, Y., Webb, R., Arntzen, C. J., and Mason, H. S. (2006) Protection conferred by recombinant *Yersinia pestis* antigens produced by a rapid and highly scalable plant expression system. *Proceedings of the National Academy of Sciences USA* **103**, 861–866.

Staub, J. M., Carcia, B., Graves, J., Peter, T. J., Hunter, P., Nehra, N., Paradkar, V., Schilittler, M., Carroll, J. A., Spatola, L., Ward, D., Ye, G., and Russell, D. A. (2000) High-yield production of a human therapeutic protein in tobacco chloroplasts. *Nature Biotechnology* **18**, 333–337.

Thanavala, Y. Huang, Z., and Mason, H. S. (2006) Plant-derived vaccines: a look back at the highlights and a view to the challenges on the road ahead. *Expert Review of Vaccines* **5**, 249–260.

Zhang, X., Buehner, N. A., Hutson, A. M., Estes M. K., and Mason, H. S. (2006) Tomato is a highly effective vehicle for expression and oral immunization with Norwalk virus capsid protein. *Plant Biotechnology Journal* **4**, 419–432.

12

과학과 사회: 유전자 변형 작물에 대한 대중의 동의

개요

이 장에서 우리는 최근 유전자 변형 작물(genetically modified(GM) 작물 또는 **biotech crop**)의 사용을 둘러싸고 있는 몇 가지 관점에 대하여 간단히 알아볼 것이다. 대중들의 관심은 무엇인가? 지난 십 년 동안 수많은 나라에서 조사가 이루어진 것을 고려하면, 대답하기 어려운 질문은 아니다. 어려운 점은 어떻게 피드백을 해석하는 지를 아는 것이다. 대부분 사람들에게, 그들의 정보의 원천은 타블로이드 신문의 자극적인 머리기사였었고, 지금도 그러하다. 그러므로 관점은 매우 제한된 지식을 기반으로 하여 형성되어 오고 있다. 몇몇 저자들은 더 나아가 이러한 관심들이 편견, 극도의 도덕적, 윤리적 관점을 가지고 있는 반생물공학을 기반으로 하는 특정 그룹에 의해 퍼져나간 잘 못된 정보로부터 형성되고 있음을 제시하고 있다. 대중들이 고유의 아젠다를 가지고 있다고 믿는, 농업을 관리하는 정부와 거대 기업에 의해 제시되는 정보의 신뢰성의 부재도 여기에 반드시 포함되어야 한다.

이 장의 목적은 특정 관점을 제시하는 것이 아니고 몇 가지 어려운 문제를 강조하는 데 있다. 그리하여 독자는 이러한 논쟁에서 자신의 관점을 가지고 논쟁에 참여할 수 있을 것이다. 이장의 첫 부분은 대중의 관심사에 대한 몇 가지 자료를 고려해 본 후, 세계 농업에서의 GM 작물의 현 위치에 대해 논의할 것이다. 우리는 작물과 연관된 위험을 최소화할 수 있는 몇 가지 방법과 대중에게 이러한 것을 납득시킬 방법들에 대해 살펴보고, 마지막으로 어떻게 GM 작물과 식품이 안전성 확보를 위해 관리되는지 알아볼 것이다.

대중의 관심(우려)

미국의 다수 기관(Taxas A&M University, Harris, Gallup, The Pew initiative on Food and Biotechnology; 2004)과 영국의 GM Nation initiative(2003)를 통해 여론 조사가 실시되었다. 이 교과서 후반부의 참고문헌에 더 자세한 여론분석 내용이 나와있지만, 여기서는 몇몇 중요한 사항에 대해 논의할 것이다. 영국에서의 조사 목적은 GM 식품과 작물에 대한 대중의 의견을 2003년에 조사하고 GM Nation public debate에 의한 의견의 변화를 확인하는 것이였다. 이것은 영국에서 GM 식품에 대한 의견을 수렴하고, 이 주제에 대해 지식을 알리는 계기가 되었다. 이것은 영국정부에 의해 선택된 국민대화(The National dialogue)의 한 부분이였다; 영국정부는 3개의 주요 부분을 고려했다: 대중논의(public debate), 유전자 변형에 연관된 과학적 리뷰 그리고 경제적 연구. 이러한 연구를 통해 나온 일부 정보는 UK GM science review website에서 온라인으로 제공되고 있다(Web-link 12.16 참고).

최초의 이슈는 유전자 변형을 제시하며 배경이 되었다: 다른 개인적 또는 사회적 이슈와 비교해 이것이 얼마나 사람들에게 중요한 것인가? 이 조사에서는, 개인적 문제가 높게 제시되었고 사회적 문제(특정 GM 작물과 관련한)는 중요시 하지 않았다. 영국에서 GM 식물을 구할 수 없기에 대부분 사람들이 걱정하지 않는 것을 고려할 때 놀라운 결과는 아니였다. GM 식품에 대한 태도도 또한 평가되었다. 단지 14%의 응답자만이 GM 식품은 좋다고 한 반면에, 40%는 중립적인 태도를 보였고, 40%는 나쁘다고 했다. GM 식물에 반대하는가라는 질문에서는 비슷한 양상을 보였다: 반이상의 대중들이 GM 식물이 권장되지 말아야 하는지에 확답하지 못 했다. 응답자의 42%는 GM 식물의 위험이 장점을 압도한다 생각했고, 23%는 장점과 단점이 동일하다고, 그리고 20%는 장점이 위험을 능가한다고 했다. 조사는 대중들이 이 주제에 대해 복잡한 관점을 가지고, 쉽게 찬/반 의견을 갖지 못 한다고 나타냈다. 또 영국에서의 관심수준의 증가를 보여주고, 직접적 지원은 GM 식품이 대중적 영역에 나아가는 시대를 넘는 것을 실패한 것처럼 보였지만, 이 복잡한 문제에 대해서 대중들은 좀 더 애매모호한 반응을 보였음을 보여주었다. 특정 이슈를 조사하며 이것은 강화되었다. 대부분, 즉 조사자의 85%는 우리의 건강에 대한 GM 식물의 장기(long-term) 간의 발생가능한 효과에 대해서는 충분히 알지 못한다고 생각했다. 또한 그들은 GM 작물이 환경에 미칠 부정적 효과에 대해도 걱정했다. 그러나 상당수는 환경, 소비자, 개발도상국에게 다양한 미래의 이점을 제공할 수 있을 것으로 생각했다.

미국에서, 이러한 연구는 GM 식품과 조작된 동물(engineered animal)에 관한 지식의 부족을 강조했다. 이슈가 있는 곳에서는, 동물의 복제와 GM 식품의 안정성에 관한 것이 가장 큰 부분인 것처럼 보인다. 대부분 사람들은 이 기술이 멈추는 대신 안정성을 확립할 강력한 규제와 이러한 규제에서 도덕적, 윤리적 관점을 다루어지길 원했다. 이러한 식품의 위험은 화학 및 원자력 산업이 가지고 있는 위험만큼은 아니다. 이러한 조사에 응한 북미인 대다수는 GM 식품 섭취를 피할 것이라고 말했지만, 가격이 저렴하거나, 맛이 더 훌륭하거나, 더 적은 화학물질을 이용해서 만든 식품이라면 GM 식품을 구매할 것이라고도 말했다. 슈퍼마켓에서 판매하는 절반 이상의 식품이 GM 성분을 가지고 있는 것을 볼 때, 이러한 결과는 매우 흥미롭다. 대다수는 미래에 얻을 수 있는 혜택을 위한 연구가 계속되기를 원했다. 대부분의 조사는 GM 식품에 대한 찬성과 반대가 50대 50의 결과를 보였다.

● 유전자 변형식품에 대한 주된 이슈는 진실성과 안정성이다.

두 조사 모두 식품안정성에 관해 가장 큰 이슈는 진실성이다. 많은 사람들은 GM 식물의 도입을 개인의 권리를 지배하는 거대산업의 단적인 예라고 생각한다. 사기업에 유전적 재료 혹은 전체 유기체에 대한 소유권이나 개발권을 허용하는 것은 어렵다. 그러나 1980년대 초반 미국에서 이러한 권리는 대법원(Supreme Court)에 의해서 주어졌고, 그들이 개발한 재료에 대한 독점적 권리를 가질 권리를 종자회사들에게 주는 법도 제정되었다. 이후 몇년동안 농부들이 수확한 종자를 심는 것을 금지시키는 계약을 작성하거나 불임의 종자를 생산하는 종결기술(terminator technology)을 도입한 회사에 대한 매스컴의 비난도 있었다. 이것은 다음 해의 식물을 기르기 위해 수확 후 저장한 종자에 의존하는 14억의 사람들에겐 중요한 일이다. 대중이 가지고 있는 또 다른 문제는 시장판매를 위해 생산된 첫 번째의 작물이 단지 거대기업의 이익만을 위한 것 같이 보인 점이다. 종자를 생산하는 회사에서 만드는 제초제만을 사용해야하는 제초제 내성을 지닌 식물도 생산했다. 이러한 문제는 아래에서 논의될 것이다. 영국에서의 조사가 진행되는 동안의 마지막 관점 중 하나는 GM 식물에 대한 캠페인을 정부가 주도한다는 것이다. 정부는 정직한 브로커로 보여지지 않았다: 정부에서 발표한 유전자 변형에 관한 정보는 그들의 아젠다에 의해 더럽혀졌다. 이것은 또는 이라크전과 관련한 영국정부의 진질성의 상실과 연결되었다. 이러한 의구심에도 불구하고, GM을 심는 양은 지속적으로 증가했다; 이것은 아래에서 논의될 것이다.

형질전환 작물의 현 실태

폭넓은 관점에서 GM 식물의 현 실태를 되돌아 보는 것이 적절해 보인다. 대중의 반대와 지구상의 일부지역, 특히 유럽에서의 정치적 어려움에도 불구하고, 형질전환 작물(transgenic crop)이 재배되고 있는 지역은 지속적으로 증가하고 있다. International Service for the Acquisition of Agri-Biotech Applications(ISAAA)으로부터 온 표와 GMO compass 웹사이트(Web-link 12.15; the European Union(EU)로부터 지원을 받는 사이트이나 독립적 과학 저널리스트들이 글을 게시한다)에 의해 제시된 표는 명백히 선진국과 개도국에서 형질전환 작물의 중요성을 보여주고 있다. 형질전환 작물이 처음 이용된 1996년에 단지 1.7백만 헥타이르였던 것과 비교했을 때, 2001년엔 5.2천만 헥타르(1억 3천만 아크)의 땅에 형질전환 작물이 재배되었다. 이후 재배면적은 계속적으로 증가했다. 2006년에는 1억 2백만 헥타르가 재배지로 사용되었다. 미국은 가장 많은 면적을 형질전환 식물을 기르는데 사용하고 있고, 그중 90%는 형질전환 콩이다. 브라질, 아르헨티나, 캐나다, 인도, 중국을 포함한 다른 국가들도 GM 작물의 양은 눈에 띄게 증가하고 있고, 이에 이은 16개국은 상업적 수준으로 작물을 키우거나 대규모의 실지 시험을(field trial) 진행하는 나라로 이름을 올렸다.

BOX 12.1 상업적 형질전환 작물의 이용에 대한 시놉시스

● 대중의 걱정에도 불구하고 GM 작물의 양은 계속적으로 증가되고 있다.

국가별 형질전환 작물의 재배

6개국이 유전자 변형 작물을 도입한 주요 국가로 리스트되었다.

Country	Area (millions of hectares)		
	1996	2001	2006
USA	1.53	5.7	54
Argentina	0.1	11.8	18
Brazil	–	5.7	11.5
Canada	0.1	3.2	6.1
India	–	–	3.1
China	–	1.5	3.5

작물별 형질전환 작물의 재배

4개의 작물이 상업적으로 재배되는 형질전환 작물의 거의 100%를 차지한다. 아래의 표에서 백분율은 2006년에 특정 작물의 재배를 위해 배정된 전체 면적 중 형질전환 작물의 재배를 위해 할당된 면적의 비율이다.

Crop	Area (millions of hectares)			Proportion of total area (%)
	1996	2001	2006	
Soybean	0.5	33.3	58.6	68
Maize	0.3	9.8	25.2	18
Cotton	0.8	6.8	13.4	39
Canola	0.1	2.7	4.8	21

Other GM crops grown include squash, papaya, rice, and alfalfa.

특성에 따른 형질전환 작물 재배

제초제내성형질전환 작물은 가장 큰 면적에서 재배되는 GM 작물의 특성이다. 곤충저항성과 함께 이 두 가지 특징은 형질전환작물로 재배되는 모든 지역에서 효과적인 것으로 평가된다. 하나 이상의 특성을 포함하는 식물을 만드는 것으로의 변화도 보여진다.

Trait	Area (millions of hectares)		
	1996	2001	2006
Herbicide resistance	0.6	40.6	69.9
Insect resistance (*Bt*)	1.1	7.8	19
Insect resistance (*Bt*) + herbicide resistance	–	4.2	13.1

(다음 장 계속)

BOX 12.1 (계속)

EU 가입국에서 재배되는 GM 작물

Country	Area (millions of hectares)	
	2006	2007
Maize		
Spain	54 000	70 000
France	500	20 000
Czech Republic	1 290	5 000
Portugal	1 250	3 000
Germany	950	2 650
Slovakia	Data not given	
Soybean		
Romania	100 000	

2007년 미국에서 작물이 재배되는 총 면적에 비율에 따른 형질전환 작물의 재배

Crop	Area (millions of hectares)	%
Soybean	23.6	91
Maize	27.4	73
Cotton	3.9	87

BOX에 있는 표는 GM 작물의 현실태에 대한 잘못된 인식을 줄 수 있다. 미국과 같은 나라에서 대규모로 재배되고 일부 작물종의 경우 그 작물이 자라는 전체면적 중 대다수를 차지하지만 GM 작물을 재배하는 것과 GM의 상품을 수입하는 것을 거부하는 나라도 있다. GM 작물의 위치에 대한 차이는 EU 내에서의 상황이 고려된다면 매우 적절하다. GM 옥수수와 콩은 EU 내에서 재배되지만, GM 작물의 세계적 생산과 비교했을 때 매우 적은 양이다. 이것은 부분적으로 1998년부터 EU에서 새로운 GM 작물 라이센스에 대한 지불유예(moratorium)와 다양한 압력단체의 활동 때문이다. GM 작물과 GM 성분으로 만들어진 상품은 많은 EU 국가에서 강한 대중의 반감을 사고 있다. 모든 EU 국가에서 GM 식물을 기르는 것은 이젠 합법적이나, 일부 국가에서만 재배한다. EU 규제에서 과학적 근거에 따른 GM 작물의 금지는 합법적이다. 예로 영국에선 일부 작물의 생장은 환경에 치명적인 것으로 보였다(아래를 참고). 그러나 일부 국가에서는 이러한 규제를 폐지한 걸로 보이기도 하고, 합법적으로 진행되는 것으로 보인다. 현재 EU에서 사용되는 주된 GM 작물은 콩이다. EU는 오일의 생산과 식품첨가제와 가축의 사료를 위해 매년 4천만 톤의 곡물가루 혹은 콩을 수입한다. 모든 것이 GM은 아니지만 거의 70%의 세계작물은 형질전환체이고, 이것을 피하기는 어렵다. 0.9% 이하의 혼합물이 아닌한, GM 원료를 포함한 상품을 반드시 표기되어야 한다.

또 다른 흥미로운 점은 ISAAA를 인용하면 2006년에 22개국의 약 1천 3십만 농부에 의해 유전자 변형 작물이 재배되었다. 특히, 90%(9백 3십만)의 수혜를 받은 농부들은 개도국의 소자본의 가난한 농부였다.

1세대 GM 작물에서 누가 혜택을 받는가?

BOX 12.1의 그림에 대한 분석은 많은 지역에 GM 작물이 재배됨을 보여 준다. 그러나, 단지 두 가지 특성, 제초제 내성(herbicide resistance)과 곤충저항성(insect resistance)을 단독 또는 복합으로 그리고 북미에서 주로 재배되는 네 가지 작물만이 이 지역에서 우위를 정하는 것으로 평가된다. 몬산토(Monsanto)와 신젠타(Syngenta)와 같은 다국적 농업생물공학회사가 이러한 작물의 개발을 추진한다. GM 종자 가격에 프리미엄이 붙어 있음에도 불구하고, 주된 혜택은 증가된 생산량과 GM 작물을 기르는 것으로부터 오는 증가된 수익을 얻는 농민들에게 있는 것으로 보인다.

몬산토는 유럽산 조명충나방(corn borer)이 문제였던 옥수수 시장에서 *Bacillus thuringiensis*(*Bt*) GM옥수수로 헥타르당 미화 40.67불의 이익의 증가를 달성했다(6장을 보라). 이 증가된 수익은 제초제와 살충제 사용의 감소로 기인된다. 해로운 화학물질의 사용 감소는 1세대 GM 작물의 진정한 혜택 중 하나로 칭송받았다. 그러나 미국에서의 조사는 환경적 이점이 농부들에 의해 GM 기술을 선택하도록 이끌지는 않았다는 점은 흥미롭다. 많은 경우에서, 전부는 아님, GM 작물 재배시 제초제와 살충제 사용의 감소가 있는 것처럼 보인다. 예로 제초제내성 목화의 도입은 생산량을 증대했지만 제초제 사용의 감소는 이끌지 못 했으나, 제초제 내성 콩은 제초제 사용의 막대한 감소와 아주 조금의 생산량 증가를 보였다. (5장 참고). 향상된 잡초 관리는 수확비용의 감소와 더 높은 가격을 받을 수 있는 더 깨끗한 작물의 생산을 이끌었다. GM 작물에 사용된 제초제 역시 몇몇의 대안들보다도 더 친환경적인 것으로 고려되었다. 그러므로 이런 것들이 정말로 GM 작물과 연계된 환경적 혜택인 것처럼 보인다.

● GM 작물 재배를 통한 환경적 제정적 혜택을 가질 수 있다.

1996년에서 2005년 사이에, ISAAA는 유전자 변형 작물을 재배하는 농부들의 전체적인 이익을 270억불(개도국에서 130억불, 산업국가에서 140억불)로 정리했다. 농약에 관해서는, 동일한 기간에 농약의 축적 감소는 유효성분(active ingredient) 224,300톤으로 평가했다. 이는 농약사용에서의 연관된 환경적 영향에서 15% 감소에 맞먹는 양이다.

GM 작물을 재배하여 얻는 또 다른 환경적 혜택은 제초제내성 작물에서 명백하게 보여질 것이다. 예로, 토양으로 축적되는 양은 줄어들 것이며, 토양의 침식을 줄이는 환경친화적 무경운 재배법도 이용될 것이고, 분무 살포에 의한 작물의 손상도 줄어들 것이며, 제초제내성 작물이 자라면 잡초가 발아하는 것을 허용하여 생명다양성(biodiversity)도 증가할 것이다. 그러나, 환경에 대한 부정적 효과가 나타나지 않게 하려면 이러한 작물의 사용에 적합한 농업 경영(agricultural management)을 해야 한다. 예로 캐나다의 농부는 다중 제초제 내성을 갖는 카놀라에서의 문제를 만났고, 몇몇 GM 작물에 적용된 제초제의 사용법인 생육후기 살포에 따라(작물의 높이가 커져서 살포 양이 증가됐다). 또한, 영국에서 시행된

(2003년 이후 주요 과학학술지에 보고됨) 주요 포장시험은 만약 GM 제초제내성 비트(beet)와 봄파종된(spring-sown) 유채꽃(oilseed rape)이 농장규모의 평가에서 재배되고 관리되면, 경지 잡초의 군집에 부정적 영향을 미칠 수가 있다. 이것은 전통적인 방법에 의해 관리되는 작물에 비해, 먹이사슬의 상위에 있는 유기체(새 등)에 부정적 영향을 미칠 것이다. 이러한 효과를 줄이기 위한 연구가 진행될 때까지 영국에서 이러한 GM 작물은 상업적으로 재배할 수 없었다. 다른 관리 시스템이 적용될 때는 그것이 치명적인 영향을 갖지 않음을 조사해야 한다. 놀랍게도, 포장시험에서 GM 제초제 저항성 옥수수는 어떠한 연관된 부정적 영향도 갖지 않는 것으로 밝혀졌다.

병충해 저항성 작물은 또한 농부들와 소비자들이 해로운 농약으로 부터 덜 노출되게 한다. 이 두 종류의 작물은 농약살포시 사용되는 연료도 줄이고 농약 합성과정에서의 소모에너지도 줄일 것이다. 이러한 것 모두는 CO_2의 발생도 줄일 것이다.

무엇이 미래세대 GM 작물의 발전을 촉진할 것인가?

1세대 작물의 눈에 띄는 특징은 기본적으로 농업적 혜택이 주요관심사가 아니었다. 다국적 농업생명공학회사는 투자는 궁극적으로 이익을 창출할 것이라는 기대를 안고 이러한 작물의 발전을 위해 많은 돈을 투자했다. 이러한 기술은 상대적으로 간단하며, 얻어지는 명백한 상업적 이득이 있었다. 그러나, 개도국과 선진국 모두에서 농부와 소비자의 웰빙을 향상시킬 특성은 눈에 띄지 않았다. 이러한 상업위주의 발전은 일반적으로 GM 작물의 미래를 넌지시 내비추고 있었다. GM 종자와 그에 맞는 제초제를 관리하는 거대 다국적 기업에 대한 불신은 특히 유럽에서의 GM 작물에 대한 불신에 기여했다. 적어도 GM 작물은 그들을 위해 만들어진 상당한 주장에 대해 부응하는 것에 실패했다. 그러므로 많은 사람들은 GM 작물의 발전 미래가 전세계의 사람들과 환경에 혜택을 줄 수도 있다는 것에 의심의 눈초리를 보낸다. 많은 사람들에게 불필요한 데 상업적으로 추진되는 것으로 여겨진다.

● 지구온난화에 의해 GM 작물의 경작에 따른 예기치 못한 결과를 가져올수 있을까?

또 다른 주장은 GM 작물은 CO_2 방출의 감소와 지구온난화와 싸우는 데에 기여할 것이란 점이다. 이것은 주된 이슈는 아니지만, GM 작물을 보는 새로운 이미지가 될 것이다. 지구온난화에 대해 무엇인가를 해보는 것으로만 비춰보일 수 있는 뒤늦은 시도의 한부분으로써, 미국 전 대통령 조지 부시(George W. Bush)는 수입유(imported oil)에 대한 의존성을 없애기 위해 도전했다. 이것은 이렇게 하는 것이 세계의 곡창지대를 바이오연료로 전환할 수 있는 바이오매스(biomass)원으로 전환하는 것을 의미한다. 식량을 위해 작물을 재배하는 대신에 바이오연료 생산수단으로 전환된다. 이것은 몇몇 생물공학 기업의 주식에 기여하였으나 옥수수와 밀과 같은 기본적 식량원의 세계 가격을 올리는 원인이 된다. 이러한 점은 식량을 위해 생산되는 것이 아닌 GM 작물에 대해선 받아들일 수 있는 것처럼 보이지만,

이것은 실제 전세계적 식량 가용량을 줄이는 문제를 남겨주고 있다. 장기적으로 유전적 변형은 옥수수와 같은 연료식물에 의해 생성되는 바이오매스의 증가를 위해 사용될 수 있을 것이지만, 단기적으론 GM을 나쁘게 보는 또 하나의 이슈일 것이다.

상업적 관심은 논란의 여지 없이 몇몇 GM 작물의 발전을 계속적으로 촉진할 것이나, 최근 보여지는 것은 농업적 특징 외의 GM 작물의 발전이다. 우리는 이미 상업적 기업의 후원없이 개도국을 위해 개발된 GM 작물의 선구자적 예인 황금쌀(Golden Rice, 10장)에 대해서 살펴보았다. GM 작물에서의 많은 새로운 발전처럼, 이것은 주로 공적 펀드와 자선재단의 지원하에 학문분야에서 발전되었다. 동일한 주제로, GM 식물로부터 오는 의학적 상품도 이 기술의 입증을 위해 소비자를 납득시키는 방법이 될 수 있다. 그러나, 이른바 **신세대(new-generation) GM 작물**의 혜택이 명백해질 때까지는 이 기술은 여전히 대다수의 인정을 받기위해 넘어야할 상당한 장애물을 마주하고 있다.

다음 절에서는 우리는 어떻게 GM 작물이 관리되고 이를 둘러싼 관점에 대해 살펴볼 것이다. 어느 정도 이러한 규제는 대중의 걱정을 반영하고 있다; 우리가 앞으로 볼 것처럼, 유럽의 법은 특히 이러한 걱정의 일부를 줄이기 위해 수정되고 있다.

GM 작물에 대한 관심

전세계의 여러 지역에서 GM 작물과 관련한 실제 혹은 인식상의 이슈에 대한 대중의 관심의 정도는 상당하다. 몇몇은 식품의 안정성, 사람의 건강, 그리고 환경에 대해 이 기술이 미치는 영향에 대한 두려움을 기반으로 한다. 이러한 스펙트럼의 또 다른 끝에는, 원칙적으로 GM 작물이 잘못된 것이라는 도덕적, 윤리적 반대가 존재한다. 이러한 대중의 관심은 식물생명공학과 이것의 채택에 매우 중요한 영향을 줄 수 있다. 이번 절에서는 우리는 GM 작물에 대한 대중적 관심의 몇몇 이슈들을 살펴 볼 것이고, 식물생명공학자들이 이러한 대중의 공포를 줄이기 위해 무엇을 하는지 조사할 것이다.

항생제 저항성 유전자

앞선 장들에서는 형질전환 식물체를 선별하기 위한 마커로 항생제 내성 유전자의 사용에 대해 알아보았다. 식물형질전환은 매우 효율이 낮은 현상이고, 일부는 형질전환이 되지 않은 세포로부터 형질전환이 된 세포를 선발하는 수단으로 요구된다. 항생제를 선별제로 사용하는 것은 분자생물학과 *E. coli*같은 여러 유기체에서의 클로닝을 위한 기본적인 도구로 잘 확립되어 있다. 이것들의 사용은 식물생명공학에서 매우 논리적이다. 그러나, 항생제 표지 유전자의 사용은 GM 작물의 폭넓은 수용에 장애물 중

● 많은 항생제 내성 유전자는 형질전환 작물에 허용되지 않을 것이다.

하나임이 입증되었다.

1996년 노바티스(Novartis)는 앰피실린 저항성 유전자를 포함한 옥수수 품종을 허가받기 원했다. 영국 자문위원회(UK Advisory Committee on Novel Foods and Processes, ACNFP)는 상당한 기간 동안 이것의 승인을 막았으나, 마침내 이 옥수수라인은 프랑스에서의 재배를 위한 승인을 받았다. 그러나, GM 작물 안정성에 대한 우려와 시장의 동의의 부재는 이 GM 옥수수가 절대 널리 재배되지 않음을 의미했다. 이 일화는 몇 가지 점에서 일반적이진 않다. 왜냐하면 앰피실린 저항성 유전자는 현재의 GM 작물에는 많이 발견되진 않는다. 그러나 GM 작물의 항생제 저항성 유전자의 안정성에 관한 많은 논의에서 입장을 선택하는 데 도움을 준다. 앰피실린은 다양한 인간의 감염을 치료하는 데 널리 사용되는 페니실린류의 항생제이다. 환경으로 방출될 수 있는 유전자 변형생물(GMO)의 저항성 유전자의 존재는 아마도 항생제 내성 세균과 특히 인간에 영향을 끼치는 병원균의 탄생에 관한 두려움의 증가와 연결되어 있었다. 그러나 이러한 시나리오는 실현 가능성이 거의 없다는 몇몇의 과학적 주장이 있고, 우리는 그중 2개를 여기서 볼 것이다.

첫째로, GM 작물을 만드는 데 사용되는 항생제 저항성 유전자의 기원은 세균으로부터 분리되었다. 선별에서의 이점을 제공하는 항생제 저항성은 세균에서 자연적으로 발생하고, 하나의 계통에서 다른 계통으로 이동할 준비가 이미 되어있는 플라스미드에 의해 종종 옮겨진다. 항생제 저항성 계통의 세균의 발전은 항생제가 매일매일 사용되며 저항성 발전을 위한 선별압력을 만드는 병원과 같은 환경에서는 실제로 문제가 된다. 이러한 배경과는 반대로, 식물에서 세균으로의 항생제 저항성 유전자의 전이(알려진 기작은 없다)는 환경에서의 항생제 저항성 유전자의 풀(pool)을 유의적으로 변경시키지 않는다. 소화된 식물로부터 장관내 균총(gut flora)로의 완전하고 제 기능을 하는 항생제 저항성 유전자의 이동은 불가능하지는 않지만 매우 가능성이 없다. 식품으로부터 장관 내 균총으로 DNA가 전이하는 확실한 증거는 거의 적고, 왜 전이유전자가 삽입되는 DNA와 다르게 행동하는지는 알 수 없다. 저항성 유전자가 전이되었다 하더라도 실제의 선택적 장점이 없어 저항성 세균이 생존할 가능성은 없다. 인간에서 유전자전이에 관한 보고서는 아마 많은 양의 핵심자료를 요구하고 있으나 여기서 다룰 가치가 있다. 12명의 건강한 참여자는 7명의 장루환자(ileostomists)와 형질전환 식물이 포함된 섭취실험에서 비교되었다. 전이유전자에 대한 표적유전자의 서열은 첫 그룹에선 발견되지 않았지만 후자의 경우에서는 발견되었다. 이러한 설명은 명확히 맞는 것은 아니다. 왜냐하면 표적유전자의 존재가 장관 내 균총에서 발견되었지만, 이러한 전이가 이 실험 동안에 일어난 것인지, 그 전에 이미 일어난 것인지에 대해 명확하지가 않다. 이처럼 이 실험은 많은 질문을 해결하지 못하고 남겼다.

둘째로 GM 작물에서 주로 발견되는 항생제 저항성 유전자(*nptII*와 같은) 중 다수는 인간의 질병을 치료하는 데 사용되지 않는 항생제 저항성을 주고, 이들은 덜 독성을 띄거나 더 효과적인 대체제에 의해 대체되고 있다.

GM 작물에서 항생제 저항성 유전자의 상대적 안정성에 대한 이러한 설명에도 불구하고 식물생명공학자들은 GM 작물의 존재 또는 그들의 사용에 대한 요구를 피할 방법을 찾고 있다. 다양한 대안적 선발표지 유전자가 개발되었고(4장 참고) **clean-gene 기술**로 불리는 선발표지를 없애는 기술도 또한 개발되고 있다(4장 참고). EU는 이러한 저항성 유전자의 사용을 막을 규제 시스템을 바꾸고 있다; 이는 아래에서 논의한다.

제초제 저항성과 슈퍼잡초

제초제 저항성을 주는 선발표지 유전자를 항생제 저항 유전자의 대안으로 사용할 수 있다(4장 참고). 그러나 제초제 저항성 마커의 사용과 연관된 문제 중 하나는 **슈퍼잡초(super-weed)**의 탄생 가능성이다(5장 참고). 타가수분(cross pollination)을 통해 제초제 저항성 유전자가 GM 작물과 근연인 잡초로 전이가 되어 슈퍼 잡초가 탄생할 수 있다. 제초제 저항성 유전자가 조직배양으로 부터 재생산을 하는 동안에 선발 지표로만 사용된다면 이러한 문제는 거의 일어날 일이 없다. 그러나 작물생산을 단순화 하려는 농업적 특성으로(5장 참고), 제초제 저항성을 특이적으로 발현시키기도록 조작된 GM 작물의 탄생은 더욱 문제를 만든다.

유전자의 전이와 제초제 저항성 잡초의 탄생은 이론상의 고민만은 아니다. 몇몇 제초제의 유효성은 주요작물과 거리가 가까운 종에서 이미 자연적으로 발생하는 제초제 저항성 잡초의 존재에 의해 줄어들었다. 2005년에 독보리(ryegrass), 메꽃(bindweed), 갈퀴덩굴(goosegrass) 최소 15종의 잡초종이 자연적으로 글루포세이트 저항성을 가지거나 또는 발전시킨 것이 보고되었다. 이 제초제는 종종 사용되었으나, 최근에는 이의 사용이 증가되었다: 1995년에 연간 5,000톤에서 2002년 30,000톤 이상으로, 그이후로도 계속 증가했다. 단일작물(monoculture) 효과는 이러한 잡초들로 인해 중요한 문제를 초래했다. GM 작물로부터 다른 종으로의 제초제 저항성 유전자의 전이는 이러한 문제는 가속화시켰다. 실제로 모든 주요 작물종은 GM 작물에 의해 타가수분이 폭넓게 될 수 있었던 근연종의 잡초를 가지고 있었다. 이것의 예는 영국에서 농장규모의 시도에서 보고되었다. GM 유채로부터 먼 유연관계의 식물인 들갓(charlock)에 제초제 저항성 유전자의 전이가 일어난 것이 발견되었다. 새로운 형태의 들갓은 GM 유채가 자라는 곳에서 재배되고 있었다. 연구자들이 이것에 제초제를 처리하였을 때, 피해를 나타내지 않았다. 이러한 사례에서 제초제는 글루포시네이트 암모늄이었다. 이 이슈는 들갓 종자가 토양속에서 수해동안 생존할 수 있기 때문에 더 악화되었다.

현재 이것에 관한 광대한 대중적 우려보다는 농업관리가 더 큰 문제임에도 불구하고, 잡초로의 제초제 저항성 유전자전이는 이미 하나의 이슈이다. 제초제 저항성 유전자 잡초의 인접종으로의 전이는 아마 하나 혹은 그이상의 제초제에 저항성을 가지는 잡초를 탄생시킬 것이지만, 이것은 아직 다른 제초제에 의해 제거될 수 있다. 선택한 농약이 잡초에 대해 효능이 없을 때 아마 농부들(혹은 다른 사람들)에게 큰 우려가 될 것이다. 그러나 제초제 저항성 유전자는 해당 제초제 처리에 목표가 아닌 잡초에 대해서는 선택적 이점이 없기에 이 특징은 전체의 군집으로 퍼져나가는 경향이 없다.

식물생명공학자들은 선발표지 유전자를 대체할 방법이나 clean-gene 기술로 제초제 저항성 유전자의 사용을 줄일 수 있다. 특히나 주목을 끄는 대안중 하나는 엽록체 게놈을 조작하는 것이다. 이것에 관해서는 이 장의 후반부에 다루어 진다. 거의 모든 경우에 엽록체는 모계유전을 따르기에 타가수분에 의한 유전자전이의 기회가 없다.

유전자 폐쇄

GM 작물에서 다른 식물로의 외래유전자의 전이를 막는 것은 더 넓은 환경적 이슈이다. 단지 제초제 저항성 유전자에만 적용되는 우려는 아니다. 다수의 외래유전자가 GM 작물로 도입되고 있으나 이러한 유전자들의 환경적 영향은 예측하기 어렵다. 이러한 걱정의 관점에서 그리고 유전자 공해(genetic pollution)로 묘사되는 것을 막기 위해, 외래유전자의 전이를 막을 몇몇의 전략이 개발되고 있다.

유전자전이는 주로 화분을 통해 이루어지고, 야생의 인접종이 GM 작물 수분의 경우에 GM 작물은 잡종 종자를 위한 모계로 역할을 할 수도 있다. 유연종 잡초 중에서 GM 작물 종자의 분산은 혼합된 군집을 형성할 수 있어 제초제 저항성 유전자의 도입과 함께 제초제 저항성 잡초도 만들어 질 수 있다. GM 작물로부터 외래유전자가 잡초로 전이할 가능성은 매우 다양한 변이에 의존한다. 유전자전이가 화분을 통해 발생한다면, 생산되는 화분의 양, 수명, 확산기작, 거리 그리고 GM 작물과 생식에서 경쟁하는 잡초 인접종의 가까운 정도 등이 모두 전이빈도에 영향을 미친다. 종자에 의한 확산은 GM 작물이 종자형성을 하는지 안하는지, 잡초인접종 내에서 또는 근처에서 종자가 확산되는지, 혹은 종자의 생존력과 수명에 의존한다.

유전자폐쇄 기술

다양한 종류의 기술(표 12.1 참고)이 유전자전이를 막거나 줄이는 데 적용된다. 표 12.1에 정리된 몇몇 기술은 현재 이론상의 것이거나 실험실 환경에서만 구현되었다. 이러한 기술 중 적어도 하나는, 특히 **종결 기술(terminator technology)**은 GM 작물에 대한 많은 반대의 원인이었다. 왜냐하면 다음 해 재배를 위해 농부들이 종자를 수확하고 저장을 하는 것이 불가능 했다.

거대한 사업

종결기술의 도입의 위협은 전세계 각지에서의 시위를 일으켰고, 농부와 소비자들에게 주제넘게 의도를 강요하는 거대한 사업의 또 다른 예로 보여졌다. 그것은 식물생명공학산업과 대중의 인식에 관한 몇가지 재미있는 관점을 묘사하기 때문에 종결기술의 예를 살펴보는 것은 유용하다(BOX 12.2).

대부분 거대 식물생명공학 회사가 이 기술을 가지고 있다고 생각됨에도 불구하고 종결기술은 상업적으로 도입된 것은 아니였다. 종결기술은 잡초의 유연종으로의 유전자의 전이를 줄임으로써 GM 작물을 더 안전하게 만드는 가능성을 가진다. 그러나 대중은 농부들이 수확의 일부를 차후에 종자로 사용하기 위해 저장하는 것을 금지하는 방법으로 사용되는 것에 대해 집중한다. 그러므로 매년 새 종자를 위해 비싼 대가를 지불해야 한다. 이미 종결기술이 도입되었다는 걱정으로 인도에서 거대한 불만을 나타내는 가운데 GM 목화작물은 불태워 졌었다.

표 12.1 유전자 억제를 위한 기술

Technique	Advantages	Disadvantages
Chloroplast transformation[a]	Maternally inherited; high level of transgene expression	Expressed proteins may not be processed properly
Male sterility[b] (disrupt anther development)	No pollen formed	Crops must be propagated by pollination from a non-GM crop or by other means; male sterile plant could serve as female parent
Terminator technology[c]	Seeds are sterile; inducible	Silencing of transgene results in viable seeds and introgression; terminator transgenes and desirable trait must remain linked
Apomixis[d] (seeds produced without fertilization)	Can be used to fix heterosis	Complex trait, not usual in crop plants; a plant may not be 100% apomictic
Cleistogamy[e] (fertilization occurs within unopened flower)	Self-pollination prevents outcrossing	Complex trait, not usual in crop plants; introgression still occurs
Transgenic mitigation[f]	Introduced trait is advantageous or neutral for the GM crop but deleterious for weeds	Does not prevent gene transfer; may cause extinction of weedy relatives, thus reducing biodiversity

[a]See Chapter 3 and Boxes 11.4 and 13.1.
[b]Male sterility can be engineered by interfering with the development of the tapetum, which is part of the anther and is important in pollen development. Tapetum-specific promoters have been used to drive the expression of ribonucleases in the tapetum, resulting in targeted destruction of the tapetum and no pollen development.
[c]See Box 12.2.
[d]See the apomixis section in this chapter.
[e]In cleistogamy, self-pollination and fertilization occur within the unopened flower. The genes responsible for the trait have yet to be identified and characterized.
[f]The deleterious traits need not be drastic for transgenic mitigation to work, as competition between weeds is intense. An example of transgenic mitigation is preventing seed-pod shatter (preventing the release of seeds), which is deleterious to weeds, but can actually be an advantage in crops.
Data from Daniell (2002), with permission.

BOX 12.2 종결기술은 종결되어지나?

종결기술로 이름을 얻은 단 하나의 특허받은 기술이 아님을 의미함(예를 들면, Astra Zeneca는 그의 종결자 기술에 대해 미국특허 5,808,034를 1998년 9월에 받았고, 현재 기존에 획득한 특허와 비슷한 기술을 다루는 30개가 넘는 파생 기술들을 보유하고 있다.)에도 불구하고, USDA와 Delta and Pine Land Co.에 의해 개발된 이 기술은 대부분의 대중매체를 사로잡았다. Delta and Pine Land Co.와 이 기술에 대한 관리를 획득하려는 일년의 사건에 몬산토의 개입으로 부터 비록 대체적으로 비호의적인 방향이지만 대중에 알려지게 되었다.

종결기술은 1998년 3월 3일에 USDA의 농업연구소(Agricultural Research Service, ARS)와 목화와 콩의 육종회사인 Delta and Pine Land Co.에게 발급된 미국 특허 5,723,765(식물 유전자 발현의 조절)에 기술되었다. 이 특허는 기술보호시스템(technology protection system, TPS)로 나타내지는 기술에 관한 것이다. 3개의 유전자(2개는 세균으로 부터 1개는 식물로부터 온 것임)는 TPS에서 자가 수분하는 식물로 도입되었다. TPS 기술의 핵심은 판매전에 분자스위치라하는 것을 활성화하는 물질(유도자)로 종자를 처리하는 것이다. 스위치의 작동은 일련의 이벤트를 촉발시키고, 종자가 완전히 성숙하기 전에 도입된 식물의 유전자의 활성화를 멈추게 한다. 이 식물 유전자는 그들의 종자가 발달하는 것(오일과 같은 모든 시장성 있는 요소가 발달한 후에)과 생식력을 갖는 것을 막는다.

다양한 작용양식이 TPS를 위해 고안되었으나, 하나의 가능성 있는 방법은 다음과 같이 설명될 수 있다. 억제유전자가 일반적으로 **식물종결유전자**의 활성화를 막는다(그러므로 종자회사는 이 종자를 일반적인 종자처럼 사용할 수 있다). 하지만 (테트라사이크린 같은) 유도자로 처리를 한후, 억제자는 스스로 억제된다. 이것은 두번째 유전자(재조합효소(recombinase), 예로 들면 4장에서 살펴본 Cre 효소)를 활성화시키고, 이것은 제거되어야할 식물 유전자의 발현을 막는 DNA 단편(*lox* 위치 옆의 블럭)을 만든다. 이 종결유전자(예. 리보솜억제 단백질(ribosome-inhibitor protein))는 종자의 발달에서 매우 늦게 활성화되는 프로모터 조절에 관여한다. TPS의 장점은, 유도자의 부재에서, 종자는 일반적인 종자처럼 사용될 수 있다는 것이다. 유도자의 처리후에 생산된 종자는 불임이 될 운명이 된다.

TPS종자회사의 이윤을 보호하기 위해 개발되었고, 유전자의 확산을 막으므로서 환경을 보호할 수 있다는 것도 제시되었다(표 12.1). 새로운 작물의 개발과 육종에 있어서 종자회사의 투자는 농부들이 종자구입을 위한 지출을 피하기 위해(혹은 부정적으로 종자를 팔기위해) 매년 종자를 저장하는 것으로 부터 보호되어야 한다. 개발자들은 장기적으로 종자회사의 권익보호는 이익이 새로운 계통과 품종의 발전을 촉진하기 때문에 농업에 이익이라고 주장한다.

종결기술의 미래는 불투명하다. 확산된 대중의 우려와 나쁜 평판을 가져왔다. 1999년 몬산토의 대표이사인 Robert B. Shapiro는 록펠러재단(Rockefekker Foundation)의 이사장 Gordon Conway에게 몬산토는 종결기술을 포함한 종자를 판매할 의도를 가지지 않는다고 글을 썼었다. 이 기술의 어려움에 의한 것 때문일지라도, Astra Zeneca는 곧 따랐고 종결기술종자는 판매되지 않았다. 몬산토와 같은 기업은 종결기술이 그들의 주요 발전 관심이 아니더라도 공을 드린다. 하지만 1999년 이후에 많은 기업이 이 기술을 연구하는 것을 계속한다는 것은 매우 흥미로운 것이다. 최근, 다양한 발전이 이 분야에서 이루어졌다. 2000년 유엔다양성협약(United Nations Convention on Biological Diversity)은 정부

BOX 12.2 (계속)

는 포장시험 및 상업회를 위한 승인을 하지말라고 권고했다. 이것은 최근 국제 지불유예로 인식되는 것이다. 이것은 2006년 3월에 전세계사람들에 의한 압력어 의해 유지되고 강화되었다. 그러나 2007년 6월 1일, 몬산토는 종결자의 온실 적용을 연구하고 있는 미국의 종자회사인 Delta and Pine Land Co.를 매입하는 것을 마무리 했고, 다국적 기업인 신젠타가 종결자 감자를 캐나다 특허로 출원했다. 이것은 이 기술이 없어지지 않을 것이고, 위에서 나열된 질문에 대한 대답은 *아니오*가 된 것처럼 보인다.

개도국의 농부들에게 종결기술은 문제가 되고 있는 가운데(심지어는 미국에서도 문제이다. 20~30%의 콩 재배자들은 종자를 재사용한다), 그들은 다시 상업적기업인 몬산토와 같은 회사의 종결기술이 있는 종자를 심어야 한다. 그렇지않으면 종자는 계속적으로 GM 특성이 없는 상태로 보관될 것이다. 그럼에도 불구하고, 미래의 발전은 최고의 수확량을 보이는 품종(정부 혹은 은행이 추진하는)은 기술-보호 계획과 함께 올것임을 의미할 것이다. 그러므로 농부들은 매년 종자에 대한 비용을 지불하게 요구 받거나 저생산량 품종을 계속 길러야 할 것이다.

무수정생식

GM 작물의 새로운 시대의 시작을 알리는 1998년 5월에 무수정생식을 이끄는 연구자들은 이 기술은 개도국이 이용하도록 남겨 두어야 한다고 공표했다. 벨라지오 무수정생식 선언(Bellagio Apomixis Declaration)은 무수정생식은 너무 엄청난 이익을 제공하기 때문에 적은 수의 당사자들(이 우려는 명백히 그들의 연구를 특허로 보호하는 서양을 기반으로한 생명공학 회사일 것이다)에 의해 조정될 수 없다고 인식했다. 상업적 관심에 대한 요구는 무시되지 않았으나, 새로운 접근법들에 대한 특허와 권리, 오픈액세스(open access)를 보장하는 기술의 발전을 강조했다.

그러면 무수정생식은 무엇인가? 그리고 왜 이것이 그렇게 중요한 기술인가? 식물에서, 종자는 주로 유성생식(sexual reproduction)에서 수정(fertilization)의 결과로 의해 생산된다. 그러나 일부 식물에서는 수정없이 종자를 형성할 수도 있다. 이러한 과정이 **무수정생식**(**Apomixis**)이다. 자연적 무수정생식은 한정된 수의 식물종(약 40개 속의 400종)에서 일어난다. 그러나 주요 작물에서는 발견할 수 없다. 무수정생식성의 종자로부터 자란 식물은 모계의 식물과 유전적으로 일치하므로 클론이다. 어떤 가치있는 특성은 수차례의 세대에서 유지된다.

● 무수정생식과 종결기술, 두 가지 기술들은 종자회사의 손에서 다루어질수 없는것일까?

만약 이러한 특성이 벼, 밀, 옥수수와 같은 곡물작물에 도입이 된다면, 무수정생식은 특히 개도국에서는 식물육종 및 생명공학 회사와 농부들 모두에게 중요한 이점을 제공할 것이다. 농부가 뿌린 종자의 많은 부분은 고성능(high-performance)으로 하이브리드된 종자이고, 이 종자는 다른 특징과 기대하는 특성이 다른 부모로부터 생산된 것이다. 잡종종자는 부모로부터 종자를 생산하기 위해 계속적으로 필요한 노력때문에 비싸다. 왜냐하면 잡종종자는 순계로 육종되지 않으면 기대하는 특성이 잃어버리기 때문이다. 무수정생식이 잡종종자로 도입된다면, 무기한으로 재배될 수 있다. 자손은 유전적으로 동일할 것으로 기대하는 특성을 유지할 것이다. 이것은 **잡종강세 고정(fixing heterosis)**이라 한다(두 부모의 가치있는 특성은 하나의 식물에서 합쳐진다).

식물생명공학 기업은 유전공학을 이용해 무수정생식을 작물식물로 도입하는 것에 매우 흥미를 가진다. 왜냐하면 새로운 품종의 개발 속도를 높이는 데에 사용될 수 있기 때문이다. 농부들에게 제공될 이점은 고성능 잡종종자에서 생산된 종자를 원하는 특성의 손실없이 저장하고 다시 사용할 수 있는 점이다. 이것은 농부들이 값비싼 종자를 매년 구입해야하는 것에서 자유롭게 해주고, 값비싼 고성능 잡종종자를 개도국의 농부들도 사용할 수 있게 해줄 것이다. 무수정생식의 장점은 이것의 개발을 막는 장애물 중 하나가 될 수 있다. 왜냐하면 무수정생식 종자의 사용은 비싼 종자에 대한 농부들의 의존성을 줄여 종자회사는 그들의 투자를 보호하지 못하기 때문이다.

이러한 문제에 대한 몇가지 제안이 제시되었다. 무수정생식과 종결기능을 연계하여 매년 새로운 종자를 살 능력이 되는 농부들은 종결기능이 활성화된 종자를 공급받는다. 개도국 농부들의 종자는 종결기능이 활성화 되지 않은 것으로 다시 사용될 수 있을 것이다. 식물생명공학 산업의 일부에서 선진국의 농부가 최신의 잡종종자를 재배하고 싶어하고 대규모로 저장하고 재사용하려 하지 않기에 문제가 큰 것은 아니다.

식품의 안정성

GM 식품 안정성에 대한 우려

대중의 의견에 대한 조사는 환경적 문제나 식량안보(food security) 문제 보다는 GM 작물이 건강에 미치는 영향을 중심 이슈로 강조하고 있다. 프랑켄식품(frankenfood)이라 불리는 이러한 식품이 나에게 병을 가져올 것인가? 나는 이런 식품에 알레르기 반응을 보일 것인가? 이것은 가질 수 있는 하나의 의견이며, 우리가 섭취하는 모든 종류의 식품과 실제로 다르지 않은 점이다. 유기농 식품 시장은 농업에서 사용되는 화합물에 향한 일부 대중의 걱정을 기반으로 한다.

푸스타이(pusztai) 사건과 GM 식품에 대한 대중의 믿음에 대한 이 사건의 영향은 BOX 6.4에 나와있다. 푸스타이와 그의 동료들이 수행한 연구의 과학적 한계가 무엇이든 간에, 재입증 과정은 영국에서의 일반적 반GM 식품에 대한 감정에 기여했다. 6장에서 논의된 것처럼, 일부의 과학자들은 푸스타이의 관찰을 지지 하였기에 GM 식품의 안정성에 대한 영역은 더욱 조사되어야할 필요가 있다. 푸스타이의 보고서에 대한 대중의 반응에 기여한 요소 중 하나는 광우병(bovine spongiform encephalopathy, BSE) 창궐 때문에 생긴 식품안정성에 대한 대중의 믿음의 붕괴이다.

GM 식품이 비GM 식품보다 덜 안전하다는 것에 대한 증거가 없다는 것을 기억하는 것은 중요하다. 그러나, GM 식품의 안정성에 관한 이슈는 매우 커졌다. 어떻게 식물생명공학자들은 GM 식품의 안정성을 평가할 것인가? 어떻게 이러한 자료가 모든 관련 당사자들을 포함한 의미있는 논쟁으로 통합될 것인가? 대중은 이러한 정보를 믿을 것인가? 혹은 과학자들을 믿을 것인가? GM 식품이 유럽에서 인정받는다면, 식물생명공학자들과 정부들은 필수적으로 대중과의 대화에 몰두해야 하며, BSE 이후 유럽 대중들의 태도를 영국에서 GM 토마토가 처음 상업적으로 도입되었을 때의 경우처럼 단순히 비난하거나 무시하지 말아야 한다. GM 식품을 대하는 대중의 태도, 특히 영국에서의 대중의 태도는 일부 정부 대변인에 의해 불행히도 축소 평가되었고, 영국 과학계의 권위를 배경으로 한 푸스타이의 '발견'에 대한 조사는 정부, 학계, 거대기업이 푸스타이에게 침묵을 강요한 것 같은 인상만을 만들었다. 그러므로 식물생명공학에 대한 부정적인 환경이 만들어 졌다.

또 다른 이슈가 균형잡힌 보도를 하지않은 대중매체를 강타했다. 2004년 필리핀의 한 마을의 사람들은 *Bt* 옥수수에 의해 다양한 병증을 일으킨 심각한 알레르기 반응에 의해 쓰러졌다고 뉴스화 되었다. 이 주장에 대한 입증에 논란이 발생했고, 일부는 반GM 로비스트에 의해 그 마을이 조작되었다고 병의 원인은 바이러스라 고 주장했다. 대중매체에서 제시된 걱정중 또 다른 예는 알레르기 반응의 가능성 때문에 인간의 소비는 제한되고 오직 가축의 먹이로만 허용된 StarLink 옥수수(*Bt* 곤충저항성 품종)에 의해 인간의 식품이 오염되었다는 2000년의 보도이다. 최근 시험작물인 GM벼에 의해 오염된 비GM 작물에 대한 두려움도 있다. 이러한 점은 유럽으로 수출되는 중국과 미국의 작물에서 발생하고 있다. 그리고 중국에서는 농부들 간의 인기때문에 GM벼 종자의 불법적 유통도 있는 것 같다. 이러한 벼들은 먹이사슬 내로 들어가고 있다고 확인된다. 정부가 식품에서 소량의 GM벼에 의한 오염을 허용할수록, 이러한 문제들은 'GM: The cover up'과 같은 매우 중요한 표지스토리를 이끈다.

GM 식품에 대한 대화는 안정성을 측정할 방법과 어떠한 특성을 측정할 것인가를 반드시 다루어야 한다. 예를 들면, 실질적 동등성(substantial equivalence)과 같은 개념을 둘러싼 매우 현실적이고 과학적 이슈를 다루어야 한다(BOX 12.4를 참고). 실질적 동등성을 입증하기 위해 어떤 종류의 구성분석이 필요한지, 또는 더 충분할까? 또 어떠한 대안적 방법(전사체학(transcriptomics)과 대사체학(metabolomics)과 같은)이 GM 식품을 분석하는 데 사용될 수 있을까? 실질적 동등성이 과학적 입증법인지, 더 중요하게 대중에게 수용할 만한 개념인가? 대화를 하는 동안 GM 작물이 다국적 농업기업에 주는 것이기 보다 소비자에게 가져다 줄 혜택(향상된 영양 또는 건강적 가치)이 크다는 것을 강조하는것이 필요하다. 정부

● GM 식품은 먹기에 안전한가? 증가된 검역과 강화된 규제가 이런 문제를 해결하는 데 도움이 될 것이다.

는 형질전환 작물과 식품과 관련하여, 대중들은 이익을 보지 못 했다는 문제, 기업은 자신의 욕망만 채우는 자본주의자로 보여지고, 정부는 신뢰를 잃었다는 관점에 대한 것 등의 많은 문제를 가지고 있다. 유럽에서 대중의 우려를 달래는 하나의 접근법은 규제과정을 다시 논의하는 것이고, 이는 다음 절에서 논의될 것이다.

GM 작물과 상품의 규제

넓게 보면 GM 작물의 미래는 GM의 재배와 가공에 적용되는 규제 시스템에 의해 결정될 것이다. 최소한의 기대로 규제는 GM 작물과 GM으로 만들어진 상품이(환경과 사람 그리고 동물에게) 안전한 것이라는 것에 믿음을 줄 것이다. 그러나 GM 작물과 연관된 규제는, 특히 유럽에서는 부가적인 관점을 다루고 있고, 다양한 대중의 우려를 반영하고 있다. 이러한 부가적 규제는 GM 식품의 표기와 GM으로 만든 상품의 표기를 다루고 있어서, 소비자는 GM을 먹을 것인지 말것인지를 선택할 수 있다. 어떤 GM 작물 또는 그 생산물도 안전하다고 확신과 신뢰를 주거나 아니면 그러한 지식이 없는한 사용되지 않도록 만드는 규제가 고안됐다.

EU

EU의 가입국에서는 국법으로 GM 작물과 상품에 대한 규제를 통제하는 다양한 의회 지침(Council Directives)와 규제(Regulations)를 가지고 있다. 초기 생명공학의 발전은 많은 부분은 GMO 환경으로의 계획된 출시에 관한 지침 90/220/EEC(이것은 2002년말에 지침 2001/18/EC로 교체되었다)와 새로운 식품과 새로운 식품첨가제에 관한 규제(EC) 258/97과 같은 중요한 입법요소에 의해 다루어 졌다. 지침 90/220/EEC(와 수반하는 조약)은 이 지침 아래서 GM 작물을 시장에 내놓기 위해 허가를 받기 전에 강화된 환경 위험 평가(environmental risk assessment, ERA)가 수행되어야 함을 요구한다.

GM 작물에 책임이 있는 기업은 기술 서류(Technical Dossier)와 요약본을 정회원국(member state)의 주무관청에 제출했다. 기술서류는 지침을 준수했는지를 확인하기 위해 ERA의 자료와 함께 조사되었다. 결과물이 호의적이라면, 과정은 진행되고, 기술서류는 유럽연합 집행위원회(European Commission)로 보내진다. 모든 정회원국의 주무관청은 그 신고(notification)를 평가하고 이의를 제기한다. 어떠한 이의도 제기되지 않으면, 최초 신고가 만들어진 정회원국의 동의를 거쳐 시장에 진출할 수 있다. 이의가 제기되면, 그 제안서는 면밀한 추가적 조사를 취해진다. 집행위원회의 제안서가 정회원국의 규제위원회(regulatory committee)에 제출되면 투표에 붙여진다. 이러한 제안서는 식물학 과학분과(Scientific Committee)의 권고를 받는다. 정회원국의 정족수가 제안서를 지지하면, 제안서는 받아들여진다.

정족수를 충족하지 못 하면 제안서는 환경 각료 이사회(council of ministers of the environment)로 보내지고, 거기서 채택, 거부, 혹은 집행위원회로의 반송 등이 결정된다. 아래에서 기술된 것처럼, 규제의 변화에도 불구하고 이러한 과정의 요소는 동일하게 유지되고 있다. 그간 변한 것은 과정의 요구정도이다: 규제는 먹이사슬의 안정성을 보호하기 위해 더 엄격해졌다. 우리가 새로운 시스템을 고려하기 전에, 우리는 어떻게 GM 작물이 이러한 엄격한 과정(BOX 12.3 참고)에 의해 영국에서 다루어졌는지를 고려해 볼 것이다

대중의 우려를 강조하기 위해, EU는 유전자 변형 작물의 규제에 대해 다시 논의했고 GMO의 환경으로의 계획적 출시(지침 2001/18/EC)을 다루는 새로운 지침과 GMO 식품과 사료의 규제(1829/2003)를 만들었다. 또한 2003년엔 2001/18의 개정도 실시되었다; 이 규제(1830/2003)는 GMO와 GMO로 만들어진 식품 혹은 사료의 추적관리와 라벨링을 다루고 있다. 규제에서의 이러한 변화는 유전자 변형 식물과 식품의 안정성을 강화하고, 소비자들에게 선택의 자유를 제공하였다; 이것은 더 과학적인 방법, 라벨링, 그리고 추적관리에 의해서 달성될 것이다. ERA의

BOX 12.3 어떻게 유럽의 법률은 영국에서 국가적 수준으로 적용되는가

영국에서는 몇몇의 조례(Act of Parliament: 1990년 환경보호법 (Environmental Protection Act 1990), 1972년 유럽공동체법(European Communities Act 1972), 1974년 산업안전보건법(Health and Safety at Work Act 1974)) 위에서 만들어진 유전자 변형생물 규제 1992(1995와 1997 수정)는 EU 법률의 연관된 것들을 시행했다(특히 EU 지침 90/220/EEC. 이러한 규제는 모든 GMO에 적용되었지만, 가장 흥미로운 것은 GM 식물에서 보여졌다.

단계별 접근법이 GMO를 규제하고 출시하는 데에 채택되었다. 초기 개발은 제한된 환경(실험실 혹은 온실)에서 이루어졌다. GMO의 안정성은 환경으로 작은 규모의 출시가 허가되기 전에 이 제한된 환경에서 평가되었다. 만약 안정성평가가 안전하다고 나타나면, 이러한 출시의 규모는 점진적으로 증가되었다.

보건안전관리국(Health and Safety Executive)은 영구에서 초기의 제한된 GMO의 사용을 규제했다. 환경으로의 출시는 EU 지침 90/220/EEC 하에서 규제를 위한 주제가 되었다. 환경으로의 출시 두 가지 카테고리로 나누어 진다: 소규모(small-scale)의 시도와 상업목적으로의 출시지원에 의해 준비된 자세한 환경위험평가는 출시되는 규모에 상관없이 모든 GMO의 환경으로의 출시에서 근거가 되었다. 이 ERA는 과학적 면밀조사의 주제가 되었고, 위험이 매우낮은 수준일 경우로 고려될 때만 출시가 허락되었다. 낮은 수준의 위험은 일반적으로 비GM 대응물보다 높은 위험수준을 갖지 않는 GMO를 의미한다.

연구를 위한 승인

지원자는 ERA를 포함한 자세한 서류를 조언하는 환경농림청의 장관을 합동규제기관(Joint Regulatory Authority, JRA)에 제출해야 한다. JRA는 서류를 검토하고, 다른 정부

(다음 장 계속)

BOX 12.3 (계속)

기관이나 English Nature와 같은 조직의 전문가에게 전달된다. 또한 환경 자문 위원회(ACRE)는 환경방출에 대한 모든신청서를 검토하고 제안서의 인간 건강과 환경에 대한 모든 사항에 대해 자문하고 있다. ACRE와 다른 평가자들이 제안서가 매우 낮은 위험을 보이는 것으로 만족이 되면, 소규모로 환경으로의 출시를 진행시킬 것이다. 이 출시 승인은 조건에 의해 결정될 것이고, 중앙과학연구소(Central Science Laboratory)의 과학자들은 면밀하게 이러한 최초의 출시를 모니터한다. JRA, ACRE, 그리고 관련한 정부기관이 GMO의 출시와 관련한 문제가 없다고 만족되는 경우, 출시의 규모는 증가할 수 있다.

시장출시의 승인

상업화를 목적으로 하는 대규모의 출시에 대한 승인은 유럽 수준에서 추구되어졌었다. 이 과정의 일부는 소규모 출시의 승인에 필요로하는 과정과 유사했다. 지원자는 정회원국에게 추가적인 서류를 제출해야 했고, 이것은 — 이전의 정보와 함께 — 그것이 사용됐었던 지역의 다양성에 대한 디테일과 영향을 받을 수 있는 환경과 라벨예시도 포함해야 한다. 정회원국은 이 제안서를 검토하고, 제안서가 매우 낮은 수준의 위험을 보인다고 충족되면 EU 규제의 도입에서 기술된 것처럼 정회원국의 고려를 위한 유럽연합 집행위원회로 보내진다.

농장규모의 평가

GMO의 평가를 과학적 기준에 맞추는 시도를 하는 독특한 프로그램에서는 영국은 농장규모의 일련의 평가 결과가 나올 때까지 영국에서의 GM 작물의 재배를 금지하는 것을 결정했다. 농장규모의 평가는 환경에 대한 눈에띄는 위험이 없다는 것을 보일때 만이 GM 작물의 상업적 재배가 가능할 것이다. 우리가 위에서 본 것처럼, 다수의 작물에서 발견되는 사례는 아니다.

규정은 GMO의 직접적 혹은 간접적 그리고 즉시 혹은 지연되는 효과를 포함하는 것으로 강화되었다. GMO의 예상치 못했던 효과에 대한 시판후 조사가 도입될 것이다. GMO의 위험성에 대한 일부 대중적 두려움을 해소하기 위해 제시된 변화에서는 인간과 동물에게 위험성을 지난 항생제 저항성 표지 유전자는 단계적으로 퇴출될 것이고, GMO 상품은 확실하게 표기되고, 추적관리 될 것이며, 계획된 출시에 대한 대중과의 협의도 있을 것이다.

과학적 변화는 GMO와 그것의 상품을 안전하게 만들며 인간, 동물, 환경에 손상을 주지 않게 해줄 것이다. 중요한 이슈는 GMO와 생성물은 전통적 방식으로 만든 비 GM 대응물만큼 안전하여 이것은 사용가능한 최신식의 진보된 지식과 기술을 바탕으로한 테스트를 통해 입증되어야 한다. 이것은 실질적 동등성과 사전예방 원칙(precautionary principle)의 이용과 연관된 문제를 극복할 수 있는 실질적 시도이다(BOX 12.4를 참고). 이러한 정보가 없이는 어떤 상품도 허가될 수 없다. 선택의 자유는 GMO 또는 GM 관련 상품을 사용하거나 거부를 선택할 인간의 권리를 말한다. 이것은 농부, 소비자, 사업을 모두 포함한다. 비형질전환작물과 형질전환작물은 반드시 같이 존재하고, 그러나 GM 작물은 반드시 관리되어 전통적인 작물과 통제되지 않고 혼합되면 안 된다. 이러한 제안서의 관리는 정회원국의 할 일이다. 이것을 돕기 위해 표식과 추적관리의 개념이 도입되었다. 법의학적인 용어로 깨끗한 증거의 법칙이다. GMO가 의도적으로 사용된다면, 소비자는 이러한 사실을 생산품 표식에서 반드시 읽을 수 있어야 한다. 추적관리는 소비자가 극소량의 GM 산물이 들어갔는지는 알 수 있게 하기위해 요구된다. 정확한 기록과 기록의 올바른 보관은 GM을 산지에서 상품으로 추적하기 위해 필요하다. 이러한 규제는 경우에 따라 기준으로 적용되고 일반 용어로 보여지면 안 된다.

기존의 규제에서 만들어진 승인은 유효할 것이고, 계속 진행 중인 신청에 대해서는 새로운 규제에서 다루어 질 것이다. 목적이 유전자 변형 작물을 EU에서 재배하고 이것으로부터 식품을 생산하는 것이라면, 출시 식품과 사료의 규제는 충족될 것이다. 그러나 작물이 EU 외부에서 재배된 경우 상품에 대한 승인이 필요할 것이다. 이것은 상품의 특징에 의존할 것이다; 목적이 EU 내에서 작물을 재배할 것이 아니고, 상품이 재배 또는 번식할 능력이 있다면, 출시에 대한 규제는 충족될 것이다. 상품이 설탕 또는 오일이라면, 식품 규제만이 다뤄질 것이다.

지침 2001/18은 2002년 10월에 정회원국에 의해 채택되었다. 이 지침은 번식이 가능한 GM 식물의 상업적 이용, 재배를 위한 환경으로의 출시, 식물재료의 수입에 대해 다루고 있다. 이러한 적용은 반드시 환경영향평가를 통한 인간과 환경에 어떠한 위험한 영향을 미치지 않는다는 과학적 안정성 평가를 포함해야 한다.

BOX 12.4 실질적 동등성과 위험 평가의 예방적 원리

GM 작물의 위험성 평가에서 실질적 동등성 개념의 사용만큼 많은 상충하는 자료와 의견을 발생한 경우는 없다. 이러한 이슈에 대한 수많은 정보를 검토하는 것은 우리의 의무는 아니지만, 독자를 이러한 개념과 위험 평가에 이 개념을 사용하는 것과 연관하여 제기된 이슈들에 대해 인식하게 해 줄 것이다.

실질적 동등성

실질적 동등성 정설은 GM 작물의 배경에서 적어도 경제협력개발기구(Organization for Economic Co-operation and Development, OECD)의 Safety Evaluation of Foods Derived by Modern Biotechnology: Concepts and Principles(식물생명공학의 권위자 그룹의 발견에 대한 보고서)로부터 대두되었다. 이것은 새로운 식품과 식품상품의 안정성을 평가하는 가장 효과적인 방법은 새로운 식품상품이 현존하는 유사한 식품상품(존재한다면)과 실질적 동등성을 갖는 지를 고려하는 것이였다. 실질적 동등성은 표현형적인 특징과 농업적 특징의 관찰과 핵심 구성성분의 구성요소 분석을 기본으로 하고 있다. 물론 이것은 한 수준에서는 일리가 있다. 이러한 분석후, 그것이 감자와 같아 보이고, 감자처럼 자라고, 감자와 같은 맛을 낸다면 (심지어 GM 감자더라도) 확률은 그것이 감자라 하고, 그러므

(다음 장 계속)

BOX 12.4 (계속)

로 수백년 동안 안전하게 소비될 것이다. 실질적 동등성과 이것의 GM 식품에 적용은 다수의 과학자들에게 의해 비판받았다. 첫째로, 실질적 동등성은 엄밀하게 정의되지 않았고, 해석에서의 여러 가능성을 남겨두었다. 실질적 동등성을 결정하기 위한 구성성분의 분석 사용은 일부 과학자들에 의해 제한적이고 부정확한 것으로 비판받았다. 미국에서(규제가 상품에만 집중하고 생산을 위해 사용되는 기술에 대해선 무관심한 지역) GM 식품이 실질적 동등성으로 고려되는 경우에는 많은 경우에 (예를 들면, 셀프클로닝(self-cloning) 또는 유전자 산물이 기존에 승인을 받은 경우) 안정성 평가의 의무에서 면제가 된다. 식물 형질전환은 다른 기술처럼 생성물에서 기대하지 않던 결과 또는 예측되지 않던 변화를 야기한다. 이러한 가능성 있는 해로운 효과는 시장화가 되기 전에는 종합적인 안정성 평가의 부재로 인해 확인되지 않을 수 있다. GM 작물은 만약 특허화가 되었다면 이전의 것과 만들어진 방법과 전이유전자가 도입된 방법에서 실질적으로 달라야한다고 주장되고 있다.

적절히 적용된 실질적 동등성은 안정성 평가를 위한 건전한 뼈대를 제공할 수 있을 것이다(실질적 동등성에 대한 개념은 안정성 평가에 대해 대안으로 사용될 수 있음은 결코 의도되지 않았었다). 그러나, GM 식품과 상품의 시장출시를 정당화하기 위한 이것의 이용은 특히 유럽에서 대중의 거부감을 야기시켰다.

예방적 원리

위험평가에 가이드를 제공할 다른 접근법은 **예방적 원리**(**precautionary principle**)이다. 실질적 동등성의 개념과 마찬가지로, 이것은 새로운 아이디어는 아니고(1970년대 처음 인식되었다) 국제환경법의 일반적 원리가 되었다. 실질적 동등성의 개념으로 부터 파생된 위험평가에 다르게 접근하기 위해 고려사항들을 발생시킨다.

이러한 위험이 완전히 설명되어지지 않거나 정량되지 않더라도 예방적 원리는 가능성 있는 위험의 발생에서 시작된다. 위험을 예상하고 막기 위해 설계된 적절한 측정방법은 선택될 것이다. 예방적 원리는 다수에게서 GMO를 고려할 때 GM 기술과 연관해 복잡성과 새로움 때문에 적절한 것으로 고려된다. 기본적으로 이 원리에 사용에 있어서, 이것이 심지어 피상적 수준에서 최종산물이 지연적 대응물과 전혀 다르지 않게 보일 수 있더라도, GM 기술로부터 발생할 수 있는 모든 가능성에 대한 정확한 예측이 불가능하다는 것은 받아드려진다. 또한 이 예방적 원리는 실질적 동등성 처럼 비과학적이고 반테크놀러지로 표현되는 일부에서 비난받고 있다.

이러한 접근법의 요소는 모두 규제과정으로 포함되는 경향이 있다.

GMO를 찾아낼 표준화된 방법과 모니터링을 위한 시스템을 제공해야 한다. 이 과정은 위에서 제시된 내용과 유사하다; 우선, 제안서는 일반적으로 최초의 과학적 평가를 실시할 국립기관에 제출된다. 이 서류는 유럽연합 집행위원회와 의견을 제시할 수 있는 모든 정회원국의 관리당국으로 전달된다. 그러나 이 신청서는 과학적 평가를 위해 유럽연합 식품안정청(European food safety authority, EFSA)으로 직접 제출될 수 있다. 미결안건 혹은 반대가 발생할 수 있고, EFSA는 과학적 심리를 수행한다. 초안으로 결정하기 위해 유럽연합 집행위원회는 이것을 이용한다.

여기서 결정된 초안은 standing committee for food chain and food safety에서 투표에 붙여진다. 정족수를 충족하냐에 따라 초안은 채택되기도 거부되기도 한다; 즉, 일정수의 투표수가 EU 인구를 백분율로 계산하여 반영되게 된다. 정족수가 정치적으로 민감하고 EU에서 개혁의 목표인 것처럼, 이것은 변할 것이다. 과반수가 얻어지지 않았을 경우, 초안은 각료 이사회(council of ministers)로 전달되어, 90일 동안 이곳에서 정족수를 맞추어 승인을 할 것인지, 거부를 할 것인지를 결정한다. 이 초안이 거부되는 경우에, 재작성을 위해 다시 돌아간다. 이것이 채택되거나 결정이 이루어 지지않은 경우에는, 초안은 효력을 발휘하고 승인이 종료되는 10년 후까지 유효하다.

GM 식품과 GM을 이용한 식품첨가제는 규제(EC) 258/97 하에서 규제되었다. 신고는 제출된 라벨에 GM 식품에 대한 정보를 포함하고 있어서 소비자는 GM 식품을 먹을지 정보에 근거한 결정을 할 수 있게 해주었다. 하나의 관심둘 만한 관점은 현존하는 식품과 실질적으로 같은 GMO로부터 유래된 식품은 간단한 과정을 통해 규제될 수 있다는 것이다(실질적 동등성에 대한 개념은 BOX 12.4에서 언급된다). 유럽연합 집행위원회는 이러한 상품이 시장에 출시되었을 때 통보받을 것이다(왜 이 상품이 실질적 동등성을 가지는 것에 대한 과학적 입증과 정회원국의 관할관청으로부터 동일한 효과를 받는지에 대한 의견을 포함한다). 신고는 정회원국에 의해 통과되고, 상품은 EU 전체로 판매될 수 있다.

새로운 규제(1829/2003)는 과학적으로 좀 더 적극성을 띄고 실질적 동등성 접근법은 이점은 입증하기 위해 더욱 더 많은 증거를 요구하는 등 강화되었다. GMO가 포함되거나 GMO로 만든 식품 또는 사료의 승인을 위한 신청서는 정회원국의 당국으로 반드시 제출되어야 하고, GM 식품이 건강과 환경에 해롭지 않다는 것을 확증하는 연구를 보여주는 과학적 안정성 평가와, 이러한 식품이 기존의 대응품과 실질적 동등품이라는 분석과, GM 성분을 검출하기 위한 방법과 샘플, 시판후 모니터링을 위한 제안서, 상품라벨 도안을 포함해야 한다. 이 제안서 서류는 안정성에 대한 의견을 제시할 수 있는 6개월의 기간을 지닌 EFSA로 보내진다. 그들은 정회원국 모두에게 적용가능한 지원서를 만들다. EFSA는 실질적 동등성 상태를 확인해 줄 전문가 패널에 의해 수행되는 과학적 평가를 기반으로 만들어진 의견을 제공한다. 또한 EFSA는 서류상의 검출방법을 평가할 EU의 표준화된 실험실을 가지고 있다. 2001/18하에서 승인을 필요로하는 상품의 경우는 확인될 것이다. EFSA는 유럽연합 상임위원회에 과학적 안정성 평가, 상품라벨도안, 시판후 모니터링을 위한 제안, 입증된 검출법 등에 대한 의견을 제공한다. GM 식물에 대한 환경적 모니터링 계획은 필요하다면 포함될 것이다. 이 과정의 마지막은 2001/18에서 처럼 통합된 안정성 평가를 위해 식품과 사료의 계획된 출시에 대한 제안서를 제출하는 것은 가능할 것이다.

● EU에서 GM 식물과 파생물에 대한 승인 얻기 위한 새로운 과정은 확고하고 과학을 기반으로한 규제의 총제인가? 또는 거대기업에게 이익을 주기 위한 연막인가?

여기서 강조되는 첫 핵심 이슈는 선발을 위해 사용되는 항생제 저항성 유전자의 퇴출이다. 이것들은 완전히 퇴출되지는 않았지만, EFSA에 의해 3개의 그룹으로 나누어졌다. 첫그룹은 거의 사용되지 않았거나 전혀 사용되지 않는 카나마이신 같은 항생제에 저항성이 있는 유전자이다. 이러한 지표유전자는 계속적으로 GM 식물에 사용된다. 두번째 그룹은 상업용 식물에 사용되진 않지만, 야외포장 실험에서 사용되는 것이다. 특수한 조건을 만들어주는 데 사용되는 항생제에 저항성을 갖는 이러한 유전자가 있다. 이러한 저항성 유전자는 미생물에서 다양하게 사용되고, 야외포장 실험에서 식물에 자연적으로 저항성 유전자의 출현을 증가시키는 경향은 없다. 세번째 그룹은 아미카신(amikacin, *nptIII*)과 같은 의학적으로 가치있는 항생제에 내성을 보이는 유전자이다. 이러한 유전자의 사용은 금지되어, 항생제의 가치는 훼손되지 않는다. 대안적 선별표지는 4장에서 제시되었다.

두번째 핵심 이슈는 안정성 확립을 위해 어떤 과학적 시험을 수행해야 하는가이다. 이것은 여기서 대답하기는 어려운 질문이지만, EFSA는 새로운 GM 특성은 안전하고 전이유전자에 의해 식물대사의 예측 못했던 변화는 없다는 것에 대한 입증을 기대하고 있다. 전이유전자는 사람에게 새로운 단백질을 만들것이므로, 몇몇의 시험이 특별히 고려되어야 한다. 단백질산물이 안전한지 시험하는 것은 동물사육시험을 통한 독성에 대한 관찰을 수반한다. 이러한 단백질 혹은 식품은 모든 알레르기성 특성에 대해 조사되어야 한다. 새로운 단백질은 알려진 알레르기의 구조적 유사성과 소화시의 안정성에 대해 비교되어야 한다. 단백질이 소화관에서 완전히 소화되지 않고, 이러한 펩타이드 조각이 면역우세성의 IgE 결합성 에피토프를 갖고 있는 땅콩같이 잘 알려진 알레르기원의 발견에 기초하여 조사가 이루어진다. 시험은 알레르기에 민감한 개인으로부터 얻은 혈액으로 진행된다. 동물은 그것들이 이런한 단백질에 초민감성 반응을 보이는 지를 확인하기 위해 사용될 수 있다. 최근의 발표(Goodman *et al*., 2008)에 따르면, 사용된 시험의 유효성은 검토되었고, 일부는 의심을 받았다. 이 참고문헌은 추가적인 문헌 정보들이 있고, 흥미있는 내용이 될 것이다. 또 다른 중요한 분석은 유전자전이로 의해 식물의 대사가 예측되지 않은 방향으로 변하는지에 대해 보는 것이다. 다시, 동물 실험이 사용될 수 있다 — 예를 들면 동물의 건강에서 변화를 찾기 위한 장기간의 사육시험 — 그러나 이것은 omics 연구가 가능한 영역에서다. 단백질 구성의 단백질체 분석, 화학물의 대사체 분석, 영양학적 가치와 비타민의 함량을 측정이 이루어 질 것이다. 많은 식물은 낮은 수준으로 독소를 생산하기에 전이유전자에 의해 이러한 단백질의 수준이 변화없음을 확인하는 분석이 필요하다.

우리가 본 것처럼, 형질전환재료를 동물에게 먹였을 때 건강상의 문제를 야기한다는 주장들이 있어 왔다. 많은 경우 이런 주장은 실험상의 오류이고 다른 연구를 통해 건강에 미치는 영향에 대한 증거가 얻어지지 못했다. 그러므로 건강과 안정성에 대한 엄격한 검사는 대중의 신뢰를 쌓는데 중요하다. 이러한 연구에서 어떤 부정적인 발견은 GM 식품이 시장으로 나가는 것을 막을 것이다.

아주 많은 정보가 GMO 나침반(GMO compass) 웹사이트와 영국의 환경 식품 농림부(Department for Environment, Food and Rural Affairs, DEFRA)에서 찾을 수 있을 것이다(더 읽을 거리의 목록에서 Web-link를 참고).

미국

미국에서는 GM 작물과 연관된 규제는 세 가지 정부기관에 의해 수행된다. 미국 농림성(the US Department of Agriculture, USDA), 미국동식물검역소(Animal and Plant Health Inspection Service, APHIS)가 연방정부 식품해충 조례(Federal Plant Pest Act) 아래에서 형질전환 식물이 농업적 환경적 해충이 될 가능성이 있는지를 결정한다. USDA는 형질전환 식물의 수송, 수입, 검역을 규제한다. 많은 경우에, APHIS가 통보하는 경우(GM 작물의 안정성에 관련한 6개의 기준은 BOX 12.5에서 볼 수 있다)와 생물학적 제한을 확증할 수 있는 특정 표준을 충족시키는 경우 GM 작물의 포장검사가 진행된다.

이러한 기준과 표준이 충족되지 않으면, 더욱 심도있는 과정이 APHIS로부터 출시를 위한 승인을 얻기 위해 필요해 진다. 포장실험과 연방당국에 의해 후속되는 검토는 인간의 건강과 환경에 대한 GM 작물의 안정성을 확인하기 위해 수년간 소비될 수 있다.

상업화 될 수 있는 GM 작물은 신청서 제출 후 APHIS에 의해 **비규제 자격(non-regulated status)**을 얻을 수 있다. 이러한 과정은 작물과 넓은 의미의 생태계에 영향 또는 변경을 일으킬 가능성과 관련한 방대한 자료를 APHIS로 제출할 것을 요구한다. 만약 비규제자격을 얻으면, 상품과 그것의 자손은 APHIS의 검토 없이 미국 내에서 출고될 수 있다. APHIS는 만약 해충이 될 가능성이 있다면 계속적인 GM 작물의 사용을 금지한다. 그러나, USDA 규제 과정은 최근 엄격하지 않고 보편적이지 않고 투명하지 않다는 이유로 전미과학아카데미(National Academy of Sciences)의 보고서에서 계속 비판을 받고 있다. 환경보호국(Environmental Protection Agency, EPA)은 생물학적으로 생산되는 살충제를 포함한 살충제의 안정성을 보장한다. 연방 살충제살균제 살서제법(Federal Insecticide, Fungicide and Rodenticide Act: FIFRA)하에서 EPA는 해충 저항성을 갖는 유전자 변형 식물의 검사, 분배, 시장화, 사용을 규제한다. 또한 EPA는 제초제 저항성 작물의 잔류제초제에 대한 저항력도 평가한다. EPA는 포장시험을 승인하고 해충 저항성을 갖는 GM 작물의 상업적 이용을 위한 등록을 교부한다.

미 식품의약국(Food and Drug Administration, FDA)는 연방 식료품, 의약품 및 화장품 조례(Federal Food, Drug, and Cosmetics Act) 하에서 형질전환 식물로부터 파생한 식품과 동물사료를 규제한다. 유전자 변형 식품은 다른 식품과 마찬가지로 동일한 안정성 표준을 충족해야만 한다. 그러나 많은 GM 작물이 FDA로부

BOX 12.5 미국에서 신고를 위한 여섯 가지 기준

만약 미국동식물검역소(APHIS)에 환경방출을 신고한다면 반드시 충족되어야 할 여섯 가지 기준은 다음과 같이 요약할 수 있다.

1 식물종은 옥수수, 목화, 감자, 콩, 담배, 토마토이다(또는 확립된 또 다른 식물종).

2 전이유전자는 반드시 안정적으로 통합되어 있어야 한다.

3 전이유전자의 기능은 반드시 알려져 있어야 하고, 발현은 절대 식물의 건강에 해를 주면 안 된다.

4 전이유전자는: (a) 바이러스와 같은 감염성 독립체의 생산을 야기하면 안 된다; (b) 대상식물에서 먹고 생활하는 경향이 있는 비타겟 유기체에 독성이 알려지거나 경향이 있거나하는 기질을 암호화하고 있으면 안 된다.

5 식물 바이러스로부터 파생된 도입 서열은 새로운 식물 바이러스를 만들 위험성을 절대 가지면 안 된다.

6 식물은 동물이나 사람으로부터 파생된 특정 유전적물질을 절대 포함하면 안 된다.

터 시판 전에 승인을 받을 필요는 없다. 다른 식품에 이미 포함되어 있는 물질과 차이가 크게 나는 경우가 그러하다(실질적 동등성으로 여겨지는 경우이다). 일부 미국의 압력단체는 엄격한 과학적 검사와 라벨링을 요구하는 EU와 비슷한 수준의 규제를 제정하길 원한다.

하나 또는 그 이상의 연방정부기관은 변형된 특성과 GM의 사용의도에 따라서 특정 GM 식물을 규제할 것이다. 그러므로, 제초제 내성 작물은 USDA(GM 작물이 해충이 되지 않을 것에 대한 확인), EPA(새로운 제초제의 사용에서의 사건), FDA(GM이 먹기에 안전하다는 것에 대한 확인)에 의해 규제될 것이다. 식품이나 사료의 용도가 아니라면, FDA는 이 과정에 연관할 필요가 없다.

연방정부의 규제뿐만 아니라, 몇몇 주정부는 GM 작물에 대한 추가적인 규제를 요구한다. GM 작물의 인정과 규제는 EU와 미국사이의 상당한 긴장의 이유가 되었다. 예를 들면 EU의 지불유예는 EU 정회원국에 대한 미국의 옥수수 무역에서의 매년 2억불의 비용이었다. 새로운 규제와 지불유예(예의 중단은)는 미국으로 부터 수입되는 GM 작물에 EU의 시장을 개방하여야만 할 것이다. 미국은 EU 규제의 일부 관점은 미국으로부터의 수입에 공평하지 않게 하도록 만들었다고 주장한다. GM 작물과 식품의 안정성을 규제할 두 가지 다른 접근법과 함께, 이러한 문제를 풀기 위한 계속되는 논의와 합리적인 협력의 접근은 모두에게 혜택을 주기 위한 필수요건일 것이다.

요약

이 장에서 우리는 넓은 배경에서 GM 작물의 수용, 규제, 그리고 미래에 대한 전망(13장에 더 다루어진다) 등에 관하여 살펴보았다. 면밀한 조사는 아니었지만 GM 작물이 다른 새로운 기술과 다르지 않음을 보여주고 논쟁을 시작할 수 있도록 예제를 주었다. 우리가 본 것은 GM 작물이 많은 사람들의 삶의 질을 향상시킬 거대한 가능성을 가지고 있다는 것이다. 그러나 이러한 가능성의 완벽한 실현은 대중의 인정에 의존한다. 특히 유럽에서 GM 작물에 대한 대중의 인정의 결여는 GM 작물의 발전에 주요 장애물이 될 수 있다는 것이 증명되었다. 다수의 선진국에서는 인정의 부재는 고객선택의 부재와 GM 생산자의 수출시장의 감소를 의미한다. 중국과 같은 몇몇 개도국에서는 지역적 문제를 해결하기 위한 지역적 대안으로 독립적 GM 발전 전략을 시작했다. 중국에서 채택된 독립적 접근법을 실현하기 위한 정도의 자원들이 충분치 않은 개도국에서의 결과는 더욱더 안 좋을 수도 있다.

GM 작물이 안전하다는 것을 대중에게 설득하기 위한 시도와 기존에는 알려지지 않았던 더 낳은 삶과 환경을 위한 새로운 기회를 제공하기 위한 시도는 계속되고 있다. 그러나, 일부의 연구는 유럽인들은 GM 작물의 생산에서 몬산토와 같은 기업의 참여에 대해 아직 회의적이고 GM 작물을 위해 만들어지는 주장에 대해서도 인정하지 않는다는 것을 보여주고 있다.

식물생명공학에 있어 도전은 다른 어떤 방법으로는 실현불가능한 실질적 이익을 GM 작물이 제공한다는 것과 이 GM 기술이 안전하다는 것에 대해 대중을 이해시키는 것이다. 오직 세계시장이 GM 작물과 상품에 완전히 개방된 후에야, GM이 제시한 가능성은 완벽히 실현될 것이다.

FURTHER READING

Visit www.oxfordtextbooks.co.uk/orc/slaterplants2e/ for hyperlinked references that take you directly to online abstracts for the journal articles listed below:

Benefits, risks, acceptance, and safety of GM crops and GM foods

Dale, P. J., Clarke, B., and Fontes, E. M. G. (2002) Potential for the environmental impact of transgenic crops. *Nature Biotechnology* **20**, 567–574.

Daniell, H. (2002) Molecular strategies for gene containment in GM crops. *Nature Biotechnology* **20**, 581–586.

Fletcher, L. (2001) GM crops are no panacea for poverty. *Nature Biotechnology* **19**, 797–798.

Fu, X., Sudhakar, D., Peng, J., Richards, D. E., Christou, P., and Harberd, N. P. (2001) Expression of *Arabidopsis GAI* in transgenic rice represses multiple gibberellin responses. *Plant Cell* **13**, 1791–1802.

Gaskell, G., Bauer, M. W., Durant, J., and Allum, N. C. (1999) Worlds apart? The reception of genetically modified foods in Europe and the US. *Science* **285**, 384–387.

Goodman, R. E., Vieths, S., Sampson, H. A., Hill, D., Ebisawa, M., Taylor, S. L., and Uan Ree, R. (2008) Allergenicity assessment of genetically modified crops—what makes sense, *Nature Biotechnology* **26**, 73–81.

Johnson, B. and Hope, A. (2000) GM crops and equivocal environmental benefits. *Nature Biotechnology* **18**, 242.

Junk, B. and Gaugitsch, H. (2001) Assessing the environmental impacts of transgenic plants. *Trends in Biotechnology* **19**, 371–372.

Kleter, G. A., van der Krieken, W. M., Kok, E. J., Bosch, D., Jordi, W., and Gilissen L. J. W. J. (2001) Regulation and exploitation of genetically modified crops. *Nature Biotechnology* **19**, 1105–1110.

Kuiper, H. A., Kleter, G. A., Noteborn, P. J. M., and Kok, E. J. (2001) Assessment of the food safety issues related to genetically modified foods. *Plant Journal* **27**, 503–528.

Marris, C. (2001) Public views on GMOs: deconstructing the myths. *EMBO Reports* **2**, 545–548.

Moffat, A. S. (1998) Toting up the early harvest of transgenic plants. *Science* **282**, 2176–2178.

Smyth, S., Khachatourians, G. G., and Phillips, P. W. B. (2002) Liabilities and economics of transgenic crops. *Nature Biotechnology* **20**, 537–541.

Wolfenbarger, L. L. and Phifer, P. R. (2000) The ecological risks and benefits of genetically engin-eered plants. *Science* **290**, 2088–2093.

Web-links

Advisory Committee on Releases to the Environment (ACRE), web-link 12.1: www.defra.gov.uk/environment/acre/index.htm1

AgBioForum, web-link 12.2: www.abioforum.org

AgBiotechNet, web-link 12.3: www.agbiotechnet.com

AgBioWorld, web-link 12.4: www.agbioworld.org

Agricultural Biotechnology, web-link 12.5: www.usda.gov/agencies/biotech

Agriculture and Environment Biotechnology Commission, web-link 12.6: www.aebc.gov.uk

Biotechnology Industry Organization, web-link 12.7: www.bio.org

Council for Agricultural Science and Technology, web-link 12.8: www.cast-science.org

Department for Environment, Food and Rural Affairs (DEFRA), web-link 12.9: www.defra.gov.uk

Essential Biosafety, web-link 12.10: www.essentialbiosafety.info/main.php

European Federation of Biotechnology, web-link 12.11: www.efbweb.org

European Union On-Line, web-link 12.12: http://europa.eu.int

Genetically modified organisms: the regulatory process (DEFRA report), web-link 12.13: www.defra.gov.uk/environment/fse/leaflet/pdf/gmcrop2.pdf

GM crops: the first 10 years—global socio-economic and environmental impacts, web-link 12.14: www.pgeconomics.co.uk/pdf/global_impactstudy_2006_v1_finalPGEconom-ics.pdf

GMO compass, web-link 12.15: www.gmo-compass.org/eng

GM science review, web-link 12.16: www.gmsciencedebate.org.uk

Information Systems for Biotechnology, web-link 12.17: www.isb.vt.edu

Institute of Science in Society, web-link 12.18: www.i-sis.org.uk

International Service for the Acquisition of Agri-Biotech Applications (ISAAA), web-link 12.19: www.isaaa.org/

National Agricultural Biotechnology Council, web-link 12.20: www.cals.cornell.edu/extension/nabc

NCBE GM Food Information, web-link 12.21: www.ncbe.reading.ac.uk/NCBE/GMFOOD/menu.html

New developments in crop biotechnology and their possible implications for food product safety, web-link 12.22: www.rikilt.wageningen-ur.nl/Publications/Tekstrapport2000%20004.htm

New Scientist GM Food Special Report, web-link 12.23: www.newscientist.com/hottopics/gm

Pew Initiative on Food and Biotechnology, web-link 12. 24: http://pewagbiotech.org/

The Plant Journal. Plant GM technology, web-link 12.25: www.blacksci.co.uk/~cgilib/jnlpage.asp?=tpj&File=tpj&Page=plantGM

USDA Animal and Plant Health Inspection Service (APHIS), web-link 12.26: www.aphis.usda.gov/ppq/biotech

USDA Economic Research Service (ERS), web-link 12.27: www.ers.usda.gov

US Department of Agriculture (USDA), web-link 12.28: www.usda.gov

US Environmental Protection Agency (EPA), web-link 12.29: www.epa.gov

US Food and Drug Administration (FDA), web-link 12.30: www.fda.gov

US Mission to the European Union, web-link 12.31: www.useu.be

13

유전자 변형 작물을 넘어서

개요

이 책에서 다룬 여러 주제들 중 하나는 GM 작물들의 개발에 관한 사회적 상황에 대한 것이었다. 기술적 발달을 제외하고, 몇몇 장에서는 어떠한 GM 작물의 특성이 상업화될 수 있는지를 결정하는 경제적 힘에 관해서도 다루어보았다. GM 기술개발에 대한 사회, 정치적 압력 또한 GM 작물의 환경과 건강에 미치는 잠재적인 영향에 관련하여 고려해보았다. 이 장에서는 최신 GM 기술개발과 이러한 발달이 어떻게 사회, 정치적 압력에 대응하는지에 관한 관점으로 GM 작물의 미래와 방향에 대해 예상해 볼 것이다.

'Greener' genetic engineering

● 항생제 저항성 마커유전자의 제거는 GM에 관한 건강과 환경적 우려를 다룬다.

시장에서 판매되는 식물생명공학기술의 많은 생산품들은 이미 친환경적이고 건강에 유익하지만(예: 제초제사용의 감소, 황금쌀), GM 작물에 대한 상당한 반대 또한 여전히 존재한다. 그런, GM 작물 생산에 대한 새로운 접근법들이 명확해지고 이러한 접근법들은 GM 작물들을 보다 수용가능하게 만들 것이다. 농업적 주요 형질의 근본적인 이해의 증가와 genome-sequencing 프로젝트 자료를 사용하는 이러한 새로운 접근법들은 원하는 효과를 발생하기 위해 유전자에 의존한다. 우리는 외래 유전자의 식물체 도입에 대한 잠재적인 위험성에 관한 인식으로부터 발생하는 GM에 관한 몇몇 우려들은 목격해왔다. 항생제 marker 유전자의 사용과 이러한 형질의 확산과 관련된 한 가지 특징적인 우려는 항생제 저항성 pathogene들의 발달을 야기할 수 있다. 외래 유전자가 도입된 식품에 대한 소비자들의 반발과 거부감은 내재성 유전자들의 조작에 관한 기술의 발달을 유도하였고, 또한 형질전환 식물체에서 의도하지 않는 유전물질의 양을 감소시키는 방법을 연구하게 하였다. 따라서, 항생제 저항성 marker 유전자의 대체법은 3장에서 소개하였고, 형질전환 후 이러한 유전자들의 제거방법은 4장에서 다루었다. homologous 재조합에 의한 내재성 유전자들의 targeted modification은 현재 GM 작물에 대한 몇몇 반대들을 극복할 수 있는 식물의 유전적 조작을 위한 더욱 정확한 메커니즘을 제공한다. homologus 재조합과 gene targeting, 그리고 이러한 기술의 식물분야로 도입을 방해하는 장애물에 대해서도 5장에서 다루었다.

GM 작물의 환경에 미치는 영향에 관한 다른 우려는 이러한 유전자의 pollen을 통한 확산이다(6장). 이러한 환경적 영향을 감소시키고 많은 이점을 제공하는 chloroplast engineering은 도입유전자의 전달에 대한 다른 접근법을 제시한다(BOX 13.1 참조).

● gene targeting은 내재성 유전자들의 정확한 조절을 가능하게 하지만, 고등식물에서의 낮은 비율의 상동 재조합은 이러한 전략을 저해한다.

기존 농업기술보다 현저하게 화학적 약품의 의존도를 감소시키는 pest-resistant(6장)과 disease-resistant(7장, 8장) 형질들의 명백한 환경적 이익들에 관해 다룬 이전 장들에 대한 재조명 또한 가치를 가진다. stress-resistant(9장)과 higher yielding(10장) 작물과 바이오에너지 생산을 위한 작물(11장)들에서 긍정적인 환경적

BOX 13.1 엽록체 공학기술

엽록체 게놈의 공학기술은 현대 식물생명공학기술에 가장 흥미로운 개발 중 하나를 제공하고 유전공학식물의 깨끗하고 효율적이고 환경친화적인 방법을 고수한다. 엽록체는 일반적으로 동물의 미토콘드리아같은 세포소기관과 동일한 방법으로 모계로부터 유전된다. 이것은 대부분의 경우에 화분에서 발견되지 않는다는 것(비록 엽록체 DNA는 화분의 성숙 동안 손실되지만 몇몇 식물의 화분은 active 엽록체를 포함한다. 몇몇 식물은 엽록체에서 양친유전을 보인다)을 의미한다. 이 대부분 모계유전은 두 가지 이점을 가진다. 첫째로 이론적으로 화분에 통해서 발생하는 weedy relatives로의 유전자 전이가 감소한다. 둘째, 형질전환된 물질이 화분에서 발견되지 않기 때문에 형질전환된 엽록체를 가지는 식물의 화분은 불특정 종에게 독성을 보이지 않는다(6장 Monarchy butterfly 논란 참조) 이것은 형질전환물질이 매우 높은 수준으로 축적되었을 때에도 발생하지 않는다는 것이 증명되었다.

엽록체는 또한 multigene 공학기술을 위한 이상적인 목표물이다(아래 참조). 엽록체 유전자들은 원핵 유전자처럼 종종 1개의 프로모터가 유전자그룹의 발현을 조절하고 생산된 polycistronic mRNA를 가지는 오페론(operon)에서 발견된다. 따라서 오페론처럼 1개의 프로모터에 의해 조절되는 외래유전자들 그룹의 도입가능성이 있다. 이것은 추가적인 오페론에서의 모든 유전자들은 비슷한 level에서 발현된다는 이점을 가진다. 엽록체 안에서의 *Bacillus thuringiensis* cry2Aa2 오페론(6장에서 다룬 살충의 Cry 단백질)의 발현 안정된 결정들로서 매우 높은 level의 형질전환 산물의 축적을 야기한다. 이것은 부분적으로 Cry 유전자의 folding을 매개하는 cry2Aa2 오페론의 샤페로닌(chaperonin) 유전자 존재 때문이라고 여겨진다.

각각의 엽록체는 multiple copies(〉50)를 가지고 각 세포들은 많은 수의 엽록체(비록 이 수치는 다양하지만 약 50개 혹은 그이상)를 가지기 때문에 높은 수준의 도입유전자의 발현과 외래 단백질의 축적은 엽록체 형질전환에서 비교적 공통적으로 나타난다. 따라서 각각 엽록체 내의 게놈이 각각 copy가 도입유전자를 나른다면 엄청난 증폭은 가능하다.

유전자 침묵은 엽록체 형질전환에서 발생하지 않으며, 상동 재조합은 도입유전자들이 엽록체 게놈안으로 정확하게 삽입되도록 한다. 항생제 저항성 유전자는 선발표지로서 사용되지 않고 사용되더라도 쉽게 제거될 수 있다. 외래 단백질의 독성은 많은 경우에서 핵 형질전환 보다 적게 나타났다. 엽록체는 명백하게 외래 유전자의 식물에서의 발현을 위한 수용가능한 시스템을 개발하기 위한 최고의 방법 중 하나를 제시한다.

표 13.1 환경적으로 이로운 GM 작물의 예

Substance/trait	Gene	Benefit	Plant
Heavy metals	Mutated *GUS* gene	Mutation assay (which restores activity) used to detect toxins in environment	*Arabidopsis*[a]
TNT (trinitrotoluene)	Nitroreductase	Phytoremediation; reduces the contamination of land by residues from explosives	Tobacco[b]
Lignin	Cinnamyl alcohol dehydrogenase/ caffeate 5-hydroxy-ferulate O-methyltransferase	Altered lignification; more environmentally benign paper-making processes	Poplarc[c]

Sources: [a]Kovalchuk *et al*.(2001); [b]French *et al*.(1999) and Hannink *et al*.(2001); [c]Pilate *et al*.(2002).
GUS, β-glucoruronidase.

● 특정 GM 형질들은 환경적 향상으로 직접 targeted 된다.

영향을 볼 수 있다. 더욱 명확한 환경적 이점은 이전에 다루지 않았던 다른 예시들에서 확인할 수 있을 것이다(표 13.1). 이들은 다양한 식물환경복원(phytoremediation)과 환경적 환경표식자(environmental indicators)로 역할을 하도록 조작된 작물들을 포함한다.

복합적 농업형질의 유전적 조절

● 미래 GM 작물은 중요농업적 형질을 조절하는 식물유전자에 집중할 것이다.

의도하지 않은 선발표식 유전자들의 제거는 박테리아나 동물유전자보다 식물유전자를 우선적으로 사용하는 것에 대한 시대적 요구와 함께 연결되어져 왔다. (5장, 6장에서 다룬 박테리아 유전자에 관한 제초제와 해충 저항성 전략에 의존하는 것과 0장에서 소개한 토마토 성숙의 조절에 관한 전략을 비교해 보자.) 폭넓고 다양한 서로 다른 유기체로의 유전자 이동과 'frankenfoods'라는 잘못 알려진 인식은 방지돼야 하고, 주안점은 원하는 변화를 유도하기 위한 식물의 생육, 발달, 생리의 조절로 이동돼야 한다. 이 새로운 전략은 선진국과 개발도상국 둘 다에게 이익을 가져다줄 수 있다. 이 접근법은 농업적으로 중요한 형질에 영향을 주거나 조절하는 식물유전자의 규명과 농업적이익을 생산하기 위한 이러한 유전자의 조절과 관련되어 있다. 이러한 향상들은 다양한 작물들에게 적용될 수 있으며, 경제적 범위에서 생산자와 소비자에게 이득을 준다.

● regulatory 유전자들은 개화촉진에 사용될 수 있다.

예를 들어, 몇몇 지역에서 벼는 오직 수확까지 6개월이나 그 이상의 기간이 소요된다. *Arbidopsis LEAFY* 유전자(꽃 분열조직(floral meristem identity)의 인식을 촉진하는 regulatory 유전자)가 도입된 벼에서 아주 적은 생산량의 감소만 발생하고, 1년에 2번 수확이 가능하도록 개화가 가속화되었다. 유사한 접근법으로 감귤류(citrus tree)의 생식발달이 가속화 되었다. *LEAFY*와 다른 *Arabidopsis* 꽃분열조직인식유전자(floral meristem identity gene) *APETALA* 둘 다의 구성적 발현은 citrus tree의 유기(juvenile phase)를 단축하였고, 기존 6년 이상 걸리던 것과 반대로 빠르면 재배 1년차에 수확하였다.

다른 예는 10장에 기술하였다. 밀과 벼와 같은 곡류의 dwarf strains의 개발은 1960-70년대 Green Revolution을 발생시켰고 이러한 영향을 인도와 같은 국가는 밀의 순수출국으로 변하였다. 이러한 위대한 성과는 이러한 기술의 개발로 노벨평화상을 수상한 N.E. Borlaug 박사의 dwarf strains의 개발덕분이었다. dwarf strains는 일반적으로 생육에는 적은 양의 photoassimilate과 소요되고 곡물에 더 많은 photoassimilate가 투입되면서 높은 생산성을 보인다. 또한 비와 바람에 더 적은 피해를 받는 특징이 있다. 그러나 dwarf strains는 기존 육종방법으로 개발하기에는 너무 많은 기간이 소요되며, 기존 육종법에 의해 개발된 dwarf strain의 많은 경우에서 다른 유용한 특성들의 손실이 발생되었다. 과학자들은 현재 GM 기술을 이용하여 직접적으로 줄기 생육과 연관되어 지베렐린이 관여된 메카니즘을 조절하기 시작했다. 우성돌연변이 형태(dominant-mutant form)의 애기장대 *gai* 유전자(지베렐린 둔감성: 지베렐린은 식물생육의 depressible repressor 이다.)과 야생형의 유전자(wild-type gene) 둘 다 벼에 도입되었을 때, 지베렐린에 대한 반응성을 감소를 야기하였고, 그 결과 dwarf rice가 발생하였다. 따라서, 이러한 접근법을 이용하여 새로운 곡류의 dwarf strains는 상대적으로 빨리 생산되어질 수 있다. 우수품종의 직접적인 조작 능력은 다른 유용한 특성이 손실되지 않는다는 것을 의미한다.

● 왜성벼는 *gai* 도입유전자의 형질전환을 통해 획득할 수 있다.

이러한 예들은 작물생산성 향상에 대한 기대와 이러한 전략이 전반적으로 성공되기 위해 요구되어지는 background 정보에 대한 강조 때문에 매우 흥미롭다. 특히, 어떻게 정보와 분석 재료가 *Arabidopsis*와 같은 모델 식물안에서 작동되는지에 관한 연구들은 식물생명공학기술에게 유익하게 기존 육종으로부터 축적된 지식들과 결부되어져 왔다. GM 기술을 더욱 수용가능하게 만들기 위한 압력은 작물 향상의 새로운 패러다임을 위한 gnomics revolution point에 의해 제공된 과학적 기회들과 결합되었다: **분자육종(molecular breeding)**. 이것은 genetic/genomic 기술을 기존 육종방법과 통합시키는 일련의 접근법을 말한다. 완벽하게 분자육종을 인식하기 위해서는 아래에 나오는 새로운 접근법에 기여할 기술과 정보의 특성들을 고려해보아야 한다.

1 농업적 형질을 결정하는 유전자의 규명. 현재까지, 많은 수의 유전자가 그들이 encode된 단백질의 부류와 그 단백질이 가질 생물학적 기능에 관해서 특징되어져 왔다. 그러나 이러한 분자 지식과 실제 재배환경에서 영향을 주는 유전적 factor들 사이에는 여전히 차이점이 존재한다.

2 복잡한 형질의 받침이 되는 대사경로와 시스템의 명확화. 유전적 조절을 위한 타겟의 명확화와 조절된 complex 시스템의 결과에 대한 이해(예상치 못한 결과들의

예시들은 5장의 shikimate 대사경로와 10장의 carotenoid 대사경로에서 다루었다.)

3 multiple 유전자의 작물로 도입 능력. 많은 complex 목적 형질들은 여러 유전자들의 조절이 요구되어 질것이다. 이것은 BOX 13.2에서 좀 더 자세히 다루도록 하자.

BOX 13.2 multigene transformation

본 책의 이전 장들에서, 우리는 무엇이 1세대 GM 작물인지에 관한 몇 가지 예시들을 보았다. 이들은 꽤 단순하고, 단일 유전자 형질전환의 생산물이었으며, 최상의 예시가 되는 해충 및 제초제 저항성 GM 작물이었다. 그러나 많은 GM 작물의 목적 형질들은 complex biochemical 대사경로 산물이고, 생합성 능력의 GM 작물로의 도입은 multiple transgene의 도입을 요구한다. 작물로의 multiple transgene들 도입의 다양한 예시들은 본 책의 다양한 장에서 만나보았고 관련된 몇 개의 전략을 검토하기에 유용했다. 상업적 작물에서의 **중첩된(stacked)** 제초제 및 해충저항성 특성의 개발은 5장 6장에서 다루어보았다. 1개 이상의 해충저항성 유전자의 **pyamiding**의 이점들 역시 6장에서 살펴보았다. 대부분의 예시에서 사용된 stacking이나 pyramiding 전략은 각각의 형질을 포함하는 crossing homozygous breeding 계통과 두 유전자 모두의 유전을 위한 선발에 관련있었다. 이 전략은 적은 수의 잘 특성화된 GM 계통을 가지는 거대 육종기업에는 적절한 반면에, 속도가 느리고 노동집약적이며, 유전자들이 연결되지 않았고 따라서 이후 세대에서 분리가 발생할 수도 있는 주요 문제점이 있다. 중첩된 도입유전자가 많아질수록 더 많은 세대에서 homozygous 계통을 생산해야만 했고, 대형집단은 분리를 위한 스크린과 유지가 요구되었다.

10장과 11장에서 multigene 공학기술의 예시들은 황금쌀과 바이오플라스틱(polyhydroxybutyrate, PHB)에 대해 언급하고 있다. 개발도상국의 소비자건강에 대한 잠재적인 이점들과 3개의 유전자를 벼에 도입하는 데 고작 7년이 소요되었기 때문에 황금쌀은 괄목할만한 업적이었다. 2개의 다른 전략(단일 construct에 linked 유전자의 사용, 1개 이상의 construct의 co-transformation)이 서로 조합되었다는 점에서 사용된 접근법은 유익하였다. 이러한 접근법은 널리 사용되었지만 장단점이 있었다. linked 유전자는 동일한 construct에 같이 존재하고 게놈으로의 통합 이후에도 일반적으로 linked 되어 있다. 일반적으로 이러한 방법을 통해서 오직 2-3개의 유전자만이 linked되고 4-6개의 유전자를 가지는 대형 construct들의 도입을 시도하였지만 cassette의 유일한 제한효소 위치를 어떻게 극복하느냐가 큰 문제점이 되었다. 이러한 문제를 극복하기 위해 새로운 벡터 시스템들이 고안되었다(4장 참조). co-transformation은 새로운 constructs 공학기술을 요구하지 않지만, 형질전환시(T-DNA나 biolistics)에 동시에 multiple 벡터를 사용한다. 이러한 기법으로부터의 한 가지 흥미롭고 유익한 발견은 도입유전자가 종종 동시통합(co-integrated)되며 이것은 이후 세대에서 분리되지 않는다는 것을 의미한다(만약 목적이 마커유전자로부터 도입유전자를 분리시키는 것이라면 이것은 다소 도움이 되지 않는다).

multiple gene transformation이 직면한 문제들 중 하나는 multiple transgene copies의 복잡한 통합 패턴들의 결과일 수 있는 유전자 침묵(1장 참조)이다. 이러한 문제를 극복하기 위한 다른 대안적 전략은 polycistronic mRNA처럼 multiple gene들을 발현시키는 것이

BOX 13.2 (계속)

다. 이 전략은 번역장치(translational appartus)가 정상적으로 polycistronic mRNA 번역하는 엽록체 공학기술에 잘 적용되었다. 세포질의 리보좀에 번역된 nuclear-integrated 유전자를 위해서, internal ribosome-entry site가 ribosome을 internal position으로 모집하기 위해서 도입될 수 있고, internal start 코돈에서 번역을 개시한다. 이 방법의 주요 단점은 internal ribosome-entry site가 상대적으로 비효율적이고, downstream open reading frame들이 5′ 말단에서 하나로 충분하거 변역되지 않는다는 점이다.

대안전략은 번역 후에 그들의 component peptide들을 쪼개버리는 polyprotein을 생산하는 것이다. polyprotein에서 요구되어지는 position에서의 cleavage는 기주식물체안에 존재하는 specific proteases의 recognition 염기서열을 삽입하거나 plant potyvirus Nla protease와 같은 효소를 동일한 polyprotein으로 통합함으로써 얻을 수 있다. 대안적 전략은 foot-and-mouth disease virus로부터 번역동안 ribosome을 생략하고 viral 염기서열의 19, 20번째 아미노산 사이의 공백을 남기는 20-amino acid 2A 단백질을 통합해왔다.

목적형질과 관련된 유전자 규명

유전자 지도

작물의 거대 게놈(genome)들을 다룰 때 가장 유용한 컨셉은 **유전자 지도(genetic map)** 이다: 위치정보(positional information)를 제공하는 chromosome을 따른 효과적인 milestones의 연속. 유전자지도는 전통육종적으로 가치있을 뿐 아니라 게놈 프로젝트의 발판을 제공한다. 지도에서의 milestones나 **makers**는 일반적으로 두 가지 타입이다.

첫째로 **specific phenotypes**에 의해 규명되는 유전자 표지(genetic makers)이다. map location은 정확하게 1940년대에 Morgan이 *Drodophila*의 눈 색과 날개의 위치를 map하기 위해서 사용한 genetic cross의 전통적인 방법에 의해 결정된다(두 마커들 간의 유전적 거리는 여전히 centiMorgans, cM단위로 측정한다). 유전자표지는 전형적으로 쉽게 구분되어지는 표현형들을 가지고 2개의 대립유전자(allele)를 확인하는 single-gene 돌연변이이다. 이들은 종종 특히 작물육종목적의 가치를 가지는 특성들이 아니며, mapping complex agronomic traits들은 훨씬 어렵다(아래의 Quantitative trai loci 참고).

둘째는 **분자생물학**적 기술에 의해 규명되는 물리적 마커(physical marker)이다. 물리적 마커 사용의 이점은 마커가 불완전우성(incomplete dominance), conditional expression, 상위성(epistasis)과 같은 표현형 해석에 영향을 줄 수 있는 복합적인 문제와 시간이 요구되는 표현형의 발현을 이용하지 않고 직접관찰이 가능하다는 점이다. 유전자표지에 필요한 것은 분자마커(molecular marker)가

● 게놈안에서의 polymorphic site들은 분자마커로 사용될 수 있다.

Allele 1	Allele 2 substitution	Allele 3 deletion
CCGCTAAGACTAG	CCGCTGAGACTAG	CCGCT | AGACTAG
GGCGATTCTGATC	GGCGACTCTGATC	GGCGA | TCTGATC

그림 13.1 base substitution(allele 2)나 base deletion(allel 3)에 의한 two single-nucleotide polymorphisms(SNPs)의 예시

Sequence	SSR
---CCCCCCCCCCCCCCCC---	$(C)_{16}$
---TATATATATATATATATA---	$(TA)_9$
---GGAGGAGGAGGAGGAGGA---	$(GGA)_6$
---CTATCTATCTATCTATCTAT---	$(CTAT)_5$

그림 13.2 많은 수의 common simple sequence repeats(SSRs)의 특성인 repeated motifs. 특히 SSRs에서 전형적으로 나타나는 각각의 염기서열의 종열중복 수는 오른쪽 세로줄에 표시하였다.

polymorphic(한 가지 이상의 마커 형태)이고, 비록 표현형 분석방법이 아닌 분자생물학적 분석방법이라도 다른 대립유전자들은 구별 가능해야 한다. 한 가지 이점은 후손(progeny)로부터 DNA를 분리하자마자 테스트가 가능하다는 점이다. 다른 이점은 많은 분자마커들이 유성이다 열성이 아니고, 양 대립유전자가 동등하게 감지된다는 점이다. 분자마커를 이해하기 위해서는 게놈 안에서 어떻게 polymophic sites가 발생하는지 고려해보아야한다.

거대게놈프로젝트부터의 흐름에 관한 정보의 중요한 영역중 하나는 각각의 게놈들 사이의 polymorphisms의 범위와 타입이다. 아래와 같이 polymorphism은 타입에 따라 분류할 수 있다.

첫째로 single-nucleotide polymorphisms(SNPs)이다. 이름에서 유추할 수 있듯이 이들은 single-base 돌연변이이다. 이들은 종종 염기치환(base substitution)이지만 역시 삽입/결실(insertion/deletion)을 포함할 수 있다(indel; 그림에서 대립유전자 1과 3을 비교해보라). 인간 게놈안에서 SNPs의 광범위한 mapping은 그들이 게놈 안에서 내내 몇 백 base마다 한 번의 빈도로 발생한다는 것을 보여주며, 약 10^{-9} nucleotide의 비율로 돌연변이가 발생한다고 추산되었다. 고등 진핵생물(higher eukaryote)안에서 SNPs의 대부분은 게놈의 non-coding 부분에서 발생하며, 유전자 기능에 영향을 끼치지 않는다.

둘째로 simple sequence repeats(SSRs)은 전체 게놈에서 발생하는 short sequence motifs(1에서 6 base)의 종열중복(tandem repeat)이다. polymorphisms에서의 반복수 복제(replication)와 교차(crossing over) 동안의 저하(slippage) 때문에 SNPs($\approx 10^{-3}$) 보다 훨씬 더 빈번하게 늘어난다. SSRs(미소부수체 microsatellite)에서의 polymorphisms은 법의학적인 목적(forensic purpose)을 위한 인간 DNA의 유전적 프로파일링의 기본을 형성한다. SSRs의 예시는 표 13.2에 기술하였다.

마지막으로, 염기서열에 전이인자(transposable elements)의 다른 카테고리,

lager breaks, 염색체 부분들의 전이(transposition), longer 종열중복을 포함하는 게놈 안에서의 유전적 변이에 기여하는 많은 다양한 타입이 있다-larger-scale 삽입, 결실, 전이-. 그러나 이들은 유전자지도에 일반적으로 사용되지 않는다.

mapping을 위한 polymorphisms의 이러한 다른 타입들을 감지하기 위해 사용되는 분자생물학적 방법은 BOX 13.3에 기술하였다.

BOX 13.3 polymorphic marker의 mapping과 감지를 위한 방법

Randomly amplified polymorphic DNA

Randomly amplified polymorphic DNA(RAPD)는 genomic DNA의 증폭을 위해 짧은 프라이머(≈10-base)를 임의적 사용에 기초한다. 짧은 크기 때문에 이 프라이머는 게놈 안의 여러 사이트에 결합할 것이고 이들 중 몇몇은 서로 매우 가까이 인접할 것이며, 정방향에서 PCR 산물을 생산할 것이다. PCR 산물의 패턴은 게놈 안에서의 priming site들의 임의적 분배에 의해 결정되고, priming site에 영향을 미치는 polymorphism은 PCR 산물 크기의 변경에 의해 감지될 것이다(도표참조). RAPD 분석은 상대적으로 쉽고 저렴하며 특정 게놈의 특성패턴의 생산에 테스트할 수 있는 다른 arbitrary primer의 시리즈이다. 하지만 얻어진 밴딩패턴이 매우 PCR 조건(특히 annealing 온도)에 의존적이기 때문에 한 가지 문제점은 실험실에서의 낮은 재현가능성이다.

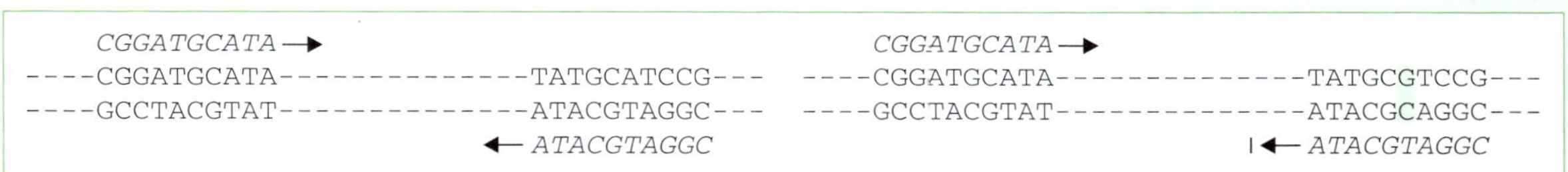

genomic DNA의 RAPD 증폭. 게놈 전체의 arbitrary 10-base 염기서열의 임의적 분배는 2개의 그러한 염기서열들이 서로 매우 가깝게 위치하고 정방향 (left-hand panel)일 때 corresponding primer에 이해 중복될 것이다. primer site 안에서의 단일 base 돌연변이는 증폭된 밴드들의 패턴을 변화시키면서 그 position(right-hand panel)으로부터 증폭을 방해할 것이다.

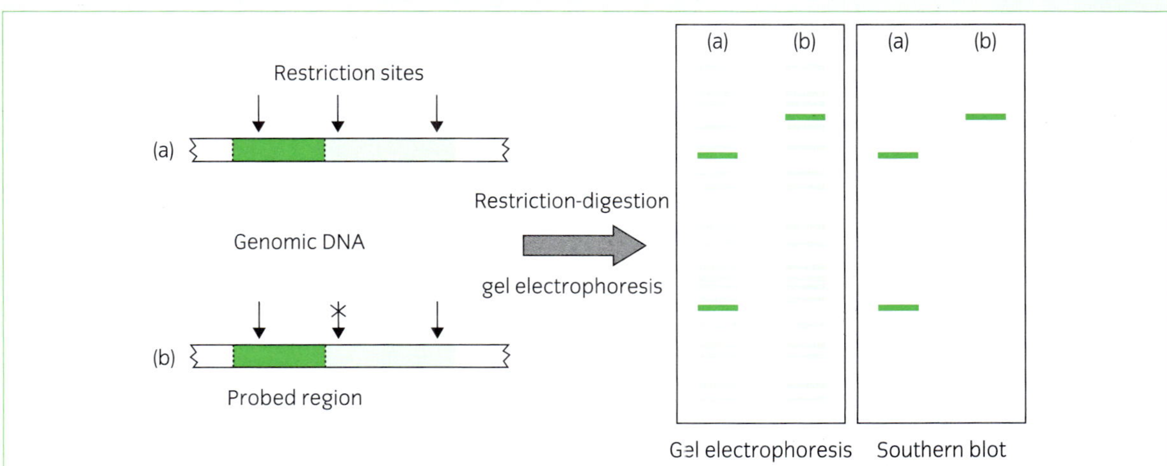

RFLP mapping. genomic DNA의 restriction-enzyme digestion은 많은 양의 fragments를 생산한다. specific fragment는 목적 region에 hybridize하게 고안된 probe나 arbitrary-sequence probe를 사용하는 Southern blotting에 의해 감지될 수 있다. 이 예시에서 middle restiction site의 SNP는 Southern bolt에 의해 감지된 fragments의 패턴을 변경하면서 digsetion을 방지한다. 따라서 그 패턴은 polymorphic 대립유전자가 각각의 게놈에서의 존재를 나타내는 indicator이다.

BOX 13.3 (계속)

Restriction-fragment length polymorphism

Restriction-fragment length polymorphism(RFLPs) 게놈의 restriction digestion과 random DNA sequence probe를 사용한 Southern blotting에 의한 hybridizing 밴드에 의해 지도가 작성된다. blot에서 밴드 패턴의 차이점은 계통이나 재배품종 간의 특정 restriction site의 분배에서의 차이점을 반영한다. 이들은 restriction fragment length에서 marked shift를 야기하는 restriction-enzyme cutting site를 발생이나 파괴하는 single-nucleotide polymorphism의 결과와 개연성이 있다.

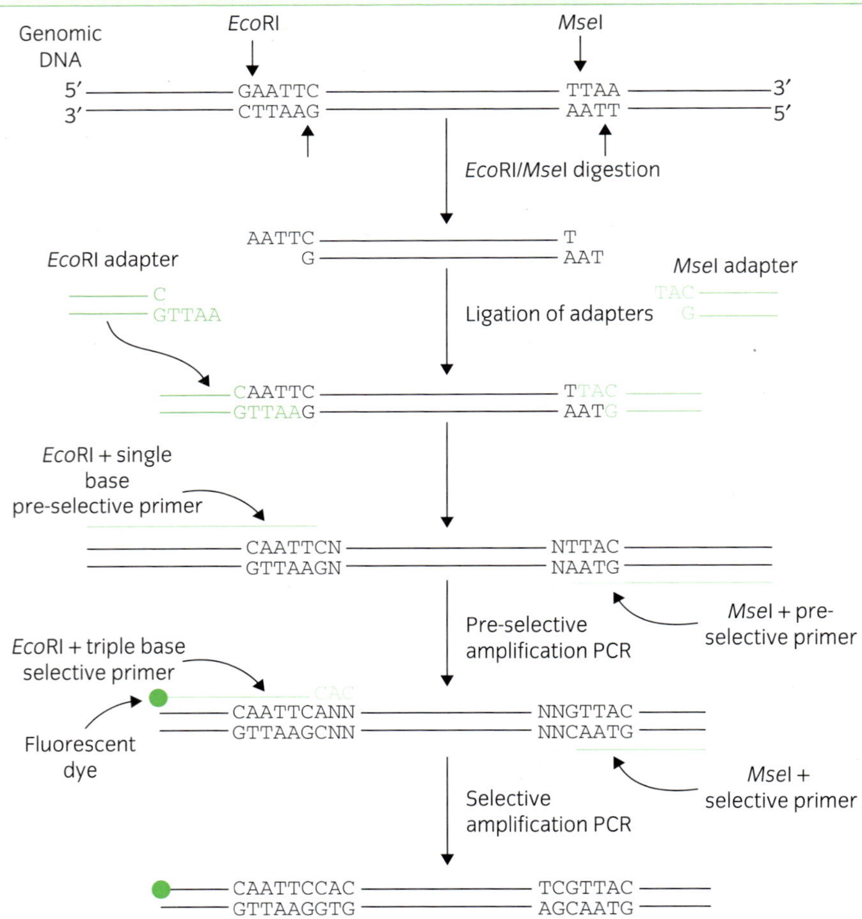

AFLP 맵핑(mapping). AFLP는 서던블로팅이 아닌 PCR을 통해 RFLPs를 감지한다. 기본적 전략은 아답터를 게노믹 DNA의 제한 절편들에 부착함을 포함한다. 다수의 효소가 사용된다, 네개의 염기 단위로 절단하는 MseI과 6개의 염기 단위로 절단하는 EcoRI 등이 있다. *MseI* 제한효소 부위를 한쪽 끝에 가지고 있고 *EcoRI*를 다른쪽 끝에 가지고 있는 조각만이 증폭을 위한 프라이머 서열에 정확한 쌍이 된다. (단편의 대다수는 양쪽 끝에 MseI을 가지고 있고, 오직 소수의 아군집 많이 증폭된다.) 증폭된 개체군의 복잡성을 줄이기 위해, 두번의 PCR 증폭이 수행된다. 첫 선별단계에서는 3′ 말단에 1개의 추가적인 염기를 가진 프라이머를 사용하고, 선별 프라이머는 3개의 특정 염기를 가진다. 형광으로 표지된 양상은 젤(gel) 혹은 모세관(capillary) 전기영동법에 의해 읽혀지며 분리된다.

BOX 13.3 (계속)

Amplified-fragment length polymorphism

Amplified-fragment length polymorphism(AFLP)는 PCR 증폭과 기본 RFLP 컨셉의 조합에 의한 방법이다. Southern blot에 의한 restriction fragment의 감지에 의존하기 보다는 digestion product fragement의 증폭에 사용된 standard primer 염기서열에 묶인다. 더욱 자세하게 보면 그 다음, PCR은 총 PCR 산물의 subpopulation을 증폭시키는 역할을 한다. fragement subset은 sequencing gel이나 capilary electrophoresis에 의해 분리된다. 이 방법은 실험실에서 재현성이 있지만, RAPD와 비교해서 시간이 더 소요되고 기술적 요구도가 있으며 가격이 비싸다. polymorphic AFLP 밴드는 single-locus sequence-characterized amplified region(SCAR) 마커를 생산하면서 추출 및 염기서열할 수 있다.

Inter-simple sequence repeats

유전적으로 SNPs를 감지하는 이전 방법들과 대조적으로, simple sequence repeat(SSR) polymorphisms을 타겟하는 것이 가능하다. DNA fingerprinting 기술은 specific SSR의 독특한 염기서열 up- and downstream에 관한 정확한 염기서열 정보에 의존하는 인간의 법의학적 적용에 완벽하다. 그런 다음 multiplex PCR는 fingerprinting profile을 얻기위해 사용된다. 그러나 inter-simple sequence repeat(ISSR)에 의한 염기서열 정보없이 SSR morphisms에 기초한 패턴의 생성이 가능하다. ISSR은 SSRs에 기본을 둔 PCR primer를 사용한다. 예를들어 $(AG)_{10}$, $(GGC)_7$, $(AGGC)_5$가 있다. RAPDs처럼 이 방법은 각각 게놈으로부터 증폭가능한 거리안에서 동일한 염기서열의 two instance를 감지한다. 그러나 최적의 annealing 온도가 요구되어지지만, RAPD보다 annealing 온도에 덜 민감하다.

SNPs

현재 hybridization, priming, ligation, digestion이나 polymorphisms간 sequencing reaction 안에서의 이용하는 각각의 SNPs를 감지하는 많은 방법이 이용가능하다. SNPs가 감지되는 것에 관한 염기서열 분석 정보가 요구된다. 그래서 그들은 characterized SNPs에만 적용이 가능하다. 광범위한 범위에서 genome-wide SNP mapping이 가능한 microarray 같은 high-throyghput 기술에 근거한 시스템이 있다.

양적형질유전자좌

molecular mapping의 목적 중 하나는 중요한 농업형질을 결정하는 역할을 하는 유전자의 정확한 위치를 찾기 위해 충분한 fine-scale map을 만드는 것이다. 이러한 형질들 중 다수는 양적형질이라고 한다; 이것은 multiple genetic과 환경적 요인들에 의해 영향을 받는다. 그러나 형질유전자의 가치와 유전자마커와 연결된 대립유전자상태(allelic state)와의 상관관계를 평가함으로써 양적형질에 주요한 영향을 미치는 유전자의 지도를 만드는 것은 가능하다. 양적형질유전자좌(Quantitative trait loci)는 기능적으로 다른 대립유전자들이 분리하고 양적형질에 중대한 영향을 주는 데 적절한 개연성이 있다고 여겨지는 염색체위치이다. QTL mapping은 allelic polymorphism과 상관성이 있는 양적형질 표현형 위치의 마커들을 결정하기 위한 거대 분리집단(large segregating population)으로 부터의 표현형 데이터와 분자마커의 통계학적 분석이 요구된다. 주요 QTL mapping은 거칠고(coarse) 수백개의 유전자들을 포함할 수 있는 대략 10-30 cM의 염색체지역(QTL supporting interval이라고 알려진)안에서 유전자

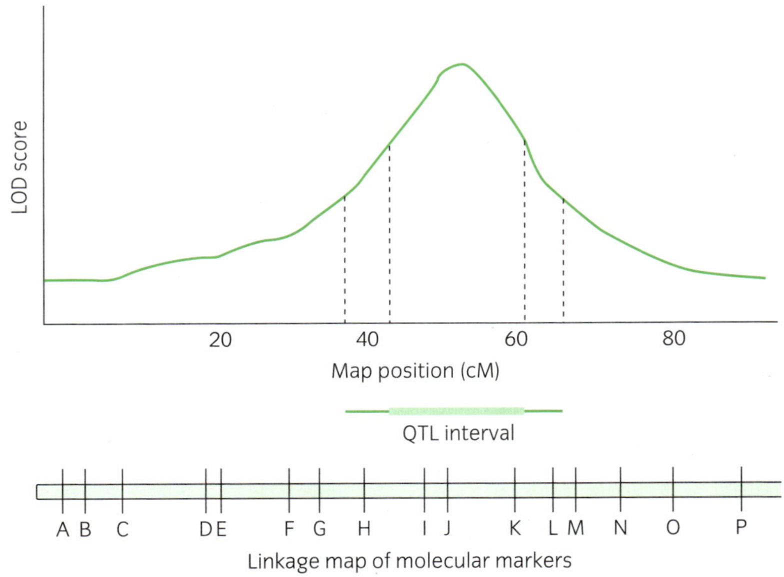

그림 13.3 특정 염색체에서 유전적거리(cM)에 반하는 LOD score의 양적형질유전자좌(QTL) 그래프. LOD score는 loci가 연결되거나(recombination fraction=θ) 연결되지 않는(recombination fraction=0.5) odds의 대수이다. 다라서 LOD score는 그래프 아래에 지도화된 physical markers와 지도화된 양적형질 표현형간의 유전적 연결의 가능성 측정이다. QTL 간격은 다른 level의 가능성과 상응하는 간격의 내외적제한들을 가지고 연결은 통계학적 가능성의 지역으로 정의된다. 따라서, 마커 I, J, K는 매우 중요한 양적형질관의 연관을 보여주지만 H와 L은 상당히 적은 연결성을 보인다.

의 위치를 찾아낸다(그림 13.3). 양적형질관 연관된 유전자를 규명하기 위해서는 두 가지 방법이 사용가능하다: 위치추적클로닝(positional cloning)과 association mapping이다.

● QTLs와 연관된 유전자들의 positicnal cloning은 몇몇 단계를 요구한다.

위치추적클로닝은 더 높은 해상도의 지도작성과 DNA 염기서열의 이것은 위치와 연관된 추가적인 단계를 요구한다. 첫 번째 전략은 대립형질의 변이가 오직 coarse-mappted QTL의 작은 지역에서만 발생하는 대부분이 동질유전자형인(isogenic) 라인을 교잡하는 것이다. resulting population에서 QTL은 **mendelized**로 기술되며, QTL과 인접한 분자마커들간의 더욱 정확한 cM 거리를 가지는 정교한 지도를 만들 수 있다. 그 지역 안에 많은 polymorphic 마커들이 mapped되어 있을 때 이것은 상대적으로 쉬운 방법이지만 현재 식물의 게놈이 염기서열 되있거나 염기서열 과정 중인 식물안에서만 가능하다. 이 단계에서 QTL과 근접한 마커들은 유전자지도를 physical map으로 고정시키는데 사용되며 그 다음 QTL 효과(QTN이나 quantitative trait nucleotide polymorphism)를 위한 돌연변이의 규명에 의한 지역안에서의 후보 유전자들로부터 유력 유전자를 결정하는 것이 가능할 것이다. 그대신에 유전자의 과별현이나 down-regulating에 의한 지역안에서 예상된 coding 염기서열의 기능적 테스트가 필요하다.

association mapping은 현존하는 genotype(예: 육종라인, 재배품종, germplsm accessions)들의 set의 후보 loci에서 대립형질간의 변형의 통계학적 계산 연관에 의한 nearly isogenic line(약 5-10세대의 여교배(backcross)가 요구되는)들의 생산이 필요하지 않다. ecotilling은 후보유전자와 quantitative 표현형이 계산될 수 있는 단상형 haplotype)간 변이 연관을 허용하는 target locus안에서 SNPs를 규명하는 강

표 13.2 QTLs로부터 유전자들의 positional cloning

Species	Trait	QTL	Gene	Function
Arabidopsis	Flowering time	ED1	*CRY2*	Cryptochrome
	Flowering time	FLW	*FLM*	Transcription factor
	Glucosinilate structure	GS-elong	*MAM*	Methylthioalkylmalate (MAM) synthase
	Root morphology	BRX	*BRX*	Transcription factor
Maize	Plant architecture	Tb1	*Tb1*	Transcription factor
Rice	Heading time	Hd1	*Se1*	Transcription factor
	Heading time	Hd3a	*Hd3a*	Unknown
	Heading time	Hd6	*αCK2*	Protein kinase
	Heading time	Ehd1	*Ehd1*	B-type response
Tomato	Fruit sugar content	Brix9-2-5	*Lin5*	Invertase
	Fruit shape	Ovate	*Ovate*	Unknown
	Fruit weight	Fw2.2	*ORFX*	Unknown

(Data from Salvi and Tubersosa (2005).)

력한 도구를 제공할 것이다.

이러한 기술이 개발되는 동안 현재까지 QTL과 연관있는 상대적으로 적은 수의 유전자가 규명되었다(표 13.2). 몇몇 규명된 유전자들은 개화시간에 관여하는 regulatory 단백질들을 encode한다는 점은 매우 흥미롭다. 이것은 위에 기술한 모델 organism으로부터 얻은 분자생물학적 정보에 기초하여 애기장대 *LEAFY*와 *APETELA* 유전자가 개화시간을 조절하기 위해 사용된 실험과 대비될 수 있다. 목적유전자를 규명하기 위해 완전히 서로 다른 접근법의 사용은 서로를 상호보완하며 knowledge-based GM 기술을 가속화 한다고 볼 수 있다. 표 13.2에 기술한 다른 예시들 중 하나는 토마토 과실품질에 관여하는 유전자의 명확화를 위한 QTL mapping의 사용을 보여준다. 이러한 예시는 10장에서 다룬 토마토 과실품질에 관한 사례연구와 대조된다.

역유전학을 이용한 유전자기능 조사

삽입돌연변이유발

● T-DNA 형질전환은 insertional 돌연변이의 collections을 만들 수 있다.

유전자기능을 조사하기위한 한 가지 직접적인 방법은 유전자를 돌연변이 시켜 그 결과 유전자의 기능을 변형시키거나 파괴하는 방법이다. 이 과정을 **역유전학**이라고 한다: genotype에서의 변화들이 표현형에 미치는 영향을 결정하는 것(genotype이 pheoype에 의해 추론되는 전통적인 육종법과는 반대이다.) 상동 재조합을 위한 facile system의 부재는 식물안에서 site-specific 돌연변이유발이 불가능하다는 것을 의미한다. 하지만, 돌연변이를 유도하는 다른 방법들도 있다. 가장 간단한 방법은 외래

DNA의 조작을 유전자안으로 도입하는 것이다. 이것을 위해 두 가지 다른 방법이 사용된다: *Agrobacterium* 매개 형질전환에 의한 T-DAN삽입(3장 참조)와 transposon-induced 돌연변이 유발이 있다. **삽입돌연변이** 유발의 한 가지 이점은 mutagen이 스스로 **sequence tag** 역할을 하기 때문에 상대적으로 쉽게 삽입지점에 위치한다. 이 과정은 무작위적, large collection, mutate plants의 libraries이고, 이들 각각은 규명된 특정유전자의 도입을 가진다. 이러한 삽입돌연변이체의 제한사항은 대부분의 돌연변이가 loss-of-function이나 knockout 돌연변이인 점이다. 이것은 유전자 기능에서의 매우 작은 변화들의 효과가 쉽게 규명되지 않고, 많은 돌연변이들이 치사한다는 것을 의미한다.

TILLING

● TILLING은 거대 돌연변이 집단에서 특정 돌연변이를 규명하기 위한 절차이다.

Targeted induced local lesions in genomes(TILLING)은 근본적인 수준에서의 유전기능에 관한 연구의 잠재성을 제공하는 mutant-detection tool이며, GM 기술을 이용하지 않고 specific, targeted된 유전적 조작작물을 만든다. 이러한 기법의 근본은 ethlymethane sulphonate와 같은 화학적 돌연변이 유발제 처리나 조사에 의한 식물집단의 돌연변이유발에 있다. 유전자 침묵(gene-silencing)이나 삽입돌연변이유발 방법과 비교해서 이러한 기법의 이점은 single-base substitution에 의한 많은 수의 열성(recessive) 돌연변이를 생산한다는 점이다. 문제점은 후보유전자의 돌연변이 규명을 위한 거대집단을 스크린하는 방법이다. 해답은 식물집단으로부터 DNA를 수집하는 것과 유전자지역 형광염료(fluorescent dye) IRD700과 IRD800이 각각 부착된 5′과 3′를 이용한 PCR(polymerase chain reaction)로 유전자 지역의 증폭이다(그림 13.4). 마지막 cycle 후 산물은 녹여지고, strand간 single-base mismatch hybridization이 발생하는 조건하에서 재결합한다. 이 기법의 핵심은 오직 single-base mismatch들만을 절단하는 셀러리의 nuclease 효소, CEL-1의 처리이다. PCR 조각들은 그 다음 LiCor 염기서열 분석 겔에서 불리되어 분석된다. 조각들의 덩어리는 전체 길이로 남아있겠지만 mismatch 조각들은 작은 밴드로써 감지될 것이다. IRD-700과 IRD-800-labelled 밴드들의 크기는 full length로 더해져야 하며, 증폭된 지역에서 돌연변이 지역을 나타낼 것이다.

● 몇몇 TILLING 프로젝트는 그들의 작물 공동체에 대한 서비스를 제공하였다.

모든 목적 유전자에서의 돌연변이의 유발과 규명을 위해서는 돌연변이가 유발된 작물의 대형집단이 반드시 필요하며, 목적 돌연변이를 효과적으로 선별하기위한 pool과 subpool을 위한 high-throughput 전략이 수립되어야 한다. 이러한 이유로 TILLING은 개별실험실에서는 잘 사용되지 않지만, 특정 crop community를 위한 전용 서비스로써 이용된다. 현재, 애기장대(*Arbidopsis*), 꽃양배추(*Brassica oleracea*), 연(lotus), 옥수수(maize)에서 TILLING 프로젝트가 진행 중이다. 현재의 주안점은 하나의 유전자안에서 여러 single-base 돌연변이를 발생시키고 실험적으

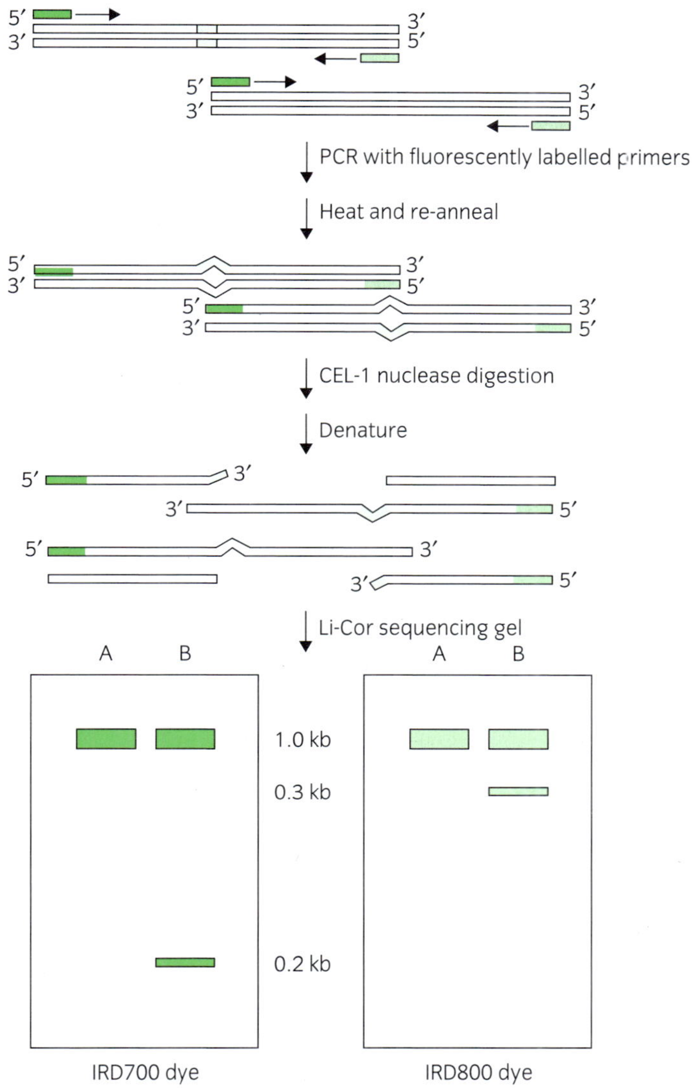

그림 13.4 집단 안에서의 특정 돌연변이 규명을 위한 Targeted Induced local lesions in genomes (TILLING) 절차. pooled genomic DNA는 목적 유전자에 특정된 primer를 사용하여 증폭되었다. PCR 산물은 가열되고 heteroduplexes가 야생형과 돌연변이 DNA strands 사이에 형성할 수 있도록 합성되었다. single-base mismatch들은 야생형산물의 거대화와 비교하여 짧은 단편을 주는 CLE-1효소에 의해 절단되었다. 각각의 primer들은 다른 형광염료(IRD700, IRD800)에 의해 labelled 되었고, 돌연변이의 위치는 각각 염료가 labelled 된 밴드의 크기에 의해 확인할 수 있다. 이 예시에서 돌연변이는 5′으로부터 300bp에 있고 IRD700과 IRD800의 조각들의 합을 full-length amplicon에 더해서 확인하였다. A, no SNP; B, SNP

로 표현형의 효과를 분석하기 위한 TILLING의 능력이다. 이러한 점에서 이것은 transposon이나 T-DNA 삽입돌연변이유발에 의한 일반적인 knockout 효과보다 더 정확하고 자세한 정보를 제공한다. 하지만 이 시스템은 농업적 형질이 향상된 돌연변이 규명이 가능하다: 초기 스크린에서는 필요하지 않지만 특정한 돌연변이가 목적효과를 가질 것으로 예상되는 반복적인 과정에서는 사용된다. 초기 스크린에서 전형적으로 약 유전자당 10개의 돌연변이가 규명되지만 이후 추가적인 과정에서 스크린될 수 있다.

● Ecotilling은 자연 집단간 대립유전자의 변이를 탐지하는데 사용된다.

인공적으로 돌연변이된 집단의 스크린을 위한 TILLING 시스템 능력은 동일하게 Ecotilling라고 불리는 자연집단 안에서의 변이 스크린에 적용된다. TILLING

과정의 미세한 조절에서 partial CEL-1 digest는 오직 혼합집단과 각각의 자연집단에 관해 작용하거나, 두 집단 간과 샘플 안에서 더욱 광범위한 heterogeneity가 가능하게 한다.

● TILLING은 작물의 유전적 향상을 위한 GM-free 방법을 제공할 것이다.

미래를 위한 가장 흥미로운 전망 중 하나는 전통적인 GM 기술 없이 TILLING의 작물육종프로그램으로의 도입에 의한 돌연변이 규명의 통합가능성이다. 이것은 유전적 조절의 흥미로운 전망이 GM 기술의 식용작물로의 직접적인 사용에 대한 논쟁없이 유전자가능을 확인하는 실험실에 특화된 기법의 지위를 갖게한다.

genomic context 안에서의 유전자 기능의 이해: 기능유전체학

애기장대와 벼 게놈의 염기서열 분석은 1장에서 다루었다. 그리고 식물유전자와 게놈의 기능결정을 위한 이러한 염기서열 분석 정보의 이용의 중요성도 살펴보았다. 미래의 작물향상에 대한 기능유전체학(functional genomics)의 타당성은 현재 명확히 해야 한다. 기능유전체학은 complex trait에 관여하는 muliple 유전자들을 발견하고 식물 안에서의 그들의 조절과 상호작용의 이해를 위한 강력한 기법을 제공한다. 또한 위에서 살펴본 역유전학기법과 기능유전체학은 몇몇 다른 중요한 기술들에 의해 알려졌다.

전사체학

전사체학은 mRNA population(**전사체**; **transcriptome**) 수준에서 유전자발현패턴의 genome-wide analysis가 가능하게 개발된 많은 기술을 포함한다. 다른 조직에서의 유전자 expression profiles의 전체적 변화들과 다른 조건이나 처리에 반응을 측정하기 위해 고안된 high-throughput 기술이다(BOX 13.4). 특정한 실험적 조건이나 특징적

BOX 13.4 전사체학 기술

Expressed-sequence-tag collections

mRNA abundance의 overview를 제공하는 초기 재료들 중 하나는 게놈 프로젝트를 뒷받침하는 데 사용된 expressed-sequence-tag(EST) 염기서열 분석 데이터였다. EST 프로그램들은 library의 random cDNA 클론들의 large-scale 염기서열 분석을 수반한다. EST collection으로부터 sequencing a particular gene sequence의 빈도는 집단 안에서의 이것의 abundance의 어떠한 표지를 제공한다. 이것은 직접 transcript profiling을 위해 사용되어지는 방법이 아니라 이 것이 specific transcript profile을 위한 데이터 정보를 얻는 데 유용하다는 것을 증명할 수 있는 다른 목적을 위한 EST 데이터의 축적을 제공한다.

BOX 13.4 (계속)

Serial analysis of gene expression

Serial analysis of gene expression(SAGE)는 transcriptomic 정보를 제공하기 위해 특정하게 고안된 EST sequencing의 방법이다. 몇몇 100base long의 일반적인 ESTs를 생산하는 대신에, 9-14 base의 short tag를 발생시키고 클론과 염기서열되어지는 long concatemers와 결합한다. 그 염기서열 데이터는 individual tag들(그들은 short linker sequence에 의해 분리된다.)을 분해하고, 표시된 각각 tag들의 수는 이것은 corresponding mRNA의 abundance를 나타낸다(SAGE tage의 크기는 specific mRNA나 유전자 염기서열의 확실한 규명을 위해 충분하다.)

Microarray와 Gene chips®

microarray hybridization는 전반적인 transcript profiling에 가장 폭넓게 사용되는 방법이다. 이 기술은 초기 유전자발현(예, Northern blot hybridization) 연구를 위한 hybridization 방법들의 구상과 유사하지만, 많은 수의 다른 염기서열가 동일한 실험안에서 분석가능하도록 microscopic scale에서 행해진다. microarray의 가장 간단한 형태 단단한 지지물(일반적으로 현미경 슬라이드)위에 정렬된 micro-dots의 연속이며 매 하나씩의 dot에는 다른 DNA 염기서열이나 probe를 포함한다. 형광 RNA(혹은 DNA) 샘플은 슬라이드에

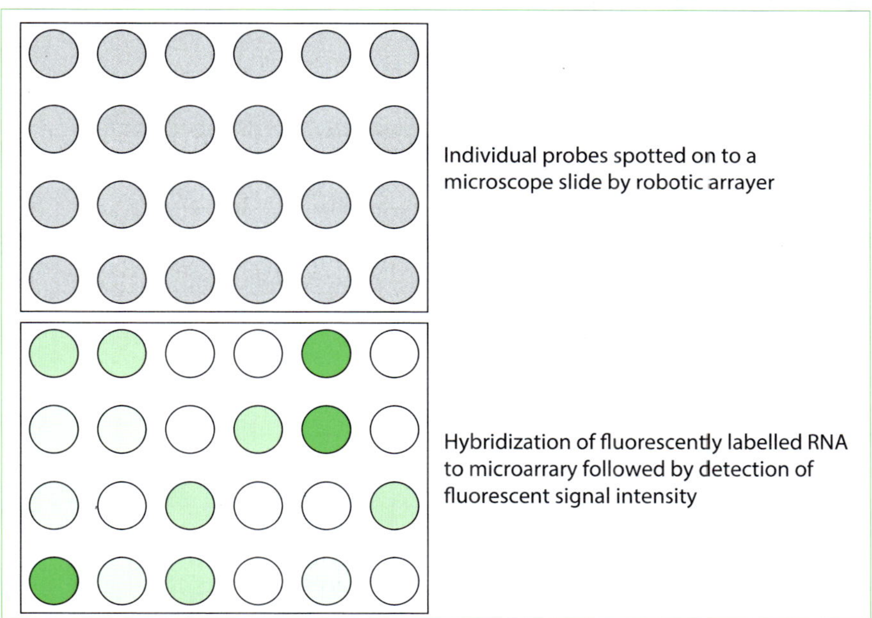

Microarray construction과 사용. microarray는 treated microscope slide와 같은 단단한 지지대 위에 DNA probe의 spotting micro-spots에 의해 구성된다. spotting을 위한 다양한 타입의 robotic device들의 사용이 가능하다. 전형적인 probe는 PCR-amplified cDNA clone inserts이다. 형광성을 띄게 labelled된 RNA 샘플들이 array로 hybridized 되고 각각의 spot과 연관된 형광광도가 측정 및 분석된다. Cy3-와 Cy5-가 labelled된 샘플들은 일반적으로 서로 hybridized 되고 Cy3:Cy5의 형광비율은 각각의 spot에서 계산된다.

BOX 13.4 (계속)

hybridized되고 각 spot의 형광광도가 측정되고 분석된다. 실제로 이러한 실험의 타입에서 흔히 동시에 2개의 샘플을 동일한 microarray로 hybridized한다. 이들은 전형적으로 red Cy3로 labelled된 test 샘플이고 대조구는 green Cy5로 labelled한다. 적색과 녹색파장에서의 형광빛은 측정되고 Cy3:Cy5의 비율이 결정된다. 이 비율은 실험조건이 대조구와 비교하여 각각의 mRNA의 유전자발현 level이 증가 및 감소되었는지 보여준다.

비록 칩이라는 단어가 microarray와 교환가능하게 사용되지만 Gene chips®는 spotted array로 부터의 많은 방법에서와 Affymetrix의 특허받은 과정에서 다르다. oligonucleotide probe들은 *in silico*에서 고안되고 photolithography라고 불리는 과정을 이용하여 silicon water나 chip에 직접 합성된다. separate probe들은 1개의 칩에서 수천 개의 유전자 분석이 가능한 밀도를 가진 칩의 인접한 squares에서 합성된다. 일반적인 포맷은 single-base mismatch features의 corresponding set을 대조구로하여 유전자당 20 perfect-match 'features'로 고안된다. 전체 칩은 모든 hybridization과 washing fluidics, proprietary instrument에 의해 실행되는 fluorescent reading을 포함하는 black-box 시스템 안에 동봉된다.

Massively parallel signature sequencing

Massively parallel signature sequencing(MPSS)는 최근의 SAGE 컨셉의 변형이지만 수백만 개의 DNA tagged microbead들의 parallel sequencing이 가능한 통합적인 microarray-type 기술이다. 비록 가격이 비싸고 아직 폭넓게 사용되지는 않지만, 이 방법은 전체 *Arabidopsis* transcriptome 연구에서 사용되어 왔다.

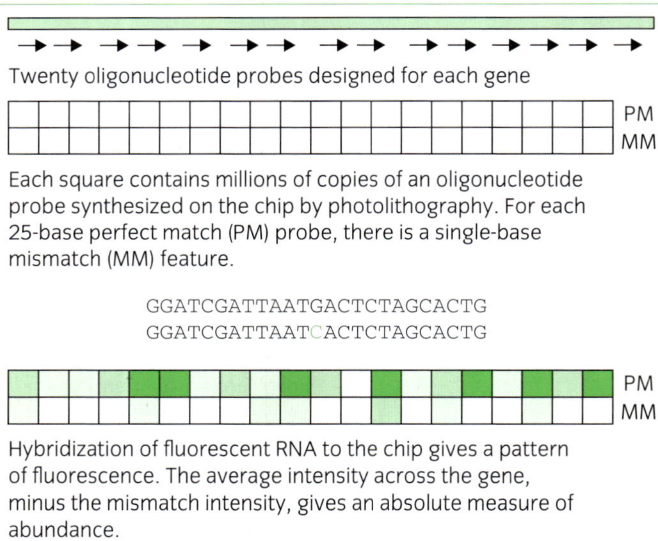

Affymetrix Gene chips®의 Construction과 사용. genechip은 spotted array와 상당히 다른 많은 proprietaty 시스템들 중 하나이다. 이 시스템에서 oligonucleotide probe들은 분석되기 위한 gene sequence들로부터 고안되며, photolithography에 의해 화학적으로 칩에 합성된다. 전형적인 디자인은 single-base mismatch (MM) probe를 대조구로 포함하는 각각의 perfect match (PM)을 가지고 하나하나의 유전자를 포괄하는 20 different short (25-mer) probe들에 관여한다. 단일 샘플은 칩으로 hybridized되고 각각의 유전자에서 corrected average fluorescent intensity가 계산된다.

인 개발단계에서 발현패턴의 변화를 보이는 유전자 그룹들의 감지는 특정 반응이나 발달단계에 관여하는 할 것 같은 multigene 클러스터의 규명 수단을 제공한다. 따라서 이 기술은 유전자 발견에 가장 강력한 기법이다. 하지만 GM 작물 개발에 폭넓게 적용된다. 예를 들어 게놈안에서의 다른 유전자들의 조절의 유전적조정의 효과분석에 적용된다. 식물의 전체적 발현-profiling 초기실험 중 하나에서 저온건조스트레스에 1,300개의 애기장대 유전자의 발현패턴을 관찰하기 위해 cDNA microarray를 사용하였다. 19개의 cold-induced mRNAs와 44개의 drought-induced mRNAs가 규명되었고 이들 중 각각 10개, 30개가 새로운 것이었다. DREB1A/CBF3에 의해 조절되는 12개의 스트레스 유도성 유전자(이들 중 6개는 신규유전자)가 규명되었고 이들 중 11개는 promoter 지역에서 dehydration-responsive element(DRE)를 포함하는 것으로 확인되었다. 9장에서 다룬 스트레스저항성 작물의 개발 전략으로써 이러한 연구타입의 타당성의 명확해졌다. crop performance와 관련있는 다양한 범위의 자극(상처, elicitor, 병원균 등), 생육 및 발달과정 프로세스들에 대한 transcriptomal 반응의 유사한 연구들은 유전적 조절이 쉬운 비슷한 regulartory networks을 밝혀낼 것이다.

현재 RNA 샘플을 분석하는 집중화된 microarray facilities부터 다양한 온라인 데이터베이스에 저장된 광범위한 발현 데이터까지 연구자들이 이용가능한 폭넓은 전사체학 분석 재료들이 있다. 비록 초기에는 애기장대에 관해 연구되었지만, 이러한 분석 재료들은 현재 많은 중요한 작물로 범위를 확장하고 있다.

● 식물 연구자들을 위한 광범위한 transcriptomic 분석 재료가 있다.

단백질체학

전사체학은 그 특성을 high-throughput 기술에 두지만(mRNAs는 오직 nucleic acid 염기서열에 의해서만 다르기 때문에), 단백질체학이 이용가능한 기반은 더욱 전체 프로테옴(proteome) 분석을 위한 능력에서 더 제한적이다. 하지만 단백질체학은 프로테옴의 직접적인 모니터가 가능하게한 몇몇 연구의 중요성 때문에 이러한 기술적 제한에 대해서도 굴하지 않는다. 기억해야할 중요한 점은 전사체학이 샘플의 gene-expression profile의 속기적인 방법으로 종종 사용되어지는 것에 반해 mRNAs의 steady-state abundance 측정에만 실제로 사용된다. 비록 mRNA level이 많은 단백질 발현의 좋은 indicator라는 것은 사실이지만 모든 단백질에 사용되지는 못한다. 세포나 조직 각각의 단백질의 양과 활성(post-translational modification과 다른 단백질과의 상호반응에 의한 기준으로써)을 측정하기 위한 대체제는 없다. BOX 13.5에 단백질체학 tool 박스의 다양한 tool들을 요약하였다.

이러한 다양한 tool들을 사용한 많은 양의 식물단백질체학에 대한 탐구가 있었다. 여기서 유래한 정보들은 아래에 기술한 것처럼 넓고 다양하게 분류할 수 있다.

● 식물 프로테옴에 관한 다른 관점들이 몇몇 작물에서 조사 중에 있다.

1 식물세포 프로테옴. 핵, 엽록체, 미토콘드리아 플라즈마막, 세포벽을 포함하는 different subcellular compartment에서 발견되는 단백질들의 광범위한 정

BOX 13.5 단백질체학 기술 (Proteomic technologies)

Two-dimensional electrophoresis of proteins

수년동안, two-dimendional polyacrylamide gel electrophoresis(2D-PAGE)에 의한 relatively abundant protein들의 분리가 가능하였다. 단백질은 그들의 isoelectric point에 의해 집중되어진(focusing) isoelectric에 의해 first dimension에서 분리되어지고, second dimension에서 크기에 따라 SDS-PAGE에 의해 분리된다. 최근의 진보들은 예를 들어 isoelectric focusing dimension을 위해 안정화된 pH gradient의 사용에 의한 기술의 재현가능성은 향상되어져 왔다. 향상의 다른 분야는 각각의 샘플을 위해 얻어진 spot들의 복잡한 패턴은 문서화되고 비교분석할 수 있는 in-gel-analysis software에서이다. 이러한 방법은 여전히 최근의 신기술들과 비교하여 몇몇 이점을 가진다. 하나는 spot의 위치가 분자질량(molecular mass)와 단백질의 amino acid 구성에 관한 정보를 나타내는 점이고, 이것은 또한 phosphorylation과 같은 post-translational modification들의 감지가 가능하다. 다른 이유는 이 방법은 목적 spot들을 gel로부터 자르거나, trypsin과 같은 proteolytic 효소와의 digest가 가능하고 mass spectrometry에 의해 규명될 수 있다는 점 때문에 여전히 통용된다. 이것은 기껏해야 몇천개의 단백질만을 분해할 수 있는 주요한 제한점은 여전히 남아있다. low-abundance 단백질들의 다수는 two-dimensional gel에서 확인할 수 없다.

Multidimensional liquid chromatography

Multidimensional liquid chromatography는 단백질들이 하나의 property에 의해서 처음으로 분리된다는 점에서 다소 two-dimensional gel electrophoresis와 유사한 방법이다. 예를 들어 ion-exchange chromatography에 의해 charge 되고 그 다음 reversed-phase high-performance liquid chromatography에 의해 크기가 정해진다. 이 기술은 lower-abundance 단백질들의 감지를 가능하게 하는 상대적으로 대량의 샘플이 loaded될 수 있다는 점에서 이점이 있다. 단백질들은 감지되기 위해서 염색할 필요가 없고 peptide identification을 위한 mass spectrometer를 직접 통과할 수 있다. Multidimensional protein identification (MudPIT)는 최상부에 ionexchange resin이 더해진 reversed-phase resin를 가지고 biphasic column이 사용된다는 점에서 이러한 전략의 변형이다. cloumn에 실린 peptide mixture들은 stepped salt gradient와 녹여서 분리되고 reversed-phase resin으로 방출된다. 이들의 second-dimension 부분들은 녹여서 organic solvent의 gradient를 가지는 mass spectrometer로 분리된다.

Mass-spectrometric methods

2d-PAGE나 MudPIT에 의해 분리된 후 peptide 규명에서 mass spectrometry의 중요성은 위에서 언급하였다. 하나의 전략은 electron spray ionization(ESI)나 time-of-flight(TOF) analyser과 결부된 matrix-assited laserdesorption ionization(MALD) source를 이용하여 peptide mass fingerprinting을 하는 것이다. 이것은 gel이나 liquid chromatography로부터의 trypsin digest fragment들의 집단의 분자질량을 결정짓는 것을 허용한다. 이러한 분자질량데이터는 fragment들의 observed pattern을 발생시킬 수 있는 amino acid sequencesfm fdnl한 단백질 데이터베이스를 검색하는 데 사용된다.

BOX 13.5 (계속)

Protein microarrays

Protein microarrays는 핵산 microarray와 유사한 방법으로 개발되었다(BOX 13.4). 그러나 probe들은 스스로 antibodies나 ligands와 같은 specific proteins에 결합할 분자나 단백질이다. 예를 들어 antibody arrays는 각각의 spot이 다른 antibody이고 solution으로 부터의 labelled protein의 포획은 신호를 제공하는 부분에서 개발되어져 왔다. 이러한 벙법의 변형들은 단백질 보다는 secondary antibody labelling에 관련되있다. 역설적으로 antigen arrays는 단백질이 array에서 얼룩졌을 때 사용되고 solution에서 antibodies를 감지하기 위해 사용되어져 왔다. protein arrays는 또한 ligands와 enzyme substrates, interacting proteins를 스크린하기 위해 사용할 수 있다.

의가 있어왔다.

2 식물발육(developing plant) 프로테옴. 몇몇 연구들은 different cell과 조직 타입(종자, 뿌리, 줄기, 잎, 엽병, 물과/체관 수액, 화분조직 초엽, 모용(trichome)), 발달단계(발아된 종자, 유식물체, 성숙식물체), 과정(종자발아, 뿌리형성, 화분성숙, 체세포배발생, 예정세포사(programmed cell death), 식물호르몬에 대한 반응)에 관한 실험이었다.

3 반응프로테옴(responsive proteome). 생육조건(영양, 빛), 비생물학적 스트레스(건조, 염, 온도, 제초제, 산소결핍(anoxia), 중금속 등), 생물학적 스트레스(병원균, 초식동물, 과민반응)을 포함하는 다양한 범위의 자극에 대한 식물의 반응은 조사되어왔다.

4 프로테옴에서의 유전적 변이. genotype, 돌연변이, 형질전환식물체 간의 단백질 차이의 profile에 관한 연구.

또한 명확한 것은 단백질체학이 더 이상 모델식물체에만 제한되어있지 않다는 것이다. 단백질체학 조사는 이미 많은 중요작물을 포함하는 다양한 범위의 식물들을 다루고 있다.

Interactomics

최신 기술 중에서 단백질간의 상호작용에 관해 연구하는 것을 interactomic라고 한다. 이 기술들은 단백질-단백질 상호작용을 결정하기 위해서 protein microarray와 yeast two-hybrid assays를 사용한다. **인터라콤(interacome)**은 많은 다른 단백질과 연결된 node를 형성하는 특정한 단백질과 상호작용의 네트워크로써 보여지고 다른 것들은 1개 혹은 몇 개의 파트너를 가진 더욱 주변적인 단백질이다.

대사체학

대사체학은 분석화학(analytical chemistry)기법을 사용하는 cellular chemical constituents의 전반적인 관점를 얻기위한 시도로서 묘사된다. 목적은 전체 메타볼라이트(metabolite)의 구분 연구이다. 예로써 완전한 대사경로(metabolic 대사경로)들과 네트워크가 있다. other-omics 분야와 마찬가지로, 10장 11장에서 기술한 타입의 메타볼릭 공학 프로젝트를 위한 정보를 제공하면서, 메타볼릭 profile들안에서의 차이점은 목적형질과 관련있을 수 있다. 대사체학 조사의 중요한 발견들 중 하나는 형질전환 식물체와 비형질전환체 간의 메타볼릭 농도의 차이가 동일한 식물의 다른 품종간 차이보다 훨씬 적다는 점을 가지고 유전공학이 실제로 아주 정확한 과학이라는 점을 증명했다는 것이다.

시스템 생물학

● 시스템 생물학은 다른 기능적 유전체학의 strands로부터 정보의 통합을 시도한다.

만약 -omics 기술들의 array가 혼란스럽다면, 유전체학 과학자들이 직면한 주요 문제점들 중 하나는 신뢰가능하고 접근 가능한 형태로 데이터를 주석을 달고 저장하고 다른 실험들에서 밝혀진 결과들을 통합하는 방법이다. 예를 들어 위에서 언급한 전사체학 형태의 데이터를 가지고 건조 스트레스 유래된 단백질체학과 대사체학의 데이터를 통합하는 것은 가능할까? 달리 말하면 유전자발현의 조절을 고려에 의한 식물의 건조반응, 이것이 단백질의 cellular profile과 그들간의 상호작용에 미치는 영향, 메타볼라이트 농도에 관한 결과를 이치에 맞게 하는 것이 가능할까? 이러한 문제는 최소한 생물학적 현상들이 더욱 완전한 설명을 위해 이러한 시스템들을 어떻게 통합할 것인가에 대한 모델을 만들기 위한 시도로써 **시스템 생물학** 부제 아래에서 고려되어야 한다. 이 유전과학분야는 아직 스스로 초창기이지만 작물향상에서의 미래 개발은 더욱 정확하게 목표가 되고 식물 시스템조절 효과에 대한 더욱 깊은 이해가 될 것이라는 희망을 제공한다.

요약

마지막 장은 작물 향상에 적용된 식물생명공학의 미래 방향의 설정과 미래예측에 대해 언급하고 있다. 여기에 기술한 몇몇 주제들은 아직도 논쟁의 여지가 많다. 식물생물학의 우리의 지식은 적용되어진 새로운 유전적 신기술로 가속화되고 모델 종뿐만 아니라 농작물에게도 집중한다. 이러한 신기술들은 이미 중요한 농업형질에 영향을 미치는 유전자들의 발견을 가능하게 하고, 작물 향상에 이러한 기술이 사용될 것이라는 것은 필연적인 것이다. 특히 식량작물에서 주요형질의 조절을 위한 식물유전자의 사용은 더욱 중요해질 것이다. 불분명한 것은 GM 기술이 그 스스로 작물 향상의 주된 동력으로 남아있을 것(비록 greener, 더욱 수용가능한 GM 기술)인가와 작물

게놈을 조절하기 위한 다른 대체적 방법이 발견될 것인가이다. 또한 이러한 예상이 식량작물에서는 유용할 지도 모르를 반면에 여전히 단일, 왜래 유전자 접근법이지만 대중에 더욱 수용 가능한 GM 작물의 새로운 세대에서 biofuel과 저렴한 백신, 의약품의 생산 같은 긴박한 요인들의 사례가 될 수 있을 것이다.

FURTHER READING

Visit www.oxfordtextbooks.co.uk/orc/slaterplants2e/ for hyperlinked references that take you directly to online abstracts for the journal articles listed below:

Developments in genetic transformation

Daniell, H. and Dhingra, A. (2002) Multigene engineering: dawn of an exciting new era in biotechnology. *Current Opinion in Biotechnology* **13**, 136–141.

Daniell, H., Wiebe, P. O. and Millan, A. F. (2001) Antibiotic-free chloroplast engineering—an environmentally friendly approach. *Trends in Plant Science* **6**, 237–239.

Halpin, C. (2005) Gene stacking in transgenic plants—the challenge for 21st century plant biotechnology. *Plant Biotechnology Journal* **3**, 141–155.

Moffat, A. S. (2000) Can genetically modified crops go greener? *Science* **290**, 253–254.

Transcriptomics

Meyers, B. C., Tej, S. S., Vu, T. H., Haudenschild, C. D., Agrawal, V., Edberg, S. B., Ghazal, H., and Decola, S. (2004) The use of MPSS for whole-genome transcriptional analysis in *Arabidopsis*. *Genome Research* **14**, 1641–1653.

Rensink, W. A. and Buell, C. R. (2005) Microarray expression profiling resources for plant genomics. *Trends in Plant Science* **10**, 603–609.

Seki, M., Narusaka, M., Abe, H., Kasuga, M., Yamagucki-Shinzaki, K., Carninci, P., Hayashizaki, Y., and Shinozaki, K. (2001) Monitoring the expression pattern of 1300 *Arabidopsis* genes under drought and cold stresses by using a full-length cDNA microarray. *Plant Cell* **13**, 61–72.

Shoemaker, D. D. and Linsley, P. S. (2002) Recent developments in DNA microarrays. *Current Opinion in Microbiology* **5**, 334–337.

Venkatasubbarao, S. (2004) Microarrays—status and prospects. *Trends in Biotechnology* **22**, 630–637.

Proteomics

Aebersold, R. and Mann, M. (2003) Mass spectrometry-based proteomics. *Nature* **422**, 198–207.

Link, A. J. (2002) Multidimensional peptide separations in proteomics. *Trends in Biotechnology* **20**, S8–S13.

Phizicky, E. M., Bastiens, P. I. H., Zhu, H., Snyder, M., and Fields, S. (2003) Protein analysis on a proteomic scale. *Nature* **422**, 208–215.

Rabilloud, T. (2002) Two-dimensional gel electrophoresis in proteomics: old, old fashioned, but it still climbs up the mountains. *Proteomics* **2**, 3–10.

Zhu, H. and Snyder, M. (2003) Protein chip technology. *Current Opinion in Chemical Biology* **7**, 55–63.

Interactomics

Drewes, G. and Bouwmeester, T. (2003) Global approaches to protein–protein interactions. *Current Opinion in Cell Biology* **15**, 199–205.

Figeys, D. (2003) Novel approaches to map protein–protein interactions. *Current Opinion in Biotechnology* **14**, 119–125.

Metabolomics

Dunn, W. B., Bailey, N. J., and Johnson, H. F. (2005) Measuring the metabolome: current analytical technologies. *Analyst* **130**, 606–625.

Sumner, L. W., Mendes, P., and Dixon, R. A. (2003) Plant metabolomics: large-scale phytochemistry in the functional genomics era. *Phytochemistry* **62**, 817–836.

Systems biology

Blanchard, J. L. (2004) Bioinformatics and Systems Biology, rapidly evolving tools for interpreting plant response to global change. *Field Crops Research* **90**, 117–131.

Genomics and biotechnology

Gutterson, N. and Zhang, J. Z. (2004) Genomics applications to biotech traits: a revolution in progress? *Current Opinion in Plant Biology* **7**, 226–230.

Morgante, M. and Salamini, F. (2003) From plant genomics to breeding practice. *Current Opinion in Biotechnology* **14**, 214–219.

Paterson, A. H., Freeling, M., and Sasaki, T. (2007) Grains of knowledge: genomics of model cereals. *Genome Research* **15**, 1643–1650.

Tuberosa, R. and Salvi, S. (2006) Genomics-based approaches to improve drought tolerance of crops. *Trends in Plant Science* **11**, 405–412.

Varshney, R. K., Hoisington, D. A., and Tyagi, A. K. (2006) Advances in cereal genomics and applications in crop breeding. *Trends in Biotechnology* **24**, 490–499.

Molecular breeding

Dayteg, C., Tuvesson, S., Merker, A., Jahoor, A., and Kolodinska-Brantestam, A. (2007) Automation of DNA marker analysis for molecular breeding in crops: practical experience of a plant breeding company. *Plant Breeding* **126**, 410–415.

Meudt, H. M. and Clarke, A. C. (2006) Almost forgotten or latest practice? AFLP applications, analyses and advances. *Trends in Plant Science* **12**, 106–117.

Morandini, P. and Salamini, F. (2003) Plant biotechnology and breeding: allied for years to come. *Trends in Plant Science* **8**, 70–75.

Salvi, S. and Tuberosa, R. (2005) To clone or not to clone plant QTLs: present and future challenges. *Trends in Plant Science* **10**, 297–304.

Varshney, R. K., Graner, A., and Sorrells, M. E. (2005) Genic microsatellite markers in plants: features and applications. *Trends in Biotechnology* **23**, 48–55.

TILLING

Comai, S. and Henikoff, S. (2006) TILLING: practical single-nucleotide mutation discovery. *Plant Journal* **45**, 684–694.

Comai, L., Young, K., Till, B. J., Reynolds, S. H., Greene, E. A., Codomo, C. A., Enns, L. C., Johnson, J. E., Burtner, C., Odden, A. R., and Henikoff, S. (2004) Efficient discovery of DNA polymorphisms in natural populations by Ecotilling. *Plant Journal* **37**, 778–786.

Gilchrist, E. J. and Haughn, G. W. (2005) TILLING without a plough: a new method with applications for reverse genetics. *Current Opinion in Plant Biology* **8**, 211–215.

Henikoff, S., Till, B. J., and Comai, L. (2004) TILLING. Traditional mutagenesis meets functional genomics. *Plant Physiology* **135**, 630–636.

Innovative agronomic GM traits

He, Z. H., Zhu, Q., Dabi, T., Li, D. B., Weigel, D., and Lamb, C. (2000) Transformation of rice with the *Arabidopsis* floral regulator *LEAFY* causes early heading. *Transgenic Research* **9**, 223–227.

Niki, T., Nishijima, T., Nakyama, M., Hisamatsu, T., Oyama-Okubo, N., Yamazaki, H., Hedden, P., Lange, T., Mander, L. N., and Koshioka, M. (2001) Production of dwarf lettuce by over-expressing a pumpkin gibberellin 20-oxidase gene. *Plant Physiology* **126**, 965–972.

Pena, L., Martin-Trillo, M., Juarez, J., Pina, J. A., Navarro, L., and Martinez-Zapater, J. M. (2001) Constitutive expression of *Arabidopsis LEAFY* or *APETALA1* genes in citrus reduces their generation time. *Nature Biotechnology* **19**, 263–267.

'Green' GM traits

French, C. E., Rosser, S. J., Davies, G. J., Nicklin, S., and Bruce, N. C. (1999) Biodegradation of explosives by transgenic plants expressing pentaerythritol tetranitrate reductase. *Nature Biotechnology* **17**, 491–494.

Hannink, N., Rosser, S. J., French, C. E., Basran, A., Murray, J. A. H., Nicklin, S., and Bruce, N. C. (2001) Phytodetoxification of TNT by transgenic plants expressing a bacterial nitroreductase. *Nature Biotechnology* **19**, 1168–1172.

Kovalchuk, O., Titov, V., Hohn, B., and Kovalchuk, I. (2001) A sensitive transgenic plant system to detect toxic inorganic compounds in the environment. *Nature Biotechnology* **19**, 568–572.

Pilate, G., Guiney, E., Holt, K., Petit-Conil, M., Lapierre, C., Leple, J.-C., Pollet, B., Mila, I., Webster, E. A., Marstorp, H. G., Hopkins, D. W., Jouanin, L., Boerjan, W., Schuch, W., Cornu, D., and Halpin, C. (2002) Field and pulping performances of transgenic trees with altered lignification. *Nature Biotechnology* **20**, 607–612.

찾아보기

기호–숫자

국문 찾아보기

ㄱ

ㄴ

ㄷ

ㄹ

ㅁ

영문 찾아보기